Deepen Your Mind

前言

TensorFlow 是目前使用最廣泛的機器學習架構，滿足了廣大使用者的需求。如今 TensorFlow 已經更新到 2.x 版本，具有更強的便利性。

本書透過大量的實例說明在 TensorFlow 架構上實現人工智慧的技術，相容 TensorFlow 1.x 與 TensorFlow 2.x 版本，包含多種開發場景。

書中的內容主要源於作者在程式醫生工作室的工作累積。作者將自己在真實專案中使用 TensorFlow 的經驗與技巧全部寫進書裡，讓讀者可以接觸到最真實的案例、最實戰的場景，儘快搭上人工智慧的「列車」。

✤ 本書特色

1. 相容 TensorFlow 1.x 與 2.x 版本，提供了大量的程式設計經驗
   本書兼顧 TensorFlow 1.x 與 2.x 兩個版本，列出了如何將 TensorFlow 1.x 程式升級為 TensorFlow 2.x 可用的程式。

2. 包含了 TensorFlow 的大量介面
   TensorFlow 是一個非常龐大的架構，內部有很多介面可以滿足不同使用者的需求。合理使用現有介面可以在開發過程中造成事半功倍的效果。然而，由於 TensorFlow 的程式反覆運算速度太快，有些介面的搭配文件並不是很全。作者花了大量的時間與精力，對一些實用介面的使用方法進行摸索與整理，並將這些方法寫到書中。

3. 提供了高度可重用程式，公開了大量的商用程式片段
   本書實例中的程式大多都來自程式醫生工作室的商業專案，這些程式的便利性、穩定性、再使用性都很強。讀者可以將這些程式分析出來直接用在自己的專案中，加快開發進度。

4. 書中的實戰案例可應用於真實場景
   本書中大部分實例都是目前應用非常廣泛的通用工作，包含圖片分類、目標識別、像素分割、文字分類、語音合成等多個方向。讀者可以在書中介紹的模型的基礎上，利用自己的業務資料集快速實現 AI 功能。

5. 從專案角度出發，包含專案開發全場景

   本書以專案實作為目標，全面包含開發實際 AI 專案中所有關的知識，並全部配有實例，包含開發資料集、訓練模型、特徵工程、開發模型、保護模型檔案、模型防禦、伺服端和終端的模型部署。其中，特徵工程部分全面說明了 TensorFlow 中的特徵列介面。該介面可以使資料在特徵處理階段就以圖的方式進行加工，進一步確保了在訓練場景下和使用場景下模型的輸入統一。

6. 提供了大量前端論文連結位址，便於讀者進一步深入學習

   本書使用的 AI 模型，大多來自前端的技術論文，並在原有論文基礎上做了一些結構改進。這些實例具有很高的科學研究價值。讀者可以根據書中提供的論文連結位址，進一步深入學習更多的前端知識，再配合本書的實例進行充分了解，達到融會貫通。本書也可以幫助 AI 研究者進行學術研究。

7. 注重方法與經驗的傳授

   本書在說明知識時，更注重傳授方法與經驗。全書共有幾十個「提示」標籤，其中的內容都是功力很高的成功經驗分享與易錯事項歸納，有關於經驗技巧的，也有關於風險避開的，可以幫助讀者在學習的路途上披荊斬棘，快速進步。

✤ 本書適合讀者群

- 人工智慧同好
- 人工智慧相關科系的大專院校學生
- 人工智慧相關科系的教師
- 人工智慧初學者
- 人工智慧開發工程師
- 使用 TensorFlow 架構的工程師
- 整合人工智慧的開發人員

♣ 關於作者

本書由李金洪主筆撰寫，參與本書撰寫的還有以下作者。

石昌帥

程式醫生工作室成員，具有豐富的嵌入式及演算法開發經驗，參與多款機器人、影像識別等專案開發，擅長機器人定位、導覽技術、電腦視覺技術，熟悉 NVIDIA jetson 系列、Raspberry PI 系列等平台軟硬體開發、演算法最佳化。從事的技術方向包含機器人導覽、影像處理、自動駕駛等。

甘月

程式醫生工作室成員，資深 iOS 進階工程師，有豐富的 iOS 研發經驗，先後擔任 iOS 主管、專案經理、iOS 技術總監等職務，精通 Objective-C、Swift、C 等程式語言，參與過銀行金融、娛樂機器人、婚慶、醫療等領域的多個專案。擅長 Mac 系統下的 AI 技術開發。

江梟宇

程式醫生工作室成員，是大蛇智慧社群成長最快的 AI 學者。半年時間，由普通讀者升級為社群的資深輔導員。在校期間曾參加過電子設計大賽（獲省級一等獎）、Google 校企合作的 AI 創新專案、省級創新訓練 AI 專案。熟悉 Python、C 和 Java 等程式語言。擅長影像處理方向、特徵工程方向及語義壓縮方向的 AI 工作。

目錄

05 ∴ 10 分鐘快速訓練自己的圖片分類模型

06 ∴ 用 TensorFlow 撰寫訓練模型的程式

第三篇　進階

07 ∴ 特徵工程 -- 會說話的資料

第四篇　進階

10 ∵ 產生式模型 -- 能夠輸出內容的模型

11 ∵ 模型的攻與防 -- 看似智慧的 AI 也有脆弱的一面

第五篇　實戰 --
深度學習實際應用

12 ∴ TensorFlow 模型製作 --
一種功能，多種身份

13 ∴ 部署 TensorFlow 模型 --
模型與專案的深度結合

14 ∴ 商業實例 --
科技源於生活，用於生活

第一篇　準備

透過本篇內容，讀者不僅可以對 TensorFlow 有一個初步的了解，還可以對如何用 TensorFlow 開發進行 AI 模型有一個大致的了解，為後面的研讀做準備。

Chapter

01

學習準備

本章將介紹一些基本概念和常識，以及學習本書的方法。

1.1 TensorFlow 能做什麼

TensorFlow 架構可以支援多種開發語言，可以在多種平台上部署。

- 在程式領域：可以支援 C、JavaScript、Go、Java、Python 等多種程式語言。
- 在應用平台領域：可以支援 Windows、Linux、Android、Mac 等。
- 在硬體應用領域：可以支援 X86 平台、ARM 平台、MIPS 平台、樹莓派、iPhone、Android 手機平台等。
- 在應用部署領域：可以支援 Hadoop、Spark、Kubernetes 等大數據平台。

1 TensorFlow 的應用領域

從應用角度來看，用 TensorFlow 幾乎可以架設出來 AI 領域所能觸及的各種網路模型。其中包含：

- NLP（自然語言處理）領域的分類、翻譯、對話、摘要產生、模擬產生等。
- 圖片處理領域的圖片識別、像素語義分析、實物檢測、模擬產生、壓縮、超清還原、圖片搜索、跨域產生等。
- 數值分析領域的例外值監測、模擬產生、時間序列預測、分類等。
- 語音領域的語音辨識、聲紋識別、TTS（語音合成）模擬合成等。
- 視訊領域的分類識別、人物追蹤、模擬產生等。
- 音樂領域的產生音樂、識別類型等。

甚至還可以實現跨領域的文字轉影像、影像轉文字、根據視訊產生文字摘要等。

2 本書所介紹的 TensorFlow 內容

作為深度學習領域應用廣泛的架構，TensorFlow 整合了多種進階介面，可以方便地進行開發、偵錯和部署。有的介面，甚至只透過命令列操作便可以實現客製化的 AI 模型。

本書將花大量篇幅來介紹這些進階介面的使用方法與技巧。

3 本書所用到的 TensorFlow 版本

在書中，大部分的程式都是以 TensorFlow 1.x 版本來實現的。TensorFlow 1.x 目前比較穩定，建議讀者使用 TensorFlow 1.x 版本開發實際專案，並跟進 2.x 版本所更新的技術。待 2.x 版本楚新到 2.3 以上，再考慮使用 2.x 版本開發實際專案。

另外，由於在 TensorFlow 1.x 版本中開發的部分程式在 TensorFlow 2.x 版本中不能直接執行。所以本書也介紹了實際的轉化方法，可以將 1.x 版本的程式轉化為 2.x 版本的程式。同時還介紹了 2.x 與 1.x 版本的使用區別，並配有相關實例。

4 Python 和 TensorFlow 的關係

隨著人工智慧的興起，Python 語言越來越受關注。到目前為止，使用 Python 語言開發 AI 專案已經成為一種企業趨勢。

綜合來看，在 TensorFlow 架構中用 Python 進行開發，是保持自己技術不被淘汰的上選。

1.2 學習 TensorFlow 的必備知識

隨著智慧化時代的到來，AI 的工程化與理論化逐漸分離的特點越來越明顯。所以，如果想學好 TensorFlow，則需要先弄清楚自己的定位 —— 是偏工程應用，還是偏理論研究。

1 對於偏工程應用的讀者

如果是偏工程應用的讀者，就目前的各種整合 API 來看，主要需要程式設計技術與偵錯能力。

推薦先從 Python 基礎開始，將基礎知識掌握紮實，可以讓後面的開發事半功倍。

最後就是對本書的學習了。本書中的實例和知識更偏重於點對點的工程發佈，幾乎涵蓋了 AI 領域的各大主流應用，也分享了許多來自實際專案的經驗與技巧。讀者在打牢基礎之後，將有能力修改本書中的實例，並將它們運用到真實專案中。學會本書中的內容，可以讓自己的職場身價有一個長足的進步。

2 對於偏理論研究的讀者

研究工作者推動了社會的進步、企業的發展，值得人們尊敬。要想成為一名優秀的研究人員，付出的精力會遠遠大於工程應用人員。本書並不能啟發讀者如何成為一個研究人員，但是可以在工作中造成催化器的作用。

本書中把深度學習實作過程中的很多細節和各種情況都進行了拆分和歸類並用程式實現。研究者可以透過將這些程式拼湊起來，迅速地將自己的理論轉化為程式實現，並驗證結果。本書可以大幅提升研究者將理論落地的進度。

如果是剛入行的研究者，同樣也是建議先把程式設計基礎打紮實。這個過程與偏工程應用的讀者是一樣的，沒有捷徑可走。

1.3 學習技巧：跟讀程式

要掌握好深度學習的知識，需要理論與實作相結合。但一定要目標明確，要知道自己花時間和精力做這件事情的目標是什麼。

花了大量的時間研究理論、推導公式、閱讀巨量的論文，只能使自己更透徹地了解技術原理，但還需要配合一定的程式設計能力將理論知識轉化成程式，這樣才能真正表現出技術的價值。

與其學好理論再去研究程式，還不如直接從程式入手，將理論與程式開發能力同時加強。而其中的捷徑就是跟讀程式。因為它源於實作，用於實作。

在跟讀程式過程中，有以下幾點值得注意：

- 先從程式的敘述來了解技術的原理。
- 如果遇到不懂的邏輯，則再去有針對性地查閱相關文獻。

- 如果遇到已經封裝好的底層程式，只要弄明白其輸入、輸出、能完成什麼功能即可。
- 在沒有閱讀大量的程式之前，切記少去自己撰寫程式。從作者個人經驗來看，提升自己快速程式開發能力的捷徑確實是跟讀程式。因為程式裡包含了別人思考的成果、遇到的陷阱和凝聚的經驗。這是提升自己開發能力的快速通道。不然你只有把前人經歷過的事情再做一遍，才能到達同樣的功力。

1.4 如何研讀本書

本書從實用角度說明了用 TensorFlow 開發人工智慧專案。本書配有大量的實例，從樣本製作到網路模型的匯入、匯出，包含了日常工作中的所有環節。每個實例都有對應的基礎知識。

每章都可以分為「快速導讀」與「實例」兩部分。

- 「快速導讀」部分介紹了本章實例所對應的理論知識。
- 「實例」部分注重一步一步完成實際實例。對於希望快速上手的讀者，直接使用書中的實例即可。

架設開發環境

本章主要介紹了架設 TensorFlow 架構的方法。說明用整合化的 Python 開發工具 Anaconda 來完成 Python 環境的整體部署,以及選擇硬體規格、軟體版本的相關知識。

2.1 準備硬體環境

本書中的實例大都是相對較大的模型,所以建議讀者準備一個帶有 GPU 的機器,並使用和 GPU 相搭配的主機板及電源。

> **提示**
>
> 在已有的主機上直接增加 GPU(尤其是在原有伺服器上增加 GPU),需要考慮以下問題:
>
> - 主機板的插槽是否支援。舉例來說,需要 PCIE x16(16 倍數)的插槽。
> - 晶片組是否支援。舉例來說,需要 C610 系列或是更先進的晶片組。
> - 電源是否支援。GPU 的功率一般都會很大,必須採用搭配的電源。如果檢查驅動已安裝正常,但在系統中卻找不到 GPU,則可以考慮是否是由於電源供電不足導致的。

如果不想準備硬體,則可以用雲端服務的方式訓練模型。雲端服務是需要單獨購買的,且按使用時間收費。如果不需要頻繁訓練模型,則推薦使用這種方式。

讀者在學習本書的過程中,需要頻繁訓練模型。如果使用雲端服務,則會花費較高的成本。建議直接購買一台帶有 GPU 卡的機器會好一些。

1 如何選擇 GPU

（1）如果是個人學習使用。

推薦選擇 NVIdia 公司生產的 GPU，型號最好高於 GTX1070。選擇 GPU 還需要考慮顯示卡記憶體的大小。推薦選擇顯示卡記憶體大於 8GB 的 GPU。這一點很重要，因為在執行大型神經網路時，系統預設將網路節點全部載入顯示卡記憶體。如果顯示卡記憶體不足，則會顯示資源耗盡提示，導致程式不能正常執行。

（2）如果企業級使用。

應根據運算需求量、實際業務，以及公司資金情況來綜合考慮。

2 是否需要安裝多顆 GPU

（1）如果是個人學習使用。

不建議在一台機器上安裝多片 GPU。可以直接用兩片卡的資金購買一塊高性能的 GPU，這種方式會更為划算。

（2）如果是用於企業級使用。

如果一片高規格的 GPU 無法滿足運算需求，則可以使用多片 GPU 協作計算。不過 TensorFlow 多卡協作機制並不能完全智慧地將整體效能發揮出來。有時會出現只有一個 GPU 的運算負荷較大，其他卡的運算不飽和的情況（這種問題在 TensorFlow 較新的版本中，也逐步獲得了改善）。可以透過定義運算策略或是手動分配運算工作的方式，讓多 GPU 協作的運算效率更高（見 6.1.10 小節）。

如果一台伺服器上的多卡協作計算仍然滿足不了需求，則可以考慮分散式平行運算。當然，根據本身實際的硬體資源，也可以將現有的機器叢集起來，進行分散式運算。

2.2 下載及安裝 Anaconda

下面來詳細介紹 Anaconda 的下載及安裝方法。

1 下載 Anaconda 開發工具

（1）透過 https://www.anaconda.com 來到 Anaconda 官網。

（2）點擊右上角的 Download 按鈕，如圖 2-1 所示。

圖 2-1 點擊 Download 按鈕

（3）在新出現的頁面中，點擊文字連結 "Anaconda Distribution"，如圖 2-2 所示。

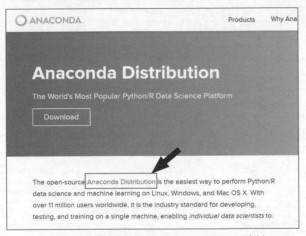

圖 2-2 點擊 "Anaconda Distribution" 連結

（4）進入 Anaconda Distribution 頁，點擊頁面中的連結 "Old package lists"，如
圖 2-3 所示。

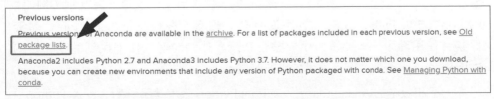

圖 2-3 點擊連結 "Old package lists"

（5）進入 Old package lists 頁面，點擊圖中的連結 "Anaconda installer archive"
（如圖 2-4 所示），下載完全版本。

Old package lists

You can download previous versions of Anaconda from the Anaconda installer archive.

Older versions of packages can usually be downloaded from the package repository or from
`https://anaconda.org/anaconda/PackageName`.

圖 2-4 下載連結

（6）完全版本的安裝檔案如圖 2-5 所示。其中有 Linux、Windows、Mac OSX 的多種版本可供選擇。以 Windows 64 位元下的 Python 3.6 版本為例，對應的安裝套件為 Anaconda3- 5.0.1-Windows-x86_64.exe（見圖 2-5 中的標記）。

Anaconda installer archive

Filename	Size	Last Modified	MD5
Anaconda2-5.1.0-Linux-ppc64le.sh	267.3M	2018-02-15 09:08:49	e894dcc547a1c7d67deb04f6bba7223a
Anaconda2-5.1.0-Linux-x86.sh	431.3M	2018-02-15 09:08:51	e26fb9d3e53049f6e32212270af6b987
Anaconda2-5.1.0-Linux-x86_64.sh	533.0M	2018-02-15 09:08:50	5b1b5784cae93cf696e11e66983d8756
Anaconda2-5.1.0-MacOSX-x86_64.pkg	588.0M	2018-02-15 09:08:52	4f9c197dfe6d3dc7e50a8611b4d3cfa2
Anaconda2-5.1.0-MacOSX-x86_64.sh	505.9M	2018-02-15 09:08:53	e9845ccf67542523c5be09552311666e
Anaconda2-5.1.0-Windows-x86.exe	419.8M	2018-02-15 09:08:55	a09347a53e04a15ee965300c2b95dfde
Anaconda2-5.1.0-Windows-x86_64.exe	522.6M	2018-02-15 09:08:54	b16d6d6858fc7decf671ac71e6d7cfdb
Anaconda3-5.1.0-Linux-ppc64le.sh	285.7M	2018-02-15 09:08:56	47b5b2b17b7dbac0d4d0f0a4653f5b1c
Anaconda3-5.1.0-Linux-x86.sh	449.7M	2018-02-15 09:08:58	793a94ee85baf64d0ebb67a0c49af4d7
Anaconda3-5.1.0-Linux-x86_64.sh	551.2M	2018-02-15 09:08:57	966406059cf7ed89cc82eb475ba506e5
Anaconda3-5.1.0-MacOSX-x86_64.pkg	5??.?M	2018-02-15 09:09:06	6ed496221b843d1b5fe8463d3136b649
Anaconda3-5.1.0-MacOSX-x86_64.sh	511.3M	2018-02-15 09:10:24	047e12523fd287149ecd80c803598429
Anaconda3-5.1.0-Windows-x86.exe	435.5M	2018-02-15 09:10:28	7a2291ab99178a4cdec530861494531f
Anaconda3-5.1.0-Windows-x86_64.exe	537.1M	2018-02-15 09:10:26	83a8b1edcb21fa0ac481b23f65b604c6
Anaconda2-5.0.1-Linux-x86.sh	413.2M	2017-10-24 12:13:07	ae155b192027e23189d723a897782fa3
Anaconda2-5.0.1-Linux-x86_64.sh	507.7M	2017-10-24 12:13:52	dc13fe5502cd78dd03e8a727bb9be63f
Anaconda2-5.0.1-Windows-x86.exe	403.4M	2017-10-24 12:08:14	623e8d9ca2270cb9823a897dd0e9bfce
Anaconda2-5.0.1-Windows-x86_64.exe	420.4M	2017-10-24 12:37:10	9d2ffb0aac1f8a72ef4a5c535f3891f2
Anaconda3-5.0.1-Linux-x86_64.sh	514.8M	2017-10-24 12:37:59	3dde7dbbef158db6dc44fce495671c92
Anaconda3-5.0.1-MacOSX-x86_64.pkg	562.8M	2017-10-23 20:01:12	46fc99d1cf1e27f3b2a3eb63fee1a532
Anaconda2-5.0.1-MacOSX-x86_64.sh	486.5M	2017-10-23 19:51:04	17314016dced36614a3bef8ff3db7066
Anaconda2-5.0.1-Windows-x86_64.exe	499.8M	2017-10-23 21:57:22	b8d9bc02edd61af3f7ece3d07e726e91

圖 2-5 下載清單（部分）

> **提示**
>
> 本書的實例均使用 Python 3.6 版本來實現。
>
> 雖然 Python 3 以上的版本算作同一階段的，但是版本間也會略有區別（例如：Python 3.5 與 Python 3.6），並且沒有向下相容。在與其他的 Python 軟體套件整合使用時，一定要按照所要整合軟體套件的說明文件來找到完全符合的 Python 版本，否則會帶來不可預料的麻煩。
>
> 另外，不和版本的 Anaconda 預設支援的 Python 版本是不一的：支援 Python 2 的版本 Anaconda，統一以 "Anaconda 2" 為開頭來命名；支援 Python 3 的版本 Anaconda，統一以 "Anaconda 3" 為開頭來命名。目前最新的版本為 Anaconda 5.1.0，可以支援 Python 3.6 版本。

2 在 Windows 中安裝

在 Windows 中 Anaconda 軟體的安裝方法，與一般軟體的安裝方法相似。按右鍵安裝套件，在出現的快顯功能表中選擇「以管理員身份執行」指令，然後根據下一步的提示選擇安裝路徑。這裡假設安裝路徑是 "C:\local\Anaconda"。

在安裝期間，會出現註冊環境變數的頁面，如圖 2-6 所示。

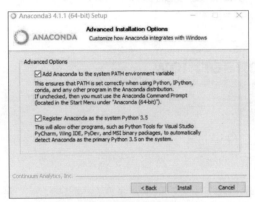

圖 2-6 註冊環境變數的頁面

圖 2-6 中有兩個核取方塊，建議全部都選取上，表示要註冊環境變數。只有註冊好環境變數，才可以在命令列下透過 Python 指令執行程式。

在安裝 Anaconda 時，Python 常用的協力廠商函數庫也會一起被安裝了，路徑如下：

```
C:\local\Anaconda3\Lib\site-packages
```

如果想要再安裝其他的協力廠商函數庫，可以使用 Anaconda 中附帶的 pip 指令——在命令列下直接輸入「pip+ 空格 + 協力廠商安裝套件名稱」。執行 pip 指令之後，系統會自動從網上下載相關的安裝套件，並安裝到本機。舉例來說，下面是在本機上安裝 TensorFlow 的指令：

```
C:\Users\Administrator>pip install tensorflow
```

如果要移除某個協力廠商安裝套件，直接將上一行指令中的 install 取代成 uninstall 即可。

3 在 Linux 中安裝

這裡以 Ubuntu 16.04 版本的作業系統為例。首先下載 Python 3.6 版的 Anaconda

整合開發工具（可以下載 Anaconda3-5.1.0-Linux-x86_64.sh 安裝套件），然後在命令列終端透過 chmod 指令為其增加可執行權限，接著輸入以下指令執行該安裝套件：

```
chmod u+x Anaconda3-5.1.0-Linux-x86_64.sh
./Anaconda3-5.1.0-Linux-x86_64.sh
```

在安裝過程中，會有各種互動性提示。有的需要按 Enter 鍵，有的需要輸入 "yes"，按照提示來即可。

2.3 安裝 TensorFlow

安裝 TensorFlow 有兩種方式：

- 下載二進位安裝套件進行安裝。
- 下載原始程式進行手動編譯，然後再安裝。

第一種方式比較簡單、穩定，適用於大多數的情況。第二種方式相對較難，容易出錯，但靈活度更高，適用於客製化場景。

為了讓讀者可以快速上手，本節將介紹第一種安裝方法。第二種安裝方法見本書 13.5.2 小節。

1 了解 TensorFlow 的 Nightly 版本與 Release 版本

在 GitHub 網 站 上，TensorFlow 專 案 的 首 頁（https://github.com/tensorflow/tensorflow）中介紹了 TensorFlow 兩種版本的安裝套件：Nightly 版本與 Release 版本。這兩個版本的含義以下。

- Nightly 版本：TensorFlow 的原始程式更新非常活躍。為此，TensorFlow 開發團隊架設了一個自動建置版本的平台。該平台會定期（一般是一天一次）將最新的 TensorFlow 原始程式編譯成二進位安裝套件。這個安裝套件被稱為 Nightly 版本。
- Release 版本：當 Nightly 更新到某種程度，根據更新功能的完成量與目前版本的 BUG 情況，會推出一個階段性的發佈版本。這個版本被稱為 Release 版本。

在 Nightly 版本中包含了 TensorFlow 的最新功能，但穩定性不如 Release 版本，所以它常用於提升自我技術的研究場景；Release 版本的穩定性更好，但功能相對落後，常用於開發專案項目。

2 下載 TensorFlow 的二進位安裝套件，並進行安裝

在裝好 Anaconda 之後，可以用 pip 指令安裝 TensorFlow 了。這個步驟與系統無關。保持電腦聯網狀態即可。

（1）安裝 TensorFlow 的 Release 版本。

在命令列裡輸入以下指令：

```
pip install tensorflow-gpu
```

上面指令執行後，系統會將支援 GPU 的 TensorFlow Release 版本安裝套件下載到機器上，並進行安裝。

如果是想安裝 CPU 版本，則可以輸入下列指令：

```
pip install tensorflow
```

如果想安裝指定版本，則可以直接在指令後面加上版本編號：

```
pip install  tensorflow-gpu==1.13.1
```

該指令執行後，系統會將 1.13.1 版本的 TensorFlow 安裝到本機。

（2）安裝 TensorFlow 的 Nightly 版本，可以使用以下指令：

```
pip install tf-nightly-gpu          安裝 Nightly 的 gpu 版本
pip install tf-nightly              安裝 Nightly 的 cpu 版本
```

> **提示**
>
> 如果安裝的是 GPU 版本，還需要按照 2.4 節的方法安裝搭配的開發套件，才可以正常使用。
>
> 還有一種更簡單的方式安裝 GPU 版本的 TensorFlow。在安裝完 Anaconda 軟體後，直接使用以下指令：
>
> ```
> conda install tensorflow-gpu
> ```
>
> 系統會自動把 TensorFlow 的 GPU 版本及對應的 NVIDIA 驅動安裝到本機，不再需要按照 2.4 節的描述進行手動安裝。

用 conda 指令安裝雖然方便，但這不屬於 TensorFlow 官方支援的安裝方式。用這種方式只能安裝比最新發佈的版本落後一些。如果想及時安裝最新發佈的 TensorFlow，還得用 pip 指令。

如果想檢視 Anaconda 軟體中整合的 TensorFlow 安裝套件版本，可以透過以下指令：

```
anaconda search -t conda tensorflow
```

2.4 GPU 版本的安裝方法

如果用 pip 指令安裝 TensorFlow 架構的 GPU 版本，還需要安裝 CUDA 軟體套件和 CuDnn 函數庫。如果是用 conda 指令安裝 TensorFlow，則可以跳過此節。

2.4.1 在 Windows 中安裝 CUDA

來到官方網站：https://developer.nvidia.com/cuda-downloads，如圖 2-7 所示。

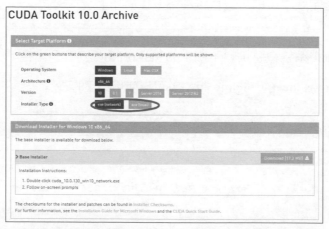

圖 2-7 CUDA 頁面

根據自己的環境選擇對應的版本。以 Windows 為例，exe 檔案分為網路版和本機版：

- 網路版安裝套件比較小，但是在安裝過程中需要連線下載其他檔案。
- 本機版安裝套件是直接下載完整安裝套件，下載之後就可以正常安裝了。

1 安裝 Visual Studio 以支援 CUDA 的更多工具套件

CUDA 中的部分工具需要執行在 Visual Studio 之上。Visual Studio 是微軟開發
的整合化開發套件。如果需要以原始程式編譯的方式安裝 TensorFlow，則建議
安裝 Visual Studio。否則也可以跳過該步驟。在安裝 CUDA 過程中，如果出現
如圖 2-8 所示介面，則表明本機沒有安裝 Visual Studio。點擊圖 2-8 中的連結
"Visual Studio"，即可下載 Visual Studio 工具套件。

圖 2-8　CUDA 提示頁面

點擊圖 2-9 中的「免費下載」按鈕，將 "vs_community__1890490472.1575050512.
exe" 安裝檔案下載到本機。以系統管理員身分執行該安裝檔案進行安裝。

圖 2-9　Visual Studio 的下載頁面

安裝過程需要保持網路暢通，系統需要從網路下載資料，如圖 2-10 所示。

圖 2-10　Visual Studio 的安裝介面

2 安裝 CUDA 的更新套件

在已經發佈的 CUDA 版本中，有些是有更新套件的。更新套件的作用是對該版本的功能擴充和問題修復。建議讀者安裝。

以 CUDA 9.0 為例，以 Windows 為基礎的 CUDA 軟體套件帶有搭配的更新套件，建議一起下載下來。共 3 個檔案：cuda_9.0.176_win10.exe、cuda_9.0.176.1_windows.exe 和 cuda_9.0.176.2_windows.exe，需要按照版本、更新的序號順序依次安裝。

> 提示
>
> CUDA 軟體套件也有多個版本，必須與 TensorFlow 的版本對應才行。TensorFlow 版本與 CUDA 版本的對應關係如下：
> - TensorFlow 1.0 至 1.4 版本只支援 CUDA 8.0。
> - TensorFlow 1.5 至 1.12 版本支援支援 CUDA 9.0。
> - TensorFlow 1.13 之後的版本，支援 CUDA10.0。
>
> 讀者可以根據以下連結找到 CUDA 的更多版本：https://developer.nvidia.com/cuda-toolkit-archive。
>
> 另外，還可以根據以下網址找到 TensorFlow 版本對應的 CUDA 版本：https://github.com/ tensorflow/tensorflow/blob/master/RELEASE.md。
>
> 圖 2-11 顯示的是 TensorFlow 1.5 版本支援 CUDA 9.0 和 cuDNN 7 版本。
>
>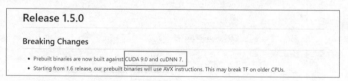
>
> 圖 2-11　TensorFlow 發佈頁面
>
> 當然，如果選擇編譯原始程式的方式安裝 TensorFlow，則可以隨意指定所需要的 CUDA 版本。

> 提示
>
> 如果要安裝 TensorFlow 的 1.13 版本，則需要下載 CUDA10.0 進行安裝（CUDA 的版本必須嚴格比對，例如使用 10.1 的版本會報錯誤）。CUDA10.0 沒有更新套件，直接安裝即可。
>
> 如果本機已經裝有 CUDA9.0，想要升級到 CUDA10.0，則可以在控制台裡將CUDA9.0 相關的軟體套件移除，再進行 CUDA10.0 的安裝即可。

2.4.2 在 Linux 中安裝 CUDA

以 Ubuntu 16.04 版本為例，CUDA 軟體套件還提供了兩個更新檔案，建議一起下載下來。一共 3 個檔案：cuda_9.0.176_384.81_linux.run、cuda_ 9.0.176.1_linux.run 和 cuda_9.0.176.2_linux.run。

然後用以下指令依次進行安裝：

```
sudo sh cuda_9.0.176_384.81_linux.run
sudo sh cuda_9.0.176.1_linux.run
sudo sh cuda_9.0.176.2_linux.run
```

執行指令後，還需要檢查一下環境變數是否更新。可以透過以下指令檢視環境變數：

```
echo $PATH
```

執行後，會輸出目前環境中的可執行目錄，如下所示：

```
/root/anaconda3/bin:/root/anaconda3/bin:/usr/local/cuda-9.0/bin:/usr/local/
sbin:/usr/local/bin:/usr/sbin:/usr/bin:/sbin:/bin:/usr/games:/usr/local/
games:/snap/bin
```

從上面的資訊中可以看到，新安裝的 CUDA 生效的路徑是：/usr/local/cuda-9.0/bin，表示安裝正確。

> **提示**
>
> 執行 "echo $PATH" 指令後，如果在本機輸出的資訊中沒有安裝好的 CUDA 資料夾，則需要手動在環境變數裡增加。實際做法是：用 vim 編輯 ~/.bashrc 檔案，將 CUDA 檔案的路徑增加到最後一行的變數 PATH 中。假設 CUDA 的路徑是 /usr/local/cuda-9.0/bin，則在 ~/.bashrc 檔案中增加以下內容：
>
> ```
> export PATH=/usr/local/cuda-9.0/bin${PATH:+:${PATH}}
> ```

2.4.3 在 Windows 中安裝 cuDNN

透過以下網址來到下載頁面。需要註冊並且填寫問卷才能下載這個安裝套件。

```
https://developer.nvidia.com/cudnn
```

cuDNN 函數庫的版本選擇也是有規定的。以 Windows 10 作業系統為例，實際如下：

- TensorFlow 1.0 到 1.2 版本使用的是 cuDNN 5.1 版本（安裝套件為 cudnn-8.0-windows10- x64-v5.1.zip）。

- TensorFlow 1.3 和 1.4 版本使用的是 cuDNN 6.0 版本（安裝套件為 cudnn-8.0-windows10- x64-v6.0.zip）。

- TensorFlow 1.5 到 1.10 版本使用的是 cuDNN 7.0 版本（安裝套件為 cudnn-9.0-windows10- x64-v7.rar）。

- TensorFlow 1.11 和 1.12 版本使用的是 cuDNN 7.2 版本（安裝套件為 cudnn-9.0-windows10- x64-v7.2.1.38.zip）。

- TensorFlow 1.13 之後的版本使用的是 cuDNN 7.5 版本（安裝套件為 cudnn-10.0-windows10- x64-v7.5.0.56.zip）。

獲得相關套件後將其解壓縮，並複製到 CUDA 路徑對應的資料夾下，包含原有檔案，如圖 2-12 所示。

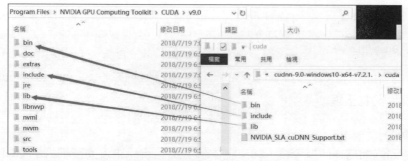

圖 2-12 安裝 cuDNN 函數庫

2.4.4 在 Linux 中安裝 cuDNN

這裡介紹兩種安裝方法：自動安裝與手動安裝。

自動安裝比較簡單。不過由於 Linux 系統組態過於靈活，在某種特定的環境下，有可能會失敗。而手動安裝相對麻煩，但是不會出現失敗問題。

（1）自動安裝。

使用自動安裝時，需要下載 Deb 安裝套件。如圖 2-13 所示，一定要選擇開發函數庫（Developer Library）的安裝套件，而不能選擇執行階段函式庫（Runtime Library）的安裝套件。

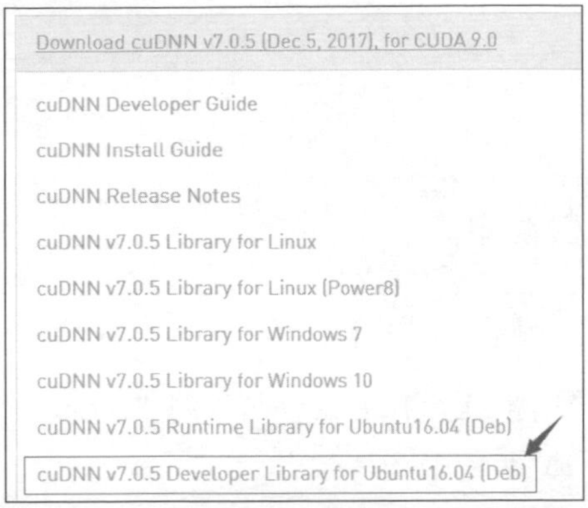

圖 2-13 選擇 cuDNN

下載完之後，輸入以下指令即可進行安裝：

```
sudo dpkg -i libcudnn7_7.0.5.15-1+cuda9.0_amd64.deb
sudo apt-get update
sudo apt-get install libcudnn7-dev
```

（2）手動安裝。

手動安裝的方法與 Windows 中的安裝方法十分類似，需要直接下載 cuDNN 的
"Library for Linux" 安裝套件，並將安裝套件裡的檔案手動複製到指定路徑即
可。以下載一個 CUDA 9.0 版本的 cuDNN 7.2.1 安裝套件為例，實際操作如下。

> **提示**
>
> 在 GitHub 上發佈的 TensorFlow 新版本説明中用到的 cuDNN 版本，有時會在
> NVIDIA 官網上找不到。舉例來說，TensorFlow1.11.0 版本使用的是 cuDNN
> 7.2.1，而在 NVIDIA 的官方網站上找不到 CUDA 9.0 版本的 cuDNN 7.2.1 下載
> 連結，只有 CUDA9.2 版本的 cuDNN 7.2.1。這時，可以將 9.2 版本對應的連
> 結（如圖 2-14 所示）複製下來，獲得以下網址：
>
> https://developer.nvidia.com/compute/machine-learning/cudnn/secure/v7.2.1/
> prod/9.2_20180806/cudnn-9.2-linux-x64-v7.2.1.38
>
> 手動將 9.2 全部變成 9.0，一樣可以下載。改後的網址如下：
>
> https://developer.nvidia.com/compute/machine-learning/cudnn/secure/v7.2.1/
> prod/9.0_20180806/cudnn-9.0-linux-x64-v7.2.1.38

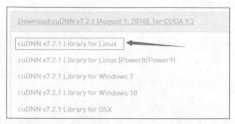

圖 2-14　下載 cuDNN 函數庫在 Linux 系統中的安裝套件

點擊圖 2-14 中箭頭所指的連結，會將 "cudnn-9.0-linux-x64-v7.2.1.38.jigsawpuzzle8" 檔案下載到本機。

下載完成後，將 "cudnn-9.0-linux-x64-v7.2.1.38.jigsawpuzzle8" 檔案的副檔名改為 zip 並解壓縮，會獲得一個 cudnn-9.0-linux-x64-v7.2.1.38 檔案。再繼續將該檔案的副檔名改為 zip 並解壓縮，會獲得真正的 cuDNN 函數庫檔案，如圖 2-15 所示。

將其中的內容全部複製到 Linux 系統中 cuda-9.0 安裝目標中對應的資料夾裡，如圖 2-16 所示。

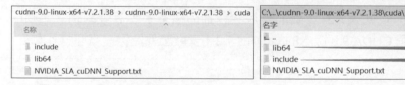

圖 2-15　cuDNN 解壓縮後的內容　　　　　圖 2-16　複製 cuDNN

當複製完成後，還要對函數庫檔案的權限進行修改。可以使用以下指令：

```
sudo chmod a+r /usr/local/cuda-9.0/include/cudnn.h /usr/local/cuda-9.0/lib64/libc udnn*
```

2.4.5　常見錯誤及解決方案

安裝好 TensorFlow 的 GPU 版及搭配的軟體套件後，在執行 TensorFlow 的程式時有時會出現 Numpy 函數庫衝突的情況，如圖 2-17 所示。

出現這種情況是因為本機 Numpy 函數庫的版本與 TensorFlow 所依賴的版本函數庫不相容。可以先將其移除，再重新安裝一次 TensorFlow 即可。實際指令如下：

```
conda uninstall numpy                       # 移除目前的 Numpy 函數庫
pip install tensorflow-gpu==1.13.1          # 重新安裝 TensorFlow
```

```
ModuleNotFoundError: No module named
'numpy.core._multiarray_umath'

Traceback (most recent call last):

  File "<frozen importlib._bootstrap>", line 968, in
_find_and_load

SystemError: <class '_frozen_importlib._ModuleLockManager'>
returned a result with an error set

ImportError: numpy.core._multiarray_umath failed to import

ImportError: numpy.core.umath failed to import
```

圖 2-17　Numpy 函數庫衝突

在重新安裝 TensorFlow 時，系統會重新下載符合的 Numpy 函數庫並進行安裝。待安裝完成之後，重新啟動 Anaconda 中的 Spyder 編譯器，即可正常執行 TensorFlow 的程式。

2.5　測試顯示卡的常用指令

這裡介紹幾個小指令，它可以幫助讀者定位在安裝過程產生的問題。

1 用 nvidia-smi 指令檢視顯示卡資訊

nvidia-smi 指的是 NVIDIA System Management Interface。該指令用於檢視顯示卡的資訊及執行情況。

（1）在 Windows 系統中使用 nvidia-smi 指令。

在安裝完成 NVIDIA 顯示卡驅動之後，對於 Windows 使用者而言，DOS 視窗中還無法識別 nvidia-smi 指令，需要將相關環境變數增加進去。如將 NVIDIA 顯示卡驅動安裝在預設位置，則 nvidia-smi 指令所在的完整路徑是：

```
C:\Program Files\NVIDIA Corporation\NVSMI
```

將上述路徑增加進 Path 系統環境變數中。之後在 DOS 視窗中執行 nvidia-smi 指令，可以看到如圖 2-18 所示介面。

圖中第 1 行是作者的驅動資訊，第 3 行是顯示卡資訊 "GeForce GTX 1070"，第 4 行和第 5 行是目前使用顯示卡的處理程序。

如果這些資訊都存在，則表示目前的安裝是成功的。

圖 2-18 Windows 系統的顯示卡資訊

提示

在安裝 CUDA 時，建議本機 NVIDIA 的顯示卡驅動更新到最新版本。不然在執行 nvidia-smi 指令時有可能出現以下錯誤：

C:\Program Files\NVIDIA Corporation\NVSMI>nvidia-smi.exe
NVIDIA-SMI has failed because it couldn't communicate with the NVIDIA driver. Make sure that the latest NVIDIA driver is installed and running. This can also be happening if non-NVIDIA GPU is running as primary display, and NVIDIA GPU is in WDDM mode.

該錯誤表明本機 NVIDIA 的顯示卡驅動版本過舊，不支援目前的 CUDA 版本。將驅動更新之後再執行 "nvidia-smi" 指令即可恢復正常。

（2）在 Linux 系統中使用 "nvidia-smi" 指令。

在 Linux 系統中，可以透過在命令列裡輸入 "nvidia-smi" 來顯示顯示卡資訊，顯示的資訊如圖 2-19 所示。

圖 2-19 Linux 系統的顯示卡資訊

提示

還可以用 "nvidia-smi -l" 指令即時檢視顯示卡狀態。

---

2 檢視 CUDA 的版本

在裝完 CUDA 之後，可以透過以下指令來檢視實際的版本：

```
nvcc -V
```

在 Windows 與 Linux 系統中的操作都一樣，直接在命令列裡輸入指令即可，如圖 2-20 所示。

圖 2-20 檢視 CUDA 版本

3 檢視 cuDNN 的版本

在裝完 cuDNN 之後，可以透過檢視 include 資料夾下的 cudnn.h 檔案的程式找到實際的版本：

（1）在 Windows 系統中檢視 cuDNN 版本。

在 Windows 系統中找到 CUDA 安裝路徑下的 include 資料夾，開啟 cudnn.h 檔案，在裡面如果找到以下程式，則代表目前是 7 版本。

```
#define CUDNN_MAJOR 7
```

（2）在 Linux 系統中檢視 cuDNN 版本。

在 Linux 系統中，預設的安裝路徑是 "/usr/local/cuda/include/cudnn.h"，在該路徑下開啟檔案即可檢視。

也可以使用以下指令：

```
root@user-NULL:~# cat /usr/local/cuda/include/cudnn.h | grep CUDNN_MAJOR -A 2
```

顯示內容如圖 2-21 所示。

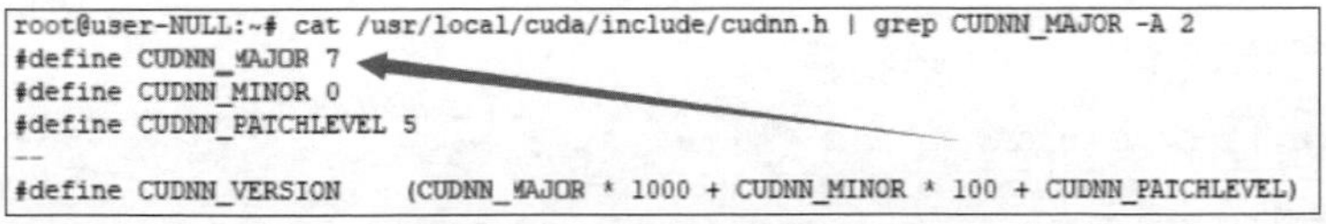

圖 2-21 檢視 cuDNN 版本

在 Linux 和 MAC 系統中的安裝方法可以參考以下網址：

```
http://www.tensorfly.cn/tfdoc/get_started/os_setup.html
```

2.6 TensorFlow 1.x 版本與 2.x 版本共存的解決方案

由於 TensorFlow 架構的 1.x 版本與 2.x 版本差異較大。在 1.x 版本上實現的專案，有些並不能直接執行在 2.x 版本上。而新開發的專案推薦使用 2.x 版本。這就需要解決 1.x 版本與 2.x 版本共存的問題。

如用 Anaconda 軟體建立虛擬環境的方法，則可以在同一個主機上安裝不同版本的 TensorFlow。

1 檢視 Python 虛擬環境及 Python 的版本

在裝完 Anaconda 軟體之後，預設會建立一個虛擬環境。該虛擬環境的名字是 "base" 是目前系統的執行主環境。可以用 "conda info --envs" 指令進行檢視。

（1）在 Linux 系統中檢視所有的 Python 虛擬環境。

以 Linux 系統為例，檢視所有的 Python 虛擬環境。實際指令如下：

(base) root@user-NULL:~# conda info --envs 該指令執行後，會顯示以下內容：

```
# conda environments:
#
base                 *  /root/anaconda3
```

在顯示結果中可以看到，目前虛擬環境的名字是 "base"，是 Anaconda 預設的 Python 環境。

（2）在 Linux 系統中檢視目前 Python 的版本

可以透過 "python --version" 指令檢視目前 Python 的版本。實際指令如下：

```
(base) root@user-NULL:~# python --version
```

執行該指令後會顯示以下內容：

```
Python 3.6.4 :: Anaconda, Inc.
```

在顯示結果中可以看到，目前 Python 的版本是 3.6.4。

2 建立 Python 虛擬環境

建立 Python 虛擬環境的指令是 "conda create"。在建立時，應指定好虛擬環境的名字和需要使用的版本。

（1）在 Linux 系統中建立 Python 虛擬環境。

下面以在 Linux 系統中建立一個 Python 版本為 3.6.4 的虛擬環境為例（在 Windows 系統中，建立方法完全一致）。實際指令如下：

```
(base) root@user-NULL:~# conda create --name tf2 python=3.6.4
```

該指令建立一個名為 "tf2" 的 Python 虛擬環境。實際步驟如下：

① 在建立過程中會提示是否安裝對應軟體套件，如圖 2-22 所示。輸入 "Y"，則下載及安裝軟體套件。

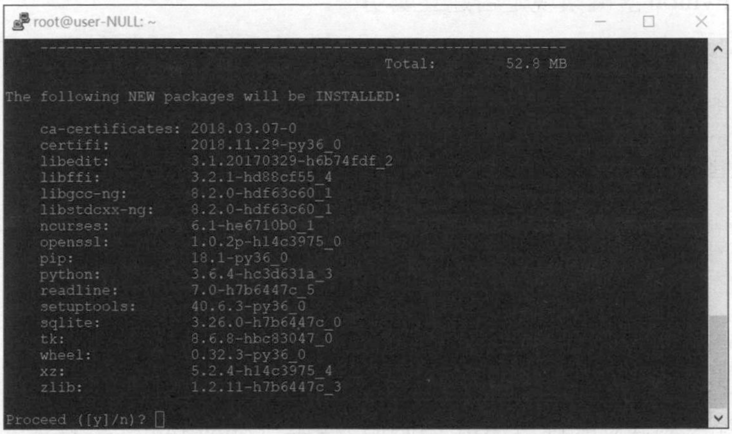

圖 2-22　提示是否安裝對應的軟體套件

② 安裝完軟體套件後，系統將自動進行其他設定。如果出現如圖 2-23 所示的介面，則表示建立 Python 虛擬環境成功。

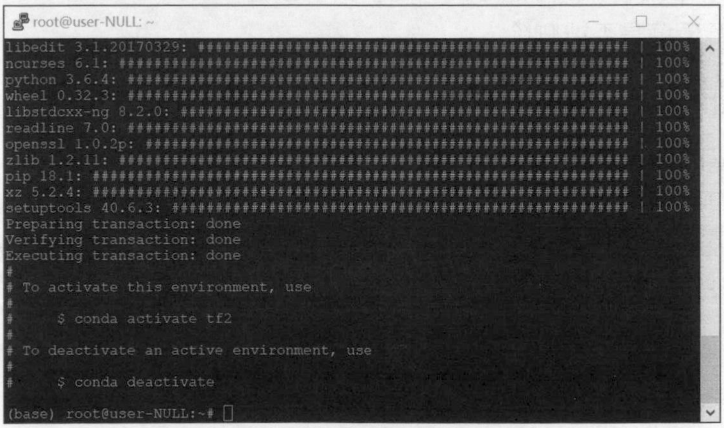

圖 2-23　Python 虛擬環境建立成功

在圖 2-23 中顯示了使用虛擬環境的指令：

```
conda activate tf2                    # 將虛擬環境 tf2 作為目前的 Python 環境
conda deactivate                      # 使用預設的 Python 環境
```

> **提示**
>
> 在 Windows 中，啟動和取消啟動虛擬環境的指令如下：
> activate tf2
> deactivate

（2）檢查 Python 虛擬環境是否建立成功。

再次輸入 "conda info --envs" 指令，檢視所有的 Python 虛擬環境。實際指令如下：

```
(base) root@user-NULL:~# conda info -envs
該指令執行後，會顯示以下內容：# conda environments:
#
base                    *  /root/anaconda3
tf2                        /root/anaconda3/envs/tf2
```

可以看到，相比 2.6 節，虛擬環境中多了一個 "tf2"，表示建立成功。

（3）刪除 Python 虛擬環境。

如果想刪除已經建立的虛擬環境，則可以使用 "conda remove" 指令。實際指令如下：

```
(base) root@user-NULL:~# conda remove --name tf2 --all
```

該指令執行後沒有任何顯示。可以再次透過 "conda info --envs" 指令檢視 Python 虛擬環境是否被刪除。

3 在 Python 虛擬環境中安裝 TensorFlow

啟動新建立的虛擬環境 "tf2"，然後按照 2.3 節中介紹的方法安裝 TensorFlow。實際指令如下：

```
(base) root@user-NULL:~# conda activate tf2                啟動 tf2 虛擬環境
(tf2) root@user-NULL:~# pip install tf-nightly-2.0-preview  安裝 TensorFlow 2.0 版
```

實例 1：用 AI 模型識別影像是桌子、貓、狗，還是其他

本章用訓練好的模型去識別影像，讓讀者對模型的應用有一個直觀的感受。

> **實例描述**
>
> 用程式載入一個訓練好的 AI 模型。呼叫該模型，讓其對輸入的任意圖片進行分類識別，並觀察識別結果。

本實例使用的是在 ImgNet 資料集上訓練好的 PNASNet 模型。PNASNet 模型是一個很優秀的圖片識別模型，可以識別出 1000 種類別的物體。

3.1 準備程式環境並預訓練模型

本實例要用到 TensorFlow 1.x 版本的 TF-slim 介面。在實際操作之前，需要確保本機已經安裝了 TensorFlow 1.x 版本。

> **提示**
>
> 本書的程式環境以 TensorFlow 1.13.1 版本為主。因為 TensorFlow 2.x 版本的程式是基於 TensorFlow 1.13.1 轉化而來。TensorFlow 1.13.1 版本可以部分支援 TensorFlow 2.0 版本的程式，詳情可見 4.9.4 小節的實例。
>
> 在本書中基於 TensorFlow 其他版本（例如：2.x 版本）的實例會有特殊説明。建議讀者按照 2.6 節內容在本機建立一個虛擬環境，實現 TensorFlow 1.x 與 2.x 兩個版本共存。

1 下載 TensorFlow 的 models 模組

models 模組中有許多成熟模型，可以直接拿來使用。在專案中，用 models 模組進行延伸開發可以大幅提升工作效率。

models 模組獨立於 TensorFlow 專案，在使用時需要額外下載。下載網址如下：

`https://github.com/tensorflow/models/`

開啟上述的網址連結，可以將 models 模組的原始程式下載到本機。

提示

下載 models 模組的原始程式，可以手動直接下載，也可以使用 Git 工具進行下載。Git 工具的使用方法見 13.5.5 小節「（1）下載 models 程式」中的介紹。

---

2 部署 TensorFlow 的 slim 模組

將下載的 models 模組解壓縮之後，將其 \models-master\research 路徑下的 slim 資料夾（如圖 3-1 所示），複製到本機程式的同級路徑下。

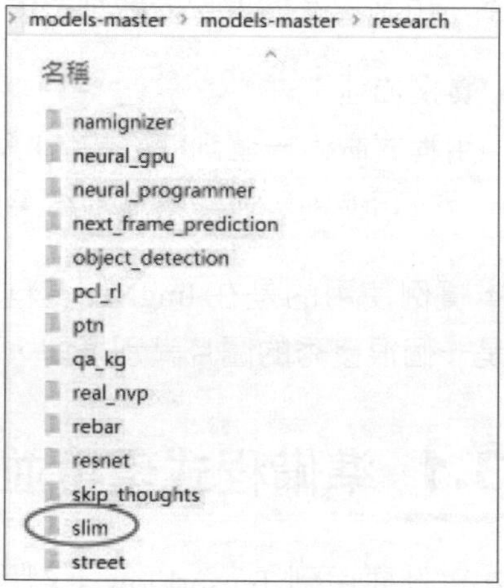

在 slim 資料夾中，有許多成熟模型的程式實現。這些程式都是使用 TF-slim 介面來實現的。TF-slim 介面是 TensorFlow 1.0 之後推出的新的輕量級進階 API。該介面將很多常見的 TensorFlow 函數做了二次封裝，使程式變得更加簡潔。

圖 3-1 slim 模組的路徑

本實例將使用 slim 資料夾中的 PNASNet 模型。

提示

本書以 TF-slim 介面的應用作為第一個實例，意在讓熟悉 TensorFlow 1.x 版本的讀者更容易上手，可以快速進入學習狀態。

在 TensorFlow 1.x 版本中，TF-slim 介面非常穩定、實用，適用用於開發處理影像方面的模型。但在 TensorFlow 2.x 版本中，TF-slim 介面被邊緣化了。

如果讀者已經用 TF-slim 介面開發了部分專案，建議一直在 TensorFlow 1.x 版本中執行。

如果要開發新的模型，則建議少用 TF-slim 介面。推薦使用 tf.keras 介面（見 6.1.6 小節）。該介面可以相容 TensorFlow 1.x 與 2.x 兩個版本。

---

3 下載 PNASNet 模型

（1）造訪以下網站，下載訓練好的 PNASNet 模型：

```
https://github.com/tensorflow/models/tree/master/research/slim
```

開啟該連結後，可以在網頁中找到模型檔案 "pnasnet-5_large_2017_12_13.tar.gz" 的下載網址，如圖 3-2 所示。

VGG 16	Code	vgg_16_2016_08_28.tar.gz	71.5	89.8
VGG 19	Code	vgg_19_2016_08_28.tar.gz	71.1	89.8
MobileNet_v1_1.0_224	Code	mobilenet_v1_1.0_224.tgz	70.9	89.9
MobileNet_v1_0.50_160	Code	mobilenet_v1_0.50_160.tgz	59.1	81.9
MobileNet_v1_0.25_128	Code	mobilenet_v1_0.25_128.tgz	41.5	66.3
MobileNet_v2_1.4_224^*	Code	mobilenet_v2_1.4_224.tgz	74.9	92.5
MobileNet_v2_1.0_224^*	Code	mobilenet_v2_1.0_224.tgz	71.9	91.0
NASNet-A_Mobile_224#	Code	nasnet-a_mobile_04_10_2017.tar.gz	74.0	91.6
NASNet-A_Large_331#	Code	nasnet-a_large_04_10_2017.tar.gz	82.7	96.2
PNASNet-5_Large_331	Code	pnasnet-5_large_2017_12_13.tar.gz	82.9	96.2

圖 3-2　PNASNet 模型的下載頁面

（2）將預訓練模型下載到本機並進行解壓縮，獲得如圖 3-3 所示的檔案結構。

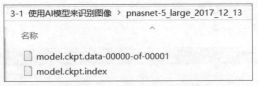

圖 3-3　PNASNet 模型檔案

（3）將整個 pnasnet-5_large_2017_12_13 資料夾放到本機程式的同級目錄下。

> **提示**
>
> 在圖 3-2 中可以看到，除本實例要用的 PNASNet 模型外，還有好多其他的模型。其中倒數第 4 行的 mobilenet_v2_1.0_224.tgz 模型也是比較常用的。該模型體積小、運算快，常用在行動裝置中。

4 準備 ImgNet 資料集標籤

預訓練模型 PNASNet 是在 ImgNet 資料集上訓練好的。在用該模型進行分類時，還需要配合與其對應的標籤檔案一起使用。在 slim 資料夾中，將獲得標籤檔案的操作封裝到了程式裡，在使用時直接呼叫即可。

將預訓練模型檔案、slim 資料夾、程式檔案、中文標籤都準備好後，目錄結構如圖 3-4 所示。

在圖 3-4 中有三個圖片檔案 "72.jpg"、"hy.jpg"、"ps.jpg"，它們是用來測試的圖片，讀者可以將其取代為自己所要識別的檔案。

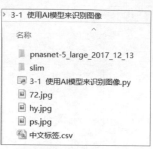

圖 3-4 實例 1 檔案結構

3.2 程式實現：初始化環境變數，並載入 ImgNet 標籤

首先將本機的 slim 資料夾作為參考函數庫路徑載入系統的環境變數裡，然後載入 ImgNet 標籤並顯示出來。

程式 3-1 用 AI 模型識別影像

```
01   import sys                                          # 初始化環境變數
02   nets_path = r'slim'
03   if nets_path not in sys.path:
04       sys.path.insert(0,nets_path)
05   else:
06       print('already add slim')
07
08   import tensorflow as tf                              # 引用模組
09   from PIL import Image
10   from matplotlib import pyplot as plt
11   from nets.nasnet import pnasnet
12   import numpy as np
13   from datasets import imagenet
14   slim = tf.contrib.slim
15
16   tf.reset_default_graph()
17
18   image_size = pnasnet.build_pnasnet_large.default_image_size # 獲得圖片的尺寸
```

```
19   labels = imagenet.create_readable_names_for_imagenet_labels() # 獲得標籤
20   print(len(labels),labels)                                    # 顯示輸出標籤
21
22   def getone(onestr):
23       return onestr.replace(',',' ')
24
25   with open(' 中文標籤 .csv','r+') as f:                        # 開啟檔案
26       labels =list( map(getone,list(f))  )
27       print(len(labels),type(labels),labels[:5])             # 輸出中文標籤
```

在程式中讀取了英文和中文兩種標籤，並將其輸出。程式執行後，輸出結果如下：

```
1001 {0: 'background', 1: 'tench, Tinca tinca', 2: 'goldfish, Carassius
auratus', 3: 'great white shark, white shark, man-eater, man-eating shark,
Carcharodon carcharias', 4: 'tiger shark, Galeocerdo cuvieri', 5: 'hammerhead,
hammerhead shark',……,994: 'gyromitra', 995: 'stinkhorn, carrion fungus', 996:
'earthstar', 997: 'hen-of-the-woods, hen of the woods, Polyporus frondosus,
Grifola frondosa', 998: 'bolete', 999: 'ear, spike, capitulum', 1000: 'toilet
tissue, toilet paper, bathroom tissue'}
1001 <class 'list'> [' 背景 known  \n', ' 丁鯛  \n', ' 金魚  \n', ' 大白鯊  \n',
' 虎鯊  \n']
```

結果中一共輸出了兩行資訊：第 1 行是英文標籤，第 2 行是中文標籤。

3.3 程式實現：定義網路結構

定位網路結構的步驟如下：

（1）定義預留位置 input_imgs，用於輸入待識別的圖片（見程式第 32 行）。

（2）對預留位置進行歸一化處理，產生張量 x1。

（3）將張量 x1 傳入 pnasnet 物件的 build_pnasnet_large 方法中，產生處理結果 logits 與 end_points。其中 end_points 是字典類型，裡面是模型輸出的實際結果。

（4）從字典 end_points 中取出關鍵字 "Predictions" 所對應的值 prob。prob 是一個包含 1000 個元素的陣列，陣列中的元素表示被預測圖片在這 1000 個分類中的機率。

（5）用 tf.argmax 函數在陣列 prob 中找到數值最大的索引，該索引便是該圖片的分類。

實際程式如下：

程式 3-1 用 AI 模型識別影像（續）

```
28    sample_images = ['hy.jpg', 'ps.jpg','72.jpg']    # 定義待測試圖片的名稱
29
30    input_imgs = tf.placeholder(tf.float32, [None, image_size,image_size,3])
      # 定義預留位置
31
32    x1 = 2 *( input_imgs / 255.0)-1.0                 # 歸一化圖片
33
34    arg_scope = pnasnet.pnasnet_large_arg_scope()    # 獲得模型的命名空間
35    with slim.arg_scope(arg_scope):
36        logits, end_points = pnasnet.build_pnasnet_large(x1,num_classes =
                              1001, is_training=False)
37        prob = end_points['Predictions']
38        y = tf.argmax(prob,axis = 1)                  # 獲得結果的輸出節點
```

程式第 28 行指定了待識別圖片的名稱。如果想識別自己的圖片，直接修改這裡的圖片名稱即可。

在程式第 34 行中，arg_scope 是命名空間的意思。在 TensorFlow 中，相同名稱的不同張量是透過命名空間來標識的。

3.4 程式實現：載入模型進行識別

本節的程式步驟如下：

（1）定義要載入的預訓練模型的路徑。
（2）建立階段。
（3）在階段中載入預訓練模型。
（4）將圖片輸入預訓練模型進行識別。

實際程式如下：

程式 3-1 用 AI 模型識別影像（續）

```
39    checkpoint_file = r'pnasnet-5_large_2017_12_13\model.ckpt'
      # 定義預訓練模型的路徑
40    saver = tf.train.Saver()                          # 定義 saver，用於載入模型
41    with tf.Session() as sess:                        # 建立階段
```

```
42        saver.restore(sess, checkpoint_file)      # 載入模型
43
44        def preimg(img):                           # 定義圖片前置處理函數
45            ch = 3
46            if img.mode=='RGBA':                   # 相容 RGBA 圖片
47                ch = 4
48
49            imgnp = np.asarray(img.resize((image_size,image_size)),
50                        dtype=np.float32).reshape(image_size,image_size,ch)
51            return imgnp[:,:,:3]
52
53        # 獲得原始圖片與前置處理圖片
54        batchImg = [ preimg( Image.open(imgfilename) ) for imgfilename in
                        sample_images ]
55        orgImg = [ Image.open(imgfilename) for imgfilename in sample_images ]
56        # 輸入模型
57        yv,img_norm = sess.run([y,x1], feed_dict={input_imgs: batchImg})
58
59        print(yv,np.shape(yv))                      # 輸出結果
60        def showresult(yy,img_norm,img_org):        # 定義顯示圖片的函數
61            plt.figure()
62            p1 = plt.subplot(121)
63            p2 = plt.subplot(122)
64            p1.imshow(img_org)                      # 顯示圖片
65            p1.axis('off')
66            p1.set_title("organization image")
67
68            p2.imshow((img_norm * 255).astype(np.uint8))  # 顯示圖片
69            p2.axis('off')
70            p2.set_title("input image")
71
72            plt.show()
73            print(yy,labels[yy])
74
75        for yy,img1,img2 in zip(yv,batchImg,orgImg):  # 顯示每條結果及圖片
76            showresult(yy,img1,img2)
```

在 TensorFlow 的靜態圖中，執行模型時有一個「圖」的概念。在本實例中，原始的網路結構會在靜態圖中定義好，接著透過建立一個階段（見程式第 41 行）讓目前程式與靜態圖連接起來，然後呼叫 sess 中的 run 函數將資料登錄靜態圖中並傳回結果，進一步實現圖片的識別。

在進行模型識別之前，所有的圖片都要統一成固定大小（見程式第 49 行），並進行歸一化處理（見程式第 32 行）。這個過程被叫作圖片前置處理。將經過前置處理後的圖片放到模型中，才能夠獲得準確的結果。

程式執行後，輸出以下結果：

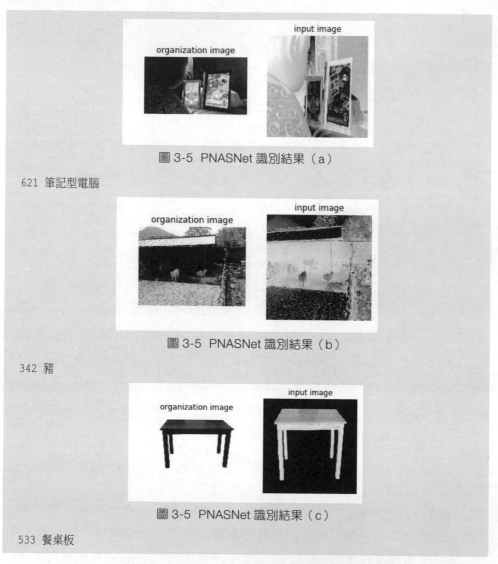

圖 3-5　PNASNet 識別結果（a）

621 筆記型電腦

圖 3-5　PNASNet 識別結果（b）

342 豬

圖 3-5　PNASNet 識別結果（c）

533 餐桌板

結果一共顯示了 3 幅圖和 3 段文字。每幅圖片下一列的文字是模型識別出來的結果。在每幅圖中，左側是原始圖片，右側是前置處理後的圖片。

3.5 擴充：用更多預訓練模型完成圖片分類工作

在本書的搭配資源中提供了一個用 NASNet-Mobile 模型來識別影像的實例（詳見程式檔案「3-2　用 nasnet-mobile 模型識別影像 .py」），有興趣的讀者可以自行研究。

還可以在 tf.keras 介面中使用預訓練模型（見 6.7.9 小節的實例）。用 tf.keras 介面撰寫的程式可以直接執行在 TensorFlow 1.x 版本和 2.x 版本中。用 tf.keras 介面撰寫程式是 TensorFlow 2.x 版本主推的程式撰寫方式。其實現起來更為簡潔，可以使程式量大幅減少，比 TF-slim 介面還要方便。

第二篇　基礎

透過本篇的學習，讀者可以掌握用 TensorFlow 開發實際專案的一些基本操作。掌握這些操作之後，讀者便可以把精力重點放在模型的開發上。

▶ 第 4 章　用 TensorFlow 製作自己的資料集
▶ 第 5 章　10 分鐘快速訓練自己的圖片分類模型
▶ 第 6 章　用 TensorFlow 撰寫訓練模型的程式

04

用 TensorFlow 製作
自己的資料集

本章來學習資料集的建立和使用。其中，建立部分包含將記憶體物件、檔案物件、TFRecord 物件、Dataset 物件製作成資料集；使用部分包含用產生器、佇列、TFRecorder、Dataset 反覆運算器等方法從資料集中讀取資料。

4.1 快速導讀

在學習實例之前，有必要了解一下資料集的基礎知識。

4.1.1 什麼是資料集

資料集是樣本的集合。深度學習離不了樣本的學習。在用 TensorFlow 架構開發深度學習模型之前，需要為模型準備好資料集。在訓練模型環節，程式需要從資料集中不斷地將資料植入模型中，模型透過對植入資料的計算來學習特徵。

1 TensorFlow 的資料集格式

TensorFlow 中有 4 種資料集格式：

- 記憶體物件資料集：直接用字典變數 feed_dict，透過植入模式向模型輸入資料。該資料集適用於少量的資料集輸入。
- TFRecord 資料集：用佇列式管線（tfRecord）向模型輸入資料。該資料集適用於大量的資料集輸入。
- Dataset 資料集：透過效能更高的輸入管線（tf.data）向模型輸入資料。該資料集適用於 TensorFlow 1.4 之後的版本。

- tf.keras 介面資料集：支援 tf.keras 語法的資料集介面。該資料集適用於 TensorFlow 1.4 之後的版本。

2 學習建議

本章會透過多個實例介紹前 3 種資料集的使用方法。建議讀者：

- 簡單了解前兩種資料集（記憶體物件資料集、TFRecord 資料集）的使用方法，達到能讀懂程式的程度即可。
- 重點掌握第 3 種資料集（Dataset 資料集）。在 TensorFlow 2.x 之後，主要推薦使用 Dataset 資料集。
- tf.keras 介面資料集對資料前置處理的一些方法進行了封裝，並整合了許多常用的資料集，這些資料集都有對應的載入函數，可以直接呼叫它們。所以，這種資料集使用起來非常方便。

4.1.2 TensorFlow 的架構

資料集的使用方法，跟架構的模式有關。在 TensorFlow 中，大致可以分為 5 種架構。

- 靜態圖架構：是一種「定義」與「執行」相分離的架構，是 TensorFlow 最原始的架構，也是最靈活的架構。定義的張量，必須要在階段（session）中呼叫 run 方法才可以獲得其實際值。
- 動態圖架構：更符合 Python 語言的架構。即在程式被呼叫的同時，便開始計算實際值，不需要再建立階段來執行程式。
- 估算器架構：是一個整合了常用操作的進階 API。在該架構中進行開發，程式更為簡單。
- Keras 架構：是一個支援 Keras 介面的架構。
- Swift 架構：是一個可以在蘋果系統中使用 Swift 語言開發 TensorFlow 模型的架構，使用了動態圖機制。

本章重點說明的是資料集的製作。為了配合資料集，還需要用到架構方面的知識。靜態圖架構是 TensorFlow 中最早的架構，也是最基礎的架構，本書中的大多實例都是以該架構實現為基礎的。當然，在少數實例中也會使用其他架構。每個架構的實際使用方法，會伴隨實例進行詳細說明。

另外，Swift 架構不在本書的介紹範圍之內。有興趣的讀者可以在以下連結中
找到相關資料自行研究：

```
https://github.com/tensorflow/swift
```

4.1.3 什麼是 TFDS

TFDS 是 TensorFlow 中的資料集集合模組。該模組將常用的資料集封裝起來，
實現自動下載與統一的呼叫介面，為開發模型提供了便利。

1 安裝 TFDS

TFDS 模組要求目前的 TensorFlow 版本在 1.12 或 1.12 之上。在滿足這個條件
之後，可以使用以下指令進行安裝：

```
pip install tensorflow-datasets
```

2 用 TFDS 載入資料集

在裝好 TFDS 模組後，可以撰寫程式從該模組中載入資料集。以 MNIST 資料
集為例，實際程式如下：

```
import tensorflow_datasets as tfds
tf.enable_eager_execution()          # 啟動動態圖
print(tfds.list_builders())          # 檢視有效的資料集
ds_train, ds_test = tfds.load(name="mnist", split=["train", "test"]) # 載入資料集
ds_train = ds_train.shuffle(1000).batch(128).prefetch(10)
# 用 tf.data.Dataset 介面加工資料集
for features in ds_train.take(1):
  image, label = features["image"], features["label"]
```

在上面程式中，用 **tfds.load** 方法實現資料集的載入。還可以用 **tfds.builder** 方法
實現更靈活的操作。實際可以參考以下連結：

```
https://github.com/tensorflow/datasets
https://www.tensorflow.org/datasets/api_docs/python/tfds
```

在該連結中還介紹了 **tfds.as_numpy** 方法，該方法會將資料集以產生器物件的
形式進行傳回，該產生器物件的類型為 Numpy 陣列。更多應用請參考 6.6 節
實例。

3 在 TFDS 中增加自訂資料集

TFDS 模組還支援自訂資料集的增加。實際方法可以參考以下連結：

```
https://github.com/tensorflow/datasets/blob/master/docs/add_dataset.md
```

4.2 實例 2：將模擬資料製作成記憶體物件資料集

本實例將用記憶體中的模擬資料來製作成資料集。產生的資料集被直接儲存在 Python 記憶體物件中。這種做法的好處是——讓資料集的製作獨立於任何架構。

當然，由於本實例沒有使用 TensorFlow 中的任何架構，所以，所有需要特徵轉換的程式都得手動撰寫，這會增加很大的工作量。

> **實例描述**
>
> 產生一個模擬 $y \approx 2x$ 的資料集，並透過靜態圖的方式顯示出來。

為了示範一套完整的操作，在產生資料集之後，還要在靜態圖中建立階段，將資料顯示出來。本實例的實現步驟如下：

（1）產生模擬資料。
（2）定義預留位置。
（3）建立階段（session），取得並顯示模擬資料。
（4）將模擬資料視覺化。
（5）執行程式。

4.2.1 程式實現：產生模擬資料

在樣本製作過程中，最忌諱的是一次性將資料都放入記憶體中。如果資料量很大，這樣容易造成記憶體用盡。即使是模擬資料，也不建議一次性將資料全部產生後一次放入記憶體。

一般常用的做法是：

（1）建立一個模擬資料產生器。
（2）每次只產生指定批次的樣本（見 4.2.2 小節）。

這樣在反覆運算過程中，就可以用「隨用隨製作」的方式來獲得樣本資料。

下面定義 GenerateData 函數來產生模擬資料，並將 GenerateData 函數的傳回值設為產生器方式。這種做法使記憶體被佔用得最少。實際程式如下：

```
程式 4-1 將模擬資料製作成記憶體物件資料集
01    import tensorflow as tf
02    import numpy as np
03    import matplotlib.pyplot as plt
04
05    # 在記憶體中產生模擬資料
06    def GenerateData(batchsize = 100):
07        train_X = np.linspace(-1, 1, batchsize) # 產生 -1～1 之間的 100 個浮點數
08        train_Y = 2 * train_X + np.random.randn(*train_X.shape) * 0.3
          #y=2x，但是加入了雜訊
09        yield train_X, train_Y                  # 以產生器的方式傳回
```

程式第 9 行，用關鍵字 yield 修飾函數 GenerateData 的傳回方式，使得函數
GenerateData 以產生器的方式傳回資料。產生器物件只使用一次，之後便會自
動銷毀。這樣做可以為系統節省大量的記憶體。

4.2.2 程式實現：定義預留位置

在正常的模型開發中，這個環節應該是定義預留位置和網路結構。在訓練模型
時，系統會將資料集的輸入資料用預留位置來代替，並使用靜態圖的植入機制
將輸入數據傳入模型，進行反覆運算訓練。

因為本實例只需要從資料集中取得資料，所以只定義預留位置，不需要定義其
他網路節點。實際程式如下：

```
程式 4-1 將模擬資料製作成記憶體物件資料集（續）
10    # 定義模型結構部分，這裡只有預留位置張量
11    Xinput = tf.placeholder("float",(None))     # 定義兩個預留位置，用來接收參數
12    Yinput = tf.placeholder("float",(None))
```

程式第 11 行的 Xinput 用於接收 GenerateData 函數的 train_X 傳回值。
程式第 12 行的 Yinput 用於接收 GenerateData 函數的 train_Y 傳回值。

4.2.3 程式實現：建立階段，並取得資料

首先定義資料集的反覆運算次數，接著建立階段（session）。在 session 中，
使用了兩層 for 循環：第 1 層是按照反覆運算次數來循環；第 2 層是對
GenerateData 函數傳回的產生器物件進行循環，並將資料列印出來。

因為 GenerateData 函數傳回的產生器物件只有一個元素，所以第 2 層循環也只執行了一次。

程式 4-1 將模擬資料製作成記憶體物件資料集（續）

```
13   # 建立階段，取得並輸出資料
14   training_epochs = 20                          # 定義需要反覆運算的次數
15   with tf.Session() as sess:                    # 建立階段（session）
16       for epoch in range(training_epochs):      # 反覆運算資料集 20 遍
17           for x, y in GenerateData():            # 透過 for 循環列印所有的點
18               xv,yv = sess.run([Xinput,Yinput],feed_dict={Xinput: x,
                 Yinput: y})                        # 透過靜態圖植入的方式傳入資料
19               # 列印資料
20               print(epoch,"| x.shape:",np.shape(xv),"| x[:3]:",xv[:3])
21               print(epoch,"| y.shape:",np.shape(yv),"| y[:3]:",yv[:3])
```

程式第 14 行，定義了資料集的反覆運算次數。這個參數在訓練模型時才會用到。本實例中，變數 training_epochs 代表讀取資料的次數。

4.2.4 程式實現：將模擬資料視覺化

為了使本實例的結果更加直觀，下面把取出的資料以圖的方式顯示出來。實際程式如下：

程式 4-1 將模擬資料製作成記憶體物件資料集（續）

```
22   # 顯示模擬資料點
23   train_data =list(GenerateData())[0]          # 取得資料
24   plt.plot(train_data[0], train_data[1], 'ro', label='Original data')
     # 產生影像
25   plt.legend()                                  # 增加圖例說明
26   plt.show()                                    # 顯示影像
```

影像顯示部分不是本實例重點，讀者了解一下即可。

4.2.5 執行程式

程式執行後，輸出以下結果：

```
0 | x.shape: (100,) | x[:3]: [-1.          -0.97979796 -0.959596  ]
0 | y.shape: (100,) | y[:3]: [-2.0518072 -1.7162607 -1.9215399]
1 | x.shape: (100,) | x[:3]: [-1.          -0.97979796 -0.959596  ]
1 | y.shape: (100,) | y[:3]: [-1.7399402 -1.8851279 -1.8028339]
......
18 | x.shape: (100,) | x[:3]: [-1.          -0.97979796 -0.959596  ]
```

```
18 | y.shape: (100,) | y[:3]: [-2.1623547 -2.1738577 -2.6779299]
19 | x.shape: (100,) | x[:3]: [-1.          -0.97979796 -0.959596  ]
19 | y.shape: (100,) | y[:3]: [-2.2008154 -1.9220618 -1.3616668]
```

程式循環執行了 20 次，每次都會產生 100 個 x 與 y 對應的資料。

輸出結果的第 1、2 行可以看到，在第 1 次循環時，取出了 x 與 y 的內容。每行資料的內容被 "|" 符號被分割成三段，依次為：反覆運算次數、資料的形狀、前 3 個元素的值。

同時，程式又產生了資料的視覺化結果，如圖 4-1 所示。

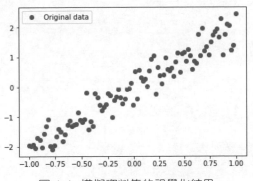

圖 4-1　模擬資料集的視覺化結果

4.2.6　程式實現：建立帶有反覆運算值並支援亂數功能的模擬資料集

下面對本實例的程式做更進一步的最佳化：

（1）將資料集與反覆運算功能綁定在一起，讓程式變得更簡潔。
（2）對資料集進行亂數操作，讓產生的 x 資料無規則。

透過對資料集的亂數，可以消除樣本中無用的特徵，進一步大幅提升模型的泛化能力。下面詳細介紹實作方式方法。

1 修改 GenerateData 函數，產生帶有多個元素的產生器物件，並進行亂數操作

在函數 GenerateData 的定義中傳導入參數 training_epochs，並按照 training_epochs 的循環次數產生帶有多個元素的產生器物件。實際程式如下：

┌───┐
提示

在亂數操作部分使用的是 sklearn.utils 函數庫中的 shuffle 方法。要使用該方法
需要先安裝 sklearn 函數庫。實際指令如下：

```
pip install sklearn
```
└───┘

在本書的 4.4.3 和 4.6.5 小節中，還會介紹一些打亂資料集中樣本順序的方法。

程式 4-2 帶反覆運算的模擬資料集

```
01    import tensorflow as tf
02    import numpy as np
03    import matplotlib.pyplot as plt
04    from sklearn.utils import shuffle          # 匯入 sklearn 函數庫
05
06    # 在記憶體中產生模擬資料
07    def GenerateData(training_epochs ,batchsize = 100):
08        for i in range(training_epochs):
09            train_X = np.linspace(-1, 1, batchsize)
              #train_X 是 -1 ～ 1 之間連續的 100 個浮點數
10            train_Y = 2 * train_X + np.random.randn(*train_X.shape) * 0.3
              #y=2x，但是加入了雜訊
11            yield shuffle(train_X, train_Y),i
```

在程式第 8 行，加入了 for 循環，按照指定的反覆運算次數產生了帶有多個元素
的反覆運算器物件。在程式第 11 行，將產生的變數 train_X、train_Y 傳入 shuffle
函數中進行亂數。這樣所得到的樣本 train_X、train_Y 的順序就會被打亂。

2 修改 session 處理過程，直接檢查產生器物件取得資料

在 session 中，用 for 循環來檢查函數 GenerateData 傳回的產生器物件（見程式
第 18 行）。實際程式如下：

程式 4-2 帶反覆運算的模擬資料集（續）

```
12    Xinput = tf.placeholder("float",(None))   # 定義兩個預留位置，用來接收參數
13    Yinput = tf.placeholder("float",(None))
14
15    training_epochs = 20                        # 定義需要反覆運算的次數
16
17    with tf.Session() as sess:                  # 建立階段（session）
18        for (x, y) ,ii in GenerateData(training_epochs):
                                                  # 用一個 for 循環來檢查產生器物件
19            xv,yv = sess.run([Xinput,Yinput],feed_dict={Xinput: x, Yinput: y})
                                                  # 透過靜態圖植入的方式傳入資料
```

```
20        print(ii,"| x.shape:",np.shape(xv),"| x[:3]:",xv[:3])   # 輸出資料
21        print(ii,"| y.shape:",np.shape(yv),"| y[:3]:",yv[:3])
```

3 獲得並視覺化只有一個元素的產生器物件

再次呼叫函數 GenerateData，並傳導入參數 1。函數 GenerateData 會傳回只有一個元素的產生器，產生器中的元素為一個批次的模擬資料。獲得資料後，將其以圖的方式顯示出來。

程式 4-2 帶反覆運算的模擬資料集（續）

```
22    # 顯示模擬資料點
23    train_data =list(GenerateData(1))[0]        # 取得資料
24    plt.plot(train_data[0][0], train_data[0][1], 'ro', label='Original data')
      # 產生影像
25    plt.legend()                           # 增加圖例說明
26    plt.show()                             # 顯示影像
```

程式第 23 行，用函數 GenerateData 傳回了一個產生器物件，該產生器物件具有一個元素。

4 該資料集執行程式

整個程式改好後，執行效果如下：

```
0 | x.shape: (100,) | x[:3]: [-0.8787879   0.97979796  0.8787879 ]
0 | y.shape: (100,) | y[:3]: [-1.4220259   1.4639419   1.8528527]
1 | x.shape: (100,) | x[:3]: [-0.97979796  0.83838385  0.7171717 ]
1 | y.shape: (100,) | y[:3]: [-1.5776895   2.3976982   1.0726162]
......
18 | x.shape: (100,) | x[:3]: [ 0.7777778   1.         -0.03030303]
18 | y.shape: (100,) | y[:3]: [ 1.3839471   1.7204176  -0.62857807]
19 | x.shape: (100,) | x[:3]: [0.8181818   0.01010101  0.61616164]
19 | y.shape: (100,) | y[:3]: [ 2.1516888  -0.2165111   1.3852897]
```

可以看到 x 的資料每次都不一樣，這是與 4.2.4 小節結果的最大區別。原因是，x 的值已經被打亂順序了。這樣的資料訓練模型還會有更好的泛化效果。

> **歸納**
>
> 透過本實例的學習，讀者在掌握基礎的製作模擬資料集方法的同時，更需要記住兩個基礎知識：產生器與亂數。
>
> 產生器語法在 TensorFlow 底層的資料集處理中應用得非常廣泛。在實際應用中，它可以為系統節省很大的記憶體。要學會使用產生器語法。

對資料集進行亂數是深度學習中的重要基礎知識，但很容易被開發者忽略。這一點值得注意。

4.3 實例 3：將圖片製作成記憶體物件資料集

本實例將使用圖片樣本資料來製作成資料集。在資料集的實現中，使用了 TensorFlow 的佇列方式。這樣做的好處是：能充分使用 CPU 的多執行緒資源，讓訓練模型與資料讀取以平行的方式同時執行，進一步大幅提升效率。

實例描述

有一套從 1~9 的手寫圖片樣本。

首先將這些圖片樣本做成資料集，輸入靜態圖中；然後執行程式，將資料從靜態圖中輸出，並顯示出來。

在讀取圖片過程中，最需要考慮的因素是記憶體。如果樣本比較少，則可以採用較簡單的方式——直接將圖片一次性全部輸入系統。如果樣本足夠大，則這種方法會將記憶體全部佔滿，使程式無法執行。

所以，一般建議使用「邊讀邊用」的方式：一次只讀取所需要的圖片，用完後再讀取下一批。這種方式能夠滿足程式正常執行。但是，頻繁的 I/O 讀取操作也會使效能受到影響。

最好的方式是——以佇列的方式進行讀取。即使用至少兩個執行緒平行處理執行：一個執行緒用於從佇列裡取資料並訓練模型，而另外一個執行緒用於讀取檔案放入快取。這樣既確保了記憶體不會被佔滿，又贏得了效率。

4.3.1 樣本介紹

本實例使用的是 MNIST 資料集，該資料集以圖片的形式儲存。在隨書搭配的資源中，找到資料夾為 "mnist_digits_images" 的樣本，並將其複製到本機程式的同級路徑下。

開啟資料夾 "mnist_digits_images" 可以看到 10 個子資料夾，如圖 4-2 所示。

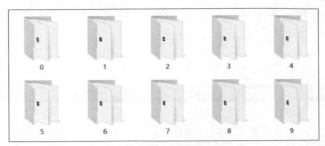

圖 4-2 MNIST 圖片資料夾

每個子資料夾裡放的圖片內容都與該資料夾的名稱一致。舉例來說，開啟名字為 "0" 的資料夾，會看到各種數字是 "0" 的圖片，如圖 4-3 所示。

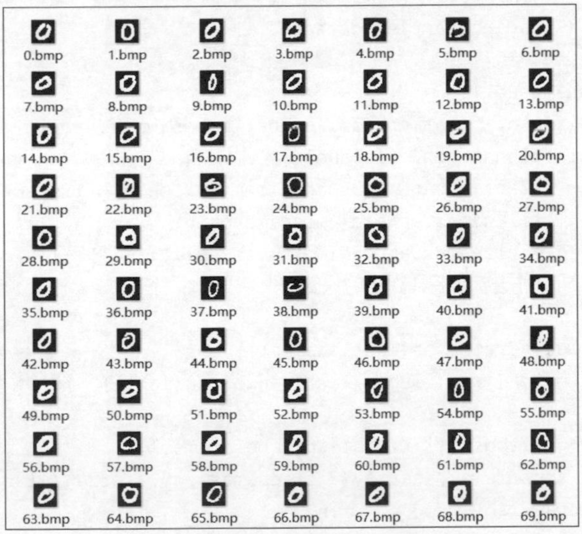

圖 4-3 MNIST 圖片檔案

4.3.2 程式實現：載入檔案名稱與標籤

撰寫函數 load_sample 載入指定路徑下的所有檔案的名稱載入，並將檔案所屬目錄的名稱作為標籤。

load_sample 函數會傳回 3 個物件。

- lfilenames：檔案名稱陣列。將根據檔案名稱來讀取圖片資料。
- labels：數值化後的標籤。與每一個檔案的名稱一一對應。
- lab：數值化後的標籤與字串標籤的對應關係。用於顯示使用。

因為標籤 labels 物件主要用於模型的訓練，所以這裡將其轉化為數值型。待需要輸出結果時，再透過 lab 將其轉化為字串。

載入檔案名稱與標籤的實際程式如下：

程式 4-3 將圖片製作成記憶體物件資料集

```
01   import tensorflow as tf
02   import os
03   from matplotlib import pyplot as plt
04   import numpy as np
05   from sklearn.utils import shuffle
06
07   def load_sample(sample_dir):
08       '''遞迴讀取檔案。只支援一層。傳回檔案名稱、數值標籤、數值對應的標籤名稱'''
09       print ('loading sample  dataset..')
10       lfilenames = []
11       labelsnames = []
12       for (dirpath, dirnames, filenames) in os.walk(sample_dir):#檢查資料夾
13           for filename in filenames:                         #檢查所有檔案名稱
14               filename_path = os.sep.join([dirpath, filename])
15               lfilenames.append(filename_path)               #增加檔案名稱
16               labelsnames.append( dirpath.split('\\')[-1] )
                 #增加檔案名稱對應的標籤
17
18       lab= list(sorted(set(labelsnames)))                    #產生標籤名稱列表
19       labdict=dict( zip( lab  ,list(range(len(lab)))  ))     #產生字典
20
21       labels = [labdict[i] for i in labelsnames]
22       return shuffle(np.asarray( lfilenames),np.asarray( labels)),
         np.asarray(lab)
23
24   data_dir = 'mnist_digits_images\\'                         #定義檔案路徑
25
26   (image,label),labelsnames = load_sample(data_dir) #載入檔案名稱與標籤
27   print(len(image),image[:2],len(label),label[:2])#輸出 load_sample 傳回的結果
28   print(labelsnames[ label[:2] ],labelsnames) #輸出 load_sample 傳回的標籤字串
```

程式執行後，輸出以下結果：

```
loading sample  dataset..
8000 ['data\\mnist_digits_images\\2\\520.bmp'  'data\\mnist_digits_images\\2\\
1.bmp'] 8000 [22]
['2' '2'] ['0' '1' '2' '3' '4' '5' '6' '7' '8' '9']
```

輸出結果的第 2 行共分為 4 部分，依次是：圖片的長度（8000）、頭兩個圖片

的檔案名稱、標籤的長度（8000）、前兩個標籤的實際值（[22]）。

因為函數 load_sample 已經將傳回值的順序打亂（見程式第 23 行），所以該函數傳回資料的順序是沒有規律的。

4.3.3 程式實現：產生佇列中的批次樣本資料

撰寫函數 get_batches，傳回批次樣本資料。實際步驟如下：

（1）用 tf.train.slice_input_producer 函數產生一個輸入佇列。

（2）按照指定路徑讀取圖片，並對圖片進行前置處理。

（3）用 tf.train.batch 函數將前置處理後的圖片變成批次數據。

在第（3）步呼叫函數 tf.train.batch 時，還可以指定批次（batch_size）、執行緒個數（num_threads）、佇列長度（capacity）。該函數的定義如下：

```
def batch(tensors, batch_size, num_threads=1, capacity=32,
          enqueue_many=False, shapes=None, dynamic_pad=False,
          allow_smaller_final_batch=False, shared_name=None, name=None)
```

在實際使用時，按照對應的參數進行設定即可。

函數 get_batches 的完整實現及呼叫程式如下：

程式 4-3 將圖片製作成記憶體物件資料集（續）

```
29    def get_batches(image,label,resize_w,resize_h,channels,batch_size):
30
31        queue = tf.train.slice_input_producer([image ,label]) # 實現一個輸入佇列
32        label = queue[1]                              # 從輸入佇列裡讀取標籤
33
34        image_c = tf.read_file(queue[0])              # 從輸入佇列裡讀取 image 路徑
35
36        image = tf.image.decode_bmp(image_c,channels)      # 按照路徑讀取圖片
37
38        image = tf.image.resize_image_with_crop_or_pad(image,resize_w,resize_h)
          # 修改圖片的大小
39
40        # 將影像進行標準化處理
41        image = tf.image.per_image_standardization(image)
42        image_batch,label_batch = tf.train.batch([image,label], # 產生批次數據
43                  batch_size = batch_size,
44                  num_threads = 64)
45
```

```
46        images_batch = tf.cast(image_batch,tf.float32)    #將資料類型轉為float32
47        #修改標籤的形狀
48        labels_batch = tf.reshape(label_batch,[batch_size])
49        return images_batch,labels_batch
50    batch_size = 16
51    image_batches,label_batches = get_batches(image,label,28,28,1,batch_size)
```

程式第 50、51 行定義了批次大小，並呼叫 **get_batches** 函數產生兩個張量（用於輸入資料）。

4.3.4 程式實現：在階段中使用資料集

首先，定義 showresult 和 showimg 函數，用於將圖片資料進行視覺化輸出。

接著，建立 session，準備執行靜態圖。在 session 中啟動一個帶有協調器的佇列執行緒，透過 session 的 run 方法獲得資料並將其顯示。

實際程式如下：

程式 4-3 將圖片製作成記憶體物件資料集（續）

```
52    def showresult(subplot,title,thisimg):                #顯示單一圖片
53        p =plt.subplot(subplot)
54        p.axis('off')
55        #p.imshow(np.asarray(thisimg[0], dtype='uint8'))
56        p.imshow(np.reshape(thisimg, (28, 28)))
57        p.set_title(title)
58
59    def showimg(index,label,img,ntop):                    #顯示批次圖片
60        plt.figure(figsize=(20,10))                       #定義顯示圖片的寬和高
61        plt.axis('off')
62        ntop = min(ntop,9)
63        print(index)
64        for i in range (ntop):
65            showresult(100+10*ntop+1+i,label[i],img[i])
66        plt.show()
67
68    with tf.Session() as sess:
69        init = tf.global_variables_initializer()
70        sess.run(init)                                    #初始化
71
72        coord = tf.train.Coordinator()                    #建佇列協調器
73        threads = tf.train.start_queue_runners(sess = sess,coord = coord)
          #啟動佇列執行緒
```

```
74       try:
75           for step in np.arange(10):
76               if coord.should_stop():
77                   break
78               images,label = sess.run([image_batches,label_batches])#植入資料
79
80               showimg(step,label,images,batch_size)      # 顯示圖片
81               print(label)                               #列印資料
82
83       except tf.errors.OutOfRangeError:
84           print("Done!!!")
85       finally:
86           coord.request_stop()
87
88       coord.join(threads)                                # 關閉佇列
```

4.3.5 執行程式

程式執行後，輸出以下結果：

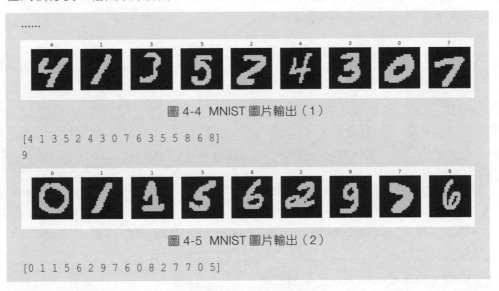

......

圖 4-4　MNIST 圖片輸出（1）

```
[4 1 3 5 2 4 3 0 7 6 3 5 5 8 6 8]
9
```

圖 4-5　MNIST 圖片輸出（2）

```
[0 1 1 5 6 2 9 7 6 0 8 2 7 7 0 5]
```

圖 4-4 的內容為一批次圖片資料的前 9 張輸出結果。

在圖 4-5 的上面有一個數字 "9"，代表第 9 次輸出的結果。

在圖 4-5 的下面有一個陣列，代表這一批次數據對應的標籤。因為批次大小為 16（見程式第 50 行），所以圖 4-5 下面的陣列元素個數為 16。

4.4 實例 4：將 Excel 檔案製作成記憶體物件資料集

用 TensorFlow 中的佇列方式，將 Excel 檔案格式的樣本資料製作成資料集。

> **實例描述**
>
> 有兩個 Excel 檔案：一個代表訓練資料，一個代表測試資料。
>
> 現在需要做的是：（1）將訓練資料的樣本按照一定批次讀取並輸出；（2）將測試資料的樣本按照順序讀取並輸出。

在製作資料集時，習慣將資料分成 2 或 3 部分，這樣做的主要目的是，將訓練模型使用的資料與測試模型使用的資料分開，使得訓練模型和評估模型各自使用不同的資料。這樣做可以極佳地反應出模型的泛化性。

4.4.1 樣本介紹

本實例的樣本是兩個 csv 檔案——"iris_training.csv" 和 "iris_test.csv"。這兩個檔案的內部格式完全一樣，如圖 4-6 所示。

	A	B	C	D	E	F
1	Id	SepalLengthCm	SepalWidthCm	PetalLengthCm	PetalWidthCm	Species
2	1	5.9	3	4.2	1.5	1
3	2	6.9	3.1	5.4	2.1	2
4	3	5.1	3.3	1.7	0.5	0
5	4	6	3.4	4.5	1.6	1
6	5	5.5	2.5	4	1.3	1
7	6	6.2	2.9	4.3	1.3	1
8	7	5.5	4.2	1.4	0.2	0
9	8	6.3	2.8	5.1	1.5	2
10	9	5.6	3	4.1	1.3	1

圖 4-6 iris_training 和 iris_test 檔案的資料格式

在圖 4-6 中，樣本一共有 6 列：

- 第 1 列（Id）是序號，可以不用關心。
- 第 2~5 列（SepalLengthCm、SepalWidthCm、PatalLengthCm、PatalWidthCm）是資料樣本列。
- 最後一列（Species）是標籤列。

下面就透過程式讀取樣本。

4.4.2 程式實現：逐行讀取資料並分離標籤

定義函數 read_data 用於讀取資料，並將資料中的樣本與標籤進行分離。在函數 read_data 中，實現以下邏輯：

（1）呼叫 tf.TextLineReader 函數，對單一 Excel 檔案進行逐行讀取。

（2）呼叫 tf.decode_csv，將 Excel 檔案中的單行內容按照指定的列進行分離。

（3）將 Excel 單行中的多個屬性列按樣本資料列與標籤資料列進行劃分：將樣本資料列（featurecolumn）放到第 2~5 列，用 tf.stack 函數將其組合到一起；將標籤資料列（labelcolumn）放到最後 1 列。

實際程式如下：

```
程式 4-4 將 Excel 檔案製作成記憶體物件資料集
01    import tensorflow as tf
02
03    def read_data(file_queue):                          #CSV 檔案的處理函數
04        reader = tf.TextLineReader(skip_header_lines=1)
          #tf.TextLineReader 可以每次讀取一行
05        key, value = reader.read(file_queue)
06
07        defaults = [[0], [0.], [0.], [0.], [0.], [0]]   # 為每個欄位設定初值
08        cvscolumn = tf.decode_csv(value, defaults)      # 對每一行進行解析
09
10        featurecolumn = [i for i in cvscolumn[1:-1]]    # 劃分出列中的樣本資料列
11        labelcolumn = cvscolumn[-1]                     # 劃分出列中的標籤資料列
12
13        return tf.stack(featurecolumn), labelcolumn     # 傳回結果
```

4.4.3 程式實現：產生佇列中的批次樣本資料

撰寫 create_pipeline 函數，用於傳回批次數據。實際步驟如下：

（1）用 tf.train.string_input_producer 函數產生一個輸入佇列。

（2）用 read_data 函數讀取 csv 檔案內容，並進行樣本與標籤的分離處理。

（3）在獲得資料的樣本（feature）與標籤（label）之後，用 tf.train.shuffle_batch 函數產生批次數據。

其中，tf.train.shuffle_batch 函數的實際定義如下：

```
def shuffle_batch(tensors, batch_size, capacity, min_after_dequeue,
                  num_threads=1, seed=None, enqueue_many=False, shapes=None,
                  allow_smaller_final_batch=False, shared_name=None, name=None)
```

在 tf.train.shuffle_batch 函數中，可以指定批次（batch_size）、執行緒個數（num_threads）、佇列的最小的樣本數（min_after_dequeue）、佇列長度（capacity）等。

> **提示**
>
> min_after_dequeue 的值不能超過 capacity 的值。min_after_dequeu 的值越大，
> 則樣本被打亂的效果越好。

實際程式如下。

程式 4-4 將 Excel 檔案製作成記憶體物件資料集（續）

```
14   def create_pipeline(filename, batch_size, num_epochs=None):
     # 建立佇列資料集函數
15       # 建立一個輸入佇列
16       file_queue = tf.train.string_input_producer([filename], num_epochs=
                  num_epochs)
17
18       feature, label = read_data(file_queue)              # 載入資料和標籤
19
20       min_after_dequeue = 1000 # 在佇列裡至少保留 1000 筆資料
21       capacity = min_after_dequeue + batch_size           # 佇列的長度
22
23       feature_batch, label_batch = tf.train.shuffle_batch(# 產生亂數的批次數據
24           [feature, label], batch_size=batch_size, capacity=capacity,
25           min_after_dequeue=min_after_dequeue
26       )
27
28       return feature_batch, label_batch                   # 傳回指定批次數據
29   # 讀取訓練集
30   x_train_batch, y_train_batch = create_pipeline('iris_training.csv', 32,
     num_epochs=100)
31   x_test, y_test = create_pipeline('iris_test.csv', 32) # 讀取測試集
```

程式的最後兩行（第 30、31 行）程式，分別用 create_pipeline 函數產生了訓練
資料集和測試資料集。其中，訓練資料集的反覆運算次數為 100 次。

4.4.4 程式實現：在階段中使用資料集

建立 session，準備執行靜態圖。在 session 中，先啟動一個帶有協調器的佇列
執行緒，然後透過 run 方法獲得資料並將其顯示。

實際程式如下：

程式 4-4 將 Excel 檔案製作成記憶體物件資料集（續）

```
32   with tf.Session() as sess:
33
```

```
34      init_op = tf.global_variables_initializer()        # 初始化
35      local_init_op = tf.local_variables_initializer()   # 初始化本機變數
36      sess.run(init_op)
37      sess.run(local_init_op)
38
39      coord = tf.train.Coordinator()                     # 建立協調器
40      threads = tf.train.start_queue_runners(coord=coord) # 開啟執行緒佇列
41
42      try:
43          while True:
44              if coord.should_stop():
45                  break
46              example, label = sess.run([x_train_batch, y_train_batch])
                # 植入訓練資料
47              print ("訓練資料:",example)        # 列印資料
48              print ("訓練標籤:",label)          # 列印標籤
49      except tf.errors.OutOfRangeError:              # 定義取完資料的例外處理
50          print ('Done reading')
51          example, label = sess.run([x_test, y_test])    # 植入測試資料
52          print ("測試資料:",example)            # 列印資料
53          print ("測試標籤:",label)              # 列印標籤
54      except KeyboardInterrupt:                      # 定義按 ctrl+c 鍵對應的例外處理
55          print(" 程式終止 ...")
56      finally:
57          coord.request_stop()
58
59      coord.join(threads)
60      sess.close()
```

在程式第 46 行，用 sess.run 方法從訓練集裡不停地取資料。當訓練集裡的資料被取完之後，會觸發 tf.errors.OutOfRangeError 例外。

在程式第 49 行，捕捉了 tf.errors.OutOfRangeError 例外，並將測試資料輸出。

> **提示**
>
> 程式第 35 行，初始化本機變數是必要的。如果不進行初始化則會顯示出錯。

4.4.5 執行程式

程式執行後，輸出以下結果：

```
......
 [5.74.41.50.4]
 [6.22.84.81.8]
 [5.73.81.70.3]]
訓練標籤：[02 01 02 22 01 21 11 02 20 22 20 02 12 00 11 00]
訓練資料：[[5.13.81.60.2]
 [6.  2.94.51.5]
......
 [7.63.  6.62.1]
訓練標籤：[01 20 20 10 12 02 01 20 00 01 01 02 10 22 01 20]
Done reading
測試資料：[[6.32.85.11.5]
 [6.73.14.71.5]
......
 [6.  3.44.51.6]]
測試標籤：[21 11 01 20 11 10 01 01 01 11 01 22 21 12 11 01]
```

4.5 實例 5：將圖片檔案製作成 TFRecord 資料集

實例描述

有兩個資料夾，分別放置男人與女人的照片。

現要求：（1）將兩個資料夾中的圖片製作成 TFRecord 格式的資料集；
（2）從該資料集中讀取資料，將獲得的圖片資料儲存到本機檔案中。

TFRecord 格式是與 TensorFlow 架構強行綁定的格式，通用性較差。

但是，如果不考慮程式的架構獨立性，TFRecord 格式還是很好的選擇。因為它是一種非常高效的資料持久化方法，尤其對需要前置處理的樣本集。

將處理後的資料用 TFRecord 格式儲存並進行訓練，可以大幅提升訓練模型的運算效率。

4.5.1 樣本介紹

本 實 例 的 樣 本 為 兩 個 資 料 夾 —— man 和
woman，其中分別儲存著男人和女人的圖片，
各 10 張，共計 20 張，如圖 4-7 所示。

圖 4-7 man 和 woman 圖片樣本

從圖 4-7 可以看出，樣本被分別儲存在兩個資料夾下。

- 資料夾的名稱可以被當作樣本標籤（man 和 woman）。
- 資料夾中的實際圖片檔案可以被當作實際的樣本資料。

下面透過程式完成本實例的功能。

4.5.2 程式實現：讀取樣本檔案的目錄及標籤

定義函數 load_sample，用來將圖片路徑及對應標籤讀取記憶體。實際程式如下：

程式 4-5 將圖片檔案製作成 TFRecord 資料集

```
01    import os
02    import tensorflow as tf
03    from PIL import Image
04    from sklearn.utils import shuffle
05    import numpy as np
06    from tqdm import tqdm
07
08    def load_sample(sample_dir,shuffleflag = True):
09        '''遞迴讀取檔案。只支援一層。傳回檔案名稱、數值標籤、數值對應的標籤名稱'''
10        print ('loading sample  dataset..')
11        lfilenames = []
12        labelsnames = []
13        for (dirpath, dirnames, filenames) in os.walk(sample_dir):
                                                            # 遞迴檢查資料夾
14            for filename in filenames:                    # 檢查所有檔案名稱
15                #print(dirnames)
16                filename_path = os.sep.join([dirpath, filename])
17                lfilenames.append(filename_path)          # 增加檔案名稱
18                labelsnames.append( dirpath.split('\\')[-1])
                                                            # 增加檔案名稱對應的標籤
19
20        lab= list(sorted(set(labelsnames)))               # 產生標籤名稱列表
21        labdict=dict( zip( lab  ,list(range(len(lab)))  ))    # 產生字典
22
23        labels = [labdict[i] for i in labelsnames]
24        if shuffleflag == True:
25            return shuffle(np.asarray( lfilenames),np.asarray( labels)),
              np.asarray(lab)
26        else:
27            return (np.asarray( lfilenames),np.asarray( labels)),
```

```
              np.asarray(lab)
28
29   directory='man_woman\\'                              # 定義樣本路徑
30   (filenames,labels),_ = load_sample(directory,shuffleflag=False)
                                                       # 載入檔案名稱與標籤
```

在程式第 6 行中引用了協力廠商函數庫——tqdm，以便在批次處理過程中顯示
進度。如果執行時期提示找不到該函數庫，則可以在命令列中用以下指令進行
安裝：

```
pip install tqdm
```

load_sample 函數的傳回值有三個，分別是：圖片檔案的名稱清單
（lfilenames）、每個圖片檔案對應的標籤清單（labels）、實際的標籤數值對應的
字串清單（lab）。

在程式的最後兩行（第 29、30 行），用 load_sample 函數傳回實際的檔案目錄
資訊。

4.5.3 程式實現：定義函數產生 TFRecord 資料集

定義函數 makeTFRec，將圖片樣本製作成 TFRecord 格式的資料集。實際程式
如下：

程式 4-5 將圖片檔案製作成 TFRecord 資料集（續）

```
31   def makeTFRec(filenames,labels):              # 定義產生 TFRecord 的函數
32       # 定義 writer，用於向 TFRecords 檔案寫入資料
33       writer= tf.python_io.TFRecordWriter("mydata.tfrecords")
34       for i in tqdm( range(0,len(labels) ) ):
35           img=Image.open(filenames[i])
36           img = img.resize((256, 256))
37           img_raw=img.tobytes()         # 將圖片轉化為二進位格式
38           example = tf.train.Example(features=tf.train.Features(feature={
39                                       # 儲存圖片的標籤 label
40               "label": tf.train.Feature(int64_list=tf.train.
                 Int64List(value=[labels[i]])),
41                                       # 儲存實際的圖片
42               'img_raw': tf.train.Feature(bytes_list=tf.train.
                 BytesList(value=[img_raw]))
43           }))                   # 用 example 物件對 label 和 image 資料進行封裝
44
45       writer.write(example.SerializeToString())      # 序列化為字串
```

```
46        writer.close()                                    #資料集製作完成
47
48    makeTFRec(filenames,labels)
```

程式第 34 行呼叫了協力廠商函數庫──tqdm，實現進度指示器的顯示。

函數 makeTFRec 接收的參數為檔案名稱列表（filenames）、標籤列表（labels）。內部實現的流程是：

（1）按照 filenames 中的路徑讀取圖片。

（2）將讀取的圖片與標籤組合在一起。

（3）用 TFRecordWriter 物件的 write 方法將讀取的圖片與標籤資料寫入檔案。

依次讀取 filenames 中的圖片檔案內容，並配合對應的標籤一起，呼叫 TFRecordWriter 物件的 write 方法進行寫入操作。

程式第 48 行呼叫了 makcTFRec 函數。該程式執行後，可以在本機檔案路徑下找到 mydata.tfrecords 檔案。這個檔案就是製作好的 TFRecord 格式樣本資料集。

4.5.4 程式實現：讀取 **TFRecord** 資料集，並將其轉化為 佇列

定義函數 read_and_decode，用來將 TFRecord 格式的資料集轉化為可以輸入靜態圖的佇列格式。

函數 read_and_decode 支援兩種模式的佇列格式轉化：訓練模式和測試模式。

■ 在訓練模式下，會對資料集進行亂數（shuffle）操作，並將其按照指定批次 組合起來。

■ 在測試模式下，會按照順序讀取資料集一次，不需要亂數操作和批次組合 操作。

實際程式如下：

程式 4-5 將圖片檔案製作成 TFRecord 資料集（續）

```
49    def read_and_decode(filenames,flag = 'train',batch_size = 3):
50        #根據檔案名稱產生一個佇列
51        if flag == 'train':
52            filename_queue = tf.train.string_input_producer(filenames)
```

```
                # 亂數操作，並循環讀取
53    else:
54        filename_queue = tf.train.string_input_producer(filenames,
          num_epochs = 1,shuffle = False)
55
56    reader = tf.TFRecordReader()
57    _, serialized_example = reader.read(filename_queue) # 傳回檔案名稱和檔案
58    features = tf.parse_single_example(serialized_example,
      # 取出包含 image 和 label 的 feature
59              features={
60                  'label': tf.FixedLenFeature([], tf.int64),
61                  'img_raw' : tf.FixedLenFeature([], tf.string),
62                      })
63
64    #tf.decode_raw 可以將字串解析成影像對應的像素陣列
65    image = tf.decode_raw(features['img_raw'], tf.uint8)
66    image = tf.reshape(image, [256,256,3])
67
68    label = tf.cast(features['label'], tf.int32)    # 轉換標籤類型
69
70    if flag == 'train':          # 如果是訓練使用，則應將其歸一化，並按批次組合
71        image = tf.cast(image, tf.float32) * (1. / 255) - 0.5   # 歸一化
72        img_batch, label_batch = tf.train.batch([image, label],# 按照批次組合
73                           batch_size=batch_size, capacity=20)
74        return img_batch, label_batch
75
76    return image, label
77
78 TFRecordfilenames = ["mydata.tfrecords"]
79 image, label =read_and_decode(TFRecordfilenames,flag='test')
   # 以測試的方式開啟資料集
```

函數 read_and_decode 接收的參數有：TFRecord 檔案名稱清單（filenames）、執行模式（flag）、劃分的批次（batch_size）。

- 如果是測試模式，則傳回一個標籤資料，代表被測圖片的計算結果。
- 如果是訓練模式，則傳回一個清單，其中包含一批次樣本資料的計算結果。

程式第 78、79 行呼叫了函數 read_and_decode，並向函數 read_and_decode 的參數 flag 設定為 test，代表是以測試模式載入資料集。該函數被執行後，便可以在階段（session）中透過佇列的方式讀取資料了。

> **提示**
>
> 如果要以訓練模式載入資料集,則直接將函數 read_and_decode 的參數 flag 設定為 train 即可。完整的程式可以參考本書搭配資源中的程式檔案「4-5 將圖片檔案製作成 TFRecord 資料集 .py」。

4.5.5 程式實現:建立階段,將資料儲存到檔案

將資料儲存到檔案中的步驟如下:

(1)定義要儲存檔案的路徑。

(2)建立階段(session),準備執行靜態圖。

(3)在階段(session)中啟動一個帶有協調器的佇列執行緒。

(4)用階段(session)的 run 方法獲得資料,並將資料儲存到指定路徑下。

實際程式如下:

程式 4-5 將圖片檔案製作成 TFRecord 資料集(續)

```
80   saveimgpath = 'show\\'                          # 定義儲存圖片的路徑
81   if tf.gfile.Exists(saveimgpath):                # 如果存在 saveimgpath,則將其刪除
82       tf.gfile.DeleteRecursively(saveimgpath)
83   tf.gfile.MakeDirs(saveimgpath)                  # 建立 saveimgpath 路徑
84
85   # 開始一個讀取資料的階段
86   with tf.Session() as sess:
87       sess.run(tf.local_variables_initializer())
             # 初始化本機變數,沒有這句會顯示出錯
88
89       coord=tf.train.Coordinator()                # 啟動多執行緒
90       threads= tf.train.start_queue_runners(coord=coord)
91       myset = set([])                             # 建立集合物件,用於儲存子資料夾
92
93       try:
94           i = 0
95           while True:
96               example, examplelab = sess.run([image,label])
                     # 取出 image 和 label
97               examplelab = str(examplelab)
98               if examplelab not in myset:
99                   myset.add(examplelab)
100                  tf.gfile.MakeDirs(saveimgpath+examplelab)
101              img=Image.fromarray(example, 'RGB')    # 轉換 Image 格式
102              img.save(saveimgpath+examplelab+'/'+str(i)+'_Label_'+'.jpg')
```

```
                   # 儲存圖片
103                print( i)
104                i = i+1
105     except tf.errors.OutOfRangeError:              # 定義取完資料的例外處理
106         print('Done Test -- epoch limit reached')
107     finally:
108         coord.request_stop()
109         coord.join(threads)
110         print("stop()")
```

程式第 82 行是刪除指定目錄的操作，也可以用程式 shutil.rmtree(saveimgpath) 來實現。

在程式第 91 行，建立了集合物件 myset，用於按資料的標籤來建立子資料夾。

在程式第 95 行，用無窮迴圈的方式從訓練集裡不停地取資料。當訓練集裡的資料被取完之後，會觸發 tf.errors.OutOfRangeError 例外。

在程式第 98 行，會判斷是否有新的標籤出現。如果沒有新的標籤出現，則將資料存到已有的資料夾裡；如果有新的標籤出現，則接著建立新的子資料夾（見程式第 100 行）。

4.5.6 執行程式

程式執行後，輸出以下結果：

```
loading sample  dataset..
100%|████████████████████| 20/20 [00:00<00:00, 246.26it/s]
0
1
......
18
19
Done Test -- epoch limit reached
stop()
```

執行之後，在本機路徑下會發現有一個 show 的資料夾，裡面放置了產生的圖片，如圖 4-8 所示。

show 資料夾中有兩個子資料夾：0 和 1。0 資料夾中放置的是男人圖片，1 資料夾中放置的是女人圖片。

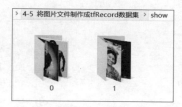

圖 4-8 轉化後的 man 和 woman 樣本

4.6　實例 6：將記憶體物件製作成 Dataset 資料集

tf.data.Dataset 介面是一個可以產生 Dataset 資料集的進階介面。用 tf.data.
Dataset 介面來處理資料集會使程式變得簡單。這也是目前 TensorFlow 主推的
一種資料集處理方式。

> **實例描述**
>
> 產生一個模擬 $y \approx 2x$ 的資料集，將資料集的樣本和標籤分別以元組和字典
> 類型儲存為兩份。建立兩個 Dataset 資料集：一個被傳入元組類型的樣本，
> 另一個被傳入字典類型的樣本。
>
> 對這兩個資料集做以下操作，並比較結果：
> （1）處理資料來源是元組類型的資料集，將前 5 個資料依次顯示出來。
> （2）處理資料來源是字典類型的資料集，將前 5 個資料依次顯示出來。
> （3）處理資料來源是元組類型的資料集，按照每批次 10 個樣本的格式進
> 　　　行劃分，並將前 5 個批次的資料依次顯示出來。
> （4）對資料來源是字典類型的資料集中的 y 變數做轉換，將其轉化成整
> 　　　形。然後將前 5 個資料依次顯示出來。
> （5）對資料來源是元組類型的資料集進行亂數操作，將前 5 個資料依次顯
> 　　　示出來。

本節先介紹 tf.data.Dataset 介面的基本使用方法，然後介紹 Dataset 資料集的實
際操作。

4.6.1　如何產生 Dataset 資料集

tf.data.Dataset 介面是透過建立 Dataset 物件來產生 Dataset 資料集的。Dataset
物件可以表示為一系列元素的封裝。

有了 Dataset 物件之後，就可以在其上直接做亂數（shuffle）、元素轉換
（map）、反覆運算設定值（iterate）等操作。

Dataset 物件可以由不同的資料來源轉化而來。在 tf.data.Dataset 介面中，有三
種方法可以將記憶體中的資料轉化成 Dataset 物件，實際如下：

- tf.data.Dataset.from_tensors：根據記憶體物件產生 Dataset 物件。該 Dataset 物件中只有一個元素。

- tf.data.Dataset.from_tensor_slices：根據記憶體物件產生 Dataset 物件。記憶體物件是清單、元組、字典、Numpy 陣列等類型。另外，該方法也支援 TensorFlow 中的張量類型。

- tf.data.Dataset.from_generator：根據產生器物件產生 Dataset 物件。實際可以參考 8.3 節的自然語言處理（NLP）實例。

這幾種方法的使用基本類似。本實例中使用的是 tf.data.Dataset.from_tensor_slices 介面。

提示

在使用 tf.data.Dataset.from_tensor_slices 之類的介面時，如果傳入了巢狀結構 list 類型的物件，則必須確定 list 中每個巢狀結構元素的長度都相同，否則會顯示出錯。

正確使用舉例：

```
Dataset.from_tensor_slices( [[ 1, 2],[ 1, 2 ]] )
#list 裡有兩個子 list，並且長度相同
```

錯誤使用舉例：

```
Dataset.from_tensor_slices( [[ 1, 2],[ 1]] )
#list 裡有兩個子 list，並且長度不同
```

4.6.2 如何使用 Dataset 介面

使用 Dataset 介面的操作步驟如下：

（1）產生資料集 Dataset 物件。
（2）對 Dataset 物件中的樣本進行轉換操作。
（3）建立 Dataset 反覆運算器。
（4）在階段（session）中將資料取出。

其中，第（1）步是必備步驟，第（2）步是可選步驟。

▍ Dataset 介面所支援的資料集操作

在 tf.data.Dataset 介面的 API 中，支援的資料集轉換操作有：有亂數

（shuffle）、自訂元素轉換（map）、按批次組合（batch）、重複（repeat）等。

2 Dataset 介面在不同架構中的應用

第（3）步和第（4）步是在靜態圖中使用資料集的步驟，作用是取出資料集中的資料。在實際應用中，第（3）步和第（4）步會隨著 Dataset 物件所應用的架構不同而有所變化。例如：

- 在動態圖架構中，可以直接反覆運算 Dataset 物件進行取資料（見本書 9.3 節中 Dataset 資料集的使用實例）。
- 在估算器架構中，可以直接將 Dataset 物件封裝成輸入函數來進行取資料（見本書 9.4 節中 Dataset 資料集的使用實例）。

4.6.3 tf.data.Dataset 介面所支援的資料集轉換操作

在 TensorFlow 中封裝了 tf.data.Dataset 介面的多個常用函數，見表 4-1。

表 4-1 tf.data.Dataset 介面的常用函數

函數	描述
range(*args)	根據傳入的數值範圍，產生一系列整數組成的資料集。其中，傳導入參數與 Python 中的 xrange 函數一樣，共有 3 個：start（起始數字）、stop（結束數字）、step（步進值）。 例：import tensorflow as tf 　　　Dataset =tf.data.Dataset 　　　　　Datasset.range(5) == [0, 1, 2, 3, 4] 　　　　　Dataset.range(2, 5) == [2, 3, 4] 　　　　　Dataset.range(1, 5, 2) == [1, 3] 　　　　　Dataset.range(1, 5, -2) == [] 　　　　　Dataset.range(5, 1) == [] 　　　　　Dataset.range(5, 1, -2) == [5, 3]
zip(datasets)	將輸入的多個資料集按內部元素順序重新封包成新的元組序列。它與 Python 中的 zip 函數意義一樣。 例：import tensorflow as tf 　　　Dataset =tf.data.Dataset 　　　　　a = Dataset.from_tensor_slices([1, 2, 3]) 　　　　　b = Dataset.from_tensor_slices([4, 5, 6]) 　　　　　c = Dataset.from_tensor_slices((7, 8), (9, 10), (11, 12)) 　　　　　d = Dataset.from_tensor_slices([13, 14])

函數	描述
	Dataset.zip((a, b)) == { (1, 4), (2, 5), (3, 6) } Dataset.zip((a, b, c)) == { (1, 4, (7, 8)), (2, 5, (9, 10)), (3, 6, (11, 12)) } Dataset.zip((a, d)) == { (1, 13), (2, 14) }
concatenate(dataset)	將輸入的序列（或資料集）資料連接起來。 例：import tensorflow as tf Dataset =tf.data.Dataset a = Dataset.from_tensor_slices([1, 2, 3]) b = Dataset.from_tensor_slices([4, 5, 6, 7]) a.concatenate(b) == { 1, 2, 3, 4, 5, 6, 7 }
list_files(file_pattern, shuffle=None)	取得本機檔案，將檔案名稱做成資料集。提示：檔案名稱是二進位形式。 例：在本機路徑下有以下 3 個檔案： • facelib\one.jpg • facelib\two.jpg • facelib\ 嘴炮 .jpg 製作資料集程式： import tensorflow as tf Dataset =tf.data.Dataset dataset = Dataset.list_files('facelib*.jpg') 獲得的資料集： { b'facelib\\two.jpg' b'facelib\\one.jpg' b'facelib\\\xe5\x98\xb4\xe7\x82\xae.jpg'} 產生的二進位可以轉成字串來顯示。 例： str1 = b'facelib\\\xe5\x98\xb4\xe7\x82\xae.jpg' print(str1.decode()) 輸出：facelib\ 嘴炮 .jpg
repeat(count=None)	產生重複的資料集。輸入參數 count 代表重複的次數。 例：import tensorflow as tf Dataset =tf.data.Dataset a = Dataset.from_tensor_slices([1, 2, 3]) a.repeat(1) == { 1, 2, 3 ,1 , 2, 3 } 也可以無限次重複，例如：a.repeat()

函數	描述
shuffle(　　buffer_size, 　　seed=None, 　　reshuffle_each_ iteration=None)	將資料集的內部元素順序隨機打亂。參數說明如下。 • buffer_size：隨機打亂元素排序的大小（越大越混亂）。 • seed：隨機種子。 • reshuffle_each_iteration：是否每次反覆運算都隨機亂數。 例： import tensorflow as tf 　　　　Dataset =tf.data.Dataset 　　　　a = Dataset.from_tensor_slices([1, 2, 3, 4 ,5]) 　　　　a.shuffle(1) == { 1, 2, 3 ,4 ,5 } 　　　　a.shuffle(10) == { 4, 1, 3 ,2 ,5 }
batch(batch_size, drop_ remainder)	將資料集的元素按照批次組合。參數說明如下。 • batch_size：批次大小。 • drop_remainder：是否忽略批次組合後剩餘的資料。 例： import tensorflow as tf 　　　Dataset =tf.data.Dataset 　　　a = Dataset.from_tensor_slices([1, 2, 3, 4 ,5]) 　　　a.batch(1) == { [1], [2], [3] ,[4] ,[5] } 　　　a.batch(2) == { [12], [34], [5] }
padded_batch(　　batch_size, 　　padded_shapes, 　　padding_values=None)	為資料集的每個元素補充 padding_values 值。參數說明如下。 • batch_size：產生的批次。 • padded_shapes：補充後的樣本形狀。 • padding_values：所需要補充的值（預設為 0）。 例：data1 = tf.data.Dataset.from_tensor_slices([[1, 2],[1,3]]) 　　　　data1 = data1.padded_batch(2,padded_shapes=[4]) == { [[12 00] [13 00]] } 在每筆資料後面補充兩個 0，使其形狀 變為 [4]
map(　　map_func, 　　num_parallel_calls= None)	透過 map_func 函數將資料集中的每個元素進行處理轉換，傳回一個新的資料集。參數說明如下。 • map_func：處理函數。 • num_parallel_calls：平行的處理的執行緒個數。 例： import tensorflow as tf 　　　　Dataset =tf.data.Dataset 　　　　a = Dataset.from_tensor_slices([1, 2, 3, 4 ,5]) 　　　　a.map(lambda x: x + 1) == { 2, 3 ,4 ,5 ,6 }
flat_map(map_func)	將整個資料集放到 map_func 函數中去處理，並將處理完的結果展平。

函數	描述
	例： import tensorflow as tf Dataset =tf.data.Dataset a = Dataset.from_tensor_slices([[1,2,3],[4,5,6]]) a.flat_map(lambda x:Dataset.from_tensors(x)) == { [12 3] [45 6] } 將資料集展平後傳回
interleave(map_func, cycle_length, block_length=1)	控制元素的產生順序函數。參數說明如下。 • map_func：每個元素的處理函數。 • cycle_length：循環處理元素個數。 • block_length：從每個元素所對應的組合物件中，取出的個數。 例： 在本機路徑下有以下 4 個檔案： • testset\1mem.txt: • testset\1sys.txt • testset\2mem.txt • testset\2sys.txt mem 的檔案為每天的記憶體資訊，內容為： 1day 9:00 CPU mem 110 1day 9:00 GPU mem 11 sys 的檔案為每天的系統資訊，內容為： 1day 9:00 CPU 11.1 1day 9:00 GPU 91.1 現要將每天的記憶體資訊和系統資訊按照時間的順序放到資料集中。 def parse_fn(x): print(x) return x dataset = (Dataset.list_files('testset*.txt', shuffle=False) .interleave(lambda x: tf.data.TextLineDataset(x).map(parse_fn, num_parallel_calls=1), cycle_length=2, block_length=2)) 產生的資料集為： b'1day 9:00 CPU mem 110' b'1day 9:00 GPU mem 11' b'1day 9:00 CPU 11.1' b'1day 9:00 GPU 91.1' b'1day 10:00 CPU mem 210'

函數	描述
	b'1day 10:00 GPU mem 21'
	b'1day 10:00 CPU 11.2
	'b'1day 10:00 GPU 91.2'
	b'1day 11:00 CPU mem 310'
	b'1day 11:00 GPU mem 31'
	本實例的完整程式及資料檔案在隨書的搭配資源中，見程式檔案 "4-6 interleave 實例 .py"
filter(predicate)	將整個資料集中的元素按照函數 predicate 進行過濾，留下使函數 predicate 傳回為 True 的資料。
	例：import tensorflow as tf
	dataset = tf.data.Dataset.from_tensor_slices([1.0, 2.0, 3.0,
	4.0, 5.0])
	dataset = dataset.filter(lambda x: tf.less(x, 3))
	== { [1.02.0] } 過濾掉大於 3 的數字
apply(transformation_func)	將一個資料集轉為另一個資料集。
	例：data1 = np.arange(50).astype(np.int64)
	dataset = tf.data.Dataset.from_tensor_slices(data1)
	dataset = dataset.apply((tf.contrib.data.group_by_window(key_func=lambda x: x%2, reduce_func=lambda _, els: els.batch(10), window_size=20)))
	=={ [0 2 4 6 81012141618] [20222426283032343638] [1 3 5 7 91113151719] [21232527293133353739] [4042444648] [4143454749] }
	該程式內部執行邏輯如下：
	（1）將資料集中偶數行與奇數行分開。
	（2）以 window_size 為視窗大小，一次取 window_size 個偶數行和 window_size 個奇數行。
	（3）在 window_size 中，按照指定的批次 batch 進行組合，並將處理後的資料集傳回
shard(num_shards, index)	用在分散式訓練場景中，代表將資料集分為 num_shards 份，並取第 index 份資料
prefetch(buffer_size)	設定從資料集中取資料時的最大緩衝區。buffer_size 是緩衝區大小。推薦將 buffer_size 設定成 tf.data.experimental.AUTOTUNE，代表由系統自動調節快取大小

表 4-1 中完整的程式在隨書的搭配原始程式碼檔案「4-7 Dataset 物件的操作方法 .py」中。

一般來講，處理資料集比較合理的步驟是：

（1）建立資料集。

（2）亂數資料集（shuffle）。

（3）重複資料集（repeat）。

（4）轉換資料集中的元素（map）。

（5）設定批次（batch）。

（6）設定快取（prefetch）。

提示

在處理資料集的步驟中，第（5）步必須放在第（3）步後面，否則在訓練時會產生某批次數據不足的情況。在模型與批次數據強耦合的情況下，如果輸入模型的批次數據不足，則訓練過程會出錯。

造成這種情況的原因是：如果資料總數不能被批次整除，則在批次組合時會剩下一些不足一批次的資料；而在訓練過程中，這些剩下的資料也會進入模型。

如果先對資料集進行重複（repeat）操作，則不會在設定批次（batch）操作過程中出現剩餘資料的情況。

另外，還可以在 batch 函數中將參數 drop_remainder 設為 True。這樣，在設定批次（batch）操作過程中，系統將把剩餘的資料捨棄。這也可以造成避免出現批次數據不足的問題。

4.6.4 程式實現：以元組和字典的方式產生 Dataset 物件

用 tf.data.Dataset.from_tensor_slices 介面分別以元組和字典的方式，將 $y \approx 2x$ 模擬資料集轉為 Dataset 物件——dataset（元組方式資料集）、dataset2（字典方式資料集）。

程式 4-8 將記憶體資料轉成 DataSet 資料集

```
01    import tensorflow as tf
02    import numpy as np
03
04    # 在記憶體中產生模擬資料
05    def GenerateData(datasize = 100 ):
```

```
06      train_X = np.linspace(-1, 1, datasize)
        # 定義在 -1 ～ 1 之間連續的 100 個浮點數
07      train_Y = 2 * train_X + np.random.randn(*train_X.shape) * 0.3
        #y=2x，但是加入了雜訊
08      return train_X, train_Y                          # 以產生器的方式傳回
09
10  train_data = GenerateData()
11
12  # 將記憶體資料轉化成資料集
13  dataset = tf.data.Dataset.from_tensor_slices( train_data )
        # 以元組的方式產生資料集
14  dataset2 = tf.data.Dataset.from_tensor_slices( {       # 以字典的方式產生資料集
15          "x":train_data[0],
16          "y":train_data[1]
17          } )
```

程式第 10 行，定義的變數 train_data 是記憶體中的模擬資料集。

程式第 14 行，以字典方式產生的 Dataset 物件 dataset2。在 dataset2 物件中，用字串 "x"、"y" 作為資料的索引名稱。索引名稱相當於字典類型資料中的 key，用於讀取資料。

4.6.5 程式實現：對 Dataset 物件中的樣本進行轉換操作

依照實例的要求，對 Dataset 物件中的樣本依次進行批次組合、類型轉換和亂數操作。實際程式如下。

程式 4-8 將記憶體資料轉成 DataSet 資料集（續）

```
18   batchsize = 10                                      # 定義批次樣本個數
19   dataset3 = dataset.repeat().batch(batchsize)        # 按批次組合資料集
20
21   dataset4 = dataset2.map(lambda data:
     (data['x'],tf.cast(data['y'], tf.int32)) )          # 轉化資料集中的元素
22   dataset5 = dataset.shuffle(100)                      # 亂數資料集
```

在本小節程式中，一共產生了 3 個新的資料集—— dataset3、dataset4、dataset5。實際解讀如下：

■ 程式第 18、19 行，對資料集進行批次組合操作，產生了資料集 dataset3。首先呼叫資料集物件 dataset 的 repeat 方法，將資料集物件 dataset 變為可以無限制重複的循環資料集；接著呼叫 batch 方法，將資料集物件 dataset 中

的樣本按照 batchsize 大小進行劃分（batchsize 大小為 10，即按照 10 筆一批次來劃分），這樣每次從資料集 dataset3 中取出的資料都是以 10 筆為單位的。

- 程式第 21 行，對資料集中的元素進行自訂轉化操作，產生了資料集 dataset4。這裡用匿名函數將字典類型中 key 值為 y 的資料轉化成整數。

- 程式第 22 行，對資料集做亂數操作，產生了資料集 dataset5。這裡呼叫了 shuffle 函數，並導入參數 100。這樣可以讓資料打亂得更充分。

4.6.6 程式實現：建立 Dataset 反覆運算器

在本實例中，透過反覆運算器的方式從資料集中取資料。實際步驟如下：

（1）呼叫資料集 Dataset 物件的 make_one_shot_iterator 方法，產生一個反覆運算器 iterator。

（2）呼叫反覆運算器的 get_next 方法，獲得一個元素。

實際程式如下：

程式 4-8 將記憶體資料轉成 DataSet 資料集（續）

```
23   def getone(dataset):
24       iterator = dataset.make_one_shot_iterator()# 產生一個反覆運算器
25       one_element = iterator.get_next()    # 從 iterator 裡取出一個元素
26       return one_element
27
28   one_element1 = getone(dataset)         # 從 dataset 裡取出一個元素
29   one_element2 = getone(dataset2)        # 從 dataset2 裡取出一個元素
30   one_element3 = getone(dataset3)        # 從 dataset3 裡取出一個批次的元素
31   one_element4 = getone(dataset4)        # 從 dataset4 裡取出一個元素
32   one_element5 = getone(dataset5)        # 從 dataset5 裡取出一個元素
```

程式第 23 行的函數 getone 用於傳回資料集中實際元素的張量。

程式第 28 ～ 32 行，分別將製作好的資料集 dataset、dataset2、dataset3、dataset4、dataset5 傳入函數 getone，依次獲得對應資料集中的第 1 個元素。

> **提示**
>
> 程式第 24 行，用 make_one_shot_iterator 方法建立資料集反覆運算器。該方法內部會自動實現反覆運算器的初始化。如果不使用 make_one_shot_iterator 方法，則需要在階段（session）中手動對反覆運算器進行初始化。如：

```
iterator = dataset.make_initializable_iterator()    #直接產生反覆運算器
one_element1 = iterator.get_next()    #產生元素張量
with tf.Session() as sess:
sess.run(iterator.initializer)            #在階段（session）中對反覆運算器進行初始化
......
```

另外，在 TensorFlow 中還有一些其他方式可用來反覆運算資料集，以適應更多的場景。實際可以參考 4.9 與 4.10 節。

4.6.7 程式實現：在階段中取出資料

由於執行架構是靜態圖，所以整個過程中的資料都是以張量類型存在的。必須將資料放入階段（session）中的 run 方法進行計算，才能獲得真實的值。

定義函數 showone 與 showbatch，分別用於取得資料集中的單一資料與多個資料。

實際程式如下。

程式 4-8 將記憶體資料轉成 DataSet 資料集（續）

```
33   def showone(one_element,datasetname):           #定義函數，用於顯示單一資料
34       print('{0:-^50}'.format(datasetname))       #分隔符號
35       for ii in range(5):
36           datav = sess.run(one_element)            #透過靜態圖植入的方式傳入資料
37           print(datasetname,"-",ii,"| x,y:",datav)  #分隔符號
38
39   def showbatch(onebatch_element,datasetname): #定義函數，用於顯示批次數據
40       print('{0:-^50}'.format(datasetname))
41       for ii in range(5):
42           datav = sess.run(onebatch_element)    #透過靜態圖植入的方式傳入資料
43           print(datasetname,"-",ii,"| x.shape:",np.shape(datav[0]),
                    "| x[:3]:",datav[0][:3])
44           print(datasetname,"-",ii,"| y.shape:",np.shape(datav[1]),
                    "| y[:3]:",datav[1][:3])
45
46   with tf.Session() as sess:                      #建立階段（session）
47       showone(one_element1,"dataset1")            #呼叫 showone 函數，顯示一筆資料
48       showone(one_element2,"dataset2")
49       showbatch(one_element3,"dataset3")  #呼叫 showbatch 函數，顯示一批次數據
50       showone(one_element4,"dataset4")
51       showone(one_element5,"dataset5")
```

程式第 34、40 行，是輸出一個格式化字串的功能程式。該程式會輸出一個分隔符號，使結果看起來更工整。

4.6.8 執行程式

整個程式執行後，輸出以下結果：

```
---------------------dataset1---------------------
dataset1 - 0 | x,y: (-1.0, -2.1244706266287157)
dataset1 - 1 | x,y: (-0.9797979797979798, -1.9726405683713444)
dataset1 - 2 | x,y: (-0.9595959595959596, -1.6247158752571687)
dataset1 - 3 | x,y: (-0.9393939393939394, -1.9846861456039562)
dataset1 - 4 | x,y: (-0.9191919191919192, -1.9161218907604878)
---------------------dataset2---------------------
dataset2 - 0 | x,y: {'x': -1.0, 'y': -2.1244706266287157}
dataset2 - 1 | x,y: {'x': -0.9797979797979798, 'y': -1.9726405683713444}
dataset2 - 2 | x,y: {'x': -0.9595959595959596, 'y': -1.6247158752571687}
dataset2 - 3 | x,y: {'x': -0.9393939393939394, 'y': -1.9846861456039562}
dataset2 - 4 | x,y: {'x': -0.9191919191919192, 'y': -1.9161218907604878}
---------------------dataset3---------------------
dataset3 - 0 | x.shape: (10,) | x[:3]: [-1.         -0.97979798 -0.95959596]
dataset3 - 0 | y.shape: (10,) | y[:3]: [-2.12447063 -1.97264057 -1.62471588]
dataset3 - 1 | x.shape: (10,) | x[:3]: [-0.7979798  -0.77777778 -0.75757576]
dataset3 - 1 | y.shape: (10,) | y[:3]: [-1.77361254 -1.71638089 -1.6188056 ]
dataset3 - 2 | x.shape: (10,) | x[:3]: [-0.5959596  -0.57575758 -0.55555556]
dataset3 - 2 | y.shape: (10,) | y[:3]: [-0.80146675 -1.1920661  -0.99146132]
dataset3 - 3 | x.shape: (10,) | x[:3]: [-0.39393939 -0.37373737 -0.35353535]
dataset3 - 3 | y.shape: (10,) | y[:3]: [-1.41878264 -0.97009554 -0.81892304]
dataset3 - 4 | x.shape: (10,) | x[:3]: [-0.19191919 -0.17171717 -0.15151515]
dataset3 - 4 | y.shape: (10,) | y[:3]: [-0.11564091 -0.6592607   0.16367008]
---------------------dataset4---------------------
dataset4 - 0 | x,y: (-1.0, -2)
dataset4 - 1 | x,y: (-0.9797979797979798, -1)
dataset4 - 2 | x,y: (-0.9595959595959596, -1)
dataset4 - 3 | x,y: (-0.9393939393939394, -1)
dataset4 - 4 | x,y: (-0.9191919191919192, -1)
---------------------dataset5---------------------
dataset5 - 0 | x,y: (-0.5353535353535352, -1.0249665887548258)
dataset5 - 1 | x,y: (0.39393939393939403, 0.6453621496727984)
dataset5 - 2 | x,y: (0.2323232323232325, 0.641307921857285)
dataset5 - 3 | x,y: (0.6161616161616164, 0.8879358507776747)
dataset5 - 4 | x,y: (0.7373737373737375, 1.60192581924349)
```

在結果中，每個分隔符號都代表一個資料集，在分隔符號下面顯示了該資料集中的資料。

- dataset1：元組資料的內容。

- dataset2：字典資料的內容。
- dataset3：批次數據的內容。可以看到，每個 x、y 都有 10 筆資料。
- dataset4：將 dataset2 轉化後的結果。可以看到，y 的值被轉成了一個整數。
- dataset5：將 dataset1 打散後的結果。可以看到，前 5 筆的 x 資料與 dataset1 中的完全不同，並且沒有規律。

4.6.9 使用 tf.data.Dataset.from_tensor_slices 介面的注意事項

在 tf.data.Dataset.from_tensor_slices 介面中，如果傳入的是清單類型物件，則系統將其中的元素當作資料來處理；而如果傳入的是元組類型物件，則將其中的元素當作列來拆開。這是值得注意的地方。

下面舉例示範：

```
程式 4-9 from_tensor_slices 的注意事項
01    import tensorflow as tf
02
03    # 傳入列表物件
04    dataset1 = tf.data.Dataset.from_tensor_slices( [1,2,3,4,5] )
05    def getone(dataset):
06        iterator = dataset.make_one_shot_iterator()# 產生一個反覆運算器
07        one_element = iterator.get_next()           # 從 iterator 裡取出一個元素
08        return one_element
09
10    one_element1 = getone(dataset1)
11
12    with tf.Session() as sess:                      # 建立階段（session）
13        for i in range(5):                          # 透過 for 循環列印所有的資料
14            print(sess.run(one_element1))           # 用 sess.run 讀出 Tensor 值
```

執行程式，輸出以下結果：

```
1
2
3
4
5
```

結果中顯示了清單中的所有資料，這是正常的結果。

1 錯誤範例

如果將程式第 4 行傳入的列表物件改成元組物件，則程式如下：

```
dataset1 = tf.data.Dataset.from_tensor_slices((1,2,3,4,5) )    # 傳入元組物件
```

程式執行後將顯示出錯，輸出以下結果：

```
......
IndexError: list index out of range
```

顯示出錯的原因是：函數 from_tensor_slices 自動將外層的元組拆開，將裡面
的每個元素當作一個列的資料。由於每個元素只是一個實際的數字，並不是陣
列，所以顯示出錯。

2 修改辦法

將資料中的每個數字改成陣列，即可避免錯誤發生，實際程式如下：

```
dataset1 = tf.data.Dataset.from_tensor_slices( ([1],[2],[3],[4],[5]) )
one_element1 = getone(dataset1)
with tf.Session() as sess:                      # 建立階段（session）
    print(sess.run(one_element1))               # 用 sess.run 讀出 Tensor 值
```

則程式執行後，輸出以下結果：

```
(1, 2, 3, 4, 5)
```

4.7 實例 7：將圖片檔案製作成 Dataset 資料集

本實例將前面 4.5 節與 4.6 節的內容綜合起來，將圖片轉為 Dataset 資料集，並
進行更多的轉換操作。

> **實例描述**
> 有兩個資料夾，分別放置男人與女人的照片。
> 現要求：
> （1）將兩個資料夾中的圖片製作成 Dataset 的資料集；
> （2）對圖片進行尺寸大小調整、隨機水平翻轉、隨機垂直翻轉、按指定角
> 度翻轉、歸一化、隨機明暗度變化、隨機比較度變化操作，並將其顯
> 示出來。

在圖片訓練過程中，一個變形豐富的資料集會使模型的精度與泛化性成倍地提升。一套成熟的程式，可以使開發資料集的工作簡化很多。

本實例中使用的樣本與 4.5 節實例中使用的樣本完全一致。實際的樣本內容可參考 4.5.1 小節。

4.7.1 程式實現：讀取樣本檔案的目錄及標籤

定義函數 load_sample，用來將樣本圖片的目錄名稱及對應的標籤寫入記憶體。該函數與 4.5.2 小節中介紹的 load_sample 函數完全一樣。實際程式可參考 4.5.2 小節。

4.7.2 程式實現：定義函數，實現圖片轉換操作

定義函數 _distorted_image，用 TensorFlow 附帶的 API 實現單一圖片的轉換處理。函數 distorted_image 的結果不能直接輸出，需要透過階段形式進行顯示。

實際程式如下：

程式 4-10 將圖片檔案製作成 Dataset 資料集

```
01   def distorted_image(image,size,ch=1,shuffleflag = False,cropflag = False,
     brightnessflag=False,contrastflag=False):            # 定義函數
02
03       distorted_image =tf.image.random_flip_left_right(image)
04
05       if cropflag == True:                              # 隨機修改
06           s = tf.random_uniform((1,2),int(size[0]*0.8),size[0],tf.int32)
07           distorted_image = tf.random_crop(distorted_image, [s[0][0],
             s[0][0],ch])
08       # 上下隨機翻轉
09       distorted_image = tf.image.random_flip_up_down(distorted_image)
10       if brightnessflag == True:                        # 隨機變化亮度
11           distorted_image = tf.image.random_brightness(distorted_image,
             max_delta=10)
12       if contrastflag == True:                          # 隨機變化比較度
13           distorted_image = tf.image.random_contrast(distorted_image,
             lower=0.2, upper=1.8)
14       if shuffleflag==True:
15           distorted_image = tf.random_shuffle(distorted_image)
             # 沿著第 0 維打亂順序
16       return distorted_image
```

在函數 _distorted_image 中使用的圖片處理方法在實際應用中很常見。這些方法是資料增強操作的關鍵部分，主要用在模型的訓練過程中。

4.7.3 程式實現：用自訂函數實現圖片歸一化

定義函數 norm_image，用來實現對圖片的歸一化。由於圖片的像素值是 0~255 之間的整數，所以直接除以 255 便可以獲得歸一化的結果。實際程式如下：

程式 4-10 將圖片檔案製作成 Dataset 資料集（續）

```
17    def _norm_image(image,size,ch=1,flattenflag = False):
      # 定義函數，實現歸一化，並且拍平
18        image_decoded = image/255.0
19        if flattenflag==True:
20            image_decoded = tf.reshape(image_decoded, [size[0]*size[1]*ch])
21        return image_decoded
```

本實例只用最簡單的歸一化處理，將圖片的值域變化為 0~1 之間的小數。在實際開發中，還可以將圖片的值域變化為 −1~1 之間的小數，讓其具有更大的值域。

4.7.4 程式實現：用協力廠商函數將圖片旋轉 30°

定義函數 random_rotated30 實現圖片旋轉功能。在函數 random_rotated30 中，用 skimage 函數庫函數將圖片旋轉 30°。skimage 函數庫需要額外安裝，實際的安裝指令如下：

```
pip install scikit-image
```

在整個資料集的處理流程中，對圖片的操作都是以張量進行變化為基礎的。因為協力廠商函數無法操作 TensorFlow 中的張量，所以需要其進行額外的封裝。

用 tf.py_function 函數可以將協力廠商函數庫函數封裝為一個 TensorFlow 中的運算符號（OP）。

實際程式如下：

程式 4-10 將圖片檔案製作成 Dataset 資料集（續）

```
22    from skimage import transform
23    def _random_rotated30(image, label):# 定義函數，實現圖片隨機旋轉操作
24
25        def _rotated(image):              # 封裝好的 skimage 模組，將進行圖片旋轉 30°
```

```
26         shift_y, shift_x = np.array(image.shape.as_list()[:2],np.float32) / 2.
27         tf_rotate = transform.SimilarityTransform(rotation=np.deg2rad(30))
28         tf_shift = transform.SimilarityTransform(translation=[-shift_x,
                       -shift_y])
29         tf_shift_inv = transform.SimilarityTransform(translation=
                            [shift_x, shift_y])
30         image_rotated = transform.warp(image, (tf_shift + (tf_rotate +
                            tf_shift_inv)).inverse)
31         return image_rotated
32
33     def _rotatedwrap():
34         image_rotated = tf.py_function( _rotated,[image],[tf.float64])
           # 呼叫協力廠商函數
35         return tf.cast(image_rotated,tf.float32)[0]
36
37     a = tf.random_uniform([1],0,2,tf.int32)                    # 實現隨機功能
38     image_decoded = tf.cond(tf.equal(tf.constant(0),a[0]),lambda: image,
                       _rotatedwrap)
39
40     return image_decoded, label
```

為了實現隨機轉化的功能，使用了 TensorFlow 中的 tf.cond 方法，用來根據隨機條件判斷是否需要對本次圖片進行旋轉（見程式第 38 行）。

提示

本實例使用協力廠商函數進行圖片旋轉處理，主要是為了示範函數 tf.py_function 的使用方法。如果僅要實現旋轉的功能，則可以直接用 TensorFlow 中的函數 tf.contrib.image.rotate 來實現。實際用法見 11.2.7 小節的實例。

4.7.5 程式實現：定義函數，產生 Dataset 物件

在函數 dataset 中，用內建函數 _parseone 將所有的檔案名稱轉化為實際的圖片內容，並傳回 Dataset 物件。實際程式如下：

程式 4-10 將圖片檔案製作成 Dataset 資料集（續）

```
41     def dataset(directory,size,batchsize,random_rotated=False):
       # 定義函數，建立資料集
42         """ parse  dataset."""
43         (filenames,labels),_ =load_sample(directory,shuffleflag=False)
           # 載入檔案名稱與標籤
44         def _parseone(filename, label):                        # 解析一個圖片檔案
45             """ 讀取並處理每張圖片 """
```

```
46        image_string = tf.read_file(filename)              # 讀取整數個檔案
47        image_decoded = tf.image.decode_image(image_string)
48        image_decoded.set_shape([None, None, None])        # 對圖片做扭曲變化
49        image_decoded = _distorted_image(image_decoded,size)
50        image_decoded = tf.image.resize (image_decoded, size)  # 變化尺寸
51        image_decoded = _norm_image(image_decoded,size)    # 歸一化
52        image_decoded = tf.cast(image_decoded, dtype=tf.float32)
53        label = tf.cast(  tf.reshape(label, []),dtype=tf.int32   )
                                                             # 將 label 轉為張量
54        return image_decoded, label
55    # 產生 Dataset 物件
56    dataset = tf.data.Dataset.from_tensor_slices((filenames, labels))
57    dataset = dataset.map(_parseone)                       # 轉化為圖片資料集
58
59    if random_rotated == True:
60        dataset = dataset.map(_random_rotated30)
61
62    dataset = dataset.batch(batchsize)                     # 批次組合資料集
63
64    return dataset
```

4.7.6 程式實現：建立階段，輸出資料

首先，定義兩個函數──showresult 和 showimg，用於將圖片資料進行視覺化輸出。

接著，建立兩個資料集 dataset、dataset2：

- dataset 是一個批次為 10 的資料集，支援隨機反轉、尺寸轉化、歸一化操作。
- dataset2 在 dataset 的基礎上，又支援將圖片旋轉 30°。

定義好資料集後建立階段（session），然後透過階段（session）的 run 方法獲得資料並將其顯示出來。

實際程式如下：

程式 4-10 將圖片檔案製作成 Dataset 資料集（續）

```
65    def showresult(subplot,title,thisimg):                 # 顯示單一圖片
66        p =plt.subplot(subplot)
67        p.axis('off')
68        p.imshow(thisimg)
69        p.set_title(title)
70
```

```
71    def showimg(index,label,img,ntop):              # 顯示結果
72        plt.figure(figsize=(20,10))                 # 定義顯示圖片的寬、高
73        plt.axis('off')
74        ntop = min(ntop,9)
75        print(index)
76        for i in range (ntop):
77            showresult(100+10*ntop+1+i,label[i],img[i])
78        plt.show()
79
80    def getone(dataset):
81        iterator = dataset.make_one_shot_iterator()# 產生一個反覆運算器
82        one_element = iterator.get_next()           # 從 iterator 裡取出一個元素
83        return one_element
84
85    sample_dir=r"man_woman"
86    size = [96,96]
87    batchsize = 10
88    tdataset = dataset(sample_dir,size,batchsize)
89    tdataset2 = dataset(sample_dir,size,batchsize,True)
90    print(tdataset.output_types)                    # 列印資料集的輸出資訊
91    print(tdataset.output_shapes)
92
93    one_element1 = getone(tdataset)                 # 從 tdataset 裡取出一個元素
94    one_element2 = getone(tdataset2)                # 從 tdataset2 裡取出一個元素
95
96    with tf.Session() as sess:                      # 建立階段（session）
97        sess.run(tf.global_variables_initializer())# 初始化
98
99        try:
100           for step in np.arange(1):
101               value = sess.run(one_element1)
102               value2 = sess.run(one_element2)
103               # 顯示圖片
104               showimg(step,value2[1],np.asarray( value2[0]*255,np.uint8),10)
105               showimg(step,value2[1],np.asarray( value2[0]*255,np.uint8),10)
106
107       except tf.errors.OutOfRangeError:           # 捕捉例外
108           print("Done!!!")
```

這部分程式與 4.6.7 小節、4.5.5 小節中的程式比較類似，不再詳述。

4.7.7 執行程式

整個程式執行後，輸出以下結果：

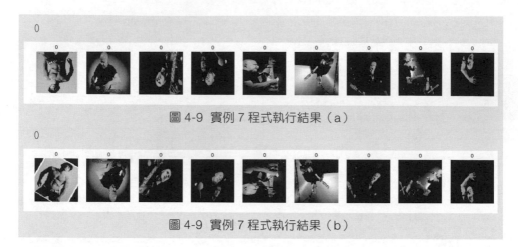

圖 4-9 實例 7 程式執行結果（a）

圖 4-9 實例 7 程式執行結果（b）

在輸出結果中有兩張圖：

- 圖 4-9（a）是資料集 tdataset 中的內容。該資料集對原始圖片進行了隨機修改，並將尺寸變成了邊長為 96pixel 的正方形。
- 圖 4-9（b）是資料集 tdataset2 中的內容。該資料集在 tdataset 的轉換基礎上，進行了隨機 30° 的旋轉。

> **提示**
>
> skimage 函數庫是一個很強大的圖片轉化函數庫，讀者還可以在其中找到更多有關圖片變化的功能。
>
> 本實例中介紹了協力廠商函數庫與 tf.data.Dataset 介面結合使用的方法，需要讀者掌握。透過這個方法可以將所有的協力廠商函數庫與 tf.data.Dataset 結合起來使用，以實現更強大的資料前置處理功能。

4.8 實例 8：將 TFRecord 檔案製作成 Dataset 資料集

tf.data 介面是產生 Dataset 資料集的進階介面，可以將多種格式的樣本檔案轉化成 Dataset 資料集。其中包含：文字格式、二進位格式、TFRecord 格式。在 tf.data 介面中，針對不同格式的樣本檔案，提供了對應的轉化函數。實際如下。

- tf.data.TextLineDataset：根據文字檔產生 Dataset 物件。支援單一或多個檔案讀取，將檔案中的每一行轉化為 Dataset 物件中的每個元素。該方法可以用來讀取 CSV 檔案，見 4.6.3 小節中表 4-1 的內容描述和 7.2 節的實例程式。

- tf.data.FixedLengthRecordDataset：該方法專門用於讀取資料來源是二進位格式的檔案，根據二進位檔案產生 Dataset 物件。它支援單一或多個檔案讀取。在使用時，需要傳入檔案清單和每次讀取二進位資料的長度。該方法會將檔案中指定的二進位長度轉化為 Dataset 物件中的每個元素。

- tf.data.TFRecordDataset：該方法用於讀取資料來源是 TFRecord 格式的檔案（見 4.1.2 小節）。它可以將 TFRecord 檔案中的 TFExample 物件轉成 Dataset 資料集中的元素。

> **提示**
>
> 如果是在 Linux 中使用 tf.data 介面，則樣本的檔案名稱儘量用英文。
>
> 作者在測試時發現，1.8 版本的 tf.data.TextLineDataset 介面在 Ubuntu 16.04 系統中，找不到檔案名稱為中文的檔案。如果檔案名稱使用英文命名，則會省去很多額外的麻煩。

本實例用 tf.data 介面將 TFRecord 檔案製作成 Dataset 資料集。

> **實例描述**
>
> 有一個 TFRecord 格式的資料集，裡面的內容為男人與女人的照片。
>
> 現要求：將 TFRecord 格式的資料集載入記憶體中，將其轉化為 Dataset 資料集，並將傳回的圖片顯示出來。

在程式中使用 TFRecord 格式的資料集，是 TensorFlow 早期版本的主流開發方式。在學習或工作過程中，也常會遇到 TFRecord 格式的資料集。下面就來示範如何用 tf.data.Dataset 介面載入 TFRecord 格式的資料集。

4.8.1 樣本介紹

將 4.5 節實例中產生的 TFRecord 格式檔案複製一份，放到程式同級目錄下，如圖 4-10 所示。

4-11 將 TFRecord文件制作成Dataset数据集.py　　mydata.tfrecords

圖 4-10 TFRecord 格式檔案

4.8.2 程式實現：定義函數，產生 Dataset 物件

定義函數 dataset，並實現以下步驟：

（1）用 tf.data.TFRecordDataset 介面讀取 TFRecord 資料檔案，並將其轉為 Dataset 物件。

（2）用 Dataset 物件的 map 方法將該資料集中的每筆資料放到內建函數 _parseone 中，解析成實際的圖片與標籤。

（3）用 Dataset 物件的 batch 方法將資料集按批次組合，並將組合後的結果傳回。

實際程式如下：

程式 4-11 將 TFRecord 檔案製作成 Dataset 資料集

```
01    import tensorflow as tf
02    from PIL import Image
03    import numpy as np
04    import matplotlib.pyplot as plt
05
06    def dataset(directory,size,batchsize):              # 定義函數，建立資料集
07        """ parse  dataset."""
08        def _parseone(example_proto):                   # 解析一個圖片檔案
09            """ Reading and handle  image"""
10            # 定義解析的字典
11            dics = {}
12            dics['label'] = tf.FixedLenFeature(shape=[],dtype=tf.int64)
13            dics['img_raw'] = tf.FixedLenFeature(shape=[],dtype=tf.string)
14            # 解析一行樣本
15            parsed_example = tf.parse_single_example(example_proto,dics)
16
17            image = tf.decode_raw(parsed_example['img_raw'],out_type=tf.uint8)
18            image = tf.reshape(image, size)
19            image = tf.cast(image,tf.float32)*(1./255)-0.5
              # 對圖像資料做歸一化處理
20
21            label = parsed_example['label']
22            label = tf.cast(label,tf.int32)
23            label = tf.one_hot(label, depth=2, on_value=1)   # 轉為 0ne-hot 編碼
24            return image,label
25
26        dataset = tf.data.TFRecordDataset(directory)
27        dataset = dataset.map(_parseone)
28        dataset = dataset.batch(batchsize)              # 按批次組合資料集
```

```
29        dataset = dataset.prefetch(batchsize)
30        return dataset
```

在程式第 8 行的內建函數 _parseone 中可以看到，整個過程與 4.5.4 小節讀取 TFRecord 資料集的方式十分類似——也是定義一個字典作為參數，並按照該字典的形狀和類型來解析資料。

4.8.3 程式實現：建立階段輸出資料

本小節程式的步驟如下：

（1）定義兩個函數——showresult 和 showimg，用於將圖片資料進行視覺化輸出。
（2）建立一個批次為 10 筆資料的資料集 dataset 物件。
（3）在 dataset 物件中，將每 10 筆資料組合在一起形成一個批次。
（4）建立階段（session），並透過階段（session）的 run 方法獲得資料。
（5）將取到的資料顯示出來。

實際程式如下：

程式 4-11 將 TFRecord 檔案製作成 Dataset 資料集（續）

```
31   def showresult(subplot,title,thisimg):              # 顯示單一圖片
32       p =plt.subplot(subplot)
33       p.axis('off')
34       p.imshow(thisimg)
35       p.set_title(title)
36
37   def showimg(index,label,img,ntop):                  # 顯示結果
38       plt.figure(figsize=(20,10))                     # 定義顯示圖片的寬、高
39       plt.axis('off')
40       ntop = min(ntop,9)
41       print(index)
42       for i in range (ntop):
43           showresult(100+10*ntop+1+i,label[i],img[i])
44       plt.show()
45
46   def getone(dataset):
47       iterator = dataset.make_one_shot_iterator()#產生一個反覆運算器
48       one_element = iterator.get_next()              # 從 iterator 裡取出一個元素
49       return one_element
50
51   sample_dir=['mydata.tfrecords']
52   size = [256,256,3]
```

```
53    batchsize = 10
54    tdataset = dataset(sample_dir,size,batchsize)
55
56    print(tdataset.output_types)                    # 列印資料集的輸出資訊
57    print(tdataset.output_shapes)
58
59    one_element1 = getone(tdataset)                 # 從 tdataset 裡取出一個元素
60
61    with tf.Session() as sess:                      # 建立階段（session）
62        sess.run(tf.global_variables_initializer())   # 初始化
63        try:
64            for step in np.arange(1):
65                value = sess.run(one_element1)
66                showimg(step,value[1],
67                  np.asarray( (value[0]+0.5)*255,np.uint8),10)  # 顯示圖片
68        except tf.errors.OutOfRangeError:           # 捕捉例外
69            print("Done!!!")
```

這部分程式與前面 4.7.7 小節比較類似，不再詳述。

4.8.4 執行程式

整個程式執行後，輸出以下結果：

圖 4-11 實例 8 程式執行結果

在輸出結果中可以看到，每張圖片的標題都顯示了兩個數字。這是由於，在處理資料集過程中對標籤資料進行了 one-hot 編碼（見程式第 32 行）。

4.9 實例 9：在動態圖中讀取 Dataset 資料集

從 TensorFlow 1.4 版本開始，動態圖（讀者對動態圖先有一個概念即可，在 6.1.3 小節會詳細介紹）的功能越來越增強。到了 1.8 版本，對 tf.data.Dataset 介面的支援變得更加人性化。使用動態圖操作 Dataset 資料集，就如和從普通序列物件中取資料一簡單。

在 TensorFlow 2.0 版本中，動態圖已經取代靜態圖成為系統預設的開發架構。

> **實例描述**
> 將 4.7 節中的資料以 TensorFlow 動態圖的方式顯示出來。

該實例重用了 4.7 節的部分程式製作資料集，然後用動態圖架構讀取資料集的內容。

4.9.1 程式實現：增加動態圖呼叫

在程式的最開始位置引用相關模組，並啟用動態圖功能。

> **提示**
> 啟動動態圖的敘述必須在其他所有敘述之前執行（見下面程式第 8 行）。

程式如下：

```
程式 4-12  在動態圖裡讀取 Dataset 資料集
01    import os
02    import tensorflow as tf
03
04    from sklearn.utils import shuffle
05    import numpy as np
06    import matplotlib.pyplot as plt
07
08    tf.enable_eager_execution()                                # 啟用動態圖
09    print("TensorFlow 版本：{}".format(tf.__version__))
      # 列印版本，確保是 1.8 以後的版本
10    print("Eager execution: {}".format(tf.executing_eagerly()))
      # 驗證動態圖是否啟動
```

4.9.2 製作資料集

製作資料集的內容與 4.7 節完全一致。可以將 4.7.1~4.7.6 小節中的程式完全移到本實例中。

4.9.3 程式實現：在動態圖中顯示資料

將 4.7.1~4.7.6 小節中的程式複製到本實例中之後，接著增加以下程式即可將資料內容顯示出來。

程式 4-12 在動態圖裡讀取 Dataset 資料集（續）

```
11    for step,value in enumerate(tdataset):
12        showimg(step, value[1].numpy(),np.asarray( value[0]*255,np.uint8),10)
          # 顯示圖片
```

可以看到，這次的程式中沒有再建立階段，而是直接將資料集用 for 循環的方式進行反覆運算讀取。這就是動態圖的便捷之處。

程式第 12 行中，物件 value 是一個帶有實際值的張量。這裡用該張量的 numpy 方法將張量 value[1] 中的值取出來。同樣，還可以用 np.asarray 的方式直接將張量 value[0] 轉化為 numpy 類型的陣列。

程式執行後顯示以下結果：

```
TensorFlow 版本：1.13.1
Eager execution: True
loading sample  dataset..
loading sample  dataset..
loading sample  dataset..
(tf.float32, tf.int32)
(TensorShape([Dimension(None), Dimension(96), Dimension(96),
    Dimension(None)]), TensorShape([Dimension(None)]))
0
```

圖 4-12 實例 9 程式執行結果（a）

圖 4-12 實例 9 程式執行結果（b）

本實例用 tf.data.Dataset 介面的可反覆運算特性，實現對資料的讀取。

更多資料集反覆運算器的用法見 4.10 節。

4.9.4 實例 10：在 TensorFlow 2.x 中操作資料集

下面在程式檔案「4-12　在動態圖裡讀取 Dataset 資料集 .py」的基礎之上稍加調整，將其升級成可以支援 TensorFlow 2.x 版本的程式。

完整程式如下：

程式 4-13 在動態圖裡讀取 Dataset 資料集 _tf2 版
```python
01    import os
02    import tensorflow as tf
03    from PIL import Image
04    from sklearn.utils import shuffle
05    import numpy as np
06    import matplotlib.pyplot as plt
07    print("TensorFlow 版本: {}".format(tf.__version__))
08    print("Eager execution: {}".format(tf.executing_eagerly()))
09
10    def load_sample(sample_dir,shuffleflag = True):
11        ''' 遞迴讀取檔案。只支援一層。傳回檔案名稱、數值標籤、數值對應的標籤名稱 '''
12        print ('loading sample  dataset..')
13        lfilenames = []
14        labelsnames = []
15        for (dirpath, dirnames, filenames) in os.walk(sample_dir):
16            for filename in filenames:                        #檢查所有檔案名稱
17                filename_path = os.sep.join([dirpath, filename])
18                lfilenames.append(filename_path)              #增加檔案名稱
19                labelsnames.append( dirpath.split('\\')[-1] )
                  #增加檔案名稱對應的標籤
20
21        lab= list(sorted(set(labelsnames)))                   #產生標籤名稱列表
22        labdict=dict( zip( lab  ,list(range(len(lab)))  ))  #產生字典
23
24        labels = [labdict[i] for i in labelsnames]
25        if shuffleflag == True:
26            return shuffle(np.asarray( lfilenames),np.asarray( labels)),
              np.asarray(lab)
27        else:
28            return (np.asarray( lfilenames),np.asarray( labels)),np.asarray(lab)
29
30    directory='man_woman\\'                                   # 定義樣本路徑
31    (filenames,labels),_ =load_sample(directory,shuffleflag=False)
32    # 定義函數，實現增強資料操作
33    def _distorted_image(image,size,ch=1,shuffleflag = False,cropflag=False,
```

```
34                          brightnessflag=False,contrastflag=False):
35        distorted_image =tf.image.random_flip_left_right(image)
36
37        if cropflag == True:                              # 隨機修改
38            s = tf.random.uniform((1,2),int(size[0]*0.8),size[0],tf.int32)
39            distorted_image = tf.image.random_crop(distorted_image,
                                    [s[0][0],s[0][0],ch])
40        # 上下隨機翻轉
41        distorted_image = tf.image.random_flip_up_down(distorted_image)
42        if brightnessflag == True: # 隨機變化亮度
43            distorted_image = tf.image.random_brightness(distorted_image,
                                    max_delta=10)
44        if contrastflag == True:    # 隨機變化比較度
45            distorted_image = tf.image.random_contrast(distorted_image,
                                    lower=0.2, upper=1.8)
46        if shuffleflag==True:
47            distorted_image = tf.random.shuffle(distorted_image)
              # 沿著第 0 維打亂順序
48        return distorted_image
49
50    # 定義函數,實現歸一化,並且拍平
51    def _norm_image(image,size,ch=1,flattenflag = False):
52        image_decoded = image/255.0
53        if flattenflag==True:
54            image_decoded = tf.reshape(image_decoded, [size[0]*size[1]*ch])
55        return image_decoded
56    from skimage import transform
57    def _random_rotated30(image, label): # 定義函數,實現圖片隨機旋轉操作
58        def _rotated(image):                    # 用封裝好的 skimage 模組將圖片旋轉 30°
59            shift_y, shift_x = np.array(image.shape[:2],np.float32) / 2.
60            tf_rotate = transform.SimilarityTransform(rotation=np.deg2rad(30))
61            tf_shift = transform.SimilarityTransform(translation=[-shift_x,
                        -shift_y])
62            tf_shift_inv = transform.SimilarityTransform(translation=
                            [shift_x, shift_y])
63            image_rotated = transform.warp(image, (tf_shift + (tf_rotate +
                            tf_shift_inv)).inverse)
64            return image_rotated
65
66        def _rotatedwrap():
67            image_rotated = tf. py_function( _rotated,[image],[tf.float64])
                    # 呼叫協力廠商函數
```

```python
68        return tf.cast(image_rotated,tf.float32)[0]
69
70    a = tf.random.uniform([1],0,2,tf.int32)#實現隨機功能
71    image_decoded = tf.cond(tf.equal(tf.constant(0),a[0]),lambda: image,
                    _rotatedwrap)
72
73    return image_decoded, label
74 # 定義函數，建立資料集
75 def dataset(directory,size,batchsize,random_rotated=False):
76    # 載入檔案的名稱與標籤
77    (filenames,labels),_ =load_sample(directory,shuffleflag=False)
78    def _parseone(filename, label):                # 解析一個圖片檔案
79        image_string = tf.io.read_file(filename)   # 讀取整數個檔案
80        image_decoded = tf.image.decode_image(image_string)
81        image_decoded.set_shape([None, None, None])
82        image_decoded = _distorted_image(image_decoded,size)    # 扭曲圖片
83        image_decoded = tf.image.resize(image_decoded, size)    # 變化尺寸
84        image_decoded = _norm_image(image_decoded,size)# 歸一化
85        image_decoded = tf.cast(image_decoded,dtype=tf.float32)
86        # 將 label 轉為張量
87        label = tf.cast(  tf.reshape(label, []) ,dtype=tf.int32   )
88        return image_decoded, label
89    # 產生 Dataset 物件
90    dataset = tf.data.Dataset.from_tensor_slices((filenames, labels))
91    dataset = dataset.map(_parseone)               # 有圖片內容的資料集
92
93    if random_rotated == True:
94        dataset = dataset.map(_random_rotated30)
95    dataset = dataset.batch(batchsize)             # 批次劃分資料集
96    return dataset
97
98 def showresult(subplot,title,thisimg):            # 顯示單一圖片
99    p =plt.subplot(subplot)
100    p.axis('off')
101    p.imshow(thisimg)
102    p.set_title(title)
103
104 def showimg(index,label,img,ntop):               # 顯示圖片結果
105    plt.figure(figsize=(20,10))                   # 定義顯示圖片的寬、高
106    plt.axis('off')
107    ntop = min(ntop,9)
108    print(index)
109    for i in range (ntop):
```

```
110            showresult(100+10*ntop+1+i,label[i],img[i])
111       plt.show()
112
113  sample_dir=r"man_woman"
114  size = [96,96]
115  batchsize = 10
116  tdataset = dataset(sample_dir,size,batchsize)
117  tdataset2 = dataset(sample_dir,size,batchsize,True)
118  print(tdataset.output_types)                    # 列印資料集的輸出資訊
119  print(tdataset.output_shapes)
120
121  for step,value in enumerate(tdataset):           # 顯示圖片
122      showimg(step, value[1].numpy(),np.asarray( value[0]*255,np.uint8),10)
```

在 TensorFlow 2.x 版本中，將 TensorFlow 1.x 版本中的部分函數名稱進行了調整，實際如下：

- 將函數 tf.random_uniform 改成了 tf.random.uniform（見程式第 38 行）。
- 將函數 tf.random_crop 改成了 tf.image.random_crop（見程式第 39 行）。
- 將函數 tf.random_shuffle 改成了 tf.random.shuffle（見程式第 47 行）。
- 將函數 tf.read_file 改成了 tf.io.read_file（見程式第 79 行）。

這些變化的函數名稱，都是可以透過工具自動轉化的。讀者可以直接使用 TensorFlow 2.x 版本中提供的工具，對 TensorFlow 1.x 版本的程式進行升級。實際指令如下：

```
tf_upgrade_v2 --infile "1.x 的程式檔案 "  -outfile "2.x 的程式檔案 "
```

實際實例還可以參考本書 6.13 節。

程式執行後，可以輸出與 4.9.3 小節一樣的結果。這裡不再詳述。

提示

如果將本實例程式第 7 行換作啟動動態圖的敘述，即：

```
tf.enable_eager_execution()
```

則該程式也可以在 TensorFlow 1.13.1 版本上正常執行。這說明了一個問題：TensorFlow 2.x 版本的內部程式與 TensorFlow 1.13.1 版本非常接近。TensorFlow 1.13.1 版本既可以支援 TensorFlow 1.x 版本，又可以部分支援 TensorFlow 2.x 版本，具有更好的相容性。

4.10 實例 11：在不同場景中使用資料集

本節將示範資料集的其他幾種反覆運算方式，分別對應不同的場景。

實例描述

在記憶體中定義一個陣列，將其轉化成 Dataset 資料集。在訓練模型、測試模型、使用模型的場景中使用資料集，將陣列中的內容輸出來。

4.6、4.7、4.8 節中關於資料集的使用，更符合於訓練模型場景的用法。可以透過用 tf.data.Dataset 介面的 repeat 方法來實現資料集的循環使用。在實際訓練中，只能控制訓練模型的反覆運算次數，無法直觀地控制資料集的檢查次數。

4.10.1 程式實現：在訓練場景中使用資料集

為了指定資料集的檢查次數，在建立反覆運算器時使用了 from_structure 方法，該方法沒有自動初始化功能，所以需要在階段（session）中初始化。當整個資料集檢查結束後，會產生 tf.errors.OutOfRangeError 例外。透過在捕捉 tf.errors.OutOfRangeError 例外的處理函數中對反覆運算器再次進行初始化的方式，將資料集內部的指標歸零，讓資料集可以再次從頭檢查。

提示

雖然在多次反覆運算過程中會頻繁呼叫反覆運算器初始化函數，但這並不會影響整體效能。系統只是對反覆運算器做了初始化，並不是將整個資料集進行重新設定，所以這種方案是可行的。

實際程式如下：

```
程式 4-14 在不同場景中使用資料集
01    import tensorflow as tf
02
03    dataset1 = tf.data.Dataset.from_tensor_slices([1,2,3,4,5])#定義訓練資料集
04
05    #建立反覆運算器
06    iterator1 = tf.data.Iterator.from_structure(dataset1.output_types,
      dataset1.output_shapes)
07
08    one_element1 = iterator1.get_next()                      #取得一個元素
```

```
09
10   with tf.Session()  as sess2:
11       sess2.run( iterator1.make_initializer(dataset1) ) # 初始化反覆運算器
12       for ii in range(2):                          # 將資料集反覆運算兩次
13           while True:                              # 透過 for 迴圈列印所有的資料
14               try:
15                   print(sess2.run(one_element1)) # 呼叫 sess.run 讀出 Tensor 值
16               except tf.errors.OutOfRangeError:
17                   print(" 檢查結束 ")
18                   sess2.run( iterator1.make_initializer(dataset1) )
19                   break
```

整體程式執行後，輸出以下結果：

```
1
2
3
4
5
檢查結束
1
2
3
4
5
檢查結束
```

從結果中可以看出，整個資料集反覆運算執行了兩遍。

> **提示**
>
> 程式中第 6 行的 tf.data.Iterator.from_structure 方法還可以換作 dataset1.make_
> initializable_iterator，一樣可以實現透過初始化的方法實現從頭檢查資料集的效
> 果。
>
> 舉例來説，程式中的第 6 ～ 11 行可以寫成如下：
>
> ```
> iterator = dataset1.make_initializable_iterator() # 直接產生反覆運算器
> one_element1 = iterator.get_next()                # 產生元素張量
> with tf.Session() as sess2:
> sess.run(iterator.initializer)  # 在階段（session）中需要對反覆運算器進行初始化
> ```

4.10.2 程式實現：在應用模型場景中使用資料集

在應用模型場景中，可以將實際資料植入 Dataset 資料集中的元素張量，來實現輸入操作。實際程式如下：

程式 4-14 在不同場景中使用資料集（續）

```
20        print(sess2.run(one_element1,{one_element1:356}))    #往資料集中植入資料
```

程式第 20 行，將數字 "356" 植入到張量 one_element1 中。此時的張量 one_element1 造成預留位置的作用，這也是在使用模型場景中常用的做法。

整個程式執行後，輸出以下結果：

```
356
```

從輸出結果可以看出，"356" 這個數字已經進入張量圖並成功輸出到螢幕上。

> **提示**
>
> 這種方式與反覆運算器的產生方式無關，所以它不僅適用於透過 from_structure 產生的反覆運算器，也適用於透過 make_one_shot_iterator 方法產生的反覆運算器。

4.10.3 程式實現：在訓練與測試混合場景中使用資料集

在訓練 AI 模型時，一般會有兩個資料集：一個用於訓練，一個用於測試。在 TensorFlow 中提供了一個便捷的方式，可以在訓練過程中對訓練與測試的資料來源進行靈活切換。

實際的方式為：

（1）建立兩個 Dataset 物件，一個用於訓練、一個用於測試。

（2）分別建立兩個資料集對應的反覆運算器——iterator（訓練反覆運算器）、iterator_test（測試反覆運算器）。

（3）在階段中，分別建立兩個與反覆運算器對應的控制碼——iterator_handle（訓練反覆運算器控制碼）iterator_handle_test（測試反覆運算器控制碼）。

（4）產生預留位置，用於接收反覆運算器控制碼。

（5）產生關於預留位置的反覆運算器，並定義其 get_next 方法取出的張量。

在執行時期，直接將用於訓練或測試的反覆運算器控制碼輸入預留位置，即可實現資料來源的使用。實際程式如下：

```
程式 4-14 在不同場景中使用資料集（續）
21  dataset1 = tf.data.Dataset.from_tensor_slices( [1,2,3,4,5] )
    #建立訓練 Dataset 物件
22  iterator = dataset1.make_one_shot_iterator()          #產生一個反覆運算器
23
24  dataset_test = tf.data.Dataset.from_tensor_slices( [10,20,30,40,50] )
    #建立測試 Dataset 物件
25  iterator_test = dataset1.make_one_shot_iterator()     #產生一個反覆運算器
26  #適用於測試與訓練場景中的資料集方式
27  with tf.Session()  as sess:
28      iterator_handle = sess.run(iterator.string_handle())
        #建立反覆運算器控制碼
29      iterator_handle_test = sess.run(iterator_test.string_handle())
        #建立反覆運算器控制碼
30
31      handle = tf.placeholder(tf.string, shape=[])      #定義預留位置
32      iterator3 = tf.data.Iterator.from_string_handle(handle,
        iterator.output_types)
33
34      one_element3 = iterator3.get_next()                  #取得元素
35      print(sess.run(one_element3,{handle: iterator_handle})) #取出元素
36      print(sess.run(one_element3,{handle: iterator_handle_test}))
```

執行程式後，顯示以下結果：

```
1
10
```

其中，1 是訓練集的第 1 個資料，10 是訓練集中第 1 個資料。

由於篇幅限制，製作資料集的介紹到這裡就結束了。

4.11 tf.data.Dataset 介面的更多應用

目前，tf.data.Dataset 介面是 TensorFlow 中主流的資料集介面。在撰寫自己的模型程式時，建議優先使用 tf.data.Dataset 介面。

> **提示**
>
> 本章除介紹了主流的 Dataset 資料集外，還介紹了一些其他形式的資料集（例如：記憶體物件資料集、TFRecord 格式的資料集）。這些內容是為了讓讀者對資料集這部分知識有一個全面的掌握，這樣在閱讀別人程式，或在別人的程式上做延伸開發時，就不會出現技術盲區。

用 tf.data.Dataset 介面還可以將更多其他類型的樣本製作成資料集。另外，也可以對 tf.data.Dataset 介面進行二次封裝，使 tf.data.Dataset 介面用起來更為簡單。

> **提示**
>
> 10.3.3 小節還介紹了一個同時支援靜態圖與動態圖的工具類別。它是對原有 tf.data.Dataset 介面的封裝。讀者可以直接拿來使用，以提升撰寫程式的效率。

更多的內容可以參考官網中的教學。

10 分鐘快速訓練自己的圖片分類模型

本章重點說明微調技術，即用自己的資料集在預訓練模型上進行二次訓練。該技術可以在樣本較少的情況下快速地訓練出自己的可用模型。

閱讀本章後，讀者可以用成熟模型快速訓練出自己的圖片分類器。

5.1 快速導讀

在學習實例之前，有必要了解一下模型的基礎知識。

5.1.1 認識模型和模型檢查點檔案

1 什麼是模型

模型是透過神經網路訓練得來的，是機器運算後所產出的結果。用 TensorFlow 開發程式，最後的目的就是要得到模型。有了模型之後，便可以用模型來做一些對應的回歸、分類等工作。

模型預設存在記憶體中，會隨著程式的關閉而銷毀。在關閉目前程式時，為了防止模型遺失，一般會把模型儲存到檔案裡，以便下次使用。儲存模型的檔案，就是模型檔案。

2 什麼是模型中的檢查點

模型中的檢查點，有如遊戲中的還原點。在訓練模型過程中，可以將模型以檔案的方式儲存到硬碟上。這樣在之後的訓練中可以直接載入上次產生的檢查點檔案，接著上次的結果繼續訓練。

在訓練中，引用檢查點是非常有用的。在訓練模型時，難免會出現中斷的情況。及時將模型的訓練成果儲存下來，這樣即使出現中斷情況，也不會耽誤模型的訓練進度。

5.1.2 了解「預訓練模型」與微調（Fine-Tune）

預訓練模型等於檢查點檔案。在使用時，既可以將檢查點檔案載入已有模型，接著訓練；也可以將檢查點檔案載入到別的模型中，做延伸開發。

這樣，新的模型就會在原有模型的訓練結果之上再進行訓練，進一步大幅縮短了訓練時間。這種延伸開發被叫作微調（Fine-Tune）。

可以說微調是一種傳輸學習的技巧。它是指，將一個已經在相關工作上訓練過的模型用在新模型中重新使用，繼續訓練。在本章中，將呼叫一個透過 ImageNet 資料集訓練好的模型，將該模型中的「分析影像特徵」能力傳輸到現有的分類工作上。

該方法適用於中等量級（幾千到幾萬個）的資料集。如果是大類型資料集（數百萬個），還是建議從頭訓練比較好。

5.1.3 學習 TensorFlow 中的預訓練模型函數庫——TF-Hub 函數庫

TF-Hub 函數庫是 TensorFlow 中專門用於預訓練模型的函數庫，其中包含很多在大類型資料集上訓練好的模型。如需在較小的資料集上實現識別工作，則可以透過微調這些預訓練模型來實現。另外，它還能夠提升原有模型在實際場景中的泛化能力，加快訓練的速度。

TF-Hub 函數庫可以支援 TensorFlow 的 1.x 與 2.x 版本。

1 安裝 TF-Hub 函數庫

該函數庫獨立於 TensorFlow 安裝套件。如想使用，則需要額外安裝。可以在命令列裡輸入以下指令：

```
pip install tensorflow-hub
```

2 TF-Hub 函數庫的說明

在 GitHub 網站上還有 TF-Hub 函數庫的原始程式連結，其中包含了許多詳細的說明文件。地址如下：

```
https://github.com/tensorflow/hub
```

有興趣的讀者可以根據該連結中的文件內容自行學習。

5.2 實例 12：透過微調模型分辨男女

本實例是在第 3 章和第 4 章的基礎上實現的。利用第 4 章的資料集製作方法，製作自己的資料集；然後使用自己的資料集，在已有的模型上展開二次訓練。如何使用已有模型是第 3 章的內容；而如何用已有的模型做二次訓練，則是本實例的內容。

> **實例描述**
>
> 有一組照片，分為男人和女人。

訓練模型來學習這些照片，讓模型能夠找到其中的規律。接著，用該模型對圖片中的人物進行識別，區分其性別是「男」還是「女」。

本實例中，用 NASNet_A_Mobile 模型來做二次訓練。實際過程分為 4 步：

（1）準備樣本。
（2）準備 NASNet_A_Mobile 模型。
（3）撰寫程式進行二次訓練。
（4）用已經訓練好的模型進行測試。

5.2.1 準備工作

1 準備樣本

透過以下連結下載 CelebA 資料集：

```
http://mmlab.ie.cuhk.edu.hk/projects/CelebA.html
```

待資料集下載完後，將其解壓縮，並手動分出一部分男人與女人的照片。

在本實例中，一共用 20000 張圖片來訓練模型，其中：

- 訓練樣本由 8421 張男性圖示和 11599 張女性圖示組成（在 train 資料夾下）。
- 測試樣本由 10 張男性圖示和 10 張女性圖示組成（在 val 資料夾下）。

部分樣本資料如圖 5-1 所示。

圖 5-1　男女資料集樣本範例

將樣本整理好後，統一放到 data 資料夾下。

2 準備程式環境並預訓練模型

實際步驟如下。

（1）下載與部署 slim 模組。

該部分的內容與 3.1 節完全一樣，這裡不再詳述。

（2）下載 NASNet_A_Mobile 模型。

該部分的內容與 3.1 節類似。在圖 3-2 中，找到 "nasnet-a_mobile_04_10_ 2017. tar.gz" 的下載連結，將其下載並解壓縮。

（3）完整程式檔案的結構。

本實例是透過 4 個程式檔案來實現的，實際檔案及描述如下。

- 5-1 mydataset.py：處理男女圖片資料集的程式。
- 5-2 model.py：載入預訓練模型 NASNet_A_Mobile 並進行微調的程式。
- 5-3 train.py：訓練模型的程式。
- 5-4 test.py：測試模型的程式。

部署時，將這 4 個程式檔案與 slim 模組、NASNet_A_Mobile 模型、樣本一起放到一個資料夾下。完整程式檔案的結構如圖 5-2 所示。

圖 5-2 分辨男女實例的檔案結構

5.2.2 程式實現：處理樣本資料並產生 Dataset 物件

本實例中，直接將資料集的相關操作封裝到程式檔案「5-1 mydataset.py」中。
在該檔案中包含用於訓練與測試的資料集。

- 在訓練模式下，會對資料進行亂數處理。
- 在測試模式下，按照資料的原始順序直接使用。

這部分的知識在第 4 章已經有全面的介紹，這裡不再詳述。完整程式如下：

程式 5-1 mydataset

```
01    import tensorflow as tf
02    import sys
03    nets_path = r'slim'                                    # 載入環境變數
04    if nets_path not in sys.path:
05        sys.path.insert(0,nets_path)
06    else:
07        print('already add slim')
08    from nets.nasnet import nasnet                         # 匯出 nasnet
09    slim = tf.contrib.slim                                 # 載入 TF-slim 介面
10    image_size = nasnet.build_nasnet_mobile.default_image_size
11    from preprocessing import preprocessing_factory        # 影像處理
12
13    import os
14    def list_images(directory):
15        """
16        取得所有 directory 中的所有圖片和標籤
17        """
18
19        # 傳回 path 指定的資料夾所包含的檔案或資料夾的名字列表
20        labels = os.listdir(directory)
```

```
21      # 對標籤進行排序，以便訓練和驗證按照相同的順序進行
22      labels.sort()
23      # 建立檔案標籤列表
24      files_and_labels = []
25      for label in labels:
26          for f in os.listdir(os.path.join(directory, label)):
27              # 將字串中所有大寫字元轉為小寫字元，再判斷
28              if 'jpg' in f.lower() or 'png' in f.lower():
29                  # 加入列表
30                  files_and_labels.append((os.path.join(directory, label,
                    f), label))
31      # 了解為解壓縮，把資料路徑和標籤解壓縮出來
32      filenames, labels = zip(*files_and_labels)
33      # 轉為清單，分別儲存資料路徑和對應的標籤
34      filenames = list(filenames)
35      labels = list(labels)
36      # 列出分類總數，例如兩種：['man', 'woman']
37      unique_labels = list(set(labels))
38
39      label_to_int = {}
40      # 循環列出資料和資料索引，給每個分類打上標籤 {'woman': 2, 'man': 1，none: 0}
41      for i, label in enumerate(sorted(unique_labels)):
42          label_to_int[label] = i+1
43      print(label,label_to_int[label])
44      # 把每個標籤化為 0、1 這種形式
45      labels = [label_to_int[l] for l in labels]
46      print(labels[:6],labels[-6:])
47      return filenames, labels          # 傳回儲存資料路徑和對應轉換後的標籤
48
49  num_workers = 2                       # 定義平行處理資料的執行緒數量
50
51  # 影像批次前置處理
52  image_preprocessing_fn = preprocessing_factory.get_preprocessing('nasnet_
    mobile', is_training=True)
53  image_eval_preprocessing_fn = preprocessing_factory.get_preprocessing
    ('nasnet_mobile', is_training=False)
54
55  def _parse_function(filename, label):     # 定義影像解碼函數
56      image_string = tf.read_file(filename)
57      image = tf.image.decode_jpeg(image_string, channels=3)
58      return image, label
```

```
59
60    def training_preprocess(image, label):      #定義函數,調整影像的大小
61        image = image_preprocessing_fn(image, image_size, image_size)
62        return image, label
63
64    def val_preprocess(image, label):           #定義評估影像的前置處理函數
65        image = image_eval_preprocessing_fn(image, image_size, image_size)
66        return image, label
67
68    #建立帶批次的資料集
69    def creat_batched_dataset(filenames, labels,batch_size,isTrain = True):
70
71        dataset = tf.data.Dataset.from_tensor_slices((filenames, labels))
72
73        dataset = dataset.map(_parse_function, num_parallel_calls=num_workers)
          #對影像進行解碼
74
75        if isTrain == True:
76            dataset = dataset.shuffle(buffer_size=len(filenames))
              #打亂資料順序
77            dataset = dataset.map(training_preprocess, num_parallel_calls=
                       num_workers)                  #調整影像大小
78        else:
79            dataset = dataset.map(val_preprocess,num_parallel_calls=
                       num_workers)                  #調整影像大小
80
81        return dataset.batch(batch_size)          #傳回批次數據
82
83    #根據目錄傳回資料集
84    def creat_dataset_fromdir(directory,batch_size,isTrain = True):
85        filenames, labels = list_images(directory)
86        num_classes = len(set(labels))
87        dataset = creat_batched_dataset(filenames, labels,batch_size,isTrain)
88        return dataset,num_classes
```

程式第 11 行匯入了 preprocessing_factory 函數。該函數是 slim 模組中封裝好的工廠函數,用於產生模型的前置處理函數。用該函數對樣本操作(見程式第 60、61 行),可以提升開發效率,並能夠減小出錯的可能性。

┌───┐
│ **提示**
│
│ 這裡用了一個技巧——仿照原 NASNet_A_Mobile 模型的分類方法,在對分類標
│ 籤排號時,將標籤為 0 的分類空出來,男人的分類是 1,女人的分類是 2。
└───┘

程式第 42 行用到的變數 unique_labels 是從集合物件轉化而來的。在使用時，需要對變數 unique_labels 固定順序，所以用 sorted 函數進行轉換。如果不對變數 unique_labels 固定順序，在下次啟動時，有可能出現標籤序號與名稱對應不上的現象。在多次中斷多次訓練的場景中，標籤序號與名稱對應不上的現象會使模型的準確率飄忽不定。這種問題很難排除。

5.2.3 程式實現：定義微調模型的類別 MyNASNetModel

在微調模型的實現中，統一透過定義類別 MyNASNetModel 來實現。在類別 MyNASNetModel 中，大致可分為兩大動作：初始化設定、建置模型。

- 初始化設定：定義建置模型時的必要參數。
- 建置模型：針對訓練、測試、應用三種情況，分別建置不同的模型。在訓練過程中，還需要載入預訓練模型及微調模型。

定義類別 MyNASNetModel，並對模型的設定進行初始化。實際如下：

```
程式 5-2 model
01    import sys
02    nets_path = r'slim'                              # 載入環境變數
03    if nets_path not in sys.path:
04        sys.path.insert(0,nets_path)
05    else:
06        print('already add slim')
07
08    import tensorflow as tf
09    from nets.nasnet import nasnet                   # 匯出 nasnet
10    slim = tf.contrib.slim
11
12    import os
13    mydataset = __import__("5-1 mydataset")
14    creat_dataset_fromdir = mydataset.creat_dataset_fromdir
15
16    class MyNASNetModel(object):
17        """ 微調模型類別 MyNASNetModel
18        """
19        def __init__(self, model_path=''):
20            self.model_path = model_path            # 原始模型的路徑
```

程式第 20 行是初始化 MyNASNetModel 類別的操作。變數 model_path 指的是

「要載入的原始預訓練模型」。該操作只有在訓練模式下才有意義。在測試和應用模式下，該變數可以為 None（空值）。

5.2.4 程式實現：建置 MyNASNetModel 類別中的基本模型

在建置模型的過程中，無論是訓練、測試還是應用，都需要載入最基本的 NASNet_A_Mobile 模型。這裡透過定義 MyNASNetModel 類別的 MyNASNet 方法來實現。實際的實現方式與 3.3 節的實現方式基本一致。

不同的是：3.3 節建置的是 PNASNet 模型結構，本節建置的是 NASNet_A_Mobile 模型結構。

```
程式 5-2 model（續）
21    def MyNASNet(self,images,is_training):
22        arg_scope = nasnet.nasnet_mobile_arg_scope()        #獲得模型命名空間
23        with slim.arg_scope(arg_scope):
24            # 建置 NASNet Mobile 模型
25            logits, end_points = nasnet.build_nasnet_mobile(images,
              num_classes = self.num_classes+1, is_training=is_training)
26
27        global_step = tf.train.get_or_create_global_step()
          # 定義記錄步數的張量
28
29        return logits,end_points,global_step                # 傳回有用的張量
```

程式第 25 行，在呼叫 nasnet.build_nasnet_mobile 方法時，向 num_classes 參數裡傳的值是「分類的個數 self.num_classes 加 1」。其中：

- 分類的個數 self.num_classes 的值是 2，表示男人和女人兩種。該值是在 5.2.7 小節的 build_model 方法中被設定值的。
- 1 表示是一個空（None）類別，即模型預測不出男還是女的情況。

5.2.5 程式實現：實現 MyNASNetModel 類別中的微調操作

微調操作是針對訓練場景的。它透過定義 MyNASNetModel 類別中的 FineTuneNASNet 方法來實現。微調操作主要是對預訓練模型的加權參數進行選擇性恢復。

預訓練模型 NASNet_A_Mobile 是在 ImgNet 資料集上訓練的，有 1000 個分類。而本實例中識別男女的工作只有兩個分類。所以，最後兩個輸出層的超參

數不應該被恢復（由於分類不同，導致超參數的數量不同）。在實際使用時，最後兩層的參數需要對其初始化並單獨訓練。

```
程式 5-2 model（續）
30      def FineTuneNASNet(self,is_training):    # 實現微調模型的網路操作
31          model_path = self.model_path
32
33          exclude = ['final_layer','aux_7']
            # 恢復超參數，除 exclude 外的超參數全部恢復
34          variables_to_restore = slim.get_variables_to_restore(exclude=
            exclude)
35          if is_training == True:
36              init_fn = slim.assign_from_checkpoint_fn(model_path,
                variables_to_restore)
37          else:
38              init_fn = None
39
40          tuning_variables = []    # 將沒有恢復的超參數收集起來，用於微調訓練過程
41          for v in exclude:
42              tuning_variables += slim.get_variables(v)
43
44          return init_fn, tuning_variables
```

程式中，首先用 exclude 清單將不需要恢復的網路節點收集起來（見程式第 33 行）。

接著，將預訓練模型中的超參數值指定給剩下的節點，完成了預訓練模型的載入（見程式第 36 行）。

最後，用 tuning_variables 清單將不需要恢復的網路節點加權收集起來（見程式第 40 行），用於微調訓練過程。

> **提示**
>
> 這裡介紹一個技巧──如何獲得 exclude 中的元素（見程式第 33 行）。實際方法是：透過額外執行程式 tf.global_variables()，將張量圖中的節點列印出來；從裡面找到最後兩層的節點，並將該節點的名稱填入程式中。
>
> 另外，在找到節點後，還可以用 slim.get_variables 函數來檢查該名稱的節點是否正確。例如：可以將 slim.get_variables('final_layer') 的傳回值列印出來，觀察張量圖中是否有 final_layer 節點。

5.2.6 程式實現：實現與訓練相關的其他方法

在 MyNASNetModel 類別中，還需要定義與訓練操作相關的其他方法，實際如下。

- build_acc_base 方法：用於建置評估模型的相關節點。
- load_cpk 方法：用於載入及產生模型的檢查點檔案。
- build_model_train 方法：用於建置訓練模型中的損失函數及優化器等操作節點。

實際程式如下：

```
程式 5-2 model（續）
45      def build_acc_base(self,labels):# 定義評估函數
46          # 傳回張量中最大值的索引
47          self.prediction = tf.cast (tf.argmax(self.logits, 1),tf.int32)
48          # 計算 prediction，labels 是否相同
49          self.correct_prediction = tf.equal(self.prediction, labels)
50          # 計算平均值
51          self.accuracy = tf.reduce_mean(tf.cast(self.correct_prediction),
            tf.float32)
52          # 將正確率最高的 5 個值取出來，計算平均值
53          self.accuracy_top_5 = tf.reduce_mean(tf.cast(tf.nn.in_top_
            k(predictions=self.logits, targets=labels, k=5),tf.float32))
54
55      def load_cpk(self,global_step,sess,begin = 0,saver= None,save_path=
        None):                                    # 儲存和匯出模型
56          if begin == 0:
57              save_path=r'./train_nasnet'         # 定義檢查點檔案的路徑
58              if not os.path.exists(save_path):
59                  print("there is not a model path:",save_path)
60              saver = tf.train.Saver(max_to_keep=1) # 產生 saver
61              return saver,save_path
62          else:
63              kpt = tf.train.latest_checkpoint(save_path)
                # 尋找最新的檢查點檔案
64              print("load model:",kpt)
65              startepo = 0                          # 計步
66              if kpt!=None:
67                  saver.restore(sess, kpt)          # 還原模型
68                  ind = kpt.find("-")
69                  startepo = int(kpt[ind+1:])
70                  print("global_step=",global_step.eval(),startepo)
```

```
71              return startepo
72
73      def build_model_train(self,images,
74          labels,learning_rate1,learning_rate2,is_training):
75          self.logits,self.end_points,
76          self.global_step= self.MyNASNet(images,is_training=is_training)
77      self.step_init = self.global_step.initializer
78
79      self.init_fn,self.tuning_variables = self.FineTuneNASNet(
80          is_training=is_training)
81      # 定義損失函數
82      tf.losses.sparse_softmax_cross_entropy(labels=labels,
83          logits=self.logits)
84      loss = tf.losses.get_total_loss()
85      # 定義微調訓練過程的退化學習率
86      learning_rate1=tf.train.exponential_decay(
87              learning_rate=learning_rate1, global_step=self.global_step,
88              decay_steps=100, decay_rate=0.5)
89      # 定義聯調訓練過程的退化學習率
90      learning_rate2=tf.train.exponential_decay(
91          learning_rate=learning_rate2, global_step=self.global_step,
92          decay_steps=100, decay_rate=0.2)
93      last_optimizer = tf.train.AdamOptimizer(learning_rate1) # 優化器
94      full_optimizer = tf.train.AdamOptimizer(learning_rate2)
95      update_ops = tf.get_collection(tf.GraphKeys.UPDATE_OPS)
96      with tf.control_dependencies(update_ops):  # 更新批次歸一化中的參數
97          # 定義模型優化器
98          self.last_train_op = last_optimizer.minimize(loss,
99              self.global_step,var_list=self.tuning_variables)
            self.full_train_op = full_optimizer.minimize(loss,
            self.global_step)
100
101     self.build_acc_base(labels)                # 定義評估模型的相關指標
102     # 寫入記錄檔，支援 tensorBoard 操作
103     tf.summary.scalar('accuracy', self.accuracy)
104     tf.summary.scalar('accuracy_top_5', self.accuracy_top_5)
105
106     # 將收集的所有預設圖表併合並
107     self.merged = tf.summary.merge_all()
108     # 寫入記錄檔
109     self.train_writer = tf.summary.FileWriter('./log_dir/train')
110     self.eval_writer = tf.summary.FileWriter('./log_dir/eval')
111     # 定義要保持到檢查點檔案中的變數
112     self.saver,self.save_path = self.load_cpk(self.global_step,None)
```

程式第 82 行，用 tf.losses.sparse_softmax_cross_entropy 函數計算 loss 值，函數會將 loss 值增加到內部集合 ops.GraphKeys.LOSSES 中。

程式第 84 行，用 tf.losses.get_total_loss 函數從 ops.GraphKeys.LOSSES 集合中取出所有的 loss 值。

在程式第 96 行，在反在最佳化時，用 tf.control_dependencies 函數對批次歸一化操作中的平均值與方差進行更新。函數 tf.control_dependencies 的作用是，將依賴執行的功能增加到 last_train_op 與 full_train_op 的操作上。即：在執行程式 last_train_op 與 full_train_op（見程式第 98、99 行）之前，需要先執行 tf.GraphKeys.UPDATE_OPS 中的 OP。

tf.GraphKeys.UPDATE_OPS 中的 OP 就是更新 BN 中的移動平均值（μ）和移動方差（σ）的實際操作。在呼叫 TF-slim 介面中的 BN 函數時，預設不會直接更新移動平均值（μ）和移動方差（σ）。而是將其封裝為一個 OP（靜態圖中的運算符號）放到 tf.GraphKeys.UPDATE_OPS 中。關於這部分知識，在 10.3.5 小節還會有關。

5.2.7 程式實現：建置模型，用於訓練、測試、使用

在 MyNASNetModel 類別中，定義了 build_model 方法用於建置模型。在 build_model 方法中，用參數 mode 來指定模型的實際使用場景。實際程式如下：

程式 5-2 model（續）

```
113    def build_model(self,mode='train',testdata_dir='./data/val',
       traindata_dir='./data/train', batch_size=32,learning_rate1=
       0.001,learning_rate2=0.001):
114
115      if mode == 'train':
116          tf.reset_default_graph()
117          #建立訓練資料和測試資料的 Dataset 資料集
118          dataset,self.num_classes = creat_dataset_fromdir
                 (traindata_dir,batch_size)
119          testdataset,_ = creat_dataset_fromdir(testdata_dir,
                 batch_size,isTrain = False)
120
121          #建立一個可初始化的反覆運算器
122          iterator = tf.data.Iterator.from_structure(dataset.output_
```

```
                          types, dataset.output_shapes)
123          # 讀取資料
124          images, labels = iterator.get_next()
125
126          self.train_init_op = iterator.make_initializer(dataset)
127          self.test_init_op = iterator.make_initializer(testdataset)
128
129          self.build_model_train(images, labels,learning_rate1,
                              learning_rate2,is_training=True)
130          self.global_init = tf.global_variables_initializer()
          # 定義全域初始化 OP
131          tf.get_default_graph().finalize()              # 將後續的圖設為唯讀
132      elif mode == 'test':
133          tf.reset_default_graph()
134
135          # 建立測試資料的 Dataset 資料集
136          testdataset,self.num_classes = creat_dataset_fromdir
                          (testdata_dir,batch_size,isTrain = False)
137
138          # 建立一個可初始化的反覆運算器
139          iterator = tf.data.Iterator.from_structure(testdataset.
                          output_types, testdataset.output_shapes)
140          # 讀取資料
141          self.images, labels = iterator.get_next()
142
143          self.test_init_op = iterator.make_initializer(testdataset)
144          self.logits,self.end_points, self.global_step= self.
                          MyNASNet(self.images,is_training=False)
145          self.saver,self.save_path = self.load_cpk(self.global_
                          step,None)   # 定義用於操作檢查點檔案的相關變數
146          # 評估指標
147          self.build_acc_base(labels)
148          tf.get_default_graph().finalize()              # 將後續的圖設為唯讀
149      elif mode == 'eval':
150          tf.reset_default_graph()
151          # 建立測試資料的 Dataset 資料集
152          testdataset,self.num_classes = creat_dataset_fromdir
                          (testdata_dir,batch_size,isTrain = False)
153
154          # 建立一個可初始化的反覆運算器
155          iterator = tf.data.Iterator.from_structure(testdataset.
                          output_types, testdataset.output_shapes)
156          # 讀取資料
157          self.images, labels = iterator.get_next()
```

```
158
159             self.logits,self.end_points, self.global_step= self.
                        MyNASNet(self.images,is_training=False)
160             self.saver,self.save_path = self.load_cpk(self.global_
                        step,None)          #定義用於操作檢查點檔案的相關變數
161             tf.get_default_graph().finalize()        #將後續的圖設為唯讀
```

程式第 115 行，對 mode 進行了判斷，獲得目前的使用場景。並根據不同的使用場景實現不同的程式分支。針對訓練、測試、使用這三個場景，建置的步驟幾乎一樣，實際如下：

（1）清空張量圖（見程式第 116、133、150 行）。

（2）產生資料集（見程式第 118、136、152 行）。

（3）定義網路結構（見程式第 129、144、159 行）。

程式第 147 行用 build_acc_base 方法產生評估節點，用於評估模型。

提示

在每個操作分支的最後部分都加了程式 "tf.get_default_graph().finalize()"（見程式第 131、148、161 行），這是一個很好的習慣。

該程式的功能是把圖鎖定，之後如想增加任何新的操作則都會產生錯誤。這麼做的意圖是：防止在後面訓練或是測試過程中，由於開發人員疏忽在圖中增加額外的圖操作。

如果在循環內部額外定義了其他張量，則會使整體效能大幅下降，然而這種錯誤又很難發現。所以，利用鎖定圖的方法可以避免這種情況的發生。

5.2.8 程式實現：透過二次反覆運算來訓練微調模型

訓練微調模型的操作是在程式檔案「5-3 train.py」中單獨實現的。與正常的訓練方式不同，這裡用兩次反覆運算的方式。

■ 第 1 次反覆運算：微調模型，固定預訓練模型載入的加權，只訓練最後兩層。

■ 第 2 次反覆運算：聯調模型，用更小的學習率訓練全部節點。

先將 MyNASNetModel 類別產生實體，再用其 build_model 方法建置模型，然後用工作階段（session）開始訓練。實際程式如下：

程式 5-3 train

```
import tensorflow as tf
model = __import__("5-2 model")
MyNASNetModel = model.MyNASNetModel

batch_size = 32
train_dir = 'data/train'
val_dir = 'data/val'

learning_rate1 = 1e-1                        # 定義兩次反覆運算的學習率
learning_rate2 = 1e-3
# 初始化模型
mymode = MyNASNetModel(r'nasnet-a_mobile_04_10_2017\model.ckpt')
  mymode.build_model('train',val_dir,train_dir,batch_size,learning_rate1 ,
  learning_rate2 )                           # 載入模型

  num_epochs1 = 20                           # 微調的反覆運算次數
  num_epochs2 = 200                          # 聯調的反覆運算次數

  with tf.Session() as sess:
      sess.run(mymode.global_init)           # 初始全域節點

    step = 0
    step = mymode.load_cpk(mymode.global_step,sess,1,mymode.saver,
          mymode.save_path )# 載入模型
    print(step)
    if step == 0:                            # 微調
        mymode.init_fn(sess)                 # 載入預訓練模型的加權

        for epoch in range(num_epochs1):
            # 輸出進度
            print('Starting1 epoch %d / %d' % (epoch + 1, num_epochs1))
            # 用訓練集初始化反覆運算器
          sess.run(mymode.train_init_op)     # 資料集從頭開始
            while True:
                try:
                    step += 1
                    # 預測,合併圖,訓練
                    acc,accuracy_top_5, summary, _ = sess.run([mymode.
accuracy, mymode.accuracy_top_5,mymode.merged,mymode.last_train_op])

                    #mymode.train_writer.add_summary(summary, step)# 寫入記錄檔
                    if step % 100 == 0:
```

```
                    print(f'step: {step} train1 accuracy: {acc},
                    {accuracy_top_5}')
            except tf.errors.OutOfRangeError:    # 資料集指標在最後
                print("train1:",epoch," ok")
                mymode.saver.save(sess, mymode.save_path+"/mynasnet.cpkt",
global_step=mymode.global_step.eval())
                break

    sess.run(mymode.step_init)                        # 微調結束，計數器從 0 開始

# 整體訓練
for epoch in range(num_epochs2):
    print('Starting2 epoch %d / %d' % (epoch + 1, num_epochs2))
    sess.run(mymode.train_init_op)
    while True:
        try:
            step += 1
            # 預測，合併圖，訓練
            acc, summary, _ = sess.run([mymode.accuracy, mymode.merged,
mymode.full_train_op])

            mymode.train_writer.add_summary(summary, step)# 寫入記錄檔

            if step % 100 == 0:
                print(f'step: {step} train2 accuracy: {acc}')
        except tf.errors.OutOfRangeError:
            print("train2:",epoch," ok")
            mymode.saver.save(sess, mymode.save_path+"/mynasnet.cpkt",
global_step=mymode.global_step.eval())
            break
```

將以上程式執行後，會在本機 "train_nasnet" 資料夾中產生訓練好的模型檔案。

5.2.9 程式實現：測試模型

測試模型的操作是在程式檔案「5-4 test.py」中單獨實現的。下面用測試資料集評估現有模型，並且將單張圖片放到模型裡進行預測。

1 定義測試模型所需要的功能函數

首先，定義函數 check_accuracy，以實現準確率的計算。

接著，定義函數 check_sex，以實現男女性別的識別。

實際程式如下：

```
程式 5-4 test
01   import tensorflow as tf
02   model = __import__("5-2 model")
03   MyNASNetModel = model.MyNASNetModel
04
05   import sys
06   nets_path = r'slim'                              # 載入環境變數
07   if nets_path not in sys.path:
08       sys.path.insert(0,nets_path)
09   else:
10       print('already add slim')
11
12   from nets.nasnet import nasnet                   # 載入 nasnet 模型
12   slim = tf.contrib.slim                           # 載入 TF-slim 介面
14   image_size = nasnet.build_nasnet_mobile.default_image_size
                                                      # 獲得輸入尺寸 224
15
16   import numpy as np
17   from PIL import Image
18
19   batch_size = 32
20   test_dir  = 'data/val'
21
22   def check_accuracy(sess):
23       """
24       測試模型準確率
25       """
26       sess.run(mymode.test_init_op)                # 初始化測試資料集
27       num_correct, num_samples = 0, 0              # 定義正確個數和總個數
28       i = 0
29       while True:
30           i+=1
31           print('i',i)
32           try:
33               #計算 correct_prediction
34               correct_pred,accuracy,logits = sess.run([mymode.correct_
                                     prediction,mymode.accuracy,mymode.logits])
35               #累加 correct_pred
36               num_correct += correct_pred.sum()
37               num_samples += correct_pred.shape[0]
38               print("accuracy",accuracy,logits)
39
```

```
40
41          except tf.errors.OutOfRangeError:     # 捕捉例外，資料用完後自動跳出
42              print('over')
43              break
44
45      acc = float(num_correct) / num_samples   # 計算並傳回準確率
46      return acc
47
48  # 定義函數用於識別男女
49  def check_sex(imgdir,sess):
50      img = Image.open(image_dir)                # 讀取圖片
51      if "RGB"!=img.mode :                       # 檢查圖片格式
52          img = img.convert("RGB")
53
54      img = np.asarray(img.resize((image_size,image_size)), # 影像前置處理
55                      dtype=np.float32).reshape(1,image_size,image_size,3)
56      img = 2 *( img / 255.0)-1.0
57      # 將圖片傳入 nasnet 模型的輸入中，得出預測結果
58      prediction = sess.run(mymode.logits, {mymode.images: img})
59      print(prediction)
60
61      pre = prediction.argmax()                  # 傳回張量中值最大的索引
62      print(pre)
63
64      if pre == 1: img_id = 'man'
65      elif pre == 2: img_id = 'woman'
66      else: img_id = 'None'
67      plt.imshow( np.asarray((img[0]+1)*255/2,np.uint8 )  )
68      plt.show()
69      print(img_id,"--",image_dir)               # 傳回類別
70      return pre
```

❷ 建立階段，進行測試

首先，建立階段（session），對模型進行測試。

接著，將兩張圖片輸入模型，進行男女的判斷。

實際程式如下：

```
程式 5-4 test（續）
71  mymode = MyNASNetModel()                              # 初始化模型
72  mymode.build_model('test',test_dir )                 # 載入模型
73
74  with tf.Session() as sess:
```

```
75          # 載入模型
76          mymode.load_cpk(mymode.global_step,sess,1,mymode.saver,
                            mymode.save_path )
77
78          # 測試模型的準確性
79          val_acc = check_accuracy(sess)
80          print('Val accuracy: %f\n' % val_acc)
81
82          # 單張圖片測試
83          image_dir = 'tt2t.jpg'                          # 選取測試圖片
84          check_sex(image_dir,sess)
85
86          image_dir = test_dir + '\\woman' + '\\000001.jpg' # 選取測試圖片
87          check_sex(image_dir,sess)
88
89          image_dir = test_dir + '\\man' + '\\000003.jpg'  # 選取測試圖片
90          check_sex(image_dir,sess)
```

該程式使用的模型檔案，只反覆運算訓練了 100 次（如果要加強效果，則可以再多訓練幾次）。

程式執行後，輸出以下結果。

（1）顯示測試集的輸出結果：

```
i 1
accuracy 0.90625 [[-3.813714    1.4075054    1.1485975 ]
 [-7.3948846   6.220533   -1.4093535 ]
 [-1.9391974   3.048838    0.21784738]
 [-3.873174    4.530942    0.43135062]
......
[-3.8561587   2.7012844  -0.3634925 ]
 [-4.4860134   4.7661724  -0.67080706]
 [-2.9615571   2.8164086   0.71033645]]
i 2
accuracy 0.90625 [[ -6.6900268   -2.373093     6.6710057 ]
 [ -4.1005263    0.74619263   4.980012  ]
 [ -5.6469827    0.39027584   1.2689826 ]
......
[ -5.8080773    0.9121424    3.4134243 ]
 [ -4.242001     0.08483959   4.056322  ]]
i 3
over
Val accuracy: 0.906250
```

上面顯示的是測試集中 man 和 woman 資料夾中的圖片的計算結果。最後模型的準確率為 90%。

（2）顯示單張圖片的執行結果：

```
[[-4.8022223  1.9008529  1.9379601]]
2
```

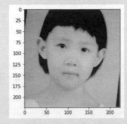

圖 5-3 分辨男女測試圖片（a）

```
woman -- tt2t.jpg
[[-6.181205  -2.9042015  6.1356106]]
2
```

圖 5-3 分辨男女測試圖片（b）

```
woman -- data/val\woman\000001.jpg
[[-4.896065   1.7791721  1.3118265]]
1
```

圖 5-3 分辨男女測試圖片（c）

```
man -- data/val\man\000003.jpg
```

上面顯示了 3 張圖片，分別為：自選圖片、測試資料集中的女人圖片、測試資料集中的男人圖片，每張圖片下面顯示了模型識別的結果。可以看到，結果與圖片內容一致。

5.3　擴充：透過攝影機即時分辨男女

下面在 5.2.9 小節的實例基礎上加入攝影機的擷取功能，這樣便可以實現即時分辨男女。

將攝影機擷取的圖片輸入本實例的模型中即可實現。最後呈現的效果如圖 5-4 所示。

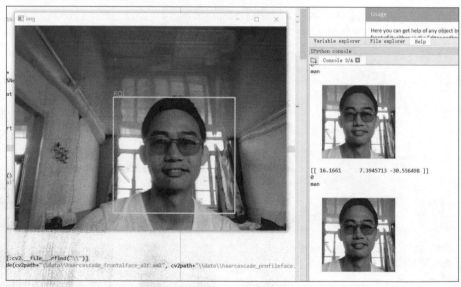

圖 5-4　透過攝影機即時分辨男女

5.4　TF-slim 介面中的更多成熟模型

在 3.1 節下載 PNASNet 模型部分，可以看到圖 3-2 中有很多其他模型（VGG、ResNet、Inception v4、Inception-ResNet-v2 等）。這些模型都可以被下載，並使用本節實例中的方法進行二次訓練。

5.5 實例 13：用 TF-Hub 函數庫微調模型以評估 人物的年齡

本節將使用 TF-Hub 函數庫對預訓練模型進行微調。

> **實例描述**
>
> 有一組照片，每個資料夾的名稱為實際的年齡，裡面放的是該年紀的人物圖片。

微調 TF-Hub 函數庫，讓模型學習這些樣本，找到其中的規律，可以根據實際人物的圖片來評估人物的年齡。

本實例與 5.2 節的實例一樣，都是讓 AI 模型具有人眼的評估能力。

即使是透過人眼來觀察他人的外表，也不能準確判斷出被觀察人的性別和年紀。所以在應用中，模型的準確度應該與用人眼的估計值來比對，並不能與被測目標的真實值來比對。

5.5.1 準備樣本

本實例所用的樣本來自 IMDB-WIKI 資料集。IMDB-WIKI 資料集中包含與年齡比對應的人物圖片。該資料集的介紹及下載網址可以參考以下連結：

```
https://data.vision.ee.ethz.ch/cvl/rrothe/imdb-wiki/
```

因為該資料集相對粗糙（有些年紀對應的圖片特別少），所以需要在該資料集的基礎上做一些簡單的調整：

- 補充了一些與年齡符合的人物圖片。
- 刪掉了許多不合格的樣本。

整理後的圖片一共有 105500 張，如圖 5-5 所示。

圖 5-5 顯示的是資料集中的檔案。資料夾的名稱代表年齡，資料夾裡面放的是該年紀的人物圖片。

讀者可以直接使用本書搭配的資料集，將該資料集（IMBD-WIKI 資料夾）放到目前程式的本機同級資料夾下即可使用。

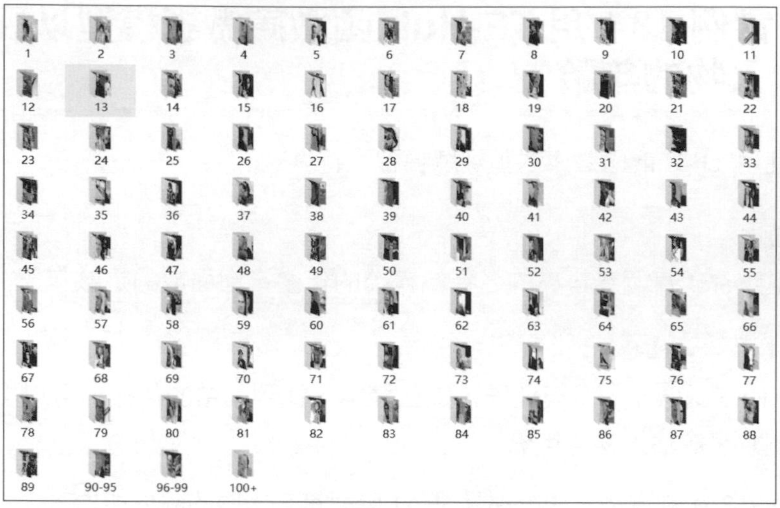

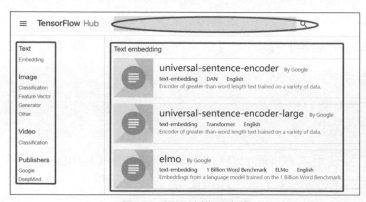

圖 5-5　資料集中的檔案

5.5.2　下載 TF-Hub 函數庫中的模型

安裝 TF-Hub 函數庫的實際方法見 5.1.3 小節。在安裝完成之後，可以按照以下步驟操作。

1　找到 TF-Hub 函數庫中的模型下載連結

在 GitHub 網站中找到 TF-Hub 函數庫中所提供的模型及下載網址，實際網址如下：

```
https://tfhub.dev/
```

開啟該網頁後，可以看到在清單中有很多模型及下載連結，如圖 5-6 所示。

圖 5-6　預訓練模型清單

在圖 5-6 可以分為 3 部分，實際如下：

- 最頂端是搜索框。可以透過該搜索框搜索想要下載的預訓練模型。
- 左側是模型的分類目錄。將 TF-Hub 函數庫中的預訓練模型按照文字、影像、視訊、發行者進行分類。
- 右側是實際的模型清單。其中列出每個模型的實際說明和下載連結。

因為本例需要影像方面的預訓練模型，所以重點介紹左側分類目錄中 image 下的內容。在 image 分類下方還有 4 個子功能表，實際含義如下：

- Classification：是一個分類器模型的分類。該類別模型可以直接輸出圖片的預測結果。用於點對點的使用場景。
- Feature_vector：一個特徵向量模型的分類。該類別模型是在分類器模型基礎上去掉了最後兩個網路層，只輸出圖片的向量特徵，以便在預訓練時使用。
- Generator：一個產生器模型的分類。該類別的模型可以完成合成圖片相關的工作。
- Other：一個有關影像模型的其他分類。

2 在 TF-Hub 函數庫中搜索預訓練模型

在圖 5-6 中的搜索框裡輸入 "mobilenet" 並按 Enter 鍵，即可顯示出與 MobileNet 相關的模型，如圖 5-7 所示。

圖 5-7 搜索 MobileNet 預訓練模型

在圖 5-7 右側的清單部分，可以找到 MobileNet 模型。以 MobileNet_

v2_100_224 模型為例（圖 5-7 右側列表中的最下方 2 行），該模型有兩個版本：classification 與 feature_vector。

點擊圖 5-7 右側列表中的最後下面一行，進入 MobileNet_v2_100_224 模型 classification 版本的詳細説明頁面，如圖 5-8 所示。

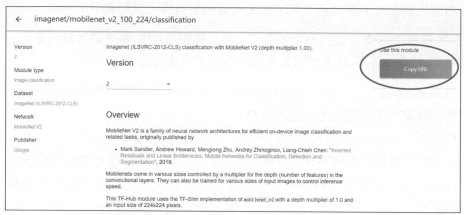

圖 5-8　NASNet_Mobile 模型 feature_vector 版本的詳細說明頁

在如圖 5-8 所示的頁面中，可以看到該網頁介紹了 MobileNet_v2_100_224 模型的來源、訓練、使用、微調，以及歷史記錄檔等方面的內容。在頁面的右上角有一個 "Copy URL" 按鈕，該按鈕可以複製模型的下載，方便下載使用。

3 在 TF-Hub 函數庫中下載 MobileNet_V2 模型

下載 TF-Hub 函數庫中的模型方法有兩種：自動下載和手動下載。

- 自動下載：點擊圖 5-8 中的 "Copy URL" 按鈕，複製下載的 URL 位址，並將該地址填入呼叫 TF-Hub 函數庫時的參數中。實際做法見 5.5.3 小節。
- 手動下載：從圖 5-8 所示頁面中複製的 URL 位址不能直接使用，需要將其前半部分的 "https://tfhub.dev" 換成 "https://storage.googleapis.com/tfhub-modules"，並在 URL 後加上 ".tar.gz"。

以 MobileNet_v2_100_224（簡稱 MobileNet_V2）模型的 classification 版本為例，手動下載的步驟如下。

（1）點擊 5-8 中的 "Copy URL" 按鈕，所得到的 URL 位址如下：

```
https://tfhub.dev/google/imagenet/mobilenet_v2_100_224/feature_vector/2
```

（2）將其改成正常下載的地址。實際如下：

```
https://storage.googleapis.com/tfhub-modules/google/imagenet/mobilenet_
v2_100_224/feature_vector/2.tar.gz
```

（3）用下載工具按照（2）中的位址進行下載。

5.5.3 程式實現：測試 TF-Hub 函數庫中的 MobileNet_ V2 模型

為了驗證 TF-Hub 函數庫中的模型效果，本小節將使用與第 3 章類似的程式：將 3 張圖片輸入 MobileNet_V2 模型的 classification 版本中，觀察其輸出結果。

撰寫程式載入 MobileNet_V2 模型，實際程式如下：

程式 5-5 測試 TF-Hub 函數庫中的 NASNet_Mobile 模型

```
01    from PIL import Image
02    from matplotlib import pyplot as plt
03    import numpy as np
04    import tensorflow as tf
05    import tensorflow_hub as hub
06
07    with open(' 中文標籤 .csv','r+') as f:                    # 開啟檔案
08        labels =list( map(lambda x:x.replace(',',' '),list(f))  )
09        print(len(labels),type(labels),labels[:5])          # 顯示輸出中文標籤
10
11    sample_images = ['hy.jpg', 'ps.jpg','72.jpg']           # 定義待測試圖片路徑
12
13    # 載入分類模型
14    module_spec = hub.load_module_spec("https://tfhub.dev/google/imagenet/
      mobilenet_v2_100_224/classification/2")
15    # 獲得模型的輸入圖片尺寸
16    height, width = hub.get_expected_image_size(module_spec)
17
18    input_imgs = tf.placeholder(tf.float32, [None, height,width,3])
      # 定義預留位置
19    images = 2 *( input_imgs / 255.0)-1.0                   # 歸一化圖片
20
21    module = hub.Module(module_spec)                        # 將模型載入張量圖
22
23    logits = module(images)    # 獲得輸出張量，其形狀為 [batch_size, num_classes]
24
25    y = tf.argmax(logits,axis = 1)                          # 獲得結果的輸出節點
26    with tf.Session() as sess:
```

```
27    sess.run(tf.global_variables_initializer())
28    sess.run(tf.tables_initializer())
29
30    def preimg(img):                                    # 定義圖片前置處理函數
31        return np.asarray(img.resize((height, width)),
32                    dtype=np.float32).reshape(height, width,3)
33
34    # 獲得原始圖片與前置處理圖片
35    batchImg = [ preimg( Image.open(imgfilename) ) for imgfilename in
                sample_images ]
36    orgImg = [ Image.open(imgfilename)  for imgfilename in sample_images ]
37
38    # 將樣本輸入模型
39    yv,img_norm = sess.run([y,images], feed_dict={input_imgs: batchImg})
40    print(yv,np.shape(yv))                              # 顯示輸出結果
41    def showresult(yy,img_norm,img_org):                # 定義顯示圖片函數
42        plt.figure()
43        p1 = plt.subplot(121)
44        p2 = plt.subplot(122)
45        p1.imshow(img_org)                              # 顯示圖片
46        p1.axis('off')
47        p1.set_title("organization image")
48
49        p2.imshow((img_norm * 255).astype(np.uint8))    # 顯示圖片
50        p2.axis('off')
51        p2.set_title("input image")
52        plt.show()
53
54        print(yy,labels[yy])
55
56    for yy,img1,img2 in zip(yv,batchImg,orgImg):        # 顯示每條結果及圖片
57        showresult(yy,img1,img2)
```

在程式第 14 行，用 TF-Hub 函數庫中的 load_module_spec 函數載入 MobileNet_
V2 模型。該步驟是透過將 TF-Hub 函數庫中的模型連結（Module URL="https://
tfhub.dev/google/imagenet/mobilenet_v2_100_224/classification/2"） 傳 入 函 數
load_module_spec 中來完成的。

在連結裡可以找到該模型檔案的名字：mobilenet_v2_100_224。TF-Hub 函數庫
中的命名都非常標準，從名字上便可了解該模型的相關資訊：

- 模型是 MobileNet_V2。
- 神經元節點是 100%（無修改）。
- 輸入的圖片尺寸是 224。

獲得模型之後，便將模型檔案載入圖中（見程式第 21 行），並獲得輸出張量（見程式第 23 行），然後透過階段（session）完成模型的輸出結果。

執行程式後，顯示以下結果：

```
1001 <class 'list'> ['背景 known    \n', '丁鯛 \n', '金魚 \n', '大白鯊 \n',
'虎鯊 \n']
INFO:tensorflow:Downloading TF-Hub Module 'https://tfhub.dev/google/
imagenet/
mobilenet_v2_100_224/classification/2'.
......
INFO:tensorflow:Initialize variable module/MobilenetV2/expanded_conv_9/
project/ weights:0 from checkpoint b'C:\\Users\\ljh\\AppData\\Local\\Temp\\
tfhub_modules\\ bb6444e8248f8c581b7a320d5ff53061e4506c19\\variables\\
variables' with MobilenetV2/ expanded_conv_9/project/weights
[852490527] (3,)
```

圖 5-9 測試 MobileNet_V2 模型結果（a）

852 電視

圖 5-9 測試 MobileNet_V2 模型結果（b）

490 圍欄

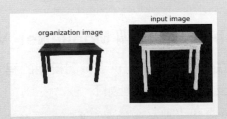

圖 5-9 測試 MobileNet_V2 模型結果（c）

527 書桌

在顯示的結果中，可以分為兩部分內容：

- 第 1 行是標籤內容。
- 從第 2 行開始，所有以 "INFO:" 開頭的資訊都是模型載入實際參數時的記錄檔資訊。

在每筆資訊中都能夠看到一個相同的路徑："checkpoint b'C:\\Users\\ljh\\AppData\\Local\\ Temp\\tfhub_modules\\bb6444e8248f8c581b7a320d5ff53061e4506c19"，這表示系統將 mobilenet_v2_100_224 模型下載到 C:\Users\ljh\AppData\Local\Temp\tfhub_modules\ bb6444e8248f8c581b7a320d5ff53061e4506c19 目 錄下。

如果想要讓模型快取到指定的路徑下，則需要在系統中設定環境變數 TFHUB_CACHE_DIR。舉例來說，以下敘述表示將模型下載到目前的目錄下的 my_module_cache 資料夾中。

```
TFHUB_CACHE_DIR=./my_module_cache
```

> **提示**
>
> 如果由於網路原因導致模型無法下載成功，還可以將本書的搭配模型資源複製到目前程式同級目錄下，並傳入目前模型檔案的路徑。實際操作是，將程式第 14 行換為以下程式：
>
> ```
> module_spec = hub.load_module_spec("mobilenet_v2_100_224")
> ```

在最後一條的 INFO 資訊之後便是模型的預測結果。

> **提示**
>
> 如果感覺輸出的 INFO 內容太多，則可以在程式的最前面加上 "tf.logging.set_verbosity (tf.logging.ERROR)" 來關閉 info 資訊輸出。

5.5.4 用 TF-Hub 函數庫微調 MobileNet_V2 模型

在 TF-Hub 函數庫的 GitHub 網站上提供了微調模型的程式檔案，執行該程式可以直接微調現有模型。該檔案的地址如下：

```
https://github.com/tensorflow/hub/raw/master/examples/image_retraining/retrain.py
```

將程式檔案下載後，直接用命令列的方式執行，便可以對模型進行微調。

1 修改 TF-Hub 函數庫中的程式 BUG

目前程式存在一個隱含的 BUG：在某一種的資料樣本相對較少的情況下，執行階段會產生錯誤。需要將其修改後才可以正常執行。

在 "retrain.py" 程式檔案中的函數 get_random_cached_bottlenecks 裡增加程式（見程式第 477 行），當程式在產生錯誤時，讓其再去執行一次隨機選取類別的操作（見程式第 515 ～ 525 行）。實際程式如下：

```
程式 retrain（片段）
...
477  def get_random_cached_bottlenecks(sess, image_lists, how_many, category,
478                           bottleneck_dir, image_dir, jpeg_data_tensor,
479                           decoded_image_tensor, resized_input_tensor,
480                           bottleneck_tensor, module_name):
......
507    class_count = len(image_lists.keys())
508    bottlenecks = []
509    ground_truths = []
510    filenames = []
511    if how_many >= 0:
512      # Retrieve a random sample of bottlenecks.
513      for unused_i in range(how_many):
514
515       IsErr = True          #增加檢測例外標示
516       while IsErr==True:     #如果出現例外就再執行一次
517         try:
518             label_index = random.randrange(class_count)
519             label_name = list(image_lists.keys())[label_index]
520             image_index = random.randrange(MAX_NUM_IMAGES_PER_CLASS + 1)
521             image_name = get_image_path(image_lists, label_name,
522                                         image_index,
                                            image_dir, category)
523             IsErr = False #沒有例外
524         except ZeroDivisionError:
525             continue        #出現例外，再執行一次
...
```

2 用命令列執行微調程式

將程式檔案 "retrain.py" 與 5.5.1 小節準備的樣本資料、5.5.2 小節下載的 MobileNet_V2 模型檔案一起放到目前程式的同級目錄下。在命令列視窗中輸入以下指令：

```
python retrain.py    --image_dir ./IMBD-WIKI   --tfhub_module
mobilenet_v2_100_224_feature_vector
```

也可以輸入以下指令,直接從網上下載 MobileNet_V2 模型,並進行微調。

```
python retrain.py    --image_dir ./IMBD-WIKI  --tfhub_module
https://tfhub.dev/google/imagenet/mobilenet_v2_100_224/feature_vector/2
```

程式執行之後,會顯示如圖 5-10 所示介面。

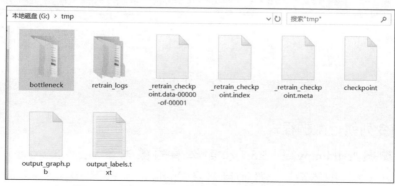

圖 5-10 微調 MobileNet_V2 模型結束

從圖 5-10 中可以看到,產生的模型被放在預設路徑下(根目錄下的 tmp 資料夾裡)。來到該路徑下(作者本機的路徑是 "G:\tmp"),可以看到微調模型程式所產生的檔案,如圖 5-11 所示。

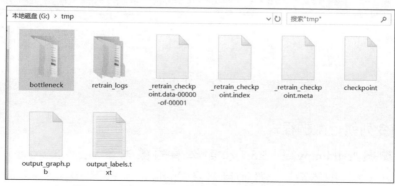

圖 5-11 微調 MobileNet_V2 模型後產生的檔案

在圖 5-11 中可以看到有兩個資料夾。

- bottleneck：用預訓練模型 MobileNet_V2 將圖片轉化成的特徵對應值檔案。
- retrain_logs：微調模型過程中的記錄檔。該檔案可以透過 TensorBoard 顯示出來（TensorBoard 的使用方法見 13.3.2 小節）。

其他的檔案是訓練後產生的模型。每個模型檔案的實際意義在第 6 章會有介紹。

提示

本實例只是一個實例，重點在示範 TF-Hub 的使用。因為實例中所使用的資料集品質較低，所以訓練效果並不是太理想。讀者可以按照本實例的方法使用更優質的資料集訓練出更好的模型。

---

3 支援更多的命令列操作

程式檔案 "retrain.py" 是一個很強大的訓練指令稿。在使用時，還可以透過修改參數實現更多的設定。

本實例只示範了部分參數的使用，其他的參數都用預設值，例如：反覆運算訓練 4000 次，學習率為 0.01，批次大小為 100，訓練集百分比為 80%，測試集與驗證集各百分比 10% 等。

可以透過以下指令獲得該指令稿的全部參數說明。

```
python retrain.py -h
```

5.5.5 程式實現：用模型評估人物的年齡

用程式檔案 "retrain.py" 微調後的模型是以副檔名為 "pb" 的檔案存在的（在圖 5-11 中，第 2 行的左數第 1 個）。該模型檔案屬於凍結圖檔案。凍結圖的知識在第 13 章會詳細說明。

將凍結圖格式的模型載入記憶體，便可以評估人物的年紀。

1 找到模型中的輸入、輸出節點

凍結圖檔案中只有模型的實際參數。如果想使用它，則還需要知道與模型檔案對應的輸入和輸出節點。

這兩個節點都可以在程式檔案 "retrain.py" 中找到。以輸入節點為例，實際程式如下：

```
程式 retrain（片斷）
...
290  def create_module_graph(module_spec):
......
303    height, width = hub.get_expected_image_size(module_spec)
304    with tf.Graph().as_default() as graph:
305      resized_input_tensor = tf.placeholder(tf.float32, [None, height,
         width, 3])
306      m = hub.Module(module_spec)
307      bottleneck_tensor = m(resized_input_tensor)
308      wants_quantization = any(node.op in FAKE_QUANT_OPS
309                               for node in graph.as_graph_def().node)
310    return graph, bottleneck_tensor, resized_input_tensor, wants_quantization
...
```

從程式檔案 "retrain.py" 的第 305 行程式可以看到，輸入節點的張量是一個預留位置——placeholder。

提示

直接使用 print(placeholder.name) 和 print(final_result.name) 兩行程式即可將輸入節點和輸出節點的名稱列印出來。

將輸入節點和輸出節點的名稱記下來，填入程式檔案「5-6 用微調後的 mobilenet_v2 模型評估人物的年齡 .py」中，便可以實現模型的使用。

---

2 載入模型並評估結果

將本書的搭配圖片範例檔案 "22.jpg" 和 "tt2t.jpg" 放到程式的同級目錄下，用於測試模型。同時把產生的模型資料夾 "tmp" 也複製到本機程式的同級目錄下。

這部分程式可以分為 3 部分。

- 樣本檔案載入部分（見程式第 1~34 行）：這部分重用了本書 4.7 節的程式。
- 載入凍結圖（見程式第 35~69 行）：讀者可以先有一個概念，在第 13 章還有詳細說明。
- 圖片結果顯示部分（見程式第 70~94 行）：這部分重用了本書 3.4 節中顯示部分的程式。

完整的程式如下：

程式 5-6 用模型評估人物的年齡

```
01    from PIL import Image
02    from matplotlib import pyplot as plt
03    import numpy as np
04    import tensorflow as tf
05
06    from sklearn.utils import shuffle
07    import os
08
09    def load_sample(sample_dir,shuffleflag = True):
10        ''' 遞迴讀取檔案。只支援一層。傳回檔案名稱、數值標籤、數值對應的標籤名稱 '''
11        print ('loading sample  dataset..')
12        lfilenames = []
13        labelsnames = []
14        for (dirpath, dirnames, filenames) in os.walk(sample_dir):
15            for filename in filenames:                      # 檢查所有檔案名稱
16                #print(dirnames)
17                filename_path = os.sep.join([dirpath, filename])
18                lfilenames.append(filename_path)        # 增加檔案名稱
19                labelsnames.append( dirpath.split('\\')[-1] )
                  # 增加檔案名稱對應的標籤
20
21        lab= list(sorted(set(labelsnames)))                    # 產生標籤名稱列表
22        labdict=dict( zip( lab  ,list(range(len(lab)))  ))   # 產生字典
23
24        labels = [labdict[i] for i in labelsnames]
25        if shuffleflag == True:
26            return shuffle(np.asarray( lfilenames),np.asarray( labels)),
          np.asarray(lab)
27        else:
28            return (np.asarray( lfilenames),np.asarray( labels)),
                  np.asarray(lab)
29
30    # 載入標籤
31    data_dir = 'IMBD-WIKI\\'                          # 定義檔案的路徑
32    _,labels = load_sample(data_dir,False)      # 載入檔案的名稱與標籤
33    print(labels)                                    # 輸出 load_sample 傳回的標籤字串
34
35    sample_images = ['22.jpg', 'tt2t.jpg']    # 定義待測試圖片的路徑
36
37    tf.logging.set_verbosity(tf.logging.ERROR)
38    tf.reset_default_graph()
```

```
39    # 分類模型
40    thissavedir= 'tmp'
41    PATH_TO_CKPT = thissavedir +'/output_graph.pb'
42    od_graph_def = tf.GraphDef()
43    with tf.gfile.GFile(PATH_TO_CKPT, 'rb') as fid:
44        serialized_graph = fid.read()
45        od_graph_def.ParseFromString(serialized_graph)
46        tf.import_graph_def(od_graph_def, name='')
47
48    fenlei_graph = tf.get_default_graph()
49
50    height,width = 224,224
51
52    with tf.Session(graph=fenlei_graph) as sess:
53        result = fenlei_graph.get_tensor_by_name('final_result:0')
54        input_imgs = fenlei_graph.get_tensor_by_name('Placeholder:0')
55        y = tf.argmax(result,axis = 1)
56
57        def preimg(img):                         # 定義圖片的前置處理函數
58            reimg = np.asarray(img.resize((height, width)),
59                              dtype=np.float32).reshape(height, width,3)
60            normimg = 2 *( reimg / 255.0)-1.0
61            return normimg
62
63        # 獲得原始圖片與前置處理圖片
64        batchImg = [ preimg( Image.open(imgfilename) ) for imgfilename in
                        sample_images ]
65        orgImg = [ Image.open(imgfilename) for imgfilename in sample_images ]
66
67        yv = sess.run(y, feed_dict={input_imgs: batchImg})    # 輸入模型
68        print(yv)
69
70        print(yv,np.shape(yv))                        # 顯示輸出結果
71        def showresult(yy,img_norm,img_org):          # 定義顯示圖片的函數
72            plt.figure()
73            p1 = plt.subplot(121)
74            p2 = plt.subplot(122)
75            p1.imshow(img_org)                        # 顯示圖片
76            p1.axis('off')
77            p1.set_title("organization image")
78
79            img = ((img_norm+1)/2)*255
80            p2.imshow( np.asarray(img,np.uint8)    )  # 顯示圖片
```

```
81          p2.axis('off')
82          p2.set_title("input image")
83
84          plt.show()
85
86          print("索引:",yy,",","年紀:",labels[yy])
87
88      for yy,img1,img2 in zip(yv,batchImg,orgImg):    # 顯示每筆結果及圖片
89          showresult(yy,img1,img2)
```

程式第 41 行,指定了要載入的模型動態圖檔案。

程式第 53 行,指定了與模型檔案對應的輸入節點 "final_result:0"。

程式第 54 行,指定了與模型檔案對應的輸出節點 "Placeholder:0"。

程式執行後顯示以下結果:

```
['1' '10' '100+' '11' '12' '13' '14' '15' '16' '17' '18' '19' '2' '20' '21'
 '22' '23' '24' '25' '26' '27' '28' '29' '3' '30' '31' '32' '33' '34' '35'
 '36' '37' '38' '39' '4' '40' '41' '42' '43' '44' '45' '46' '47' '48' '49'
 '5' '50' '51' '52' '53' '54' '55' '56' '57' '58' '59' '6' '60' '61' '62'
 '63' '64' '65' '66' '67' '68' '69' '7' '70' '71' '72' '73' '74' '75' '76'
 '77' '78' '79' '8' '80' '81' '82' '83' '84' '85' '86' '87' '88' '89' '9'
 '90-95' '96-99']
```

圖 5-12　年紀預測結果(a)

索引:32,年紀:38

圖 5-12　年紀預測結果(b)

索引:1,年紀:10

輸出結果可以分為兩部分：

- 第 1 部分是標籤的內容。
- 第 2 部分是評估的結果。

在第 2 部分中，每張圖片的下面都會顯示這個圖片的評估結果，其中包含：在模型中的標籤索引、該索引對應的標籤名稱。

5.5.6 擴充：用 TF-Hub 函數庫中的其他模型處理不同領域的分類工作

TF-Hub 函數庫中實現了一個通用的模型架構，它不僅可以處理影像方面的工作，還可以處理很多其他領域的工作。

> **提示**
>
> 可以透過 5.5.2 小節中介紹的預訓練模型下載方法取得更多領域的預訓練模型。

另外，還可以在 GitHub 網站上的 TF-Hub 首頁中找到更多的範例程式。其中包含了文字處理、微調、模型建立、模型使用等多種操作的程式示範。

```
https://github.com/tensorflow/hub/tree/master/examples
```

同時，本書第 13 章會透過一個建立 TF-Hub 模型的實例，來詳細介紹 TF-Hub 函數庫的相關知識。

5.6 歸納

本節將對微調模型方面的技術做一下歸納，包含微調的方法及模型選取的方法。

1 用 TF-Hub 函數庫與 TF-slim 介面微調模型的區別

TF-Hub 函數庫凍結了已有的加權，操作簡單，對訓練硬體相對要求不高。但它只能微調最後的輸出層，不支援整體聯調。

TF-slim 介面不僅可以用於微調模型，還可以實現更靈活的訓練方式：既可以完全實現 TF-Hub 函數庫中模型的微調方式，也可以實現近似與重新訓練的微調方式。

讀者可以根據自己的硬體情況、知識儲備、工作的緊急程度、對準確度的要求程度來自行選擇。

2 微調模型的更多方法

在 TensorFlow 中，微調模型的方法有很多種，還可以基於 tf.keras 介面進行微調（見 6.10 節），基於 T2T 架構介面進行微調（見 6.12 節），基於 tf.lite 介面進行微調（見 13.3 節）。讀者可以根據不同的應用場景靈活運用。

3 在微調過程中，如何選取預訓練模型

在微調過程中，選取預訓練模型也是有講究的，應根據不同的應用場景來定。建議按照以下規則進行選取。

- 單獨使用的預訓練模型：如果樣本數充足，則可以首選精度最高的模型；如果樣本數不足，則可以使用 ResNet 模型。
- 嵌入到模型中的預訓練模型：需要根據模型的功能來定。
  - 如果模型的輸入尺寸固定，則優先 ResNet 模型（例如 8.7 節）。
  - 如果模型的輸入尺寸不固定，則可以使用類似 VGG 模型這種支援輸入變長尺寸的模型（例如 10.2 節）。

提示

以上在實際工作中還是應根據實際的網路特徵來定。舉例來說，YOLO V3 模型（一個知名的目標識別模型）中就用 Darknet-53 模型作為嵌入層，而非 ResNet 模型（見 8.5 節）。

- 在嵌入式系統上執行的預訓練模型：優先選擇 TensorFlow 中提供的修改後的模型（見 13.3 節）。

在選取模型的建議中，多次提到了 ResNet 模型。原因是，ResNet 模型在 Imgnet 資料集上輸出的特徵向量所表現的泛化能力是最強的。實際可以參考以下論文：

```
https://arxiv.org/pdf/1805.08974.pdf
```

另外，微調模型只是適用於樣本不足或運算資源不足的情況下。如果樣本不足，則模型微調後的精度與泛化能力會略低於原有的預訓練模型；如果樣本充

足，最好還是使用精度最高的模型，從頭開始訓練。因為：在樣本充足情況下，能在 Imgnet 資料集上表現出高精度的模型，在自訂資料集上也同樣可以。

5.7 練習題

由於篇幅有限，本章只針對 TF-slim 介面與 TF-Hub 函數庫各介紹了一個實例。讀者還可以在此基礎上做更多的練習，真正掌握實際的用法。

5.7.1 以 TF-slim 介面為基礎的練習

◼ 使用輸出兩個分類結果的模型

在實例 11 中，雖然輸出結果只有兩個（男和女），但是在模型架設時使用了 3 個分類（又加了一個 None 分類）。讀者可以自行嘗試一下，看看架設模型時，使用輸出兩個分類結果的模型是否可正常執行。想想為什麼？

◼ 嘗試從 0 開始訓練模型，體會微調與完整訓練的區別

在實例 11 中，使用的是預訓練模型。如果讀者的算力資源充足，則可以嘗試從 0 開始訓練模型，感受二者的區別。

◼ 自己動手準備資料集，實現更高精度的專用模型

在 5.3 節中，介紹了一個用攝影機連接該模型的應用擴充。讀者可以嘗試用 opencv 函數庫來獨立完成該程式（可以參考 13.5 節中 opencv 的使用方法）。另外，讀者還可以透過自己的攝影機收集一些與應用場景中一致的樣本資料，然後仿照本實例的方法進行訓練。

理論上，用自己收集的樣本進行訓練所得到的模型，會比用本實例中的資料集訓練所得到的模型有更高的準確度。因為，訓練樣本更接近真實樣本。

◼ 更換模型，實現更高精度的效果

在實例 11 裡用的是 NASNet_A_Mobile 模型，該模型相對較小，速度較快，但是準確率偏低。還可以使用其他模型（例如 PNASNet 模型）來進行訓練，以達到更好的準確度。讀者可以選幾個其他的模型嘗試一下訓練效果。

5 自由發揮分類工作，玩轉圖片分類器

如果前面的知識都掌握了，讀者可以自行嘗試完成一些圖片分類的工作。從製作資料集開始，到選擇模型、撰寫程式、訓練模型。只要細心就會發現，日常生活中有很多場景都可以用圖片分類功能來解決問題。嘗試著用本章所學知識來解決它們。

5.7.2 以 TF-Hub 函數庫為基礎的練習

1 用前置處理樣本來最佳化模型

在實例 12 中，使用的是點對點模式對圖片中的人物進行年紀評估。還可以對樣本進行前置處理，只把圖示部分截取出來，然後進行訓練。看看是否會有更好的效果。

2 使用更豐富的資料集

實際做法是：在百度圖片中按照年紀依次進行搜索，將傳回的圖片結果用爬蟲截取下來；然後用自己收集的資料來訓練模型，並對目標圖片進行測試，觀察其準確度。

3 使用更大的模型或全域微調來提升準確度

將 5.5 節中的模型換作 PNASNet 模型，可以進一步提升準確度。另外還可以仿照 5.7.1 小節中用 TF-slim 介面進行全域微調，這樣也可以將準確度提升。讀者都可以自己嘗試一下。

06

用 TensorFlow 撰寫
訓練模型的程式

本章介紹如何用 TensorFlow 撰寫訓練模型的程式。閱讀本章後，讀者可以掌握多種模型的撰寫方法，並能夠使用幾種常用的架構訓練模型。

6.1 快速導讀

在學習實例之前，有必要了解一下訓練模型的基礎知識。

6.1.1 訓練模型是怎麼一回事

訓練模型是指，透過程式的反覆運算來修正神經網路中各個節點的值，進一步實現具有一定擬合效果的演算法。

在訓練神經網路的過程中，資料的流向有兩個：正向和反向。

- 正向負責預測產生結果，即沿著網路節點的運算方向一層一層地計算下去。
- 反向負責最佳化調整模型參數，即用鏈式求導將誤差和梯度從輸出節點開始一層一層地傳遞回去，對每層的參數進行調整。

訓練模型的完整的步驟如下：

（1）透過正向產生一個值，然後計算該值與真實標籤之間的誤差。

（2）利用反向求導的方式，將誤差從網路的最後一層傳到前一層。

（3）對前一層中的參數求偏導，並按照偏導結果的方向和大小來調整參數。

（4）透過循環的方式，不停地執行（1）（2）（3）這 3 步操作。從整個過程中可以看到，步驟（1）的誤差越來越小。這表示模型中的參數所需要調整的幅度越來越小，模型的擬合效果越來越好。

在反向的最佳化過程中，除簡單的鏈式求導外，還可以加入一些其他的演算法，使得訓練過程更容易收斂。

在 TensorFlow 中，反向傳播的演算法已經被封裝到實際的函數中，讀者只需要明白各種演算法的特點即可。使用時，可以根據適用的場景直接呼叫對應的API，不再需要手動實現。

6.1.2 用「靜態圖」方式訓練模型

「靜態圖」是 TensorFlow 1.x 版本中張量流的主要執行方式。其執行機制是將「定義」與「執行」相分離。相當於：先用程式架設起一個結構（即在記憶體中建置一個圖），讓資料（張量流）按照圖中的結構順序進行計算，最後執行出結果。

1 了解靜態圖的操作方式

靜態圖的操作方式可以抽象成兩種：模型建置和模型執行。

- 模型建置：從正向和反向兩個方向架設好模型。
- 模型執行：在建置好模型後，透過多次反覆運算的方式執行模型，實現訓練的過程。

在 TensorFlow 中，每個靜態圖都可以了解成一個工作。所有的工作都要透過階段（session）才能執行。

2 在 TensorFlow 1.x 版本中使用靜態圖

在 TensorFlow 1.x 版本中使用靜態圖的步驟如下：

（1）定義運算符號（呼叫 tf.placeholder 函數）。
（2）建置模型。
（3）建立階段（呼叫 tf.session 之類的函數）。
（4）在階段裡執行張量流並輸出結果。

3 在 TensorFlow 2.x 版本中使用靜態圖

在 TensorFlow 2.x 版本中，使用靜態圖的步驟與在 TensorFlow 1.x 版本中使用靜態圖的步驟完全一致。

但是，由於靜態圖不是 TensorFlow 2.x 版本中的預設工作模式，所以在使用時還需要注意兩點：

（1）在程式的最開始處，用 tf.compat.v1.disable_v2_behavior 函數關閉動態圖模式（見 6.1.3 小節）。

（2）將 TensorFlow 1.x 版本中的靜態圖介面，取代成 tf.compat.v1 模組下的對應介面。例如：

- 將函數 tf.placeholder 取代成函數 tf.compat.v1.placeholder。
- 將函數 tf.session 取代成函數 tf.compat.v1.session。

6.1.3 用「動態圖」方式訓練模型

「動態圖」（eager）是在 TensorFlow 1.3 版本之後出現的。到了 1.11 版本時，它已經變得較增強。在 TensorFlow 2.x 版本中，它已經變成了預設的工作方式。

動態圖主要是在原始的靜態圖上做了程式設計模式的最佳化。它使得使用 TensorFlow 變得更簡單、更直觀。

舉例來說，呼叫函數 tf.matmul 後，在動態圖與靜態圖中的區別如下：

- 在動態圖中，程式會直接獲得兩個矩陣相乘的值。
- 在靜態圖中，程式只會產生一個 OP（運算符號）。該 OP 必須在繪畫中使用 run 方法才能進行真正的計算，並輸出結果。

1 了解動態圖的程式設計方式

所謂的動態圖是指，程式中的張量可以像 Python 語法中的其他物件一樣直接參與計算。不再需要像靜態圖那樣用階段（session）對張量進行運算。

2 在 TensorFlow 1.x 版本中使用動態圖

啟用動態圖，只需要在程式的最開始處加上以下程式：

```
tf.enable_eager_execution()
```

這行程式的作用是──開啟動狀態圖的計算功能。

> **提示**
>
> 程式 "tf.enable_eager_execution()" 必須在所有的程式之前執行，否則會顯示出錯。

3 在 TensorFlow 2.x 版本中使用動態圖

在 TensorFlow 2.x 版本中，已經將動態圖設為了預設的工作模式。使用動態圖時，直接撰寫程式即可。

TensorFlow 1.x 中的 tf.enable_eager_execution 函數在 TensorFlow 2.x 版本中已經被刪除，另外在 TensorFlow 2.x 版本中還提供了關閉動態圖與啟用動態圖的兩個函數。

- 關閉動態圖函數：tf.compat.v1.disable_v2_behavior。
- 啟用動態圖函數：tf.compat.v1.enable_v2_behavior。

4 動態圖的原理及不足

在建立動態圖的過程中，預設也建立了一個階段（session）。所有的程式都在該階段（session）中進行，而且該階段（session）具有處理程序相同的生命週期。這表示：目前程式中只能有一個階段（session），並且該階段一直處於開啟狀態，無法被關閉。

動態圖的不足之處是：在動態圖中，無法實現多階段（session）操作。

對於習慣了多階段（session）開發模式的使用者，需要將靜態圖中的多階段邏輯轉化單階段邏輯後才可以移植到動態圖中。

6.1.4 什麼是估算器架構介面（Estimators API）

估算器架構介面（Estimators API）是 TensorFlow 中的一種進階 API。它提供了一整套訓練模型、測試模型的準確率，以及產生預測的方法。

使用者在估算器架構中開發模型，只需要實現對應的方法即可。整體的資料流程架設，全部交給估算器架構來做。估算器架構內部會自動實現：檢查點檔案的匯出與恢復、儲存 TensorBoard 的摘要、初始化變數、例外處理等操作。

> **提示**
>
> TensorFlow 2.x 版本可以完全相容 TensorFlow 1.x 版本的估算器架構程式。用估算器架構開發模型程式，不需要考慮版本移植的問題。

1 估算器架構的組成

估算器架構是在 tf.layers 介面（見 6.1.5 小節）上建置而成的。估算器架構可以分為三個主要部分。

- 輸入函數：主要由 tf.data.Dataset 介面組成，可以分為訓練輸入函數（train_input_fn）和測試輸入函數（eval_input_fn）。前者用於輸出資料和訓練資料，後者用於輸出驗證資料和測試資料。
- 模型函數：由模型（tf.layers 介面）和監控模組（tf.metrics 介面）組成，主要用來實現訓練模型、測試（或驗證）模型、監控模型參數狀況等功能。
- 估算器：將各個部分「黏合」起來，控制資料在模型中的流動與轉換，並控制模型的各種行為（運算）。它類似電腦中的作業系統。

2 估算器中的預置模型

估算器架構除支援自訂模型外，還提供了一些封裝好的常用模型，例如：以線性為基礎的回歸和分類模型（LinearRegressor、LinearClassifier）、以深度神經網路為基礎的回歸和分類模型（DNNRegressor、DNNClassifier）等。直接使用這些模型，可以省去大量的開發時間。在第 7 章中會介紹模型的實際使用。

3 以估算器開發為基礎的進階模型

在 TensorFlow 中，還有兩個以估算器開發為基礎的進階模型架構——TFTS 與 TF-GAN。

- TFTS：專用於處理序列資料的通用架構。
- TF-GAN：專用於處理對抗神經網路（GAN）的通用架構。

在 9.7 節會有 TFTS 架構的實際介紹及詳細實例。

4 估算器的利與弊

估算器架構的價值主要是，對模型的訓練、使用等流程化的工作做了高度整合。它適用於封裝已經開發好的模型程式。它會使整體的專案程式更加簡潔。該架構的弊端是：由於對流程化的工作整合度太高，導致在開發模型過程中無法精確控制某個實際的環節。

綜上所述，估算器架構不適用於偵錯模型的場景，但適用於對成熟模型進行訓練、使用的場景。

6.1.5 什麼是 tf.layers 介面

tf.layers 介面是一個與 TF-slim 介面類似的 API，該介面的設計是與神經網路中「層」的概念相符合的。

舉例來說，在用 tf.layers 介面開發含有多個卷積層、池化層的神經網路時，會針對每一層網路定義一個以 "tf.layers." 開頭的函數，然後再將這些神經網路層依次連接起來。

tf.layers 介面的所有函數都可以在本機的以下路徑中找到：

```
Anaconda3\lib\site-packages\tensorflow\tools\api\generator\api\layers\
__init__.py
```

在原始程式中，可以透過檢視函數定義的方法了解每個 tf.layers 介面的用法。實際操作如下：

（1）用滑鼠按右鍵指定的函數名稱。

（2）在出現的選單中選擇 "go to definition" 指令，如圖 6-1 所示。

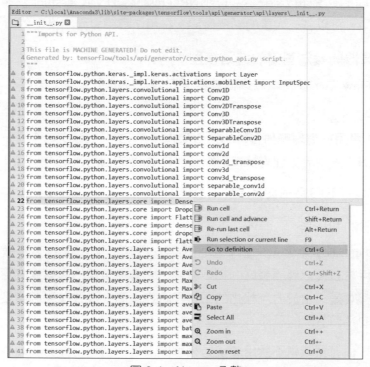

圖 6-1　tf.layers 函數

tf.layers 介面常用於動態圖中,而 TF-slim 介面則更多地應用在靜態圖中。

提示

用 tf. layers 介面開發模型程式,需要考慮版本移植的問題。在 TensorFlow 2.x 版本中,所有 tf.layers 介面都需要被換作 tf.compat.v1.layers。

另外,在 TensorFlow 2.x 版本中,tf.layers 模組更多用於 tf.keras 介面的底層實現。如果是開發新專案,則建議直接使用 tf.keras 介面。如果要重構已有的專案,也建議使用 tf.keras 介面進行取代。

6.1.6 什麼是 tf.keras 介面

tf.keras 介面是 TensorFlow 中支援 Keras 語法的進階 API。它可以將用 Keras 語法實現的程式移植到 TensorFlow 上來執行。

1 什麼是 Keras

Keras 是一個用 Python 撰寫的進階神經網路介面。它是目前最通用的前端神經網路介面。

以 Keras 開發為基礎的程式可以在 TensorFlow、CNTK、Theano 等主流的深度學習架構中直接執行。在 TensorFlow 2.x 版本中用 tf.keras 介面在動態圖上開發模型是官網推薦的主流方法之一。

提示

用 tf.keras 介面開發模型程式,不需要考慮版本移植的問題。TensorFlow 2.x 版本可以完全相容 TensorFlow 1.x 版本的估算器架構程式。

---

2 如何學習 Keras

與 TensorFlow 不同的是,Keras 的説明文件做得特別詳細,並附有程式實例。可以直接在其官網的網站上學習。實際網址如下:

```
https://keras.io
```

另外,Keras 還推出了簡體中文的線上文件,實際網址如下:

```
https://keras.io/zh
```

上面的連結中介紹了 Keras 的特點和由來，以及資料前置處理工具、視覺化工具、整合的資料集等常用工具。另外還有詳細的教學說明，說明了 Keras 中常用函數的使用方法，以及用實例進行示範。

另外，在 TensorFlow 的官網中也有 tf.keras 介面的詳細教學。

3 如何在 TensorFlow 中使用 Keras

在 TensorFlow 中，除可以使用 tf.keras 介面外，還可以直接使用 Keras。

在本機安裝完 TensorFlow 之後，透過以下命令列安裝 keras。

```
pip install keras
```

這時使用的 Keras 程式，會預設將 TensorFlow 作為後端來進行運算。

4 Keras 與 tf.keras 介面

在開發過程中，所有的 Keras 都可以用 tf.keras 介面來無縫取代（實際細節略有一點差別，可以忽略）。

在開發演算法原型時，可以直接用 tf.keras 介面中整合的資料集（如 boston_housing、cifar10、cifar100、fashion_mnist、imdb、mnist、reuters 等）來快速驗證模型的效果。

當然，在實際開發中，每種不同的進階介面都有它的學習成本。讀者應根據自己對某個 API 的熟練程度選取適合自己的 API。

6.1.7 什麼是 tf.js 介面

tf.js（TensorFlow.js）是以 JavaScript 為基礎的 TensorFlow 支援函數庫，它可以用瀏覽器 API（例如 WebGL）來加速計算。這表示，TensorFlow 程式可以執行在不同的環境當中，讓 AI 無處不在。

tf.js 介面的出現，對大量的 web 開發工程師是一件好事，它使得「用 JavaScript 開發 AI」變成可能。

更多資訊可以參考以下連結：

```
https://js.tensorflow.org
```

6.1.8 什麼是 TFLearn 架構

TFLearn 是一個建立在 TensorFlow 之上的模組化的深度學習架構，屬於一個 TensorFlow 的協力廠商 API，其官方網站如下：

```
http://tflearn.org
```

對應的程式連結如下：

```
https://github.com/tflearn/tflearn
```

可以透過以下的 pip 指令安裝 TFLearn：

```
pip install tflearn
```

類似 Keras，TFLearn 架構的底層也還是要呼叫 TensorFlow 的。在 TensorFlow 安裝之後才可以安裝和使用 TFLearn 架構。

6.1.9 該選擇哪種架構

與 TensorFlow 相關的多種 API 已經非常多。對於使用者來講，沒必要把全部的 API 都學精。所有的 API 從使用角度來看，大致可以分為 3 個層面：

- 對於網路單層的封裝（TF-slim、tf.layers）。
- 對於處理架構的封裝（Estimators、eager）。
- 對於架構及網路的整體封裝（TFLearn、tf.keras）。

> **提示**
>
> 讀者可以根據自己的知識基礎和使用場景，選擇一至兩種 API 並學精它，便於在自己開發模型時使用。
>
> 至於其他的 API，大致了解一下即可，能夠達到從 GitHub 網站上下載原始程式並進行簡單的修改、偵錯的地步就可以了。

▇ 從學習的角度分析

從學習的角度來講，原生的 API 是必須要學的。它可以最大化地掌控 TensorFlow 程式。有了這個基礎再去了解其他 API 就不會費勁。上面說的 3 個層面的 API，建議每一個層面都挑選一個去了解即可。額外強調的是，tf.keras 介面還是非常值得去認真學習的，因為：在整個 GitHub 網站上的程式中，使用 Keras 實現的深度學習專案比例很高。

2 從專案的角度

從專案的角度來講，推薦使用 tf.keras、Estimators、eager 這三種架構。因為這三種是 TensorFlow 2.x 版本中支援的主流架構，具有很好的技術延續性。在實際開發中，根據不同的開發場景，列出的搭配建議如下。

- 在開發並偵錯模型的場景中，推薦用 tf.keras 介面架設模型，並在 eager 架構進行訓練和調參。動態圖架構有更好的靈活性，可以對網路的各個環節進行改動。
- 在對成熟模型進行訓練的場景中，在模型開發工作結束之後，可以用 tf.keras 介面中 model 類別的整合方法或將模型程式封裝在 Estimators 架構中，進行訓練或評估等操作。
- 在對外發佈模型的原始程式碼的場景中，在公佈開放原始碼模型或專案發佈時，也會將模型程式封裝在 Estimators 架構中。Estimators 架構對模型的流程化程式進行了高度的整合，可以使原始程式變得更加簡潔。

6.1.10 分配運算資源與使用分佈策略

在 TensorFlow 中，分配 GPU 的運算資源是很常見的事情。大致可以分為 3 種情況：

- 為整個程式指定 GPU 卡。
- 為整個程式指定所佔的 GPU 顯示卡記憶體。
- 在程式內部轉換不同的 OP（運算符號）到指定 GPU 卡。

透過指定硬體的運算資源，可以加強系統的運算效能，進一步縮短模型的訓練時間。在實現時，可以呼叫底層的介面進行手動轉換；也呼叫上層的進階介面，進行分佈策略的應用。實際的做法如下：

1 為整個程式指定 GPU 卡

主要是透過設定 CUDA_VISIBLE_DEVICES 變數來實現的。例如：

```
CUDA_VISIBLE_DEVICES=1       # 代表只使用序號（device）為 1 的卡
CUDA_VISIBLE_DEVICES=0,1     # 代表只使用序號（device）為 0 和 1 的卡
CUDA_VISIBLE_DEVICES="0,1"   # 代表只使用序號（device）為 0 和 1 的卡
CUDA_VISIBLE_DEVICES=0,2,3   # 代表只使用序號（device）為 0、2、3 的卡，序號為 1 的卡
                               不可見
CUDA_VISIBLE_DEVICES=""      # 代表不使用 GPU 卡
```

設定該變數有兩種方式：

（1）命令列方式。

在 透 過 命 令 列 執 行 程 式 時，可 以 在 "python" 前 加 上 "CUDA_VISIBLE_DEVICES"，如下所示：

```
root@user-NULL:~/test# CUDA_VISIBLE_DEVICES=1   python 要執行的 Python 程式 .py
```

（2）在程式中設定。

在程式的最開始處增加以下程式：

```
import os
os.environ["CUDA_VISIBLE_DEVICES"] = "0"
```

CUDA_VISIBLE_DEVICES 的值可以是字串類型，也可以是數值型態。

提示

設定 CUDA_VISIBLE_DEVICES，主要是為了讓程式對指定的 GPU 卡可見。這時系統只會對可見的 GPU 卡編號。在執行時期，這個編號並不代表 GPU 卡的真正序號。

例如：設定 CUDA_VISIBLE_DEVICES＝1，則執行程式後會顯示目前工作是在 device:GPU:0 上執行的。見下面的輸出資訊：

```
2018-06-2406:24:53.535524: I tensorflow/core/common_runtime/gpu/gpu_device.
cc:1053] Created TensorFlow device (/job:localhost/replica:0/task:0/device:
GPU:0 with 10764 MB memory) -> physical GPU (device: 0, name: Tesla K80, pci
bus id: 0000:86:00.0, compute capability: 3.7)
```

這說明，目前程式會把系統中的序號為 "1" 的卡當作自己的第 0 張卡來使用。

---

2 為整個程式指定所佔的 GPU 顯示卡記憶體

在 TensorFlow 中，為整個程式分配 GPU 顯示卡記憶體的方式，主要是靠建置 tf.ConfigProto 類別來實現的。tf.ConfigProto 類別可以了解成一個容器。在以下網址可以找到該類別的定義：

```
https://github.com/tensorflow/tensorflow/blob/master/tensorflow/core/protobuf/
config.proto
```

在上述連結中可以看到各種客製化選項的定義。這些客製化選項，都可以放置到 tf.ConfigProto 類別中。例如：RPCOptions、RunOptions、GPUOptions、graph_options 等。

可以透過定義 GPUOptions 來控制運算時的硬體資源設定，例如：使用哪個 GPU、需要佔用多大快取等。在 6.4 節還會透過一個實際的實例示範如何使用 tf.ConfigProto 類別。

❸ 在程式內部，轉換不同的 OP（運算符號）到指定 GPU 卡

在程式前使用 tf.device 敘述，可以指定目前的敘述在哪個裝置上執行。例如：

```
with tf.device('/cpu:0'):
```

表示目前程式在第 0 顆 CPU 上執行。

❹ 其他設定相關的選項

其他與指派裝置的選項如下。

（1）自動選擇執行裝置：allow_soft_placement。

如果 tf.device 指派的裝置不存在或不可用，為防止程式發生等待或例外，可以設定 tf.ConfigProto 中的參數 allow_soft_placement=True，表示允許 TensorFlow 自動選擇一個存在並且可用的裝置來執行操作。

（2）記錄裝置指派情況：log_device_placement。

設定 tf.ConfigProto 中參數 log_device_placement = True，可以獲得 operations 和 Tensor 被指派到哪個裝置（幾號 CPU 或幾號 GPU）上的執行資訊，並在終端顯示。

❺ 動態圖的裝置指派

在動態圖中，也可以用 with tf.device 方法對硬體資源進行指派。

除此之外，還可以呼叫動態圖中張量的 gpu、cpu 方法來進行硬體資源的指派。以下面程式為例：

```
import tensorflow as tf
import tensorflow.contrib.eager as tfe
tf.enable_eager_execution()           # 啟動動態圖
print(tf.contrib.eager.num_gpus())    # 取得目前 GPU 個數
x = tf.random_normal([10, 10])        # 定義一個張量
x_gpu0 = x.gpu()        # 透過該張量的 gpu 方法，將其複製到 GPU 上執行，預設是 0 號 GPU
x_cpu = x.cpu()         # 透過該張量的 cpu 方法，將其複製到 CPU 上執行

_ = tf.matmul(x_gpu0, x_gpu0)          # 在第 0 號 GPU 上執行乘法
```

```
_ = tf.matmul(x_cpu, x_cpu)              # 在 CPU 上執行乘法

if tfe.num_gpus() > 1:                   # 當 GPU 個數大於 1 時
   x_gpu1 = x.gpu(1)                     # 將該在張量複製到第 1 號 GPU 上
   _ = tf.matmul(x_gpu1, x_gpu1)         # 在第 1 號 GPU 上執行乘法
```

6 使用分佈策略

分配運算資源的最簡單方式就是使用分佈策略。使用分佈策略也是官方推薦主流方式。該方式針對幾種常用的訓練場景，將資源設定的演算法封裝成不同的分佈策略。使用者在訓練模型時，只需要選擇對應的分佈策略即可。執行時期，系統會按照該策略中的演算法進行資源設定，使機器的運算效能最大化的發揮出來。

（1）實際的分佈策略及對應的場景如下。

- MirroredStrategy（映像檔策略）：該策略適用於一機多 GPU 的場景，將計算工作均勻地分配到每顆 GPU 上。

- CollectiveAllReduceStrategy（集合歸約策略）：該策略適用於分散式訓練場景，用多台機器訓練一個模型工作。先將每台機器上使用 MirroredStrategy 策略進行訓練，再將多台機器的結果進行歸約合併。

- ParameterServerStrategy（參數伺服器策略）：適用於分散式訓練場景。也是用多台機器來訓練一個模型工作。在訓練過程中，使用參數伺服器來統一管理每個 GPU 的訓練參數。

（2）使用方式。

分佈策略的使用方式非常簡單。需要產生一個實體化分佈策略物件，並將其作為參數傳入訓練模型中。以 MirroredStrategy 策略為例，產生實體的程式如下：

```
distribution = tf.contrib.distribute.MirroredStrategy()
```

產生實體後的物件 distribution 可以傳入 tf.keras 介面中 model 類別的 fit 方法中，用於訓練。例如：

```
model.compile(loss='mean_squared_error',
              optimizer=tf.train.GradientDescentOptimizer(learning_rate=0.2),
              distribute=distribution)
```

也可以傳入估算器的 RunConfig 中，產生設定物件 config，並將該物件傳入估算器的 Estimator 方法中進行模型的建置。例如：

```
config = tf.estimator.RunConfig(train_distribute=distribution)
classifier = tf.estimator.Estimator(model_fn=model_fn, config=config)
```

在使用多機訓練的分佈策略時，還需要指定網路中的角色關係。更多實例可參考以下連結：

```
https://github.com/tensorflow/tensorflow/blob/master/tensorflow/contrib/
distribute/README.md
```

6.1.11 用 tfdbg 偵錯 TensorFlow 模型

在 TensorFlow 中提供了可以偵錯工具的 API──tfdbg。用 tfdbg 可以輕鬆地對原生的 TensorFlow 程式、TF-slim 程式、Estimators 程式、tf.keras 程式、TFLearn 程式進行偵錯。官網上提供了詳細的文件教學。實際連結如下：

```
https://www.tensorflow.org/programmers_guide/debugger
```

在該連結中，介紹了用 tfdbg 偵錯一個訓練過程中產生 inf 和 nan 值的實例。這也是 tfdbg 的重要價值所在。由於篇幅原因，這裡不再詳細介紹。讀者可以跟著該網站教學自行學習。

TensorFlow 中還提供了配合 tfdbg 的視覺化外掛程式，該外掛程式可以整合到 Tensorboard 中進行使用。實際說明見以下連結：

```
https://github.com/tensorflow/tensorboard/blob/master/tensorboard/plugins/
debugger/README.md
```

6.1.12 用鉤子函數（Training_Hooks）追蹤訓練狀態

在 TensorFlow 中有一個 Training_Hooks 介面，它實現了鉤子函數的功能。該介面由多種 API 組成。在程式中使用 Training_Hooks 介面，可以追蹤模型在訓練、執行過程中各個環節的實際的狀態。該介面的說明見表 6-1。

表 6-1 Training_Hooks 介面的說明

介面名稱	描述
tf.train.SessionRunHook	所有鉤子函數的基礎類別。若想自訂鉤子函數，則可以整合該類別。更多資訊參考： https://www.tensorflow.org/api_docs/python/tf/train/SessionRunHook

介面名稱	描述
tf.train.LoggingTensorHook	按照指定步數輸出指定張量的值。這是十分常用的鉤子函數。更多資訊參考： https://www.tensorflow.org/api_docs/python/tf/train/LoggingTensorHook
tf.train.StopAtStepHook	在指定步數之後停止追蹤。更多資訊參考： https://www.tensorflow.org/api_docs/python/tf/train/StopAtStepHook
tf.train.CheckpointSaverHook	按照指定步數或時間產生檢查點檔案。還可以用 tf.train.CheckpointSaverListener 函數監聽產生檢查點檔案的操作，並可以在操作過程的前、中、後 3 個階段設定回呼函數。更多資訊參考： https://www.tensorflow.org/api_docs/python/tf/train/CheckpointSaverHook
tf.train.StepCounterHook	按照指定步數或時間計數。更多資訊參考： https://www.tensorflow.org/api_docs/python/tf/train/StepCounterHook
tf.train.NanTensorHook	指定要監視的 loss 張量。如果 loss 為 NaN，則停止執行。更多資訊參考： https://www.tensorflow.org/api_docs/python/tf/train/NanTensorHook
tf.train.SummarySaverHook	按照指定步數儲存摘要資訊。更多資訊參考： https://www.tensorflow.org/api_docs/python/tf/train/SummarySaverHook
tf.train.GlobalStepWaiterHook	直到 Global step 的值達到指定值後才開始執行。更多資訊參考： https://www.tensorflow.org/api_docs/python/tf/train/GlobalStepWaiterHook
tf.train.FinalOpsHook	取得某個張量在階段（session）結束時的值。更多資訊參考： https://www.tensorflow.org/api_docs/python/tf/train/FinalOpsHook
tf.train.FeedFnHook	指定輸入，並取得輸入資訊的鉤子函數。更多資訊參考： https://www.tensorflow.org/api_docs/python/tf/train/FeedFnHook

介面名稱	描述
tf.train.ProfilerHook	捕捉硬體執行時期的分配資訊。更多資訊參考：https://github.com/catapult-project/catapult/blob/master/tracing/README.md

表 6-1 中的鉤子（Hook）類別一般會配合 tf.train.MonitoredSession 一起使用，有時也會配合估算器一起使用。在本書 6.4.12 小節會透過詳細實例來示範其用法。

想了解更多資訊，還可以參考官方文件：

```
https://www.tensorflow.org/api_guides/python/train#Training_Hooks
```

6.1.13 用分散式執行方式訓練模型

在大型的資料集上訓練神經網路，需要的運算資源非常大，而且還要花上很長時間才能完成。

為了縮短訓練時間，可以用分散式部署的方式將一個訓練工作拆成多個小工作，分配到不同的電腦上，來完成協作運算。這樣用電腦群運算來代替單機運算，可以使訓練時間大幅變短。

TensorFlow 1.4 版本之後的估算器具有 train_and_evaluate 函數。該函數可以使分散式訓練的實現變得更為簡單。只需要修改 TF_CONFIG 環境變數（或在程式中指定 TF_CONFIG 變數），即可實現分散式中不同的角色的協作合作，實際可見 6.9 節。

6.1.14 用 T2T 架構系統更方便地訓練模型

Tensor2Tensor（T2T）是 Google 開放原始碼的模組化深度學習架構，其中包含目前各個領域中最先進的模型，以及訓練模型時常用到的資料集。

1 T2T 架構的詳細介紹

T2T 架構建置在 TensorFlow 之上。在 T2T 架構中定義了深度學習系統所需的各個元件：資料集、模型架構、優化器、學習速率衰減方案、超參數等。

每個元件中都採用了目前最好的機器學習方法，例如：序列填充（padding）、計算交叉熵損失、用偵錯好的 Adam 優化器參數、自我調整批次處理、同步的分散式訓練、偵錯好的圖像資料增強、標籤平滑和大量的超參數設定等。

元件彼此之間統一採用標準化介面,形成模組化的架構。使用者只需選擇資料集、模型、優化器並設定好超參數,就可以實現訓練模型、檢視效能等操作。

另外,在整個模組化架構中,每個元件都是透過一個函數來實現的。每個函數的輸入和輸出都是一個標準格式的張量,以便使用者用自定義元件對現有元件進行取代。

▋2▋ T2T 架構的使用環境

T2T 架構主要用於 Google 的 TPU 開發環境,當然也可用於本機開發環境。

用 T2T 直接在雲端進行訓練,可以使研究者不再需要花費昂貴的成本購買硬體,為使用者帶來更便捷的體驗。但是這種方式的弊端是──過分依賴網路。

本書只介紹 T2T 架構在本機環境下的使用。有關雲端的使用方式,需要讀者自行研究。

▋3▋ T2T 的環境架設

T2T 的程式獨立於 TensorFlow 主架構,需要單獨安裝,實際指令如下:

```
pip install tensor2tensor
```

如想了解更多關於 T2T 的細節,可以在以下連結中檢視 T2T 架構的原始程式及教學:

```
https://github.com/tensorflow/tensor2tensor
```

有關 T2T 架構的使用實例,見本書 6.11 節、6.12 節。

6.1.15 將 TensorFlow 1.x 中的程式移植到 2.x 版本

在 TensorFlow 2.x 版本中,提供了一個升級 TensorFlow 1.x 版本程式的工具──tf_upgrade_v2。該工具可以非常方便地將 TensorFlow 1.x 版本中撰寫的程式移植到 TensorFlow 2.x 中。

tf_upgrade_v2 工具支援單檔案轉換和多檔案批次轉換兩種方式。

1 對單一程式檔案進行轉換

在命令列裡輸入 tf_upgrade_v2 指令，用 "--infile" 參數來指定輸入檔案，用 "--outfile" 參數來指定輸出檔案。實際指令如下：

```
tf_upgrade_v2 --infile foo_v1.py  --outfile foo_v2.py
```

該指令可以將 TensorFlow 1.x 版本中撰寫的程式檔案 foo_v1.py 轉成可以支援 TensorFlow 2.x 版本的程式 foo_v2.py。

2 批次轉化多個程式檔案

在命令列裡輸入 tf_upgrade_v2 指令，用 "-intree" 參數來指定輸入檔案路徑，用 "-outtree" 參數來指定輸出檔案路徑。實際指令如下：

```
tf_upgrade_v2 -intree foo_v1  -outtree foo_v2
```

該指令可以將目錄為 foo_v1 下的所有程式檔案轉成支援 TensorFlow 2.x 版本的程式檔案，並儲存到目錄 foo_v2 中。

提示

雖然 tf_upgrade_v2 工具的轉化功能相能解決大部分的移植工作，但是對於一些特殊的 API 仍需要手動來移植。例如：

TensorFlow 2.x 版本中不再有 TensorFlow 1.x 版本中的 tf.contrib 模組。

在 TensorFlow 2.x 版本中，TensorFlow 1.x 版本中的 tf.contrib 模組被拆分成兩部分：

- 一部分被移植到 TensorFlow 2.x 版本的主架構下，可以用 tf_upgrade_v2 工具進行轉化。
- 一部分將被移除，無法被轉化。在升級程式時，需要手動撰寫程式。

另外，在 TensorFlow 1.x 版本中帶有廢棄標記的 API，也不會出現在 TensorFlow 2.x 版本中。這些轉化失敗的 API 都需要被取代成推薦使用的 API。

實際轉化實例見本書 6.13 節。

6.1.16 TensorFlow 2.x 中的新特性——自動圖

在 TensorFlow 1.x 版本中，要開發以張量控制流為基礎的程式，必須使用 tf.conf、tf. while_loop 之類的專用函數。這增加了開發的複雜度。

在 TensorFlow 2.x 版本中，可以透過自動圖（AutoGraph）功能，將普通的 Python 控制流敘述轉成以張量為基礎的運算圖，這大幅簡化了開發工作。

在 TensorFlow 2.x 版本中，可以用 tf.function 修飾器修飾 Python 函數，將其自動轉化成張量運算圖。範例程式如下：

```
import tensorflow as tf            # 匯入 TensorFlow2.0
@tf.function
def autograph(input_data):         # 用自動圖修飾的函數
    if tf.reduce_mean(input_data) > 0:
        return input_data          # 傳回是整數類型
    else:
        return input_data // 2     # 傳回整數類型
a =autograph(tf.constant([-6, 4]))
b =autograph(tf.constant([6, -4]))
print(a.numpy(),b.numpy())         # 在 TensorFlow 2.x 上執行，輸出 :[-3  2] [ 6 -4]
```

從上面程式的輸出結果中可以看到，程式執行了控制流 "tf.reduce_mean(input_data) > 0" 敘述的兩個分支。這表明被修飾器 tf.function 修飾的函數具有張量圖的控制流功能。

> **提示**
>
> 在使用自動圖功能時，如果在被修飾的函數中有多個傳回分支，則必須確保所有的分支都傳回相同類型的張量，否則會顯示出錯。

6.2 實例 14：用靜態圖訓練一個具有儲存檢查點功能的回歸模型

本節用一個簡單的模型來示範靜態圖的使用方法。

> **實例描述**
>
> 假設有一組資料集，其中 x 和 y 的對應關係 $y \approx 2x$。

本實例就是讓神經網路學習這些樣本，並找到其中的規律，即讓神經網路自己能夠歸納出 $y \approx 2x$ 這樣的公式。

在訓練的過程中將產生檢查點檔案，並在程式結束之後二次載入檢查點檔案，接著訓練。

本實例屬於一個回歸工作。回歸工作是指,對輸入資料進行計算,並輸出某個實際值的工作。與之相對的還有分類工作,它們都是深度學習中最常見的工作模式。這部分內容在第 7 章特徵工程中還會重點介紹。

6.2.1 準備開發步驟

在實現過程中,需要完成的實際步驟如下:(1)產生模擬樣本;(2)架設全連接網路模型;(3)訓練模型。其中,在第(3)步訓練模型過程中,還需要完成對檢查點檔案的產生和載入。

> **提示**
>
> 全連接網路是最基礎的神經網路模型。它是將上層的網路節點與下層的網路節點全部連接起來。該結構可以透過增加網路節點個數的方式,實現擬合任意資料分佈的效果,但是過多的節點又會降低模型的計算效能與泛化性。
>
> 有關全接網路的更多使用可以參考 7.2 節的 wide_deep 模型。

6.2.2 產生檢查點檔案

在產生檢查點檔案時,步驟如下:

(1)產生一個實體 saver 物件。

(2)在階段(session)中,呼叫 saver 物件的 save 方法儲存檢查點檔案。

▌ 產生 saver 物件

saver 物件是由 tf.train.Saver 類別的產生實體方法產生的。該方法有很多參數,常用的有以下幾個。

- var_list:指定要儲存的變數。
- max_to_keep:指定要保留檢查點檔案的個數。
- keep_checkpoint_every_n_hours:指定間隔幾小時儲存一次模型。

實例程式如下:

```
saver = tf.train.Saver(tf.global_variables(), max_to_keep=1)
```

該程式表示將全部的變數儲存起來。最多只儲存一個檢查點檔案(一個檢查點標頭檔案 3 個子檔案)。

2 產生檢查點檔案

呼叫 saver 物件的 save 產生儲存檢查點檔案。實例程式如下：

```
saver.save(sess, savedir+"linermodel.cpkt", global_step=epoch)
```

該程式執行後，系統會將檢查點檔案儲存到 savedir 路徑。同時，也將反覆運算次數 global_step 的值放到了檢查點檔案的名字中。

6.2.3 載入檢查點檔案

首先用 tf.train.latest_checkpoint 方法找到最近的檢查點檔案，接著用 saver.restore 方法將該檢查點檔案載入。實例程式如下：

```
kpt = tf.train.latest_checkpoint(savedir)      # 找到最近的檢查點檔案
    if kpt!=None:
        saver.restore(sess, kpt)               # 載入檢查點檔案
```

6.2.4 程式實現：在線性回歸模型中加入儲存檢查點功能

在程式第 37 行，定義了一個 saver 張量。在階段執行中，用 saver 物件的 save 方法來產生檢查點檔案（見程式第 66、69 行）。

實際程式如下：

程式 6-1 用靜態圖訓練一個具有儲存檢查點功能的回歸模型

```
01    import tensorflow as tf
02    import numpy as np
03    import matplotlib.pyplot as plt
04    print(tf.__version__)
05    # (1) 產生模擬資料
06    train_X = np.linspace(-1, 1, 100)
07    train_Y = 2 * train_X + np.random.randn(*train_X.shape) * 0.3
      #y=2x，但是加入了雜訊
08    # 圖形顯示
09    plt.plot(train_X, train_Y, 'ro', label='Original data')
10    plt.legend()
11    plt.show()
12
13    tf.reset_default_graph()
14
15    # (2) 建置模型
16
17    # 建置模型
```

```
18    # 預留位置
19    X = tf.placeholder("float")
20    Y = tf.placeholder("float")
21    # 模型參數
22    W = tf.Variable(tf.random_normal([1]), name="weight")
23    b = tf.Variable(tf.zeros([1]), name="bias")
24    # 正向結構
25    z = tf.multiply(X, W)+ b
26    global_step = tf.Variable(0, name='global_step', trainable=False)
27    # 反向最佳化
28    cost =tf.reduce_mean( tf.square(Y - z))
29    learning_rate = 0.01
30    optimizer = tf.train.GradientDescentOptimizer(learning_rate).
                    minimize(cost,global_step)        # 梯度下降
31    # 初始化所有變數
32    init = tf.global_variables_initializer()
33    # 定義學習參數
34    training_epochs = 20
35    display_step = 2
36    savedir = "log/"
37    saver = tf.train.Saver(tf.global_variables(), max_to_keep=1)
           # 產生 saver。max_to_keep=1，表示只保留一個檢查點檔案
38
39    # 定義產生 loss 值視覺化的函數
40    plotdata = { "batchsize":[], "loss":[] }
41    def moving_average(a, w=10):
42        if len(a) < w:
43            return a[:]
44        return [val if idx < w else sum(a[(idx-w):idx])/w for idx, val in
                enumerate(a)]
45
46    # (3) 建立階段 (session) 進行訓練
47    with tf.Session() as sess:
48        sess.run(init)
49        kpt = tf.train.latest_checkpoint(savedir)
50        if kpt!=None:
51            saver.restore(sess, kpt)
52
53        # 向模型輸入資料
54        while global_step.eval()/len(train_X) < training_epochs:
55            step = int( global_step.eval()/len(train_X) )
56            for (x, y) in zip(train_X, train_Y):
57                sess.run(optimizer, feed_dict={X: x, Y: y})
58
```

```
59          # 顯示訓練中的詳細資訊
60          if step % display_step == 0:
61              loss = sess.run(cost, feed_dict={X: train_X, Y:train_Y})
62              print ("Epoch:", step+1, "cost=", loss,"W=", sess.run(W),
                        "b=", sess.run(b))
63              if not (loss == "NA" ):
64                  plotdata["batchsize"].append(global_step.eval())
65                  plotdata["loss"].append(loss)
66              saver.save(sess, savedir+"linermodel.cpkt", global_step)
67
68      print (" Finished!")
69      saver.save(sess, savedir+"linermodel.cpkt", global_step)
70      print ("cost=", sess.run(cost, feed_dict={X: train_X, Y: train_Y}),
                "W=", sess.run(W), "b=", sess.run(b))
71
72      # 顯示模型
73      plt.plot(train_X, train_Y, 'ro', label='Original data')
74      plt.plot(train_X, sess.run(W) * train_X + sess.run(b), label=
                'Fitted line')
75      plt.legend()
76      plt.show()
77
78      plotdata["avgloss"] = moving_average(plotdata["loss"])
79      plt.figure(1)
80      plt.subplot(211)
81      plt.plot(plotdata["batchsize"], plotdata["avgloss"], 'b--')
82      plt.xlabel('Minibatch number')
83      plt.ylabel('Loss')
84      plt.title('Minibatch run vs. Training loss')
85
86      plt.show()
```

本實例中的模型只有一個神經網路節點。由於加權 W 和 b 都是一維的，所以在計算網路正向輸出時，直接使用了乘法函數 multiply（X, W），也可以寫成 X*W。

> **提示**
>
> 本實例中的模型非常簡單，且輸入批次為 1。實際工作中的模型會比這個複雜得多，且每批次都會同時處理多筆資料。在計算網路輸出時，更多的是用到矩陣相乘。

例如：

```
a = tf.constant([1, 2, 3, 4, 5, 6], shape=[2, 3])
b = tf.constant([7, 8, 9, 10, 11, 12], shape=[3, 2])
with tf.Session() as sess:
  c = tf.matmul(a, b)
  print("c",c.eval() )      # 輸出 c [[ 58  64] [139154]]
  # 也可以寫成：
  c = a@b
  print("c",c.eval() )      # 輸出 c [[ 58  64] [139154]]
```

上面程式執行完後，會看到在 log 資料夾下多了幾個 "linermodel.cpkt-2000" 開頭的檔案。它就是檢查點檔案。

其中，"2000" 表示該檔案是執行優化器第 2000 次後產生的檢查點檔案。

在程式第 34 行，設定了 training_epochs 的值為 "20"，表示將整個資料集反覆運算 20 次。每反覆運算一次資料集，需要執行 100 次優化器。

提示

log 資料夾下的幾個以 "linermodel.cpkt-2000" 開頭的檔案，會在後面 13 章有詳細介紹。

副檔名 meta 的檔案是圖中的網路節點名稱檔案，可以刪掉不影響模型恢復。

這裡介紹一個小技巧：在產生模型檢查點檔案時（程式第 66、69 行），程式可以寫成以下樣子，讓模型不再產生 meta 檔案，進一步可以減小模型所佔的磁碟空間：

```
saver.save(sess, savedir+"linermodel.cpkt", global_step,write_meta_graph=False)
```

6.2.5 修改反覆運算次數，二次訓練

將資料集的反覆運算次數調大到 28（修改程式第 34 行 training_epochs 的值）。再次執行，輸出以下結果：

```
1.13.1
INFO:tensorflow:Restoring parameters from log/linermodel.cpkt-2000
Epoch: 21 cost= 0.088184044 W= [2.0288355] b= [0.00869429]
Epoch: 23 cost= 0.08760502 W= [2.0110996] b= [0.00945178]
Epoch: 25 cost= 0.087475054 W= [2.0058548] b= [0.01136262]
```

```
Epoch: 27 cost= 0.08744553 W= [2.004488] b= [0.01188545]
 Finished!
cost= 0.08744063 W= [2.0042534] b= [0.01197556]
```

可以看到，輸出結果的第 1 行程式直接從以 "linermodel.cpkt-2000" 開頭的檔案中讀取參數。然後，接著第 20 次反覆運算繼續向下執行（輸出結果的第 2 行）。這部分結果對應的程式邏輯如下：

（1）尋找最近產生的檢查點檔案（見程式第 49 行）。

（2）判斷檢查點檔案是否存在（見程式第 50 行）。

（3）如果存在，則將檢查點檔案的值恢復到張量圖中（見程式第 51 行）。

在程式內部是透過張量 global_step 的載入、載出來記錄反覆運算次數的。

> (提示)
> 靜態圖部分是 TensorFlow 的基礎操作，但在 TensorFlow 2.x 版本後，已經不再推薦使用。這裡也不會說明得過於詳細。

6.3 實例 15：用動態圖（eager）訓練一個具有儲存檢查點功能的回歸模型

下面實現一個簡單的動態圖實例。

> **實例描述**
> 假設有這麼一組資料集，其 x 和 y 的對應關係是 $y \approx 2x$。

訓練模型來學習這些資料集，使模型能夠找到其中的規律，即讓神經網路自己能夠歸納出 $y \approx 2x$ 這樣的公式。

要求使用動態圖的方式來實現。同時與實例 13 進行比較，體會動態圖和靜態圖實現時的不同之處。

本實例將記憶體資料製作成 Dataset 資料集，並在動態圖裡實現模型。

6.3.1 程式實現：啟動動態圖，產生模擬資料

這部分操作與前面 4.9.1 小節一致。都用 tf.enable_eager_execution 函數來啟動動態圖。在動態圖啟動之後，便開始產生模擬資料。實際程式如下：

程式 6-2 用動態圖訓練一個具有儲存檢查點功能的回歸模型

```
01  import tensorflow as tf
02  import numpy as np
03  import matplotlib.pyplot as plt
04  import tensorflow.contrib.eager as tfe
05
06  tf.enable_eager_execution()                              # 啟動動態圖
07  print("TensorFlow 版本：{}".format(tf.VERSION))
08  print("Eager execution: {}".format(tf.executing_eagerly()))
09
10  # 產生模擬資料
11  train_X = np.linspace(-1, 1, 100)
12  train_Y = 2 * train_X + np.random.randn(*train_X.shape) * 0.3
    #y=2x，但是加入了雜訊
13  # 圖形顯示
14  plt.plot(train_X, train_Y, 'ro', label='Original data')
15  plt.legend()
16  plt.show()
```

產生模擬部分與實例 13 中的一樣，這裡不再詳述。

6.3.2 程式實現：定義動態圖的網路結構

定義動態圖的網路結構與定義靜態圖的網路結構有所不同，實際如下：

- 動態圖不支援預留位置的定義。
- 動態圖不能使用優化器的 minimize 方法，需要使用 tfe.implicit_gradients 方法與優化器的 apply_gradients 方法組合（見程式第 30、31 行）

實際程式如下：

程式 6-2 用動態圖訓練一個具有儲存檢查點功能的回歸模型（續）

```
17  # 定義學習參數
18  W = tf.Variable(tf.random_normal([1]),dtype=tf.float32, name="weight")
19  b = tf.Variable(tf.zeros([1]),dtype=tf.float32, name="bias")
20  global_step = tf.train.get_or_create_global_step()
21
```

```
22   def getcost(x,y):# 定義函數，計算 loss 值
23       # 正向結構
24       z = tf.cast(tf.multiply(np.asarray(x,dtype = np.float32), W)+ b,
             dtype = tf.float32)
25       cost =tf.reduce_mean( tf.square(y - z))# 計算 loss 值
26       return cost
27
28   learning_rate = 0.01
29   # 將隨機梯度下降法作為優化器
30   optimizer = tf.train.GradientDescentOptimizer(learning_rate=learning_rate)
31   grad = tfe.implicit_gradients(getcost)# 獲得計算梯度的函數
```

程式第 31 行，用函數 tfe.implicit_gradients 產生一個計算梯度的函數 —— grad。在反覆運算訓練的反向傳播過程中，grad 函數將被傳入優化器的 apply_gradients 方法中對模型的參數進行最佳化，見 6.3.4 小節。

提示

函數 getcost 的定義（見程式第 22 行）與使用（見程式第 31 行），還可以與修飾器的方法合併到一起。例如：

```
@ tfe.implicit_gradients
def getcost(x,y):# 定義函數，計算 loss 值
    # 正向結構
    z = tf.cast(tf.multiply(np.asarray(x,dtype = np.float32), W)+ b,dtype
= tf.float32)
    cost =tf.reduce_mean( tf.square(y - z))#loss 值
    return cost
```

類似該用法的實例參考 6.11 節。

6.3.3 程式實現：在動態圖中加入儲存檢查點功能

在動態圖中儲存檢查點有兩種方式。

■ 用 tf.train.Saver 類別操作檢查點檔案：產生一個實體物件 saver，手動指定參數 [W,b] 進行儲存（見程式第 35 行），並且將階段（session）有關的參數設為 None（見程式第 41 行）。

■ 用 tensorflow.contrib.eager 模組的 Saver 類別操作檢查點檔案：直接產生一個實體物件 saver，在產生過程中不需要傳入階段參數。

提示

在用 tf.train.Saver 類別操作檢查點檔案時，必須手動指定要儲存的參數。因為動態圖裡沒有階段和圖的概念，所以不支援用 tf.global_variables 函數取得所有參數。

實際程式如下：

程式 6-2 用動態圖訓練一個具有儲存檢查點功能的回歸模型（續）

```
32    # 定義 saver，示範兩種方法處理檢查點檔案
33    savedir = "logeager/"
34    savedirx = "logeagerx/"
35    saver = tf.train.Saver([W,b], max_to_keep=1)
      # 產生 saver。max_to_keep=1 表示最多只儲存一個檢查點檔案
36    saverx = tfe.Saver([W,b]) # 產生 saver。max_to_keep=1 表示只儲存一個檢查點檔案
37
38    kpt = tf.train.latest_checkpoint(savedir)     # 找到檢查點檔案
39    kptx = tf.train.latest_checkpoint(savedirx)   # 找到檢查點檔案
40    if kpt!=None:
41        saver.restore(None, kpt)            # 用 tf.train.Saver 的產生實體物件載入模型
42        saverx.restore(kptx)                # 用 tfe.Saver 的產生實體物件載入模型
43
44    training_epochs = 20                     # 反覆運算訓練次數
45    display_step = 2
```

在複雜模型中，模型的參數會非常多。用手動指定變數的方式來儲存模型（見程式第 35、36 行）會顯得過於麻煩。

動態圖架構一般會與 tf.layers 介面或 tf.keras 介面配合使用（在 TensorFlow 2.x 架構中，主要與 tf.keras 介面配合使用）。利用這兩個介面，可以很容易地將參數放到定義時的 saver 物件中。實際可見 6.6 節在動態圖中使用 tf.layers 介面的實例，以及 9.2 節在動態圖中使用 tf.keras 介面的實例。

提示

在 TensorFlow 2.x 版本中，主要推薦用 tf.train.Checkpoint 方法操作檢查點檔案。TensorFlow 1.x 版本中的 tf.train.Saver 類別未來可能會被去掉。在使用 tf.train.Checkpoint 方法時，要求必須將網路結構封裝成類別，否則無法呼叫，實際用法可以參考 9.2 節。

6.3.4 程式實現：按指定反覆運算次數進行訓練，並視覺化結果

反覆運算訓練過程的程式是最容易了解的。它是動態圖的真正優勢所在，使張量程式像 Python 中的普通程式一樣執行。

在動態圖程式中，可以對每個張量的 numpy 方法進行設定值（見程式第 66 行），不再需要使用 run 函數與 eval 方法。

程式 6-2 用動態圖訓練一個具有儲存檢查點功能的回歸模型（續）

```
46   plotdata = { "batchsize":[], "loss":[] }            # 收集訓練參數
47
48   while global_step/len(train_X) < training_epochs:    # 反覆運算訓練模型
49       step = int( global_step/len(train_X) )
50       for (x, y) in zip(train_X, train_Y):
51           optimizer.apply_gradients(grad(x, y),global_step)   # 應用梯度
52
53       # 顯示訓練中的詳細資訊
54       if step % display_step == 0:
55           cost = getcost (x, y)                          # 用於顯示
56           print ("Epoch:", step+1, "cost=", cost.numpy(),"W=", W.numpy(),
                   "b=", b.numpy())
57           if not (cost == "NA" ):
58               plotdata["batchsize"].append(global_step.numpy())
59               plotdata["loss"].append(cost.numpy())
60           saver.save(None, savedir+"linermodel.cpkt", global_step)
61           saverx.save(savedirx+"linermodel.cpkt", global_step)
62
63   print (" Finished!")
64   saver.save(None, savedir+"linermodel.cpkt", global_step)
65   saverx.save(savedirx+"linermodel.cpkt", global_step)
66   print ("cost=", getcost (train_X, train_Y).numpy() , "W=", W.numpy(),
           "b=", b.numpy())
67
68   # 顯示模型
69   plt.plot(train_X, train_Y, 'ro', label='Original data')
70   plt.plot(train_X, W * train_X + b, label='Fitted line')
71   plt.legend()
72   plt.show()
73
74   def moving_average(a, w=10):# 定義產生 loss 值視覺化的函數
75       if len(a) < w:
```

```
76              return a[:]
77          return [val if idx < w else sum(a[(idx-w):idx])/w for idx, val in
                enumerate(a)]
78
79      plotdata["avgloss"] = moving_average(plotdata["loss"])
80      plt.figure(1)
81      plt.subplot(211)
82      plt.plot(plotdata["batchsize"], plotdata["avgloss"], 'b--')
83      plt.xlabel('Minibatch number')
84      plt.ylabel('Loss')
85      plt.title('Minibatch run vs. Training loss')
86
87      plt.show()
```

6.3.5 執行程式，顯示結果

程式執行後，輸出以下結果：

```
TensorFlow 版本：1.13.1
Eager execution: True
```

圖 6-2 動態圖回歸模型結果（a）

```
Epoch: 1 cost= 2.7563627 W= [0.26635304] b= [0.01309205]
Epoch: 3 cost= 0.14655435 W= [1.5330775] b= [0.01505858]
Epoch: 5 cost= 0.0032546197 W= [1.8566017] b= [0.01509316]
Epoch: 7 cost= 0.0006836037 W= [1.9392302] b= [0.01509374]
Epoch: 9 cost= 0.0022461722 W= [1.9603337] b= [0.01509374]
Epoch: 11 cost= 0.0027899994 W= [1.9657234] b= [0.01509374]
Epoch: 13 cost= 0.0029383437 W= [1.9671] b= [0.01509374]
Epoch: 15 cost= 0.0029768397 W= [1.9674516] b= [0.01509374]
Epoch: 17 cost= 0.002986682 W= [1.9675411] b= [0.01509374]
Epoch: 19 cost= 0.0029891713 W= [1.9675636] b= [0.01509374]
 Finished!
```

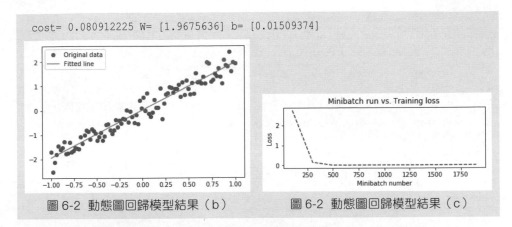

圖 6-2 動態圖回歸模型結果（b）　　　圖 6-2 動態圖回歸模型結果（c）

圖 6-2（c）顯示的是 loss 值經過移動平均演算法的結果（見程式第 75 行）。用移動平均演算法可以使產生的曲線更加平滑，便於看出整體趨勢。

6.3.6 程式實現：用另一種方法計算動態圖梯度

在 6.3.2 小節中，介紹了用 tfe.implicit_gradients 方法在動態圖中進行反向訓練。

本節再介紹一種同樣很常用的方法——tf.GradientTape。

tf.GradientTape 方 法 可 以 在 反 向 傳 播 過 程 中 追 蹤 自 動 微 分（Automatic differentiation）之後的梯度計算工作。

實際程式如下：

程式 6-3 動態圖另一種梯度方法

```
01    import tensorflow as tf
02    import numpy as np
03    import matplotlib.pyplot as plt
04    import tensorflow.contrib.eager as tfe
05
06    tf.enable_eager_execution()
07    ......
08    def getcost(x,y):                           #定義函數，計算 loss 值
09        # 正向結構
10        z = tf.cast(tf.multiply(np.asarray(x,dtype = np.float32), W)+ b,dtype
           = tf.float32)
11        cost =tf.reduce_mean( tf.square(y - z))#loss 值
12        return cost
13
```

```
14    def grad( inputs, targets):                    #封裝梯度計算函數
15        with tf.GradientTape() as tape:           #用 tf.GradientTape 追蹤梯度計算
16            loss_value = getcost(inputs, targets)
17        return tape.gradient(loss_value,[W,b])
18    ......
19    while global_step/len(train_X) < training_epochs: #反覆運算訓練模型
20        step = int( global_step/len(train_X) )
21        for (x, y) in zip(train_X, train_Y):
22            grads = grad( x, y)                     #計算梯度
23            optimizer.apply_gradients(zip(grads, [W,b]),
                  global_step=global_step)
......
```

相比於程式檔案「6-2 中用動態圖訓練一個具有具有檢查點功能的回歸模型」，這裡主要改動了兩處：

■ 在程式 14 行，將損失函數用 tf.GradientTape 函數封裝起來。

■ 在使用時，需要傳入訓練參數（見程式第 23 行）。

使用 tf.GradientTape 函數可以對梯度做更精細化的控制（可以自由指定需要訓練的變數），而使用 tfe.implicit_gradients 函數會使程式變得相對簡潔。在 TensorFlow 2.x 中，只保留了 tf.GradientTape 函數用於計算梯度。tfe.implicit_gradients 函數在 TensorFlow 2.x 中將不再被支援。

在本書的 6.11 節中，還使用了另一種求梯度的方法——tfe.implicit_value_and_gradients。該方式同樣也是在 contrib 模組中的程式。有興趣的讀者可以了解一下。

在真正應用時，可根據實際情況來實際選擇。

> **提示**
>
> 在用 tf.GradientTape 函數計算損失時，要求傳入指定的參數。在本節的實例程式中，要計算損失的指定參數（W、b）是預先定義好的。

如果用 TensorFlow 的進階介面建置模型，則參數是在 API 內部定義的，無法直接偵錯。在這種情況下，可以用 tfe.EagerVariableStore() 的方法將動態圖的變數儲存到全域集合裡，然後透過產生實體的物件取出變數並傳入 tf.GradientTape 中。實際操作可以參考 6.3.7 小節。

6.3.7 實例 16：在動態圖中取得參數變數

動態圖的參數變數儲存機制與靜態圖截然不同。

動態圖用類似 Python 變數生命週期的機制來儲存參數變數，不能像靜態圖那樣透過圖的操作獲得指定變數。但在訓練模型、儲存模型等場景中，如何在動態圖裡獲得指定變數呢？這裡提供以下兩種方法。

- 方法一：將模型封裝成類別，借助類別的產生實體物件在記憶體中的生命週期來管理模型變數，即使用模型的 variables 成員變數。這種也是最常用的一種方式（見 6.6 節的 tf.layers 介面實例、9.2 節的 tf.keras 介面實例）。
- 方法二：用 tfe.EagerVariableStore() 方法將動態圖的變數儲存到全域集合裡，然後再透過產生實體的物件取出變數。這種方式更加靈活，程式設計人員不必以類別的方式來實現模型。

下面將示範方法二，實際程式如下：

```
程式 6-4 從動態圖種取得變數
01   import tensorflow as tf
02   import numpy as np
03   import tensorflow.contrib.eager as tfe
04
05   tf.enable_eager_execution()
06   print("TensorFlow 版本：{}".format(tf.VERSION))
07   print("Eager execution: {}".format(tf.executing_eagerly()))
08
09   # 產生模擬資料
10   train_X = np.linspace(-1, 1, 100)
11   train_Y = 2 * train_X + np.random.randn(*train_X.shape) * 0.3
12
13   # 建立資料集
14   dataset = tf.data.Dataset.from_tensor_slices( (np.reshape(train_X,[-1,1]),
     np.reshape(train_X,[-1,1])) )
15   dataset = dataset.repeat().batch(1)
16   global_step = tf.train.get_or_create_global_step()
17   container = tfe.EagerVariableStore()           # 用於儲存動態圖變數
18   learning_rate = 0.01
19   # 隨機梯度下降法作為優化器
20   將 optimizer = tf.train.GradientDescentOptimizer(learning_rate =
     learning_rate)
21
```

```
22   def getcost(x,y):                              #定義函數,計算 loss 值
23       with container.as_default():        #將動態圖使用的層包裝起來,可以獲得變數
24           z = tf.layers.dense(x,1, name="l1") #正向結構
25       cost =tf.reduce_mean( tf.square(y - z)) #計算 loss 值
26       return cost
27
28   def grad( inputs, targets):#計算梯度函數
29       with tf.GradientTape() as tape:
30           loss_value = getcost(inputs, targets)
31       return tape.gradient(loss_value,container.trainable_variables())
32
33   training_epochs = 20                           #反覆運算訓練次數
34   display_step = 2
35
36   for step,value in enumerate(dataset):          #反覆運算訓練模型
37       grads = grad( value[0], value[1])
38       optimizer.apply_gradients(zip(grads, container.trainable_variables()),
         global_step=global_step)
39       if step>=training_epochs:
40           break
41
42       #顯示訓練中的詳細資訊
43       if step % display_step == 0:
44           cost = getcost (value[0], value[1])
45           print ("Epoch:", step+1, "cost=", cost.numpy())
46
47   print (" Finished!")
48   print ("cost=", cost.numpy() )
49   for i in container.trainable_variables():
50       print(i.name,i.numpy())
```

上面程式的主要流程解讀如下:

(1)程式第 14 行,將模擬資料做成了資料集。

(2)程式第 17 行,產生實體 tfe.EagerVariableStore 類別,獲得 container 物件。

(3)程式第 22 行,計算損失值函數 getcost。在該函數中,透過 with container. as_default 作用域將網路參數儲存在 container 物件中。

(4)程式第 28 行,計算梯度函數 grad。其中使用了 tf.GradientTape 方法, 並透過 container.trainable_variables 方法取得需要訓練的參數,然後傳入 tape.gradient 中計算梯度。

（5）程式第 38 行，再次透過 container.trainable_variables 方法取得需要訓練的
　　參數，並傳入優化器的 apply_gradients 方法中，以更新加權參數。

程式執行後，輸出以下結果：

```
TensorFlow 版本 : 1.13.1
Eager execution: True
Epoch: 1 cost= 0.11828259153554481
Epoch: 3 cost= 0.09272109443044181
Epoch: 5 cost= 0.07258319799191404
Epoch: 7 cost= 0.05665282399104451
Epoch: 9 cost= 0.04400892987470931
Epoch: 11 cost= 0.033949746009501354
Epoch: 13 cost= 0.025937515234633546
Epoch: 15 cost= 0.01955791804589977
Epoch: 17 cost= 0.01449008591006718
Epoch: 19 cost= 0.010484296911198973
 Finished!
cost= 0.010484296911198973
l1/bias:0 [-0.08494885]
l1/kernel:0 [[0.71364929]]
```

在輸出結果的倒數第 5 行，可以看到模型反覆運算訓練了 19 次之後，損失值
cost 降到了 0.01。

在輸出結果的最後兩行，可以看到所訓練出來的模型中，包含有兩個加權：
"l1/bias:0" 與 "l1/kernel:0"。這表示使用 tf.layers.dense 函數建置的全連接網路
模型，與程式檔案「6-3　動態圖另一種梯度方法 .py」中手動建置的模型具有
一樣的結構（兩個加權）。只不過兩者加權名字不同而已（本實例中的加權名
稱是 l1/bias 和 l1/kernel，而程式檔案「6-3　動態圖另一種梯度方法 .py」中模
型的加權名稱是 W 和 b）。

提示

在本實例中，container 物件還可以用 container.variables 方法來獲得全部的變
數，以及用 container. non_trainable_variables 方法獲得不需要訓練的變數。

另外，還需要注意 API 在動態圖中的使用。在 6.1.5 小節介紹過，動態圖對
tf.layers 介面的支援比較人性化，但是換為 TF-slim 介面會出問題（詳細請見 6.3.8
小節）。

6.3.8 小心動態圖中的參數陷阱

習慣使用 TF-slim 介面的開發人員，很容易會將 6.3.7 小節程式中第 24 行用
TF-slim 介面來實現。例如改成以下樣子：

```
z = tf.contrib.slim.fully_connected(x, 1)        #用 TF-slim 介面實現全連接網路
```

這樣的程式整體執行是沒有問題的。程式執行後，獲得以下的結果：

```
......
Epoch: 19 cost= 1.4630528048775695
 Finished!
cost= 1.4630528048775695
fully_connected/biases:0 [-0.02064418]
......
fully_connected_30/weights:0 [[-0.8784894]]
fully_connected_4/biases:0 [0.]
......
fully_connected_9/weights:0 [[-0.83005739]]
```

從結果中會發現兩個問題：

■ 訓練的 loss 值（cost）沒有收斂（結果第 2 行顯示的值為 1.46）。

■ 輸出的模型參數並不是兩個，而是多個（在輸出的結果中，第 5 行之後全
是模型參數）。

這表示：在反覆運算訓練中，每呼叫一次 TF-slim 介面的全連接函數，系統就
會重新建立一層全連接網路。最後會產生很多模型參數。

如果嘗試使用共用變數的方式解決呢？見下面的程式，將該全連接設為
tf.AUTO_REUSE。透過以下程式讓其只建立一次：

```
z = tf.contrib.slim.fully_connected(x, 1,reuse=tf.AUTO_REUSE)
```

程式執行後會直接顯示出錯。輸出以下結果：

```
AttributeError: reuse=True cannot be used without a name_or_scope
```

這是由於共用變數的機制造成的。在動態圖中使用了與靜態圖完全不同的機
制，這導致了共用變數故障。可以這樣了解：TensorFlow 中的共用變數只在靜
態圖中有效。

> 提示
>
> 本實例是透過列印簡單模型輸出參數的方法，來排除模型不收斂的問題。在實際環境中，這種問題很難被發現，因為程式可以完美地執行下去，並且模型本來就會有上千個參數。經過多次反覆運算訓練後會出現 loss 值一直不收斂的情況，常常會使人懷疑這是模型本身的結構問題。

儘量在動態圖裡使用 tf.layers 與 tf.keras 介面，這樣會使開發變得順暢一些。

6.3.9 實例 17：在靜態圖中使用動態圖

在整體訓練時，動態圖對 loss 值的處理部分顯得比靜態圖繁瑣一些。但是在正向處理時，使用動態圖確實非常直觀、方便。

下面介紹一種在靜態圖中使用動態圖的方法──正向用動態圖，反向用靜態圖。這樣可以使程式兼顧二者的優勢。

用 tf.py_function 函數可以實現在靜態圖中使用動態圖的功能。在 4.7 節的實例中用 tf.py_function 函數就是為實現這個功能。tf.py_function 函數可以將正常的 Python 函數封裝起來，在動態圖中進行張量運算。

修改 6.2 節中的靜態圖程式，在其中加入動態圖部分。實際程式如下：

```
程式 6-5 在靜態圖中使用動態圖
01    import tensorflow as tf
02    import numpy as np
03    import matplotlib.pyplot as plt
04
05    ......
06    tf.reset_default_graph()
07
08    def my_py_func(X, W,b):                    # 將網路中的正向張量圖用函數封裝起來
09      z = tf.multiply(X, W)+ b
10      print(z)
11      return z
12    ......
13    X = tf.placeholder("float")
14    Y = tf.placeholder("float")
15    # 模型參數
16    W = tf.Variable(tf.random_normal([1]), name="weight")
17    b = tf.Variable(tf.zeros([1]), name="bias")
```

```
18    # 正向結構
19    z = tf.py_function(my_py_func, [X, W,b], tf.float32) # 將靜態圖改成動態圖
20    global_step = tf.Variable(0, name='global_step', trainable=False)
21    # 反向最佳化
22    cost =tf.reduce_mean( tf.square(Y - z))
23    ......
24        print ("cost=", sess.run(cost, feed_dict={X: train_X, Y: train_Y}),
          "W=", sess.run(W), "b=", sess.run(b))
25        # 顯示模型
26        plt.plot(train_X, train_Y, 'ro', label='Original data')
27        v = sess.run(z, feed_dict={X: train_X})        # 再次呼叫動態圖，產生 y 值
28        plt.plot(train_X, v, label='Fitted line')        # 將其顯示出來
29        plt.legend()
30        plt.show()
```

程式第 19 行，用 tf.py_function 函數對自訂函數 my_py_func 進行了封裝。這
樣，my_py_func 函數裡的張量便都可以在動態圖中執行了。

在 my_py_func 函數中，張量 z 可以像 Python 中的數值物件一樣直接被使用
（見程式第 10 行, 可以透過 print 函數將其內部的值直接輸出）。在靜態圖中用
動態圖的方式可以使模型的偵錯變得簡單。

程式執行後，可以看到以下結果：

```
 ......
   1.8424727   1.8831174   1.923762    1.9644067 ], shape=(100,), dtype=float32)
 Epoch: 33 cost= 0.07197194 W= [2.0119123] b= [-0.04750564]
 tf.Tensor([-2.059418], shape=(1,), dtype=float32)
 tf.Tensor([-2.025845], shape=(1,), dtype=float32)
```

上面截取的結果是訓練過程中的片段。在結果的最後兩行輸出了 z 的值。可以
看到，雖然 z 還是張量，但是已經有值。

程式第 10 行也可以用 print(z.numpy()) 程式來代替，該程式可以直接將 z 的實
際值列印出來。

6.4 實例 18：用估算器架構訓練一個回歸模型

估算器架構（Estimators API）屬於 TensorFlow 中的進階 API。由於它對底層
程式實現了高度封裝，使得開發模型過程變得更加簡單。但在帶來便捷的同

時，也帶來了學習成本。本章就來為讀者掃清障礙。透過本實例，讀者可以掌握估算器的基本開發方法。

> **實例描述**
>
> 假設有一組資料集，其中 x 和 y 的對應關係為 $y \approx 2x$。

本實例就是讓神經網路學習這些樣本，找到其中的規律，即讓神經網路自己能夠歸納出 $y \approx 2x$ 這樣的公式。

要求用估算器架構來實現。

在 6.1.4 小節中已經介紹了估算器架構的主要組成部分。下面就透過實際實例來介紹如何用估算器架構介面開發模型，以及各個主要部分（輸入函數、模型函數、估算器）的程式撰寫方式。

6.4.1 程式實現：產生樣本資料集

這部分操作與前面的實例 13、實例 14 中的樣本處理方式一致。程式如下：

```
程式 6-6 用估算器架構訓練一個回歸模型
01   import tensorflow as tf
02   import numpy as np
03
04   # 在記憶體中產生模擬資料
05   def GenerateData(datasize = 100 ):
06       train_X = np.linspace(-1, 1, datasize)
         #train_X 為 -1~1 之間連續的 100 個浮點數
07       train_Y = 2 * train_X + np.random.randn(*train_X.shape) * 0.3
         #y=2x，但是加入了雜訊
08       return train_X, train_Y              # 以產生器的方式傳回
09
10   train_data = GenerateData()              # 產生原始的訓練資料集
11   test_data = GenerateData(20)             # 產生 20 個測試資料集
12   batch_size=10
13   tf.reset_default_graph()                 # 清空圖
```

6.4.2 程式實現：設定記錄檔等級

可以透過 tf.logging.set_verbosity 方法來設定記錄檔等級。

■ 當設成 INFO 時，則所有等級高於 INFO 的都可以顯示。

■ 當設定成其他等級時（例如 ERROR），則只顯示等級比 ERROR 高的記錄檔，INFO 將不顯示。

程式 6-6 用估算器架構訓練一個回歸模型（續）

```
14    tf.logging.set_verbosity(tf.logging.INFO)          #能夠控制輸出資訊
```

程式第 14 行設定了程式執行時期的輸出記錄檔等級。在 TensorFlow 中對應的記錄檔等級如下：

```
from tensorflow.python.platform.tf_logging import ERROR
from tensorflow.python.platform.tf_logging import FATAL
from tensorflow.python.platform.tf_logging import INFO
from tensorflow.python.platform.tf_logging import TaskLevelStatusMessage
from tensorflow.python.platform.tf_logging import WARN
......
from tensorflow.python.platform.tf_logging import flush
from tensorflow.python.platform.tf_logging import get_verbosity
from tensorflow.python.platform.tf_logging import info
```

更多的可見程式：

```
Anaconda3\lib\site-packages\tensorflow\tools\api\generator\api\logging\
__init__.py
```

6.4.3 程式實現：實現估算器的輸入函數

估算器的輸入函數實現起來很簡單：將原始的資料來源轉化成為 tf.data.Dataset 介面的資料集並傳回。

在本實例中，建立了兩個輸入函數：

■ train_input_fn 函數用於訓練使用，對資料集做了打散，並且使其可以自我重複使用。

■ eval_input_fn 函數用於測試及使用模型進行預測，支援不帶標籤的輸入。

實際程式如下：

程式 6-6 用估算器架構訓練一個回歸模型（續）

```
15    def train_input_fn(train_data, batch_size):      # 定義訓練資料集輸入函數
16        #建置資料集的組成：一個特徵輸入，一個標籤輸入
17        dataset = tf.data.Dataset.from_tensor_slices( ( train_data[0],
                  train_data[1]) )
18        dataset = dataset.shuffle(1000).repeat().batch(batch_size)
          #將資料集亂數打散、重複、批次組合
```

```
19        return dataset                              # 傳回資料集
20    # 定義在測試或使用模型時資料集的輸入函數
21    def eval_input_fn(data,labels, batch_size):
22        #batch 不允許為空
23        assert batch_size is not None, "batch_size must not be None"
24
25        if labels is None:                          # 如果是評估，則沒有標籤
26            inputs = data
27        else:
28            inputs = (data,labels)
29        # 建置資料集
30        dataset = tf.data.Dataset.from_tensor_slices(inputs)
31
32        dataset = dataset.batch(batch_size)         # 按批次組合
33        return dataset                              # 傳回資料集
```

6.4.4 程式實現：定義估算器的模型函數

在定義估算器的模型函數時，函數名稱可以任意取名，但函數的參數與傳回值的類型必須是固定的。

1 估算器模型函數中的固定參數

估算器模型函數中有四個固定的參數。

- features：用於接收輸入的樣本資料。
- labels：用於接收輸入的標籤資料。
- mode：指定模型的執行模式，分為 tf.estimator.ModeKeys.TRAIN（訓練模式）、tf.estimator.ModeKeys.EVAL（測試模型）、tf.estimator.ModeKeys. PREDICT（使用模型）三個值。
- params：用於傳遞模型相關的其他參數。

2 估算器模型函數中的固定傳回值

估算器模型函數的傳回值有固定要求：必須是一個 tf.estimator.EstimatorSpec 類型的物件。該物件的初始化方法如下：

```
def __new__(cls,          # 類別實例（屬於 Python 類別相關的語法，在類別中預設傳值）
mode,                     # 使用模式
predictions=None,         # 傳回的預測值節點
loss=None,                # 傳回的損失函數節點
```

```
train_op=None,              # 訓練的 OP
eval_metric_ops=None,       # 測試模型時，需要額外輸出的資訊
export_outputs=None,        # 匯出模型的路徑
training_chief_hooks=None,  # 分散式訓練中的主機鉤子函數
training_hooks=None,        # 訓練中的鉤子函數 (如果是分散式，將在所有的機器上生效)
scaffold=None,              # 使用自訂的操作集合，可以進行自訂初始化、摘要、產生檢查點檔案等
evaluation_hooks=None,      # 評估模型時的鉤子函數
prediction_hooks=None):     # 預測時的鉤子函數
```

在本實例中，用函數 my_model 作為模型函數。根據傳入的 mode 不同，傳回不同的 EstimatorSpec 物件，即：

■ 如果 mode 等於 ModeKeys.PREDICT 常數，此時模型類型為預測，則傳回帶有 predictions 的 EstimatorSpec 物件。

■ 如果 mode 等於 ModeKeys.EVAL 常數，此時模型類型為評估，則傳回帶有 loss 的 EstimatorSpec 物件。

■ 如果 mode 等於 ModeKeys.TRAIN 常數，此時模型類型為訓練，則傳回帶有 loss 和 train_op 的 EstimatorSpec 物件。

> **提示**
>
> EstimatorSpec 物件初始化參數中的鉤子函數，可以用於監視或儲存特定內容，或在圖形和階段中進行一些操作。

❸ 估算器模型函數中的網路結構

在估算器模型函數中定義網路結構的方法，與在正常的靜態圖中的定義方法幾乎一樣。估算器架構支援 TensorFlow 中的各種網路模型 API，其中包含：TF-slim、tf.layers、tf.keras 等。

因為估算器本來就是在 tf.layers 介面上建置的，所以在模型中使用 tf.layers 的 API 會更加人性化。

下面透過一個最基本的模型來介紹估算器的使用。實際程式如下：

程式 6-6 用估算器架構訓練一個回歸模型（續）

```
34   def my_model(features, labels, mode, params):# 自訂模型函數。參數是固定的：
     一個特徵，一個標籤
35       # 定義網路結構
36       W = tf.Variable(tf.random_normal([1]), name="weight")
```

```
37      b = tf.Variable(tf.zeros([1]), name="bias")
38      # 正向結構
39      predictions = tf.multiply(tf.cast(features,dtype = tf.float32), W)+ b
40
41      if mode == tf.estimator.ModeKeys.PREDICT: # 預測處理
42          return tf.estimator.EstimatorSpec(mode, predictions=predictions)
43
44      # 定義損失函數
45      loss = tf.losses.mean_squared_error(labels=labels, predictions=
                predictions)
46
47      meanloss  = tf.metrics.mean(loss)# 增加評估輸出項
48      metrics = {'meanloss':meanloss}
49
50      if mode == tf.estimator.ModeKeys.EVAL: # 測試處理
51          return tf.estimator.EstimatorSpec(   mode, loss=loss,
            eval_metric_ops=metrics)
52
53      # 訓練處理
54      assert mode == tf.estimator.ModeKeys.TRAIN
55      optimizer = tf.train.AdagradOptimizer(learning_rate=params
                  ['learning_rate'])
56      train_op = optimizer.minimize(loss, global_step=tf.train.get_global_
                  step())
57      return tf.estimator.EstimatorSpec(mode, loss=loss, train_op=train_op)
```

程式第 51 行，在傳回 EstimatorSpec 物件時，傳入了 eval_metric_ops 參數。eval_metric_ops 參數會使模型在評估時多顯示一個 meanloss 指標（見程式第 48 行）。eval_metric_ops 參數是透過 tf.metrics 函數建立的，它傳回的是一個元組類型物件。

如果需要只顯示預設的評估指標，則可以將第 51 行程式改為：

```
return tf.estimator.EstimatorSpec(mode, loss=loss)
```

即不向 EstimatorSpec 方法中傳入 eval_metric_ops 參數。

> **提示**
>
> 在 Anaconda 的安裝路徑中可以找到 tf.metrics 函數的全部內容，實際路徑如下：
>
> ```
> \Anaconda3\lib\site-packages\tensorflow\tools\api\generator\api\metrics\
> __init__.py
> ```

在該路徑的程式檔案中包含準確率、召回率、平均值、錯誤率等一系列常用的
評估函數，便於在開發過程中使用。

6.4.5　程式實現：透過建立 config 檔案指定硬體的運算資源

在預設情況下，估算器會佔滿全部顯示卡記憶體。如果不想讓估算器佔滿全部
顯示卡記憶體，則可以用 tf.GPUOptions 類別限制估算器使用的 GPU 顯示卡記
憶體。實際做法如下：

程式 6-6　用估算器架構訓練一個回歸模型（續）

```
58    gpu_options = tf.GPUOptions(per_process_gpu_memory_fraction=0.333)
      #建置 gpu_options，防止顯示卡記憶體佔滿
59    session_config=tf.ConfigProto(gpu_options=gpu_options)
```

程式第 58 行，產生了 tf.GPUOptions 類別的產生實體物件 gpu_options。該物
件用來控制目前程式，使其只佔用系統 33.3% GPU 顯示卡記憶體。

程式第 59 行，用 gpu_options 物件對 tf.ConfigProto 類別進行產生實體，產生
session_config 物件。session_config 物件就是用於指定硬體運算的變數。

提示

這種方法也同樣適用於階段（session）。一般使用以下方式建立階段（session）：

```
with tf.Session(config=session_config) as sess:
```

1 估算器佔滿全部顯示卡記憶體所帶來的問題

如果不對顯示卡記憶體加以限制，一旦目前系統中還有其他程式也在佔用
GPU，則會報以下錯誤：

```
InternalError: Blas GEMV launch failed:  m=1, n=1
   [[Node: linear/linear_model/x/weighted_sum = MatMul[T=DT_FLOAT, transpose_a
=false, transpose_b=false, _device="/job:localhost/replica:0/task:0/
device:GPU:0"](linear/linear_model/x/Reshape, linear/linear_model/x/weights/
part_0/read/_35)]]
```

為了避免類似問題發生，一般都會對使用的顯示卡記憶體加以限制。當多人共
用一台伺服器進行訓練時可以使用該方法。

2 限制顯示卡記憶體的其他方法

另外，第 58 行程式還可以寫成以下形式：

```
config = tf.ConfigProto()
config.gpu_options.per_process_gpu_memory_fraction = 0.333
# 佔用 GPU33.3% 的顯示卡記憶體
```

除指定顯示卡記憶體百分比外，還可用 allow_growth 屬性讓 GPU 佔用最小顯示卡記憶體。例如：

```
config = tf.ConfigProto()
config.gpu_options.allow_growth = True
```

6.4.6 程式實現：定義估算器

估算器的定義主要透過 tf.estimator.Estimator 函數來完成。其初始化函數如下：

```
def __init__(self,          # 類別物件實體（屬於 Python 類別相關的語法，在類別中預設傳值）
    model_fn,               # 自訂的模型函數
 model_dir=None,            # 訓練時產生的模型目錄
 config=None,               # 設定檔，用於指定運算時的附件條件
 params=None,               # 傳入自訂模型函數中的參數
 warm_start_from=None):     # 暖啟動的模型目錄
```

上述的參數中，暖啟動（warm_start_from）表示從指定目錄下的檔案參數或 WarmStartSettings 物件中，將網路節點的加權恢復到記憶體中。該功能類似在二次訓練時載入檢查點檔案（見 6.4.9 節），常常在對原有模型進行微調時使用。

在程式第 61 行中，用 tf.estimator.Estimator 方法產生一個估算器（estimator）。該估算器的參數如下：

- 模型函數 model_fn 的值為 my_model 函數。
- 訓練時輸出的模型路徑是 "./myestimatormode"。
- 將學習率 learning_rate 放到 params 字典裡，並將字典 params 傳入模型。
- 透過 tf.estimator.RunConfig 方法產生 config 設定參數，並將 config 設定參數傳入模型。

實際程式如下：

```
程式 6-6 用估算器架構訓練一個回歸模型（續）
60    # 建置估算器
61    estimator = tf.estimator.Estimator(  model_fn=my_model,model_dir=
      './myestimatormode',params={'learning_rate': 0.1},
      config=tf.estimator.RunConfig(session_config=tf.ConfigProto
      (gpu_options=gpu_options))
62              )
```

在程式第 61 行中，params 裡的學習率（learning_rate）會在 my_model 函數中
被使用（見程式第 55 行）。

6.4.7 用 tf.estimator.RunConfig 控制更多的訓練細節

在程式第 61 行中，tf.estimator.Estimator 方法中的 config 參數接收的是一個
tf.estimator.RunConfig 物件。該物件還有更多關於模型訓練的設定項目。實際
程式如下：

```
def __init__(self,
             model_dir=None, # 指定模型的目錄（優先順序比 estimator 的高）
             tf_random_seed=None,              # 初始化的隨機種子
             save_summary_steps=100,           # 儲存摘要的頻率
             save_checkpoints_steps=_USE_DEFAULT, # 產生檢查點檔案的步數頻率
             save_checkpoints_secs=_USE_DEFAULT,  # 產生檢查點檔案的時間頻率
             session_config=None,              # 接受 tf.ConfigProto 的設定
             keep_checkpoint_max=5,            # 保留檢查點檔案的個數
             keep_checkpoint_every_n_hours=10000, # 產生檢查點檔案的頻率
             log_step_count_steps=100,         # 在訓練過程中，同級 loss 值的頻率
             train_distribute=None):
       # 透過 tf.contrib.distribute. DistributionStrategy 指定的分散式運算實體
```

其中，參數 save_checkpoints_steps 和 save_checkpoints_secs 不能同時設定，只
能設定一個。

- 如果都沒有指定，則預設 10 分鐘儲存一次模型。
- 如果都設定為 None，則不儲存模型。

在本實例中都採用預設的設定。讀者可以用實際的參數來調整模型，以熟練掌
握各個參數的意義。

6.4.8 程式實現：用估算器訓練模型

透過呼叫 estimator.train 方法可以訓練模型。該方法的定義如下：

```
def train(self,
          input_fn,                      # 輸入函數
          hooks=None,                    # 鉤子函數（優先順序比 estimator 中的鉤子的高）
          steps=None,                    # 訓練的次數
          max_steps=None,                # 最大訓練次數，為一個累積值
          saving_listeners=None):        # 儲存的回呼函數
```

其中：

- self 是 Python 語法中的類別實體物件。
- 輸入函數 input_fn 沒有參數。
- hooks 是 SessionRunHook 類型的列表。
- 如果 Steps 為 None，則一直訓練，不停止。
- saving_listeners 是一個 CheckpointSaverListener 類型的列表，可以設定在儲存模型過程中的前、中、後環節，對指定的函數進行回呼。

在本實例中，傳入了指定資料集的輸入函數與訓練步數。實際程式如下：

程式 6-6 用估算器架構訓練一個回歸模型（續）

```
63    estimator.train(lambda: train_input_fn(train_data, batch_size),steps=200)
      # 執行訓練 200 次
64
65    tf.logging.info(" 訓練完成 .")                        # 輸出：訓練完成
```

程式執行後，輸出以下資訊：

```
INFO:tensorflow:Using config: {'_model_dir': './myestimatormode', '_tf_random_
seed': None, '_save_summary_steps': 100, '_save_checkpoints_steps': None, '_
save_checkpoints_secs': 600, '_session_config': gpu_options {
  per_process_gpu_memory_fraction: 0.333
}
, '_keep_checkpoint_max': 5, '_keep_checkpoint_every_n_hours': 10000, '_
log_step_count_steps': 100, '_train_distribute': None, '_service': None, '_
```

```
cluster_spec': <tensorflow.python.training.server_lib.ClusterSpec object at
0x000002C53AA769B0>, '_task_type': 'worker', '_task_id': 0, '_global_id_in_
cluster': 0, '_master': '', '_evaluation_master': '', '_is_chief': True, '_
num_ps_replicas': 0, '_num_worker_replicas': 1}
INFO:tensorflow:Calling model_fn.
INFO:tensorflow:Done calling model_fn.
INFO:tensorflow:Create CheckpointSaverHook.
INFO:tensorflow:Graph was finalized.
INFO:tensorflow:Running local_init_op.
INFO:tensorflow:Done running local_init_op.
INFO:tensorflow:Saving checkpoints for 1 into ./myestimatormode\model.ckpt.
INFO:tensorflow:loss = 2.0265186, step = 0
INFO:tensorflow:global_step/sec: 648.135
INFO:tensorflow:loss = 0.29844713, step = 100 (0.156 sec)
INFO:tensorflow:Saving checkpoints for 200 into ./myestimatormode\model.ckpt.
INFO:tensorflow:Loss for final step: 0.15409622.
INFO:tensorflow: 訓練完成 .
```

在輸出資訊中，以 "INFO" 開頭的輸出資訊都可以透過 tf.logging.set_verbosity 來設定。最後一行的輸出結果是透過 tf.logging.info 方法實現的（見程式第 65 行）。

在以 "INFO" 開頭的結果資訊中，可以看到第 1 行是估算器的設定項目資訊。該資訊中包含估算器架構在訓練時的所有詳細參數，可以透過調節這些參數來更進一步地控制訓練過程。

提示

在程式第 63 行的 estimator.train 方法中，第 1 個參數是樣本輸入函數。該函數使用匿名函數的方法進行了封裝。

由於架構支援的輸入函數要求沒有參數，而自訂的輸入函數 train_input_fn 是有參數的，所以這裡用一個匿名函數給原有的輸入函數 train_input_fn 套件上了一層，這樣才可以傳入 estimator.train 中。還可以透過偏函數或修飾器技術來實現對輸入函數 train_input_fn 的包裝。例如：

（1）偏函數的形式：

```
from functools import partial
estimator.train(input_fn=partial(train_input_fn, train_data=train_data,
batch_size=batch_size),
    steps=200)
```

（2）修飾器的形式：

```
def wrapperFun(fn):                                    # 定義修飾器函數
    def wrapper():                                     # 包裝函數
        return fn(train_data=train_data, batch_size=batch_size)# 呼叫原函數
    return wrapper

@wrapperFun
def train_input_fn2(train_data, batch_size):           # 定義訓練資料集輸入函數
    # 建置資料集的組成：一個特徵輸入，一個標籤輸入
    dataset = tf.data.Dataset.from_tensor_slices( ( train_data[0],
            train_data[1]) )
    # 將資料集亂數打散、重複、批次組合
dataset = dataset.shuffle(1000).repeat().batch(batch_size)
    return dataset                                     # 傳回資料集
estimator.train(input_fn=train_input_fn2, steps=200)
```

程式的第 63 行是將 Dataset 資料集轉化為輸入函數。在 6.4.10 小節中，還會示範一種更簡單的方法──直接將 Numpy 變數轉化為輸入函數。

6.4.9 程式實現：透過暖啟動實現模型微調

本小節將透過程式示範暖啟動的實現，實際步驟如下：

（1）重新定義一個估算器 estimator2。

（2）將事先建置好的 warm_start_from 傳入 tf.estimator.Estimator 方法中。

（3）將路徑 "./myestimatormode" 中的檢查點檔案修復到估算器 estimator2 中。

（4）對估算器 estimator2 進行繼續訓練，並將訓練的模型儲存在 "./myestimatormode3" 中。

實際程式如下：

程式 6-6 用估算器架構訓練一個回歸模型（續）

```
66    # 暖啟動
67    warm_start_from = tf.estimator.WarmStartSettings(
68            ckpt_to_initialize_from='./myestimatormode',
69          )
70    # 重新定義帶有暖啟動的估算器
71    estimator2 = tf.estimator.Estimator( model_fn=my_model,model_dir='./
      myestimatormode3',warm_start_from=warm_start_from,params={'learning_
      rate': 0.1},
```

```
72              config=tf.estimator.RunConfig(session_config=session_config)  )
73    estimator2.train(lambda: train_input_fn(train_data, batch_size),
              steps=200)
```

程式第 67 行，用 tf.estimator.WarmStartSettings 類別的產生實體來指定暖啟動檔案。模型啟動後，將透過 tf.estimator.WarmStartSettings 類別產生實體的物件讀取 "./myestimatormode" 下的模型檔案，並為目前模型的加權設定值。

該類別的初始化參數有 4 個，實際如下。

- ckpt_to_initialize_from：指定模型檔案的路徑。系統將從該路徑下載入模型檔案，並將其中的值指定給目前模型中的指定加權。

- vars_to_warm_start：指定將模型檔案中的哪些變數設定值給目前模型。該值可以是一個張量列表，也可以是指定的張量名稱，還可以是一個正規表示法。當該值為正規表示法時，系統會在模型檔案裡用正規表示法過濾出對應的張量名稱。預設值為 ".*"。

- var_name_to_vocab_info：該參數是一個字典形式。用於將模型檔案修復到 tf.estimator.VocabInfo 類型的張量。預設值都為 None。tf.estimator.VocabInfo 是對詞嵌入的二次封裝，支援將原有的詞嵌入檔案轉化為新的詞嵌入檔案並進行使用。

- var_name_to_prev_var_name：該參數是一個字典形式。當模型檔案中的變數符號與目前模型中的變數不同時，則可以用該參數進行轉換。預設值為 None。

這種方式常用於載入詞嵌入檔案的場景，即將訓練好的詞嵌入檔案載入到目前模型中指定的詞嵌入變數中進行二次訓練。有關詞嵌入的更多實例，可以參考 7.4.3 小節、8.3.2 小節的實例。

程式執行後，產生以下結果（實際輸出中並沒有序號）：

```
1.   INFO:tensorflow:Using config: {'_model_dir': './myestimatormode',
     '_tf_random_seed': None,
2.   ......
3.   INFO:tensorflow:Saving checkpoints for 200 into ./myestimatormode\model.
     ckpt.
4.   INFO:tensorflow:Loss for final step: 0.14718035.
5.   INFO:tensorflow: 訓練完成 .
6.   INFO:tensorflow:Using config: {'_model_dir': './myestimatormode3',
```

```
      '_tf_random_seed': None, '_save_summary_steps': 100, '_save_checkpoints_
      steps': None, '_save_checkpoints_secs': 600, '_session_config': gpu_
      options {
7.    per_process_gpu_memory_fraction: 0.333
8.    }
9.    ……
10.   INFO:tensorflow:Warm-starting with WarmStartSettings:
      WarmStartSettings(ckpt_to_initialize_from='./myestimatormode', vars_to_
      warm_start='.*', var_name_to_vocab_info={}, var_name_to_prev_var_name={})
11.   INFO:tensorflow:Warm-starting from: ('./myestimatormode',)
12.   INFO:tensorflow:Warm-starting variable: weight; prev_var_name: Unchanged
13.   INFO:tensorflow:Initialize variable weight:0 from checkpoint ./
      myestimatormode with weight
14.   INFO:tensorflow:Warm-starting variable: bias; prev_var_name: Unchanged
15.   INFO:tensorflow:Initialize variable bias:0 from checkpoint ./
      myestimatormode with bias
16.   INFO:tensorflow:Create CheckpointSaverHook.
17.   ……
18.   INFO:tensorflow:Saving checkpoints for 200 into ./myestimatormode3\
      model.ckpt.
19.   INFO:tensorflow:Loss for final step: 0.08332317.
```

下面介紹輸出結果。

- 第 3 行，顯示了模型的儲存路徑是 "./myestimatormode\model.ckpt"。
- 第 5 行，顯示了估算器 estimator 的訓練結束。
- 從第 6 行開始，是估算器 estimator2 的建立。在第 2 個省略符號的下一行，可以看到螢幕輸出了 "INFO:tensorflow:Warm-starting"，這表示 estimator2 實現了暖啟動模式，正在從 "./myestimatormode\model.ckpt" 中恢復參數。
- 第 16 行，顯示模型恢復完參數後開始繼續訓練。
- 第 18 行，顯示估算器 estimator2 將訓練的結果儲存到 "./myestimatormode3\model.ckpt" 下，完成了微調模型的操作。

> **提示**
> 這裡介紹一個使用 tf.estimator.WarmStartSettings 類別時的偵錯技巧。
> 由於 tf.estimator 屬於高整合架構，所以，如果使用了帶有正規表示法的 tf.estimator.WarmStartSettings 類別，則一旦程式出錯會非常難於偵錯。

如果在估算器的模型程式中引用了 warm_starting_util 模組，則可以對 WarmStartSettings 類別的正規表示法進行獨立偵錯，以確保暖啟動環節正常執行，進一步降低 tf.estimator 架構的複雜度。

實際程式如下：

```
import tensorflow as tf
from tensorflow.python.training import warm_starting_util
#引用 warm_starting_util 模組
with tf.Graph().as_default() as g:                    #定義靜態圖
  with tf.Session(graph=g) as sess:                   #建立階段
    W = tf.Variable(tf.random_normal([1]), name="weight")
    #定義暖啟動目標加權
    #測試暖啟動功能
    warm_starting_util.warm_start('./myestimatormode', vars_to_warm_start=
'.*weight.*')
    sess.run(tf.global_variables_initializer())
    print(W.eval())                                   #輸出暖啟動獲得的變數結果
```

程式執行後，程式成功將模型檔案中的變數 W 恢復到目前模型並輸出。執行結果如下：

```
INFO:tensorflow:Warm-starting from: ('./myestimatormode',)
INFO:tensorflow:Warm-starting variable: weight; prev_var_name: Unchanged
[2.146502]
```

6.4.10 程式實現：測試估算器模型

測試的程式與訓練的程式十分類似。直接呼叫 estimator 的 evaluate 方法，並傳入輸入函數即可。

在本實例中，使用了估算器的另一個輸入函數的方法 ——tf.estimator.inputs. numpy_input_fn。該方法直接可以把 Numpy 變數的資料包裝成一個輸入函數傳回。

實際程式如下：

程式 6-6 用估算器架構訓練一個回歸模型（續）

```
74   test_input_fn = tf.estimator.inputs.numpy_input_fn(test_data[0],
     test_data [1],batch_size=1,shuffle=False)
75   train_metrics = estimator.evaluate(input_fn=test_input_fn)
76   print("train_metrics",train_metrics)
```

程式第 74 行，將 Numpy 類型變數製作成估算器的輸入函數。與該方法類似，還可以用 tf.estimator.inputs.pandas_input_fn 方法將 Pandas 類型變數製作成估算器的輸入函數（見 7.8 節實例）。

程式執行後，輸出以下結果：

```
......
INFO:tensorflow:Saving dict for global step 200: global_step = 200, loss =
0.08943534, meanloss = 0.08943534
train_metrics {'loss': 0.08943534, 'meanloss': 0.08943534, 'global_step': 200}
```

在輸出結果的最後一行可以看到 "meanloss" 這一項，該資訊就是程式第 48 行中增加的輸出資訊。

6.4.11 程式實現：使用估算器模型

呼叫 estimator 的 predict 方法，分別將測試資料集和手動產生的數據傳入模型中進行預測。

- 在使用測試資料集時，呼叫輸入函數 eval_input_fn（見程式第 21 行），並傳入值為 None 的標籤。
- 在使用手動產生的資料時，用函數 tf.estimator.inputs.numpy_input_fn 產生輸入函數 predict_input_fn，並將輸入函數 predict_input_fn 傳入估算器的 predict 方法。

實際程式如下：

程式 6-6 用估算器架構訓練一個回歸模型（續）

```
77   predictions = estimator.predict(input_fn=lambda: eval_input_fn(test_
                 data[0],None,batch_size))
78   print("predictions",list(predictions))
79   # 定義輸入資料
80   new_samples = np.array( [6.4, 3.2, 4.5, 1.5], dtype=np.float32)
81   predict_input_fn = tf.estimator.inputs.numpy_input_fn( new_samples,
     num_epochs=1, batch_size=1,shuffle=False)
82   predictions = list(estimator.predict(input_fn=predict_input_fn))
83   print( " 輸入，結果： {} {}\n".format(new_samples,predictions))
```

函數 estimator.predict 的傳回值是一個產生器類型。需要將其轉化為清單才能列印出來（見程式第 82 行）。

程式執行後，輸出以下結果：

```
......
INFO:tensorflow:Restoring parameters from ./myestimatormode\model.ckpt-200
INFO:tensorflow:Running local_init_op.
INFO:tensorflow:Done running local_init_op.
predictions [-1.8394374, -1.6450617, -1.4506862, -1.2563106, -1.061935,
-0.8675593, -0.6731837, -0.4788081, -0.28443247, -0.09005685, 0.10431877,
0.29869437, 0.49307, 0.68744564, 0.8818213, 1.0761969, 1.2705725, 1.4649482,
1.6593237, 1.8536993]
......
INFO:tensorflow:Restoring parameters from ./myestimatormode\model.ckpt-200
INFO:tensorflow:Running local_init_op.
INFO:tensorflow:Done running local_init_op.
輸入，結果： [6.43.24.51.5]  [11.825169, 5.91615, 8.316689, 2.7769835]
```

從輸出結果中可以看出，兩種資料都有正常的輸出。

如果是在生產環境中，還可以將估算器的模型儲存成凍結圖檔案，透過 TF Serving 模組來部署。見 13.2 節的實例。

6.4.12 實例 19：為估算器增加記錄檔鉤子函數

將程式檔案「6-6 用估算器架構訓練一個回歸模型 .py」複製一份，並在其內部增加記錄檔鉤子函數，將模型中的 loss 值按照指定步數輸出。

1 在模型中增加張量

在模型函數 my_model 中，用 tf.identity 函數複製張量 loss，並將新的張量命名為 "loss"。實際程式如下：

程式 6-7 為估算器增加鉤子

```
01   def my_model(features, labels, mode, params):
     #自訂模型函數：參數是固定的。一個特徵，一個標籤
02       ......
03           return tf.estimator.EstimatorSpec(mode, predictions=predictions)
04
05       # 定義損失函數
06       loss = tf.losses.mean_squared_error(labels=labels,
               predictions=predictions)
07       lossout = tf.identity(loss, name="loss")        # 複製張量用於顯示
08       meanloss  = tf.metrics.mean(loss)               # 增加評估輸出項
09       ......
10       return tf.estimator.EstimatorSpec(mode, loss=loss, train_op=train_op)
```

2 定義鉤子函數，並加入訓練中

在呼叫訓練模型方法 estimator.train 之前，用函數 tf.train.LoggingTensorHook 定義好鉤子函數，並將產生的鉤子函數 logging_hook 放入 estimator.train 方法中。

實際程式如下：

```
程式 6-7 為估算器增加鉤子（續）
......
12    tensors_to_log = {"鉤子函數輸出": "loss"}        #定義要輸出的內容
13    logging_hook = tf.train.LoggingTensorHook( tensors=tensors_to_log,
                  every_n_iter=1)
14
15    estimator.train(lambda: train_input_fn(train_data, batch_size),steps=200,
16                    hooks=[logging_hook])
17    tf.logging.info("訓練完成。")# 輸出訓練完成
```

程式第 13 行用 tf.train.LoggingTensorHook 函數產生了鉤子函數 logging_hook。該函數中的參數 every_n_iter 表示，在反覆運算訓練中每訓練 every_n_iter 次就呼叫一次鉤子函數，輸出參數 tensors 所指定的資訊。

程式執行後輸出以下結果：

```
......
INFO:tensorflow:鉤子函數輸出 = 0.0732526 (0.004 sec)
INFO:tensorflow:鉤子函數輸出 = 0.09113709 (0.004 sec)
INFO:tensorflow:Saving checkpoints for 4200 into ./estimator_hook\model.ckpt.
INFO:tensorflow:Loss for final step: 0.09113709.
INFO:tensorflow:訓練完成。
```

從結果中可以看出，程式每反覆運算訓練一次，輸出一次鉤子資訊。

在本書 9.4 節還會介紹一個在估算器中用 hook 輸出模型節點的實例。另外在隨書搭配資源中，還有一個關於自訂 hook 配合 tf.train.MonitoredSession 使用的實例，實際請見程式檔案「6-8 自訂 hook.py」。

6.5 實例 20：將估算器程式改寫成靜態圖程式

對使用者來說，估算器架構在帶來便捷開發的同時也帶來了不方便性。如果要對模型做更為細節的調整和改進，則優先使用靜態圖或動態圖架構。

本實例將估算器程式改寫成靜態圖程式。

> **實例描述**
>
> 在 6.4 節中，有一個用估算器實現的模型，能夠實現 $y \approx 2x$ 的關係。需要先將該估算器模型轉成靜態圖模型，然後重用估算器模型訓練所產生的檢查點檔案。

本實例參照 6.4 節程式進行開發，將估算器程式改寫成靜態圖程式。

需要以下幾個步驟。

（1）複製網路結構：將 6.4 節程式中 my_model 函數中的網路結構重新複製一份，作為靜態圖的網路結構。

（2）重用輸入函數：將輸入函數產生的資料集作為靜態圖的輸入資料來源。

（3）建立階段恢復模型：在階段裡載入檢查點檔案。

（4）繼續訓練。

6.5.1 程式實現：複製網路結構

作為程式的開始部分，在複製網路結構之前需要引用模組，並把模擬產生資料集函數一起移植過來。

在複製網路結構時，還需要額外處理幾個地方。

- 定義輸入預留位置（features、labels）：在 6.4 節的 my_model 函數中，features、labels 是估算器傳入的反覆運算器變數，在靜態圖中已經不再適合，所以需要手動定義輸入節點。

- 定義全域計步器（global_step）：估算器架構會在內部產生一個 global_step，但是普通的靜態圖模型並不會自動建立 global_step，所以需要手動定義一個 global_step。

- 定義儲存檔案物件（saver）：在估算器架構中，saver 也是內建的。在靜態圖中，需要重新建立。

實際程式如下：

程式 6-9 將估算器模型轉為靜態圖模型

```
01    import tensorflow as tf
02    import numpy as np
```

```
03    import matplotlib.pyplot as plt
04
05    # 在記憶體中產生模擬資料
06    def GenerateData(datasize = 100 ):
07        train_X = np.linspace(-1, 1, datasize)
          #train_X 是 -1~1 之間連續的 100 個浮點數
08        train_Y = 2 * train_X + np.random.randn(*train_X.shape) * 0.3
09        return train_X, train_Y                      # 以產生器的方式傳回
10
11    train_data = GenerateData()
12
13    batch_size=10
14
15    def train_input_fn(train_data, batch_size):      # 定義訓練資料集輸入函數
16        # 建置資料集的組成：一個特徵輸入，一個標籤輸入
17        dataset = tf.data.Dataset.from_tensor_slices( ( train_data[0],
                  train_data[1]) )
18        dataset = dataset.shuffle(1000).repeat().batch(batch_size)
          # 將資料集亂數、重複、批次組合
19        return dataset                               # 傳回資料集
20
21    # 定義產生 loss 值視覺化的函數
22    plotdata = { "batchsize":[], "loss":[] }
23    def moving_average(a, w=10):
24        if len(a) < w:
25            return a[:]
26        return [val if idx < w else sum(a[(idx-w):idx])/w for idx, val in
              enumerate(a)]
27
28    tf.reset_default_graph()
29
30    features = tf.placeholder("float",[None])        # 重新定義預留位置
31    labels = tf.placeholder("float",[None])
32
33    # 其他網路結構不變
34    W = tf.Variable(tf.random_normal([1]), name="weight")
35    b = tf.Variable(tf.zeros([1]), name="bias")
36    predictions = tf.multiply(tf.cast(features,dtype = tf.float32), W)+ b
      # 正向結構
37    loss = tf.losses.mean_squared_error(labels=labels, predictions=
      predictions)# 定義損失函數
38
39    global_step = tf.train.get_or_create_global_step()# 重新定義 global_step
40
```

```
41    optimizer = tf.train.AdagradOptimizer(learning_rate=0.1)
42    train_op = optimizer.minimize(loss, global_step=global_step)
43
44    saver = tf.train.Saver(tf.global_variables(), max_to_keep=1) # 重新定義 saver
```

程式第 39 行，用函數 tf.train.get_or_create_global_step 產生張量 global_step。
這樣做的好處是：不用再考慮自訂的 global_step 與估算器中的 global_step 類
型比對問題。

> **提示**
>
> 定義儲存檔案物件（saver）必須放在網路定義的最後進行建立，否則在其後面
> 定義的變數將不會被 saver 物件儲存到檢查點檔案中。
>
> 原因是：在產生 saver 物件時，系統會用 tf.global_variables 函數獲得目前圖中
> 的所有變數，並將這些變數儲存到 saver 物件的內部空間中，用於儲存或恢復。
> 如果產生 saver 物件的程式在定義網路結構的程式之前，則 tf.global_variables
> 函數將無法獲得目前圖中定義的變數。

6.5.2 程式實現：重用輸入函數

直接使用在 6.4 節中實現的輸入函數 train_input_fn，該函數將傳回一個 Dataset
類型的資料集。從該資料集中取出張量元素，用於輸入模型。

實作方式見以下程式：

程式 6-9 將估算器模型轉為靜態圖模型（續）
```
45    # 定義學習參數
46    training_epochs = 500   # 設定反覆運算次數為 500
47    display_step = 2
48
49    dataset = train_input_fn(train_data, batch_size)
      # 重複使用輸入函數 train_input_fn
50    one_element = dataset.make_one_shot_iterator().get_next()
      # 獲得輸入資料的張量
```

6.5.3 程式實現：建立階段恢復模型

估算器產生的檢查點檔案，與一般靜態圖的模型檔案完全一致。只要在載入模
型值前保障目前圖的結構與模型結構一致即可（6.5.1 小節所做的事情）。實際
見以下程式：

程式 6-9 將估算器模型轉為靜態圖模型（續）

```
51   with tf.Session() as sess:
52
53       # 恢復估算器的檢查點
54       savedir = "myestimatormode/"
55       kpt = tf.train.latest_checkpoint(savedir)        # 找到檢查點檔案
56       print("kpt:",kpt)
57       saver.restore(sess, kpt)                         # 恢復檢查點數據
```

6.5.4 程式實現：繼續訓練

該部分程式沒有新基礎知識。實際程式如下：

程式 6-9 將估算器模型轉為靜態圖模型（續）

```
58   # 向模型輸入資料
59       while global_step.eval() < training_epochs:
60           step = global_step.eval()
61           x,y =sess.run(one_element)
62
63           sess.run(train_op, feed_dict={features: x, labels: y})
64
65           # 顯示訓練中的詳細資訊
66           if step % display_step == 0:
67               vloss = sess.run(loss, feed_dict={features: x, labels: y})
68               print ("Epoch:", step+1, "cost=", vloss)
69               if not (vloss == "NA" ):
70                   plotdata["batchsize"].append(global_step.eval())
71                   plotdata["loss"].append(vloss)
72               saver.save(sess, savedir+"linermodel.cpkt", global_step)
73
74       print (" Finished!")
75       saver.save(sess, savedir+"linermodel.cpkt", global_step)
76
77       print ("cost=", sess.run(loss,  feed_dict={features: x, labels: y}))
78
79       plotdata["avgloss"] = moving_average(plotdata["loss"])
80       plt.figure(1)
81       plt.subplot(211)
82       plt.plot(plotdata["batchsize"], plotdata["avgloss"], 'b--')
83       plt.xlabel('Minibatch number')
84       plt.ylabel('Loss')
85       plt.title('Minibatch run vs. Training loss')
86
87       plt.show()
```

執行程式後，輸出以下結果：

```
......
Epoch: 483 cost= 0.08857741
Epoch: 485 cost= 0.07745837
Epoch: 487 cost= 0.07305251
Epoch: 489 cost= 0.14077939
Epoch: 491 cost= 0.035170306
Epoch: 493 cost= 0.025990102
Epoch: 495 cost= 0.07111463
Epoch: 497 cost= 0.08413558
Epoch: 499 cost= 0.074357346
 Finished!
cost= 0.07475543
```

顯示的損失值曲線如圖 6-3 所示。

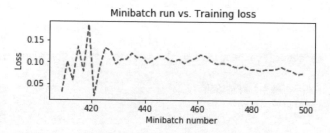

圖 6-3 靜態圖對估算器產生的模型進行二次訓練

從結果和損失曲線可以看出，程式執行正常。

> **練習題：**
> 在 TensorFlow 2.x 版本之後，動態圖架構會變得更加常用。讀者可以根據本節的方法，結合動態圖的特性（見 6.3 節），自己嘗試將估算器程式改寫成動態圖程式。

6.6 實例 21：用 tf.layers API 在動態圖上識別手寫數字

本實例用一個卷積網路在 MNIST 資料集上進行識別工作。透過該實例，示範如何用 tf.layers API 建置模型，並在動態圖中進行訓練。

> **實例描述**
>
> 有一組手寫數字圖片。要求用 tf.layers API 在動態圖上架設模型，將其識別出來。

6.6.1 程式實現：啟動動態圖並載入手寫圖片資料集

本例載入 TFDS 模組中整合好的 MNIST 資料集。該資料集常用於驗證模型的功能性實驗中。

用 tf.enable_eager_execution 函數啟動動態圖，並載入 MNIST 資料集。實際程式如下：

```
程式 6-10 tf_layer 模型
01   import tensorflow as tf
02   import tensorflow.contrib.eager as tfe
03   tf.enable_eager_execution()
04   print("TensorFlow 版本：{}".format(tf.VERSION))
05   import tensorflow_datasets as tfds
06   import numpy as np
07   # 載入訓練和驗證資料集
08   ds_train, ds_test = tfds.load(name="mnist", split=["train", "test"])
09   ds_train = ds_train.shuffle(1000).batch(10).prefetch(tf.data.
             experimental.AUTOTUNE)
```

程式第 8 行，呼叫 tfds.load 方法載入 MNIST 資料集。該方法傳回的兩個變數 ds_train 與 ds_test 都屬於 DatasetV1Adapter 類型。DatasetV1Adapter 類型的資料集的使用方式與 tf.data.Dataset 介面的資料集的使用方式十分類似。

程式第 9 行，對資料集 ds_train 進行打亂順序、按批次組合和設定快取操作。

6.6.2 程式實現：定義模型的類別

下面定義 MNISTModel 類別對模型進行封裝。MNISTModel 類別繼承於 tf.layers.Layer 類別。其中有兩個方法——__init__ 與 call。

- __init__ 用於定義網路的各個操作層。本實例中所用到的卷積網路、全連接網路都是用 tf.layers 實現的，其用法與 TF-slim 介面十分類似。
- call 用於將網路中的各層連結起來，形成正向運算的神經網路。

整個網路結構是：卷積操作＋最大池化＋卷積操作＋最大池化＋全連接＋dropout 方法＋全連接。其中，卷積和池化部分在第 8 章還會深入探討。

全連接是最基礎的神經網路模型之一，該網路的結構是將所有的下層節點與每一個上層節點全部連在一起。

dropout 是一種改善過擬合的方法。透過隨機捨棄部分網路節點來忽略資料集中的小機率樣本。

實際程式如下：

程式 6-10 tf_layer 模型（續）

```
10    class MNISTModel(tf.layers.Layer):              # 定義模型類別
11      def __init__(self, name):
12        super(MNISTModel, self).__init__(name=name)
13
14        self._input_shape = [-1, 28, 28, 1]          # 定義輸入形狀
15        # 定義卷積層
16        self.conv1 =tf.layers.Conv2D(32, 5,  activation=tf.nn.relu)
17        # 定義卷積層
18        self.conv2 = tf.layers.Conv2D(64, 5,  activation=tf.nn.relu)
19        # 定義全連接層
20        self.fc1 =tf.layers.Dense(1024, activation=tf.nn.relu)
21        self.fc2 = tf.layers.Dense(10)
22        self.dropout = tf.layers.Dropout(0.5)        # 定義 dropout 層
23        # 定義池化層
24        self.max_pool2d = tf.layers.MaxPooling2D(
25              (2, 2), (2, 2), padding='SAME')
26
27      def call(self, inputs, training):              # 定義 call 方法
28        x = tf.reshape(inputs, self._input_shape)    # 將網路連接起來
29        x = self.conv1(x)
30        x = self.max_pool2d(x)
31        x = self.conv2(x)
32        x = self.max_pool2d(x)
33        x = tf.keras.layers.Flatten()(x)
34        x = self.fc1(x)
35        if training:
36          x = self.dropout(x)
37        x = self.fc2(x)
38        return x
```

6.6.3 程式實現：定義網路的反向傳播

該部分與 6.3 節類似，定義 loss 函數，並建立優化器及梯度 OP。實際程式如下：

程式 6-10 tf_layer 模型（續）

```
39  def loss(model,inputs, labels):
40      predictions = model(inputs, training=True)
41
42      cost = tf.nn.sparse_softmax_cross_entropy_with_logits( logits=
                predictions, labels=labels )
43      return tf.reduce_mean( cost )
44  #訓練
45  optimizer = tf.train.AdamOptimizer(learning_rate=1e-4)
46  grad = tfe.implicit_gradients(loss)
```

6.6.4 程式實現：訓練模型

該部分與 6.3 節類似：定義 loss 函數，並建立優化器及梯度 OP。實際程式如下：

程式 6-10 tf_layer 模型（續）

```
47  model = MNISTModel("net")                    #產生物理模型
48  global_step = tf.train.get_or_create_global_step()
49  for epoch in range(1):                        # 按照指定次數反覆運算資料集
50      for i,data  in enumerate (ds_train):
51          inputs, targets = tf.cast( data["image"],tf.float32), data["label"]
52          optimizer.apply_gradients(grad( model,inputs, targets) ,
                global_step=global_step)
53          if i % 100 == 0:
54            print("Step %d: Loss on training set : %f" %
55              (i, loss(model,inputs, targets).numpy()))
56            #取得要儲存的變數
57            all_variables = ( model.variables + optimizer.variables() +
                [global_step])
58            tfe.Saver(all_variables).save(     #產生檢查點檔案
59              "./tfelog/linermodel.cpkt", global_step=global_step)
60  ds = tfds.as_numpy(ds_test.batch(100))
61  onetestdata = next(ds)
62  print("Loss on test set: %f" % loss( model,onetestdata["image"].
          astype(np.float32), onetestdata["label"]).numpy())
```

程式第 57 行，手動將要儲存的檔案一起傳入 tfe.Saver 進行儲存。這是動態圖介面使用起來相對不方便的地方。它並不能自動將全域的變數都搜集起來。

程式執行後，輸出以下結果：

```
TensorFlow 版本：1.13.1
Step 0: Loss on training set：2.252767
……
Step 5600: Loss on training set：0.002125
Loss on test set: 0.055677
```

6.7 實例 22：用 tf.keras API 訓練一個回歸模型

本實例將開發一個簡單的回歸模型，以此來示範 tf.keras API 的基本使用方法。

> **實例描述**
>
> 用 tf.keras API 開發模型，對一組資料進行擬合，找出 $y \approx 2x$ 的對應關係。

tf.keras API 是 TensorFlow 中一個整合了 Keras 架構語法的進階 API。用 tf.keras API 開發神經網路模型的過程，與在 Keras 架構中開發神經網路的過程十分類似。

6.7.1 程式實現：用 model 類別架設模型

在 tf.keras API 中，架設模型主要有兩種：

- 用基礎的 model 類別來架設模型。
- 用更進階的 Sequential 類別來架設模型。

本小節將透過實例程式來示範用 model 類別架設模型的方法。

1 架設模型的最基本步驟

首先示範一下用 tf.keras 介面架設模型的最基本步驟。實際程式如下：

程式 6-11 keras 回歸模型

```
01    import tensorflow as tf
02    import numpy as np
03    import os
04
05    # 在記憶體中產生模擬資料
```

```
06    def GenerateData(datasize = 100 ):
07        train_X = np.linspace(-1, 1, datasize)
          #train_X是 -1~1 之間連續的 100 個浮點數
08        train_Y = 2 * train_X + np.random.randn(*train_X.shape) * 0.3
09        return train_X, train_Y                    #以產生器的方式傳回
10
11    train_data = GenerateData()
12
13    # 直接用 model 定義網路
14    inputs = tf.keras.Input(shape=(1,))            # 建置輸入層
15    outputs= tf.keras.layers.Dense(1)(inputs)      # 建置全連接層
16    model = tf.keras.Model(inputs=inputs, outputs=outputs)  # 建置模型
```

程式第 13 行之前是建立資料集的操作。

程式第 14~16 行用 tf.keras 介面架設模型,其步驟如下。

(1)建置輸入層:與 TensorFlow 架構中的預留位置類似,用於輸入資料。在
    指定形狀(shape)時,不需要指定批次維度。

(2)建置全連接層:使用了 Dense 類別,後面的第 1 個括號是該類別的產生實
    體。這裡傳入了 1,代表一個輸出節點。第 2 個括號代表對該類別產生實
    體物件的函數呼叫,將輸入層傳入全連接網路,並產生 outputs 網路節點。

(3)建立模型:用於在圖中產生網路的正向模型。只需指定輸入的張量節點和
    輸出的張量節點即可。

2 架設多層模型

仿照程式第 15 行的寫法建置兩個全連接層,並將它們依次連起來,實現多層
模型的架設。實際程式如下。

程式 6-11 keras 回歸模型(續)

```
17    x = tf.keras.layers.Dense(1, activation='tanh')(inputs)     # 第 1 層全連接
18    outputs_2 = tf.keras.layers.Dense(1)(x)                     # 第 2 層全連接
19    model_2 = tf.keras.Model(inputs=inputs, outputs=outputs_2)  # 定義模型
```

程式第 18 行中定義了第 2 層全連接,並將第 1 層全連接的輸出(見程式第 17
行)作為輸入,完成了二層網路的定義。

對於其他類型的網路(卷積、循環等)可以參考 Keras 架構的教學。原有的
Keras 架構語法用 keras.layers.Dense 類別,而在 tf.keras 介面中需要用 tf.keras.
layers.Dense 類別。

3 繼承 Model 類別，進行架設網路

除採用對 tf.keras.Model 類別進行產生實體的方式來建置模型外，還可以透過定義 tf.keras.Model 類別的子類別方式來建置模型。實際操作如下：

（1）定義一個子類別繼承 tf.keras.Model 類別。

（2）在子類別的 __init__ 方法中，對模型中的各層網路進行單獨定義。

（3）在子類別的 call 方法中，將定義好的各層網路連起來。

該過程的實際程式示範可以參考 9.2 節的實例程式。

6.7.2 程式實現：用 sequential 類別架設模型

下面開始介紹用更進階的 Sequential 類別來架設模型。

用 Sequential 類別架設模型更為靈活：可以指定輸入層的維度、形狀。實際步驟如下：

1 用 Sequential 類別架設模型的基本步驟

使用 Model 類別的方式是「先架設網路，後定義模型」。而用 Sequential 類別架設模型的方式與直接使用 Model 類別的方式正相反，是「先定義模型，後架設網路」。實際程式如下：

```
程式 6-11 keras 回歸模型（續）
20   model_3 = tf.keras.models.Sequential()              # 定義模型物件
21   model_3.add(tf.keras.layers.Dense(1, input_shape=(1,)))  # 增加一層全連接
22   model_3.add(tf.keras.layers.Dense(units = 1))        # 再增加一層全連接
```

在程式第 20 行中，定義了一個模型物件 model_3。然後，用該模型物件的 add 方法將神經網路逐層架設起來。

在用 Sequential 類別定義網路模型過程中，不需要額外定義輸入層，直接在第 1 層指定輸入的形狀即可。後續的神經網路層會自動根據上一層的輸出設定自己的輸入形狀層。

> **提示**
>
> 如果網路層數較多，則建置時需要寫很多個 model_3.add，顯然非常不方便。還可以用以下的簡單方法將所有的網路層放到陣列裡傳入：

```
model_3=tf.keras.models.Sequential( [ tf.keras.layers.Dense(1, input_
shape=(1,)),
tf.keras.layers.Dense(units = 1)    ]
)
```

2 透過帶指定批次的 input 形狀來架設模型

在模型的第 1 層，還可以用 batch_input_shape 參數來描述輸入層。在 batch_
input_shape 參數的設定值過程中所指定的形狀要包含批次資訊，這與指定預留
位置形狀的方式完全一致。實際程式如下：

程式 6-11 keras 回歸模型（續）

```
23   model_4 = tf.keras.models.Sequential()                        # 定義模型
24   model_4.add(tf.keras.layers.Dense(1, batch_input_shape=(None, 1)))
     # 增加全連接網路層時，為輸入層指定帶批次的形狀
```

程式第 24 行用網路模型 model_4 的 add 方法將全連接網路加入。

3 透過指定 input 的維度來架設模型

還可以使用更為簡化的方式來建置模型的第 1 層：直接將輸入張量的維度數量
傳入 input_dim 參數。實際程式如下：

程式 6-11 keras 回歸模型（續）

```
25   model_5 = tf.keras.models.Sequential()                        # 定義模型
26   model_5.add(tf.keras.layers.Dense( 1, input_dim = 1))    # 指定輸入維度
```

程式第 28 行，用網路模型 model_5 的 add 方法將連結網路加入進去。

4 用預設輸入來架設模型

如果在建置模型第 1 層時沒有對模型的輸入進行設定，則系統將用預設的輸入
架設模型。實際程式如下：

程式 6-11 keras 回歸模型（續）

```
27   model_6 = tf.keras.models.Sequential()              # 定義模型
28   model_6.add(tf.keras.layers.Dense(1))               # 用預設輸入增加層
29   print(model_6.weights)                              # 列印模型加權參數
30   model_6.build((None, 1))                            # 指定輸入，開始產生模型
31   print(model_6.weights)                              # 列印模型加權參數
```

在程式第 28 行中，直接增加了一個網路層，卻沒有指定輸入，這樣也是可以

的。但是模型並不會馬上建置，只有透過模型的 build 方法或 fit 方法才會觸發建置模型的事件。

這裡用 build 方法建置網路。在建置過程中，需要為模型指定輸入形狀。

如果使用 fit 方法，則不需要為模型指定輸入形狀，因為 fit 方法會透過傳入的輸入資料來自動識別出輸入的形狀，然後建置網路。fit 方法可以同時完成網路的建置與訓練，一般用在訓練模型場景中（見 6.7.4 小節）。

執行上面這段程式後，會輸出以下結果：

```
[]
[<tf.Variable 'dense_68/kernel:0' shape=(1, 1) dtype=float32>,
<tf.Variable 'dense_68/bias:0' shape=(1,) dtype=float32>]
```

輸出結果中第 1 行是空陣列，表示模型並沒有建置網路節點。

第 2 行是模型呼叫 build 之後的加權輸出。可以看到，顯示了實際的張量，這表示模型已經被建置。

> **提示**
>
> tf.keras.Sequential 方式雖然比較方便，但它僅適用於按順序堆疊的模型，無法表示複雜的模型，例如多輸入、多輸出、帶有共用層的模型、非序列的資料流程模型（殘差連接）等。

6.7.3 程式實現：架設反向傳播的模型

架設模型的反向傳播過程只需要 1 行程式，即直接呼叫 Model 類別的 compile 方法。實際程式如下：

程式 6-11 keras 回歸模型（續）
```
32   model.compile(loss = 'mse', optimizer = 'sgd')
     # 指定 loss 值的計算方法和優化器
33   model_3.compile(loss = tf.losses.mean_squared_error, optimizer = 'sgd')
```

這裡架設模型 model 與 model_3 的反向傳播的網路。在實現的過程中，指定的損失函數與優化器既可以用字串形式的傳入（見程式第 32 行），也可以用 TensorFlow 中的函數形式傳入（見程式第 33 行）。

在程式第 32 行用到的字串可以在 Keras 的說明文件（見 6.1.6 小節的說明文件連結）中找到。

6.7.4 程式實現：用兩種方法訓練模型

訓練模型可以使用整合度較低的 train_on_batch 方法，也可以使用整合度較高的 fit 方法。實際程式如下：

```
程式 6-11 keras 回歸模型（續）
34   for step in range(201):
35       cost = model.train_on_batch(train_data[0], train_data[1])
         #訓練模型，傳回損失值
36       if step % 10 == 0:
37           print ('loss: ', cost)
38
39   # 直接使用 fit 函數來訓練
40   model_3.fit(x=train_data[0],y=train_data[1], batch_size=10, epochs=20)
```

程式第 34~37 行，用 for 循環訓練模型。每呼叫一次 train_on_batch，優化器便反向訓練一次。

程式第 40 行，直接用 fit 方法進行訓練。在指定好反覆運算的次數和批次後，會自動完成循環反覆運算。

程式執行後，輸出以下結果：

```
loss:  1.0861262
......
loss:  0.1734276
Epoch 1/20
100/100 [==============================] - 0s 5ms/step - loss: 1.8135
......
Epoch 20/20
100/100 [==============================] - 0s 191us/step - loss: 0.3026
```

在輸出結果中，前 3 行是使用 train_on_batch 方法訓練模型的輸出，後面幾行是呼叫 fit 方法的輸出。

6.7.5 程式實現：取得模型參數

對於訓練好的模型，可以用 get_weights 方法取得參數。直接用 Model 類別建立的網路與用 Sequential 類別建立的網路，兩者在使用 get_weights 方法時會有所不同。下面透過程式示範。

```
程式 6-11 keras 回歸模型（續）
41   W,b= model.get_weights()                    # 直接使用 Model 類別定義模型
```

```
42    print ('Weights: ',W)
43    print ('Biases: ', b)
44    #指定實際層來取得參數
45    W, b = model_3.layers[0].get_weights()
46    print ('Weights: ',W)
47    print ('Biases: ', b)
```

比較程式第 41 與第 45 行可以看出：用 Sequential 類別建立的網路，還可以指定分析某一層的加權；直接用 Model 類別建立網路，只能將全部加權一次全部分析出來。

程式執行後，輸出以下結果：

```
Weights:  [[1.4668063]]
Biases:   [-0.01882044]
Weights:  [[1.071188]]
Biases:   [-0.00182833]
```

在輸出結果中，前兩行是直接用 model 類別定義的網路加權，後兩行是用 Sequential 類別定義模型的加權。

6.7.6 程式實現：測試模型與用模型進行預測

與估算器的方法類似，tf.keras 介面中也有 evaluate 方法與 predict 方法。前者用於測試，後者用於預測。

下面透過程式示範這兩種方法的使用。

程式 6-11 keras 回歸模型（續）

```
48    cost = model.evaluate(train_data[0], train_data[1], batch_size = 10)#測試
49    print ('test loss: ', cost)
50
51    a = model.predict(train_data[0], batch_size = 10)                    # 預測
52    print(a[:10])
53    print(train_data[1][:10])
```

程式執行後，輸出以下結果：

```
100/100 [========================] - 0s 3ms/step  test loss: 0.1835745729506016
[[-1.4856267]
 ......
 [-1.2189347]]
[-2.03062256 ……-1.6202334 ]
```

第 1 行是測試的輸出結果，後面幾行是預測的輸出結果。

6.7.7 程式實現：儲存模型與載入模型

tf.keras 介面保留了與 Keras 架構中儲存模型的格式，可以產生副檔名為 ".h5" 的模型檔案，也可以產生 TensorFlow 架構中檢查點格式的模型檔案。

1 產生及載入 h5 模型檔案

模型訓練好之後，可以用 save 方法進行儲存。儲存後的模型檔案可以透過函數 load_model 進行載入。實際程式如下：

```
程式 6-11  keras 回歸模型（續）
54    model.save('my_model.h5')                              # 儲存模型
55    del model                                              # 刪除目前模型
56    model = tf.keras.models.load_model('my_model.h5')  # 載入模型
57    a = model.predict(train_data[0], batch_size = 10)
58    print(" 載入後的測試 ",a[:10])
```

上面程式示範了一個儲存模型並二次載入進行使用的過程。程式執行後，輸出以下結果：

```
載入後的測試 [[-1.4856267]
……
 [-1.2189347]]
```

可以看到模型能夠正常預測，這表示其已經被成功載入了。在本機程式的同級目錄下，產生了模型檔案 "my_model.h5"。

提示

h5 檔案屬於 h5py 類型，可以直接手動呼叫 h5py 進行解析。舉例來說，下列程式可以將模型中的節點顯示出來：

```
import h5py
f=h5py.File('my_model.h5')
for name in f:
    print(name)
```

執行後，會輸出以下結果：

```
model_weights          # 模型的加權
optimizer_weights      # 優化器的加權
```

---

2 產生 TensorFlow 格式的模型檔案

呼叫 save_weights 方法，可以產生 TensorFlow 檢查點格式的檔案。在 save_weights 方法中，可以根據 save_format 參數對應的格式產生指定的模型檔案。

參數 save_format 的設定值有兩種："tf" 與 "h5"。前者是 TensorFlow 檢查點格式，後者是 Keras 檢查點格式。

在不指定參數 save_format 的情況下，如果 save_weights 中的檔案名稱不是以 ".h5" 或 ".keras" 結尾，則會產生 TensorFlow 檢查點格式的檔案，否則會產生 Keras 架構格式的模型檔案。實際程式如下：

```
程式 6-11 keras 回歸模型（續）
59    # 產生 tf 格式的模型
60    model.save_weights('./keraslog/kerasmodel') # 預設產生 tf 格式的模型
61    # 產生 tf 格式的模型，手動指定
62    os.makedirs("./kerash5log", exist_ok=True)
63    model.save_weights('./kerash5log/kerash5model',save_format = 'h5')
      # 可以指定 save_format 是 h5 或 tf 來產生對應的格式
```

程式執行後，系統會在本機的 keraslog 資料夾下產生 TensorFlow 檢查點格式的檔案，在本機的 kerash5log 資料夾下產生 Keras 架構格式的模型檔案 kerash5model（雖然沒有副檔名，但它是 h5 格式）。

> **提示**
>
> 將 Keras 架構格式的模型檔案轉化成 TensorFlow 檢查點的模型檔案，這個過程是單向的。目前 TensorFlow 的版本中，還沒有提供將 TensorFlow 檢查點格式的檔案轉化成 Keras 格式的模型檔案的方法。

6.7.8 程式實現：將模型匯出成 JSON 檔案，再將 JSON 檔案匯入模型

TensorFlow 的檢查點檔案中包含模型的符號及對應的值。而 Keras 架構中產生的檢查點檔案（副檔名為 h5 的檔案）只包含模型的值。

在 tf.keras 介面中，可以將模型符號轉化為 JSON 檔案再進行儲存。實際程式如下：

程式 6-11 keras 回歸模型（續）

```
64    json_string = model.to_json()
      # 模型 JSON 化，相等於 json_string = model.get_config()
65    open('my_model.json','w').write(json_string)
66
67    # 載入模類型資料和 weights
68    model_7 = tf.keras.models.model_from_json(open('my_model.json').read())
69    model_7.load_weights('my_model.h5')
70    a = model_7.predict(train_data[0], batch_size = 10)
71    print(" 載入後的測試 ",a[:10])
```

上述程式實現的邏輯如下：

（1）將模型符號儲存到 my_model.json 檔案中。

（2）從 my_model.json 檔案中載入加權到模型 model_7 中。

（3）為模型 model_7 恢復加權。

（4）用模型 model_7 進行預測。

程式執行後，輸出以下結果：

```
載入後的測試 [[-1.4856267]
......
 [-1.2189347]]
```

可以看到，程式成功載入模型的符號及加權，並能夠執行預測工作。

提示

用 tf.keras 介面開發模型時，常會把模型檔案分成 JSON 和 h5 兩種格式儲存，用於不同的場景：

• 在使用場景中，直接載入 h5 模型檔案。

• 在訓練場景中，同時載入 JSON 與 h5 兩個模型檔案。

這種做法可以讓模型訓練場景與使用場景分離。透過隱藏原始程式的方式保障程式版本的唯一性（防止使用者修改模型而產生多套模型原始程式，難以維護），是合作專案中很常見的技巧。

6.7.9 實例 23：在 tf.keras 介面中使用預訓練模型 ResNet

在 tf.keras 介面中也預製了許多訓練好的成熟模型，其中包含了在 imgnet 資料集上訓練好的 densenet、NASNet、mobilenet 等副檔名為 h5 的模型。

▌1 取得預訓練模型

實際地址如下:

```
https://github.com/fchollet/deep-learning-models/releases
```

每一種模型會有兩個檔案:一個是正常模型檔案,另一個是以 no-top 結尾的檔案。舉例來説,resnet50 檔案如下:

```
resnet50_weights_tf_dim_ordering_tf_kernels.h5
resnet50_weights_tf_dim_ordering_tf_kernels_notop.h5
```

其中,以 "no-top" 結尾的檔案是分析特徵的模型,用於微調模型或嵌入模型的場景;而正常的模型檔案(NASNet-large.h5)直接用於預測場景。

在下載預訓練模型時,如果 Keras 架構的後端執行在 Theano 架構(另一種支援 Keras 前端的深度學習架構)上,則需要將檔案名稱中間的 "tf" 換成 "th"。例如:

```
resnet50_weights_th_dim_ordering_th_kernels.h5
resnet50_weights_th_dim_ordering_th_kernels_notop.h5
```

在 Theano 架構上執行的 Keras 模型檔案,與在 TensorFlow 架構上執行的 Keras 模型檔案最大的區別是:圖片維度的預設順序不同。在 Theano 架構中,圖片的通道維度在前,例如 (3,224,224);而在 TensorFlow 中,圖片通道維度在後,例如 (224,224,3)。

▌2 使用預訓練模型

下面透過預訓練模型 ResNet 來識別圖片。

用 tf.keras 介面可以非常方便地預測模型,只需要幾行程式。

程式 6-12 用 tf.keras 預訓練模型

```
01  from tensorflow.python.keras.applications.resnet50 import ResNet50
02  from tensorflow.python.keras.preprocessing import image
03  from tensorflow.python.keras.applications.resnet50 import preprocess_
    input, decode_predictions
04  import numpy as np
05
06  model = ResNet50(weights='imagenet')                    # 建立 ResNet 模型
07  # 載入圖片進行處理
08  img_path = 'hy.jpg'
09  img = image.load_img(img_path, target_size=(224, 224))
```

```
10    x = image.img_to_array(img)
11    x = np.expand_dims(x, axis=0)
12    x = preprocess_input(x)
13
14    preds = model.predict(x)                          # 使用模型預測
15    print('Predicted:', decode_predictions(preds, top=3)[0]) # 輸出結果
```

執行第 6 行程式時，會從網上下載模型檔案並載入。

執行第 14 行程式時，會從網上下載檔案並載入。

整個程式執行後，輸出以下結果：

```
......
Downloading data from https://s3.amazonaws.com/deep-learning-models/
image-models/ imagenet_class_index.json
40960/35363 [==================================] - 2s 37us/step
Predicted: [('n03642806', 'laptop', 0.46727782), ('n03617480', 'kimono',
0.04840326), ('n03782006', 'monitor', 0.04691172)]
```

在結果中，前 4 行是下載檔案，最後兩行是顯示結果。

該實例中使用的圖片與第 3 章的一致，見圖 3-5（a）。預測結果為 laptop（筆記型電腦）。

> **提示**
> 改程式可以直接在 TensorFlow 1.x 版本和 TensorFlow 2.x 版本中執行。

❸ 手動下載預訓練模型

如果由於網路原因導致下載模型較慢，則可以手動下載，位址如下：

```
https://github.com/fchollet/deep-learning-models/releases/download/v0.2/
resnet50_weights_tf_dim_ordering_tf_kernels.h5
```

將載入好的模型放到本機，將第 6 行程式改成以下即可：

程式 6-12 用 tf.keras 預訓練模型（片段）
```
06    model = ResNet50(weights='resnet50_weights_tf_dim_ordering_tf_kernels. h5')
```

該程式的作用是，讓 ResNet50 模型從指定的模型檔案載入加權。

如果使用的是自己的模型，則可以按照以下參數來建置模型：

```
def ResNet50(include_top=True,        # 是否傳回頂層結果。False 代表傳回特徵
             weights='imagenet',      # 載入加權路徑
```

```
        input_tensor=None,      #輸入張量,用於嵌入的其他網路中
        input_shape=None,       # 輸入的形狀
        pooling=None,
        # 可以設定值 avg、max,對傳回特徵進行(全域平局、最大)池化操作
        classes=1000):          # 分類個數
```

6.7.10 擴充:在動態圖中使用 tf.keras 介面

在 tf.keras 介面中,訓練和使用模型的方法與在估算器中的方法很類似,即對模型使用流程的高度整合化封裝。所以這種方式無法適用於精細化調節模型的場景。

將 6.7.9 小節中的程式稍做改變,即可將其改為動態圖架構中的程式。實際做法如下:

(1)在 6.7.9 小節的程式第 5 行,增加動態圖啟動函數 tf.enable_eager_execution()。

(2)修改 6.7.9 小節的程式第 14 行,將 tf.keras 模型的 predict 方法改成直接在動態圖裡使用模型的方式。

(3)修改 6.7.9 小節的程式第 15 行,將結果 preds 列印出來。

實際程式如下:

程式 6-12 用 tf.keras 預訓練模型(片段)
```
05    tf.enable_eager_execution()
......
14    preds = model(x)
15    print('Predicted:', decode_predictions(preds.numpy(), top=3)[0])
```

如果是在 TensorFlow 2.x 版本中執行,則還需要將程式第 5 行刪掉,不需要再額外執行啟動動態圖的程式。

6.7.11 實例 24:在靜態圖中使用 tf.keras 介面

本實例將 6.7.9 小節的用法改寫成在靜態圖中呼叫 tf.keras 介面的方式。

實際程式如下:

程式 6-13 在靜態圖中使用 tf.keras
```
01    import tensorflow as tf
02    import matplotlib.pyplot as plt
```

```
03  from tensorflow.python.keras.applications.resnet50 import ResNet50
04  from tensorflow.python.keras.preprocessing import image
05  from tensorflow.python.keras.applications.resnet50 import preprocess_
    input, decode_predictions
06
07  inputs = tf.placeholder(tf.float32, (224, 224, 3))      # 定義預留位置
08
09  tensorimg = tf.expand_dims(inputs, 0)                # 前置處理
10  tensorimg =preprocess_input(tensorimg)
11
12  with tf.Session() as sess:                           # 在階段（session）中執行
13      sess.run(tf.global_variables_initializer())
14
15      Reslayer = ResNet50(weights='resnet50_weights_tf_dim_ordering_tf_
                  kernels.h5')
16      logits = Reslayer(tensorimg)                 # 模型
17
18      img_path = 'dog.jpg'
19      img = image.load_img(img_path, target_size=(224, 224))
20      logitsv = sess.run(logits,feed_dict={inputs: img})
21      Pred =decode_predictions(logitsv, top=3)[0]
22      print('Predicted:', Pred,len(logitsv[0]))
23
24  # 視覺化
25  fig, (ax1, ax2) = plt.subplots(1, 2, figsize=(10, 8))
26  fig.sca(ax1)
27  ax1.imshow(img)
28  fig.sca(ax1)
29
30  barlist = ax2.bar(range(3), [ i[2] for i in Pred ])
31  barlist[0].set_color('g')
32
33  plt.sca(ax2)
34  plt.ylim([0, 1.1])
35  plt.xticks(range(3),[i[1][:15] for i in Pred], rotation='vertical')
36  fig.subplots_adjust(bottom=0.2)
37  plt.show()
```

直接將 ResNet50 模型當成執行圖中的一層即可（見程式第 21 行），這樣由 ResNet50 模型組成的網路節點同樣可以用預留位置和階段形式執行。程式執行後，輸出以下結果：

```
Predicted: [('n02109961', 'Eskimo_dog', 0.5246922), ('n02110185', 'Siberian_
husky', 0.47256017), ('n02091467', 'Norwegian_elkhound', 0.0011198776)] 1000
```

視覺化的結果如圖 6-4 所示。

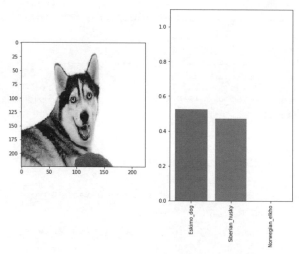

圖 6-4 瀏覽器中回歸模型傳回的結果

提示

因為 ResNet50 模型需要載入預訓練模型（見程式第 21 行），所以載入模型的過程必須放到初始化過程（見程式第 19 行）之後。如果放到初始化過程之前，則在初始化時會將載入的加權清掉，進一步導致模型無法正常輸出預測結果。

另外，在使用 ResNet50 模型時，也可以將輸入指定成預留位置的形式。例如程式第 21、22 行，如果用下列程式取代，會獲得一樣的效果。

```
Reslayer=ResNet50(weights='resnet50_weights_tf_dim_ordering_tf_kernels.h5',
         input_tensor=tensorimg,input_shape = (224, 224, 3) )# 指定輸入層
logits = Reslayer.layers[-1].output                        # 指定輸出層
print(logits)
```

6.8 實例 25：用 tf.js 介面後方訓練一個回歸模型

本實例是一個最簡單的 tf.js 介面使用實例，來示範如何用 JS 指令稿訓練模型。

實例描述

在瀏覽器中，呼叫 TensorFlow 的 API，進一步在兩組看似混亂的資料中學習規律並進行擬合，找到其中的對應關係，並透過輸入任意值進行預測。

該實例來源與 tf.js 介面的範例教學，實際連結如下：

```
https://github.com/tensorflow/tfjs
```

6.8.1 程式實現：在 HTTP 的頭標籤中增加 tfjs 模組

首先建立一個空的 txt 檔案，並將其改名為「6-14　tfjs 回歸實例 .html」，然後在檔案中增加引用 JS 的標頭檔。

這裡使用的 tfjs 檔案來自 CDN 網路。如果從本機載入，則需要將其放到本機網站對應的路徑下。JS 指令稿要透過 <script> 標籤進行引用。實際程式如下：

```
程式 6-14 tfjs 回歸實例
01    <html>
02        <head>
03        <!-- Load TensorFlow.js -->
04        <script src="https://cdn.jsdelivr.net/npm/@tensorflow/tfjs"> </script>
05        </head>
06        <body>
07            <div id="output_field"></div>
08        </body>
```

上面的程式有兩部分：一部分是 <head>，另一部分是 <body>。在 <body> 中定義了一個 div，用於輸出最後的結果。

6.8.2 程式實現：用 JavaScript 指令稿實現回歸模型

HTML 中的 JS 是透過 <script> 標籤來標記的。在 <script> 中增加了一個函數 learnLinear，實現模型的訓練與預測。

在 JavaScript 中建立網路模型的語法，與 Keral 的語法幾乎相同：都是透過一個 model 物件實現基本結構，並透過模型 model 的 fit 方法進行訓練，透過模型 model 的 predict 方法進行使用。

在 learnLinear 函數中完成了以下步驟：

（1）建立一個全連接網路。

（2）以平方差的方式計算損失值。

（3）設定優化器為 sgd。

（4）手動輸入模擬數值作為樣本（這裡模擬樣本 x、y 值的規律為 $y=2x-1$）。

（5）完成模型的訓練。

實際程式如下：

程式 6-14 tfjs 回歸實例（續）

```
09    <script>
10    async function learnLinear(){
11      const model = tf.sequential();
12      model.add(tf.layers.dense({units: 1, inputShape: [1]}));
13      model.compile( {loss: 'meanSquaredError',optimizer: 'sgd'} );
14
15      const xs = tf.tensor2d([-1, 0, 1, 2, 3, 4], [6, 1]);
16      const ys = tf.tensor2d([-3, -1, 1, 3, 5, 7], [6, 1]);
17
18      await model.fit(xs, ys, {epochs: 500});
19
20      document.getElementById('output_field').innerText =
21       model.predict(tf.tensor2d([9], [1, 1]));
22    }
23    learnLinear();
24    </script>
25  <html>
```

程式第 20~23 行的解讀如下：

（1）將 9 傳入模型（見程式第 21 行）。

（2）用模型 model 的 predict 方法進行計算。

（3）將模型的輸出結果放入網頁的 div 節點 "output_field" 中。

（4）用 learnLinear 函數使其執行（見程式第 23 行）。

6.8.3 執行程式：在瀏覽器中檢視效果

在 Windows 作業系統中雙擊網頁檔案「6-14 tfjs 回歸實例 .html」，系統會自動用瀏覽器開啟該網頁檔案，如圖 6-5 所示。

圖 6-5 瀏覽器中的回歸模型傳回結果

tf.js 介面能讓 TensorFlow 撰寫的 AI 模型以 Web 應用程式的方式執行在瀏覽器終端。這進一步提升了部署的靈活性。

本書的重點是基於 Python 語言進行開發。這裡只介紹一個最簡單的實例。用好 tf.js 介面還需要有紮實的 JavaScript 程式設計知識才可以。

6.8.4 擴充：tf.js 介面的應用場景

用 tf.js 介面開發的程式是在瀏覽器中執行的。模型使用了用戶端的運算資源。在部署應用程式時，這種方案可以分擔後端伺服器的運算壓力。

但是，用 tf.js 介面開發的應用程式在瀏覽器中執行階段，瀏覽器內部會將模型下載到本機。如果模型檔案太大，則會嚴重影響使用者體驗。

歸納：用 tf.js 介面開發的應用程式適用於模型檔案比較小、平行處理量很大的場景。在實際使用中，如果模型較大，則可以將模型拆成前處理和後處理兩部分，並將前處理部分放到 tf.js 介面中去執行，讓使用者終端來分擔一些後端的運算壓力。

6.9 實例 26：用估算器架構實現分散式部署訓練

本實例使用與 6.4 節一樣的資料與模型進行分散式示範。

> **實例描述**
> 假設有這麼一組資料集，其 x 和 y 的對應關係是 $y \approx 2x$。

訓練模型來學習這些資料集，使模型能夠找到其中的規律，即讓神經網路自己能夠歸納出 $y \approx 2x$ 這樣的公式。

要求用估算器架構來實現，並完成分散式部署訓練。

6.9.1 執行程式：修改估算器模型，使其支援分散式

在 6.4 節中，將 6.4.8 小節以前的程式全部複製過來，並在後面用 tf.estimator. train_ and evaluate 方法分散式訓練模型。

實際程式如下：

```
程式 6-15 用估算器架構進行分散式訓練
......
27   estimator = tf.estimator.Estimator(  model_fn=my_model,model_dir=
```

```
      'myestimatormode',params={'learning_rate': 0.1}, config=tf.estimator.
      RunConfig(session_config=session_config)  )
28
29    # 建立 TrainSpec 與 EvalSpec
30    train_spec = tf.estimator.TrainSpec(input_fn=lambda: train_input_fn
      (train_data, batch_size), max_steps=1000)
31    eval_spec = tf.estimator.EvalSpec(input_fn=lambda: eval_input_fn(test_
      data,None, batch_size))
32
33    tf.estimator.train_and_evaluate(estimator, train_spec, eval_spec)
```

6.9.2 透過 TF_CONFIG 進行分散式設定

透過增加 TF_CONFIG 變數實現分散式訓練的角色設定。增加 TF_CONFIG 變數有兩種方法。

- 方法一：直接將 TF_CONFIG 增加到環境變數裡。
- 方法二：在程式執行前加入 TF_CONFIG 的定義。例如在命令列裡輸入：

```
TF_CONFIG=' 內容 ' python xxxx.py
```

在上面的兩種方法任選其一即可。在增加完 TF_CONFIG 變數之後，還要為其指定內容。實際格式如下。

1 TF_CONFIG 內容格式

變數 TF_CONFIG 的內容是一個字串。該字串用於描述分散式訓練中各個角色（chief、worker、ps）的資訊。每個角色都由 task 裡面的 type 來指定。實際程式如下。

（1）chief 角色：分散式訓練的主計算節點。

```
TF_CONFIG='{
   "cluster": {
      "chief": [" 主機 0-IP: 連接埠 "],
      "worker": [" 主機 1-IP: 連接埠 ", " 主機 2-IP: 連接埠 ", " 主機 3-IP: 連接埠 "],
      "ps": [" 主機 4-IP: 連接埠 ", " 主機 5-IP: 連接埠 "]
   },
   "task": {"type": "chief", "index": 0}
}'
```

（2）worker 角色：分散式訓練的一般計算節點。

```
TF_CONFIG='{
   "cluster": {
      "chief": [" 主機 0-IP: 連接埠 "],
      "worker": [" 主機 1-IP: 連接埠 ", " 主機 2-IP: 連接埠 ", " 主機 3-IP: 連接埠 "],
      "ps": [" 主機 4-IP: 連接埠 ", " 主機 5-IP: 連接埠 "]
   },
   "task": {"type": "worker", "index": 0}
}'
```

（3）ps 角色：分散式訓練的伺服端。

```
TF_CONFIG='{
   "cluster": {
      "chief": [" 主機 0-IP: 連接埠 "],
      "worker": [" 主機 1-IP: 連接埠 ", " 主機 2-IP: 連接埠 ", " 主機 3-IP: 連接埠 "],
      "ps": [" 主機 4-IP: 連接埠 ", " 主機 5-IP: 連接埠 "]
   },
   "task": {"type": "ps", "index": 0}
}'
```

2 程式實現：定義 TF_CONFIG 的環境變數

本實例只是一個示範程式，將三種角色放在了同一台機器上執行。實際步驟如下：

（1）將 TF_CONFIG 的環境變數放到程式裡。

（2）將程式檔案複製成 3 份，分別代表 chief、worker、ps 三種角色。

其中，代表 ps 角色的實際程式如下：

程式 6-16 用估算器架構分散式訓練 ps

```
01   TF_CONFIG='''{
02      "cluster": {
03         "chief": ["127.0.0.1:2221"],
04         "worker": ["127.0.0.1:2222"],
05         "ps": ["127.0.0.1:2223"]
06      },
07      "task": {"type": "ps", "index": 0}
08   }'''
09
10   import os
11   os.environ['TF_CONFIG']=TF_CONFIG
12   print(os.environ.get('TF_CONFIG'))
......
```

該程式是 ps 角色的主要實現。將第 7 行中的 ps 改為 chief，獲得程式檔案「6-17 用估算器架構進行分散式訓練 chief.py」，用於建立 chief 角色。實際程式如下：

```
"task": {"type": "chief", "index": 0}
```

再將第 7 行中的 ps 改為 chief，獲得程式檔案「6-18 用估算器架構進行分散式訓練 worker.py」，用於建立 worker 角色。實際程式如下：

```
"task": {"type": "worker", "index": 0}
```

6.9.3 執行程式

在執行程式之前，需要開啟 3 個 Console（主控台），如圖 6-6 所示。第 1 個是 ps 角色，第 2 個是 chief 角色，第 3 個是 worker 角色。

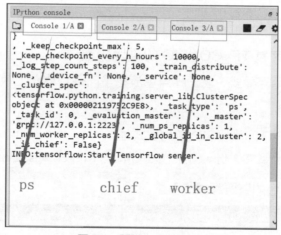

圖 6-6 開啟 3 個主控台

按照圖 6-6 中主控台的實際順序，依次執行每個角色的程式檔案。產生的結果如下：

（1）主控台 Console1：用於展示 ps 角色。啟動後等待 chief 與 worker 的連線。

```
......
'_cluster_spec': <tensorflow.python.training.server_lib.ClusterSpec object at
0x000002119752C9E8>, '_task_type': 'ps', '_task_id': 0, '_evaluation_master':
'', '_master': 'grpc://127.0.0.1:2223', '_num_ps_replicas': 1, '_num_worker_
replicas': 2, '_global_id_in_cluster': 2, '_is_chief': False}
INFO:tensorflow:Start Tensorflow server.
```

（2）主控台 Console2：用於展示 chief 角色。在訓練完成後儲存模型。

```
......
'_cluster_spec': <tensorflow.python.training.server_lib.ClusterSpec object
at 0x0000025AD5B8B9E8>, '_task_type': 'chief', '_task_id': 0, '_evaluation_
master': '', '_master': 'grpc://127.0.0.1:2221', '_num_ps_replicas': 1, '_num_
worker_replicas': 2, '_global_id_in_cluster': 0, '_is_chief': True}
......
INFO:tensorflow:loss = 0.13062291, step = 2748 (0.367 sec)
INFO:tensorflow:global_step/sec: 565.905
INFO:tensorflow:global_step/sec: 532.612
INFO:tensorflow:loss = 0.11379747, step = 2953 (0.372 sec)
INFO:tensorflow:global_step/sec: 578.003
INFO:tensorflow:global_step/sec: 578.006
INFO:tensorflow:loss = 0.11819798, step = 3157 (0.353 sec)
INFO:tensorflow:global_step/sec: 574.74
INFO:tensorflow:global_step/sec: 558.949
......
INFO:tensorflow:loss = 0.09850123, step = 5814 (0.424 sec)
INFO:tensorflow:global_step/sec: 572.337
INFO:tensorflow:global_step/sec: 439.875
INFO:tensorflow:Saving checkpoints for 6002 into myestimatormode\model.ckpt.
INFO:tensorflow:Loss for final step: 0.04346009.
```

（3）主控台 Console3：用於展示 worker 角色。只負責訓練。

```
......
<tensorflow.python.training.server_lib.ClusterSpec object at
0x00000209A423D9E8>, '_task_type': 'worker', '_task_id': 0, '_evaluation_
master': '', '_master': 'grpc://127.0.0.1:2222', '_num_ps_replicas': 1, '_num_
worker_replicas': 2, '_global_id_in_cluster': 1, '_is_chief': False}
......
INFO:tensorflow:loss = 0.22635186, step = 2292 (0.408 sec)
INFO:tensorflow:loss = 0.07718446, step = 2457 (0.329 sec)
......
INFO:tensorflow:loss = 0.1483176, step = 5982 (0.405 sec)
INFO:tensorflow:Loss for final step: 0.08431114.
```

從輸出結果的（2）、（3）部分中可以看到，訓練的實際步數（step）並不是連續的，而是交換進行的。這表示，chief 角色與 worker 角色二者在一起進行了協作訓練。

6.9.4 擴充：用分佈策略或 KubeFlow 架構進行分散式部署

在實際場景中，還可以用分佈策略或 KubeFlow 架構進行分散式部署。其中，分佈策略的方法介紹可以參考 6.1.9 小節，KubeFlow 架構的使用方法可以參考以下連結：

```
https://www.kubeflow.org/
```

6.10 實例 27：在分散式估算器架構中用 tf.keras 介面訓練 ResNet 模型，識別圖片中是橘子還是蘋果

在估算器架構中使用 train_and_evaluate 方法是一個非常便捷的開發方案。可以根據實際情況自由部署：

■ 如果訓練量小，則可以直接在本機上執行。

■ 如果訓練量大，則可以透過增加環境變數的方式在多台機器上分散式訓練。

本實例就用 train_and_evaluate 方法對預訓練模型進行微調。

> **實例描述**
>
> 有一組包含蘋果和橘子的圖片資料集。透過微調預訓練模型，使模型能夠識別出圖片中是蘋果還是橘子。

在樣本數不足的情況下，最快速的方式就是對預訓練模型進行微調。在 6.7.9 小節介紹過，tf.keras 介面中可以有好多預訓練好的模型供微調使用。這裡以 ResNet50 模型為例，示範其實際的用法。

6.10.1 樣本準備

該實例的樣本是各種各樣的橘子和蘋果的圖片。樣本下載網址如下：

```
https://people.eecs.berkeley.edu/~taesung_park/CycleGAN/datasets/
```

將樣本下載後，放到本機程式的同級目錄下即可。該樣本結構與 4.7 節實例中的樣本結構幾乎一樣。

在樣本處理環節，可以直接重用 4.7 節資料集部分的程式：

（1）將 4.7 節資料集部分的程式複製到本機。

（2）修改資料集路徑，使其指向本機的蘋果橘子資料集。

執行程式後可以看到輸出的結果，如圖 6-7 所示。

圖 6-7 橘子和蘋果樣本

6.10.2 程式實現：準備訓練與測試資料集

將 4.7 節的實例中的程式檔案「4-10 將圖片檔案製作成 Dataset 資料集 .py」複製到本機程式的同級目錄下，修改其中的圖片歸一化函數 _norm_image，實際程式如下：

程式 6-19 用 ResNet 識別橘子和蘋果

```
01    def _norm_image(image,size,ch=1,flattenflag = False):
      #定義函數，實現資料歸一化處理
02        image_decoded = image/127.5-1
03        if flattenflag==True:
04            image_decoded = tf.reshape(image_decoded, [size[0]*size[1]*ch])
05        return image_decoded
```

6.10.3 程式實現：製作模型輸入函數

製作模型的輸入函數，並進行測試。實際程式如下：

程式 6-19 用 ResNet 識別橘子和蘋果（續）

```
06    from tensorflow.python.keras.preprocessing import image
07    from tensorflow.python.keras.applications.resnet50 import ResNet50
08    from tensorflow.python.keras.applications.resnet50 import preprocess_
      input, decode_predictions
09
10    size = [224,224]                                    #圖片尺寸
11    batchsize = 10                                      #批次大小
12
13    sample_dir=r"./apple2orange/train"
14    testsample_dir = r"./apple2orange/test"
15
16    traindataset = dataset(sample_dir,size,batchsize)  #訓練集
17    testdataset = dataset(testsample_dir,size,batchsize,shuffleflag = False)
      #測試集
18
```

```
19   print(traindataset.output_types)                    # 列印資料集的輸出資訊
20   print(traindataset.output_shapes)
21
22   def imgs_input_fn(dataset):
23       iterator = dataset.make_one_shot_iterator()       # 產生一個反覆運算器
24       one_element = iterator.get_next()                 # 從 iterator 裡取一個元素
25       return one_element
26
27   next_batch_train = imgs_input_fn(traindataset)# 從 traindataset 裡取一個元素
28   next_batch_test = imgs_input_fn(testdataset)  # 從 testdataset 裡取一個元素
29       if flattenflag==True:
30   with tf.Session() as sess:                            # 建立階段（session）
31       sess.run(tf.global_variables_initializer())      # 初始化
32       try:
33           for step in np.arange(1):
34               value = sess.run(next_batch_train)
35               showimg(step,value[1],np.asarray(
36                           (value[0]+1)*127.5,np.uint8),10) # 顯示圖片
37       except tf.errors.OutOfRangeError:                 # 捕捉例外
38           print("Done!!!")
```

程式第 30 行是用階段（session）對輸入函數進行測試。執行後，如果看到如
圖 6-7 所示的效果，則表示輸入函數正確。

6.10.4 程式實現：架設 ResNet 模型

架設 ResNet 模型的步驟如下：

（1）手 動 將 預 訓 練 模 型 檔 案 "resnet50_weights_tf_dim_ordering_tf_kernels_
    notop.h5" 下載到本機（也可以採用 6.7.9 小節的方法──在程式即時執行
    透過設定讓其自動從網上下載）。

（2）用 tf.keras 介面載入 ResNet50 模型，並將其作為一個網路層。

（3）用 tf.keras.models 類別在 ResNet50 層之後增加兩個全連接網路層。

（4）用啟動函數 sigmoid 對模型最後一層的結果進行處理，得出最後的分類結
    果：是橘子還是蘋果。

實際程式如下：

程式 6-19 用 ResNet 識別橘子和蘋果（續）
```
39   img_size = (224, 224, 3)
40   inputs = tf.keras.Input(shape=img_size)
```

```
41    conv_base = ResNet50(weights='resnet50_weights_tf_dim_ordering_tf_
      kernels_notop.h5',input_tensor=inputs,input_shape = img_size ,include_
      top=False)# 建立 ResNet
42
43    model = tf.keras.models.Sequential()              # 建立整個模型
44    model.add(conv_base)
45    model.add(tf.keras.layers.Flatten())
46    model.add(tf.keras.layers.Dense(256, activation='relu'))
47    model.add(tf.keras.layers.Dense(1, activation='sigmoid'))
48    conv_base.trainable = False                       # 不訓練 ResNet 的加權
49    model.summary()
50    model.compile(loss='binary_crossentropy',         # 建置反向傳播
51                  optimizer=tf.keras.optimizers.RMSprop(lr=2e-5),
52                  metrics=['acc'])
```

程式第 48 行，透過將 ResNet50 層（conv_base）的加權設為不可訓練，固定
ResNet50 層的加權，讓其只輸出圖片的特徵結果，並用該特徵結果去訓練後面
的兩個全連接層。

6.10.5 程式實現：訓練分類器模型

訓練分類器模型的步驟如下：

（1）用 tf.keras.estimator.model_to_estimator 方法建立估算器模型 est_app2org。
（2）用 train_and_evaluate 方法對估算器模型 est_app2org 進行訓練。

實際程式如下：

```
程式 6-19 用 ResNet 識別橘子和蘋果（續）
53    model_dir ="./models/app2org"
54    os.makedirs(model_dir, exist_ok=True)
55    print("model_dir: ",model_dir)
56    est_app2org = tf.keras.estimator.model_to_estimator(keras_model=model,
      model_dir=model_dir)
57
58    # 訓練模型
59    train_spec = tf.estimator.TrainSpec(input_fn=lambda: imgs_input_
                  fn(traindataset),
60                max_steps=500)
61    eval_spec = tf.estimator.EvalSpec(input_fn=lambda: imgs_input_
                  fn(testdataset))
62
63    import time
```

```
64    start_time = time.time()
65    tf.estimator.train_and_evaluate(est_app2org, train_spec, eval_spec)
66    print("--- %s seconds ---" % (time.time() - start_time))
```

程式第 60 行，指定了反覆運算訓練的次數是 500 次。還可以透過增大訓練次數的方式加強模型的精度。如果想要縮短訓練時間，則可以運用 6.9 節的知識在多台機器上進行分散式訓練。

程式執行後，在本機路徑 "models\app2org" 下產生了檢查點檔案。該檔案是最後的結果。

6.10.6 執行程式：評估模型

評估模型的程式實現部分與 6.4 節幾乎一樣，只是需要將 estimator.train 方法取代成 tf.estimator.train_and_evaluate 方法。

實際程式如下：

程式 6-19 用 ResNet 識別橘子和蘋果（續）

```
67    img = value[0]                                    # 準備評估資料
68    lab = value[1]
69
70    pre_input_fn = tf.estimator.inputs.numpy_input_fn(img,batch_size=10,
      shuffle=False)
71    predict_results = est_app2org.predict( input_fn=pre_input_fn)# 評估輸入的圖片
72
73    predict_logits = []                               # 處理評估結果
74    for prediction in predict_results:
75        print(prediction)
76        predict_logits.append(prediction['dense_1'][0])
77    # 視覺化結果
78    predict_is_org = [int(np.round(logit)) for logit in predict_logits]
79    actual_is_org = [int(np.round(label[0]))  for label in lab]
80    showimg(step,value[1],np.asarray( (value[0]+1)*127.5,np.uint8),10)
81    print("Predict :",predict_is_org)
82    print("Actual  :",actual_is_org)
```

程式第 67、68 行將陣列 value 分成圖片和標籤，作為待輸入的樣本資料。陣列 value 是透過程式第 34 行從輸入函數中取出的。

在實際應用中，第 67、68 行的程式還需要被換成真正的待測資料。程式執行後，可以看到評估結果，如圖 6-8 所示。

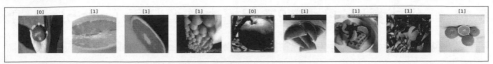

圖 6-8 模型的評估結果

輸出的預測結果與真實值如下：

```
Predict: [0, 1, 1, 1, 0, 1, 1, 1, 1, 0]
Actual: [0, 1, 1, 1, 0, 1, 1, 1, 1, 1]
```

6.10.7 擴充：全連接網路的最佳化

如要想獲得更高的精度，則除增加訓練次數外，還可以使用以下最佳化方案：

- 在模型最後兩層全連接網路中，加入 dropout 方法和正規化方法，使模型具有更好的泛化能力。
- 將模型最後兩層全連接的網路結構改成「一層全尺度卷積與一層 1×1 卷積組合」的結構（見 8.7.19 小節「1. 實現分類器」的程式實現部分）。
- 在資料集處理部分，對圖片做更多的增強轉換。

有興趣的讀者可以自行嘗試。

6.11 實例 28：在 T2T 架構中用 tf.layers 介面實現 MNIST 資料集分類

T2T 是 google 以 TensorFlow 新開放原始碼為基礎的深度學習函數庫。該函數庫將深度學習所需要的元素（資料集、模型、學習率、超參數等）封裝成標準化的統一介面，使用起來更加方便。

> **實例描述**
>
> 有一個 MNIST 資料集，其中包含 0 ～ 9 之間的手寫數字圖片。要求在 T2T 架構中用 tf.layers 介面將這些數字識別出來。

MNIST 資料集屬於深度學習領域使用最廣的測試資料集。該實例用一個簡單的卷積模型在 MNIST 上完成分類工作。在此過程中，重點示範如何在 T2T 架構中用統一的資料集、模型等介面進行訓練。

6.11.1 程式實現：檢視 T2T 架構中的資料集（problems）

在 T2T 架構中，將資料集統一命名為 problems。一個 problems 代表一個實際的資料集。

在按照 6.1.14 小節的方式安裝好 T2T 架構之後，可以透過以下程式在 T2T 架構中尋找其內部整合好的資料集。

程式 6-20 在 T2T 架構中訓練 mnist

```
01    import tensorflow as tf
02    import matplotlib.pyplot as plt
03    import numpy as np
04    import os
05
06    from tensor2tensor import problems
07    from tensor2tensor.utils import trainer_lib
08    from tensor2tensor.utils import t2t_model
09    from tensor2tensor.utils import metrics
10
11    tfe = tf.contrib.eager
12    tf.enable_eager_execution()              # 啟動動態圖
13
14    problems.available()                     # 顯示 T2T 中的資料集
```

程式第 14 行列出了 T2T 架構中的所有資料集。

程式執行後，輸出以下結果：

```
['algorithmic_addition_binary40',           # 演算法資料集
......
'algorithmic_sort_problem',                 # 語音資料集
'audio_timit_characters_tune',
......
'gym_simulated_discrete_problem_with_agent_on_wrapped_full_pong_autoencoded',
'gym_wrapped_full_pong_random',             # 強化學習相關資料集
'image_celeba',                             # 圖片資料集
......
'image_mnist',
'image_mnist_tune',
......
'img2img_imagenet',
'lambada_lm',                               # 語義資料集
......
'languagemodel_wikitext103_characters',
```

```
......
'translate_enzh_wmt8k',
'video_bair_robot_pushing',                     # 視訊資料集
'video_bair_robot_pushing_with_actions',
......
'wsj_parsing']
```

從上面結果可以看出，T2T 架構中的資料集幾乎涵蓋當今與深度學習相關的所有領域。

6.11.2 程式實現：建置 T2T 架構的工作路徑及下載資料集

在 T2T 架構中有兩個通用的檔案目錄用來管理資料集。

- tempdir：用於儲存資料集原始檔案。
- datadir：用於放置前置處理之後的 TFRecoder 格式檔案。

下面按照指定路徑建立檔案目錄並下載資料集。實際程式如下：

程式 6-20 在 T2T 架構中訓練 mnist（續）

```
15    # 建立檔案目錄
16    data_dir = os.path.expanduser("./t2t/data")
17    tmp_dir = os.path.expanduser("./t2t/tmp")
18    tf.gfile.MakeDirs(data_dir)
19    tf.gfile.MakeDirs(tmp_dir)
20
21    # 下載資料集
22    mnist_problem = problems.problem("image_mnist")
23    mnist_problem.generate_data(data_dir, tmp_dir)
      # 下載，並拆分為訓練和測試資料集，存到 data_dir 路徑下
24
25    # 取出一個資料並顯示
26    Modes = tf.estimator.ModeKeys        # 取得統一的資料集分類標示（用於測試或訓練）
27    mnist_example = tfe.Iterator(mnist_problem.dataset(Modes.TRAIN,
      data_dir)).next()
28    image = mnist_example["inputs"]      # 一個資料集元素的張量
29    label = mnist_example["targets"]
30
31    plt.imshow(image.numpy()[:, :, 0].astype(np.float32),
      cmap=plt.get_cmap('gray'))
32    print("Label: %d" % label.numpy())
```

程式第 26 行，使用了估算器中統一定義的資料集分類標示。該標示與 T2T

架構中拆分好的資料集相對應,其內部設定值為(TRAIN = train 、EVAL = eval 、PREDICT = infer),即在程式第 27 行透過指定 Modes.TRAIN 便可以從訓練資料集中取出資料。

整個程式執行後輸出以下內容:

```
Label: 7
```

同時也輸出了樣本圖片,如圖 6-9 所示。

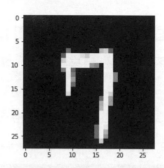

圖 6-9 MNIST 資料集中 lable 為 7 的樣本

6.11.3 程式實現:在 T2T 架構中架設自訂卷積網路模型

如想在 T2T 架構中使用自己的模型,則需要以下幾個步驟。

(1)自訂模型:需要繼承 t2t_model.T2TModel 類別,並實現 body 方法。

(2)為模型定義超參數設定。

(3)定義損失函數集和優化器。

在實作方式時,定義 MySimpleModel 類別繼承於 t2t_model.T2TModel 類別。在 MySimpleModel 類別的 body 方法中,用 tf.layers 介面定義了 3 個 valid 形式的卷積層。這 3 個卷積層將輸入圖片(尺寸為 [28,28])轉為向量特徵(尺寸為 [1,1])。

實際程式如下:

程式 6-20 在 T2T 架構中訓練 mnist(續)

```
33    class MySimpleModel(t2t_model.T2TModel):        # 自訂模型
34
35      def body(self, features):                     # 實現 body 方法
36        inputs = features["inputs"]
37        filters = self.hparams.hidden_size
```

```
38        #h1 尺寸計算方法 =(in_width-filter_width + 1) / strides_ width =[12*12]
39        h1 = tf.layers.conv2d(inputs, filters, kernel_size=(5, 5),
                strides=(2, 2))                    #預設 valid
40        #h2 尺寸為 [4*4]
41        h2 = tf.layers.conv2d(tf.nn.relu(h1), filters, kernel_size=(5, 5),
                strides=(2, 2))
42        # 傳回尺寸為 [1*1]
43        return tf.layers.conv2d(tf.nn.relu(h2), filters, kernel_size=(3, 3))
44
45    hparams = trainer_lib.create_hparams("basic_1", data_dir=data_dir,
                problem_name="image_mnist")
46    hparams.hidden_size = 64
47    model = MySimpleModel(hparams, Modes.TRAIN)
48
49    @tfe.implicit_value_and_gradients
50    def loss_fn(features): # 用修飾器 implicit_value_and_gradients 封裝 loss 函數
51      _, losses = model(features)
52      return losses["training"]
53
54    BATCH_SIZE = 128          #指定批次
55    #建立資料集
56    mnist_train_dataset = mnist_problem.dataset(Modes.TRAIN, data_dir)
57    mnist_train_dataset = mnist_train_dataset.repeat(None).batch(BATCH_SIZE)
58
59    optimizer = tf.train.AdamOptimizer()       #定義優化器
```

在定義好模型 MySimpleModel 類別之後,架設反向結構的步驟如下:

(1)用 trainer_lib.create_hparams 函數建立超參數,並指定實際內容(hparams. hidden_size = 64),見程式第 45 行。

(2)建立 loss 函數 loss_fn,見程式第 50 行。

(3)定義 Adam 優化器,見程式第 59 行。

其中,在第(2)步建立 loss 函數時,使用了 MySimpleModel 類別的產生實體物件。該物件會傳回兩個結果:模型的預測值和 loss 值。在 loss_fn 函數中取出 loss 值,並忽略預測結果(見程式第 51 行)。

6.11.4 程式實現:用動態圖方式訓練自訂模型

在 T2T 架構中,訓練自訂模型的方式與在動態圖中訓練模型的方式基本一致。實際程式如下:

程式 6-20 在 T2T 架構中訓練 mnist（續）

```
60    NUM_STEPS = 500                                        # 指定訓練次數
61
62    for count, example in enumerate(mnist_train_dataset):
63      example["targets"] = tf.reshape(example["targets"], [BATCH_SIZE, 1, 1, 1])
        # 轉為 4D
64      loss, gv = loss_fn(example)
65      optimizer.apply_gradients(gv)
66
67      if count % 50 == 0:
68        print("Step: %d, Loss: %.3f" % (count, loss.numpy()))
        # 輸出訓練過程中的 loss 值
69      if count >= NUM_STEPS:
70        break
```

程式第 63 行對標籤做了形狀轉換。該標籤用於計算 loss 值。因為自訂模型 MySimpleModel 輸出的預測結果是一個形狀為 [BATCH_SIZE, 1, 1, 1] 的張量（見 6.11.3 小節），所以在計算 loss 值時，需要將標籤轉成同樣形狀的張量。

6.11.5 程式實現：在動態圖中用 metrics 模組評估模型

TensorFlow 中的 metrics 模組可以對模型進行自動評估。metrics 模組是一個工具模組，可以非常方便地在動態圖中被使用。使用方法實際分為三步：

（1）用 metrics.create_eager_metrics 方法建立一個 metrics，傳回兩個函數 metrics_accum、metrics_result。見程式第 75 行。

（2）用 metrics_accum 函數計算評估結果。見程式第 87 行。

（3）用 metrics_result 函數取得計算後的評估結果。見程式第 89 行。

從評估資料集裡取得 200 個資料進行評估。實際程式如下：

程式 6-20 在 T2T 架構中訓練 mnist（續）

```
71    model.set_mode(Modes.EVAL)
72    mnist_eval_dataset = mnist_problem.dataset(Modes.EVAL, data_dir)
      # 定義評估資料集
73
74    # 建立評估 metrics，傳回準確率
75    metrics_accum, metrics_result = metrics.create_eager_metrics(
76        [metrics.Metrics.ACC, metrics.Metrics.ACC_TOP5])
77
78    for count, example in enumerate(mnist_eval_dataset):    # 檢查資料
79      if count >= 200:                                      # 只取 200 個
```

```
80        break
81
82    example["inputs"] = tf.reshape(example["inputs"], [1, 28, 28, 1])
      #變化形狀
83    example["targets"] = tf.reshape(example["targets"], [1, 1, 1, 1])
84
85    predictions, _ = model(example)                        #用模型計算
86
87    metrics_accum(predictions, example["targets"])         #計算統計值
88
89  for name, val in metrics_result().items():               #輸出結果
90    print("%s: %.2f" % (name, val))
```

程式執行後，輸出以下結果：

```
Step: 0, Loss: 8.215
......
Step: 500, Loss: 0.409
INFO:tensorflow:Setting T2TModel mode to 'eval'
......
accuracy: 0.98
accuracy_top5: 1.00
```

6.12 實例 29：在 T2T 架構中，用自訂資料集訓練中英文翻譯模型

在 6.11 節中，實現了用 T2T 架構中的資料集訓練自訂的模型。在實際應用中，更多的情況是——用自訂的資料集訓練成熟的模型。

本實例將用自訂的中英文語料資料集訓練 T2T 架構中的成熟模型，實現一個中英文翻譯模型。

實例描述
有一個資料集，含有一萬句中英文對應的平行語料。

要求用該資料集訓練 T2T 架構中的成熟模型，使得模型能夠用其他的樣本完成翻譯工作。

提示
平行語料是指，在中文、英文的兩個資料檔案中，每個檔案中的樣本都是按順序一一對應的。

本實例使用了一個含有 10000 句平行語料的中英文樣本集（在本書的搭配資源中可以找到它）。

6.12.1 程式實現：宣告自己的 problems 資料集

在 T2T 架構中製作 problems 資料集的步驟如下：

（1）單獨建立一個 problem 資料夾。

（2）在 problem 資料夾下，建立程式檔案 "__init__.py" 與 "my_problem.py"。

（3）在程式檔案 "__init__.py" 中增加程式，用於讓系統自動載入 "my_problem.py" 程式檔案。實際程式如下：

```
from . import my_problem
```

（4）在程式檔案 "my_problem.py" 中定義 MyProblem 類別，直接或間接繼承於 problems 類別。該類別的名稱必須與所在的程式檔案名稱對應（對應規則為：將檔案名稱 "my_problem.py" 中的底線去掉，分成兩個單字，並將每個單字的字首大寫）。

（5）用 @registry.register_problem 修飾器對 MyProblem 類別進行修飾。該修飾器的作用是將資料集 MyProblem 類別註冊到 T2T 架構中。

實際程式如下：

```
程式 my_problem
01   from tensor2tensor.utils import registry
02   from tensor2tensor.data_generators import problem, text_problems
03
04   # 自訂的 problem 一定要加該修飾器，否則 t2t 函數庫找不到自訂的 problem
05   @registry.register_problem
06   class MyProblem(text_problems.Text2TextProblem):
```

本實例使用的是文字類型的資料集，所以直接繼承於 Text2TextProblem 類別。

如果要使用其他類型的資料集，則需要在 T2T 架構的原始程式中尋找對應類型的資料集 problem 類別，並在自己的資料集類別中增加繼承關係。

> **提示**
>
> 在 T2T 架構的原始程式中，資料集的原始程式碼檔案在 tensor2tensor\data_generators 目錄下。以作者本機路徑為例，該檔案的路徑是：
>
> ```
> C:\local\Anaconda3\lib\site-packages\tensor2tensor\data_generators
> ```

6.12.2 程式實現：定義自己的 problems 資料集

下面按照 T2T 架構中規定的格式，在 MyProblem 類別中實現 approx_vocab_size、is_generate_per_split、dataset_split、sgenerate_samples 這幾個方法。每個方法的作用見程式中的實際註釋。

```
程式 my_problem（續）
07      @property
08      def approx_vocab_size(self):          #指定詞的個數
09          return 2**11
10
11      @property
12      def is_generate_per_split(self):
13          return False                      # 呼叫一次 generate_samples，拆分資料集
14
15      @property
16      def dataset_splits(self):                      #劃分訓練與評估資料集的比例
17          return [{
18              "split": problem.DatasetSplit.TRAIN,
19              "shards": 9,
20          }, {
21              "split": problem.DatasetSplit.EVAL,
22              "shards": 1,
23          }]
24      #產生資料集
25      def generate_samples(self, data_dir, tmp_dir, dataset_split):
26          del data_dir
27          del tmp_dir
28          del dataset_split
29          # 讀取原始的訓練樣本資料
30          e_r = open(r"E:/t2t_test/tmp/english1w.txt", "r",encoding='utf-8')
31          c_r = open(r"E:/t2t_test/tmp/chinese1w.txt", "r",encoding='utf-8')
32
33          comment_list = e_r.readlines()
34          tag_list = c_r.readlines()
35          c_r.close()
36          e_r.close()
37          for comment, tag in zip(comment_list, tag_list):
38              comment = comment.strip()
39              tag = tag.strip()
40              yield {                                # 傳回樣本與標籤
41                  "inputs": comment,
42                  "targets": tag
43              }
```

程式第 12 行定義了方法 is_generate_per_split，用於設定資料集的製作方式。

■ 如果方法 is_generate_per_split 的傳回值是 True，則表示：在進行訓練集與評估集拆分時，每次都需要呼叫 generate_samples 方法。

■ 如果方法 is_generate_per_split 的傳回值是 False，則表示：只用 generate_samples 方法將資料集解析一次，然後進行拆分。

在實際使用中，將方法 is_generate_per_split 的傳回值設為 False 更為通用。

程式第 25 行定義了 generate_samples 方法，用於產生資料。實際步驟如下：

（1）按照指定路徑及讀取方式讀取樣本資料。

（2）將讀取的資料分成 input 與 targets 形式的字典物件（見程式第 40 行）。

> **提示**
> 程式第 30 行中使用的是作者的本機樣本路徑 "E:/t2t_test/tmp"。在使用時，讀者可以根據自己的樣本位置來修改路徑。

6.12.3 在命令列下產生 TFRecoder 格式的資料

下面以命令列方式呼叫 T2T 架構中的工具，對文字進行前置處理。以 Windows 系統為例，實際步驟如下：

（1）在 DOS 系統中，透過 cd 指令來到本機 T2T 架構的安裝路徑 bin 下（作者本機路徑是：C:\local\Anaconda3\Lib\site-packages\tensor2tensor\bin）。

（2）指定 t2t_usr_dir 參數為新增的 my_problem.py 檔案所在的路徑（作者的本機路徑是：E:\t2t_test\problem）。

（3）指定 problem 參數為新增的 my_problem.py 的檔案名稱 "my_problem"。

（4）指定 data_dir 路徑為產生的 tfrecoder 檔案路徑（作者的本機路徑是 E:\t2t_test\data）。

實際指令如下：

```
C:\local\Anaconda3\Lib\site-packages\tensor2tensor\bin>python t2t_datagen.py
--t2t_usr_dir=E:\t2t_test\problem --problem=my_problem --data_dir=E:\t2t_test\
data
```

執行該指令之後，可以在本機 "E:\t2t_test\data" 下看到產生的前置處理檔案及字典，如圖 6-10 所示。

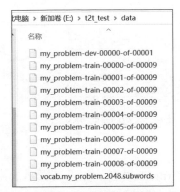

圖 6-10　產生的前置處理檔案及字典

在圖 6-10 中，按照從上到下的順序，第 1 個檔案是評估資料集，最後一個檔案是字典，其他檔案為訓練資料集。

6.12.4　尋找 T2T 架構中的模型及超參數，並用指定的模型及超參數進行訓練

T2T 架構中內建了許多成熟模型及搭配的超參數。可以透過撰寫程式檢視它們。

在獲得可選的成熟模型及搭配的超參數之後，便可以直接在命令列中指定自己的資料集，並選取模型和超參數進行訓練，不再需要額外撰寫程式。

1 在 T2T 中尋找模型

撰寫程式檢視 T2T 架構中的內建模型及對應超參數。實際程式如下：

```
程式 6-21　檢視 T2T 模型及超參數
01    import tensorflow as tf
02    from tensor2tensor import models
03
04    from tensor2tensor.utils import t2t_model
05    from tensor2tensor.utils import registry
06
07    print(len(registry.list_models()), registry.list_models())  # 顯示所有的模型
08    print(registry.model('transformer'))                        # 顯示指定模型
09    print(len(registry.list_hparams()),registry.list_hparams('transformer'))
      # 顯示指定模型的所有超參數
10    print(registry.hparams('transformer_base_v1'))    # 顯示指定模型的指定超參數
```

程式執行後，輸出以下結果：

（1）顯示所有的模型。

```
60 ['aligned', 'attention_lm', 'attention_lm_moe', 'autoencoder_autoregressive',
    'autoencoder_basic', 'autoencoder_basic_discrete',……
    'vqa_recurrent_self_attention', 'vqa_self_attention',
    'vqa_simple_image_self_attention', 'xception']
```

結果顯示，T2T 架構中一共包含 60 個成熟模型。

（2）顯示指定模型。

這裡隨便指定一個 "transformer" 模型，並將其顯示出來（見程式第 8 行）。

```
<class 'tensor2tensor.models.transformer.Transformer'>
```

結果顯示，每個模型都是以類別的方式存在的。

（3）顯示指定模型的所有超參數。

這裡同樣指定了 "transformer" 模型，並檢視該模型的超參數。

```
520 ['transformer_base_v1', 'transformer_base_v2', 'transformer_base',
    'transformer_big',
……
'transformer_symshard_base', 'transformer_symshard_sh4', 'transformer_
symshard_lm _0', 'transformer_symshard_h4', 'transformer_teeny']
```

結果顯示，T2T 架構中一共有 520 個超參數組合。它們都是已經微調過的超參數組合。使用者直接拿來即可使用，非常方便。在這 520 個超參數組合中，可以找到關於 "transformer" 模型的超參數組合。

（4）顯示指定模型的指定超參數組合。

這裡對 "transformer" 模型的 "transformer_base_v1" 超參數組合進行檢視。

```
[('activation_dtype', 'float32'), ('attention_dropout', 0.0), ('attention_
dropout_broadcast_dims', ''), ('attention_key_channels', 0), ('attention_
value_channels', 0), ('attention_variables_3d', False), ('batch_size', 4096),
……
('target_modality', 'default'), ('use_fixed_batch_size', False), ('use_pad_
remover', True), ('use_target_space_embedding', True), ('video_num_input_
frames', 1), ('video_num_target_frames', 1), ('vocab_divisor', 1), ('weight_
decay', 0.0), ('weight_dtype', 'float32'), ('weight_noise', 0.0)]
```

從結果中可以看到，超參數組合裡面放置了各個網路層的節點個數、最佳化演算法等資訊。

2 在命令列中訓練模型

下面在命令列中用 t2t_trainer.py 指令訓練模型。這裡指定模型為 transformer，
超參數為 transformer_base。

> (提示)
>
> 如果本機機器只有一個 GPU，則可以將超參數換為 transformer_base_single_gpu。

實際程式如下：

```
C:\local\Anaconda3\Lib\site-packages\tensor2tensor\bin>python t2t_trainer.py
--t2t_usr_dir=E:\t2t_test\problem --problem=my_problem --data_dir=E:\t2t_test\
data --model=transformer --hparams_set=transformer_base --output_dir=E:\t2t_
test\train
```

執行之後，程式將循環訓練模型，並且每訓練 1000 次模型之後儲存一次檢查
點檔案。

> (提示)
>
> T2T 架構模型也支援分散式訓練。實際訓練方法可以參考官方文件：
>
> ```
> https://github.com/tensorflow/tensor2tensor/blob/master/docs/
> distributed_training.md
> ```

6.12.5 用訓練好的 T2T 架構模型進行預測

準備好一個英文文件（路徑是 E:\t2t_test\decoder\en.txt），在其中放置幾個英文
句子。透過在命令列裡呼叫 T2T 架構中的 t2t_decoder.py 檔案進行預測。實際
指令如下：

```
C:\local\Anaconda3\Lib\site-packages\tensor2tensor\bin>python t2t_decoder.py
--t2t_usr_dir=E:\t2t_test\problem --problem=my_problem --data_dir=E:\t2t_test\
data --model=transformer --hparams_set=transformer_base --output_dir=E:\t2t_
test\train --decode_hparams="beam_size=4,alpha=0.6" --decode_from_file=E:\t2t_
test\decoder\en.txt --decode_to_file=E:\t2t_test\decoder\ch.txt
```

本實例中，使用了一個訓練 2000 次的模型檔案。執行後輸出以下資訊：

```
......
INFO:tensorflow:Restoring parameters from E:\t2t_test\train\model.ckpt-2000
INFO:tensorflow:Running local_init_op.
INFO:tensorflow:Done running local_init_op.
......
INFO:tensorflow:Inference results INPUT: to support its network information
```

```
service , this super server is also installed with parallel network and e
- mail service software , thus being able to support all kinds of popular
database software .
INFO:tensorflow:Inference results OUTPUT: 這些問題，可以增加資訊，但網路網路網路
網路網路網路網路資訊，網路網路網路網路網路網路網路網路網路的網路網路 .
……
INFO:tensorflow:Elapsed Time: 100.26935
INFO:tensorflow:Averaged Single Token Generation Time: 0.0214180
INFO:tensorflow:Writing decodes into E:\t2t_test\decoder\ch.txt
```

上面是訓練 2000 次模型的預測結果，讀者可以增加訓練次數來達到更好的效果。執行之後，能夠在 E:\t2t_test\decoder\ch.txt 路徑中找到模型的輸出檔案。

> **提示**
>
> T2T 架構中預設的解碼器只支援 UTF-8 格式。
>
> 如果是用 Windows 中新增的文字進行測試，還需要將其轉為 UTF-8 格式，否則會報 "UnicodeDecodeError: 'utf-8' codec" 之類的錯誤訊息。
>
> 將文字轉為 UTF-8 格式的方法有很多，例如：直接用編輯工具 UltraEdit 開啟文字，然後點擊選單中的「檔案」→「另存為」指令，選擇編碼為 UTF-8 格式。

6.12.6 擴充：在 T2T 架構中，如何選取合適的模型及超參數

為了方便使用者使用，在 T2T 架構的 GitHub 官網中給了一份詳細的建議方案，針對不同的工作推薦不同的資料集、模型和超參數，見表 6-2。

表 6-2　T2T 架構中不同工作的推薦訓練方案

任務	資料集	模型與超參數
影像分類	• ImageNet（一個大類型資料集）：對應的 problem 為 image_imagenet，以及其重新縮放的版本（image_imagenet224、image_imagenet64、image_imagenet32）。 • CIFAR-10：對應的 problem 為 image_cifar10，以及關閉資料擴充版本（image_cifar10_plain）。 • MNIST：對應的 problem 為 image_mnist	• ImageNet：建議使用 ResNet（對應的超參數為 resnet_50）或 Xception 模型（對應的超參數為 xception_base）。Resnet 應該在 ImageNet 上能夠達到 76％ 以上的準確率。 • CIFAR 和 MNIST：建議使用 shake_shake 模型（對應的超參數為 shakeshake_big）。經過 700000 次反覆運算訓練後，該模型在 CIFAR-10 上可以達到接近 97％的準確度

任務	資料集	模型與超參數
影像產生	• CelebA：對應的 problem 為 img2img_celeba。用於影像到影像的轉換，即從 8×8 pixel 到 32×32 pixel 的超解析度。 • CelebA-HQ：對應的 problem 為 image_celeba256_rev。 • CIFAR-10：對應的 problem 為 image_cifar10_plain_gen_rev。用於產生 32×32 pixel 的條件分類工作。 • LSUN Bedrooms：對應的 problem 為 image_lsun_bedrooms_rev。 • MS-COCO：對應的 problem 為 image_text_ms_coco_rev。用於文字到影像的產生。 • Small ImageNet（大類型資料集）：ImageNet 的縮放版，分為 image_imagenet32_gen_rev 與 image_imagenet64_gen_rev 兩個版本	• 建議使用 Image Transformer 模型（imagetransformer）或 Image Transformer plus 模型（imagetransformerpp）。 • CIFAR-10：推薦使用的超參數集合為 imagetransformer_cifar10_base 或 imagetransformer_cifar10_base_dmol。 • Imagenet-32：推薦使用的超參數集合為 imagetransformer_imagenet32_base
語言建模	• PTB（一個小資料集）：對應的 problem 為 languagemodel_ptb10k（用於字級建模）和 languagemodel_ptb_characters（用於字元級建模） • LM1B（十億字詞語料庫）：對應的 problem 為 languagemodel_lm1b32k（用於字詞級建模）和 languagemodel_lm1b_characters（用於字元級建模）	• 建議使用 transformer 模型。 • PTB：推薦使用超參數 transformer_small。 • LM1B：推薦使用超參數 transformer_base
情緒分析	• CNN / DailyMail：對應的 problem 為 summarize_cnn_dailymail32k	• 建議使用 transformer 模型（對應的超參數為 transformer_prepend）
翻譯	• 英文-德語：對應的 problem 為 translate_ende_wmt32k。 • 英文-法語：對應的 problem 為 translate_enfr_wmt32k。 • 英文-捷克語：對應的 problem 為 translate_encs_wmt32k。 • 英文-中文：對應的 problem 為 translate_enzh_wmt32k。 • 英文-越南語：對應的 problem 為 translate_envi_iwslt32k	• 建議使用 transformer 模型（對應的超參數為 transformer_base）。 • 在單一 GPU 上，超參數可使用 transformer_base_single_gpu。 • 在大類型資料集上（例如 translate_enfr_wmt32k），超參數可以使用 transformer_big

該建議方案支援的計算硬體為 Google 雲端 TPU 或帶有 8 張 GPU 的機器。

更多的 T2T 架構範例，可以參考以下網址：

```
https://colab.research.google.com/github/tensorflow/tensor2tensor/blob/master/
tensor2tensor/notebooks/hello_t2t.ipynb
```

6.13 實例 30：將 TensorFlow 1.x 中的程式升級為可用於 2.x 版本的程式

在 TensorFlow 2.x 版本中，推薦使用估算器架構、動態圖架構與 tf.keras 介面。1.x 版本中的靜態圖架構、tf-slim 介面將不再推薦使用。

在版本交替過程中，程式升級工作是避免不了的。本節將透過 tf_upgrade_v2 工具實現對已有程式的升級。

> **實例描述**
>
> 將 6.3 節中在 TensorFlow 1.x 版本中撰寫的動態圖程式，升級成符合 TensorFlow 2.x 版本語法的程式，並在 TensorFlow 2.x 版本中執行透過。

6.13.1 準備工作：建立 Python 虛擬環境

本節的準備工作分為兩部分。

（1）安裝 TensorFlow 2.x 版本：按照本書 2.6 節的內容，在本機建立虛擬環境，並安裝 TensorFlow 2.x 版本。

（2）準備帶轉換的程式檔案：將 6.3 節程式檔案「6-3 動態圖另一種梯度方法 .py」複製到本機，用於升級轉換。

6.13.2 使用工具轉換原始程式

安裝好 TensorFlow 2.x 版本之後，在命令列中執行以下操作。

（1）啟動該版本的虛擬環境（作者的 TensorFlow 2.x 版本所在的虛擬環境為 tf2）。

（2）用 tf_upgrade_v2 工具進行轉換。實際指令如下：

```
activate tf2
tf_upgrade_v2 --infile 6-3__動態圖另一種梯度方法 .py --outfile ./ 6-22__tf2code.py
```

該指令執行後，會在本機目錄下產生一個 report.txt 檔案。

在 report.txt 檔案裡記錄了 **tf_upgrade_v2** 工具的詳細轉化工作。實際內容如下：

```
--------------------------------------------------------------------------------
Processing file '6-3  動態圖另一種梯度方法 .py'
 outputting to './6-22_tf2code.py'
--------------------------------------------------------------------------------
'6-3  動態圖另一種梯度方法 .py' Line 18
--------------------------------------------------------------------------------
......
--------------------------------------------------------------------------------
Renamed function 'tf.train.Saver' to 'tf.compat.v1.train.Saver'
    Old: saver = tf.train.Saver([W,b], max_to_keep=1)
                 ~~~~~~~~~~~~~~
    New: saver = tf.compat.v1.train.Saver([W,b], max_to_keep=1)
                 ~~~~~~~~~~~~~~~~~~~~~~~~
```

同時，在本機路徑下也產生了原始程式碼檔案「6-22_tf2code.py」。

6.13.3 修改轉換後的程式檔案

因為 TensorFlow 2.x 版本不支援 contrib 模組，所以需要將用到 conrib 部分的程式全都刪掉。實際程式如下：

程式 6-22 tf2code（片段）

```
01   import tensorflow as tf
02   import numpy as np
03   import matplotlib.pyplot as plt
04   import tensorflow.contrib.eager as tfe    # 不再支援 contrib 模組，所以需要刪掉
05
06   tf.compat.v1.enable_eager_execution()     # 預設就是啟動動態圖，所以需要刪掉
07   print("TensorFlow 版本 : {}".format(tf.version))
08   print("Eager execution: {}".format(tf.executing_eagerly()))
09   ......
10   # 將 tfe 改為 tf
11   W = tfe.Variable(tf.random.normal([1]),dtype=tf.float32, name="weight")
12   b = tfe.Variable(tf.zeros([1]),dtype=tf.float32, name="bias")
13   ......
14   # 定義 saver，示範兩種操作檢查點檔案的方法
15   savedir = "logeager/"
16   savedirx = "logeagerx/"
```

```
17    saver = tf.compat.v1.train.Saver([W,b], max_to_keep=1)
18    saverx = tfe.Saver([W,b])                          # 刪除 contrib 的檢查點檔案操作
19
20    kpt = tf.train.latest_checkpoint(savedir)    # 找到檢查點檔案
21    kptx = tf.train.latest_checkpoint(savedirx)  # 找到檢查點檔案
22    if kpt!=None:
23        saver.restore(None, kpt)
24        saverx.restore(kptx)                          # 刪除 contrib 的恢復檢查點檔案操作
25        ......
26        # 顯示訓練中的詳細資訊
27        if step % display_step == 0:
28            cost = getcost (x, y)
29            print ("Epoch:", step+1, "cost=", cost.numpy(),"W=", W.numpy(),
                    "b=", b.numpy())
30            if not (cost == "NA" ):
31                plotdata["batchsize"].append(global_step.numpy())
32                plotdata["loss"].append(cost.numpy())
33            saver.save(None, savedir+"linermodel.cpkt", global_step)
34            saverx.save(savedirx+"linermodel.cpkt", global_step)
                # 刪除產生檢查點檔案的操作
35    ......
```

在修改程式時，直接將呼叫 contrib 模組操作檢查點檔案的程式刪掉即可。程式執行時期，會用靜態圖的方式對檢查點檔案操作。

程式執行後，程式輸出的結果與 6.3.5 小節一致，這裡不再詳述。

6.13.4 將程式升級到 TensorFlow 2.x 版本的經驗歸納

下面將升級程式到 TensorFlow 2.x 版本的方法整理起來，有以下幾點。

1 最快速轉化的方法

在程式中沒有使用 contrib 模組的情況下，可以在程式最前端加上以下兩句，直接可以實現的程式升級。

```
import tensorflow.compat.v1 as tf
tf.disable_v2_behavior()
```

這種方法只是保障程式在 TensorFlow 2.x 版本上能夠執行，並不能發揮 TensorFlow 的最大效能。

2 使用工具進行轉化的方法

在程式中沒有使用 contrib 模組的情況下，用 tf_upgrade_v2 工具可以快速實現程式升級。當然 tf_upgrade_v2 工具並不是萬能的，它只能實現基本的 API 升級。一般在轉化完成之後還需要手動二次修改。

3 將靜態圖改成動態圖的方法

靜態圖可以看作程式的執行架構，可以將輸入輸出部分原樣的套用在函數的呼叫架構中。實際步驟如下：

（1）將階段（session）轉化成函數。

（2）將植入機制中的預留位置（tf.placeholder）和字典（feed_dict）轉化成函數的輸入參數。

（3）將階段執行（session.run）後的結果轉化成函數的傳回值。

在實現過程中，可以透過自動圖功能，用簡單的函數邏輯取代靜態圖的運算結構。自動圖的詳細介紹請參考 6.1.16 小節。

4 將共用變數的作用於轉成 Python 物件的命名空間

在定義加權參數時，用 tf.Variable 函數取代 tf.get_variable 函數。每個變數的命名空間（variable_scope）用類別物件空間進行取代，即將網路封裝成類別的形式來架設模型。

在封裝類別的過程中，可以繼承 tf.keras 介面（如：tf.keras.layers.Layer、tf.keras.Model）也可以繼承更底層的介面（如 tf.Module、tf.layers.Layer）。

在對模型進行參數更新時，可以使用產生實體類別物件的 variables 和 trainable_variables 屬性來控制參數。

5 升級 TF-slim 介面開發的程式

TensorFlow 2.x 版本將徹底拋棄 TF-slim 介面，所以升級 TF-slim 介面程式會有較大的工作量。官方網站列出的指導建議是：如果手動將 TF-slim 介面程式轉化為 tf.layers 介面實現（因為二者的使用方法相比較較類似，見 6.6 節），則可以滿足基本使用；如果想與 TensorFlow 2.x 版本結合得更加緊密，則可以再將其轉化為 tf.keras 介面。

第三篇 進階

本篇主要說明機器學習演算法的相關內容，主要分為兩部分：
特徵工程、神經網路。

在特徵工程部分，主要介紹特徵列轉換、機器學習的使用方
法。這些方法都具有強解釋性。

在神經網路部分，主要介紹卷積神經網路、循環神經網路的相
關模型。這些模型都是目前相對主流的成熟模型。

透過本篇的學習，讀者可以學會如何選擇模型，以及使用模型
完成特定的機器學習工作。

特徵工程 -- 會說話的資料

特徵工程本質上是一種工程方法,即從原始資料中分析最佳特徵,以供演算法或模型使用。

在機器學習工作中,應用領域不同,特徵工程的重要程度也不同。

- 在數值分析工作中,特徵工程的重要性尤為突出。是否可分析出好的特徵,對模型的訓練結果有很大影響。一旦分析不到有用的樣本特徵,或是太多無用的樣本特徵進入模型,都會讓模型的精度大打折扣。
- 在影像處理工作中,特徵工程的作用不大,因為在影像處理工作中,圖片樣本都是像素值在 0 ～ 255 的數字,是固定值域。
- 在文字處理工作中,將樣本進行分詞、向量化之後,也會將值域統一起來。不再需要使用特徵工程的方法對樣本數值進行重組。

本章重點介紹在數值分析工作中,從樣本裡分析特徵,並進行轉換的各種方法。如果讀者掌握了這些方法,便可以根據已有工作選擇合適的處理方法,對樣本資料進行有效特徵的分析,完成數值的分析。

7.1 快速導讀

在學習實例之前,有必要了解特徵工程的基礎知識。

7.1.1 特徵工程的基礎知識

特徵工程發生在訓練模型之前的樣本前置處理環節。

在數值分析工作中,不同的樣本具有不同的欄位屬性,如名字、年齡、位址、電話等，這些資訊是以不同形式存在的。如果想要使用演算法或模型進行分析，則需要將樣本中的資訊轉化成模型能夠處理的資料──浮點數態資料。這便是特徵工程主要做的事情。

1 特徵工程的作用

在特徵工程中，為了降低模型的擬合難度，除需要對欄位屬性做數值轉化外，還需要根據工作本身做屬性的增減。這相當於用人的瞭解力對資料做一次加工，幫助神經網路更進一步地了解資料。特徵工程做得越好，資料的代表能力就會越強。

在訓練模型環節，代表能力強的樣本會給神經網路一個明顯的指導訊號，使模型更容易學到樣本中的潛在規則，表現出更好的預測效果。

2 特徵工程的方法

特徵工程可以視為資料科學中的一種，包含了許多資料分析的知識和技巧，讓初學者很難入門。不過隨著深度學習的發展，越來越多的解決方案偏好透過擬合能力更強的機器學習演算法來降低人工操作度，減小對特徵工程的依賴程度。這使得特徵工程的作用越來越接近於單純的數值轉化。所以，讀者只需要掌握一些特徵工程的基本方法即可，不再需要將更多的精力放在特徵工程演算法上。

在特徵工程中，常用的特徵分析方法有以下 3 種。

- 單純對特徵的選擇操作。
- 透過特徵之間的運算，建置出新的特徵（例如有兩個特徵 x1、x2，透過計算 x1+x2 來產生一個新的特徵）。
- 透過某些演算法來產生新的特徵（例如主成分分析演算法，或先經過深度神經網路算出一部分特徵值）。

這 3 種方法在使用時，只有相關的指導概念，沒有固定的使用模式。除依靠個人經驗外，還可以用機器學習演算法進行篩選，但用機器學習演算法進行篩選的過程會需要大量的算力作為支撐。

7.1.2 離散資料特徵與連續資料特徵

樣本的資料特徵主要可以分為兩種：離散資料特徵和連續資料特徵。

◼ 離散資料特徵

離散資料特徵類似分類工作中的標籤資料（舉例來說，男人、女人）所表現出來的特徵，即資料之間彼此沒有連續性。具有該特徵的資料被叫作離散資料。

在對離散資料做特徵轉換時，常常將其轉化為 one-hot 編碼或詞向量，實際分為兩種。

- 具有固定類別的樣本（舉例來說，性別）：處理起來比較容易，可以直接按照整體類別數進行轉換。
- 沒有固定類別的樣本（舉例來說，名字）：可以透過 hash 演算法或類似的雜湊演算法將其分散，然後再透過詞向量技術進行轉化。

◼ 連續資料特徵

連續資料特徵類似回歸工作中的標籤資料（舉例來說，年紀）所表現出來的特徵，即資料之間彼此具有連續性。具有該特徵的資料被叫作連續資料。

在對連續資料做特徵轉換時，常對其做對數運算或歸一化處理，使其具有統一的值域。

◼ 連續資料與離散資料的相互轉化

在實際應用中，需要根據資料的特性選擇合適的轉化方式，有時還需要實現連續資料與離散資料間的互相轉化。

舉例來說，對一個值域跨度很大（舉例來說，0.1 ～ 10000）的特徵屬性進行資料前置處理時，可以有以下 3 種方法。

（1）將其按照最大值、最小值進行歸一化處理。
（2）對其使用對數運算。
（3）按照其分佈情況將其分為幾種，做離散化處理。

實際選擇哪種方法還要看資料的分佈情況。假設資料中有 90% 的樣本在 0.1~1 之間，只有 10% 的樣本在 1000~10000 之間。那麼使用第（1）種和第（2）種方法顯然不合理。因為這兩種方法只會將 90% 的樣本與 10% 的樣本分開，並不可極佳地表現出這 90% 的樣本的內部分佈情況。

而使用第（3）種方法，可以按照樣本在不同區間的分佈數量對樣本進行分類，讓樣本內部的分佈特徵更進一步地表達出來。

7.1.3　了解特徵列介面

特徵列（tf.feature_column）介面是 TensorFlow 中專門用於處理特徵工程的進階 API。用 tf.feature_column 介面可以很方便地對輸入資料進行特徵轉化。

特徵列就像是原始資料與估算器之間的仲介，它可以將輸入資料轉化成需要的特徵樣式，以便傳入模型進行訓練。

7.1.4　了解序列特徵列介面

序列特徵列介面（tf.contrib.feature_column.sequence_feature_column）是 TensorFlow 中專門用於處理序列特徵工程的進階 API。它是在 tf.feature_column 介面之上的又一次封裝。該 API 目前還在 contrib 模組中，未來有可能被移植到主版本中。

在序列工作中，使用序列特徵列介面（sequence_feature_column）會大幅減少程式的開發量。

在序列特徵列介面中一共包含以下幾個函數。

- sequence_input_layer：建置序列資料的輸入層。
- sequence_categorical_column_with_hash_bucket：將序列資料轉化成離散分類特徵列。
- sequence_categorical_column_with_identity：將序列資料轉化成 ID 特徵列。
- sequence_categorical_column_with_vocabulary_file：將序列資料根據詞彙表檔案轉化成特徵列。
- sequence_categorical_column_with_vocabulary_list：將序列資料根據詞彙表清單轉化成特徵列。
- sequence_numeric_column：將序列資料轉化成連續值特徵列。

在 7.5 節還會示範序列特徵列 API 的使用實例。

7.1.5 了解弱學習器介面──梯度提升樹（**TFBT 介面**）

TFBT 介面實現了梯度提升樹（gradient boosted trees）演算法。梯度提升樹演算法適用於多種機器學習工作。

TFBT 是一個弱學習器介面，其中包含兩套 API，都可以處理「分類工作」和「回歸工作」。

以「分類工作」為例，這兩套 API 如下所示。

- contrib 模組中的 API：tensorflow.contrib.boosted_trees 介面。
- 估算器架構中的 API：tf.estimator.BoostedTreesClassifier 介面。

其中，contrib 模組中的 API 都是非官方支援的協力廠商實驗型 API，其功能較新、較全，但不穩定。

在主架構中的「回歸工作」的介面是 tf.estimator.BoostedTreesRegressor。

> **提示**
>
> 在 TensorFlow 2.x 版本中沒有 contrib 模組。建議讀者優先使用估算器架構中的 API。

7.1.6 了解特徵前置處理模組（**tf.Transform**）

特徵前置處理模組（tf.Transform）是一個對資料進行前置處理的函數庫。在訓練 NLP、數值分析等模型時，利用它可以很方便地對資料進行前置處理，例如：

- 將輸入值做平均值計算或標準差歸一化處理。
- 根據輸入文字產生字典，並將文字按照字典轉為索引。
- 將輸入的連續值資料特徵按照指定界限進行劃分（桶機制），並根據劃分的界限將其轉化為整數索引（離散資料特徵）。

1 安裝 tf.Transform 模組

tf.Transform 模組獨立於 TensorFlow 安裝套件，需要另外單獨安裝，實際方法是，在命令列裡輸入以下指令：

```
pip install tensorflow-transform
```

2 了解 tf.Transform 的依賴函數庫

如果 tf.Transform 模組在本機分佈執行，則會依賴於 Apache Beam 函數庫。如果在雲端 TPU 上執行，則依賴於 Google Cloud Dataflow。

> **提示**
>
> 截至本書定稿時，tf.Transform 模組還在開發之中，只支援 Python 2.7 到 Python 3.0，對於本書使用的 Python 3.6 版本並不支援。這是由於目前的 tf.Transform 在 Python 3.0 之後的版本上還會有未能解決的重要 Bug，影響模組的發佈。
>
> 讀者可以先關注該模組的發佈資訊，實際連結如下：
>
> https://github.com/tensorflow/transform/
>
> 如果在未來發佈了支援 Python 3.6 版本的 tf.Transform 模組，則便可以使用。

7.1.7 了解因數分解模組

TensorFlow 中提供了一個因數分解模組（factorization），其中包含 GMM（高斯混合模型）、kmeans（分群演算法）、WALS（加權矩陣分解）演算法。它們是估算器架構的 3 種產生實體實現。

因數分解模組的用法與估算器的用法基本一致，它可以使機器學習程式與深度學習無縫連接。它的實際使用方法見本書 7.4 節。

7.1.8 了解加權矩陣分解演算法

加權矩陣分解（WALS）演算法採用加權交替矩陣分解的最小平方法實現，能夠將非常稀疏的矩陣因數分解成兩個稠密矩陣的乘積，如圖 7-1 所示。

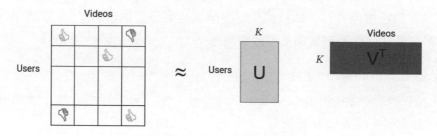

圖 7-1 WALS 演算法範例圖

在圖 7-1 的左側：

- 水平座標為 Videos，代表視訊的 ID。
- 垂直座標為 Users，代表使用者的 ID。
- 二者交換的方格，代表某個使用者對某個視訊給予的好評或差評。

如果該資料來自一個視訊網站，則 Users 和 Videos 的個數會非常多，且這兩個欄位都屬於離散型欄位。如果用 one-hot 編碼來代表，則是非常龐大的維度，並且大部分的值都為 0，這顯然不合適。

圖 7-1 左側的矩陣被分解成了右側的兩個稠密矩陣：Users 與 Videos。

- 在 Users 矩陣中，行數代表使用者的個數，列數為 K（可以在演算法中指定）。
- 在 Videos 矩陣中，列數為 K（與 Users 的行數相同），行數為視訊的個數。

在圖 7-1 中，左側的矩陣可以視為由右側的 Users 矩陣與 Videos 矩陣相乘得來（中間的 K 個維度會在相乘過程中被約分掉）；圖 7-1 右側的 Users 矩陣與 Videos 矩陣可以視為由左側矩陣分解得來。

在訓練 WALS 模型時，只關注稀疏矩陣中有值的部分。實際步驟如下：

（1）將 Users 矩陣與 Videos 矩陣中指定的元素相乘。
（2）將（1）的結果與對應的標籤評論值進行比較，計算損失。
（3）根據損失來調整加權參數。
（4）多次反覆運算，使得 Users 矩陣與 Videos 矩陣中指定元素的相乘結果，越來越接近圖 7-1 左側中對應位置的評論值。

在使用 WALS 模型時，便可以在 Users 矩陣與 Videos 矩陣的相乘結果中，找到指定使用者的所有視訊評論值。如果對該評論值進行排名，便是一個關於該使用者的推薦演算法。

另外，透過 WALS 演算法之後，每個使用者或每個視訊便都可以用 K 個維度的向量來表示，再也不需要用龐大的 one-hot 編碼來表示了。

7.1.9 了解 Lattice 模組──點陣模型

TensorFlow 中的 Lattice 模組是一個點陣模型（內插查閱資料表），該模型透過

「單調校準內插查閱資料表」演算法實現。該演算法透過內插方式配合單調函數來學習樣本中的資料特徵，具有很好的可解釋性，善於解決低維度資料的相關工作。

在樣本比較少的情況下，Lattice 模組的準確性會高於深度學習模型的準確性，同時 Lattice 模組也提供給使用者了更高的演算法透明度。

更多理論可參考以下連結：

```
http://jmlr.org/papers/v17/15-243.html
https://ai.google/research/pubs/pub46327
```

1 安裝 Lattice 模組

Lattice 不在 TensorFlow 的官方模組裡，所以需要單獨安裝。現有的二進位套件只支援 Linux 與 Mac 作業系統（如果要在 Windows 系統中使用，則需要對原始程式進行編譯）。實際安裝指令如下：

```
pip install tensorflow-lattice
```

2 Lattice 的內部模組介紹

安裝好的 Lattice 模組可用於回歸和分類工作。它能夠單獨進行計算處理（類似估算器的使用方法），也可以作為神經網路中的一層進行聯合的計算處理。

Lattice 模組內部包含以下 6 個子模組。

- 校準線性模型：將每個特徵進行一維線性轉換，然後把所有校準後的特徵進行線性連接。它適用於訓練非常小或沒有複雜的非線性輸入互動的資料集。

- 校準點陣模型：將校準後的特徵用兩層單一點陣模型進行非線性連接，可以展現資料集中的複雜非線性互動。它適用於特徵數在 10 個以下的資料集。

- 隨機微點陣模型（Random Tiny Lattices，RTL）：是一個最佳化後的點陣模型。它可以使參數的數量可控。正常來講，一個具有 D 個特徵的點陣模型，需要至少 2^D 個參數。RTL 的微點陣單元是由許多個點陣相加所組成，這種結構使得整體的點陣參數不至於隨著特徵的增加而呈指數級增長。在實現時，給每個微點陣單元設定一個特徵維度 DL，每個微點陣單元從整體

D 維特徵中隨機取 DL（微點陣單元的特徵維度）個特徵來進行運算。然後由任意個微點陣單元組成整個 RTL。

- 集合的微點陣模型（Ensembled Tiny Lattices，ETL）：與 RTL 模型類似，只不過每個微點陣的維度是個隨機值。同時還會對輸入的 D 維特徵做一次線性轉換。相比 RTL 模型，ETL 模型的靈活度更強，但會缺乏一些可解釋性，而且也需要更長的時間訓練。
- 校準層：對資料進行分段線性校準，可以對接到其他神經網路裡。
- 點陣層：對資料進行內內插查表轉化，可以對接到其他神經網路裡。

7.1.10 聯合訓練與整合學習

聯合訓練（joint training）與整合學習（ensemble learning）都屬於使用多模型處理單一工作的訓練方法。

二者的相同之處是：將多種學習演算法組合在一起，以便取得更好的結果。舉例來說，採用多個分類器對資料集進行預測，進一步加強整個分類器的泛化能力。

二者的不相同之處是：

- 整合學習方法中的每個模型都是獨立進行訓練的，模型的融合過程發生在最後的預測階段。
- 聯合訓練方法中的所有模型都是同時訓練的，彼此共用誤差。模型的融合過程發生在訓練階段。每個模型的加權會隨整體的訓練誤差進行調整。

本書 7.2 節實例中介紹的 wide_deep 模型，使用的就是聯合訓練方法。

7.2 實例 31：用 wide_deep 模型預測人口收入

本實例用 wide_deep 模型預測人口收入。wide_deep 模型來自 Google 公司，在 Google Play 的 APP 推薦演算法中就使用了該模型。

wide_deep 模型的核心思想是：結合線性模型的記憶能力（memorization）和 DNN 模型的泛化能力（generalization），在訓練過程中同時最佳化兩個模型的參數，進一步實現最佳的預測能力。

> **實例描述**
> 有一個人口收入的資料集，其中記錄著很多人的詳細資訊及收入情況。

現需要訓練一個機器學習模型，使得該模型能夠找到個人的詳細資訊與收入之間的關係。最後實現：在指定一個人的實際詳細資訊之後，該模型能估算出他的收入水平。

本實例具有很好的學習價值，下面就來詳細說明一下。

7.2.1 了解人口收入資料集

該資料集的實際資訊見表 7-1。

表 7-1 人口收入資料集

資料集專案	實際值
資料集的特徵	多元
實例的數目	48842
區域	社會
屬性特徵	分類，整數
屬性的數目	14 個

資料集中收集了 20 多個地區的人口資料，每個人的詳細資料封包含年齡、職業、教育等 14 個維度，一共有 48842 筆資料。本實例從其中取出 32561 筆資料用作訓練模型的資料集，剩餘的資料將作為測試模型的資料集。

1 部署資料集

在本書的搭配資源裡提供了兩個資料集檔案——adult.data.csv 與 adult.test.csv，將這兩個檔案複製到本機程式的 income_data 資料夾下，如圖 7-2 所示。

圖 7-2 人口收入資料集

在圖 7-2 中，adult.data.csv 是訓練資料集，adult.test.csv 是測試資料集。

2 資料集內容介紹

用 Excel 開啟資料集檔案，便可以看到實際內容，如圖 7-3 所示。

	A	B	C	D	E	F	G	H	I	J	K	L	M	N	O
1	25	Private	226802	11th	7	Never-married	Machine-op-inspct	Own-child	Black	Male	0	0	40	area_A	<=50K
2	38	Private	89814	HS-grad	9	Married-civ-spouse	Farming-fishing	Husband	White	Male	0	0	50	area_A	<=50K
3	28	Local-gov	336951	Assoc-acdm	12	Married-civ-spouse	Protective-serv	Husband	White	Male	0	0	40	area_A	>50K
4	44	Private	160323	Some-college	10	Married-civ-spouse	Machine-op-inspct	Husband	Black	Male	7688	0	40	area_A	>50K
5	18	?	103497	Some-college	10	Never-married	?	Own-child	White	Female	0	0	30	area_A	<=50K
6	34	Private	198693	10th	6	Never-married	Other-service	Not-in-family	White	Male	0	0	30	area_A	<=50K
7	29	?	227026	HS-grad	9	Never-married	?	Unmarried	Black	Male	0	0	40	area_A	<=50K
8	63	Self-emp-not-inc	104626	Prof-school	15	Married-civ-spouse	Prof-specialty	Husband	White	Male	3103	0	32	area_A	>50K
9	24	Private	369667	Some-college	10	Never-married	Other-service	Unmarried	White	Female	0	0	40	area_A	<=50K
10	55	Private	104996	7th-8th	4	Married-civ-spouse	Craft-repair	Husband	White	Male	0	0	10	area_A	<=50K
11	65	Private	184454	HS-grad	9	Married-civ-spouse	Machine-op-inspct	Husband	White	Male	6418	0	40	area_A	>50K
12	36	Federal-gov	212465	Bachelors	13	Married-civ-spouse	Adm-clerical	Husband	White	Male	0	0	40	area_A	<=50K
13	26	Private	82091	HS-grad	9	Never-married	Adm-clerical	Not-in-family	White	Female	0	0	39	area_A	<=50K
14	58	?	299831	HS-grad	9	Married-civ-spouse	?	Husband	White	Male	0	0	35	area_A	<=50K
15	48	Private	279724	HS-grad	9	Married-civ-spouse	Machine-op-inspct	Husband	White	Male	3103	0	48	area_A	>50K
16	43	Private	346189	Masters	14	Married-civ-spouse	Exec-managerial	Husband	White	Male	0	0	50	area_A	>50K
17	20	State-gov	444554	Some-college	10	Never-married	Other-service	Own-child	White	Male	0	0	25	area_A	<=50K
18	43	Private	128354	HS-grad	9	Married-civ-spouse	Adm-clerical	Wife	White	Female	0	0	30	area_A	<=50K
19	37	Private	60548	HS-grad	9	Widowed	Machine-op-inspct	Unmarried	White	Female	0	0	20	area_A	<=50K
20	40	Private	85019	Doctorate	16	Married-civ-spouse	Prof-specialty	Husband	Asian-Pac-Islander	Male	0	0	45	?	>50K
21	34	Private	107914	Bachelors	13	Married-civ-spouse	Tech-support	Husband	White	Male	0	0	47	area_A	>50K
22	34	Private	238588	Some-college	10	Never-married	Other-service	Own-child	Black	Female	0	0	35	area_A	<=50K
23	72	?	132015	7th-8th	4	Divorced	?	Not-in-family	White	Female	0	0	6	area_A	<=50K

adult.test

圖 7-3 資料集的內容

圖 7-3 中，每一行都有 15 列，代表一個人的 15 個資料屬性。每個屬性的意義及設定值見表 7-2。

表 7-2 資料集欄位的含義

列	欄位	取值
A	年齡（age）	連續值
B	工作類別（workclass）	Private（民營企業）、Self-emp-not-inc（自由職業）、Self-emp-inc（雇主）、Federal-gov（聯邦政府）、Local-gov（地方政府）、State-gov（州政府）、Without-pay（沒有薪水）、Never-worked（無業）
C	加權值（fnlwgt）	連續值
D	教育（education）	Bachelors（學士）、Some-college、11th、HS-grad（高中）、Prof-school（教授）、Assoc-acdm、Assoc-voc、9th、7th-8th、12th、Masters（碩士）、1st-4th、10th、Doctorate（博士）、5th-6th、Preschool（學前班）
E	受教育年限（education_num）	連續值
F	婚姻狀況（marital_status）	Married-civ-spouse（已婚）、Divorced（離婚）、Never-married（未婚）、Separated（分居）、Widowed（喪偶）、Married-spouse-absent（已婚配偶缺席）、Married-AF-spouse（再婚）

列	欄位	取值
G	職業 （occupation）	Tech-support（技術支援）、Craft-repair（製程修理）、Other-service（其他服務）、Sales（銷售）、Exec-managerial（行政管理）、Prof-specialty（專業教授）、Handlers-cleaners（操作工人清潔工）、Machine-op-inspct（機器操作）、Adm-clerical（ADM 職員）、Farming-fishing（農業捕魚）、Transport-moving（運輸搬家）、Priv-house-serv（家庭服務）、Protective-serv（保安服務）、Armed-Forces（武裝部隊）
H	關係 （relationship）	Wife（妻子）、Own-child（自己的孩子）、Husband（丈夫）、Not-in-family（不是家庭成員）、Other-relative（其他親戚）、Unmarried（未婚）
I	種族 （race）	White（白種人）、Asian-Pac-Islander（亞洲太平洋島民）、Amer-Indian-Eskimo（印度人）、Other（其他）、Black（黑種人）
J	性別 （gender）	Female（女性）、Male（男性）
K	收益 （capital_gain）	連續值
L	損失 （capital_loss）	連續值
M	每週工作時間 （hours_per_week）	連續值
N	地區 （native_area）	area_A、area_B、area_C、area_D、area_E、area_F、area_G、area_H、area_I、Greece、area_K、area_L、area_M、area_N、area_O、area_P、Italy、area_R、Jamaica、area_T、Mexico、area_S、area_U、France、area_W、area_V、Ecuador、area_X、Columbia、area_Y、Guatemala、Nicaragua、area_Z、area_1A、area_1B、area_1C、area_1D、Peru、area_#、area_1G
O	收入等級 （income_bracket）	>5 萬美金、≤5 萬美金

7.2.2 程式實現：探索性資料分析

探索性資料分析（Exploratory Data Analysis，EDA）是指，對原始樣本進行特徵分析，找到有價值的特徵。常用的方法之一是：用散點圖矩陣（scatterplot matrix 或 pairs plot）將樣本特徵視覺化。視覺化的結果可用於分析樣本分佈、尋找單獨變數間的關係或發現資料例外情況，有助指導後續的模型開發。

這裡介紹一個工具——seaborn（https://seaborn.pydata.org），它能夠在 Python 環境中快速建立散點圖矩陣，並支援客製化。

下面舉一個對資料進行視覺化的實例，程式如下：

```
import seaborn as sns
import pandas as pd
import warnings
warnings.simplefilter(action = "ignore", category = RuntimeWarning)
# 忽略警告（遇到空值的情況，會有警告）


_CSV_COLUMNS = [                                    #CSV 檔案的列名稱
    'age', 'workclass', 'fnlwgt', 'education', 'education_num',
    'marital_status', 'occupation', 'relationship', 'race', 'gender',
    'capital_gain', 'capital_loss', 'hours_per_week', 'native_area',
    'income_bracket'
]
evaldata = r"income_data\adult.data.csv"            # 載入 CSV 檔案
df = pd.read_csv(evaldata,names=_CSV_COLUMNS,skiprows=0,encoding = "ISO-8859-
1") #,encoding = "gbk") #,skiprows=1,columns=list('ABCD')

df.loc[df['income_bracket']=='<=50K','income_bracket']=0   # 欄位轉化
df.loc[df['income_bracket']=='>50K','income_bracket']=1    # 欄位轉化
df1 = df.dropna(how='all',axis = 1)                     # 資料清洗：將空值資料去掉
sns.pairplot(df1)                                      # 產生交換表
```

執行程式之前，需要先透過 **pip install seaborn** 指令安裝 seaborn 工具。執行之後便會看到其產生的欄位交換圖表，如圖 7-4 所示。

從圖 7-4 中可以看出，seaborn 工具將數值型態的欄位以交換表的方式統一羅列了出來。可以獲得以下結果。

■ 最後的 income_bracket（收入等級）與前面的任何單一欄位都沒有明顯的直接關聯。

■ 從 capital_gain（收益）欄位來看，高收入與低收入人群之間存在著很大的差距。

■ 從 hours_per_week（每週工作時間）欄位來看特別高與特別低的人群都沒有很好的年收益。

■ 學歷低的人群獲得高收益的機率非常低。

在實際操作中，可以將其他非數值的欄位數值化。對於較大數值的欄位也可以取對數，將其控制在統一的設定值區間。還可以在圖上將某個欄位的類別用不同顏色顯示，進一步方便分析。

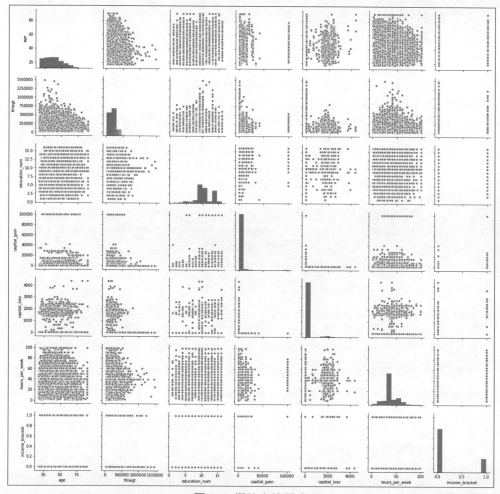

圖 7-4　欄位交換圖表

更多方法可參考官網或以下教學：

https://github.com/WillKoehrsen/Data-Analysis/blob/master/pairplots/
Pair%20Plots.ipynb

7.2.3 認識 wide_deep 模型

wide_deep 模型可以了解成是由以下兩個模型的輸出結果包含而成的。

- wide 模型是一個線性模型（淺層全連接網路模型）。
- deep 模型是 DNN 模型（深層全連接網路模型）。

▌1 wide_deep 模型的訓練方式

wide_deep 模型採用的是聯合訓練方法。模型的訓練誤差會同時回饋到線性模型和 DNN 模型中進行參數更新。

▌2 wide_deep 模型的設計思想

在 wide_deep 模型中，wide 模型和 deep 模型具有各自不同的分工。

- wide 模型：一種淺層模型。它透過大量的單層網路節點，實現對訓練樣本的高度擬合性。它的缺點是泛化能力很差。
- deep 模型：一種深層模型。它透過多層的非線性變化，使模型具有很好的泛化性。它的缺點是擬合度欠缺。

將二者結合起來──用聯合訓練方法共用反向傳播的損失值來進行訓練──可以使兩個模型綜合優點，獲得最好的結果。

關於該模型的更多介紹可以參考論文：

```
https://arxiv.org/pdf/1606.07792.pdf
```

7.2.4 部署程式檔案

將本書搭配資源裡的資料集與依賴檔案複製到本機程式的同一資料夾下，如圖 7-5 所示。

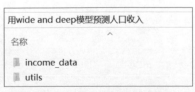

圖 7-5 程式檔案的結構

圖 7-5 中有兩個資料夾。其中，資料夾 income_data 裡是資料集（見 7.2.1 小節），資料夾 utils 是本實例程式要依賴的函數庫檔案。

資料夾 utils 中的程式檔案如圖 7-6 所示。

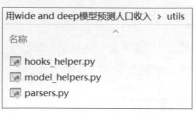

圖 7-6　utils 中的程式檔案

從圖 7-6 中可以看到，utils 資料夾裡有 3 個程式檔案：

- hooks_helper.py：模型的輔助訓練工具。它以鉤子函數的方式輸出訓練過程中的內容。
- model_helpers.py：模型的輔助訓練工具。實現早停功能。即在訓練過程中，當損失值小於設定值時，自動停止訓練。
- parsers.py：程式的輔助啟動工具。利用它可以方便地設定和解析啟動參數。

7.2.5　程式實現：初始化樣本常數

撰寫程式引用函數庫模組，並對以下常數進行初始化：

- 樣本檔案的列名稱常數。
- 每列樣本的預設值。
- 樣本集數量。
- 模型字首。

實際程式如下：

程式 7-1　用 wide_deep 模型預測人口收入

```
01    import argparse                          #引用系統模組
02    import os
03    import shutil
04    import sys
05
06    import tensorflow as tf                  #引用 TensorFlow 模組
07
08    from utils import parsers                #引用 office.utils 模組
09    from utils import hooks_helper
10    from utils import model_helpers
```

```
11
12   _CSV_COLUMNS = [                                    # 定義 CVS 檔案的列名稱
13       'age', 'workclass', 'fnlwgt', 'education', 'education_num',
14       'marital_status', 'occupation', 'relationship', 'race', 'gender',
15       'capital_gain', 'capital_loss', 'hours_per_week', 'native_area',
16       'income_bracket'
17   ]
18
19   _CSV_COLUMN_DEFAULTS = [                             # 定義每一列的預設值
20           [0], [''], [0], [''], [0], [''], [''], [''], [''], [''],
21                           [0], [0], [0], [''], ['']]
22
23   _NUM_EXAMPLES = {                                    # 定義樣本集的數量
24       'train': 32561,
25       'validation': 16281,
26   }
27
28   LOSS_PREFIX = {'wide': 'linear/', 'deep': 'dnn/'} # 定義模型的字首
```

程式第 28 行是模型字首，該字首輸出結果會在格式化字串時用到，在程式功能方面沒有任何意義。

7.2.6 程式實現：產生特徵列

定義函數 build_model_columns，該函數以清單的形式傳回兩個特徵列，分別對應於 wide 模型與 deep 模型的特徵列輸入。

實際程式如下：

程式 7-1 用 wide_deep 模型預測人口收入（續）

```
29   def build_model_columns():
30       """ 產生 wide 和 deep 模型的特徵列集合 ."""
31       # 定義連續值列
32       age = tf.feature_column.numeric_column('age')
33       education_num = tf.feature_column.numeric_column('education_num')
34       capital_gain = tf.feature_column.numeric_column('capital_gain')
35       capital_loss = tf.feature_column.numeric_column('capital_loss')
36       hours_per_week = tf.feature_column.numeric_column('hours_per_week')
37
38       # 定義離散值列，傳回的是稀疏矩陣
39       education = tf.feature_column.categorical_column_with_vocabulary_list(
40           'education', [
41               'Bachelors', 'HS-grad', '11th', 'Masters', '9th', 'Some-college',
```

```
42          'Assoc-acdm', 'Assoc-voc', '7th-8th', 'Doctorate', 'Prof-school',
43          '5th-6th', '10th', '1st-4th', 'Preschool', '12th'])
44
45   marital_status = tf.feature_column.categorical_column_with_vocabulary_list(
46       'marital_status', [
47           'Married-civ-spouse', 'Divorced', 'Married-spouse-absent',
48           'Never-married', 'Separated', 'Married-AF-spouse', 'Widowed'])
49
50   relationship = tf.feature_column.categorical_column_with_vocabulary_list(
51       'relationship', [
52           'Husband', 'Not-in-family', 'Wife', 'Own-child', 'Unmarried',
53           'Other-relative'])
54
55   workclass = tf.feature_column.categorical_column_with_vocabulary_list(
56       'workclass', [
57           'Self-emp-not-inc', 'Private', 'State-gov', 'Federal-gov',
58           'Local-gov', '?', 'Self-emp-inc', 'Without-pay', 'Never-worked'])
59
60   # 將所有職業名稱用 hash 演算法雜湊成 1000 個類別
61   occupation = tf.feature_column.categorical_column_with_hash_bucket(
62       'occupation', hash_bucket_size=1000)
63
64   # 將連續值特徵列轉化為離散值特徵列
65   age_buckets = tf.feature_column.bucketized_column(
66       age, boundaries=[18, 25, 30, 35, 40, 45, 50, 55, 60, 65])
67
68   # 定義基礎特徵列
69   base_columns = [
70       education, marital_status, relationship, workclass, occupation,
71       age_buckets,
72   ]
73   # 定義交換特徵列
74   crossed_columns = [
75       tf.feature_column.crossed_column(
76           ['education', 'occupation'], hash_bucket_size=1000),
77       tf.feature_column.crossed_column(
78           [age_buckets, 'education', 'occupation'], hash_bucket_size=1000),
79   ]
80
81   # 定義 wide 模型的特徵列
82   wide_columns = base_columns + crossed_columns
83
84   # 定義 deep 模型的特徵列
85   deep_columns = [
```

```
86          age,
87          education_num,
88          capital_gain,
89          capital_loss,
90          hours_per_week,
91          tf.feature_column.indicator_column(workclass),
            # 將 workclass 列的稀疏矩陣轉成 One-hot
92          tf.feature_column.indicator_column(education),
93          tf.feature_column.indicator_column(marital_status),
94          tf.feature_column.indicator_column(relationship),
95          tf.feature_column.embedding_column(occupation, dimension=8),
            # 用嵌入詞 embedding 將雜湊後的每個類別進行轉換
96      ]
97
98      return wide_columns, deep_columns
```

在產生特徵列的過程中,多處使用了 tf.feature_column 介面。讀者可以先將其簡單了解成對原始資料的數值轉換。tf.feature_column 介面的詳細使用方法見 7.4 節。

7.2.7 程式實現:產生估算器模型

將 wide 模型與 deep 模型一起傳入 DNNLinearCombinedClassifier 模型進行混合訓練。

> **提示**
>
> DNNLinearCombinedClassifier 模型是一個混合模型架構,它可以將任意兩個模型放在一起混合訓練。

實際程式如下:

程式 7-1 用 wide_deep 模型預測人口收入(續)

```
99   def build_estimator(model_dir, model_type):
100      """ 按照指定的模型產生估算器物件 ."""
101      wide_columns, deep_columns = build_model_columns()
102      hidden_units = [100, 75, 50, 25]
103      # 將 GPU 個數設為 0,關閉 GPU 運算。因為該模型在 CPU 上的執行速度更快
104      run_config = tf.estimator.RunConfig().replace(
105          session_config=tf.ConfigProto(device_count={'GPU': 0}),
106          save_checkpoints_steps=1000)
107
```

```
108    if model_type == 'wide':                    # 產生帶有 wide 模型的估算器物件
109      return tf.estimator.LinearClassifier(
110          model_dir=model_dir,
111          feature_columns=wide_columns,
112          config=run_config)
113    elif model_type == 'deep':                   # 產生帶有 deep 模型的估算器物件
114      return tf.estimator.DNNClassifier(
115          model_dir=model_dir,
116          feature_columns=deep_columns,
117          hidden_units=hidden_units,
118          config=run_config)
119    else:
120      return tf.estimator.DNNLinearCombinedClassifier(
         # 產生帶有 wide 和 deep 模型的估算器物件
121          model_dir=model_dir,
122          linear_feature_columns=wide_columns,
123          dnn_feature_columns=deep_columns,
124          dnn_hidden_units=hidden_units,
125          config=run_config)
```

7.2.8 程式實現：定義輸入函數

定義估算器輸入函數 input_fn，實際步驟如下：

（1）用 tf.data.TextLineDataset 對 CSV 檔案進行處理，並將其轉成資料集。

（2）對資料集進行特徵取出、亂數等操作。

（3）傳回一個由樣本及標籤組成的元組（features , labels）。

第（3）步傳回的元組的實際內容如下：

- features 是字典類型，內部的每個鍵值對代表一個特徵列的資料。

- labels 是陣列類型。

實際程式如下：

程式 7-1 用 wide_deep 模型預測人口收入（續）

```
126    def input_fn(data_file, num_epochs, shuffle, batch_size): # 定義輸入函數
127      """ 估算器的輸入函數 ."""
128      assert tf.gfile.Exists(data_file), (       # 用斷言敘述判斷樣本檔案是否存在
129        '%s not found. Please make sure you have run data_download.py and '
130        'set the --data_dir argument to the correct path.' % data_file)
131
132      def parse_csv(value):                        # 對文字資料進行特徵取出
```

```
133      print('Parsing', data_file)
134      columns = tf.decode_csv(value, record_defaults=_CSV_COLUMN_DEFAULTS)
135      features = dict(zip(_CSV_COLUMNS, columns))
136      labels = features.pop('income_bracket')
137      return features, tf.equal(labels, '>50K')
138
139    dataset = tf.data.TextLineDataset(data_file)  #建立 dataset 資料集
140
141    if shuffle:                                    #對資料進行亂數操作
142      dataset = dataset.shuffle(buffer_size=_NUM_EXAMPLES['train'])
143    #加工樣本檔案中的每行資料
144    dataset = dataset.map(parse_csv, num_parallel_calls=5)
145    dataset = dataset.repeat(num_epochs)           #將資料集重複 num_epochs 次
146    dataset = dataset.batch(batch_size)            #將資料集按照 batch_size 劃分
147    dataset = dataset.prefetch(1)
148    return dataset
```

程式第 128 行，用斷言（assert）敘述判斷樣本檔案是否存在。

提示

程式第 132 行定義了內嵌函數 parse_csv，用於將每一行的資料轉化成特徵列。

7.2.9 程式實現：定義用於匯出凍結圖檔案的函數

定義函數 export_model，用於匯出估算器模型的凍結圖檔案。實際步驟如下：

（1）定義一個 feature_spec 物件，對輸入格式進行轉化。

（2）用函數 tf.estimator.export.build_parsing_serving_input_receiver_fn 產生函數 example_input_fn 用於輸入資料。

（3）將樣本輸入函數 example_input_fn 與模型路徑一起傳入估算器的 export_savedmodel 方法中，產生凍結圖（見程式第 167 行）。

提示

用 export_savedmodel 方法產生的凍結圖可以與 tf.seving 模組配合使用。

export_savedmodel 方法是透過呼叫 saved_model 方法實現實際功能的。

saved_model 方法是 TensorFlow 中非常有用的產生模型方法，該方法匯出的凍結圖可以非常方便地部署到生產環境中。

更詳細的介紹請參考本書的 12.3 節與 13.2 節。

實際程式如下：

程式 7-1 用 wide_deep 模型預測人口收入（續）

```
149  def export_model(model, model_type, export_dir):
     # 定義函數 export_model，用於匯出模型
150    """ 匯出模型
151
152    參數：
153      model: 估算器物件
154      model_type: 要匯出的模型類型，可選值有 "wide""deep" 或 "wide_deep"
155      export_dir: 匯出模型的路徑
156    """
157    wide_columns, deep_columns = build_model_columns()  # 獲得列張量
158    if model_type == 'wide':
159      columns = wide_columns
160    elif model_type == 'deep':
161      columns = deep_columns
162    else:
163      columns = wide_columns + deep_columns
164    feature_spec = tf.feature_column.make_parse_example_spec(columns)
165    example_input_fn = (
166        tf.estimator.export.build_parsing_serving_input_receiver_fn
           (feature_spec))
167    model.export_savedmodel(export_dir, example_input_fn)
```

7.2.10 程式實現：定義類別，解析啟動參數

定義解析啟動參數的類別 WideDeepArgParser，實際過程如下：

（1）將類別 WideDeepArgParser 繼承於類別 argparse.ArgumentParser。

（2）在類別 WideDeepArgParser 中，增加啟動參數 "--model_type"，用於指定
    程式執行時期所支援的模型。

（3）在類別 WideDeepArgParser 中，初始化環境參數。其中包含樣本檔案路
    徑、模型儲存路徑、反覆運算次數等。

實際程式如下：

程式 7-1 用 wide_deep 模型預測人口收入（續）

```
168  class WideDeepArgParser(argparse.ArgumentParser):
     # 定義 WideDeepArgParser 類別，用於解析參數
169    """ 該類別用於在程式啟動時的參數解析 """
170
```

```
171    def __init__(self):                              # 初始化函數
172      super(WideDeepArgParser, self).__init__(parents=[parsers.BaseParser()])
         # 呼叫父類別的初始化函數
173      self.add_argument(
174        '--model_type', '-mt', type=str, default='wide_deep',
           # 增加一個啟動參數 -- model_type，預設值為 wide_deep
175        choices=['wide', 'deep', 'wide_deep'],        # 定義該參數的可選值
176        help='[default %(default)s] Valid model types: wide, deep,
                 wide_deep.',                            # 定義啟動參數的幫助指令
177        metavar='<MT>')
178      self.set_defaults(                              # 為其他參數設定預設值
179        data_dir='income_data',                       # 設定資料樣本路徑
180        model_dir='income_model',                     # 設定模型儲存路徑
181        export_dir='income_model_exp',                # 設定匯出模型儲存路徑
182        train_epochs=5,                               # 設定反覆運算次數
183        batch_size=40)                                # 設定批次大小
```

7.2.11 程式實現：訓練和測試模型

這部分程式實現了一個 trainmain 函數，並在函數本體內實現模型的訓練及評估操作。在 trainmain 函數本體內，實際的程式邏輯如下：

（1）對 WideDeepArgParser 類別進行產生實體，獲得物件 parser。

（2）用 parser 物件解析程式的啟動參數，獲得程式中的設定參數。

（3）定義樣本輸入函數，用於訓練和評估模型。

（4）定義鉤子回呼函數，並將其註冊到估算器架構中，用於輸出訓練過程中的詳細資訊。

（5）建立 for 循環，並在循環內部進行模型的訓練與評估操作，同時輸出相關資訊。

（6）在訓練結束後，匯出模型的凍結圖檔案。

實際程式如下：

程式 7-1 用 wide_deep 模型預測人口收入（續）

```
184  def trainmain(argv):
185    parser = WideDeepArgParser()
       # 產生實體 WideDeepArgParser 類別，用於解析啟動參數
186    flags = parser.parse_args(args=argv[1:])          # 獲得解析後的參數 flags
187    print("解析的參數為：",flags)
```

```
188
189    shutil.rmtree(flags.model_dir, ignore_errors=True) # 如果模型存在，則刪除目錄
190    model = build_estimator(flags.model_dir, flags.model_type) # 產生估算器物件
191    # 獲得訓練集樣本檔案的路徑
192    train_file = os.path.join(flags.data_dir, 'adult.data.csv')
193    test_file = os.path.join(flags.data_dir, 'adult.test.csv')
       # 獲得測試集樣本檔案的路徑
194
195    def train_input_fn():    # 定義訓練集樣本輸入函數
196      return input_fn(
         # 傳回輸入函數，反覆運算輸入 epochs_between_evals 次，並使用亂數後的資料集
197        train_file, flags.epochs_between_evals, True, flags.batch_size)
198
199    def eval_input_fn():                              # 定義測試集樣本輸入函數
200      return input_fn(test_file, 1, False, flags.batch_size)
         # 傳回函數指標，用於在測試場景下輸入樣本
201
202    loss_prefix = LOSS_PREFIX.get(flags.model_type, '')
       # 產生帶有 loss 字首的字串
203    train_hook = hooks_helper. get_logging_tensor_hook (
       # 定義鉤子回呼函式，獲得訓練過程中的狀態
204        batch_size=flags.batch_size,
205        tensors_to_log={'average_loss': loss_prefix + 'head/truediv',
206                        'loss': loss_prefix + 'head/weighted_loss/Sum'})
207
208    # 按照資料集反覆運算訓練的總次數進行訓練
209    for n in range(flags.train_epochs):
210      model.train(input_fn=train_input_fn, hooks=[train_hook])
         # 呼叫估算器的 train 方法進行訓練
211      results = model.evaluate(input_fn=eval_input_fn) # 呼叫 evaluate 進行評估
212      # 定義分隔符號
213      print('{0:-^60}'.format('evaluate at epoch %d'% ( (n + 1))))
214
215      for key in sorted(results):                      # 顯示評估結果
216        print('%s: %s' % (key, results[key]))
217      # 根據 accuracy 的設定值判斷是否需要結束訓練
218      if model_helpers.past_stop_threshold(
219          flags.stop_threshold, results['accuracy']):
220        break
221
222    if flags.export_dir is not None:                    # 根據設定匯出凍結圖檔案
223      export_model(model, flags.model_type, flags.export_dir)
```

程式第 203 行定義了鉤子函數，用於顯示訓練過程中的資訊，其中 "head/weighted_loss/Sum" 是模型中張量的名稱。

因為該模型已經被 TensorFlow 完全封裝好，官方並沒有提供如何取得內部張量名稱的方法。所以，如果想要再輸出額外的節點，則需要檢視原始程式，或透過讀取檢查點檔案符號的方式自行尋找（透過檢查點檔案尋找張量名稱的方法可以參考本書 12.2 節）。

7.2.12 程式實現：使用模型

定義 premain 函數，並在該函數內部實現以下步驟。

（1）呼叫模型的 predict 方法，對指定的 CSV 檔案資料進行預測。

（2）將前 5 筆資料的結果顯示出來。

實際程式如下：

程式 7-1 用 wide_deep 模型預測人口收入（續）

```
224  def premain(argv):
225      parser = WideDeepArgParser()
         # 產生實體 WideDeepArgParser 類別，用於解析啟動參數
226      flags = parser.parse_args(args=argv[1:])        # 獲得解析後的參數 flags
227      print("解析的參數為：",flags)
228      # 獲得測試集樣本檔案的路徑
229      test_file = os.path.join(flags.data_dir, 'adult.test.csv')
230
231      def eval_input_fn():                              # 定義測試集的樣本輸入函數
232          return input_fn(test_file, 1, False, flags.batch_size)
           # 該輸入函數按照 batch_size 批次，反覆運算輸入 1 次，不使用亂數處理
233
234      model2 = build_estimator(flags.model_dir, flags.model_type)
235
236      predictions = model2.predict(input_fn=eval_input_fn)
237      for i, per in enumerate(predictions):
238          print("csv 中第 ",i," 條結果為：",per['class_ids'])
239          if i==5:
240              break
```

程式第 234 行重新定義了模型 model2，並將模型 model2 的輸出路徑設為 flags.model_dir 的值。

提示

程式第 234 行重新定義了模型部分，也可以改成使用暖啟動的方式。舉例來說，可以用下列程式取代第 234 行程式：

```
model2 = build_estimator('./temp', flags.model_type,flags.model_dir)
```

7.2.13 執行程式

增加程式，實現以下步驟。

（1）呼叫 trainmain 函數訓練模型。

（2）呼叫 premain 函數，用模型來預測資料。

實際程式如下：

程式 7-1 用 wide_deep 模型預測人口收入（續）

```
241  if __name__ == '__main__':
        # 如果執行目前檔案，則模組的名字 __name__ 就會變為 __main__
242    tf.logging.set_verbosity(tf.logging.INFO)
        # 設定 log 等級為 INFO。如果想要顯示的資訊少一些，則可以設定成 ERROR
243    trainmain(argv=sys.argv)    # 呼叫 trainmain 函數，訓練模型
244    premain(argv=sys.argv)      # 呼叫 premain 函數，使用模型
```

程式執行後，輸出以下結果：

```
解析的參數為：Namespace(batch_size=40, data_dir='income_data',
    epochs_between_ evals=1,
......
--------------------evaluate at epoch 1---------------------
accuracy: 0.8220011
accuracy_baseline: 0.76377374
auc: 0.87216777
auc_precision_recall: 0.6999677
average_loss: 0.3862863
global_step: 815
label/mean: 0.23622628
loss: 15.414527
precision: 0.8126649
prediction/mean: 0.23457089
recall: 0.32033283
Parsing income_data\adult.data.csv
Parsing income_data\adult.test.csv
--------------------evaluate at epoch 2---------------------
```

```
......
csv 中第 0 條結果為：[0]
csv 中第 1 條結果為：[0]
csv 中第 2 條結果為：[0]
csv 中第 3 條結果為：[1]
......
```

輸出結果中有 3 部分內容，分別用省略符號隔開。

- 第 1 部分為程式起始的輸出資訊。
- 第 2 部分為訓練中的輸出結果。
- 第 3 部分為最後的預測結果。

7.3 實例 32：用弱學習器中的梯度提升樹演算法預測人口收入

本實例繼續預測人口收入。不同的是，用弱學習器中的梯度提升樹演算法來實現。

實例描述

有一個人口收入的資料集，其中記錄著每個人的詳細資訊及收入情況。

現需要訓練一個機器學習模型，使得該模型能夠找到一個人的詳細資訊與收入之間的關係。最後實現：在指定一個人的實際詳細資訊之後，估算出該人的收入水平。

要求使用梯度提升樹演算法實現。

本實例將使用 tf.estimator.BoostedTreesClassifier（TFBT）介面來實現梯度提升樹的分類演算法。該介面屬於估算器架構中的實際演算法的封裝，實際用法與 7.2 節十分類似，可直接在 7.2 節程式上進行修改。

7.3.1 程式實現：為梯度提升樹模型準備特徵列

tf.estimator.BoostedTreesClassifier 介 面 目 前 只 支 援 兩 種 特 徵 列 類 型：bucketized_column 與 indicator_column。這兩種類型的特徵列，在 7.4 節會詳細介紹。

在資料前置處理階段，需要對 tf.estimator.BoostedTreesClassifier 介面不支援的特徵列進行轉化。

複製程式檔案「7-1 用 wide_deep 模型預測人口收入 .py」到本機，並直接修改 build_model_columns 函數。

實際程式如下：

```
程式 7-2 用梯度提升樹模型預測人口收入
01   def build_model_columns():
02     """ 產生 wide 和 deep 模型的特徵列集合 """
03     # 定義連續值列
04     age = tf.feature_column.numeric_column('age')
05     education_num = tf.feature_column.numeric_column('education_num')
06     ……
07         tf.feature_column.embedding_column(occupation, dimension=8),
08     ]
09     # 定義 boostedtrees 的特徵列
10     boostedtrees_columns = [age_buckets,
11       tf.feature_column.bucketized_column(education_num, boundaries=
     [4, 5, 7, 9, 10, 11, 12, 13, 14, 15]),
12       tf.feature_column.bucketized_column(capital_gain, boundaries=
     [1000, 5000, 10000, 20000, 40000,50000]),
13       tf.feature_column.bucketized_column(capital_loss, boundaries=
     [100, 1000, 2000, 3000, 4000]),
14       tf.feature_column.bucketized_column(hours_per_week, boundaries=
     [7, 14, 21, 28, 35, 42, 47, 56, 63, 70,77,90]),
15       tf.feature_column.indicator_column(workclass),
          # 將 workclass 列的稀疏矩陣轉成 one-hot 編碼
16       tf.feature_column.indicator_column(education),
17       tf.feature_column.indicator_column(marital_status),
18       tf.feature_column.indicator_column(relationship),
19       tf.feature_column.indicator_column(occupation)
20       ]
21     return wide_columns, deep_columns,boostedtrees_columns
```

在轉化特徵列的過程中，需要將 education_num、capital_gain、capital_loss、hours_per_week 這 4 個連續數值的特徵列轉化成 bucketized_column 類型，見程式第 11、12、13、14 行。

7.3.2 程式實現：建置梯度提升樹模型

下面在 build_estimator 函數裡，用 tf.estimator.BoostedTreesClassifier 介面建置
梯度提升樹模型。實際程式如下：

```
程式 7-2 用梯度提升樹模型預測人口收入（續）
22   def build_estimator(model_dir, model_type,warm_start_from=None):
23     """ 按照指定的模型產生估算器物件 ."""
24     wide_columns, deep_columns ,boostedtrees_columns= build_model_columns()
25     hidden_units = [100, 75, 50, 25]
26     ......
27     elif model_type == 'deep':                    # 產生帶有 deep 模型的估算器物件
28       return tf.estimator.DNNClassifier(
29           model_dir=model_dir,
30           feature_columns=deep_columns,
31           hidden_units=hidden_units,
32           config=run_config)
33     elif model_type=='BoostedTrees':              # 建置梯度提升樹模型
34       return tf.estimator.BoostedTreesClassifier(
35           model_dir=model_dir,
36           feature_columns=boostedtrees_columns,
37           n_batches_per_layer = 100,
38           config=run_config)
39     else:
40       ......
```

在 build_estimator 函數中，建置模型的過程是透過參數 model_type 來實現的。
如果 model_type 的值是 BoostedTrees，則建立梯度提升樹模型。

> **提示**
>
> 如想了解 tf.estimator.BoostedTreesClassifier 介面的參數，可以透過輸入指令
> help（tf.estimator.BoostedTreesClassifier），或參考以下官網文件進行檢視：
> https://www.tensorflow.org/api_docs/python/tf/estimator/BoostedTreesClassifier

7.3.3 程式實現：訓練並匯出梯度提升樹模型

本小節程式實現以下兩個操作。

- 在 trainmain 函數裡修改程式，實現梯度提升樹模型的訓練過程。
- 在 export_model 函數中指定需要匯出的列，將梯度提升樹模型匯出。

下面實際介紹。

1 訓練模型

在 trainmain 函數裡修改程式，如果 model_type 的值是 BoostedTrees，則直接訓練，不再使用鉤子函數。實際程式如下：

程式 7-2 用梯度提升樹模型預測人口收入（續）

```
41   def trainmain(argv):
42     parser = WideDeepArgParser()
       # 產生實體 WideDeepArgParser 類別，用於解析啟動參數
43     ......
44     loss_prefix = LOSS_PREFIX.get(flags.model_type, '')
       # 格式化輸出 loss 值的字首
45     train_hook = hooks_helper.get_logging_tensor_hook(
       # 定義鉤子函數，用於獲得訓練過程中的狀態
46       batch_size=flags.batch_size,
47       tensors_to_log={'average_loss': loss_prefix + 'head/truediv',
48                       'loss': loss_prefix + 'head/weighted_loss/Sum'})
49     # 將總反覆運算數按照 epochs_between_evals 分段，並循環對每段進行訓練
50     for n in range(flags.train_epochs ):
51       if flags.model_type == 'BoostedTrees':
52         model.train(input_fn=train_input_fn)        # 不使用鉤子函數，直接訓練
53       else:
54         model.train(input_fn=train_input_fn, hooks= [train_hook])
           # 用 train 方法進行訓練
55       results = model.evaluate(input_fn=eval_input_fn)
         # 用 evaluate 方法進行評估
56     ......
```

2 匯出模型

在 export_model 函數中指定梯度提升樹模型的匯出列。實際程式如下：

程式 7-2 用梯度提升樹模型預測人口收入（續）

```
57   def export_model(model, model_type, export_dir):
     # 定義函數 export_model ，用於匯出模型
58     ......
59     elif model_type == 'deep'  :
60       columns = deep_columns
61     elif 'BoostedTrees'==model_type:
62       columns = boostedtrees_columns
63     ......
```

7.3.4 程式實現：設定啟動參數，執行程式

在 WideDeepArgParser 類別中，直接設定預設啟動參數為 BoostedTrees，並執行程式。實際程式如下：

程式 7-2 用梯度提升樹模型預測人口收入（續）

```
64    class WideDeepArgParser(argparse.ArgumentParser):
      # 定義 WideDeepArgParser 類別，用於解析參數
65    ......
66        self.add_argument(
67            '--model_type', '-mt', type=str, default='BoostedTrees',
                   # 增加一個啟動參數 -- model_type，預設值為 wide_deep
68            choices=['wide', 'deep', 'wide_deep',"BoostedTrees"],
                   # 定義該參數的可選值
69            help='[default %(default)s] Valid model types: wide, deep,
                wide_deep.',                   # 定義啟動參數的幫助指令
70            metavar='<MT>')
71        ......
```

程式執行後輸出結果。以下是反覆運算 5 次後的訓練結果。

```
......
---------------------evaluate at epoch 5---------------------
accuracy: 0.8509305
accuracy_baseline: 0.76377374
auc: 0.90430105
auc_precision_recall: 0.7602789
average_loss: 0.3266305
global_step: 4075
label/mean: 0.23622628
loss: 0.3265387
precision: 0.762292
prediction/mean: 0.24224414
recall: 0.53614146
```

以下是模型的預測結果。

```
解析的參數為：Namespace(batch_size=40, data_dir='income_data', epochs_between_
evals= 1, export_dir='income_model_exp', model_dir='income_ model', model_
type='BoostedTrees', multi_gpu=False, stop_threshold=None, train_epochs =5)
Parsing income_data\adult.test.csv
csv 中第 0 條結果為：[0]
csv 中第 1 條結果為：[0]
csv 中第 2 條結果為：[0]
csv 中第 3 條結果為：[1]
```

```
csv 中第 4 條結果為：[0]
csv 中第 5 條結果為：[0]
```

7.3.5 擴充：更靈活的 TFBT 介面

在 TensorFlow 中，contrib 模組中的 TFBT 梯度提升樹介面具有更多的功能及更靈活的用法。實際連結如下：

```
https://github.com/tensorflow/tensorflow/tree/master/tensorflow/contrib/
boosted_trees
```

在該連結裡，還有關於 tensorflow.contrib.boosted_trees 介面的其他實例，讀者可以自行研究。

7.4　實例 33：用 feature_column 模組轉換特徵列

透過 7.2、7.3 節的實例，讀者可以學會如何使用 feature_column 模組。然而 feature_column 模組只能處理張量類型的物件，這對使用者來說仍然是個「黑盒」（對其內部的變化過程不清楚）。下面將 feature_column 模組內部的數值運算過程呈現出來。

實例描述

用模擬資料作為輸入，呼叫 feature_column 模組的特徵列轉化功能，實現以下操作，觀察特徵列的轉化效果。

（1）用 feature_column 模組處理連續值特徵列；

（2）用 feature_column 模組處理離散值特徵列；

（3）用 feature_column 模組將連續值特徵列轉化成離散值特徵列；

（4）用 feature_column 模組將多個離散值特徵列合併產生交換特徵列。

該實例的程式比較零散，每一個程式檔案示範一個特徵列的變化操作。

7.4.1 程式實現：用 feature_column 模組處理連續值特徵列

連續數值型態是 TensorFlow 中最簡單、最常見的特徵列資料類型。本實例透過 4 個小實例示範連續值特徵列常見的使用方法。

1 顯示一個連續值特徵列

撰寫程式定義函數 test_one_column。在 test_one_column 函數中實際完成了以下步驟：

（1）定義一個特徵列。

（2）將帶輸入的樣本資料封裝成字典類型的物件。

（3）將特徵列與樣本資料一起傳入 tf.feature_column.input_layer 函數，產生張量。

（4）建立階段，輸出張量結果。

在第（3）步中用 feature_column 介面的 input_layer 函數產生張量。input_layer 函數產生的張量相當於一個輸入層，用於往模型中傳入實際資料。input_layer 函數的作用與預留位置定義函數 tf.placeholder 的作用類似，都用來建立資料與模型之間的連接。

透過這幾個步驟便可以將特徵列的內容完全顯示出來。該部分內容有助讀者了解 7.2 節實例中估算器架構的內部流程。實際程式如下：

```
程式 7-3 用 feature_column 模組處理連續值特徵列
01    # 匯入 TensorFlow 模組
02    import tensorflow as tf
03
04    # 示範只有一個連續值特徵列的操作
05    def test_one_column():
06        price = tf.feature_column.numeric_column('price')    # 定義一個特徵列
07
08        features = {'price': [[1.], [5.]]}            # 將樣本資料定義為字典的類型
09        net = tf.feature_column.input_layer(features, [price])
          # 傳入 input_layer 函數，產生張量
10
11        with tf.Session() as sess:                    # 建立階段輸出特徵
12            tt  = sess.run(net)
13            print( tt )
14
15    test_one_column()
```

因為在建立特徵列 price 時只提供了名稱 "price"（見程式第 6 行），所以在建立字典 features 時，其內部的 key 必須也是 "price"（見程式第 8 行）。

定義好函數 test_one_column 之後，便可以直接呼叫它（見程式第 15 行）。整個程式執行之後，顯示以下結果：

```
[[1.]
 [5.]]
```

結果中的陣列來自程式第 8 行字典物件 features 的 value 值。在第 8 行程式中，將值為 [[1.],[5.]] 的數據傳入了字典 features 中。

在字典物件 features 中，關鍵字 key 的值是 "price"，它所對應的值 value 可以是任意的數值。在模型訓練時，這些值就是 "price" 屬性所對應的實際資料。

2 透過預留位置輸入特徵列

將預留位置傳入字典物件的值 value 中，實現特徵列的輸入過程。實際程式如下：

```
程式 7-3 用 feature_column 模組處理連續值特徵列（續）
16   def test_placeholder_column():
17       price = tf.feature_column.numeric_column('price')     # 定義一個特徵列
18       # 產生一個 value 為預留位置的字典
19       features = {'price':tf.placeholder(dtype=tf.float64)}
20       net = tf.feature_column.input_layer(features, [price])
         # 傳入 input_layer 函數，產生張量
21
22       with tf.Session() as sess:                           # 建立階段輸出特徵
23           tt  = sess.run(net, feed_dict={
24                   features['price']: [[1.], [5.]]
25               })
26           print( tt )
27
28   test_placeholder_column()
```

在程式第 19 行，產生了帶有預留位置的字典物件 features。

程式第 23~25 行，在階段中以植入機制傳入數值 [[1.], [5.]]，產生轉換後的實際列值。

整個程式執行之後，輸出以下結果：

```
[[1.]
 [5.]]
```

3 支援多維資料的特徵列

在建立特徵列時，還可以讓一個特徵列對應的資料具有多維度，即在定義特徵列時為其指定形狀。

> **提示**
>
> 特徵列中的形狀是指單筆資料的形狀，並非整個資料的形狀。

實際程式如下：

程式 7-3 用 feature_column 模組處理連續值特徵列（續）

```
29    def test_reshaping():
30        tf.reset_default_graph()
31        price = tf.feature_column.numeric_column('price', shape=[1, 2])
          #定義特徵列，並指定形狀
32        features = {'price': [[[1., 2.]], [[5., 6.]]]}    # 傳入一個 3D 的陣列
33        features1 = {'price': [[3., 4.], [7., 8.]]}       # 傳入一個二維的陣列
34        net = tf.feature_column.input_layer(features, price)    # 產生特徵列張量
35        net1 = tf.feature_column.input_layer(features1, price) # 產生特徵列張量
36        with tf.Session() as sess:                              # 建立階段輸出特徵
37            print(net.eval())
38            print(net1.eval())
39    test_reshaping()
```

在程式第 31 行，在建立 price 特徵列時，指定了形狀為 [1,2]，即 1 行 2 列。

接著用兩種方法向 price 特徵列植入資料（見程式第 32、33 行）

- 在程式第 32 行，建立字典 features，傳入了一個形狀為 [2,1,2] 的 3D 陣列。這個 3D 陣列中的第一維是資料的筆數（2 筆）；第二維與第 3D 要與 price 指定的形狀 [1,2] 一致。

- 在程式第 33 行，建立字典 features1，傳入了一個形狀為 [2,2] 的二維陣列。該二維陣列中的第一維是資料的筆數（2 筆）；第二維代表每筆資料的列數（每筆資料有 2 列）。

在程式第 34、35 行中，都用 tf.feature_column 模組的 input_layer 方法將字典 features 與 features1 植入特徵列 price 中，並獲得了張量 net 與 net1。

程式執行後，張量 net 與 net1 的輸出結果如下：

```
[[1. 2.] [5. 6.]]
[[3. 4.] [7. 8.]]
```

結果輸出了兩行資料，每一行都是一個形狀為 [2,2] 的陣列。這兩個陣列分別是字典 features、features1 經過特徵列輸出的結果。

提示

程式第 30 行的作用是將圖重置。該操作可以將目前圖中的所有變數刪除。這種做法可以避免在 Spyder 編譯器下多次執行圖時產生資料殘留問題。

---

4 帶有預設順序的多個特徵列

如果要建立的特徵列有多個，則系統預設會按照每個列的名稱由小到大進行排序，然後將資料按照約束的順序輸入模型。實際程式如下：

程式 7-3 用 feature_column 模組處理連續值特徵列（續）

```
40    def test_column_order():
41        tf.reset_default_graph()
42        price_a = tf.feature_column.numeric_column('price_a') # 定義了 3 個特徵列
43        price_b = tf.feature_column.numeric_column('price_b')
44        price_c = tf.feature_column.numeric_column('price_c')
45
46        features = {                                    # 建立字典傳入資料
47                'price_a': [[1.]],
48                'price_c': [[4.]],
49                'price_b': [[3.]],
50          }
51
52        # 產生輸入層
53        net = tf.feature_column.input_layer(features, [price_c, price_a,
                  price_b])
54
55        with tf.Session() as sess:                      # 建立工作階段輸出特徵
56            print(net.eval())
57
58    test_column_order()
```

在上面程式中，實現了以下操作。

（1）定義了 3 個特徵列（見程式第 42、43、44 行）。

（2）定義了一個字典 features，用於實際輸入（見程式第 46 行）。

（3）用 input_layer 方法建立輸入層張量（見程式第 53 行）。

（4）建立階段（session），輸出輸入層結果（見程式第 55 行）。

將程式執行後，輸出以下結果：

```
[[1. 3. 4.]]
```

輸出的結果為 [[1. 3. 4.]] 所對應的列，順序為 price_a、price_b、price_c。而 input_layer 中的列順序為 price_c、price_a、price_b（見程式第 53 行），二者並不一樣。這表示，輸入層的順序是按照列的名稱排序的，與 input_layer 中傳入的順序無關。

> **提示**
>
> 將 input_layer 中傳入的順序當作輸入層的列順序，這是一個非常容易犯的錯誤。
>
> 輸入層的列順序只與列的名稱和類型有關（7.4.3 小節「5. 多特徵列的順序」中還會講到列順序與列類型的關係），與傳入 input_layer 中的順序無關。

7.4.2 程式實現：將連續值特徵列轉化成離散值特徵列

下面將連續值特徵列轉化成離散值特徵列。

1 將連續值特徵按照數值大小分類

用 tf.feature_column.bucketized_column 函數將連續值按照指定的設定值進行分段，進一步將連續值對映到離散值上。實際程式如下：

程式 7-4 將連續值特徵列轉化成離散值特徵列

```
01   import tensorflow as tf
02
03   def test_numeric_cols_to_bucketized():
04       price = tf.feature_column.numeric_column('price')       # 定義連續值特徵列
05
06       # 將連續值特徵列轉化成離散值特徵列，離散值共分為 3 段：小於 3、3~5 之間、大於 5
07       price_bucketized = tf.feature_column.bucketized_column(  price,
                         boundaries=[3.])
08
09       features = {                                            # 定義字典類型物件
10           'price': [[2.], [6.]],
11         }
12       # 產生輸入張量
13       net = tf.feature_column.input_layer(features,[ price,price_bucketized])
14       with tf.Session() as sess:                              # 建立階段輸出特徵
15           sess.run(tf.global_variables_initializer())
```

```
16            print(net.eval())
17
18    test_numeric_cols_to_bucketized()
```

程式執行後，輸出以下結果：

```
[[2. 1. 0. 0.]
 [6. 0. 0. 1.]]
```

輸出的結果中有兩筆資料，每筆資料有 4 個元素：

- 第 1 個元素為 price 列的實際數值。
- 後面 3 個元素為 price_bucketized 列的實際數值。

從結果中可以看到，tf.feature_column.bucketized_column 函數將連續值 price 按照 3 段來劃分（小於 3、3~5 之間、大於 5），並將它們產生 one-hot 編碼。

2 將整數值直接對映到 one-hot 編碼

如果連續值特徵列的資料是整數，則還可以直接用 tf.feature_column.categorical_column_with_identity 函數將其對映成 one-hot 編碼。

函數 tf.feature_column.categorical_column_with_identity 的參數和傳回值解讀如下。

- 需要傳入兩個必填的參數：列名稱（key）、類別的總數（num_buckets）。其中，num_buckets 的值一定要大於 key 列中所有資料的最大值。
- 傳回值：為 _IdentityCategoricalColumn 物件。該物件是使用稀疏矩陣的方式儲存轉化後的資料。如果要將該傳回值作為輸入層傳入後續的網路，則需要用 indicator_column 函數將其轉化為稠密矩陣。

實際程式如下：

程式 7-4 將連續值特徵列轉化成離散值特徵列（續）

```
19    def test_numeric_cols_to_identity():
20        tf.reset_default_graph()
21        price = tf.feature_column.numeric_column('price')# 定義連續值特徵列
22
23        categorical_column = tf.feature_column.categorical_column_with_
                                  identity('price', 6)
24        one_hot_style = tf.feature_column.indicator_column(categorical_column)
25        features = {                                    # 將值傳入定義字典
```

```
26              'price': [[2], [4]],
27          }
28      # 產生輸入層張量
29      net = tf.feature_column.input_layer(features,[ price,one_hot_style])
30      with tf.Session() as sess:
31          sess.run(tf.global_variables_initializer())
32          print(net.eval())
33
34  test_numeric_cols_to_identity()
35      price = tf.feature_column.numeric_column('price')
```

程式執行後，輸出以下結果：

```
[[2. 0. 0. 1. 0. 0. 0.]
 [4. 0. 0. 0. 0. 1. 0.]]
```

結果輸出了兩行資訊。每行的第 1 列為連續值 price 列內容，後面 6 列為 one-hot 編碼。

因為在程式第 23 行，將 price 列轉化為 one-hot 時傳入的參數是 6，代表分成 6 大類。所以在輸出結果中，one-hot 編碼為 6 列。

7.4.3 程式實現：將離散文字特徵列轉化為 one-hot 與詞向量

離散型文字資料存在多種組合形式，所以無法直接將其轉化成離散向量（舉例來說，名字屬性可以是任意字串，但無法統計總類別個數）。

處理離散型文字資料需要額外的一套方法。下面實際介紹。

1 將離散文字按照指定範圍雜湊的方法

將離散文字特徵列轉化為離散特徵列，與將連續值特徵列轉化為離散特徵列的方法相似，可以將離散文字分段。只不過分段的方式不是比較數值的大小，而是用 hash 演算法進行雜湊。

用 tf.feature_column.categorical_column_with_hash_bucket 方法可以將離散文字特徵按照 hash 演算法進行雜湊，並將其雜湊結果轉化成為離散值。

該方法會傳回一個 _HashedCategoricalColumn 類型的張量。該張量屬於稀疏矩陣類型，不能直接輸入 tf.feature_column.input_layer 函數中進行結果輸出，只能用稀疏矩陣的輸入方法來執行結果。

實際程式如下：

```
程式 7-5 將離散文字特徵列轉化為 one-hot 編碼與詞向量
01    import tensorflow as tf
02    from tensorflow.python.feature_column.feature_column import _LazyBuilder
03
04    # 將離散文字按照指定範圍雜湊
05    def test_categorical_cols_to_hash_bucket():
06        tf.reset_default_graph()
07        some_sparse_column = tf.feature_column.categorical_column_with_hash_
              bucket(
08            'sparse_feature', hash_bucket_size=5) # 獲得格式為稀疏矩陣的雜湊特徵
09
10        builder = _LazyBuilder({                    # 封裝為 builder
11            'sparse_feature': [['a'], ['x']],   # 定義字典類型物件
12          })
13        id_weight_pair = some_sparse_column._get_sparse_tensors(builder)
          # 獲得矩陣的張量
14
15        with tf.Session() as sess:
16            # 該張量的結果是一個稀疏矩陣
17            id_tensor_eval = id_weight_pair.id_tensor.eval()
18            print(" 稀疏矩陣：\n",id_tensor_eval)
19
20            dense_decoded = tf.sparse_tensor_to_dense( id_tensor_eval,
              default_value=-1).eval(session=sess)      # 將稀疏矩陣轉化為稠密矩陣
21            print(" 稠密矩陣：\n",dense_decoded)
22
23    test_categorical_cols_to_hash_bucket()
```

本段程式執行後，會按以下步驟執行：

（1）將輸入的 ['a']、['x'] 使用 hash 演算法進行雜湊。

（2）設定雜湊參數 hash_bucket_size 的值為 5。

（3）將第（1）步產生的結果按照參數 hash_bucket_size 進行雜湊。

（4）輸出最後獲得的離散值（0 ～ 4 之間的整數）。

上面的程式執行後，輸出以下結果：

```
稀疏矩陣：
 SparseTensorValue(indices=array([[0, 0],
      [1, 0]], dtype=int64), values=array([4, 0], dtype=int64),
      dense_shape=array([2, 1], dtype=int64))
```

稠密矩陣：
```
 [[4]
 [0]]
```

從最後的輸出結果可以看出，程式將字元 a 轉化為數值 4；將字元 b 轉化為數值 0。

將離散文字轉化成特徵值後，就可以傳入模型，並參與訓練了。

2 將離散文字按照指定詞表與指定範圍混合雜湊

除用 hash 演算法對離散文字資料進行雜湊外，還可以用詞表的方法將離散文字資料進行雜湊。

用 tf.feature_column.categorical_column_with_vocabulary_list 方法可以將離散文字資料按照指定的詞表進行雜湊。該方法不僅可以將離散文字資料用詞表來雜湊，還可以與 hash 演算法混合雜湊。其傳回的值也是稀疏矩陣類型。同樣不能將傳回的值直接傳入 tf.feature_column.input_layer 函數中，只能用「1. 將離散文字按照指定範圍雜湊」中的方法將其顯示結果。

實際程式如下：

程式 7-5　將離散文字特徵列轉化為 one-hot 編碼與詞向量（續）
```
24   from tensorflow.python.ops import lookup_ops
25   # 將離散文字按照指定詞表與指定範圍混合雜湊
26   def test_with_1d_sparse_tensor():
27       tf.reset_default_graph()
28       # 混合雜湊
29       body_style = tf.feature_column.categorical_column_with_vocabulary_
         list(
30           'name', vocabulary_list=['anna', 'gary', 'bob'],
             num_oov_buckets=2)                  # 稀疏矩陣
31
32       # 稠密矩陣
33       builder = _LazyBuilder({
34           'name': ['anna', 'gary','alsa'],  # 定義字典類型物件，value 為稠密矩陣
35           })
36
37       # 稀疏矩陣
38       builder2 = _LazyBuilder({
39           'name': tf.SparseTensor(          # 定義字典類型物件，value 為稀疏矩陣
40           indices=((0,), (1,), (2,)),
```

```
41            values=('anna', 'gary', 'alsa'),
42            dense_shape=(3,)),
43        ))
44
45    id_weight_pair = body_style._get_sparse_tensors(builder)
      # 獲得矩陣的張量
46    id_weight_pair2 = body_style._get_sparse_tensors(builder2)
      # 獲得矩陣的張量
47
48    with tf.Session() as sess:                        # 透過階段輸出資料
49        sess.run(lookup_ops.tables_initializer())
50
51        id_tensor_eval = id_weight_pair.id_tensor.eval()
52        print("稀疏矩陣：\n",id_tensor_eval)
53        id_tensor_eval2 = id_weight_pair2.id_tensor.eval()
54        print("稀疏矩陣 2：\n",id_tensor_eval2)
55
56        dense_decoded = tf.sparse_tensor_to_dense( id_tensor_eval,
          default_value=-1).eval(session=sess)
57        print("稠密矩陣：\n",dense_decoded)
58
59    test_with_1d_sparse_tensor()
```

程式第 29、30 行向 tf.feature_column.categorical_column_with_vocabulary_list 方法傳入了 3 個參數，實際意義如下所示。

- name：代表列的名稱，這裡的列名稱就是 name。
- vocabulary_list：代表詞表，其中詞表裡的個數就是整體類別數。這裡分為 3 大類（'anna','gary','bob'），對應的類別為（0,1,2）。
- num_oov_buckets：代表額外的值的雜湊。如果 name 列中的數值不在詞表的分類中，則會用 hash 演算法雜湊分類。這裡的值為 2，表示在詞表現有的 3 大類基礎上再增加兩個雜湊類別。不在詞表中的 name 有可能被雜湊成 3 或 4。

提示

tf.feature_column.categorical_column_with_vocabulary_list 方法還有第 4 個參數：default_value，該參數預設值為 −1。

如果在呼叫 tf.feature_column.categorical_column_with_vocabulary_list 方法時沒有傳入 num_oov_buckets 參數，則程式將只按照詞表進行分類。

在按照詞表進行分類的過程中，如果 name 中的值在詞表中找不到比對項，則會用參數 default_value 來代替。

第 33、38 行程式，用 _LazyBuilder 函數建置程式的輸入部分。該函數可以同時支援值為稠密矩陣和稀疏矩陣的字典物件。

執行程式，輸出以下結果：

```
稀疏矩陣：
  SparseTensorValue(indices=array([[0, 0],
      [1, 0],
      [2, 0]], dtype=int64), values=array([0, 1, 4], dtype=int64),
  dense_shape=array([3, 1], dtype=int64))
稀疏矩陣 2：
  SparseTensorValue(indices=array([[0, 0],
      [1, 0],
      [2, 0]], dtype=int64), values=array([0, 1, 4], dtype=int64),
  dense_shape=array([3, 1], dtype=int64))
稠密矩陣：
  [[0]
  [1]
  [4]]
```

結果顯示了 3 個矩陣：前兩個是稀疏矩陣，最後一個為稠密矩陣。這 3 個矩陣的值是一樣的。實際解讀如下。

■ 從前兩個稀疏矩陣可以看出：在傳入原始資料的環節中，字典中的 value 值可以是稠密矩陣或稀疏矩陣。

■ 從第 3 個稠密矩陣中可以看出：輸入資料 name 列中的 3 個名字（'anna'、'gary'、'alsa'）被轉化成了（0,1,4）3 個值。其中，0 與 1 是來自詞表的分類，4 是來自 hash 演算法的雜湊結果。

> 提示
>
> 在使用詞表時要引用 lookup_ops 模組，並且，在階段中要用 lookup_ops.tables_initializer() 初始化，否則程式會顯示出錯。

❸ 將離散文字特徵列轉化為 one-hot 編碼

在實際應用中，將離散文字進行雜湊之後，有時還需要對雜湊後的結果進行二次轉化。下面就來看一個將雜湊值轉化成 one-hot 編碼的實例。

程式 7-5 將離散文字特徵列轉化為 one-hot 編碼與詞向量（續）

```
60    # 將離散文字轉化為 one-hot 編碼特徵列
61    def test_categorical_cols_to_onehot():
62        tf.reset_default_graph()
63        some_sparse_column = tf.feature_column.categorical_column_with_hash_
          bucket(
64            'sparse_feature', hash_bucket_size=5)        # 定義雜湊的特徵列
65        # 轉化成 one-hot 編碼
66        one_hot_style = tf.feature_column.indicator_column(some_sparse_column)
67
68        features = {
69          'sparse_feature': [['a'], ['x']],
70          }
71        # 產生輸入層張量
72        net = tf.feature_column.input_layer(features, one_hot_style)
73        with tf.Session() as sess:                        # 透過階段輸出資料
74            print(net.eval())
75
76    test_categorical_cols_to_onehot()
```

程式執行後，輸出以下結果：

```
[[0. 0. 0. 0. 1.]
 [1. 0. 0. 0. 0.]]
```

結果中輸出了兩筆資料，分別代表字元 "a"、"x" 在雜湊後的 one-hot 編碼。

4 將離散文字特徵列轉化為詞嵌入向量

詞嵌入可以視為 one-hot 編碼的升級版。它使用多維向量更進一步地描述詞與詞之間的關係。下面就來使用程式實現詞嵌入的轉化。

程式 7-5 將離散文字特徵列轉化為 one-hot 編碼與詞向量（續）

```
77    # 將離散文字轉化為 one-hot 編碼詞嵌入特徵列
78    def test_categorical_cols_to_embedding():
79        tf.reset_default_graph()
80        some_sparse_column = tf.feature_column.categorical_column_with_hash_
          bucket(
81            'sparse_feature', hash_bucket_size=5)        # 定義雜湊的特徵列
82        # 詞嵌入列
83        embedding_col = tf.feature_column.embedding_column( some_sparse_
                          column, dimension=3)
```

```
84
85      features = {                                      # 產生字典物件
86          'sparse_feature': [['a'], ['x']],
87       }
88
89      # 產生輸入層張量
90      cols_to_vars = {}
91      net = tf.feature_column.input_layer(features, embedding_col,
            cols_to_vars)
92
93      with tf.Session() as sess:                        # 透過工作階段輸出資料
94          sess.run(tf.global_variables_initializer())
95          print(net.eval())
96
97   test_categorical_cols_to_embedding()
```

在詞嵌入轉化過程中，實際步驟如下：

（1）將傳入的字元 "a" 與 "x" 轉化為 0 ～ 4 之間的整數。

（2）將該整數轉化為詞嵌入列。

程式第 91 行，將資料字典 features、詞嵌入列 embedding_col、列變數物件 cols_to_vars 一起傳入輸入層 input_layer 函數中，獲得最後的轉化結果 net。

程式執行後，輸出以下結果：

```
[[ 0.08975066  0.34540504  0.85922384]
 [-0.22819372 -0.34707746 -0.76360196]]
```

從結果中可以看到，每個整數都被轉化為 3 個詞嵌入向量。這是因為，在呼叫 tf.feature_column.embedding_column 函數時傳入的維度 dimension 是 3（見程式第 83 行）。

提示

在使用詞嵌入時，系統內部會自動定義指定個數的張量作為學習參數，所以執行之前一定要對全域張量進行初始化（見程式第 94 行）。本實例顯示的值，就是系統內部定義的張量被初始化後的結果。

另外，還可以參照本書 7.5 節的方式為詞向量設定一個初值。透過實際的數值可以更直觀地檢視詞嵌入的輸出內容。

---

5 多特徵列的順序

在大多數情況下，會將轉化好的特徵列統一放到 input_layer 函數中製作成一個輸入樣本。

input_layer 函數支援的輸入類型有以下 4 種：

- numeric_column 特徵列。
- bucketized_column 特徵列。
- indicator_column 特徵列。
- embedding_column 特徵列。

如果要將 7.4.3 小節中的 hash 值或詞表雜湊的值傳入 input_layer 函數中，則需要先將其轉化成 indicator_column 類型或 embedding_column 類型。

當多個類型的特徵列放在一起時，系統會按照特徵列的名字進行排序。

實際程式如下：

程式 7-5 將離散文字特徵列轉化為 one-hot 編碼與詞向量（續）

```
98    def test_order():
99        tf.reset_default_graph()
100       numeric_col = tf.feature_column.numeric_column('numeric_col')
101       some_sparse_column = tf.feature_column.categorical_column_with_hash_
          bucket(
102           'asparse_feature', hash_bucket_size=5)    #稀疏矩陣，單獨放進去會出錯
103
104       embedding_col = tf.feature_column.embedding_column( some_sparse_
                          column, dimension=3)
105       # 轉化為 one-hot 特徵列
106       one_hot_col = tf.feature_column.indicator_column(some_sparse_column)
107       print(one_hot_col.name)              # 輸出 one_hot_col 列的名稱
108       print(embedding_col.name)            # 輸出 embedding_col 列的名稱
109       print(numeric_col.name)              # 輸出 numeric_col 列的名稱
110       features = {                         # 定義字典資料
111           'numeric_col': [[3], [6]],
112           'asparse_feature': [['a'], ['x']],
113         }
114
115       # 產生輸入層張量
116       cols_to_vars = {}
117       net = tf.feature_column.input_layer(features, [numeric_col,
              embedding_col,one_hot_col],cols_to_vars)
```

```
118
119     with tf.Session() as sess:                # 透過工作階段輸出資料
120         sess.run(tf.global_variables_initializer())
121         print(net.eval())
122
123  test_order()
```

上面程式中建置了 3 個輸入的特徵列：

- numeric_column 列。
- embedding_column 列。
- indicator_column 列。

其中，embedding_column 列與 indicator_column 列由 categorical_column_with_hash_bucket 方法列轉化而來（見程式第 104、106 行）。

程式執行後輸出以下結果：

```
asparse_feature_indicator
asparse_feature_embedding
numeric_col
[[-1.0505784  -0.4121129  -0.85744965  0. 0. 0. 0. 1. 3.]
 [-0.2486877   0.5705532   0.32346958  1. 0. 0. 0. 0. 6.]]
```

輸出結果的前 3 行分別是 one_hot_col 列、embedding_col 列與 numeric_col 列的名稱。

輸出結果的最後兩行是輸入層 input_layer 所輸出的多列資料。從結果中可以看出，一共有兩筆資料，每筆資料有 9 列。這 9 列資料可以分為以下 3 個部分。

- 第 1 部分是 embedding_col 列的資料內容（見輸出結果的前 3 列）。
- 第 2 部分是 one_hot_col 列的資料內容（見輸出結果的第 4 ～ 8 列）。
- 第 3 部分是 numeric_col 列的資料內容（見輸出結果的最後一列）。
- 這個三個部分的排列順序與其名字的字串排列順序是完全一致的（名字的字串排列順序為 asparse_feature_embedding、asparse_feature_indicator、numeric_col）。

7.4.4 程式實現：根據特徵列產生交換列

在本書 7.2 節中用 tf.feature_column.crossed_column 函數將多個單列特徵混合

起來產生交換列，並將交換列作為新的樣本特徵，與原始的樣本資料一起輸入
模型進行計算。

本小節將詳細介紹交換列的計算方式，以及函數 tf.feature_column.crossed_
column 的使用方法。

實際程式如下：

程式 7-6　根據特徵列產生交換列

```
01   from tensorflow.python.feature_column.feature_column import _LazyBuilder
02   def test_crossed():                                 # 定義交換列測試函數
03       a = tf.feature_column.numeric_column('a', dtype=tf.int32, shape=(2,))
04       b = tf.feature_column.bucketized_column(a, boundaries=(0, 1))
         # 離散值轉化
05       crossed = tf.feature_column.crossed_column([b, 'c'], hash_bucket_
                 size=5)                                  # 產生交換列
06
07       builder = _LazyBuilder({                         # 產生類比輸入的資料
08           'a':
09               tf.constant(((-1.,-1.5), (.5, 1.))),
10           'c':
11               tf.SparseTensor(
12                   indices=((0, 0), (1, 0), (1, 1)),
13                   values=['cA', 'cB', 'cC'],
14                   dense_shape=(2, 2)),
15       })
16       id_weight_pair = crossed._get_sparse_tensors(builder)# 產生輸入層張量
17       with tf.Session() as sess2:                     # 建立階段 session，設定值
18           id_tensor_eval = id_weight_pair.id_tensor.eval()
19           print(id_tensor_eval)                        # 輸出稀疏矩陣
20
21           dense_decoded = tf.sparse_tensor_to_dense( id_tensor_eval,
                             default_value =-1).eval(session=sess2)
22           print(dense_decoded)                         # 輸出稠密矩陣
23
24   test_crossed()
```

程式第 5 行用 tf.feature_column.crossed_column 函數將特徵列 b 和 c 混合在一
起，產生交換列。該函數有以下兩個必填參數。

- key：要進行交換計算的列。以列表形式傳入（程式中是 [b, c]）。

- hash_bucket_size：要雜湊的數值範圍（程式中是 5）。表示將特徵列交換合
  併後，經過 hash 演算法計算並雜湊成 0~4 之間的整數。

> **提示**
>
> tf.feature_column.crossed_column 函數的輸入參數 key 是一個列表類型。該清
> 單的元素可以是指定的列名稱（字串形式），也可以是實際的特徵列物件（張量
> 形式）。
>
> 如果傳入的是特徵列物件，則還要考慮特徵列類型的問題。因為 tf.feature_
> column.crossed_column 函數不支援對 numeric_column 類型的特徵列做交
> 換運算，所以，如果要對 numeric_column 類型的列做交換運算，則需要用
> bucketized_column 函數或 categorical_column_with_identity 函數將 numeric_
> column 類型轉化後才能使用（轉化方法見 7.4.2 小節）。

程式執行後，輸出以下結果：

```
SparseTensorValue(indices=array([[0, 0],
      [0, 1],
      [1, 0],
      [1, 1],
      [1, 2],
      [1, 3]], dtype=int64), values=array([3, 1, 3, 1, 0, 4], dtype=int64),
              dense_shape=array([2, 4], dtype=int64))
[[ 3  1 -1 -1] [ 3  1  0  4]]
```

程式執行後，交換矩陣會將以下兩矩陣進行交換合併。實際計算方法見式
（7.1）：

$$\text{cross}\left(\begin{bmatrix} -1. & -1.5 \\ 0.5 & 1. \end{bmatrix}, \begin{bmatrix} 'cA' \\ 'cB' & 'cC' \end{bmatrix}\right) = \begin{bmatrix} \text{hash}('cA',\text{hash}(-1))\%\text{size} & \text{hash}('cA',\text{hash}(-1.5))\%\text{size} \\ \text{hash}('cB',\text{hash}(0.5))\%\text{size} & \text{hash}('cB',\text{hash}(1.))\%\text{size} & \text{hash}('cC',\text{hash}(0.5))\%\text{size} & \text{hash}('cC',\text{hash}(1.))\%\text{size} \end{bmatrix}$$

（7.1）

式（7.1）中，size 就是傳入 crossed_column 函數的參數 hash_bucket_size，其
值為 5，表示輸出的結果都在 0~4 之間。

在產生的稀疏矩陣中，[0,2] 與 [0,3] 這兩個位置沒有值，所以在將其轉成稠密
矩陣時需要為其加兩個預設值 "–1"。於是在輸出結果的最後 1 行，顯示了稠
密矩陣的內容 [[3 1 -1 -1] [3 1 0 4]]。該內容中用兩個 "–1" 進行補位。

7.5 實例 34：用 sequence_feature_column 介面完成自然語言處理工作的資料前置處理工作

本節用 sequence_feature_column 介面處理序列特徵資料。

> **實例描述**
>
> 將模擬資料作為輸入，用 sequence_feature_column 介面的特徵列轉化功能，產生具有序列關係的特徵資料。

該實例屬於自然語言處理（NLP）工作中的樣本前置處理工作（見 8.1.9 小節）。

7.5.1 程式實現：建置模擬資料

假設有一個字典，裡面只有 3 個詞，其向量分別為 0、1、2。

用稀疏矩陣模擬兩個具有序列特徵的資料 a 和 b。每個資料有兩個樣本：模擬資料 a 的內容是 [2][0,1]。模擬資料 b 的內容是 [1][2,0]。

實際程式如下：

程式 7-7 序列特徵工程

```
01    import tensorflow as tf
02
03    tf.reset_default_graph()
04    vocabulary_size = 3                              # 假設有 3 個詞，向量為 0、1、2
05    sparse_input_a = tf.SparseTensor(               # 定義一個稀疏矩陣，值為：
06        indices=((0, 0), (1, 0), (1, 1)),           #[2]    只有 1 個序列
07        values=(2, 0, 1),                           #[0, 1] 有兩個序列
08        dense_shape=(2, 2))
09
10    sparse_input_b = tf.SparseTensor(               # 定義一個稀疏矩陣，值為：
11        indices=((0, 0), (1, 0), (1, 1)),           #[1]
12        values=(1, 2, 0),                           #[2, 0]
13        dense_shape=(2, 2))
```

程式第 5、10 行分別用 tf.SparseTensor 函數建立兩個稀疏矩陣類型的模擬資料。

7.5.2 程式實現：建置詞嵌入初值

詞嵌入過程將字典中的詞向量應用到多維陣列中。在程式中，定義兩套用於對映詞向量的多維陣列（embedding_values_a 與 embedding_values_b），並進行初始化。

> **提示**
>
> 在實際使用中，對多維陣列初始化的值，會被定義成 −1 ～ 1 之間的浮點數。這裡都將其初始化成較大的值，是為了在測試時讓顯示效果更加明顯。

實際程式如下：

```
程式 7-7 序列特徵工程（續）
14   embedding_dimension_a = 2
15   embedding_values_a = (       # 為稀疏矩陣的 3 個值（0，1，2）比對詞嵌入初值
16       (1., 2.),                #id 0
17       (3., 4.),                #id 1
18       (5., 6.)                 #id 2
19   )
20   embedding_dimension_b = 3
21   embedding_values_b = (       # 為稀疏矩陣的 3 個值（0、1、2）比對詞嵌入初值
22       (11., 12., 13.),         #id 0
23       (14., 15., 16.),         #id 1
24       (17., 18., 19.)          #id 2
25   )
26   # 自訂初始化詞嵌入
27   def _get_initializer(embedding_dimension, embedding_values):
28     def _initializer(shape, dtype, partition_info):
29       return embedding_values
30     return _initializer
```

7.5.3 程式實現：建置詞嵌入特徵列與共用特徵列

使用函數 sequence_categorical_column_with_identity 可以建立帶有序列特徵的離雜湊。該離雜湊會將詞向量進行詞嵌入轉化，並將轉化後的結果進行離散處理。

使用函數 shared_embedding_columns 可以建立共用列。共用列可以使多個詞向量共用一個多維陣列進行詞嵌入轉化。實際程式如下：

程式 7-7 序列特徵工程（續）

```
31    categorical_column_a = tf.contrib.feature_column.sequence_categorical_
      column_with_identity(                              # 帶序列的離雜湊
32        key='a', num_buckets=vocabulary_size)
33    embedding_column_a = tf.feature_column.embedding_column( # 將離雜湊轉為詞向量
34        categorical_column_a, dimension=embedding_dimension_a,
35        initializer=_get_initializer(embedding_dimension_a, embedding_values_a))
36
37    categorical_column_b = tf.contrib.feature_column.sequence_categorical_
      column_with_identity(
38        key='b', num_buckets=vocabulary_size)
39    embedding_column_b = tf.feature_column.embedding_column(
40        categorical_column_b, dimension=embedding_dimension_b,
41        initializer=_get_initializer(embedding_dimension_b, embedding_values_b))
42    # 共用列
43    shared_embedding_columns = tf.feature_column.shared_embedding_columns(
44          [categorical_column_b, categorical_column_a],
45          dimension=embedding_dimension_a,
46          initializer=_get_initializer(embedding_dimension_a,
          embedding_values_a))
```

7.5.4 程式實現：建置序列特徵列的輸入層

用函數 tf.contrib.feature_column.sequence_input_layer 建置序列特徵列的輸入層。該函數傳回兩個張量：

- 輸入的實際資料。
- 序列的長度。

實際程式如下：

程式 7-7 序列特徵工程（續）

```
47    features={                                          # 將 a、b 合起來
48          'a': sparse_input_a,
49          'b': sparse_input_b,
50      }
51
52    input_layer, sequence_length = tf.contrib.feature_column.sequence_input_
      layer(                                             # 定義序列特徵列的輸入層
53          features,
54        feature_columns=[embedding_column_b, embedding_column_a])
55
56    input_layer2, sequence_length2 = tf.contrib.feature_column.sequence_
```

```
     input_layer(                                #定義序列輸入層
57          features,
58       feature_columns=shared_embedding_columns)
59   #傳回圖中的張量（兩個嵌入詞加權）
60   global_vars = tf.get_collection(tf.GraphKeys.GLOBAL_VARIABLES)
61   print([v.name for v in global_vars])
```

程式第 52 行，用 sequence_input_layer 函數產生了輸入層 input_layer 張量。該張量中的內容是按以下步驟產生的。

（1）定義原始詞向量。

■ 模擬資料 a 的內容是 [2][0,1]。

■ 模擬資料 b 的內容是 [1][2,0]。

（2）定義詞嵌入的初值。

■ embedding_values_a 的內容是：[(1., 2.),(3., 4.),(5., 6.)]。

■ embedding_values_b 的內容是：[(11., 12., 13.), (14., 15., 16.), (17., 18., 19.)]。

（3）將詞向量中的值作為索引，去第（2）步的陣列中設定值，完成詞嵌入的轉化。

■ 特徵列 embedding_column_a：將模擬資料 a 經過 embedding_values_a 轉化後獲得 [[5.,6.],[0,0]][[1.,2.],[3.,4.]]。

■ 特徵列 embedding_column_b：將模擬資料 b 經過 embedding_values_b 轉化後獲得 [[14., 15., 16.],[0,0,0]][[17., 18., 19.],[11., 12., 13.]]。

> **提示**
>
> sequence_feature_column 介面在轉化詞嵌入時，可以對資料進行自動對齊和補 0 操作。在使用時，可以直接將其輸出結果輸入 RNN 模型裡進行計算。
>
> 由於模擬資料 a、b 中第一個元素的長度都是 1，而最大的長度為 2。系統會自動以 2 對齊，將不足的資料補 0。

（4）將 embedding_column_b 和 embedding_column_a 兩個特徵列傳入函數 sequence_input_layer 中，獲得 input_layer。根據 7.4.3 小節介紹的規則，該輸入層中資料的真實順序為：特徵列 embedding_column_a 在前，特徵列 embedding_column_b 在後。最後 input_layer 的值為：[[5.,6.,14., 15., 16.],[0,0,0,0,0]][[1.,2., 17., 18., 19.],[3.,4. 11., 12., 13.]]。

程式第 61 行，將執行圖中的所有張量列印出來。可以透過觀察 TensorFlow 內部建立詞嵌入張量的情況，來驗證共用特徵列的功能。

7.5.5 程式實現：建立工作階段輸出結果

建立工作階段輸出結果。實際程式如下：

```
程式 7-7 序列特徵工程（續）
62    with tf.train.MonitoredSession() as sess:
63        print(global_vars[0].eval(session=sess))          # 輸出詞向量的初值
64        print(global_vars[1].eval(session=sess))
65        print(global_vars[2].eval(session=sess))
66        print(sequence_length.eval(session=sess))
67        print(input_layer.eval(session=sess))             # 輸出序列輸入層的內容
68        print(sequence_length2.eval(session=sess))
69        print(input_layer2.eval(session=sess))            # 輸出序列輸入層的內容
70        }
```

程式執行後，輸出以下內容：

（1）輸出 3 個詞嵌入張量。第 3 個為共用列張量。

```
['sequence_input_layer/a_embedding/embedding_weights:0', 'sequence_input_
layer/b_embedding/embedding_weights:0', 'sequence_input_layer_1/a_b_shared_
embedding/embedding_weights:0']
```

（2）輸出詞嵌入的初始化值。

```
[[1. 2.]
 [3. 4.]
 [5. 6.]]
[[11. 12. 13.]
 [14. 15. 16.]
 [17. 18. 19.]]
[[1. 2.]
 [3. 4.]
 [5. 6.]]
```

輸出的結果共有 9 行，每 3 行為一個陣列：

- 前 3 行是 embedding_column_a。
- 中間 3 行是 embedding_column_b。
- 最後 3 行是 shared_embedding_columns。

（3）輸出張量 input_layer 的內容。

```
[12]
[[[ 5.  6. 14. 15. 16.] [ 0.  0.  0.  0.  0.]]
[[ 1.  2. 17. 18. 19.] [ 3.  4. 11. 12. 13.]]]
```

輸出的結果第 1 行是原始詞向量的大小。後面兩行是 input_layer 的實際內容。

（4）輸出張量 input_layer2 的內容。

```
[12]
[[[5. 6. 3. 4.]  [0. 0. 0. 0.]]
[[1. 2. 5. 6.]  [3. 4. 1. 2.]]]
```

模擬資料 sparse_input_a 與 sparse_input_b 同時使用了共用詞嵌入 embedding_values_a。每個序列的資料被轉化成兩個維度的詞嵌入資料。

7.6 實例 35：用 factorization 模組的 kmeans 介面分群 COCO 資料集中的標記框

本實例以 kmeans 介面為例，來示範 TensorFlow 中 factorization 模組的用法。

> **實例描述**
> 有一個 JSON 格式檔案，其中放置了一個圖片資料集的標記資訊。該標記的內容是每張圖片裡物體的位置。

透過撰寫程式，使用分群演算法，找出這些標記框中最常見的尺寸。

在 8.5 節中有一個 YOLO V3 模型的實例。在那個實例中，需要對原始樣本進行前置處理，即對所有的標記框做分群計算，找出樣本中最常見的標記框。該分群演算法可以用 factorization 模組的 kmeans 介面來實現。

7.6.1 程式實現：設定要使用的資料集

本實例支援兩種資料集，可以透過參數 usecoco 進行設定：

■ 如果 usecoco 是 1，則使用 COCO 資料集。
■ 如果 usecoco 是 0，則使用模擬資料集。

> **提示**
>
> 如果設定了使用 COCO 資料集，則需要下載 COCO 資料集樣本，並安裝其附帶的 API 工具，實際做法見 8.6 節。

實際程式如下：

程式 7-8 分群 COCO 資料集中的標記框

```
01    import numpy as np
02    import tensorflow as tf
03    import matplotlib.pyplot as plt
04
05    usecoco = 1                          # 實例的示範方式。如設為 1，則表示使用 coco 資料集
```

7.6.2 程式實現：準備帶分群的資料樣本

撰寫程式，進行模擬資料的製作與 COCO 資料的載入。實際程式如下：

程式 7-8 分群 COCO 資料集中的標記框（續）

```
06    def convert_coco_bbox(size, box):        # 計算 box 的長寬和原始影像的長寬比
07        """
08        輸入：
09            size: 原始影像大小
10            box: 標記 box 的資訊
11        傳回：
12            x、y、w、h 標記 box 和原始影像的比值
13        """
14        dw = 1. / size[0]
15        dh = 1. / size[1]
16        x = (box[0] + box[2]) / 2.0 - 1
17        y = (box[1] + box[3]) / 2.0 - 1
18        w = box[2]
19        h = box[3]
20        x = x * dw
21        w = w * dw
22        y = y * dh
23        h = h * dh
24        return x, y, w, h
25
26    def load_cocoDataset(annfile):          # 讀取 coco 資料集的標記資訊
27        from pycocotools.coco import COCO
28        data = []
29        coco = COCO(annfile)
```

```
30        cats = coco.loadCats(coco.getCatIds())
31        coco.loadImgs()
32        base_classes = {cat['id'] : cat['name'] for cat in cats}
33        imgId_catIds = [coco.getImgIds(catIds = cat_ids) for cat_ids in
                        base_classes.keys()]
34        image_ids = [img_id for img_cat_id in imgId_catIds for img_id in
                        img_cat_id ]
35        for image_id in image_ids:
36            annIds = coco.getAnnIds(imgIds = image_id)
37            anns = coco.loadAnns(annIds)
38            img = coco.loadImgs(image_id)[0]
39            image_width = img['width']
40            image_height = img['height']
41
42            for ann in anns:
43                box = ann['bbox']
44                bb = convert_coco_bbox((image_width, image_height), box)
45                data.append(bb[2:])
46        return np.array(data)
47
48    if usecoco == 1:                                    # 根據設定選擇資料來源
49        dataFile = r"E:\Mask_RCNN-master\cocos2014\annotations\
                      instances_train2014.json"
50        points = load_cocoDataset(dataFile)
51    else:                          # 如果不使用 COCO 資料集，則直接隨機產生一些數字來進行分群
52        num_points = 100
53        dimensions = 2
54        points = np.random.uniform(0, 1000, [num_points, dimensions])
```

執行上面程式後，會獲得一個形狀為 [n,2] 的資料物件 points（numpy 類型）。
在 7.6.4 小節中，points 物件將作為分群的資料來源輸入分群模型中。

7.6.3 程式實現：定義分群模型

透過呼叫 tf.contrib.factorization.KMeansClustering 介面，可以建立一個實現分
群的估算器模型。其初始化函數的實際參數如下：

```
__init__(
   num_clusters,                              # 待分群的個數
   model_dir=None,                            # 模型的路徑
   initial_clusters=RANDOM_INIT,              # 初始化中心點的方法
   distance_metric=SQUARED_EUCLIDEAN_DISTANCE,   # 評估舉例的方法
   random_seed=0,                             # 隨機值種子
```

```
    use_mini_batch=True,                    # 是否使用小量處理
    mini_batch_steps_per_iteration=1,       # 當使用小量處理時，執行幾次更新一次中心點
    kmeans_plus_plus_num_retries=2,         # 當 initial_clusters 使用 kmeans++ 演算法
                                              時的取樣次數
    relative_tolerance=None,      # 停止設定值。如果分群的 loss 變化值小於該值，則停止
                                    訓練。如果 use_mini_batch 為 True，則該參數無效
    config=None,                  # 與估算器的 config 相同
    feature_columns=None          # 可以對指定的某些特徵列進行分群。如果該參數值為
                                    None，則代表按照全部特徵列進行分群
)
```

其中，參數 initial_clusters 的設定值可以是：

- RANDOM_INIT（亂數）。
- KMEANS_PLUS_PLUS_INIT（kmeans++ 演算法）。
- 指定的中心點陣列。
- 自訂函數。

參數 distance_metric 的設定值可以是 SQUARED_EUCLIDEAN_DISTANCE
（歐幾里德距離）或 COSINE_DISTANCE（夾角餘弦距離）。

提示

如果變數 mini_batch_steps_per_iteration 等於 num_inputs / batch_size，則理論
上程式的分群結果應該會與 use_mini_batch 為 False 時的分群結果相同。但實
際上，該分群方法的精度會略有偏差，這是因為在多執行緒的處理中，該分群
方法的內部沒有加鎖。

在以下程式中，首先指定了模型路徑，接著定義了 kmeans（分群）模型。在
反覆運算過程中，如果發現模型收斂度小於 0.01，則停止訓練。

程式 7-8 分群 COCO 資料集中的標記框（續）

```
55   num_clusters = 5                # 待分群的個數
56   # 定義分群的設定檔
57 config=tf.estimator.RunConfig(model_dir='./kmeansmodel',
     save_checkpoints_steps=100)
58   # 定義分群模型
59   kmeans = tf.contrib.factorization.KMeansClustering(config= config,
60           num_clusters=num_clusters, use_mini_batch=False,
             relative_tolerance=0.01)
```

7.6.4 程式實現：訓練模型

定義輸入函數，並用 kmeans.train 方法訓練模型。用 kmeans.score 方法可以獲得模型執行的最後分數。實際程式如下：

程式 7-8 分群 COCO 資料集中的標記框（續）

```
61   def input_fn():                    # 定義輸入函數
62     return tf.train.limit_epochs(
63         tf.convert_to_tensor(points, dtype=tf.float32), num_epochs=300)
64   kmeans.train(input_fn)             # 訓練模型
65   print(" 訓練結束，score(cost) = {}".format(kmeans.score(input_fn)))
```

程式第 62、63 行，呼叫 tf.train 模組的 limit_epochs 方法，並傳入資料集的反覆運算次數（300 次）。將 limit_epochs 方法的傳回值作為輸入函數 input_fn 的結果傳入 kmeans.train 方法裡進行訓練。這樣系統將按照資料集的檢查次數來訓練模型。

還可以在 kmeans.train 方法中直接指定反覆運算次數來控制模型的訓練。

kmeans.train 方法的定義如下：

```
train(
    input_fn,                  # 輸入函數
    hooks=None,                # 鉤子函數，用於顯示訓練過程中的資訊
    steps=None,                # 訓練次數
    max_steps=None,            # 最大訓練次數
    saving_listeners=None      # 在儲存模型之前和之後所需要呼叫的函數
)
```

其中，變數 steps 代表單次需要訓練的次數，變數 max_steps 代表對總訓練次數的限制。

7.6.5 程式實現：輸出圖示化結果

撰寫程式，輸出圖示化結果：

（1）用 kmeans.cluster_centers 方法可以獲得中心點結果。

（2）用 kmeans.predict_cluster_index 方法可以獲得輸入資料對應的分類結果。

（3）將中心點與分類結果一起顯示出來。

實際程式如下：

```
程式 7-8 分群 COCO 資料集中的標記框（續）
66   anchors = kmeans.cluster_centers()              #取得中心點
67
68   box_w = points[:1000, 0]
69   box_h = points[:1000, 1]
70
71   def show_input_fn():                             #定義輸入函數
72     return tf.train.limit_epochs(
73         tf.convert_to_tensor(points[:1000], dtype=tf.float32), num_epochs=1)
74   #產生分群結果
75   cluster_indices =list( kmeans.predict_cluster_index(show_input_fn) )
76
77   plt.scatter(box_h, box_w, c=cluster_indices)     #圖示化顯示
78   plt.colorbar()
79   plt.scatter(anchors[:,0], anchors[:, 1], s=800,c='r',marker='x')
80   plt.show()
81
82   if usecoco == 1:                                 #列印 COCO 最後結果
83       trueanchors = []
84       for cluster in anchors:
85           trueanchors.append([round(cluster[0] * 416), round(cluster[1] *
             416)])
86       print(" 在 416*416 上面，所分群的錨點候選框為：",trueanchors)
```

程式第 73 行，從 points 物件中取出 1000 個點，輸入 kmeans 模型中進行預測。

程式執行後，輸出結果如圖 7-7 所示。

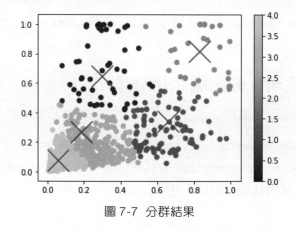

圖 7-7 分群結果

同時，也輸出以下資訊：

```
在 416*416 上面，所分群的錨點候選框為：[[275.0, 142.0], [124.0, 270.0], [344.0,
341.0], [78.0, 112.0], [24.0, 32.0]]
```

從輸出的結果中，可以看到分群中心點的資訊。每個中心點的 x、y 座標都代表 COCO 資料集中標記框的邊長。

在 YOLO V3 模型（YOLO V3 是一個目標識別模型）中，這些分群中心點結果將被當作錨點候選框參與影像識別過程。有關 YOLO V3 模型的相關知識，讀者先有一個概念即可，讀到 8.6 節自然能夠了解。

7.6.6 程式實現：分析並排序分群結果

在數值分析領域，常常要對分群結果進行分析。最基本的分析操作就是對每個分類的樣本進行排序並分析。常用的介面有以下兩個。

■ 用 kmeans.transform 方法可以獲得每個樣本離中心點的距離。
■ 用 kmeans.predict 方法可以獲得分類和距離的全部資訊。

實際程式如下：

```
程式 7-8 分群 COCO 資料集中的標記框（續）
87  distance = list(kmeans.transform(show_input_fn))# 獲得每個座標離中心點的距離
88  predict = list(kmeans.predict(show_input_fn) )   # 對每個點進行預測
89  print(distance[0],predict[0])                    # 顯示內容
90
91  firstclassdistance= np.array([  p['all_distances'][0]  for p in predict
    if p['cluster_index']==0 ])              # 取得第 0 大類資料
92  dataindexsort= np.argsort(firstclassdistance)    # 按照距離排序，並傳回索引
93  # 顯示第 0 大類，即前 10 筆資料的索引和距離
94  print(len(dataindexsort),dataindexsort[:10],
    firstclassdistance[dataindexsort[:10]])
```

程式執行後，輸出以下結果：

```
[0.380125580.319522861.0356641  0.031647280.00291133] {'all_distances':
 array([0.38012558, 0.31952286, 1.0356641 , 0.03164728, 0.00291133],
 dtype=float32), 'cluster_index': 4}
51 [3811  742192935172012] [0.002440570.002752070.003516550.003927410.
 005493580.00684953
 0.010489280.0128122  0.016110180.01929462]
```

輸出結果的第 1 行，顯示了模型輸出的距離和預測值。可以看到，在距離資訊中，包含該點離所有中心點的距離；在預測資訊中，既有距離資訊，又有分類資訊。

輸出結果的第 3 行，顯示了第 0 大類的長度（即前 10 筆資料的索引），以及這 10 筆資料的距離。這部分操作是在數值分析中常用的操作。

7.6.7 擴充：分群與神經網路混合訓練

TensorFlow 中提供了一個以 MNIST 訓練為基礎的分群實例。其中，先將 MNIST 圖片分群成指定的個數，然後再透過全連接網路進行分類訓練。這個實例很有研究價值。

同時，本書也提供了該實例的原始程式供讀者參考，見隨書搭配資源中的程式檔案「7-9 mnistkmeans.py」。更多內容還可以檢視以下連結：

```
https://github.com/tensorflow/tensorflow/tree/master/tensorflow/contrib/
  factorization/examples/mnist.py
```

7.7 實例 36：用加權矩陣分解模型實現以電影評分為基礎的推薦系統

透過呼叫 TensorFlow 中的 tensorflow.contrib.factorization.WALSModel 介面實現一個加權矩陣分解（WALS）模型，並用該模型實現以電影評分為基礎的推薦系統。

> **實例描述**
>
> 有一個電影評分資料集，裡面包含使用者、電影、評分、時間欄位。

要求設計模型，並用模型學習該資料的規律，為使用者推薦喜歡看的其他電影。

有關加權矩陣分解演算法見 7.1.8 小節，實作方式如下。

7.7.1 下載並載入資料集

透過以下連結，將電影評論資料集下載到本機：

```
http://files.grouplens.org/datasets/movielens/ml-latest-small.zip
```

下載之後，將其解壓縮到本機程式的同級目錄下，並按照以下步驟實際操作。

1 使用資料集

在電影評論資料集中有以下幾個檔案：

- links.csv。
- movies.csv。
- ratings.csv。
- README.txt。
- tags.csv。

這裡只關心評分檔案，即 ratings.csv。其內容如下：

```
userId,movieId,rating,timestamp
1,31,2.5,1260759144
1,1029,3.0,1260759179
```

2 程式實現：讀取資料集，並按照時間排序

將資料載入到記憶體中，並按照時間對其排序。實際程式如下：

程式 7-10 電影推薦系統

```
01   import os
02
03   DATASET_PATH= 'ml-latest-small'
04   RATINGS_CSV = os.path.join(DATASET_PATH, 'ratings.csv')  #指定路徑
05
06   import collections
07   import csv
08
09   Rating = collections.namedtuple('Rating', ['user_id', 'item_id',
            'rating', 'timestamp'])
10   ratings = list()
11   with open(RATINGS_CSV, newline='') as f:                  #載入資料
12       reader = csv.reader(f)
13       next(reader) #跳過第一行的欄位描述部分
14       for user_id, item_id, rating, timestamp in reader:
15           ratings.append(Rating(user_id, item_id, float(rating),
                        int(timestamp)))
16
17   ratings = sorted(ratings, key=lambda r: r.timestamp)      #排序
18   print('Ratings: {:,}'.format(len(ratings)))
```

程式執行後，顯示以下結果：

```
Ratings: 100,004
```

輸出結果中的 "100,004" 表示資料集的總筆數為 100 004 條。

7.7.2 程式實現：根據使用者和電影特徵列產生稀疏矩陣

本小節的實際步驟如下：

（1）將使用者資料與電影資料單獨取出出來。

（2）根據取出出的資料索引產生字典。

（3）按照使用者與電影兩個維度產生網格矩陣。

（4）將該網格矩陣儲存為稀疏矩陣。

實際程式如下：

程式 7-10 電影推薦系統（續）

```
19   import tensorflow as tf
20   import numpy as np
21
22   users_from_idx = sorted(set(r.user_id for r in ratings), key=int)
     #獲得使用者 ID
23   users_from_idx = dict(enumerate(users_from_idx)
     #產生索引與使用者 ID 的正反向字典
24   users_to_idx = dict((user_id, idx) for idx, user_id in users_from_idx.
     items())
25   print('User Index:',[users_from_idx[i] for i in range(2)])
26   #獲得電影的 ID
27   items_from_idx = sorted(set(r.item_id for r in ratings), key=int)
28   items_from_idx = dict(enumerate(items_from_idx)
     #產生索引與電影 ID 的正反向字典
29   items_to_idx = dict((item_id, idx) for idx, item_id in items_from_idx.
     items())
30   print('Item Index:',[items_from_idx[i] for i in range(2)])
31
32   sess = tf.InteractiveSession()                #將使用者與電影交換。填入評分
33   indices = [(users_to_idx[r.user_id], items_to_idx[r.item_id]) for r in
     ratings]
34   values = [r.rating for r in ratings]
35   n_rows = len(users_from_idx)
36   n_cols = len(items_from_idx)
37   shape = (n_rows, n_cols)
```

```
38
39    P = tf.SparseTensor(indices, values, shape) # 產生稀疏矩陣
40
41    print(P)
42    print('Total values: {:,}'.format(n_rows * n_cols))
```

程式執行後，輸出以下結果：

```
User Index: ['1', '2']
Item Index: ['1', '2']
SparseTensor(indices=Tensor("SparseTensor_11/indices:0", shape=(100004, 2),
dtype=int64), values=Tensor("SparseTensor_11/values:0", shape=(100004,),
dtype=float32), dense_shape=Tensor("SparseTensor_11/dense_shape:0",
shape=(2,), dtype=int64))
Total values: 6,083,286
```

在輸出的結果中可以看到：

- 前兩行分別顯示了使用者的 ID 與電影的 ID。
- 第 3 行顯示了所產生的稀疏矩陣。
- 最後一行顯示了將使用者與電影交換後的矩陣大小為 6,083,286。

> **提示**
>
> 程式最後產生的矩陣尺寸非常極大。對於超大矩陣最好的處理方法是，將其儲存為稀疏矩陣。如果以稠密矩陣的形式儲存到記憶體中，則會非常耗資源。

7.7.3 程式實現：建立 WALS 模型，並進行訓練

呼叫 tensorflow.contrib.factorization.WALSModel 介面，建立 WALS 模型。WALSModel 介面支援分散式訓練和正規化處理。實際參數可以使用 help 指令檢視。

實際程式如下：

程式 7-10 電影推薦系統（續）

```
43    from tensorflow.contrib.factorization import WALSModel
44    k = 10                    # 分解後的維度
45    n = 10                    # 訓練的反覆運算次數
46    reg = 1e-1                # 正規化的加權
47
48    model = WALSModel(        # 建立 WALSModel
49        n_rows,               # 行數
50        n_cols,               # 列數
```

```
51        k,                                      # 分解後產生矩陣的維度
52        regularization=reg,                     # 在訓練過程中使用的正規化加權
53        unobserved_weight=0)
54
55    row_factors = tf.nn.embedding_lookup(        # 從模型中取出行矩陣
56        model.row_factors,
57        tf.range(model._input_rows),
58        partition_strategy="div")
59    col_factors = tf.nn.embedding_lookup(        # 從模型中取出列矩陣
60        model.col_factors,
61        tf.range(model._input_cols),
62        partition_strategy="div")
63    # 取得稀疏矩陣中原始的行和列的索引|
64    row_indices, col_indices = tf.split(P.indices,
65                                        axis=1,
66                                        num_or_size_splits=2)
67    gathered_row_factors = tf.gather(row_factors, row_indices)
      # 根據索引從分解矩陣中取出對應的值
68    gathered_col_factors = tf.gather(col_factors, col_indices)
69    # 將行和列相乘，獲得預測的評分值
70    approx_vals = tf.squeeze(tf.matmul(gathered_row_factors,
71                                        gathered_col_factors,
72                                        adjoint_b=True))
73    P_approx = tf.SparseTensor(indices=P.indices,   # 將預測結果組合成稀疏矩陣
74                                values=approx_vals,
75                                dense_shape=P.dense_shape)
76
77    E = tf.sparse_add(P, P_approx * (-1))           # 讓兩個稀疏矩陣相減
78    E2 = tf.square(E)
79    n_P = P.values.shape[0].value
80    rmse_op = tf.sqrt(tf.sparse_reduce_sum(E2) / n_P)  # 計算 loss 值
81    # 定義更新分解矩陣加權的 op
82    row_update_op = model.update_row_factors(sp_input=P)[1]
83    col_update_op = model.update_col_factors(sp_input=P)[1]
84
85    model.initialize_op.run()
86    model.worker_init.run()
87    for _ in range(n):                              # 按指定次數反覆運算訓練
88
89        model.row_update_prep_gramian_op.run()       # 訓練並更新行（使用者）矩陣
90        model.initialize_row_update_op.run()
91        row_update_op.run()
92
93        model.col_update_prep_gramian_op.run()                 # 訓練並更新列（電影）矩陣
```

```
94      model.initialize_col_update_op.run()
95      col_update_op.run()
96
97      print('RMSE: {:,.3f}'.format(rmse_op.eval()))  # 輸出 loss 值
98
99   user_factors = model.row_factors[0].eval()
100  item_factors = model.col_factors[0].eval()
101
102  print('User factors shape:', user_factors.shape)   # 輸出分解後的矩陣形狀
103  print('Item factors shape:', item_factors.shape)
```

程式執行後，輸出以下結果：

```
RMSE: 1.999
RMSE: 0.791
......
RMSE: 0.538
User factors shape: (671, 10)
Item factors shape: (9066, 10)
```

輸出結果的最後兩行代表分解後的矩陣大小。可以看到，使用者矩陣變成了
(671, 10)，電影矩陣變成了 (9066, 10)。

7.7.4 程式實現：評估 WALS 模型

評估模型的實際步驟如下：

（1）找到資料集中評論最多的使用者。

（2）從該使用者評論中取出最後一次的評論記錄。

（3）根據使用者和評論記錄中的電影，在分解矩陣中設定值。

（4）將分解矩陣中的評分與第（2）步評論記錄中的評分進行比較，計算出
　　　WALS 模型的準確度。

實際程式如下：

程式 7-10 電影推薦系統（續）
```
104  c = collections.Counter(r.user_id for r in ratings)
105  user_id, n_ratings = c.most_common(1)[0]
106  # 找出評論最多的使用者
107  print(' 評論最多的使用者 {}: {:,d}'.format(user_id, n_ratings))
108
109  r = next(r for r in reversed(ratings) if r.user_id == user_id and
         r.rating == 5.0) # 找一筆評論為 5 的資料
```

```
110   print(' 該使用者最後一筆 5 分記錄：',r)
111
112   # 在預測模型中設定值
113   i = users_to_idx[r.user_id]
114   j = items_to_idx[r.item_id]
115
116   u = user_factors[i]                          # 取出 user 矩陣的值
117   print('Factors for user {}:\n'.format(r.user_id))
118   print(u)
119
120   v = item_factors[j]                          # 取出 item 矩陣的值
121   print('Factors for item {}:\n'.format(r.item_id))
122   print(v)
123
124   p = np.dot(u, v)                             # 計算預測結果
125   print('Approx. rating: {:,.3f}, diff={:,.3f}, {:,.3%}'.format(p,
            r.rating - p, p/r.rating))           # 評估結果，輸出 loss 值
```

程式執行後，輸出以下結果：

```
評論最多的使用者 547: 2,391
該使用者最後一筆 5 分記錄：Rating(user_id='547', item_id='163949', rating=5.0,
timestamp=1476419239)
Factors for user 547:
 [-0.11183977 -0.09171382 -0.10098672 -0.7796077   0.33030528 -0.03237698
  0.48777038  0.4614259  -0.6705016  -0.4126554 ]
Factors for item 163949:
 [-0.29128832 -0.23886949 -0.263021   -2.0304952   0.8602844  -0.0843261
  1.270403    1.2017884  -1.7463298  -1.0747647 ]
Approx. rating: 4.740, diff=0.260, 94.791%
```

從輸出結果可以看到。WALS 模型的準確率為 94.791%。

7.7.5 程式實現：用 WALS 模型為使用者推薦電影

用 WALS 模型進行推薦電影的步驟如下：

（1）用 WALS 模型計算出該使用者對所有電影的評分。

（2）從所有的評分中找出該使用者在真實資料集中沒有評論的電影。

（3）按照預測分值排序，

（4）將分值最大的前 10 個電影分析出來，推薦給使用者。

實際程式如下：

程式 7-10 電影推薦系統（續）

```
126   # 推薦排名
127   V = item_factors
128   user_P = np.dot(V, u)
129   print('預測出使用者所有的評分，形狀為 :', user_P.shape)
130   # 該使用者評論的電影
131   user_items = set(ur.item_id for ur in ratings if ur.user_id == user_id)
132
133   user_ranking_idx = sorted(enumerate(user_P), key=lambda p: p[1],
      reverse=True)
134   user_ranking_raw = ((items_from_idx[j], p) for j, p in user_ranking_idx)
135   user_ranking = [(item_id, p) for item_id, p in user_ranking_raw if
      item_id not in user_items]          # 找到該使用者沒有評論過的所有電影評分
136
137   top10 = user_ranking[:10]                # 取出前 10 個
138
139   print('Top 10 items:\n')
140   for k, (item_id, p) in enumerate(top10):   # 獲得該使用者喜歡電影的排名
141       print('[{}] {} {:,.2f}'.format(k+1, item_id, p))
```

程式執行後，輸出以下結果：

```
預測出使用者所有的評分，形狀為 : (9066,)
Top 10 items:
[1] 12116.85
[2] 12736.49
......
[9] 25945.63
[10] 5015.53
```

輸出結果的第 1 行，顯示該使用者所有的評分數值（對應的 9066 個電影評分）。

接著，從未評分的電影中找出了 10 個評分最高的電影。

這些資料將代表使用者有可能喜歡的電影，為使用者發送過去。

7.7.6 擴充：使用 WALS 的估算器介面

TensorFlow 中還提供了一個進階介面——tensorflow.contrib.factorization.WALSMatrixFactorization。該介面繼承於估算器，其用法與估算器完全一樣。更多介面介紹還可以參考以下連結：

```
https://www.tensorflow.org/api_docs/python/tf/contrib/factorization/
```

WALSMatrixFactorization

7.8 實例 37：用 Lattice 模組預測人口收入

本實例用繼續 Lattice 模組預測人口收入。

> **實例描述**
>
> 有一個人口收入的資料集，其中記錄著每個人的詳細資訊及收入情況。

現需要訓練一個機器學習模型，使得該模型能夠找到個人的詳細資訊與收入之間的關係，進一步實現在指定一個人的實際詳細資訊之後估算出該人的收入水平。

要求使用點陣模型（內插查閱資料表演算法）實現。

本實例將依次實現校準線性模型、校準點陣模型、隨機微點陣模型、集合的微點陣模型的建置與使用，為讀者示範實際的實現方法。

由於 Lattice 模組目前不支援 Windows 系統，本實例需要在 Linux 環境下執行。同時，必須確定本機已經安裝了 Lattice 模組，安裝方式見 7.1.9 小節。

7.8.1 程式實現：讀取樣本，並建立輸入函數

本實例使用的人口收入資料集與 7.2 節的內容一樣。7.2 節使用的資料集檔案是 Windows 編碼格式（GBK），而本實例使用的資料集檔案是 utf-8 編碼格式。該檔案可以隨書的搭配資源中找到。實際步驟如下：

（1）將資料集檔案 "adult.data.csv.txt"、"adult.test.csv.txt" 放到本機程式的同級目錄下。

（2）撰寫程式，用 pandas 模組將 CSV 檔案載入。

（3）呼叫 tf.estimator.inputs.pandas_input_fn 介面，傳回一個估算器輸入函數。

實際程式如下：

```
程式 7-11 用 Lattice 模組預測收入
01    import os
02    import pandas as pd
03    import six
```

```
04    import tensorflow as tf
05    import tensorflow_lattice as tfl
06
07    # 定義資料集目錄
08    testdir = "./income_data/adult.test.csv.txt"
09    traindir = "./income_data/adult.data.csv.txt"
10
11    batch_size = 1000 # 定義批次
12
13    # 定義列名稱，對應於 CSV 檔案中的資料列
14    CSV_COLUMNS = [
15        "age", "workclass", "fnlwgt",
16        "education", "education_num",
17        "marital_status", "occupation", "relationship", "race", "gender",
18        "capital_gain", "capital_loss", "hours_per_week", "native_area",
19        "income_bracket"
20    ]
21
22    _df_data = {}           # 以字典形式儲存 CSV 檔案的名稱和對應的樣本內容
23    _df_data_labels = {}   # 以字典形式儲存 CSV 檔案的名稱和對應的標籤內容
24
25    # 讀取原始 CSV 檔案，並轉成估算器的輸入函數
26    def get_input_fn(file_path, batch_size, num_epochs, shuffle):
27
28      if file_path not in _df_data: # 保障唯讀取一次 CSV 檔案
29        # 讀取 CSV 檔案，並將樣本內容放入 df_data 中
30        _df_data[file_path] = pd.read_csv( tf.gfile.Open(file_path),
31            names=CSV_COLUMNS,skipinitialspace=True,
32            engine="python", skiprows=1)
33
34        _df_data[file_path] = _df_data[file_path].dropna(how="any", axis=0)
35        # 讀取 CSV 檔案，並將標籤內容放入 _df_data_labels 中
36        _df_data_labels[file_path] = _df_data[file_path]["income_bracket"].
      apply(
37            lambda x: ">50K" in x).astype(int)
38
39      return tf.estimator.inputs.pandas_input_fn(   # 傳回 pandas 結構的輸入函數
40        x=_df_data[file_path],y=_df_data_labels[file_path],
41        batch_size=batch_size,shuffle=shuffle,
42        num_epochs=num_epochs,num_threads=1)
```

7.8.2 程式實現：建立特徵列，並儲存校準關鍵點

因為 Lattice 模組是透過內插查表法進行計算的，所以需要為其準備好用於內插的資料訊息。這個資料訊息被稱為校準點。

Lattice 模組在對資料前置處理時，會根據實際資料，在每個特徵列的值域範圍內取指定個數的關鍵點。模型會在每兩個關鍵點之間，做分段的校準計算。

下面撰寫程式實現以下步驟：

（1）前置處理特徵列。

（2）將處理好的特徵列按照指定關鍵點個數計算出校準點。

（3）將計算出的校準點儲存起來，以便在下一步的運算時使用。

> **提示**
>
> 點陣模型可以支援稀疏矩陣張量的處理。經過離散轉化後的特徵列，不必再轉為稠密矩陣，可以直接使用。

實際程式如下：

程式 7-11 用 Lattice 模組預測收入（續）

```
43   def create_feature_columns():# 建立特徵列
44     # 離雜湊
45     gender = tf.feature_column.categorical_column_with_vocabulary_list(
46         "gender", ["Female", "Male"])
47     education = tf.feature_column.categorical_column_with_vocabulary_list(
48         "education", [
49             "Bachelors", "HS-grad", "11th", "Masters", "9th", "Some-college",
50             "Assoc-acdm", "Assoc-voc", "7th-8th", "Doctorate", "Prof-school",
51              "5th-6th", "10th", "1st-4th", "Preschool", "12th"
52         ])
53     marital_status = tf.feature_column.categorical_column_with_vocabulary_list(
54         "marital_status", [
55             "Married-civ-spouse", "Divorced", "Married-spouse-absent",
56             "Never-married", "Separated", "Married-AF-spouse", "Widowed"
57         ])
58     relationship = tf.feature_column.categorical_column_with_vocabulary_list(
59         "relationship", [
60             "Husband", "Not-in-family", "Wife", "Own-child", "Unmarried",
```

```
61              "Other-relative"
62          ])
63      workclass = tf.feature_column.categorical_column_with_vocabulary_list(
64          "workclass", [
65              "Self-emp-not-inc", "Private", "State-gov", "Federal-gov",
66              "Local-gov", "?", "Self-emp-inc", "Without-pay", "Never-worked"
67          ])
68      occupation = tf.feature_column.categorical_column_with_vocabulary_list(
69          "occupation", [
70              "Prof-specialty", "Craft-repair", "Exec-managerial", "Adm-
                clerical",
71              "Sales", "Other-service", "Machine-op-inspct", "?",
72              "Transport-moving", "Handlers-cleaners", "Farming-fishing",
73              "Tech-support", "Protective-serv", "Priv-house-serv", "Armed-
                Forces"
74          ])
75      race = tf.feature_column.categorical_column_with_vocabulary_list(
76          "race", [ "White", "Black", "Asian-Pac-Islander", "Amer-Indian-Eskimo",
77                  "Other",]    )
78      native_area = tf.feature_column.categorical_column_with_vocabulary_list(
        "native_area", ["area_A","area_B","?", "area_C",
        "area_D", "area_E", "area_F","area_G","area_H","area_I",
        "Greece", "area_K","area_L","area_M","area_N","area_O",
        "area_P","Italy","area_R", "Jamaica","area_T","Mexico","area_S",
        "area_U","France","area_W","area_V","Ecuador","area_X", "Columbia",
        "area_Y", "Guatemala","Nicaragua","area_Z", "area_1A",
85          "area_1B", "area_1C","area_1D","Peru",
86          "area_#", "area_1G",])
87
88      # 連續值列
89      age = tf.feature_column.numeric_column("age")
90      education_num = tf.feature_column.numeric_column("education_num")
91      capital_gain = tf.feature_column.numeric_column("capital_gain")
92      capital_loss = tf.feature_column.numeric_column("capital_loss")
93      hours_per_week = tf.feature_column.numeric_column("hours_per_week")
94
95      # 將處理好的特徵列傳回
96      return [ age, workclass, education, education_num, marital_status,
97          occupation, relationship,race,gender, capital_gain,
98          capital_loss, hours_per_week, native_area,]
99
100 # 建立校準關鍵點
101 def create_quantiles(quantiles_dir):
```

```
102     batch_size = 10000                      # 設定批次
103
104     # 建立輸入函數
105     input_fn = get_input_fn(traindir, batch_size, num_epochs=1, shuffle=False)
106
107     tfl.save_quantiles_for_keypoints(       # 預設儲存 1000 個校準關鍵點
108         input_fn=input_fn,
109         save_dir=quantiles_dir,             # 預設會建立一個檔案目錄
110         feature_columns=create_feature_columns(),
111         num_steps=None)
112
113     quantiles_dir = "./"                     # 定義校準點儲存路徑
114     create_quantiles(quantiles_dir)         # 建立校準關鍵點資訊
115     a = tfl.load_keypoints_from_quantiles(["age"], quantiles_dir,
        num_keypoints=10,
116                                             output_min=17.0, output_max=90.0,)
117     with tf.Session() as sess:
118         print(" 載入 age 的關鍵點資訊：", sess.run(a))
```

程式第 114 行，呼叫 create_quantiles 函數，按照指定的列進行校準關鍵點的產生和儲存。每個列都預設儲存 1000 個點。

程式第 115 行，呼叫 tfl.load_keypoints_from_quantiles 函數，從 age 列中取出 10 個關鍵點並顯示出來，用於測試。

程式執行後，輸出 10 個校準點的內容。如下：

```
{'age': (array([17., 25., 33., 41., 49., 57., 65., 73., 81., 90.],
dtype=float32), array([17.      , 25.11111 , 33.22222 , 41.333332, 49.444443,
57.555553, 65.666664, 73.77777 , 81.888885, 90.      ], dtype=float32))}
```

同時可以看到，程式在 quantiles 資料夾下產生了校準點檔案，如圖 7-8 所示。

檔案名稱與程式第 43 行中 create_feature_columns 函數所傳回的列是一一對應的。

7.8.3 程式實現：建立校準線性模型

用 tfl.calibrated_linear_classifier 函數傳回一個校準線性模型。

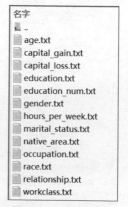

圖 7-8 校準點檔案

該函數需要的兩個關鍵參數的實作方式方法如下。

- quantiles_dir（校準關鍵點目錄）：在 7.8.2 小節已經產生（見程式 114 行）。
- hparams（超參數）：呼叫 **tfl.CalibratedLinearHParams** 函數，並指定特徵列的名稱、關鍵點的設定值個數、學習率來產生超參數（見程式 129 行）。

實際程式如下：

程式 7-11 用 Lattice 模組預測收入（續）

```
119  # 輸出超參數，用於顯示
120  def _pprint_hparams(hparams):
121    print("* hparams=[")
122    for (key, value) in sorted(six.iteritems(hparams.values())):
123      print("\t{}={}".format(key, value))
124    print("]")
125
126  # 建立 calibrated_linear 模型
127  def create_calibrated_linear(feature_columns, config, quantiles_dir):
128    feature_names = [fc.name for fc in feature_columns]
129    hparams = tfl.CalibratedLinearHParams(feature_names=feature_names,
130                          num_keypoints=200, learning_rate=1e-4)
131    # 對部分列中的超參數單獨設定值
132    hparams.set_feature_param("capital_gain", "calibration_l2_laplacian_
       reg", 4.0e-3)
133    _pprint_hparams(hparams)              # 輸出超參數
134
135    return tfl.calibrated_linear_classifier(feature_columns=feature_columns,
136        model_dir=config.model_dir,config=config,hparams=hparams,
137        quantiles_dir=quantiles_dir)
```

程式第 132 行，在設定完超參數 hparams 之後，又為年收入列 "capital_gain" 單獨指定了用於校準的 L2 正規參數。

7.8.4 程式實現：建立校準點陣模型

用 **tfl.calibrated_lattice_classifier** 函數建立校準點陣模型。其他步驟與 7.8.3 小節類似，這裡不再重複。實際程式如下：

程式 7-11 用 Lattice 模組預測收入（續）

```
138  def create_calibrated_lattice(feature_columns, config, quantiles_dir):
139    feature_names = [fc.name for fc in feature_columns]
140    hparams = tfl.CalibratedLatticeHParams(feature_names=feature_names,
141        num_keypoints=200,lattice_l2_laplacian_reg=5.0e-3,
```

```
142        lattice_l2_torsion_reg=1.0e-4,learning_rate=0.1,
143        lattice_size=2)
144
145    _pprint_hparams(hparams)
146
147    return tfl.calibrated_lattice_classifier(feature_columns=feature_columns,
148        model_dir=config.model_dir,config=config,
149        hparams=hparams, quantiles_dir=quantiles_dir)
```

7.8.5 程式實現：建立隨機微點陣模型

呼叫 tfl.calibrated_rtl_classifier 函數，並指定組成微點陣單元的尺寸 lattice_size 來建立隨機微點陣模型。

實際程式如下：

程式 7-11 用 Lattice 模組預測收入（續）

```
150  def create_calibrated_rtl(feature_columns, config, quantiles_dir):
151    feature_names = [fc.name for fc in feature_columns]
152    hparams = tfl.CalibratedRtlHParams(feature_names=feature_names,
153        num_keypoints=200,learning_rate=0.02,
154        lattice_l2_laplacian_reg=5.0e-4,lattice_l2_torsion_reg=1.0e-4,
155        lattice_size=3,lattice_rank=4, num_lattices=100)
156    #對部分列中的超參數單獨設定值
157    hparams.set_feature_param("capital_gain", "lattice_size", 8)
158    hparams.set_feature_param("native_area", "lattice_size", 8)
159    hparams.set_feature_param("marital_status", "lattice_size", 4)
160    hparams.set_feature_param("age", "lattice_size", 8)
161    _pprint_hparams(hparams)
162    return tfl.calibrated_rtl_classifier(feature_columns=feature_columns,
163        model_dir=config.model_dir,config=config,hparams=hparams,
164        quantiles_dir=quantiles_dir)
```

7.8.6 程式實現：建立集合的微點陣模型

用 tfl.calibrated_etl_classifier 函數建立集合的微點陣模型。其他步驟與 7.8.5 小節類似。實際程式如下：

程式 7-11 用 Lattice 模組預測收入（續）

```
165  def create_calibrated_etl(feature_columns, config, quantiles_dir):
166    feature_names = [fc.name for fc in feature_columns]
167    hparams = tfl.CalibratedEtlHParams(feature_names=feature_names,
168        num_keypoints=200,learning_rate=0.02,
```

```
169        non_monotonic_num_lattices=200,non_monotonic_lattice_rank=2,
170        non_monotonic_lattice_size=2,calibration_l2_laplacian_reg=4.0e-3,
171        lattice_l2_laplacian_reg=1.0e-5,lattice_l2_torsion_reg=4.0e-4)
172
173    _pprint_hparams(hparams)
174
175    return tfl.calibrated_etl_classifier(feature_columns=feature_columns,
176        model_dir=config.model_dir,config=config, hparams=hparams,
177        quantiles_dir=quantiles_dir)
```

7.8.7 程式實現：定義評估與訓練函數

因為 Lattice 模組是依賴估算器架構實現的，所以其評估與訓練函數也與估算器的用法一致。函數 evaluate_on_data 用於評估、函數 train 用於訓練。

實際程式如下：

程式 7-11 用 Lattice 模組預測收入（續）

```
178  def evaluate_on_data(estimator, data):      #用指定資料測試模型
179    name = os.path.basename(data)             #取得輸入資料的資料夾名稱
180
181    #評估模型
182    evaluation = estimator.evaluate(input_fn=get_input_fn(   #定義輸入函數
183      file_path=data, batch_size=batch_size,num_epochs=1,shuffle=False),
184                                    name=name)
185    print("  Evaluation on '{}':\t 準確率 ={:.4f}\t 平均 loss={:.4f}".format(
186        name, evaluation["accuracy"], evaluation["average_loss"]))
187
188  def evaluate(estimator):                    #用測試資料集測試模型
189    evaluate_on_data(estimator, traindir)
190    evaluate_on_data(estimator, testdir)
191
192  def train(estimator,train_epochs,showtest = None):
193    if showtest==None:                        #不顯示中間測試資訊
194      input_fn =get_input_fn(traindir, batch_size, num_epochs=train_epochs,
        shuffle=True)
195      estimator.train(input_fn=input_fn)
196    else:                                     #在訓練過程中顯示測試資訊
197      epochs_trained = 0
198      loops = 0
199      while epochs_trained < train_epochs:
200        loops += 1
201        next_epochs_trained = int(loops * train_epochs / 10.0)
```

```
202        epochs = max(1, next_epochs_trained - epochs_trained)
203        epochs_trained += epochs
204        input_fn =get_input_fn(traindir, batch_size, num_epochs=epochs,
           shuffle=True)
205        estimator.train(input_fn=input_fn)
206        print("Trained for {} epochs, total so far {}:".format(
207            epochs, epochs_trained))
208        evaluate(estimator)
```

7.8.8 程式實現：訓練並評估模型

用 for 循環依次產生校準線性模型、校準點陣模型、隨機微點陣模型、集合的微點陣模型這 4 個模型，並進行訓練和評估。

實際程式如下：

程式 7-11 用 Lattice 模組預測收入（續）

```
209  allfeature_columns = create_feature_columns() #建立特徵列
210  modelsfun = [
211          create_calibrated_linear,    # 建立 calibrated_linear 模型函數
212          create_calibrated_lattice,   # 建立 calibrated_lattice 模型函數
213          create_calibrated_rtl,       # 建立 calibrated_rtl 模型函數
214          create_calibrated_etl,       # 建立 calibrated_etl 模型函數
215             ]
216  for modelfun in modelsfun:             # 依次建立函數，對其評估
217      print('{0:-^50}'.format(modelfun.__name__))#分隔符號
218
219      output_dir = "./model_" + modelfun.__name__
220      os.makedirs(output_dir, exist_ok=True)       #建立模型路徑
221      #建立估算器設定檔
222      config = tf.estimator.RunConfig().replace(model_dir=output_dir)
223      #建立估算器
224      estimator = modelfun(allfeature_columns,config, quantiles_dir)
225      train(estimator,train_epochs=10)  #訓練模型，反覆運算 10 次
226      evaluate(estimator)                # 評估模型
```

程式執行後，輸出以下結果：

```
-------------create_calibrated_linear-------------
* hparams=[
      calibration_bound=False
      ......
      num_keypoints=200
]
  Evaluation on 'adult.data.csv.txt':        準確率=0.7593    平均 loss=1.3477
```

```
    Evaluation on 'adult.test.csv.txt':      準確率=0.7639    平均loss=1.3297
-------------create_calibrated_lattice-------------
* hparams=[
       calibration_bound=True
       ......
       num_keypoints=200
]
Evaluation on 'adult.data.csv.txt':        準確率=0.8657    平均loss=0.2957
Evaluation on 'adult.test.csv.txt':        準確率=0.8659    平均loss=0.2971
 --------------create_calibrated_rtl---------------
* hparams=[
       calibration_bound=True
       ......
       rtl_seed=12345
]
Evaluation on 'adult.data.csv.txt':        準確率=0.8647    平均loss=0.3071
Evaluation on 'adult.test.csv.txt':        準確率=0.8663    平均loss=0.3081
--------------create_calibrated_etl---------------
* hparams=[
       calibration_bound=True
       ......
       num_keypoints=200
]
   Evaluation on 'adult.data.csv.txt':     準確率=0.8765    平均loss=0.2730
   Evaluation on 'adult.test.csv.txt':     準確率=0.8728    平均loss=0.2815
```

輸出結果被橫線分隔符號分成 4 段。每一段顯示了對應模型的超參數與訓練結果。

每個模型中超參數的意義不再多作說明。如需要深入了解的讀者，可以參考 GitHub 網站上的文件介紹。連結如下：

```
https://github.com/tensorflow/lattice/blob/master/g3doc/tutorial/index.md
```

7.8.9 擴充：將點陣模型嵌入神經網路中

在 7.1.9 小節中，我們介紹了點陣模型還可以與神經網路結合使用。本實例就來示範一下實際使用方法。

1 特徵列處理

如果把點陣模型當作一個層來處理，則需要將其輸出結果轉化為稠密矩陣，才可以與下一層神經網路連接。

修改程式檔案「7-11　用 Lattice 模組預測收入 .py」中的 create_feature_columns
函數，產生稠密矩陣。實際程式片段如下：

```
程式 7-12 Lattice 模組 DNN 結合（片段）
01    def create_feature_columns():# 建立特徵列
......
03        # 連續值列
04        age = tf.feature_column.numeric_column("age")
05        education_num = tf.feature_column.numeric_column("education_num")
06        capital_gain = tf.feature_column.numeric_column("capital_gain")
07        capital_loss = tf.feature_column.numeric_column("capital_loss")
08        hours_per_week = tf.feature_column.numeric_column("hours_per_week")
09
10        # 轉化為稠密矩陣
11        dnnfeature = [age,education_num,capital_gain,capital_loss,
                    hours_per_week,
12                tf.feature_column.indicator_column(gender),
13                tf.feature_column.indicator_column(education),
14                tf.feature_column.indicator_column(marital_status),
15                tf.feature_column.indicator_column(relationship),
16                tf.feature_column.indicator_column(workclass),
17                tf.feature_column.indicator_column(occupation),
18                tf.feature_column.indicator_column(race),
19                tf.feature_column.indicator_column(native_area),
20                ]
21        # 將處理好的特徵列傳回
22        return [ age, workclass, education, education_num, marital_status,
23            occupation, relationship,race,gender, capital_gain,
24            capital_loss, hours_per_week, native_area,],dnnfeature
```

程式第 11 行，統一將稀疏矩陣類型的離雜湊轉化為稠密矩陣，並將所有需要
處理的列放到 dnnfeature 列表中傳回。

2 儲存校準關鍵點

因為點陣模型在進行運算時需要特徵列所對應的校準關鍵點資訊，所以，需要
為稠密矩陣類型的特徵列產生對應的校準關鍵點資訊。

修改程式檔案「7-11　用 Lattice 模組預測收入 .py」中的 create_quantiles 函數，
將 create_feature_columns 函數傳回的新特徵列傳入。

實際程式片段如下：

程式 7-12 Lattice 模組結合 DNN（片段）

```
25   def create_quantiles(quantiles_dir):
26     batch_size = 10000                  # 設定批次
27     _,fc = create_feature_columns()
28
29     # 建立輸入函數
30     input_fn =get_input_fn(traindir, batch_size, num_epochs=1, shuffle=False)
31
32     tfl.save_quantiles_for_keypoints(     # 預設儲存 1000 個校準關鍵點
33         input_fn=input_fn,
34         save_dir=quantiles_dir,           # 預設會建立一個檔案目錄
35         feature_columns=fc,
36         num_steps=None)
37
38   quantiles_dir = "./dnnquant"
39   create_quantiles(quantiles_dir)        # 建立校準關鍵點資訊
```

程式執行後，會在本機路徑 dnnquant/quantiles 下產生校準關鍵點的資訊檔案，如圖 7-9 所示。

圖 7-9 與圖 7-8 相比，特徵列的檔案名稱發生了變化。所有雜湊類型的特徵列都在名字後面加了一個 "_indicator"（舉例來說，圖 7-8 中的 race 對應到圖 7-9 中的名字為 race_indicator），這表示該列是 one_hot 編碼類型。

名字
  ..
  age.txt
  capital_gain.txt
  capital_loss.txt
  education_indicator.txt
  education_num.txt
  gender_indicator.txt
  hours_per_week.txt
  marital_status_indicator.txt
  native_area_indicator.txt
  occupation_indicator.txt
  race_indicator.txt
  relationship_indicator.txt
  workclass_indicator.txt

圖 7-9 校準點檔案

3 建立點陣與神經網路的混合模型

架設混合模型的方法，其實就是實現一個估算器的自訂模型。在模型裡，除需要實現 DNN 模型外，還需要實現一個點陣的校準層。實際步驟如下：

（1）對特徵列進行循環，依次將列名稱與該列的輸入張量放入字典，來建置輸入資料 a（見程式第 54 行）。

（2）將輸入資料 a、超參數 hparams、校準關鍵點路徑 quantiles_dir 一起傳入 tfl.input_calibration_layer_from_hparams 函數，完成點陣層的計算。

在建立了點陣層之後便是實現 DNN 網路。實際包含：建立 DNN 網路、計算 loss 值、定義優化器等操作。

實際程式片段如下：

程式 7-12 Lattice 模組結合 DNN（片段）

```
40   def create_calibrated_dnn(feature_columns, config, quantiles_dir):
41     feature_names = [fc.name for fc in feature_columns[1]]
42     print(feature_names)
43     print([fc.name for fc in feature_columns[0]])
44     hparams = tfl.CalibratedHParams(feature_names=feature_names,
45         num_keypoints=200,learning_rate=1.0e-3,calibration_output_min=-1.0,
46         calibration_output_max=1.0,
47         nodes_per_layer=10,                      # 每層 10 個節點
48         layers=2,                                # 包含輸出層，一共兩層
49     )
50     _pprint_hparams(hparams)
51     def _model_fn(features, labels, mode, params): # 建置含有點陣的神經網路模型
52       hparams = params
53       a = {}                                     # 建置點陣層輸入
54       for fc in feature_columns[1]:
55           a[fc.name]= tf.feature_column.input_layer(features,[fc])
56
57       # 傳回點陣層結果
58       (output, _, _, regularization) = tfl.input_calibration_layer_from_
          hparams(
59           a, hparams, quantiles_dir)
60
61       # 全連接隱藏層
62       for _ in range(hparams.layers - 1):
63         output = tf.layers.dense(
64             inputs=output, units=hparams.nodes_per_layer, activation=tf.
            sigmoid)
65
66       # 最後分類的輸出層
67       logits = tf.layers.dense(inputs=output, units=1)
68       predictions = tf.reshape(tf.sigmoid(logits), [-1])
69
70       # 計算損失值 loss
71       loss_no_regularization = tf.losses.log_loss(labels, predictions)
72       loss = loss_no_regularization
73       if regularization is not None:      # 在損失值 loss 中，加入點陣層的正規
74         loss += regularization
75       optimizer = tf.train.AdamOptimizer(learning_rate=hparams.learning_rate)
76       train_op = optimizer.minimize(
77           loss,
```

```
78              global_step=tf.train.get_global_step(),
79              name="calibrated_dnn_minimize")
80
81      eval_metric_ops = {                          # 用於輸出中間結果
82          "accuracy": tf.metrics.accuracy(labels, predictions),
83          "average_loss": tf.metrics.mean(loss_no_regularization),
84      }
85
86      return tf.estimator.EstimatorSpec(mode, predictions, loss, train_op,
87                                        eval_metric_ops)
88    return tf.estimator.Estimator(              # 呼叫建置好的模型產生估算器
89      model_fn=_model_fn, model_dir=config.model_dir,
90      config=config, params=hparams)
```

程式第 58 行，在用 **tfl.input_calibration_layer_from_hparams** 函數建立校準層的
過程中，只使用了 4 個傳回值中的兩個。被忽略的兩個傳回值是：

- 以列表形式存在的列名稱。
- 對數值對映的 OP（也是列表類型）。在單獨訓練校準模型時，它用於強制
  對資料進行單調處理。

因為該校準層是模型的中間層，所以不需要用到這兩個傳回值。

4 執行程式

完整程式見隨書資原始程式碼「7-12 Lattice 模組結合 DNN.py」。將該程式執
行後，輸出以下結果：

```
* hparams=[
        calibration_bound=False
        ......
        num_keypoints=200
]
Evaluation on 'adult.data.csv.txt':        準確率 =0.7592    平均 loss=0.3821
Evaluation on 'adult.test.csv.txt':        準確率 =0.7638    平均 loss=0.3545
```

顯示的結果是模型超參數詳情和反覆運算訓練 10 次之後的準確率。

本實例的重點是示範 Lattice 點陣模型的實現方法。如要得到更好的訓練效
果，還需要繼續對超參數進行最佳化。

7.9 實例 38：結合知識圖譜實現以電影為基礎的推薦系統

知識圖譜（Knowledge Graph，KG）可以了解成一個知識函數庫，用來儲存實體與實體之間的關係。知識圖譜可以為機器學習演算法提供更多的資訊，幫助模型更進一步地完成工作。

在推薦演算法中融入電影的知識圖譜，能夠將沒有任何歷史資料的新電影精準地推薦給目標使用者。

實例描述

現有一個電影評分資料集和一個電影相關的知識圖譜。電影評分資料集裡包含使用者、電影及評分；電影相關的知識圖譜中包含電影的類型、導演等屬性。

要求：從知識圖譜中找出電影間的潛在特徵，並借助該特徵及電影評分資料集，實現以電影為基礎的推薦系統。

本實例使用了一個多工學習的點對點架構 MKR。該架構能夠將兩個不同工作的低層特徵取出出來，並融合在一起實現聯合訓練，進一步達到最佳的結果。有關 MKR 的更多介紹可以參考以下連結：

```
https://arxiv.org/pdf/1901.08907.pdf
```

7.9.1 準備資料集

在 https://arxiv.org/pdf/1901.08907.pdf 的相關程式連結中有 3 個資料集：圖書資料集、電影資料集和音樂資料集。本例使用電影資料集，實際連結如下：

```
https://github.com/hwwang55/MKR/tree/master/data/movie
```

該資料集中一共有 3 個檔案。

- item_index2entity_id.txt：電影的 ID 與序號。實際內容如圖 7-10 所示，第 1 列是電影 ID，第 2 列是序號。
- kg.txt：電影的知識圖譜。圖 7-11 中顯示了知識圖譜的 SPO 三元組（Subject-Predicate-Object），第 1 列是電影 ID，第 2 列是關係，第 3 列是目標實體。

- ratings.dat：使用者的評分資料集。實際內容如圖 7-12 所示，列與列之間用 "::" 符號進行分隔，第 1 列是使用者 ID，第 2 列是電影 ID，第 3 列是電影評分，第 4 列是評分時間（可以忽略）。

圖 7-10 item_index2entity_id.txt

圖 7-11 kg.txt

圖 7-12 kg.txt ratings.dat

7.9.2 前置處理資料

資料前置處理主要是對原始資料集中的有用資料進行分析、轉化。該過程會產生兩個檔案。

- kg_final.txt：轉化後的知識圖譜檔案。將檔案 kg.txt 中的字串類類型資料轉成序列索引類類型資料，如圖 7-13 所示。
- ratings_final.txt：轉化後的使用者評分資料集。第 1 列將 ratings.dat 中的使用者 ID 變成序列索引。第 2 列沒有變化。第 3 列將 ratings.dat 中的評分按照設定值 5 進行轉化，如果評分大於等於 5，則標記為 1，表明使用者對該電影有興趣。否則標記為 0，表明使用者對該電影不有興趣。實際內容如圖 7-14 所示。

圖 7-13 kg_final.txt

圖 7-14 ratings_final.txt

該部分程式在檔案「7-13 preprocess.py」中實現。這裡不再詳述。

7.9.3 架設 MKR 模型

MKR 模型由 3 個子模型組成，完整結構如圖 7-15 所示。實際描述如下。

- 推薦演算法模型：如圖 7-15 的左側部分所示，將使用者和電影作為輸入，模型的預測結果為使用者對該電影的喜好分數，數值為 0～1。
- 交換壓縮單元模型：如圖 7-15 的中間部分，在低層將左右兩個模型橋接起來。將電影評分資料集中的電影向量與知識圖譜中的電影向量特徵融合起來，再分別放回各自的模型中，進行監督訓練。
- 知識圖譜詞嵌入（Knowledge Graph Embedding，KGE）模型：如圖 7-15 的右側部分，將知識圖譜三元組中的前 2 個（電影 ID 和關係實體）作為輸入，預測出第 3 個（目標實體）。

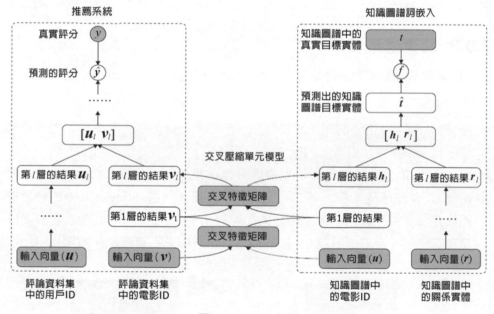

圖 7-15　MKR 架構

在 3 個子模型中，最關鍵的是交換壓縮單元模型。下面就先從該模型開始一步一步地實現 MKR 架構。

1 交換壓縮單元模型

交換壓縮單元模型可以被當作一個網路層包含使用。如圖 7-16 所示的是交換壓縮單元在第 l 層到第 l+1 層的結構。圖 7-16 中，最下面一行為該單元的輸入，左側的 v_l 是使用者評論電影資料集中的電影向量，右側的 e_l 是知識圖譜中的電影向量。

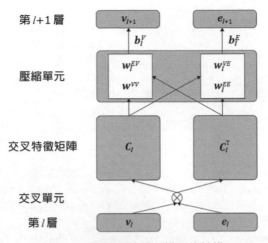

圖 7-16 交換壓縮單元模型的結構

交換壓縮單元模型的實際處理過程如下：

（1）將 v_l 與 e_l 進行矩陣相乘獲得 c_l。

（2）將 c_l 複製一份，並進行轉置獲得 c_l^T。實現特徵交換融合。

（3）將 c_l 經過加權矩陣 w_l^{vv} 進行線性變化（c_l 與 w_l^{vv} 矩陣相乘）。

（4）將 c_l^T 經過加權矩陣 w_l^{ev} 進行線性變化。

（5）將（3）與（4）的結果相加，再與偏置參數 b_l^v 相加，獲得 v_{l+1}。v_{l+1} 將用於推薦演算法模型的後續計算。

（6）按照第（3）、（4）、（5）步的做法，同理可以獲得 e_{l+1}。e_{l+1} 將用於知識圖譜詞嵌入模型的後續計算。

用 tf.layer 介面實現交換壓縮單元模型，實際程式如下。

```
程式 7-14 MKR
01   import numpy as np
02   import tensorflow as tf
03   from sklearn.metrics import roc_auc_score
04   from tensorflow.python.layers import base
05
06   class CrossCompressUnit(base.Layer):              # 定義交換壓縮單元模型類別
07       def __init__(self, dim, name=None):
08           super(CrossCompressUnit, self).__init__(name)
09           self.dim = dim
10           self.f_vv = tf.layers.Dense(1, use_bias = False)      # 建置加權矩陣
11           self.f_ev = tf.layers.Dense(1, use_bias = False)
```

```
12            self.f_ve = tf.layers.Dense(1, use_bias = False)
13            self.f_ee = tf.layers.Dense(1, use_bias = False)
14            self.bias_v = self.add_weight(name='bias_v',          #建置偏置加權
15                                          shape=dim,
16                                          initializer=tf.zeros_initializer())
              self.bias_e = self.add_weight(name='bias_e',
17                                          shape=dim,
18                                          initializer=tf.zeros_initializer())
19
20        def _call(self, inputs):
21            v, e = inputs                    #v 和 e 的形狀為 [batch_size, dim]
22            v = tf.expand_dims(v, dim=2)   #v 的形狀為 [batch_size, dim, 1]
23            e = tf.expand_dims(e, dim=1)   #e 的形狀為 [batch_size, 1, dim]
24
25            c_matrix = tf.matmul(v, e)#c_matrix 的形狀為 [batch_size, dim, dim]
26            c_matrix_transpose = tf.transpose(c_matrix, perm=[0, 2, 1])
27            #c_matrix 的形狀為 [batch_size * dim, dim]
28            c_matrix = tf.reshape(c_matrix, [-1, self.dim])
29            c_matrix_transpose = tf.reshape(c_matrix_transpose, [-1,
              self.dim])
30
31            #v_output 的形狀為 [batch_size, dim]
32            v_output = tf.reshape(
33                        self.f_vv(c_matrix) + self.f_ev(c_matrix_transpose),
34                              [-1, self.dim]
35                                     ) + self.bias_v
36
37            e_output = tf.reshape(
38                        self.f_ve(c_matrix) + self.f_ee(c_matrix_transpose),
39                              [-1, self.dim]
40                                     ) + self.bias_e
41        # 傳回結果
42        return v_output, e_output
```

程式第 10 行，用 tf.layers.Dense 方法定義了不帶偏置的全連接層，並在程式第 34 行，將該全連接層作用於交換後的特徵向量，實現壓縮的過程。

2 將交換壓縮單元模型整合到 MKR 架構中

在 MKR 架構中，推薦演算法模型和知識圖譜詞嵌入模型的處理流程幾乎一樣。可以進行同步處理。在實現時，將整個處理過程水平拆開，分為低層和高層兩部分。

- 低層：將所有的輸入對映成詞嵌入向量，將需要融合的向量（圖 7-15 中的 *v* 和 *h*）輸入交換壓縮單元，不需要融合的向量（圖 7-15 中的 *u* 和 *r*）進行同步的全連接層處理。
- 高層：推薦演算法模型和知識圖譜詞嵌入模型分別將低層的傳上來的特徵連接在一起，透過全連接層回歸到各自的目標結果。

實作方式的程式如下。

程式 7-14 MKR（續）

```
43    class MKR(object):
44        def __init__(self, args, n_users, n_items, n_entities, n_relations):
45            self._parse_args(n_users, n_items, n_entities, n_relations)
46            self._build_inputs()
47            self._build_low_layers(args)        #建置低層模型
48            self._build_high_layers(args)       #建置高層模型
49            self._build_loss(args)
50            self._build_train(args)
51
52        def _parse_args(self, n_users, n_items, n_entities, n_relations):
53            self.n_user = n_users
54            self.n_item = n_items
55            self.n_entity = n_entities
56            self.n_relation = n_relations
57
58            #收集訓練參數，用於計算 l2 損失
59            self.vars_rs = []
60            self.vars_kge = []
61
62        def _build_inputs(self):
63            self.user_indices=tf.placeholder(tf.int32, [None], 'userInd')
64            self.item_indices=tf.placeholder(tf.int32, [None],'itemInd')
65            self.labels = tf.placeholder(tf.float32, [None], 'labels')
66            self.head_indices =tf.placeholder(tf.int32, [None],'headInd')
67            self.tail_indices =tf.placeholder(tf.int32, [None], 'tail_indices')
68            self.relation_indices=tf.placeholder(tf.int32, [None], 'relInd')
69        def _build_model(self, args):
70            self._build_low_layers(args)
71            self._build_high_layers(args)
72
73        def _build_low_layers(self, args):
74            #產生詞嵌入向量
75            self.user_emb_matrix = tf.get_variable('user_emb_matrix',
```

```
76                                        [self.n_user, args.dim])
77          self.item_emb_matrix = tf.get_variable('item_emb_matrix',
78                                        [self.n_item, args.dim])
79          self.entity_emb_matrix = tf.get_variable('entity_emb_matrix',
80                                        [self.n_entity, args.dim])
81          self.relation_emb_matrix = tf.get_variable('relation_emb_matrix',
82                                        [self.n_relation, args.dim])
83
84          # 取得指定輸入對應的詞嵌入向量，形狀為 [batch_size, dim]
85          self.user_embeddings = tf.nn.embedding_lookup(
86                                  self.user_emb_matrix, self.user_indices)
87          self.item_embeddings = tf.nn.embedding_lookup(
88                                  self.item_emb_matrix, self.item_indices)
89          self.head_embeddings = tf.nn.embedding_lookup(
90                                  self.entity_emb_matrix, self.head_indices)
91          self.relation_embeddings = tf.nn.embedding_lookup(
92                              self.relation_emb_matrix, self.relation_indices)
93          self.tail_embeddings = tf.nn.embedding_lookup(
94                                  self.entity_emb_matrix, self.tail_indices)
95
96          for _ in range(args.L): # 按指定參數建置多層 MKR 結構
97              # 定義全連接層
98              user_mlp = tf.layers.Dense(args.dim, activation=tf.nn.relu)
99              tail_mlp = tf.layers.Dense(args.dim, activation=tf.nn.relu)
100             cc_unit = CrossCompressUnit(args.dim) # 定義 CrossCompress 單元
101             # 實現 MKR 結構的正向處理
102             self.user_embeddings = user_mlp(self.user_embeddings)
103             self.tail_embeddings = tail_mlp(self.tail_embeddings)
104             self.item_embeddings, self.head_embeddings = cc_unit(
105                         [self.item_embeddings, self.head_embeddings])
106             # 收集訓練參數
107             self.vars_rs.extend(user_mlp.variables)
108             self.vars_kge.extend(tail_mlp.variables)
109             self.vars_rs.extend(cc_unit.variables)
110             self.vars_kge.extend(cc_unit.variables)
111
112     def _build_high_layers(self, args):
113         # 推薦演算法模型
114         use_inner_product = True            # 指定相似度分數計算的方式
115         if use_inner_product:               # 內積方式
116             #self.scores 的形狀為 [batch_size]
117             self.scores = tf.reduce_sum(self.user_embeddings *
```

```
              self.item_embeddings, axis=1)
118       else:
119           #self.user_item_concat 的形狀為 [batch_size, dim * 2]
120           self.user_item_concat = tf.concat(
121                 [self.user_embeddings, self.item_embeddings], axis=1)
122           for_in range(args.H - 1):
123                 rs_mlp = tf.layers.Dense(args.dim * 2, activation=
                          tf.nn.relu)
124               #self.user_item_concat 的形狀為 [batch_size, dim * 2]
125               self.user_item_concat = rs_mlp(self.user_item_concat)
126               self.vars_rs.extend(rs_mlp.variables)
127           # 定義全連接層
128           rs_pred_mlp = tf.layers.Dense(1, activation=tf.nn.relu)
129           #self.scores 的形狀為 [batch_size]
130           self.scores = tf.squeeze(rs_pred_mlp(self.user_item_concat))
131           self.vars_rs.extend(rs_pred_mlp.variables)          # 收集參數
132       self.scores_normalized = tf.nn.sigmoid(self.scores)
133
134       # 知識圖譜詞嵌入模型
135       self.head_relation_concat = tf.concat( # 形狀為 [batch_size, dim * 2]
136           [self.head_embeddings, self.relation_embeddings], axis=1)
137       for _ in range(args.H - 1):
138           kge_mlp = tf.layers.Dense(args.dim * 2, activation=tf.nn.relu)
139           #self.head_relation_concat 的形狀為 [batch_size, dim* 2]
140           self.head_relation_concat = kge_mlp(self.head_relation_concat)
141           self.vars_kge.extend(kge_mlp.variables)
142
143       kge_pred_mlp = tf.layers.Dense(args.dim, activation=tf.nn.relu)
144       #self.tail_pred 的形狀為 [batch_size, args.dim]
145       self.tail_pred = kge_pred_mlp(self.head_relation_concat)
146       self.vars_kge.extend(kge_pred_mlp.variables)
147       self.tail_pred = tf.nn.sigmoid(self.tail_pred)
148
149       self.scores_kge = tf.nn.sigmoid(tf.reduce_sum(self.tail_
                          embeddings * self.tail_pred, axis=1))
150       self.rmse = tf.reduce_mean(
151           tf.sqrt(tf.reduce_sum(tf.square(self.tail_embeddings -
                  self.tail_pred), axis=1) / args.dim))
```

程式第 115 ～ 132 行是推薦演算法模型的高層處理部分，該部分有兩種處理方式：

- 使用內積的方式，計算使用者向量和電影向量的相似度。有關相似度的更多知識，可以參考 8.1.10 小節的注意力機制。
- 將使用者向量和電影向量連接起來，再透過全連接層處理計算出使用者對電影的喜好分值。

程式第 132 行，透過啟動函數 sigmoid 對分值結果 scores 進行非線性變化，將模型的最後結果對映到標籤的值域中。

程式第 136 ～ 152 行是知識圖譜詞嵌入模型的高層處理部分。實際步驟如下：

（1）將電影向量和知識圖譜中的關係向量連接起來。

（2）將第（1）步的結果透過全連接層處理，獲得知識圖譜三元組中的目標實體向量。

（3）將產生的目標實體向量與真實的目標實體向量矩陣相乘，獲得相似度分值。

（4）對第（3）步的結果進行啟動函數 sigmoid 計算，將值域對映到 0 ～ 1 中。

❸ 實現 MKR 架構的反向結構

MKR 架構的反向結構主要是 loss 值的計算，其 loss 值一共分為 3 部分：推薦演算法模型模型的 loss 值、知識圖譜詞嵌入模型的 loss 值和參數加權的正規項。實作方式的程式如下。

程式 7-14 MKR（續）

```
152    def _build_loss(self, args):
153        # 計算推薦演算法模型的 loss 值
154        self.base_loss_rs = tf.reduce_mean(
155            tf.nn.sigmoid_cross_entropy_with_logits(labels=self.labels,
           logits=self.scores))
156        self.l2_loss_rs = tf.nn.l2_loss(self.user_embeddings) +
                             tf.nn.l2_loss (self.item_embeddings)
157        for var in self.vars_rs:
158            self.l2_loss_rs += tf.nn.l2_loss(var)
159        self.loss_rs = self.base_loss_rs + self.l2_loss_rs * args.l2_weight
160
161        # 計算知識圖譜詞嵌入模型的 loss 值
162        self.base_loss_kge = -self.scores_kge
163        self.l2_loss_kge = tf.nn.l2_loss(self.head_embeddings) +
                              tf.nn.l2_loss (self.tail_embeddings)
164        for var in self.vars_kge:                    # 計算 L2 正規
```

```
165            self.l2_loss_kge += tf.nn.l2_loss(var)
166        self.loss_kge = self.base_loss_kge + self.l2_loss_kge *
                           args.l2_weight
167
168    def _build_train(self, args):                    # 定義優化器
169        self.optimizer_rs = tf.train.AdamOptimizer(args.lr_rs).minimize
                           (self.loss_rs)
170        self.optimizer_kge = tf.train.AdamOptimizer(args.lr_kge).
                           minimize(self. loss_kge)
171
172    def train_rs(self, sess, feed_dict):             # 訓練推薦演算法模型
173        return sess.run([self.optimizer_rs, self.loss_rs], feed_dict)
174
175    def train_kge(self, sess, feed_dict):            # 訓練知識圖譜詞嵌入模型
176        return sess.run([self.optimizer_kge, self.rmse], feed_dict)
177
178    def eval(self, sess, feed_dict):                 # 評估模型
179        labels, scores = sess.run([self.labels, self.scores_normalized],
                           feed_dict)
180        auc = roc_auc_score(y_true=labels, y_score=scores)
181        predictions = [1 if i >= 0.5 else 0 for i in scores]
182        acc = np.mean(np.equal(predictions, labels))
183        return auc, acc
184
185    def get_scores(self, sess, feed_dict):
186        return sess.run([self.item_indices, self.scores_normalized],
                           feed_dict)
```

程式第 173、176 行，分別是訓練推薦演算法模型和訓練知識圖譜詞嵌入模型的方法。因為在訓練的過程中，兩個子模型需要交替的進行獨立訓練，所以將其分開定義。

7.9.4 訓練模型並輸出結果

訓練模型的程式在「7-15 train.py」檔案中，讀者可以自行參考。程式執行後輸出以下結果：

```
......
epoch 9   train auc: 0.9540  acc: 0.8817   eval auc: 0.9158  acc: 0.8407
test auc: 0.9155  acc: 0.8399
```

在輸出的結果中，分別顯示了模型在訓練、評估、測試環境下的分值。

7.10 可解釋性演算法的意義

本章中使用的演算法都具有可解釋性。在某些實際的應用場景中，為了確保演算法的可控程度最大化，會使用具有可解釋性的演算法是一個非常硬性的要求。

這要求在處理問題的過程中，並不能只選擇效果好的演算法，而是需要在具有可解釋性的演算法中選擇效果好的演算法。這也是機器學習演算法不可替代的價值。所以，建議讀者對這種演算法要適當關注，切不可全部忽略。

卷積神經網路（CNN）--
在影像處理中應用最廣泛的模型

卷積神經網路是深度學習中非常重要的模型，廣泛應用在影像處理中。隨著深度學習的發展，卷積神經網路也衍生出很多進階的網路結構及演算法單元，其適用領域也由影像處理擴充到自然語言處理、數值分析、聲音處理等。

本章就來實際學習卷積神經網路的相關知識。

8.1 快速導讀

在學習實例之前，有必要了解一下卷積神經網路的基礎知識。

8.1.1 認識卷積神經網路

卷積神經網路（CNN）是深度學習中的經典模型之一。在當今幾乎所有的深度學習經典模型中，都能找到卷積神經網路的身影。它可以利用很少的加權，實現出色的擬合效果。

圖 8-1 所示是一個卷積神經網路的結構，通常會包含以下 5 個部分。

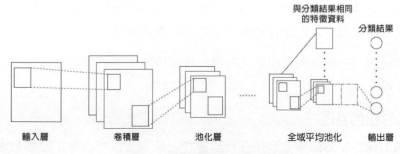

圖 8-1　卷積神經網路完整結構

- 輸入層：將每個像素代表一個特徵節點輸入進來。
- 卷積層：由多個濾波器組成。
- 池化層：將卷積結果降維。
- 全域平均池化層：對產生的特徵資料（feature map）取全域平均值。
- 輸出層：需要分成幾種就有幾個輸出節點。輸出節點的值代表預測機率。

卷積神經網路的主要組成部分是卷積層，它的作用是從影像的像素中分析出主要特徵。在實際應用中，由多個卷積層透過深度和高度兩個方向分析和分析影像的特徵：

- 透過較深（多通道）的卷積網路結構，可以學習到影像邊緣和顏色漸層等簡單特徵。
- 透過較高（多層）的卷積網路結構，可以學習到多個簡單特徵組合中的複雜的特徵。

在實際應用中，卷積神經網路並不全是圖 8-1 中的結構，而是存在很多特殊的變形。例如：在 ResNet 模型中引用了殘差結構，在 Inception 系列模型中引用了多通道結構，在 NASNet 模型中引用了空洞卷積與深度可分離卷積等結構。

另外，卷積神經網路還常和循環神經網路一起應用在自編碼網路、對抗神經網路等多模型的網路中。在多模型組合過程中，常用的卷積操作有反卷積、窄卷積、同卷積等。

8.1.2 什麼是空洞卷積

空洞卷積（dilated convolutions），又叫擴充卷積或帶孔卷積（atrous convolutions）。

這種卷積在影像語義分割相關工作（例如 DeepLab2 模型）中用處很大。它的功能與池化層類似，可以降低維度並能夠分析主要特徵。

相對於池化層，空洞卷積可以避免在卷積神經網路中進行池化操作時造成的資訊遺失問題。

1 空洞卷積的原理

空洞卷積的操作相對簡單，只是在卷積操作之前對卷積核心做了膨脹處理。而在卷積過程中，它與正常的卷積操作一樣。

在使用時，空洞卷積會透過參數 rate 來控制卷積核心的膨脹大小。參數 rate 與卷積核心膨脹的關係如圖 8-2 所示。

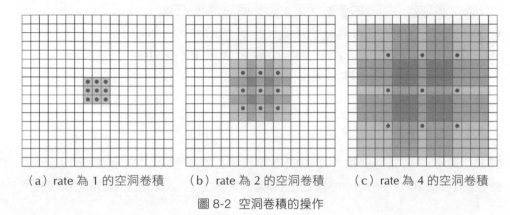

（a）rate 為 1 的空洞卷積　（b）rate 為 2 的空洞卷積　（c）rate 為 4 的空洞卷積

圖 8-2　空洞卷積的操作

圖 8-2 中的規則解讀如下。

- 圖 8-2（a）：如果參數 rate 為 1，則表示卷積核心不需要膨脹，值為 3×3，如圖中的點那部分。此時的空洞卷積操作相等於普通的卷積操作。

- 圖 8-2（b）：如果 rate 為 2，則表示卷積核心中的每個數字由 1 膨脹到 2。膨脹出來的卷積核心值為 0，原有卷積核心的值並沒有變，如圖中點那部分。值變成了 7×7。

- 圖 8-2（c）：如果 rate 為 4，則表示卷積核心中的每個數字由 1 膨脹到 4。膨脹出來的卷積核心值為 0，原有卷積核心值並沒有變，如圖中點那部分。值變成了 15×15。

另外，在卷積操作中，所有的空洞卷積的步進值都是 1。

❷ TensorFlow 中的空洞卷積函數

在 TensorFlow 中，空洞卷積的函數定義如下：

```
def  atrous_conv2d(value,filters,rate,padding,name=None)
```

實際參數含義如下。

- value：需要做卷積的輸入影像，要求是一個四維張量，形狀為 [batch, height, width, channels]。

- filters：卷積核心，要求是一個四維張量，形狀為 [filter_height, filter_width,

channels, out_channels]。這裡的 channels 是輸入通道，應與 value 中的 channels 相同。

- rate：卷積核心膨脹的參數。要求是一個 int 型的正數。
- padding：字串類型的常數，其值只能取 "SAME" 或 "VALID"。它用於指定不同邊緣的填充方式，與普通卷積操作中的補 0（padding）規則一致。
- name：該函數在張量圖中的操作名字。

因為空洞卷積在膨脹時，只是在卷積核心中插入了 0，所以僅增加了卷積核心的大小，並沒有增加參數的數量。

與池化的效果類似，使用膨脹後的卷積核心在原有輸入上做窄卷積（padding 參數為 "VALID"）操作，可以把維度降下來，並且會保留比池化更豐富的資料。

❸ 其他介面中的空洞卷積函數

在 tf.layers 介面中，也可以向 conv2d 函數內傳入指定的 dilation_rate，用來實現空洞卷積功能。該函數的定義方法如下：

```
@tf_export('layers.conv2d')
def conv2d(inputs, filters, kernel_size, strides=(1, 1), padding='valid',
data_format='channels_last',
          dilation_rate=(1, 1),                    # 預設是 (1,1)，即普通卷積
          activation=None, use_bias=True, kernel_initializer=None,
          bias_initializer=init_ops.zeros_initializer(),
          kernel_regularizer=None, bias_regularizer=None,
          activity_regularizer=None,
          kernel_constraint=None, bias_constraint=None, trainable=True,
          name=None, reuse=None):
```

另外，tf.keras 介面中的卷積函數 tf.keras.layers.Conv1D、tf.keras.layers.Conv2D 都支援設定參數 dilation_rate。該參數與 tf.layers 介面中 conv2d 函數的 dilation_rate 參數用法相同。

8.1.3 什麼是深度卷積

深度卷積是指，將不同的卷積核心獨立地應用在輸入資料的每個通道上。相比正常的卷積操作，深度卷積缺少了最後的「加和」處理。其最後的輸出為「輸入通道與卷積核心個數的乘積」。

在 TensorFlow 中，深度卷積函數的定義方法如下：

```
def  depthwise_conv2d(input, filter, strides, padding, rate=None, name=None,
data_format=None)
```

實際參數含義如下。

- input：指需要做卷積的輸入影像。
- filter：卷積核心。要求是一個 4 維張量，形狀為 [filter_height, filter_width, in_channels, channel_multiplier]。這裡的 channel_multiplier 是卷積核心的個數。
- strides：卷積的滑動步進值。
- padding：字串類型的常數，其值只能取 "SAME" 或 "VALID"。它用於指定不同邊緣的填充方式，與普通卷積中的 padding 一樣。
- rate：卷積核心膨脹的參數。要求是一個 int 型的正數。
- name：該函數在張量圖中的操作名字。
- data_format：參數 input 的格式，預設為 "NHWC"，也可以寫成 "NCHW"。

該函數會傳回 in_channels×channel_multiplier 個通道的特徵資料（feature map）。

8.1.4 什麼是深度可分離卷積

從深度方向可以把不同 channels 獨立開，先進行特徵取出，再進行特徵融合。這樣做可以用更少的參數取得更好的效果。

> **提示**
> 表示學習（representation learning）是指，以深度模型為基礎的簡單特徵分析。

▌ 深度可分離卷積的原理

在實作方式時，是將深度卷積的結果作為輸入，然後進行一次正常的卷積操作。所以，該函數需要兩個卷積核心作為輸入：深度卷積的卷積核心 depthwise_filter、用於融合操作的普通卷積核心 pointwise_filter。

例如：對一個輸入 input 進行深度可分離卷積，實際步驟如下：

（1）在模型內部會先對輸入的資料進行深度卷積，獲得 in_channels×channel_ multiplier（in_channels 與 channel_multiplier 為 8.1.4 小節中函數 depthwise_conv2d 的參數 filter 輸入通道數和卷積核心個數）個通道的特徵資料（feature map）。

（2）將特徵資料（feature map）作為輸入，再次用普通卷積核心 pointwise_ filter 進行一次卷積操作。

② TensorFlow 中的深度可分離卷積函數

在 TensorFlow 中，深度可分離卷積的函數定義如下：

```
def separable_conv2d(input,depthwise_filter,pointwise_filter,strides,padding,
rate=None,name=None,data_format=None)
```

實際參數含義如下。

- input：需要做卷積的輸入影像。
- depthwise_filter：用來做函數 depthwise_conv2d 的卷積核心，即這個函數對輸入首先做一次深度卷積。它的形狀是 [filter_height, filter_width, in_channels, channel_multiplier]。
- pointwise_filter：用於融合操作的普通卷積核心。例如：形狀為 [1, 1, channel_multiplier ×in_channels, out_channels] 的卷積核心，代表在深度卷積之後的融合操作是採用卷積核心為 1×1、輸入為 channel_multiplier ×in_channels、輸出為 out_channels 的卷積層來實現的。
- strides：卷積的滑動步進值。
- padding：字串類型的常數，只能是 "SAME"、"VALID" 其中之一。指定不同邊緣的填充方式，與普通卷積中的 padding 一樣。
- rate：卷積核心膨脹的參數。要求是一個 int 型的正數。
- name：該函數在張量圖中的操作名字。
- data_format：參數 input 的格式，預設為 "NHWC"，也可以寫成 "NCHW"。

③ 其他介面中的深度可分離卷積函數

在 tf.keras 中，深度方向可分離的卷積函數有以下兩個

- tf.keras.layers.SeparableConv1D：支援一維卷積的深度方向可分離的卷積函數。
- tf.keras.layers.SeparableConv2D：支援二維卷積的深度方向可分離的卷積函數。

參數 depth_multiplier 用於設定沿每個通道的深度方向進行卷積時輸出的通道數量。

8.1.5 了解卷積網路的缺陷及補救方法

傳統的卷積神經網路存在範化性較差、過於依賴樣本等缺陷。這是因為，在卷積神經網路中並不能發現元件之間的定向關係和相對空間關係。

一個訓練好的卷積神經網路，只能處理比較接近訓練資料集的影像。在處理例外的圖像資料（例如處理顛倒、傾斜或其他朝向不同的影像）時，其表現會很差。

▇ 卷積神經網路的缺陷舉例

下面透過圖 8-3 來說明卷積神經網路的缺陷：

（1）如圖 8-3（a）所示，卷積神經網路會認為左圖和右圖同為一張正常人的人臉。

（2）如圖 8-3（b）所示，將右圖中人物的眼睛和嘴巴位置調換後，卷積網路錯誤地認為這是一個正常的人。當然，像圖 8-3（a）、（b）中的情況比較少見。

（3）圖 8-3（c）所示，如果將右圖中的工作倒置，則卷積神經網路便錯誤地識別成這是一個背景顏色。

（a）人物五官移位　　　（b）人物嘴巴與眼睛互換　　　（c）人物倒置

圖 8-3　卷積神經網路的缺陷

▇ 卷積神經網路存在缺陷的原因

圖 8-3 中示範的反面實例，皆源於卷積神經網路對影像的了解粒度太粗。造成這種現象的原因是，卷積神經網路中的池化操作弄丟了一些隱含資訊。

一般來講，卷積神經網路的工作原理如下：

（1）第 1 層去了解細小的曲線和邊緣。

（2）第 2 層去了解直線或小形狀，例如上嘴唇、下嘴唇等。

（3）更高層便開始了解更複雜的形狀，例如整個眼睛、整個嘴巴等。

（4）最後一層嘗試總覽全圖（例如整個人臉）。

在上述過程中，每一層都會使用卷積核心為 3×3 或 5×5 等卷積操作來了解影像，並獲得以像素等級為基礎的、非常細微的局部特徵。每層的卷積操作完成之後，都會進行一次池化操作。池化本來是用來讓特徵更明顯，但在提升局部特徵的同時也弄丟了其內在的其他資訊（例如位置資訊）。這就造成了在第（4）步總覽全圖時，對每個局部特徵的位置組合不靈敏，進一步產生了錯誤。

3 補救卷積神經網路缺陷的方法

針對卷積神經網路的缺陷，可以用以下 3 種方式進行補救。

- 擴充資料集：訓練時將影像進行各種變化，產生更全的多樣資料集。透過提升樣本的包含率，來儘量提升模型的範化性（模型對一種資料的識別能力）。
- 在模型中，儘量少用或不用池化操作。
- 使用更複雜的模型，讓模型在學習局部特徵的同時，也關注局部特徵間的位置資訊（例如膠囊網路模型）。

8.1.6 了解膠囊神經網路與動態路由

膠囊網路（CapsNet）是一個最佳化過的卷積神經網路模型。它在正常的卷積神經網路模型的基礎上做了特定的改進，能夠發現元件之間的定向和空間關係。

它將原有的「卷積＋池化」組合操作，換成了「主膠囊（PrimaryCaps）＋數字膠囊（DigitCaps）」的結構，如圖 8-4 所示。

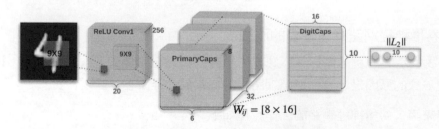

圖 8-4 應用在 MNIST 資料集上的膠囊網路架構

圖 8-4 是應用在 MNIST 資料集上的膠囊網路架構。以 MNIST 資料集為例，該模型處理資料的步驟如下：

（1）將影像（形狀為 28×28×1）輸入一個帶有 256 個 9×9 卷積核心的卷積層 ReLU Conv1。採用步進值為 1、無填充（VALID）的方式卷積操作。輸出 256 個通道的特徵資料（feature map）。每個特徵資料（feature map）的形狀為 20×20×1（計算方法：28-9+1=20）。

（2）將第（1）步的特徵輸入膠囊網路的主膠囊層，輸出帶有向量資訊的特徵結果（實際維度變化見本小節下方的「1. 主膠囊層的工作細節」）。

（3）將帶有向量資訊的特徵結果輸入膠囊網路的數字膠囊層，最後輸出分類結果（實際的維度變化見本小節下方的「2. 數字膠囊層的工作細節」）。

膠囊網路中的主膠囊層與卷積神經網路中的卷積層功能類似，而膠囊網路中的數字膠囊層卻與卷積神經網路中的池化層功能卻有很大不同。實際的不同有以下幾點。

▐1 主膠囊層的工作細節

主膠囊層的操作沿用了標準的卷積方法。只是在輸出時，把多個通道的特徵資料（feature map）包裝成一個個膠囊單元。將資料按膠囊單元進行後面的計算。

以 MNIST 資料集上的膠囊網路架構為例。在圖 8-4 中，主膠囊層的實際處理步驟如下。

（1）對形狀為 20×20×1 的特徵圖片做步進值為 2、無填充（VALID）方式的卷積操作。用 32×8 個 9×9 大小的卷積核心，輸出 32×8 個通道的特徵資料，每個特徵資料的形狀為 6×6×1，計算方法為：(20-9+1)÷2=6。

（2）將每個特徵圖片的形狀轉為 [32×6×6, 1, 8]，該形狀可以了解成 32×6×6 個小膠囊，每個膠囊為八維向量，這便是主膠囊的最後輸出結果。

> **提示**
> 主膠囊層中使用的卷積核心大小為 9×9，比正常的卷積網路中常用的卷積核心尺寸（常用的尺寸有：1×1、3×3、5×5、7×7）略大，這是為了讓產生的特徵資料中包含有更多的局部資訊。

2 數字膠囊層的工作細節

在主膠囊與數字膠囊之間,用向量代替純量進行特徵傳遞,使所傳遞的特徵不再是一個實際的數值,而是一個方向加數值的複合資訊。這樣可以將更多的特徵資訊傳遞下去。

例如:向量中的長度表示某一個實例(物體、視覺概念或它們的一部分)出現的機率,方向表示物體的某些圖形屬性(位置、顏色、方向、形狀等)。

實際的計算方式如圖 8-5 所示。

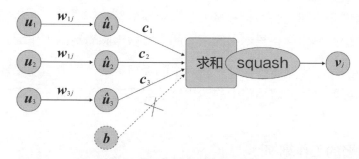

圖 8-5 主膠囊與數字膠囊間的特徵傳遞

在圖 8-5 中,實際符號含義如下:

(1) u 代表主膠囊層的輸出(u_1、u_2、u_3 等,每個代表一個膠囊單元)。

(2) w 代表權重(與神經網路中的 w 一致)。

(3) $\hat{u}$ 代表向量的大小。計算方法為:將 u 中的每個元素與對應的 w 相乘,並將相乘後的結果相加。

(4) c 代表向量的方向,被稱為耦合係數(coupling coefficients),也可以視為加權。它表示每個膠囊數值的重要程度百分比,即所有的 c(c_1、c_2、c_3 等)相加後的值為 1。

將圖 8-5 中的每個 $\hat{u}$ 與其對應的 c 相乘,並將相乘後的結果相加,然後輸入啟動函數 squash(見本節的「3. 在數字膠囊層中使用全新的啟動函數(squash)」)中便獲得了數字膠囊的最後輸出結果 v_j(索引 j 代表輸出的維度),見式(8.1)。

$$v_j = \text{squash}(\hat{u}_1 \times c_1 + \hat{u}_2 \times c_2 + \hat{u}_3 \times c_3 \dots) \tag{8.1}$$

> **提示**
>
> 在整個過程中，標準神經網路中的偏置加權 b 已經被去掉了。

還是以 MNIST 資料集上的膠囊網路架構為例。在圖 8-3 中，主膠囊與數字膠囊之間的實際處理步驟如下：

（1）主膠囊的最後輸出 u 為 32×6×6 個膠囊單元。每個膠囊單元為一個 8 維向量。

（2）針對每個膠囊單元，定義 10×16 個加權 w。讓每個加權與膠囊單元中的 8 個數相乘，並將相乘後的結果相加。這樣，每個膠囊單元由 8 維向量變成了 10×16 維向量。$\hat{u}$ 的形狀變成了 [32×6×6, 1, 10×16]（這裡做了最佳化，讓膠囊單元中的 8 個數共用一個加權 w，這樣做可以減小加權 w 的個數。在該步驟如果不做最佳化，則需要 8×10×16 個加權 w，即每個膠囊單元中的 8 個數各需要一個加權 w）。

（3）對 $\hat{u}$ 進行形狀轉換，將其拆分成 10 份。每份可以視為一個新的膠囊單元，其形狀為 [32×6×6, 1, 16]，代表該圖片在分類中屬於標籤 0 ～ 9 的可能。

（4）每個新膠囊單元的形狀為 [32×6×6, 1, 16]，可以了解成 $\hat{u}$ 的個數為 32×6×6，每個 $\hat{u}$ 是一個 16 維向量。

（5）定義與新膠囊單元同樣個數的加權 c，依次與新膠囊單元中的數值相乘。並按照 [32×6×6, 1, 16] 中的第 0 維度相加，同時將結果放入啟動函數 squash 中，見式（8.1）。獲得了膠囊網路的最後輸出 v_j（索引 j 代表輸出的維度 10×16），其形狀為 [10, 16]。

膠囊網路中巧妙地增加了向量的方向 c，來控制神經元的啟動加權。

在實際應用中，c 可以被解釋成影像中某個特定實體的各種性質。這些性質可以包含很多種不同的參數，例如姿勢（位置、大小、方向）、變形、速度、反射率、色彩、紋理等。而輸入輸出向量的大小表示某個實體出現的機率，所以它的值必須在 0~1 之間。

❸ 在數字膠囊層中使用全新的啟動函數（squash）

因為原有的神經網路模型輸出都是純量，顯然用處理純量的啟動函數來處理向量不太適合。所以有必要為膠囊網路設計一套全新的啟動函數 squash，見式（8.2）。

$$y = \frac{\|x\|^2}{1+\|x\|^2} \frac{x}{\|x\|} \qquad (8.2)$$

該啟動函數由兩部分組成：第 1 部分為 $\frac{\|x\|^2}{1+\|x\|^2}$，作用是將數值轉換成 0~1 之間的數；第 2 部分為 $\frac{x}{\|x\|}$，作用是保留原有向量的方向。

二者結合後，會使整個值域變為 −1~1 之間的小數。

該啟動函數的影像如圖 8-6 所示。

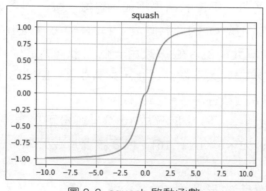

圖 8-6 squash 啟動函數

如果拋開理論，單純從輸入輸出的數值上看，squash 啟動函數確實與一般的啟動函數沒什麼區別。而且如果將 squash 啟動函數換成一般的啟動函數也能夠執行。只不過經過大量的實驗證明，啟動函數 squash 在膠囊網路中的表現確實勝於其他啟動函數。這也再次驗證了理論的正確性。

4 利用動態路由選擇演算法，透過反覆運算的方式更新耦合係數

主膠囊與數字膠囊之間的耦合係數是透過訓練得來的。在訓練過程中，耦合係數的更新不是透過反向梯度傳播實現的，而是採用動態路由選擇演算法完成的。該演算法來自以下論文連結：

`https://arxiv.org/pdf/1710.09829.pdf`

在論文中，列出了動態路由的實際計算方法，一共可分為 7 個步驟，每個步驟的解讀如下。

（1）假設該路由演算法發生在膠囊網路的第 l 層，輸入值 $\hat{u}_{j|i}$ 為主膠囊網路的

輸出特徵 u_i（索引 i 代表膠囊單元的個數，j 代表每個膠囊單元向量的維數）與加權 w_{ij} 的乘積（見本小節「2. 數字膠囊層的工作細節」中 w 的介紹）。該路由演算法需要反覆運算計算 r 次。

（2）初始化變數 b_{ij}，使其等於 0。變量 b_{ij} 與耦合係數 c 具有相同的長度。在反覆運算時，c 就是由 b 做 softmax 計算得來的。

（3）讓路由演算法按照指定的反覆運算次數 r 進行反覆運算。

（4）對變數 b 做 softmax 操作，獲得耦合係數 c。此時耦合係數 c 的值為總和為 1 的百分比小數，即每個加權的機率。b 與 c 都帶了一個索引 i，表示 b 和 c 的數量各有 i 個，與膠囊單元的個數相同。

> **提示**
>
> 因為第 1 次反覆運算時，b 的值都為 0，所以第 1 次執行該句時，所有的 c 值也都相同。在後面的步驟中，還會透過計算 b 的值，來不斷地修正 c，進一步達到更新耦合係數的作用。

（5）將 c 與 $\hat{u}_{j|i}$ 相乘，並將乘積的結果相加，獲得了數字膠囊（l+1 層）的輸出向量 s。

（6）透過啟動函數 squash 對 s 做非線性轉換，獲得了最後的輸出結果 V_j。

> **提示**
>
> 第（5）、（6）兩個步驟一起實現了公式 8-1 中的內容。

（7）將 V_j 與 $\hat{u}_{j|i}$ 進行點積運算，再與原有的 b 進行相加，便可以求出新的 b 值。其中的點積運算的作用是：計算膠囊的輸入和膠囊的輸出的相似度。該動態路由式通訊協定的原理就是利用相似度來更新 b 值。

將第（4）~（7）步循環執行 r 次。在進行路由更新的同時，也更新了最後的輸出結果 V_j 值，當反覆運算結束後，將最後的 V_j 傳回，進行後續的 loss 值計算與結果輸出。

> **提示**
>
> 透過該演算法可以看出，路由演算法不僅在訓練中負責最佳化耦合係數，還在修改耦合係數的同時影響了最後的輸出結果。
>
> 該模型在訓練和測試場景中，都需要做動態路由更新計算。

5 在膠囊網路中，用邊距損失（margin loss）作為損失函數

邊距損失（margin loss）是一種最大化正負樣本到超平面距離的演算法，見式
（8.3）。

$$L_k = T_k \max(0, m^+ - \|V_k\|)^2 + \lambda(1 - T_k)\max(0, \|V_k\| - m^-)^2 \qquad (8.3)$$

其中，L_k 代表損失值，T_k 代表標籤，m^+ 代表一個最大值的錨點，m^- 代表一個
最小值的錨點，V_k 為模型輸出的預測值，λ 為縮放參數。$\|V_k\|$ 代表取 V_k 的範
數，即 $\sqrt{v_1^2 + v_2^2 + v_3^2 + \cdots}$（其中 v_1、v_2、v_3……代表 V_k 中的元素）。

舉例來説，在 MNIST 資料集上的膠囊網路架構中，設定了 m^+ 為 0.9，m^- 為
0.1，λ 為 0.5。由於輸出值的形狀是 [10,16]，所以獲得的 L_k 形狀也是 [10,16]。
還需要對每個類別的 16 維向量相加，使其形狀變成 [10,1]。再取平均值，獲得
最後的 loss 值。

由於在最後的輸出結果中，每個類別都含有 16 維特徵，所以還可以在其後面
加入兩層全連接網路，組成一個解碼器。用該解碼器對輸入圖片進行重建，並
將重建後的損失值與邊距損失放在一起進行訓練，這樣可以獲得更好的效果，
如圖 8-7 所示。

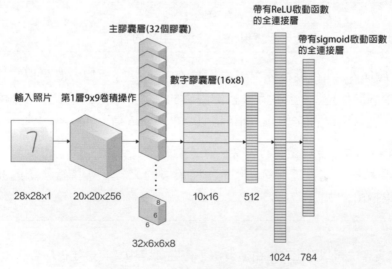

圖 8-7 帶有解碼器的膠囊網路結構

8.1.7　了解矩陣膠囊網路與 EM 路由演算法

帶有 EM（期望最大化）路由的矩陣膠囊網路是動態路由膠囊網路的改進版本。論文連結如下：

```
https://openreview.net/pdf?id=HJWLfGWRb
```

針對動態路由膠囊網路的結構，帶有 EM 路由的矩陣膠囊網路，在各個環節的細節實現上都做了調整。實際如下：

- 將主膠囊由「特徵＋向量」的輸出形式，調整為「矩陣＋啟動值」的形式。其中矩陣代表圖片的姿態矩陣（在某個角度下圖片的特徵），啟動值代表分類結果。
- 用一個代表統一角度的加權矩陣與姿態矩陣相乘獲得預測值（論文裡叫作投票），即圖片的真實特徵。
- 在 EM 路由演算法過程中，對預測值（投票）根據投票係數（為每個投票所分配的加權）進行加權計算，並使用加權計算的結果來計算新的投票係數，實現路由更新。
- 論文中的 EM 演算法用修改後的高斯混合模型（簡稱 GMM，是一個以機率模型為基礎的分群演算法）對投票進行分群。
- 用評估分群後的資訊熵來計算最後分類的啟動值。資訊熵越小，則表示該類別的穩定性越好，該類別的結果特徵越明顯。
- 用 Spread 損失函數來訓練模型。

帶有 EM 路由的膠囊網路有關的演算法理論比較多，由於篇幅原因，這裡不多作說明。在本書 8.2.10 小節提供了程式範例，讀者可以自行研究。

8.1.8　什麼是 NLP 工作

NLP（Natural Language Processing，自然語言處理）是人工智慧（AI）研究的方向。其目標是透過演算法讓機器能夠了解和辨識人類的語言。常用於文字分類、翻譯、文字產生、對話等領域。

目前以 NLP 為基礎的解決方式主要有 3 種。

- 卷積神經網路：主要是將語言當作圖片資料，進行卷積操作。

- 循環神經網路：按照語言文字的順序，用循環神經網路來學習一段連續文字中的語義。
- 以注意力機制為基礎的神經網路：是一種類似卷積思想的網路。它透過矩陣相乘計算輸入向量與目的輸出之間的相似度，進而完成語義的了解。

8.1.9　了解多頭注意力機制與內部注意力機制

解決 NLP 工作的三大基本方法是：注意力機制、卷積和循環神經網路。循神經環網路會在第 9 章單獨介紹。

注意力機制因 2017 年 Google 的一篇論文 *Attention is All You Need* 而名聲大噪。下面就來介紹該技術的實際內容。如果想了解更多，還可以參考原論文，實際位址如下：

```
https://arxiv.org/abs/1706.03762
```

1　注意力機制的基本思想

注意力機制的思想描述起來很簡單：將實際的工作看作 query、key、value 三個角色（分別用 q、k、v 來簡寫）。其中 q 是要查詢的工作，而 k、v 是個一一對應的鍵值對。其目的就是使用 q 在 k 中找到對應的 v 值。

在細節實現時，會比基本原理稍複雜一些，見式（8.4）。

$$d_v = \text{Attention}(q_t, k, v) = \text{softmax}\left(\frac{\langle q_t, k_s \rangle}{\sqrt{d_k}}\right) v_s = \sum_{s=1}^{m} \frac{1}{z} \exp\left(\frac{\langle q_t, k_s \rangle}{\sqrt{d_k}}\right) v_s \quad (8.4)$$

式 8.4 中的 z 是歸一化因數。該公式可拆分成以下步驟：

（1）將 q_t 與各個 k_s 進行內積計算。

（2）將第（1）步的結果除以 $\sqrt{d_k}$，這裡 $\sqrt{d_k}$ 造成調節數值的作用，使內積不至於太大。

（3）使用 softmax 函數對第（2）步的結果進行計算。

（4）使用第（3）步的結果與 v_s 相乘，來得到 q_t 與 v_s 各個的相似度。

（5）對第（4）步的結果加權求和，獲得對應的向量 d_v。

舉例：

在中英翻譯工作中，假設 K 代表中文，有 m 個詞，每個詞的詞向量是 d_k 維度；V 代表英文，有 m 個詞，每個詞的詞向量是 d_v 維度。

對一句由 n 個中文詞組成的句子進行英文翻譯時，拋開其他的數值及非線性變化運算，主要的矩陣間運算可以視為：$[n,d_k] \times [m,d_k] \times [m,d_v]$。將其變形之後獲得 $[n,d_k] \times [d_k,m] \times [m,dv]$，根據線性代數的技巧，兩個矩陣相乘，直接把相鄰的維度約到剩下的就是結果矩陣的形狀。實際做法是，（1）$[n,d_k] \times [d_k,m]=[n,m]$，（2）$[n,m] \times [m,d_v]= [n,d_v]$，最後便獲得了 n 個維度為 d_v 的英文詞。

同樣，該模型還可以放在其他工作中，例如：在閱讀了解工作中，可以把文章當作 Q，閱讀了解的問題和答案當作 K 和 V 所形成的鍵值對。

2 多頭注意力機制

在 Google 公司發出的注意力機制論文裡，用多頭注意力機制的技術點改進原始的注意力機制。該技術可以表示為：Y=MultiHead(Q , K , V)。其原理如圖8-8 所示。

圖 8-8 所示，多頭注意力機制的工作原理如下：

（1）把 Q、K、V 透過參數矩陣進行全連接層的對映轉化。

（2）對第（1）步中所轉化的三個結果做點積運算。

（3）將第（1）步和第（2）步重複執行 h 次，並且每次進行第（1）步操作時，都使用全新的參數矩陣（參數不共用）。

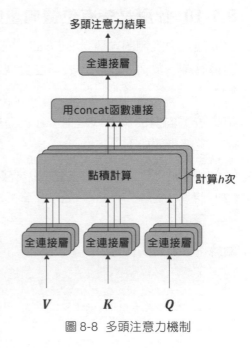

圖 8-8 多頭注意力機制

（4）用 concat 函數把計算 h 次之後的最後結果連接起來。

其理論可以解釋為：

（1）每一次的 attention 運算，都會使原資料中某個方面的特徵發生注意力轉化（獲得局部注意力特徵）。

（2）當發生多次 attention 運算之後，會獲得更多方向的局部注意力特徵。

（3）將所有的局部注意力特徵合併起來，再透過神經網路將其轉化為整體的特徵，進一步達到擬合效果。

3 內部注意力機制

內部注意力機制用於發現序列資料的內部特徵。實際做法是將 Q、K、V 都變成 X。即 Attention(X,X,X)。

使用多頭注意力機制訓練出的內部注意力特徵可以用於 Seq2Seq 模型（輸入輸出都是序列資料的模型）、分類模型等各種工作，並能夠獲得很好的效果，即 Y=MultiHead(X,X,X)。

8.1.10 什麼是帶有位置向量的詞嵌入

由於注意力機制的本質是 key-value 的尋找機制，不能表現出查詢時 Q 的內部關係特徵。於是，Google 公司在實現注意力機制的模型中加入了位置向量技術。

帶有位置向量的詞嵌入是指，在已有的詞嵌入技術中加入位置資訊。在實現時，實際步驟如下：

（1）用 sin（正弦）和 cos（餘弦）演算法對詞嵌入中的每個元素進行計算。

（2）將第（1）步中 sin 和 cos 計算後的結果用 concat 函數連接起來，作為最後的位置資訊。

關於位置資訊的轉化公式比較複雜，這裡不多作説明，實際見以下程式：

```
def Position_Embedding(inputs, position_size):
    batch_size,seq_len = tf.shape(inputs)[0],tf.shape(inputs)[1]
    position_j = 1. / tf.pow(10000., \
                             2 * tf.range(position_size / 2, dtype=tf.float32 \
                             ) / position_size)
    position_j = tf.expand_dims(position_j, 0)
    position_i = tf.range(tf.cast(seq_len, tf.float32), dtype=tf.float32)
    position_i = tf.expand_dims(position_i, 1)
    position_ij = tf.matmul(position_i, position_j)
    position_ij = tf.concat([tf.cos(position_ij), tf.sin(position_ij)], 1)
    position_embedding = tf.expand_dims(position_ij, 0) \
                         + tf.zeros((batch_size, seq_len, position_size))
    return position_embedding
```

在範例程式中，函數 Position_Embedding 的輸入和輸出分別為：

- 輸入參數 inputs 是形狀為 (batch_size, seq_len, word_size) 的張量（可以了解成詞向量）。
- 輸出結果 position_embedding 是形狀為 (batch_size, seq_len, position_size) 的位置向量。其中，最後一個維度 position_size 中的資訊已經包含了位置。

透過函數 Position_Embedding 的輸入和輸出可以很明顯地看到詞嵌入中增加了位置向量資訊。被轉換後的結果，可以與正常的詞嵌入一樣在模型中被使用。

8.1.11 什麼是目標檢測工作

目標檢測工作是視覺處理中的常見工作。該工作要求模型能檢測出圖片中特定的物體目標，並獲得這一目標的類別資訊和位置資訊。

在目標檢測工作中，模型的輸出是一個清單，列表的每一項用一個資料組列出檢出目標的類別和位置（常用矩形檢測框的座標表示）。

實現目標檢測工作的模型，大概可以分為以下兩種。

- 單階段（1-stage）檢測模型：直接從圖片獲得預測結果，也被稱為 Region-free 方法。相關的模型有 YOLO、SSD、RetinaNet 等。
- 兩階段（2-stage）檢測模型：先檢測包含實物的區域，再對該區域內的實物進行分類識別。相關的模型有 R-CNN、Faster R-CNN 等。

在實際工作中，兩階段檢測模型在位置框方面表現出的精度更高一些，而單階段模型在分類方面表現出的精度更高一些。

8.5 節中將透過一個 YOLO V3 模型實現目標檢測工作。

8.1.12 什麼是目標檢測中的上取樣與下取樣

接觸過視覺模型原始程式的讀者會發現，在類似 NasNet、Inception Vx、ResNet 這種模型的程式中，會經常出現上取樣（upsampling）與下取樣（downsampling）這樣的函數。它們的意義是什麼呢？這裡來解釋一下。

上取樣與下取樣是指對影像的縮放操作：

- 上取樣是將影像放大。
- 下取樣是將影像縮小。

上取樣與下取樣操作並不能給圖片帶來更多的資訊，而會對影像品質產生影響。在深度卷積網路模型的運算中，透過上取樣與下取樣操作可實現本層資料與上下層的維度比對。

在模型以外，用上取樣或下取樣直接對圖片操作時，常會使用一些特定的演算法，以最佳化縮放後的圖片品質。

8.1.13 什麼是圖片分割工作

圖片分割是對圖中的每個像素點進行分類，適用於對像素了解要求較高的場景（舉例來說，在無人駕駛中對道路和非道路進行分割）。

圖片分割包含語義分割（semantic segmentation）和實例分割（instance segmentation），實際如下：

- 語義分割：能將影像中具有不同語義的部分分開。
- 實例分割：能描述出目標的輪廓（比檢測框更為精細）。

目標檢測、語義分割、實例分割三者的關係如圖 8-9 所示。

（a）目標檢測　　　（b）語義分割　　　（c）實例分割

圖 8-9　圖片分割工作

在圖 8-9 中，3 個子圖的意義如下：

- 圖 8-9（a）是目標檢測的結果，該工作是在原圖上找到目標物體的矩形框（見本章 8.5 節 YOLO V3 模型的實例）。
- 圖 8-9（b）是語義分割的結果，該工作是在原圖上找到目標物體所在的像素點（見本章 8.7 節 Mask R-CNN 模型的實例）。

■ 圖 8-9（c）是實例分割的結果，該工作在語義分割的基礎上還要識別出單一的實際個體。

8.2 實例 39：用膠囊網路識別黑白圖中服裝的圖案

實現一個帶有路由演算法的膠囊網路模型，並用該模型來解決實際問題。

> **實例描述**
>
> 從 Fashion-MNIST 資料集中選擇一幅圖，這幅圖上有 1 個服裝圖案。讓機器模擬人眼來區分這個服裝圖案到底是什麼。

實例中所用的圖片來自一個開放原始碼的訓練資料集——Fashion-MNIST。

8.2.1 熟悉樣本：了解 Fashion-MNIST 資料集

Fashion-MNIST 資料集常被用來測試模型。一般來講，如果在 Fashion-MNIST 資料集上沒有實現顯著效果的模型，則在其他資料集上也不會有好的效果。

❶ Fashion-MNIST 的起源

Fashion-MNIST 資料集是 MNIST 資料集的替代品。

MNIST 是一個入門級的電腦視覺資料集，是在 Fashion-MNIST 資料集出現之前人們最常使用的實驗資料集。相當於學習程式設計過程中的列印 "Hello World" 操作。經典的 MNIST 資料集包含了大量的手寫數字。

由於 MNIST 資料集太過簡單，很多演算法在測試集上的效能已經達到 99.6%，但是應用在真實圖片上卻相差很大。於是出現了相對複雜的 Fashion-MNIST 資料集。在 Fashion-MNIST 資料集上訓練好的模型，會更接近真實圖片的處理效果。

❷ Fashion-MNIST 資料集的結構

Fashion-MNIST 資料集的單張圖片大小、訓練集個數、測試集個數及類別數，與 MNIST 資料集完全相同。只不過其採用了更為複雜的圖片內容，使得做基礎實驗的模型與真實環境下的模型更加相近。

FashionMNIST 資料集的單一樣本為 28 pixel×28 pixel 的灰階圖片。訓練集有 60000 張圖片，測試集有 10000 張圖片。樣本內容為上衣、褲子、鞋子等服裝，一共分為 10 大類，如圖 8-10 所示（每個類別佔三行）。

FashionMNIST 資料集分類標籤的標記編號仍然是 0~9，其代表的服裝類別如圖 8-11 所示。

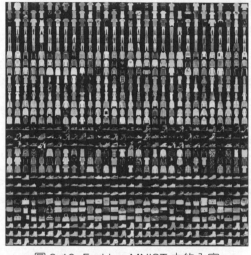

标注编号	描述
0	T-shirt/top（T恤）
1	Trouser（裤子）
2	Pullover（套衫）
3	Dress（裙子）
4	Coat（外套）
5	Sandal（凉鞋）
6	Shirt（汗衫）
7	Sneaker（运动鞋）
8	Bag（包）
9	Ankle boot（踝靴）

圖 8-10 Fashion-MNIST 中的內容　　圖 8-11 Fashion-MNIST 中的標籤

8.2.2 下載 Fashion-MNIST 資料集

Fashion-MNIST 資料集的官網下載連結如下：

```
https://github.com/zalandoresearch/fashion-mnist
```

開啟官網，可以看到如圖 8-12 所示的下載連結。

Name	Content	Examples	Size	Link	MD5 Checksum
train-images-idx3-ubyte.gz	training set images	60,000	26 MBytes	Download	8d4fb7e6c68d591d4c3dfef9ec88bf0d
train-labels-idx1-ubyte.gz	training set labels	60,000	29 KBytes	Download	25c81989df183df01b3e8a0aad5dffbe
t10k-images-idx3-ubyte.gz	test set images	10,000	4.3 MBytes	Download	bef4ecab320f06d8554ea6380940ec79
t10k-labels-idx1-ubyte.gz	test set labels	10,000	5.1 KBytes	Download	bb300cfdad3c16e7a12a480ee83cd310

圖 8-12 Fashion-MNIST 資料集的下載連結

將資料集下載後，不需要解壓縮，直接放到程式的同級目錄下面即可。

8.2.3 程式實現：讀取及顯示 Fashion-MNIST 資料集中的資料

TensorFlow 提供了一個載入及讀取 MNIST 資料集的函數庫，可以直接使用該函數庫來載入和讀取 Fashion-MNIST 資料集。使用該函數庫時，不需要修改任何程式，直接指定路徑即可。

實際程式如下：

程式 8-1 讀取 Fasion-MNIST 資料集

```
01    from tensorflow.examples.tutorials.mnist import input_data
02    mnist = input_data.read_data_sets("./fashion/", one_hot=False) #指定資料集
03    print (' 輸入資料 :',mnist.train.images)
04    print (' 輸入資料的形狀 :',mnist.train.images.shape)
05    print (' 輸入資料的標籤 :',mnist.train.labels)
06
07    import pylab
08    im = mnist.train.images[1]
09    im = im.reshape(-1,28)
10    pylab.imshow(im)
11    pylab.show()
```

將資料集檔案都放在本機同級目錄下的 fashion 資料夾裡，再在程式中指定路徑（見程式第 2 行）。

執行程式，輸出以下資訊：

```
Extracting ./fashion/train-images-idx3-ubyte.gz
Extracting ./fashion/train-labels-idx1-ubyte.gz
Extracting ./fashion/t10k-images-idx3-ubyte.gz
Extracting ./fashion/t10k-labels-idx1-ubyte.gz
輸入資料 : [[0. 0. 0. ... 0. 0. 0.]
 [0. 0. 0. ... 0. 0. 0.]
 [0. 0. 0. ... 0. 0. 0.]
 ...
 [0. 0. 0. ... 0. 0. 0.]
 [0. 0. 0. ... 0. 0. 0.]
 [0. 0. 0. ... 0. 0. 0.]]
輸入資料的形狀 : (55000, 784)
輸入資料的標籤 : [40 7 ... 30 5]
```

圖 8-13 Fashion-MNIST 資料集中的一張圖片

輸出資訊的前 4 行是解壓縮資料集的操作。

從輸出資訊的第 5 行開始是訓練集中的圖片資料：一個 55000 行、784 列的矩陣。

在矩陣中，每一行表示一張圖片，即訓練集裡面有 55000 張圖片。每一張圖片是 28×28 的矩陣。

在輸出資訊的中括號裡可以看到每個矩陣的值，每一個值代表一個像素值。

> **提示**
>
> 圖片上的像素點與矩陣中的像素值之間的關係如下：
>
> • 如果是 1 通道的黑白圖片，則圖片中黑色的地方像素值是 0；有圖案的地方像素值為 1~255 之間的數字，代表顏色的深度。
>
> • 如果是 3 通道的彩色圖片，則圖片上的每一個像素點由 3 個像素值來表示，即 R、G、B（紅、黃、藍）。這 3 個像素值分佈在 3 個通道裡。

1 在 tf.keras 介面中讀取 Fashion_MNIST 資料集

tf.keras 介面中已經整合了 Fashion_MNIST 資料集，使用起來比原生的 TensorFlow 方式更為簡單。程式如下：

```
import tensorflow as tf
(X_train, y_train), (X_test, y_test) = tf.keras.datasets.fashion_mnist.load_data()
```

上面程式執行後，便會獲得 Fashion-MNIST 的訓練集資料（X_train, y_train）與測試集資料（X_test, y_test）。

8.2.4 程式實現：定義膠囊網路模型類別 CapsuleNetModel

定義類別 CapsuleNetModel 來實現膠囊網路模型，並在類別 CapsuleNetModel 中定義模型相關的參數。

實際程式如下：

```
程式 8-2 Capsulemodel
01    import tensorflow as tf
02    import tensorflow.contrib.slim as slim
03    import numpy as np
04
05    class CapsuleNetModel:                              # 定義膠囊網路模型類別
06        def __init__(self, batch_size,n_classes,iter_routing):   # 初始化
07            self.batch_size=batch_size
08            self.n_classes = n_classes
09            self.iter_routing = iter_routing
```

8.2.5 程式實現：實現膠囊網路的基本結構

在 CapsuleNetModel 類別中定義 CapsuleNet 方法，並用 TF-slim 介面實現膠囊網路的基本結構。

該步驟與 8.1.7 小節的描述完全一致。其中，$\hat{u}$ 的計算方法是透過卷積核心為 [1,1] 的卷積操作來實現的。

（提示）

程式第 74 行，在實現 squash 啟動函數的過程中，分母部分加了一個常數 "1e-9"。這是與 8.1.7 小節 squash 公式的不同之處。

常數 "1e-9" 是一個很小的數，它接近於 0 卻不等於 0。該值的意義是防止分母為 0 導致公式無意義。

實際程式如下：

```
程式 8-2 Capsulemodel（續）
10        def CapsuleNet(self, img):          # 定義模型結構
11            # 定義第 1 個正常卷積層
12            with tf.variable_scope('Conv1_layer') as scope:
13                output = slim.conv2d(img, num_outputs=256, kernel_size=[9, 9],
```

```
                            stride=1, padding='VALID', scope=scope)
14
15                assert output.get_shape() == [self.batch_size, 20, 20, 256]
16          # 定義主膠囊網路
17          with tf.variable_scope('PrimaryCaps_layer') as scope:
18                output = slim.conv2d(output, num_outputs=32*8, kernel_size=
                      [9, 9], stride=2, padding='VALID', scope=scope,
                      activation_fn=None)
19                # 將結果變成 32×6×6 個膠囊單元，每個單元為 8 維向量
20                output = tf.reshape(output, [self.batch_size, -1, 1, 8])
21                assert output.get_shape() == [self.batch_size, 1152, 1, 8]
22          # 定義數字膠囊網路
23          with tf.variable_scope('DigitCaps_layer') as scope:
24                u_hats = []
25                # 將輸入按照膠囊單元分開
26                input_groups = tf.split(axis=1, num_or_size_splits=1152,
                                  value=output)
27                for i in range(1152): # 檢查每個膠囊單元
28                      # 利用卷積核心為 [1,1] 的卷積操作，讓 u 與 w 相乘，再相加獲得 û
29                      one_u_hat = slim.conv2d(input_groups[i], num_outputs=
      16*10, kernel_size=[1, 1], stride=1, padding='VALID', scope=
      'DigitCaps_layer_w_'+str(i), activation_fn=None)
30                      # 每個膠囊單元變成了 16 維向量
31                      one_u_hat = tf.reshape(one_u_hat, [self.batch_size, 1,
                        10, 16])
32                      u_hats.append(one_u_hat)
33                # 將所有的膠囊單元中的 one_u_hat 合併起來
34                u_hat = tf.concat(u_hats, axis=1)
35                assert u_hat.get_shape() == [self.batch_size, 1152, 10, 16]
36
37                # 初始化 b 值
38                b_ijs = tf.constant(np.zeros([1152, 10], dtype=np.float32))
39                v_js = []
40                for r_iter in range(self.iter_routing):
                  # 指定循環次數，計算動態路由
41                      with tf.variable_scope('iter_'+str(r_iter)):
42                            c_ijs = tf.nn.softmax(b_ijs, axis=1)
                              # 根據 b 值計算耦合係數
43
44                            # 將下列變數按照 10 大類分割，每一種單獨運算
45                            c_ij_groups = tf.split(axis=1, num_or_size_splits=10,
```

```
                                      value=c_ijs)
46              b_ij_groups = tf.split(axis=1, num_or_size_splits=10,
                                      value=b_ijs)
47              u_hat_groups = tf.split(axis=2, num_or_size_splits=10,
                                      value=u_hat)
48
49                   for i in range(10):
50          # 產生具有跟輸入一樣尺寸的卷積核心 [1152, 1]，輸入為 16 通道，
            卷積核心個數為 1 個
51                      c_ij = tf.reshape(tf.tile(c_ij_groups[i], [1, 16]),
                             [1152, 1, 16, 1])
52          # 利用深度卷積實現 u_hat 與 c 矩陣的對應位置相乘，輸出的通道數為 16×1 個
53                      s_j = tf.nn.depthwise_conv2d(u_hat_groups[i],
                             c_ij, strides=[1, 1, 1, 1], padding='VALID')
54                      assert s_j.get_shape() == [self.batch_size, 1, 1, 16]
55
56                      s_j = tf.reshape(s_j, [self.batch_size, 16])
57                      v_j = self.squash(s_j)
                        # 呼叫啟動函數 squash 產生最後結果 vj
58                      assert v_j.get_shape() == [self.batch_size, 16]
59                      # 根據 vj 來計算並更新 b 值
60                      b_ij_groups[i] = b_ij_groups[i]+tf.reduce_sum(
    tf.matmul(tf.reshape(u_hat_groups[i], [self.batch_size, 1152, 16]),
    tf.reshape(v_j, [self.batch_size, 16, 1])), axis=0)
61
62                      # 反覆運算結束後，再產生一次 vj，獲得數字膠囊真正的輸出結果
63                      if r_iter == self.iter_routing-1:
64                          v_js.append(tf.reshape(v_j, [self.batch_size,
                                 1, 16]))
65                  # 將 10 大類的 b 合併一起
66                  b_ijs = tf.concat(b_ij_groups, axis=1)
67
68          # 將 10 大類的 vj 合併到一起，產生的形狀為 [self.batch_size, 10, 16] 的結果
69              output = tf.concat(v_js, axis=1)
70
71          return  output
72      def squash(self, s_j):   # 定義啟動函數
73          s_j_norm_square = tf.reduce_mean(tf.square(s_j), axis=1,
                 keepdims=True)
74          v_j = s_j_norm_square*s_j/((1+s_j_norm_square)*tf.sqrt(
                 s_j_norm_square+1e-9))
75          return v_j
```

在程式第 53 行，用深度卷積操作實現 $\hat{u}$ 與 c 矩陣的對應位置相乘。

程式第 40 行是動態路由演算法的實現,在路由計算的反覆運算最後一次時,還需要將最後的結果儲存起來,作為整個網路的輸出(見程式第 64 行)。函數 CapsuleNet 執行完,最後會把數字膠囊的結果傳回(見程式第 69 行)。

提示

程式第 51 行使用了 tf.tile 函數。該函數具有擴充矩陣的作用,即將張量內容按照指定維度進行複製。這是利用矩陣最佳化 for 循環計算速度的一種常用方法。為了更詳細地解釋,請看以下程式。

【程式 1】:用循環方式讓 m2 中的值與 m1 中的值依次相乘。

```
m1 = tf.constant(  [[1],[ 2], [3]])    # 被乘數
m2 = tf.constant(  [2])          # 乘數(相當於程式第 51 行的加權 c_ij_ groups[i])
m1_sz = tf.unstack(a)                  # 將被乘數拆成列表
m_resurt = []                          # 定義列表收集結果
for i in m1_sz :                       # 循環相乘
    t =  m2*i
    m_resurt.append(t)                 # 將結果加入列表中
resurt1 = tf.stack(m_resurt)           # 在重新組合回張量
with tf.Session() as sess:
    print("resurt1",resurt1.eval() )   # 輸出結果 [[2] [4] [6]]
```

【程式 2】:用 tile 方式讓 m2 中的值與 m1 中的值依次相乘。

```
m1 = tf.constant(  [[1],[ 2], [3]])    # 被乘數
m2 = tf.constant(  [2])          # 乘數(相當於程式第 51 行的加權 c_ij_ groups[i])
m2 = tf.expand_dims(m2,1)              # 增加一個維度
u_tile = tf.tile(m2,[3,1])            # 複製成與乘數相同的份數
resurt2 = u_tile*m1                    # 直接陣列相乘
with tf.Session() as sess:
    print("resurt2",resurt2.eval() )   # 輸出結果 [[2] [4] [6]]
```

二者的結果是一樣的。但是程式 2 使用 tile 方式省去了循環,提升了效率。

8.2.6 程式實現:建置膠囊網路模型

在 CapsuleNetModel 類別中,定義 build_model 方法來建置膠囊網路模型。實作方式步驟如下:

(1)將張量圖重置。

(2)用 CapsuleNet 方法建置網路節點。

（3）對 CapsuleNet 方法傳回的結果進行範數計算，獲得分類結果 self.v_len。

（4）在訓練模式下，增加解碼器網路，重建輸入圖片。

（5）實現 loss 方法，將邊距損失與重建損失放在一起，產生整體損失值。

（6）將損失值放到優化器中，產生張量運算符號 train_op，用於訓練（程式第 110 行）。

完整程式如下：

程式 8-2 Capsulemodel（續）

```
76      def build_model(self, is_train=False,learning_rate = 1e-3):
77          tf.reset_default_graph()
78
79          # 定義預留位置
80          self.y = tf.placeholder(tf.float32, [self.batch_size,
                    self.n_classes])
81          self.x = tf.placeholder(tf.float32, [self.batch_size, 28, 28, 1],
                    name='input')
82
83          # 定義計步器
84          self.global_step = tf.Variable(0, name='global_step',
                    trainable=False)
85
86          initializer = tf.truncated_normal_initializer(mean=0.0, stddev=0.01)
87          biasInitializer = tf.constant_initializer(0.0)
88
89          with slim.arg_scope([slim.conv2d], trainable=is_train, weights_
                initializer=initializer, biases_initializer=biasInitializer):
90              self.v_jsoutput = self.CapsuleNet(self.x)  # 建置膠囊網路模型
91
92          with tf.variable_scope('Masking'):
93              # 計算輸出值的歐幾里德範數 [self.batch_size, 10]
94              self.v_len = tf.norm(self.v_jsoutput, axis=2)
95
96          if is_train:                            # 如果是訓練模式，則重建輸入圖片
97              masked_v = tf.matmul(self.v_jsoutput, tf.reshape(self.y, [-1,
                        10, 1]), transpose_a=True)
98              masked_v = tf.reshape(masked_v, [-1, 16])
99
100             with tf.variable_scope('Decoder'):
101                 output = slim.fully_connected(masked_v, 512, trainable=
                            is_train)
102                 output = slim.fully_connected(output, 1024, trainable=
```

```
                                   is_train)
103              self.output = slim.fully_connected(output, 784,
                          trainable=is_train, activation_fn=tf.sigmoid)
104
105          self.loss = self.loss(self.v_len,self.output)   #計算 loss 值
106          #使用退化學習率
107          learning_rate_decay = tf.train.exponential_decay(learning_
     rate, global_step=self.global_step, decay_steps=1000,decay_rate=0.9)
108
109          #定義優化器
110          self.train_op = tf.train.AdamOptimizer(learning_rate_decay).
     minimize(self.total_loss, global_step=self.global_step)
111
112      # 定義儲存及恢復模型關鍵點要用的 saver
113      self.saver = tf.train.Saver(tf.global_variables(), max_to_keep=1)
114
115  def loss(self,v_len, output):                  # 定義 loss 值的計算函數
116      max_l = tf.square(tf.maximum(0., 0.9-v_len))
117      max_r = tf.square(tf.maximum(0., v_len - 0.1))
118
119      l_c = self.y*max_l+0.5 * (1 - self.y) * max_r
120
121      margin_loss = tf.reduce_mean(tf.reduce_sum(l_c, axis=1))
122
123      origin = tf.reshape(self.x, shape=[self.batch_size, -1])
124      reconstruction_err = tf.reduce_mean(tf.square(output-origin))
125      #將邊距損失與重建損失一起組成 loss 值
126      total_loss = margin_loss+0.0005*reconstruction_err
127
128      return total_loss
```

> **提示**
>
> 在 build_model 方法中，一定要將 saver 的定義放在最後（見程式第 113 行），
> 否則在 saver 後面的張量將無法儲存到檢查點檔案中。因為 saver 的第 1 個參數
> 為 tf.global_variables()，該函數只能載入之前定義的張量，後來定義的張量無法
> 被載入。

8.2.7 程式實現：載入資料集，並訓練膠囊網路模型

架設膠囊網路模型，並載入 Fashion-MNIST 資料集，開始訓練。

定義函數 save_images 與 mergeImgs，用於將模型的輸出結果視覺化。

完整程式如下：

```
程式 8-3 用膠囊網路識別黑白圖中的服裝圖案
01   import tensorflow as tf
02   import time
03   import os
04   import numpy as np
05   import imageio
06
07   Capsulemodel = __import__("8-2  Capsulemodel")
08   CapsuleNetModel = Capsulemodel.CapsuleNetModel
09
10   # 載入資料集
11   from tensorflow.examples.tutorials.mnist import input_data
12   mnist = input_data.read_data_sets("./fashion/", one_hot=True)
13
14   def save_images(imgs, size, path): # 定義函數，儲存圖片
15       imgs = (imgs + 1.) / 2
16       return(imageio.imwrite(path, mergeImgs(imgs, size)))
17
18   def mergeImgs(images, size):          # 定義函數，合併圖片
19       h, w = images.shape[1], images.shape[2]
20       imgs = np.zeros((h * size[0], w * size[1], 3))
21       for idx, image in enumerate(images):
22           i = idx % size[1]
23           j = idx // size[1]
24           imgs[j * h:j * h + h, i * w:i * w + w, :] = image
25           imgs[j * h:j * h + h, i * w:i * w + w, :] = image
26       return imgs
27
28   batch_size = 128                      # 定義批次
29   learning_rate = 1e-3                  # 定義學習率
30   training_epochs  = 5                  # 資料集反覆運算次數
31   n_class = 10
32   iter_routing = 3                      # 定義膠囊網路中動態路由的訓練次數
```

程式中的第 28~32 行是訓練參數的定義。

> 提示
>
> 膠囊網路中的加權參數比較多，會佔用很大的 GPU 顯示卡記憶體。如果在規格
> 較低的機器上執行，則可以將批次變數 batch_size 改小一些（見程式第 28 行）。

8.2.8 程式實現：建立階段訓練模型

建立階段訓練模型是在 main 函數中完成操作，實際步驟如下：

（1）產生實體膠囊網路模型類別 CapsuleNetModel。

（2）建立階段。

（3）在階段中，用循環進行反覆運算訓練。

完整實際程式如下：

程式 8-3 用膠囊網路識別黑白圖中的服裝圖案（續）

```
33   def main(_):
34       # 產生物理模型
35       capsmodel = CapsuleNetModel(batch_size, n_class,iter_routing)
36       # 建置網路節點
37       capsmodel.build_model(is_train=True,learning_rate=learning_rate)
38       os.makedirs('results', exist_ok=True)        # 建立路徑
39       os.makedirs('./model', exist_ok=True)
40
41       with tf.Session() as sess:                   # 建立階段
42           sess.run(tf.global_variables_initializer())
43
44           # 載入檢查點檔案
45           checkpoint_path = tf.train.latest_checkpoint('./model/')
46           print("checkpoint_path",checkpoint_path)
47           if checkpoint_path !=None:
48               capsmodel.saver.restore(sess, checkpoint_path)
49           history = []                             # 收集 loss 值
50           for epoch in range(training_epochs):     # 按照指定次數反覆運算資料集
51
52               total_batch = int(mnist.train.num_examples/batch_size)
53               lossvalue= 0                         # 儲存目前 loss 值
54               for i in range(total_batch):         # 檢查資料集
55                   batch_x, batch_y = mnist.train.next_batch(batch_size)
                     # 取資料
56                   batch_x = np.reshape(batch_x,[batch_size, 28, 28, 1])
57
58                   tic = time.time()               # 計算執行時間
59                   _, loss_value = sess.run([capsmodel.train_op, capsmodel.
     total_loss], feed_dict={capsmodel.x: batch_x, capsmodel.y: batch_y})
60                   lossvalue +=loss_value          # 累計 loss 值
61                   if i % 20 == 0:                  # 每訓練 20 次，輸出 1 次結果
62                       print(str(i)+' 用時：'+str(time.time()-tic)+' loss：',
```

```
                              loss_value)
63                       cls_result, recon_imgs = sess.run([capsmodel.v_len,
        capsmodel.output], feed_dict={capsmodel.x: batch_x, capsmodel.y: batch_y})
64                       imgs = np.reshape(recon_imgs, (batch_size, 28, 28, 1))
65                       size = 6
66                       save_images(imgs[0:size * size, :], [size, size],
                                  'results/test_%03d.png' % i)  #將結果儲存為圖片
67                       #獲得分類結果，評估準確率
68                       argmax_idx = np.argmax(cls_result,axis= 1)
69                       batch_y_idx = np.argmax(batch_y,axis= 1)
70                       cls_acc = np.mean(np.equal(argmax_idx, batch_y_idx).
                                  astype(np.float32))
71                       print(' 正確率：' + str(cls_acc * 100))
72               history.append(lossvalue/total_batch)#儲存本次反覆運算的 loss 值
73               if lossvalue/total_batch == min(history):
                 #如果 loss 值變小，儲存模型
74                   ckpt_path = os.path.join('./model', 'model.ckpt')
75                   capsmodel.saver.save(sess, ckpt_path, global_step=
                         capsmodel.global_step.eval())#產生檢查點檔案
76                   print("save model",ckpt_path)
77               print(epoch,lossvalue/total_batch)
78     if __name__ == "__main__":
79         tf.app.run()
```

8.2.9 執行程式

直接執行程式檔案「8-3　使用膠囊網路識別黑白圖中的服裝圖案 .py」。輸出以
下結果：

```
Extracting ./fashion/train-images-idx3-ubyte.gz
Extracting ./fashion/train-labels-idx1-ubyte.gz
Extracting ./fashion/t10k-images-idx3-ubyte.gz
Extracting ./fashion/t10k-labels-idx1-ubyte.gz
checkpoint_path None
0 用時：33.89296865463257 loss：0.7986926
正確率：11.71875
20 用時：0.5990476608276367 loss：0.5816276
正確率：9.375
......
420 用時：2.351250648498535 loss：0.16442175
正確率：83.59375
10.15774308
......
```

從輸出結果中可以看出，整個資料集反覆運算訓練 1 次後，模型的正確率是
83.5%。

在程式執行時期，本機的 result 資料夾下會產生一些結果圖片，如圖 8-14 所示。

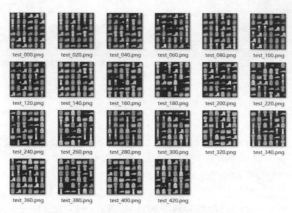

圖 8-14　膠囊網路模型重建後的輸出結果

圖 8-14 中的圖片檔案是膠囊網路重建後的輸出結果。

可以看到，膠囊網路模型重建後的圖片與原有的樣本檔案幾乎相同。

8.2.10　實例 40：實現帶有 EM 路由的膠囊網路

EM 膠囊網路模型的結構由以下部分組成：

- ReLU 卷積層。
- 主膠囊層（PrimaryCaps）。
- 許多個卷積膠囊層（ConvCaps）。
- 分類膠囊層（Class Capsules）。

在本實例中使用了兩個卷積膠囊層，如圖 8-15 所示。

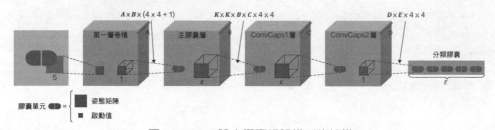

圖 8-15　EM 路由膠囊網路模型的結構

下面介紹一下該實例中的主要程式。

1 實現 EM 膠囊網路模型的主體結構

定義函數 build_em，按照圖 8-15 所示的結構實現 EM 膠囊網路模型的主體結構。

在 build_em 中，網路的每一層將按照指定好的維度（見程式第 10 行）進行輸出。每層實際的操作如下所示。

- ReLU 卷積層：使用一個 5×5 的卷積核心進行卷積操作。
- 主膠囊層：用 1×1 的卷積核心對上層的輸出進行兩次卷積操作，產生姿態矩陣與啟動值（見程式第 27~ 第 40 行）。其中，1×1 的卷積操作造成調整維度的作用。
- 卷積膠囊層：是 EM 膠囊網路模型的主要工作層，由 conv_caps 函數實現（見程式第 75 行）。本實例將兩個卷積膠囊層串連起來進行處理。在 conv_caps 函數中，先呼叫函數 kernel_tile 將原始特徵分成更多膠囊單元，然後將多個膠囊單元傳入函數 calEM 中進行 EM 路由計算，獲得姿態矩陣與啟動值。
- 分類膠囊層：將上層的結果再次輸入 calEM 函數中，進行 EM 路由計算，獲得姿態矩陣（形狀為 [64, 3, 3, 160]）與啟動值（形狀為 [64, 3, 3, 10]）。其中，姿態矩陣表示資料的特徵向量，啟動值表示模型預測的分類結果。然後分別對這兩個結果做全域平均池化，獲得最後的姿態矩陣（形狀為 [64,10,16]）與啟動值（形狀為 [64,10]）。姿態矩陣的最後一個維度是 16，即用一個 4×4 大小的矩陣來表示該資料的特徵向量。

完整程式如下：

```
程式 8-4 capsnet_em
01    import tensorflow as tf
02    import tensorflow.contrib.slim as slim
03    import numpy as np
04
05    weight_reg = False              # 是否使用參數正規化
06    epsilon=1e-9                    # 防止分母為 0 的最小數
07    iter_routing=2                  #EM 演算法的反覆運算次數
08
09    def build_em(input, batch_size,is_train: bool, num_classes: int):
```

```
10        A,B,C,D=32,8,16,16        # 定義各層的輸出維度
11
12        data_size = int(input.get_shape()[1])# 輸入尺寸為 28×28
13        bias_initializer = tf.truncated_normal_initializer( mean=0.0,
                         stddev=0.01)
14        # 定義 l2 正規層的參數
15        weights_regularizer = tf.contrib.layers.l2_regularizer(5e-04)
16        # 輸出形狀：(?, 28, 28, 1)
17        tf.logging.info('input shape: {}'.format(input.get_shape()))
18
19        # 為卷積加權統一初始化
20        with slim.arg_scope([slim.conv2d], trainable=is_train,
            biases_initializer=bias_initializer, weights_regularizer=
            weights_regularizer):
21          with tf.variable_scope('relu_conv1') as scope:    #relu_conv1 層
22              output = slim.conv2d(input, num_outputs=A, kernel_size=[
23                         5, 5], stride=2, padding='VALID', scope=scope,
                         activation_fn=tf.nn.relu)
24              data_size = int(np.floor((data_size - 5+1) / 2))
                         #計算卷積後的尺寸，獲得 12
25              tf.logging.info('conv1 output shape: {}'.format(output.
                         get_shape()))                #輸出 (?, 12, 12, 32)
26
27          with tf.variable_scope('primary_caps') as scope: #primary_caps 層
28              pose = slim.conv2d(output, num_outputs=B * 16,  #計算姿態矩陣
29                              kernel_size=[1, 1], stride=1, padding=
                                'VALID', scope=scope, activation_fn=None)
30              pose = tf.reshape(pose, [batch_size, data_size, data_size, B, 16])
31              # 計算啟動值
32              activation = slim.conv2d(output, num_outputs=B, kernel_size=[
33                         1, 1], stride=1, padding='VALID',
                         scope='primary_caps/activation', activation_fn=
                         tf.nn.sigmoid)
34              activation = tf.reshape(activation, [batch_size, data_size,
                         data_size, B, 1])
35              # 計算 primary_caps 層輸出
36              output = tf.concat([pose, activation], axis=4)
37              output = tf.reshape(output, shape=[batch_size, data_size,
                         data_size, -1])
38              assert output.get_shape()[1:] == [ data_size, data_size, B * 17]
39              tf.logging.info('primary capsule output shape: {}'.format
                (output.get_shape()))          # 形狀為 (batch_size, 12, 12, 136)
40
41          with tf.variable_scope('conv_caps1') as scope: #conv_caps1 層
```

```
42              pose ,activation = conv_caps(output,3,2,C,
                                    weights_regularizer,"conv cap 1")
43              data_size = pose.get_shape()[1]
44
45              # 產生 conv_caps1 層結果
46              output = tf.reshape(tf.concat([pose, activation], axis=4), [
47                                    batch_size, data_size, data_size, C*17])
48              tf.logging.info('conv cap 1 output shape: {}'.format(output.
                                    get_shape()))
49
50          with tf.variable_scope('conv_caps2') as scope:
51              pose ,activation = conv_caps(output,3,1,D,weights_regularizer,
                "conv cap 2")
52              data_size = activation.get_shape()[1]
53
54          with tf.variable_scope('class_caps') as scope:
55              pose = tf.reshape(pose, [-1, D, 16])   # 調整形狀
56              activation = tf.reshape(activation, [-1, D, 1])
57              # 計算 EM，獲得姿態矩陣和啟動值
58              miu,activation = calEM(pose,activation,num_classes,weights_
                                    regularizer,"class cap")
59              # 調整形狀
60              activation = tf.reshape(activation, [ batch_size, data_size,
                                    data_size, num_classes])
61              miu = tf.reshape(miu, [batch_size, data_size, data_size, -1])
62
63          output = tf.nn.avg_pool(activation, ksize=[1, data_size,
                        data_size, 1], strides=[
64                          1, 1, 1, 1], padding='VALID')
65          # 最後分類結果
66          output = tf.reshape(output,[batch_size, num_classes])
67          tf.logging.info('class caps : {}'.format(output.get_shape()))
68
69          pose = tf.nn.avg_pool(miu, ksize=[      # 獲得每一種的最後特徵
70                  1, data_size, data_size, 1], strides=[1, 1, 1, 1],
                    padding='VALID')
71          pose_out = tf.reshape(pose, shape=[batch_size, num_classes, 16])
72
73      return output, pose_out
74  # 卷積膠囊層
75  def conv_caps(indata,kernel,stride,outputdim,weights_regularizer,name):
76      batch_size =int( indata.get_shape()[0])
77      data_size = int(indata.get_shape()[1])   # 獲得輸入尺寸（預設 h 和 w 相等）
78      output = kernel_tile(indata, kernel, stride)# 將主膠囊層的輸出分成 9 個特徵
```

```
79        data_size = int(np.floor((data_size - kernel+1) / stride))#計算卷積尺寸
80
81        newbatch = batch_size * data_size * data_size
82        # 將 output 的形狀變成 [newbatch,kernel * kernel * 上層維度，17]
83        output = tf.reshape(output, shape=[newbatch, -1, 17])
84        activation = tf.reshape(output[:, :, 16], [newbatch, -1, 1])
85
86        miu,activation = calEM(output[:, :, :16],activation,outputdim,
                            weights_regularizer,name)
87
88        # 產生姿態矩陣
89        pose = tf.reshape(miu, [batch_size, data_size, data_size, outputdim, 16])
90        tf.logging.info('{} pose shape: {}'.format(name,pose.get_shape()))
91        # 產生啟動
92        activation = tf.reshape(activation, [batch_size, data_size,
                        data_size,outputdim, 1])
93        tf.logging.info('{} activation shape: {}'.format(name,
                        activation.get_shape()))
94        return pose, activation
```

程式第 78 行，在 conv_caps 函數裡，用 kernel_tile 函數將原始特徵拆分成 9 個小特徵。該操作可以獲得更多的候選膠囊，用於輸入 calEM 函數（在本節「3. 實現 calEM 函數」中會介紹）進行 EM 運算。

有關 kernel_tile 函數的實現，請參考下面的「2. 實現 kernel_tile 函數」。

2 實現 kernel_tile 函數

函數 kernel_tile 的作用是，對原始特徵按照指定的間隔和尺度來抽樣分析。該函數可以將原始特徵拆分成更多的候選膠囊。

在 kernel_tile 函數中用深度卷積（見 8.1.4 小節）操作對原始特徵進行計算。實際步驟如下：

（1）定義了一個深度卷積的卷積核心。其 size 是 [kernel, kernel]，輸入的通道數是 input_shape[3]，卷積核心個數為 kernel×kernel（見程式第 99 行）。

（2）將 kernel×kernel 個卷積核心進行值賦，使每個卷積核心中只有一個元素的值是 1，其他都為 0（見程式第 102 ～第 104 行）。

（3）呼叫 tf.nn.depthwise_conv2d 函數，進行深度卷積操作（見程式第 108 行）。

進行深度卷積之後，會獲得 input_shape[3]×kernel×kernel 個特徵資料（feature map）。該特徵資料（feature map）與輸入資料相比，尺寸會縮小，通道數會增多。即：

- 在新的尺寸下，有 3×3 個特徵資料。
- 每個特徵中又包含 input_shape[3] 個最後特徵。
- 每個最後特徵中包含了指定的目前層輸出維度個膠囊單元（姿態矩陣＋啟動，共 17 維）。

實際程式如下：

```
程式 8-4 capsnet_em（續）
95    def kernel_tile(input, kernel, stride):
96
97        input_shape = input.get_shape()
98        # 定義卷積核心，輸入 ch 是 input_shape[3]，卷積核心個數（ch）是 kernel ×kernel
99        tile_filter = np.zeros(shape=[kernel, kernel, input_shape[3],
100                                      kernel * kernel], dtype=np.float32)
101       # 為這 9 個卷積核心設定值，每個卷積核心的 3×3 矩陣中有一個為 1
102       for i in range(kernel):
103           for j in range(kernel):
104               tile_filter[i, j, :, i * kernel + j] = 1.0
                  #kernel=3 ，步進值為 2，可以了解成分成 9 個一段。從中取樣一個
105
106       tile_filter_op = tf.constant(tile_filter, dtype=tf.float32)
107       # 深度卷積，在 12×12 上按照 3×3 進行卷積。由於每個卷積核心只有一個 1，相當於取樣
108       output = tf.nn.depthwise_conv2d(input, tile_filter_op, strides=[
109                                       1, stride, stride, 1], padding='VALID')
110       output_shape = output.get_shape()
111       output = tf.reshape(output, shape=[int(output_shape[0]),
                      int(output_shape[1]),
112                   int(output_shape[2]), int(input_shape[3]), kernel * kernel])
113       output = tf.transpose(output, perm=[0, 1, 2, 4, 3]) # (batch，5，5，9，ch)
114
115       return output
```

程式第 113 行對輸出結果做了變形處理，使輸出結果的最後一維與輸入資料的最後一維相同。

❸ 實現 calEM 函數

函數 calEM 的實現分為兩部分操作：

- 用 mat_transform 函數計算投票。
- 用 em_routing 函數計算 EM 路由。

實際程式如下：

程式 8-4 capsnet_em（續）

```
116  def calEM(pose,activation,votes_output,weights_regularizer,name):
117      with tf.variable_scope('v') as scope:                    #計算投票
118          votes = mat_transform(pose, votes_output, weights_regularizer)
119          tf.logging.info('{} votes shape: {}'.format(name,
                              votes.get_shape()))    #形狀為 (576, 16, 10, 16)
120      #計算 EM 路由，獲得最後的姿態矩陣和啟動值
121      with tf.variable_scope('routing') as scope2:
122          miu, activation = em_routing(votes, activation, votes_output,
                              weights_regularizer)
123          tf.logging.info(
124              '{} activation shape: {}'.format(name, activation.get_shape()))
125      return miu, activation
126
127  #輸入為 [batch, caps_num_i, 16]，輸出為 [batch, caps_num_i,caps_num_c, 16]
128  def mat_transform(input, caps_num_c, regularizer, tag=False):
129      batch_size = int(input.get_shape()[0])
130      caps_num_i = int(input.get_shape()[1])#caps_num_i 的值為 3 ×3 ×B
131      output = tf.reshape(input, shape=[batch_size, caps_num_i, 1, 4, 4])
132
133      w = slim.variable('w', shape=[1, caps_num_i, caps_num_c, 4, 4],
                          dtype=tf.float32,
134                          initializer=tf.truncated_normal_initializer
                          (mean=0.0, stddev=1.0),
135                          regularizer=regularizer)
136
137      w = tf.tile(w, [batch_size, 1, 1, 1, 1]) 用 tile 代替循環相乘，提升效率
138      output = tf.tile(output, [1, 1, caps_num_c, 1, 1])
139      votes = tf.reshape(output@w, [batch_size, caps_num_i, caps_num_c, 16])
140      return votes
141
142  ac_lambda0=0.01 #定義 softMax 的溫度參數
143
144  def em_routing(votes, activation, caps_num_c, regularizer, tag=False):
145      batch_size = int(votes.get_shape()[0])
146      caps_num_i = int(activation.get_shape()[1])
147      n_channels = int(votes.get_shape()[-1])#姿態矩陣 16
148      print("n_channels",n_channels)
149
```

```
150    sigma_square = []
151    miu = []
152    activation_out = []
153    # 定義 caps_num_c 個投票，每個投票包含 n_channels 和啟動值
154    beta_v = slim.variable('beta_v', shape=[caps_num_c, n_channels],
       dtype=tf.float32,
155                            initializer=tf.constant_initializer(0.0),
156                            regularizer=regularizer)
157    beta_a = slim.variable('beta_a', shape=[caps_num_c], dtype=tf.float32,
158                            initializer=tf.constant_initializer(0.0),
159                            regularizer=regularizer)
160
161    votes_in = votes
162    activation_in = activation
163
164    for iters in range(iter_routing):
165
166        #E 步驟：第 1 次，caps_num_c 中的每個機率都一樣
167        if iters == 0:
168            r = tf.constant(np.ones([batch_size, caps_num_i, caps_num_c],
                   dtype=np.float32) / caps_num_c)
169        else:
170            log_p_c_h = -tf.log( tf.sqrt(sigma_square)) - (tf.square
                   (votes_in - miu) / (2 * sigma_square)  )
171            log_p_c_h = log_p_c_h - \
172                            (tf.reduce_max(log_p_c_h, axis=[2, 3],
                           keep_dims=True) - tf.log(10.0))
173
174            p_c = tf.exp(tf.reduce_sum(log_p_c_h, axis=3))
175
176            ap = p_c * tf.reshape(activation_out, shape=[batch_size, 1,
                       caps_num_c])
177
178            r = ap / (tf.reduce_sum(ap, axis=2, keepdims=True) + epsilon)
179
180        #M 步驟
181        r = r * activation_in # 更新機率值
182        r = r / (tf.reduce_sum(r, axis=2, keepdims=True)+epsilon)
           # 將數值轉化為總數的百分比（總數為 1）
183        # 所有膠囊的父膠囊連接機率收集起來
184        r_sum = tf.reduce_sum(r, axis=1, keepdims=True)
185        r1 = tf.reshape(r / (r_sum + epsilon),
186                        shape=[batch_size, caps_num_i, caps_num_c, 1])
187
```

```
188        miu = tf.reduce_sum(votes_in * r1, axis=1, keepdims=True)
189        sigma_square = tf.reduce_sum(tf.square(votes_in - miu) * r1,
190                                axis=1, keepdims=True) + epsilon
191
192        if iters == iter_routing-1:
193            r_sum = tf.reshape(r_sum, [batch_size, caps_num_c, 1])
194            # 計算資訊熵
195            cost_h = (beta_v + tf.log(tf.sqrt(tf.reshape(sigma_square,
196                        shape=[batch_size, caps_num_c, n_channels])))) * r_sum
197
198            activation_out = tf.nn.softmax(ac_lambda0 * (beta_a -
199                                tf.reduce_sum(cost_h, axis=2)))
200        else:
201            activation_out = tf.nn.softmax(r_sum)
202
202    return miu, activation_out
```

程式第 128 行定義了 mat_transform 函數。

在函數 mat_transform 中定義了一組加權。用該加權依次與輸入批次中的每個矩陣元素相乘，獲得投票 votes。

程式第 137 行，用 tf.tile 函數將循環相乘的計算方式取代成了矩陣相乘。這加強了運算效率。tf.tile 函數的詳細介紹見 8.2.5 小節。

程式第 144 行定義了函數 em_routing。該函數將輸入的投票根據每個姿態矩陣所分配的係數進行加權計算。其中，每個姿態矩陣的分配係數是透過 EM 路由演算法進行反覆運算更新的。

EM 路由演算法屬於非監督類學習演算法。該演算法使用分群的方式由 E 步和 M 步兩個環節組成：

- E 步負責在已有的啟動值和投票分佈上計算加權重（路由分配），見程式第 167 ～ 178 行。
- M 步負責更新加權重（路由值），並根據加權後的投票值算出其所在分佈的平均值與方差（見程式第 189 ～ 190 行）。

在實際即時執行，透過 E 步和 M 步的循環交替反覆運算運算完成整個路由的更新。

> 【提示】
>
> 在 EM 路由中，用於對投票進行分群的演算法類似於高斯混合模型（GMM）演算法（GMM 本質上屬於加權的 K 平均值演算法，其加權屬性很符合目前場景），但在高斯混合模型（GMM）基礎上又做了些改動。這裡不多作說明，有興趣的讀者請見 8.1.8 小節的論文連結。

程式第 192 行是 EM 路由計算之後的處理步驟，要對 EM 路由過程中的兩個結果（投票平均值 miu 和資訊熵 cost_h）進行分析。

- 投票平均值 miu：輸出的姿態矩陣結果，表示樣本中的不變特徵。
- 資訊熵 cost_h：代表分類結果（見程式第 195 行）。

> 【提示】
>
> 程式第 198 行比較難懂，這裡解釋一下：
>
> 參數 ac_lambda0 是退火策略訓練中的溫度參數。
>
> 函數 softmax 負責找出特徵值最大的索引，用於計算最後的分類結果。
>
> cost_h 是資訊熵，該值越小，則該類別的穩定性越好，該類別的結果特徵越明顯。但最後計算結果的 softmax 是按照最大值進行分類的，於是又對資訊熵取負，取其反向的特徵。

4 執行程式

在 EM 路由中，用函數 spread loss 計算損失。訓練部分的程式見本書搭配資源中的程式檔案「8-5 train_EM.py」。這裡不再詳述。

將程式執行後輸入以下結果：

```
......
38 epoch ,220 iteration finishs in 2.526243 second loss=0.024377 acc 1.0
38 epoch ,240 iteration finishs in 26437.966891 second loss=0.020554 acc
                                                            0.921875
38 epoch ,260 iteration finishs in 2.648914 second loss=0.030478 acc 0.9375
38 epoch ,280 iteration finishs in 2.760616 second loss=0.031670 acc 0.984375
38 epoch ,300 iteration finishs in 2.664881 second loss=0.014428 acc 0.984375
38 epoch ,320 iteration finishs in 2.717733 second loss=0.016623 acc 1.0
38 epoch ,340 iteration finishs in 2.732693 second loss=0.013332 acc 1.0
38 epoch ,360 iteration finishs in 2.604040 second loss=0.026992 acc 0.96875
```

```
38 epoch ，380 iteration finishs in 2.669863 second loss=0.028396 acc 0.953125
38 epoch ，400 iteration finishs in 2.536231 second loss=0.033339 acc 0.953125
```

由結果可見，EM 膠囊網路模型的識別率還是非常可觀的。但由於該模型演算
法比較複雜，佔用資源比較大，訓練起來會相對慢一些。

8.3 實例 41：用 TextCNN 模型分析評論者是否滿意

卷積神經網路不僅只用在處理影像視覺方面，在以文字為基礎的 NLP 領域也
會有很好的效果。TextCNN 模型是卷積神經網路用在文字處理方面的知名模
型。在 TextCNN 模型中，透過多通道卷積技術實現了對文字的分類功能。下
面就來了解一下。

> **實例描述**
>
> 有一個記錄評論敘述的資料集，分為正面和負面兩種情緒。透過訓練，讓
> 模型能夠了解正面與負面兩種情緒的語義，並對評論文字進行分類。

對於 NLP 工作的處理，在模型中常用的技術是使用 RNN 模型。但如果把語言
向量當作一副影像，CNN 模型也是可以對其分類的。

8.3.1 熟悉樣本：了解電影評論資料集

本實例使用的資料集是康乃爾大學發佈的電影評論資料集，實際的介紹見以下
連結：

```
http://www.cs.cornell.edu/people/pabo/movie-review-data/
```

在其中找到資料集的下載網址，如下：

```
http://www.cs.cornell.edu/people/pabo/movie-review-data/rt-polaritydata.tar.gz
```

將壓縮檔 "rt-polaritydata.tar.gz" 下載後可以看到，裡面包含 5331 個正面的評論
和 5331 個負面的評論。

8.3.2 熟悉模型：了解 TextCNN 模型

TextCNN 模型是利用卷積神經網路對文字進行分類的演算法，由 Yoon Kim 在
Convolutional *Neural Networks for Sentence Classification* 一文中提出。論文連結：

```
https://arxiv.org/pdf/1408.5882.pdf
```

該模型的結構可以分為以下 4 層。

- 詞嵌入層：將每個詞對應的向量轉化成多維度的詞嵌入向量。將每個句子當作一副影像來進行處理（詞的個數 × 詞嵌入向量維度）。
- 多通道卷積層：使用 2、3、4 等不同大小的卷積核心對詞嵌入轉化後的句子做卷積操作。產生大小不同的特徵資料。
- 多通道全域最大池化層：對多通道卷積層中輸出的每個通道的特徵資料做全域最大池化操作。
- 全連接分類輸出層：將池化後的結果輸入全連接網路中，輸出分類個數，獲得最後結果。

整個 TextCNN 模型的結構如圖 8-16 所示。

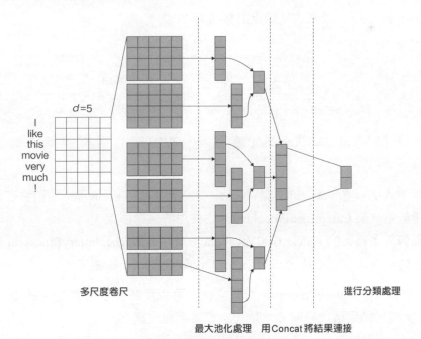

圖 8-16　TextCNN 模型的結構

因為卷積神經網路具有分析局部特徵的功能，所以可用卷積神經網路分析句子中類似 n-gram 演算法的關鍵資訊。本實例的工作是可以視為透過句子中的關鍵資訊進行語義分類，這與 TextCNN 模型的功能是相符合的。

> **提示**
>
> 由於 TextCNN 模型中使用了池化操作，在這個過程中遺失了一些資訊，導致該
> 模型所代表的句子特徵有限。如果要用處理相近語義的分類工作，則還需要對
> 其進一步進行調整。

8.3.3 資料前置處理：用 preprocessing 介面製作字典

在 TensorFlow 的 contrib 模組中，有個 learn 模組。該模組下的 preprocessing
介面可以用於 NLP 工作的資料前置處理。其中包含一個 VocabularyProcessor
類別，該類別可以實現文字與向量間的相互轉化、字典的建立與儲存、對詞向
量的對齊處理等操作。

1 VocabularyProcessor 類別的定義

VocabularyProcessor 類別的初始化函數如下：

```
VocabularyProcessor (
max_document_length,  # 敘述前置處理的長度。按照該長度對敘述進行切斷、補 0 處理
min_frequency=0,      # 詞頻的最小值。如果出現的次數小於最小詞頻，則不會被收錄到詞表中
vocabulary=None,      #CategoricalVocabulary 物件。如果為 None，則重新建立一個
tokenizer_fn=None)    # 分詞函數
```

在 產 生 實 體 VocabularyProcessor 類 別 時，其 內 部 的 字 典 與 傳 入 的 參 數
vocabulary 相關。

- 如果傳入的參數 vocabulary 為 None，則 VocabularyProcessor 類別會在內部
  重新產生一個 CategoricalVocabulary 物件用於儲存字典。
- 如果傳入了指定的 CategoricalVocabulary 物件，則 VocabularyProcessor 類別
  會在內部將傳入的 CategoricalVocabulary 物件當作預設字典。

在產生實體 VocabularyProcessor 類別之後，可以用該產生實體物件的 fit 方法
來產生字典。如果再次呼叫 fit，則可以實現字典的擴充。

> **提示**
>
> VocabularyProcessor 類別的 fit 方法預設為批次處理模式，即傳入的文字必須是
> 可反覆運算的物件。

2 VocabularyProcessor 類別的儲存與恢復

VocabularyProcessor 類別的儲存與恢復非常簡單。直接使用其 save 與 restore
方法，並傳入檔案名稱即可。

3 用 VocabularyProcessor 類別將文字轉成向量

VocabularyProcessor 類別中有兩個方法，都可以將文字轉成向量。

- Transform：直接將文字轉成向量。預設是批次處理模式，輸入的文字必須
  是可反覆運算的物件（在使用時，需要確認 VocabularyProcessor 類別的產
  生實體物件中已經產生過字典）。
- fit_transform：將文字轉成向量，同時也產生了字典。相當於先呼叫 fit 再呼
  叫 Transform。

4 用 VocabularyProcessor 類別將向量轉成文字

直接用 VocabularyProcessor 類別的 reverse 方法，可以將向量轉成文字。預設
是批次處理模式，輸入的文字必須是可反覆運算的物件。

5 用簡單程式示範

VocabularyProcessor 類別的實際使用，見以下程式：

```
from tensorflow.contrib import learn              # 匯入模組
import tensorflow as tf
import numpy as np


x_text =['www.aianaconda.com','xiangyuejiqiren']    # 定義待處理文字
max_document_length = max([len(x) for x in x_text]) # 計算最大長度


def e_tokenizer(documents):                        # 定義分詞函數
    for document in documents:
        yield [i for i in document]                # 每個字母分一次
# 產生實體 VocabularyProcessor
vocab_processor = learn.preprocessing.VocabularyProcessor(max_document_length,
1, tokenizer_fn=e_tokenizer)

id_documents =list(vocab_processor.fit_transform(x_text) )
# 產生字典並將文字轉換成向量
for id_document in id_documents:
    print(id_document)
```

```
for document in vocab_processor.reverse(id_documents):          # 將向量轉為文字
    print(document.replace(' ',''))

# 輸出字典
a=next (vocab_processor.reverse( [list(range(0,len(vocab_processor.vocabulary_)))] ))
print(" 字典:",a.split(' '))
```

該程式片段的流程如下:

(1)定義一個文字陣列 [www.aianaconda.com , xiangyuejiqiren]。

(2)將文字陣列傳入產生實體物件 vocab_processor 中的 fit_transform 方法,產生字典與向量陣列 id_documents。

(3)用 list 函數將 fit_transform 傳回的產生器物件轉化成列表。

(4)用 vocab_processor 物件的 reverse 方法將向量陣列 id_documents 轉為字元並輸出。

(5)用 vocab_processor 物件的 reverse 方法將字典輸出。

程式執行後輸出以下結果:

```
[4 4 4 5 1 2 1 3 1 6 8 3 0 1 5 6 8 0]
[0 2 1 3 0 0 0 7 0 2 0 2 0 7 3 0 0 0]
www.aianacon<UNK>a.co<UNK>
<UNK>ian<UNK><UNK><UNK>e<UNK>i<UNK>i<UNK>en<UNK><UNK><UNK>
字典:['<UNK>', 'a', 'i', 'n', 'w', '.', 'c', 'e', 'o']
```

輸出結果的第 2 行是一個列表。可以看到,該清單中最後 3 個元素的值是 0,表示在長度不足時系統會自動補 0。

從輸出結果的最後一行可以看到,字典的第 0 個位置用 <UNK> 表示其他的低頻字元。在產生實體物件 vocab_processo 時,傳入的參數 min_frequency 是 1,代表出現次數小於 1 的字元將被當作低頻字元進行處理。在字元轉化向量過程中,所有的低頻字元將被統一用 <UNK> 的索引來取代。

提示

由於 preprocessing 介面是完全用 Python 基本語法來實現的,與 TensorFlow 架構的關係不大。在 TensorFlow 2.x 中,preprocessing 介面被刪掉了。

因為它可以獨立於 TensorFlow,所以可以很容易透過手動的方式將 preprocessing 介面從 TensorFlow 架構中脱離出來。方法是:將整個

---

preprocessing 資料夾複製出來，放到本機程式同級路徑下，使其從本機環境開始載入。

這樣，在 TensorFlow 新的版本中，即使該程式被刪掉也不會影響使用。

可以用 tf.keras 介面中的 preprocessing 模組來實現文字的前置處理，這會使程式的開發更快速（9.3 節有實際實例示範），實際用法可以參考以下連結：

```
https://keras.io/zh/preprocessing/text/
```

8.3.4 程式實現：產生 NLP 文字資料集

在撰寫程式之前。需要按照 8.3.3 小節中的最後一個提示部分，將 preprocessing 複製到本機程式的同級目錄下。同時，也將樣本資料複製到本機程式同級目錄的 data 資料夾下。

將字元資料集的樣本轉為字典和向量資料集。

實際程式如下：

程式 8-6 NLP 文字前置處理

```
01   import tensorflow as tf
02   import preprocessing
03
04   positive_data_file ="./data/rt-polaritydata/rt-polarity.pos"
05   negative_data_file = "./data/rt-polaritydata/rt-polarity.neg"
06
07   def mydataset(positive_data_file,negative_data_file): #定義函數，建立資料集
08       filelist = [positive_data_file,negative_data_file]
09
10       def gline(filelist):                        #定義產生器函數，傳回每一行的資料
11           for file in filelist:
12               with open(file, "r",encoding='utf-8') as f:
13                   for line in f:
14                       yield line
15
16       x_text = gline(filelist)
17       lenlist = [len(x.split(" ")) for x in x_text]
18       max_document_length = max(lenlist)
19       vocab_processor = preprocessing.VocabularyProcessor(max_document_
                         length,5)
20
21       x_text = gline(filelist)
```

```
22      vocab_processor.fit(x_text)
23      a=list (vocab_processor.reverse( [list(range(0,len(vocab_processor.
          vocabulary_)))] ))
24      print("字典:",a)
25
26      def gen():                        # 循環產生器 (否則一次產生器結束就會沒有了)
27          while True:
28              x_text2 = gline(filelist)
29              for i ,x in enumerate(vocab_processor.transform(x_text2)):
30                  if i < int(len(lenlist)/2):
31                      onehot = [1,0]
32                  else:
33                      onehot = [0,1]
34                  yield (x,onehot)
35
36      data = tf.data.Dataset.from_generator( gen,(tf.int64,tf.int64) )
37      data = data.shuffle(len(lenlist))
38      data = data.batch(256)
39      data = data.prefetch(1)
40      return data,vocab_processor,max_document_length
        # 傳回資料集、字典、最大長度
41
42  if __name__ == '__main__':                          # 單元測試程式
43      data,_,_ =mydataset(positive_data_file,negative_data_file)
44      iterator = data.make_initializable_iterator()
45      next_element = iterator.get_next()
46
47      with tf.Session() as sess2:
48        sess2.run(iterator.initializer)
49        for i in range(80):
50            print("batched data 1:",i)
51            sess2.run(next_element)
```

程式第 26 行，定義了內建函數 gen。在內建函數 gen 中傳回一個無窮循環的產生器物件。該產生器物件可以支援在反覆運算訓練過程中對資料集的重複檢查。

提示

程式第 26 行，在 gen 中設定的無窮循環的產生器物件非常重要。如果不循環，即使在外層資料集上做 repeat，也無法再次取得資料（因為如果沒有循環，產生器反覆運算一次就結束了）。

程式第 36 行，將內建函數 gen 傳入 tf.data.Dataset.from_generator 介面來製作資料集。

程式第 42 行是該資料集的測試實例。

產生字典的知識在 8.3.3 小節有介紹，這裡不再詳述。

整個程式執行後，輸出以下內容：

```
字典：["<UNK> the a and of to is in that it as but with film this for its an
movie it's be on you not by about more one like has are at from than all his
-- have so if or story i too just who into what
......
wholesome wilco wisdom woo's ya youthful zhang"]
batched data 1: 0
......
batched data 1: 79
```

產生結果中包含兩部分內容：字典的內容（前 4 行）、資料集的循環輸出（後 3 行）。

8.3.5 程式實現：定義 TextCNN 模型

下面按照 8.3.2 小節中介紹的 TextCNN 模型結構實現 TextCNN 模型。實際程式如下：

程式 8-7 TextCNN 模型

```
01    import tensorflow as tf
02    import numpy as np
03    import tensorflow.contrib.slim as slim
04
05    class TextCNN(object):
06        """
07        TextCNN 文字分類器
08        """
09        def __init__(
10          self, sequence_length, num_classes, vocab_size,
11          embedding_size, filter_sizes, num_filters, l2_reg_lambda=0.0):
12
13            # 定義預留位置
14            self.input_x = tf.placeholder(tf.int32, [None, sequence_length],
                            name="input_x")
15            self.input_y = tf.placeholder(tf.float32, [None, num_classes],
                            name="input_y")
```

```
16          self.dropout_keep_prob = tf.placeholder(tf.float32, name=
                         "dropout_keep_prob")
17
18          # 詞嵌入層
19          with tf.variable_scope('Embedding'):
20              embed = tf.contrib.layers.embed_sequence(self.input_x,
                         vocab_size=vocab_size, embed_dim=embedding_size)
21              self.embedded_chars_expanded = tf.expand_dims(embed, -1)
22
23          # 定義多通道卷積與最大池化網路
24          pooled_outputs = []
25          for i, filter_size in enumerate(filter_sizes):
26              conv = slim.conv2d(self.embedded_chars_expanded, num_outputs
                     = num_filters,
27                              kernel_size=[filter_size,embedding_size],
28                              stride=1, padding="VALID",
29                              activation_fn=tf.nn.leaky_relu,scope=
                                 "conv%s" % filter_size)
30              pooled = slim.max_pool2d(conv, [sequence_length - filter_size
                     + 1, 1], padding='VALID',
31                  scope="pool%s" % filter_size)
32
33              pooled_outputs.append(pooled)              # 將各個通道結果合併起來
34
35          # 展開特徵，並增加 dropout 方法
36          num_filters_total = num_filters * len(filter_sizes)
37          self.h_pool = tf.concat(pooled_outputs, 3)
38          self.h_pool_flat = tf.reshape(self.h_pool, [-1, num_filters_total])
39          with tf.name_scope("dropout"):
40              self.h_drop = tf.nn.dropout(self.h_pool_flat, self.dropout_
                         keep_prob)
41
42          # 計算 L2_loss 值
43          l2_loss = tf.constant(0.0)
44          with tf.name_scope("output"):
45              self.scores = slim.fully_connected(self.h_drop, num_classes,
                         activation_fn=None,scope="fully_connected" )
46              for tf_var in tf.trainable_variables():
47                  if ("fully_connected" in tf_var.name ):
48                      l2_loss += tf.reduce_mean(tf.nn.l2_loss(tf_var))
49                      print("tf_var",tf_var)
50
51              self.predictions = tf.argmax(self.scores, 1, name="predictions")
52
```

```
53          #計算交叉熵
54          with tf.name_scope("loss"):
55              losses = tf.nn.softmax_cross_entropy_with_logits_v2(logits=
                        self.scores, labels=self.input_y)
56              self.loss = tf.reduce_mean(losses) + l2_reg_lambda * l2_loss
57
58          #計算準確率
59          with tf.name_scope("accuracy"):
60              correct_predictions = tf.equal(self.predictions,
                                    tf.argmax(self.input_y, 1))
61              self.accuracy = tf.reduce_mean(tf.cast(correct_predictions,
                            "float"), name="accuracy")
62
63      def build_mode(self):                           #定義函數建置模型
64          self.global_step = tf.Variable(0, name="global_step",
                            trainable=False)
65          optimizer = tf.train.AdamOptimizer(1e-3)
66          grads_and_vars = optimizer.compute_gradients(self.loss)
67          self.train_op = optimizer.apply_gradients(grads_and_vars,
                        global_step=self.global_step)
68
69          #產生摘要
70          grad_summaries = []
71          for g, v in grads_and_vars:
72              if g is not None:
73                  grad_hist_summary = tf.summary.histogram("{}/grad/
                                    hist".format(v.name), g)
74                  sparsity_summary = tf.summary.scalar("{}/grad/
                                sparsity".format(v.name), tf.nn.zero_fraction(g))
75                  grad_summaries.append(grad_hist_summary)
76                  grad_summaries.append(sparsity_summary)
77          grad_summaries_merged = tf.summary.merge(grad_summaries)
78          #產生損失及準確率的摘要
79          loss_summary = tf.summary.scalar("loss", self.loss)
80          acc_summary = tf.summary.scalar("accuracy", self.accuracy)
81
82          #合併摘要
83          self.train_summary_op = tf.summary.merge([loss_summary,
                                acc_summary, grad_summaries_merged])
```

在詞嵌入部分使用了 **tf.layers** 介面，在多通道卷積部分使用了 **TF-slim** 介面。
在模型中用到了 **dropout** 方法與正規化方法，這兩個方法可以改善模型的過擬
合問題。

8.3.6　程式實現：訓練 TextCNN 模型

下面將 TestCNN 模型與資料集程式檔案載入，在階段中訓練模型。實際程式如下：

程式 8-8　用 TextCNN 模型進行文字分類

```
01    import tensorflow as tf
02    import os
03    import time
04    import datetime
05
06    predata = __import__("8-6  NLP 文字前置處理 ")
07    mydataset = predata.mydataset
08    text_cnn = __import__("8-7  TextCNN 模型 ")
09    TextCNN = text_cnn.TextCNN
10
11    def train():
12        # 指定樣本檔案
13        positive_data_file ="./data/rt-polaritydata/rt-polarity.pos"
14        negative_data_file = "./data/rt-polaritydata/rt-polarity.neg"
15        # 設定訓練參數
16        num_steps = 2000                 # 定義訓練的次數
17        display_every=20                 # 定義訓練中的顯示間隔
18        checkpoint_every=100             # 定義訓練中儲存模型的間隔
19        SaveFileName= "text_cnn_model"   # 定義儲存模型資料夾名稱
20        # 設定模型參數
21        num_classes =2                   # 設定模型分類
22        dropout_keep_prob =0.8           # 定義 dropout 係數
23        l2_reg_lambda=0.1                # 定義正規化係數
24        filter_sizes = "3,4,5"           # 定義多通道卷積核心
25        num_filters =64                  # 定義每通道的輸出個數
26
27        tf.reset_default_graph()         # 重置運算圖
28
29        # 前置處理產生字典及資料集
30        data,vocab_processor,max_document_length =mydataset(positive_data_
              file,negative_data_file)
31        iterator = data.make_one_shot_iterator()
32        next_element = iterator.get_next()
33
34        # 定義 TextCNN 模型
35        cnn = TextCNN(
36            sequence_length=max_document_length,
```

```
37              num_classes=num_classes,
38              vocab_size=len(vocab_processor.vocabulary_),
39              embedding_size=128,
40              filter_sizes=list(map(int, filter_sizes.split(","))),
41              num_filters=num_filters,
42              l2_reg_lambda=l2_reg_lambda)
43      # 建置網路
44      cnn.build_mode()
45
46      # 開啟階段（session），準備訓練
47      session_conf = tf.ConfigProto(allow_soft_placement=True,
                       log_device_placement=False)
48      with tf.Session(config=session_conf) as sess:
49          sess.run(tf.global_variables_initializer())
50
51          # 準備輸出模型路徑
52          timestamp = str(int(time.time()))
53          out_dir = os.path.abspath(os.path.join(os.path.curdir,
                    SaveFileName, timestamp))
54          print("Writing to {}\n".format(out_dir))
55
56          # 設定輸出摘要的路徑
57          train_summary_dir = os.path.join(out_dir, "summaries", "train")
58          train_summary_writer = tf.summary.FileWriter(train_summary_dir,
                sess.graph)
59
60          # 設定檢查點檔案的名稱
61          checkpoint_dir = os.path.abspath(os.path.join(out_dir,
                "checkpoints"))
62          checkpoint_prefix = os.path.join(checkpoint_dir, "model")
63          if not os.path.exists(checkpoint_dir):
64              os.makedirs(checkpoint_dir)
65          # 定義操作檢查點的 saver
66          saver = tf.train.Saver(tf.global_variables(), max_to_keep=1)
67
68          # 儲存字典
69          vocab_processor.save(os.path.join(out_dir, "vocab"))
70
71          def train_step(x_batch, y_batch):# 定義函數，完成訓練步驟
72              feed_dict = {
73                cnn.input_x: x_batch,
74                cnn.input_y: y_batch,
75                cnn.dropout_keep_prob: dropout_keep_prob
```

```
76                  }
77              _, step, summaries, loss, accuracy = sess.run(
78                  [cnn.train_op, cnn.global_step, cnn.train_summary_op,
                         cnn.loss, cnn.accuracy],
79                  feed_dict)
80              time_str = datetime.datetime.now().isoformat()
81              train_summary_writer.add_summary(summaries, step)
82              return (time_str, step, loss, accuracy)
83
84          i = 0
85          while  tf.train.global_step(sess, cnn.global_step) < num_steps:
86              x_batch, y_batch = sess.run(next_element)
87              i = i+1
88              time_str, step, loss, accuracy =train_step(x_batch, y_batch)
89
90              current_step = tf.train.global_step(sess, cnn.global_step)
91              if current_step % display_every == 0:
92                  print("{}: step {}, loss {:g}, acc {:g}".format(time_str,
                         step, loss, accuracy))
93
94              if current_step % checkpoint_every == 0:
95                  path = saver.save(sess, checkpoint_prefix, global_step=
                         current_step)
96                  print("Saved model checkpoint to {}\n".format(path))
97
98  def main(argv=None):
99      train()# 啟動訓練
100
101  if __name__ == '__main__':
102      tf.app.run()
```

由於篇幅關係，本實例只示範了訓練部分的程式檔案。有關測試與應用的程式，讀者可以參考本書其他實例自行實現。

8.3.7 執行程式

程式寫好後，直接執行。輸出以下結果：

```
2018-07-11T12:27:51.187195: step 20, loss 0.77673, acc 0.664062
2018-07-11T12:27:52.043903: step 40, loss 0.747624, acc 0.675781
......
2018-07-11T12:28:46.933766: step 1220, loss 0.0422899, acc 0.996094
2018-07-11T12:28:47.762518: step 1240, loss 0.0472618, acc 0.988281
```

```
2018-07-11T12:28:48.591300: step 1260, loss 0.0389083, acc 0.996094
2018-07-11T12:28:49.424072: step 1280, loss 0.039029, acc 0.992188
2018-07-11T12:28:50.249862: step 1300, loss 0.0413458, acc 0.988281
```

可以看到訓練效果還是很顯著的，在 rt-polaritydata 資料集上達到了 0.9 以上的
準確率。

8.3.8 擴充：提升模型精度的其他方法

將視覺處理技術用在文字分類工作上，會產生很好的效果。讀者可以嘗試使用
以下方法進一步提升 TextCNN 模型的精度。

- 用類似 Inception 系列模型的 cell 單元代替多通道卷積：TextCNN 模型的
  結構與 Inception 系列模型的單元結構十分類似。所以，可以嘗試用標準的
  Inception 系列模型的 cell（或是 NASNet 模型的 cell）來處理多通道卷積部
  分。如果句子非常長，則可以在通道中嘗試使用更大的卷積核心。
- 將最大池化取代為空洞卷積：在 8.1.6 小節講過，最大池化過程會遺失很多
  重要資訊，所以，可以嘗試用空洞卷積的方式讓模型減小資訊遺失。
- 更進一步地使用詞嵌入：在模型中使用的詞嵌入是從頭開始訓練的，在樣
  本不足的情況下，模型的泛化能力會較差。可以在詞嵌入的訓練過程中，
  引用已經訓練好的公開詞向量對詞嵌入層進行初始化；還可以直接用已經
  訓練好的公開詞向量將輸入詞轉化為向量特徵，並用轉化後的向量特徵來
  訓練後面的模型。
- 透過一些小技巧來提升模型精度：舉例來說，更換啟動函數、更換優化
  器、調節學習率、調節 dropout 率、增加每通道的輸出個數等。

8.4 實例 42：用帶注意力機制的模型分析評論者
是否滿意

用 tf.keras 介面架設一個隻帶有注意力機制的模型，實現文字分類。

實例描述

有一個記錄評論敘述的資料集，分為正面和負面兩種情緒。透過訓練模
型，讓其學會正面與負面兩種情緒對應的語義。

注意力機制是解決 NLP 工作的一種方法（見 8.1.10 小節）。其內部的實現方式與卷積操作非常類似。在脫離 RNN 結構的情況下，單獨的注意力機制模型也可以極佳地完成 NLP 工作。實際做法如下。

8.4.1 熟悉樣本：了解 tf.keras 介面中的電影評論資料集

IMDB 資料集中含有 25000 條電影評論，從情緒的角度分為正面、負面兩種標籤。該資料集相當於圖片處理領域的 MNIST 資料集，在 NLP 工作中經常被使用。

在 tf.keras 介面中，整合了 IMDB 資料集的下載及使用介面。該介面中的每筆樣本內容都是以向量形式存在的。

呼叫 tf.keras.datasets.imdb 模組下的 load_data 函數即可獲得資料，該函數的定義如下：

```
def load_data(path='imdb.npz',      # 預設的資料集檔案
              num_words=None,        # 單字數量，即文字轉向量後的最大索引
              skip_top=0,            # 跳過前面頻度最高的幾個詞
              maxlen=None,           # 只取小於該長度的樣本
              seed=113,              # 亂數樣本的隨機種子
              start_char=1,          # 每一組序列資料最開始的向量值。
              oov_char=2,            # 在字典中，遇到不存在的字元用該索引來取代
              index_from=3,          # 大於該數的向量將被認為是正常的單字
              **kwargs):             # 為了相容性而設計的預留參數
```

該函數會傳回兩個元組類型的物件。

- (x_train, y_train)：訓練資料集。如果指定了 num_words 參數，則最大索引值是 num_words-1。如果指定了 maxlen 參數，則序列長度大於 maxlen 的樣本將被過濾掉。
- (x_test, y_test)：測試資料集。

> **提示**
>
> 由於 load_data 函數傳回的樣本資料沒有進行對齊操作，所以還需要將其進行對齊處理（按照指定長度去整理資料集，多了的去掉，少了的補 0）後才可以使用。

8.4.2 程式實現：將 tf.keras 介面中的 IMDB 資料集還原成句子

本節程式共分為兩部分，實際如下。

- 載入 IMDB 資料集及字典：用 load_data 函數下載資料集，並用 get_word_index 函數下載字典。
- 讀取資料並還原句子：將資料集載入到記憶體，並將向量轉換成字元。

1 載入 IMDB 資料集及字典

在 呼 叫 tf.keras.datasets.imdb 模 組 下 的 load_data 函數 和 get_word_index 函數時，系統會預設去網上下載前置處理後的 IMDB 資料集及字典。如果由於網路原因無法成功下載 IMDB 資料集與字典，則可以載入本書的搭配資源：IMDB 資料集檔案 "imdb.npz" 與字典 "imdb_word_index.json"。

將 IMDB 資料集檔案 "imdb.npz" 與字典檔案 "imdb_word_index.json" 放到本機程式的同級目錄下，並對 tf.keras.datasets.imdb 模組的原始程式碼檔案中的函數 load_data 進行修改，關閉該函數的下載功能。實際如下所示。

（1）找到 tf.keras.datasets.imdb 模組的原始程式碼檔案。以作者本機路徑為例，實際如下：

```
C:\local\Anaconda3\lib\site-packages\tensorflow\python\keras\datasets\imdb.py
```

（2）開啟該檔案，在 load_data 函數中，將程式的第 80 ～ 84 行註釋起來。實際程式如下：

```
#   origin_folder = 'https://storage.googleapis.com/tensorflow/tf-keras-datasets/'
#   path = get_file(
#       path,
#       origin=origin_folder + 'imdb.npz',
#       file_hash='599dadb1135973df5b59232a0e9a887c')
```

（3）在 get_word_index 函數中，將程式第 144~148 行註釋起來。實際程式如下：

```
#   origin_folder = 'https://storage.googleapis.com/tensorflow/tf-keras-datasets/'
#   path = get_file(
#       path,
#       origin=origin_folder + 'imdb_word_index.json',
#       file_hash='bfafd718b763782e994055a2d397834f')
```

2 讀取資料並還原其中的句子

從資料集中取出一筆樣本，並用字典將該樣本中的向量轉成句子，然後輸出結果。實際程式如下：

```
程式 8-9  用 keras 注意力機制模型分析評論者的情緒
01   from __future__ import print_function
02   import tensorflow as tf
03   import numpy as np
04   attention_keras = __import__("8-10  keras 注意力機制模型 ")
05
06   # 定義參數
07   num_words = 20000
08   maxlen = 80
09   batch_size = 32
10
11   # 載入資料
12   print('Loading data...')
13   (x_train, y_train), (x_test, y_test) =  tf.keras.datasets.imdb.load_data
                        (path='./imdb.npz',num_words=num_words)
14   print(len(x_train), 'train sequences')
15   print(len(x_test), 'test sequences')
16   print(x_train[:2])
17   print(y_train[:10])
18   word_index = tf.keras.datasets.imdb.get_word_index('./imdb_word_index.
                json')# 產生字典：單字與索引對應
19   reverse_word_index = dict([(value, key) for (key, value) in word_index.
                items()])# 產生反向字典：索引與單字對應
20
21   decoded_newswire = ' '.join([reverse_word_index.get(i - 3, '?') for i in
                x_train[0]])
22   print(decoded_newswire)
```

程式第 21 行，將樣本中的向量轉化成單字。在轉化過程中，將每個向量向前偏移了 3 個位置。這是由於在呼叫 load_data 函數時使用了參數 index_from 的預設值 3（見程式第 13 行），表示資料集中的向量值，從 3 以後才是字典中的內容。

在呼叫 load_data 函數時，如果所有的參數都使用預設值，則所產生的資料集會比字典中多 3 個字元 "padding"（代表填充值）、"start of sequence"（代表起始位置）和 "unknown"（代表未知單字）分別對應於資料集中的向量 0、1、2。

程式執行後，輸出以下結果。

（1）資料集大小為 25000 筆樣本。實際內容如下：

```
25000 train sequences
25000 test sequences
```

（2）資料集中第 1 筆樣本的內容。實際內容如下：

```
[1, 14, 22, 16, 43, 530, 973, 1622, 1385, 65, 458, 4468, 66, 3941, 4, 173, 36,
256, 5, 25, 100, ……15, 297, 98, 32, 2071, 56, 26, 141, 6, 194, 7486, 18, 4,
226, 22, 21, 134, 476, 26, 480, 5, 144, 30, 5535, 18, 51, 36, 28, 224, 92, 25,
104, 4, 226, 65, 16, 38, 1334, 88, 12, 16, 283, 5, 16, 4472, 113, 103, 32, 15,
16, 5345, 19, 178, 32]
```

結果中第一個在量為 1，代表句子的起始標示。可以看出，tf.keras 介面中的 IMDB 資料集為每個句子都增加了起始標示。這是因為呼叫函數 load_data 時用參數 start_char 的預設值 1（見程式第 13 行）。

（3）前 10 筆樣本的分類資訊。實際內容如下：

```
[1 0 0 1 0 0 1 0 1 0]
```

（4）第 1 筆樣本資料的還原敘述。實際內容如下：

```
? this film was just brilliant casting location scenery story direction
everyone's really suited the part they played and you could just imagine being
there robert ? is an amazing actor and now the ……someone's life after all
that was shared with us all
```

結果中的第一個字元為 "？"，表示該向量在字典中不存在。這是因為該向量值為 1，代表句子的起始資訊。而字典中的內容是從向量 3 開始的。在將向量轉換成單字的過程中，將字典中不存在的字元取代成了 "？"（見程式第 21 行）。

8.4.3 程式實現：用 tf.keras 介面開發帶有位置向量的詞嵌入層

在 tf.keras 介面中實現自訂網路層，需要以下幾個步驟。

（1）將自己的層定義成類別，並繼承 tf.keras.layers.Layer 類別。

（2）在類別中實現 __init__ 方法，用來對該層進行初始化。

（3）在類別中實現 build 方法，用於定義該層所使用的加權。

（4）在類別中實現 call 方法，用來對應呼叫事件。對輸入的資料做自訂處理，
同時還可以支援 masking（根據實際的長度進行運算）。

（5）在類別中實現 compute_output_shape 方法，指定該層最後輸出的 shape。

按照以上步驟，結合 8.1.11 小節中的描述，實現帶有位置向量的詞嵌入層。

實際程式如下：

```
程式 8-10 keras 注意力機制模型
01   import tensorflow as tf
02   from tensorflow import keras
03   from tensorflow.keras import backend as K          # 載入 keras 的後端實現
04
05   class Position_Embedding(keras.layers.Layer):   # 定義位置向量類別
06       def __init__(self, size=None, mode='sum', **kwargs):
07           self.size = size # 定義位置向量的大小，必須為偶數，一半是 cos，一半是 sin
08           self.mode = mode
09           super(Position_Embedding, self).__init__(**kwargs)
10
11       def call(self, x):                          # 實現呼叫方法
12           if (self.size == None) or (self.mode == 'sum'):
13               self.size = int(x.shape[-1])
14           position_j = 1. / K.pow(  10000., 2 * K.arange(self.size / 2,
                            dtype='float32') / self.size  )
15           position_j = K.expand_dims(position_j, 0)
16           # 按照 x 的 1 維數值累計求和，產生序列。
17           position_i = tf.cumsum(K.ones_like(x[:,:,0]), 1)-1
18           position_i = K.expand_dims(position_i, 2)
19           position_ij = K.dot(position_i, position_j)
20           position_ij = K.concatenate([K.cos(position_ij), K.sin(position_
                            ij)], 2)
21           if self.mode == 'sum':
22               return position_ij + x
23           elif self.mode == 'concat':
24               return K.concatenate([position_ij, x], 2)
25
26       def compute_output_shape(self, input_shape): # 設定輸出形狀
27           if self.mode == 'sum':
28               return input_shape
29           elif self.mode == 'concat':
30               return (input_shape[0], input_shape[1], input_shape[2]+self.size)
```

程式第 3 行是原生 Keras 架構的內部語法。由於 Keras 架構是一個前端的程式

架構，它透過 backend 介面來呼叫後端架構的實現，以保障後端架構的獨立性。

程式第 5 行定義了類別 Position_Embedding，用於實現帶有位置向量的詞嵌入層。該程式與 8.1.11 小節中程式的不同之處是：它是用 tf.keras 介面實現的，同時也提供了位置向量的兩種合入方式。

- 加和方式：透過 sum 運算，直接把位置向量加到原有的詞嵌入中。這種方式不會改變原有的維度。
- 連接方式：透過 concat 函數將位置向量與詞嵌入連接到一起。這種方式會在原有的詞嵌入維度之上擴充出位置向量的維度。

程式第 11 行是 Position_Embedding 類別 call 方法的實現。當呼叫 Position_Embedding 類別進行位置向量產生時，系統會呼叫該方法。

在 Position_Embedding 類別的 call 方法中，先對位置向量的合入方式進行判斷，如果是 sum 方式，則將產生的位置向量維度設定成輸入的詞嵌入向量維度。這樣就確保了產生的結果與輸入的結果維度統一，在最後的 sum 操作時不會出現錯誤。

8.4.4 程式實現：用 tf.keras 介面開發注意力層

下面按照 8.1.10 小節中的描述，用 tf.keras 介面開發以內部注意力為基礎的多頭注意力機制 Attention 類別。

在 Attention 類別中用比 8.1.10 小節更最佳化的方法來實現多頭注意力機制的計算。該方法直接將多頭注意力機制中最後的全連接網路中的加權分析出來，並將原有的輸入 Q、K、V 按照指定的計算次數展開，使它們彼此以直接矩陣的方式進行計算。

這種方法採用了空間換時間的思想，省去了循環處理，提升了運算效率。

實際程式如下：

程式 8-10 keras 注意力機制模型（續）

```
31    class Attention(keras.layers.Layer):          #定義注意力機制的模型類別
32        def __init__(self, nb_head, size_per_head, **kwargs):
33            self.nb_head = nb_head                 #設定注意力的計算次數 nb_head
```

```
34              # 設定每次線性變化為 size_per_head 維度
35              self.size_per_head = size_per_head
36              self.output_dim = nb_head*size_per_head     # 計算輸出的總維度
37              super(Attention, self).__init__(**kwargs)
38
39      def build(self, input_shape):                    # 實現 build 方法，定義加權
40              self.WQ = self.add_weight(name='WQ',
41                              shape=(int(input_shape[0][-1]), self.output_dim),
42                              initializer='glorot_uniform',
43                              trainable=True)
44              self.WK = self.add_weight(name='WK',
45                              shape=(int(input_shape[1][-1]), self.output_dim),
46                              initializer='glorot_uniform',
47                              trainable=True)
48              self.WV = self.add_weight(name='WV',
49                              shape=(int(input_shape[2][-1]), self.output_dim),
50                              initializer='glorot_uniform',
51                              trainable=True)
52              super(Attention, self).build(input_shape)
53      # 定義 Mask 方法，按照 seq_len 的實際長度對 inputs 進行計算
54      def Mask(self, inputs, seq_len, mode='mul'):
55              if seq_len == None:
56                  return inputs
57              else:
58                  mask = K.one_hot(seq_len[:,0], K.shape(inputs)[1])
59                  mask = 1 - K.cumsum(mask, 1)
60                  for _ in range(len(inputs.shape)-2):
61                      mask = K.expand_dims(mask, 2)
62                  if mode == 'mul':
63                      return inputs * mask
64                  if mode == 'add':
65                      return inputs - (1 - mask) * 1e12
66
67      def call(self, x):
68              if len(x) == 3:                          # 解析傳入的 Q_seq、K_seq、V_seq
69                  Q_seq,K_seq,V_seq = x
70                  Q_len,V_len = None,None              # Q_len、V_len 是 mask 的長度
71              elif len(x) == 5:
72                  Q_seq,K_seq,V_seq,Q_len,V_len = x
73
74              # 對 Q、K、V 做線性轉換，一共做 nb_head 次，每次都將維度轉化成
                  size_per_head
75              Q_seq = K.dot(Q_seq, self.WQ)
76              Q_seq = K.reshape(Q_seq, (-1, K.shape(Q_seq)[1], self.nb_head,
```

```
                     self.size_per_head))
77          Q_seq = K.permute_dimensions(Q_seq, (0,2,1,3)) #排列各維度的順序。
78          K_seq = K.dot(K_seq, self.WK)
79          K_seq = K.reshape(K_seq, (-1, K.shape(K_seq)[1], self.nb_head,
                     self.size_per_head))
80          K_seq = K.permute_dimensions(K_seq, (0,2,1,3))
81          V_seq = K.dot(V_seq, self.WV)
82          V_seq = K.reshape(V_seq, (-1, K.shape(V_seq)[1], self.nb_head,
                     self.size_per_head))
83          V_seq = K.permute_dimensions(V_seq, (0,2,1,3))
84          #計算內積，然後計算mask，再計算softmax
85          A = K.batch_dot(Q_seq, K_seq, axes=[3,3]) / self.size_per_
                     head**0.5
86          A = K.permute_dimensions(A, (0,3,2,1))
87          A = self.Mask(A, V_len, 'add')
88          A = K.permute_dimensions(A, (0,3,2,1))
89          A = K.softmax(A)
90          #將A再與V進行內積計算
91          O_seq = K.batch_dot(A, V_seq, axes=[3,2])
92          O_seq = K.permute_dimensions(O_seq, (0,2,1,3))
93          O_seq = K.reshape(O_seq, (-1, K.shape(O_seq)[1], self.output_dim))
94          O_seq = self.Mask(O_seq, Q_len, 'mul')
95          return O_seq
96
97      def compute_output_shape(self, input_shape):
98          return (input_shape[0][0], input_shape[0][1], self.output_dim)
```

在程式第 39 行的 build 方法中，為注意力機制中的三個角色 Q、K、V 分別定義了對應的加權。該加權的形狀為 [input_shape，output_dim]。其中：

- input_shape 是 Q、K、V 中對應角色的輸入維度。
- output_dim 是輸出的總維度，即注意力的運算次數與每次輸出的維度乘積（見程式 36 行）。

┌───┐
│ **提示**   │
│ 多頭注意力機制在多次計算時加權是不共用的，這相當於做了多少次注意力計   │
│ 算，就定義多少個全連接網路。所以在程式第 39 ～ 51 行，將加權的輸出維度   │
│ 定義成注意力的運算次數與每次輸出的維度乘積。   │
└───┘

程式第 77 行呼叫了 K.permute_dimensions 函數，該函數實現對輸入維度的順序調整，相當於 transpose 函數的作用。

程式第 67 行是 Attention 類別的 call 函數,其中實現了注意力機制的實際計算方式,步驟如下:

(1) 對注意力機制中的三個角色的輸入 Q、K、V 做線性變化(見程式第 75 ～ 83 行)。

(2) 呼叫 batch_dot 函數,對第(1)步線性變化後的 Q 和 K 做以矩陣為基礎的相乘計算(見程式第 85 ～ 89 行)。

(3) 呼叫 batch_dot 函數,對第(2)步的結果與第(1)步線性變化後的 V 做以矩陣為基礎的相乘計算(見程式第 85 ～ 89 行)。

> **提示**
>
> 這裡的全連接網路是不帶偏置加權 b 的。沒有偏置加權的全連接網路在對資料處理時,本質上與矩陣相乘運算是一樣的。

因為在整個計算過程中,需要將注意力中的三個角色 Q、K、V 進行矩陣相乘,並且在最後還要與全連接中的矩陣相乘,所以可以將這個過程了解為是 Q、K、V 與各自的全連接加權進行矩陣相乘。因為乘數與被乘數的順序是與結果無關的,所以在程式第 67 行的 call 方法中,全連接加權最先參與了運算,並不會影響實際結果。

8.4.5 程式實現:用 tf.keras 介面訓練模型

用定義好的詞嵌入層與注意力層架設模型,進行訓練。實際步驟如下:

(1) 用 Model 類別定義一個模型,並設定好輸入 / 輸出的節點。
(2) 用 Model 類別中的 compile 方法設定反向最佳化的參數。
(3) 用 Model 類別的 fit 方法進行訓練。

實際程式如下:

程式 8-9 用 keras 注意力機制模型分析評論者的情緒(續)

```
23   # 資料對齊
24   x_train = tf.keras.preprocessing.sequence.pad_sequences(x_train, maxlen=
              maxlen)
25   x_test = tf.keras.preprocessing.sequence.pad_sequences(x_test, maxlen=
              maxlen)
26   print('Pad sequences x_train shape:', x_train.shape)
27
```

```
28   # 定義輸入節點
29   S_inputs = tf.keras.layers.Input(shape=(None,), dtype='int32')
30
31   # 產生詞向量
32   embeddings = tf.keras.layers.Embedding(num_words, 128)(S_inputs)
33   embeddings = attention_keras.Position_Embedding()(embeddings)
                     # 預設使用同等維度的位置向量
34
35   # 用內部注意力機制模型處理
36   O_seq = attention_keras.Attention(8,16)([embeddings,embeddings,embeddings])
37
38   # 將結果進行全域池化
39   O_seq = tf.keras.layers.GlobalAveragePooling1D()(O_seq)
40   # 增加 dropout
41   O_seq = tf.keras.layers.Dropout(0.5)(O_seq)
42   # 輸出最後節點
43   outputs = tf.keras.layers.Dense(1, activation='sigmoid')(O_seq)
44   print(outputs)
45   # 將網路結構組合到一起
46   model = tf.keras.models.Model(inputs=S_inputs, outputs=outputs)
47
48   # 增加反向傳播節點
49   model.compile(loss='binary_crossentropy',optimizer='adam',
          metrics=['accuracy'])
50
51   # 開始訓練
52   print('Train...')
53   model.fit(x_train, y_train, batch_size=batch_size,epochs=5, validation_
          data=(x_test, y_test))
```

程式第 36 行建置了一個列表物件作為輸入參數。該清單物件裡含有 3 個同樣的元素——embeddings，表示使用的是內部注意力機制。

程式第 39 ～ 44 行，將內部注意力機制的結果 O_seq 經過全域池化和一個全連接層處理獲得了最後的輸出節點 outputs。節點 outputs 是一個 1 維向量。

程式第 49 行，用 model.compile 方法，建置模型的反向傳播部分，使用的損失函數是 binary_crossentropy，優化器是 adam。

8.4.6 執行程式

程式執行後，產生以下結果：

```
Epoch 1/5
25000/25000 [==============================] - 42s 2ms/step - loss: 0.5357 -
acc: 0.7160 - val_loss: 0.5096 - val_acc: 0.7533
Epoch 2/5
25000/25000 [==============================] - 36s 1ms/step - loss: 0.3852 -
acc: 0.8260 - val_loss: 0.3956 - val_acc: 0.8195
Epoch 3/5
25000/25000 [==============================] - 36s 1ms/step - loss: 0.3087 -
acc: 0.8710 - val_loss: 0.4135 - val_acc: 0.8184
Epoch 4/5
25000/25000 [==============================] - 36s 1ms/step - loss: 0.2404 -
acc: 0.9011 - val_loss: 0.4501 - val_acc: 0.8094
Epoch 5/5
25000/25000 [==============================] - 35s 1ms/step - loss: 0.1838 -
acc: 0.9289 - val_loss: 0.5303 - val_acc: 0.8007
```

可以看到，整個資料集反覆運算 5 次後，準確率達到了 80% 以上。

> **提示**
>
> 本節實例程式可以直接在 TensorFlow 1.x 與 2.x 兩個版本中執行，不需要任何
> 改動。

8.4.7 擴充：用 Targeted Dropout 技術進一步提升模型 的效能

在 8.4.5 小節中的程式第 41 行，用 Dropout 增強了網路的泛化性。這裡再介紹
一種更優的 Dropout 技術──Targeted Dropout。

Targeted Dropout 不再像原有的 Dropout 那樣按照設定的比例隨機捨棄部分節
點，而是對現有的神經元進行排序，按照神經元的加權重要性來捨棄節點。這
種方式比隨機捨棄的方式更智慧，效果更好。更多理論見以下論文：

```
https://openreview.net/pdf?id=HkghWScuoQ
```

1 程式實現

Targeted Dropout 程式已經整合到程式檔案「8-10 keras 注意力機制模型 .py」
中，這裡不再多作說明。使用時直接將 8.4.5 小節中的程式第 41 行改成
TargetedDropout 函數呼叫即可。實際請參考本書搭配資源中的程式。

2 執行效果

執行使用 Targeted Dropout 技術的程式，輸出以下結果：

```
Epoch 1/5
25000/25000 [==============================] - 32s 1ms/step - loss: 0.4388 -
acc: 0.7950 - val_loss: 0.4041 - val_acc: 0.8234
Epoch 2/5
25000/25000 [==============================] - 25s 1ms/step - loss: 0.3368 -
acc: 0.8590 - val_loss: 0.3725 - val_acc: 0.8316
Epoch 3/5
25000/25000 [==============================] - 25s 1ms/step - loss: 0.2491 -
acc: 0.8947 - val_loss: 0.3758 - val_acc: 0.8334
Epoch 4/5
25000/25000 [==============================] - 25s 1ms/step - loss: 0.1609 -
acc: 0.9326 - val_loss: 0.4496 - val_acc: 0.8274
Epoch 5/5
25000/25000 [==============================] - 25s 1ms/step - loss: 0.0961 -
acc: 0.9609 - val_loss: 0.6461 - val_acc: 0.8194
```

從結果可以看出，最後的準確率為 0.8194，與 8.4.6 小節的結果（0.8007）相比，準確率獲得了提升。

8.5 實例 43：架設 YOLO V3 模型，識別圖片中的酒杯、水果等物體

YOLO 模型是目標檢測領域的經典模型，目前已經發展到 V3 版本。本實例將架設一個 YOLO V3 模型的正向結構，讓讀者快速掌握目標檢測演算法。

> **實例描述**
>
> 架設 YOLO V3 模型，並載入現有的預訓練加權。對任意一張圖片進行目標檢測，並在圖上標出識別出來的物體名稱及位置。

下面先介紹 YOLO 模型的原理，接著架設網路的結構，然後載入 COCO 資料集（見 8.7.1 小節）上的預訓練模型，最後完成對圖片的檢測。

8.5.1 YOLO V3 模型的樣本與結構

YOLO V3 模型屬於監督式訓練模型。訓練該模型所使用的樣本需要包含兩部分的標記資訊：

- 物體的位置座標（矩形框）。
- 物體的所屬類別。

將樣本中的圖片作為輸入，將圖片上的物體類別及位置座標作為標籤，對模型進行訓練。最後獲得的模型將具有計算物體位置座標及識別物體類別的能力。

在 YOLO V3 模型中，主要透過兩部分結構來完成物體位置座標計算和分類預測。

- 特徵分析部分：用於分析影像特徵。
- 檢測部分：用於對分析的特徵進行處理，預測出影像的邊框座標（bounding box）和標籤（label）。

YOLO V3 模型的更多資訊可以參考以下連結中的論文：

```
https://pjreddie.com/media/files/papers/YOLOv3.pdf
```

1 特徵分析部分（Darknet-53 模型）

在 YOLO V3 模型中用 Darknet-53 模型來分析特徵。該模型包含 52 個卷積層和 1 個平均池化層，如圖 8-17 所示。

在實際的使用中，沒有用最後的全域平均池化層，只用了 Darknet-53 模型中的第 52 層。

2 檢測部分（YOLO V3 模型）

YOLO V3 模型的檢測部分所完成的步驟如下。

（1）將 Darknet-53 模型分析到的特徵輸入檢測塊中進行處理。

（2）在檢測塊處理之後，產生具有 bbox attrs 單元的檢測結果。

（3）根據 bbox attrs 單元檢測到的結果在原有的圖片上進行標記，完成檢測工作。

	類型	卷積核個數	大小	輸出
	Convolutional	32	3 × 3	256 × 256
	Convolutional	64	3 × 3 / 2	128 × 128
1×	Convolutional	32	1 × 1	①
	Convolutional	64	3 × 3	
	Residual			128 × 128
	Convolutional	128	3 × 3 / 2	64 × 64
2×	Convolutional	64	1 × 1	②
	Convolutional	128	3 × 3	
	Residual			64 × 64
	Convolutional	256	3 × 3 / 2	32 × 32
8×	Convolutional	128	1 × 1	③
	Convolutional	256	3 × 3	
	Residual			32 × 32
	Convolutional	512	3 × 3 / 2	16 × 16
8×	Convolutional	256	1 × 1	④
	Convolutional	512	3 × 3	
	Residual			16 × 16
	Convolutional	1024	3 × 3 / 2	8 × 8
4×	Convolutional	512	1 × 1	⑤
	Convolutional	1024	3 × 3	
	Residual			8 × 8
	Avgpool		Global	
	Connected		1000	
	Softmax			

圖 8-17 Darknet-53 模型的結構

bbox attrs 單元的維度為 "5+*C*"。其中：

- 5 代表邊框座標為 5 維，包含中心座標（*x*,*y*）、長寬（*h*、*w*）、目標得分（可靠度）。
- *C* 代表實際分類的個數。

實際細節見下面的程式。

8.5.2 程式實現：Darknet-53 模型的 darknet 區塊

如圖 8-17 所示，Darknet-53 模型由多個 darknet 區塊組成（見圖 8-17 中的帶有標記的方塊），所有 darknet 區塊都具有一樣的結構：由兩個卷積（卷積核心分別為 1 和 3）與一個殘差連結組成。

darknet 區塊的實際程式如下：

```
程式 8-11 yolo_v3
01    import numpy as np
02    import tensorflow as tf
03
04    slim = tf.contrib.slim
05
06    # 定義 darknet 區塊：一個短連結加一個同尺度卷積，再加一個下取樣卷積
07    def _darknet53_block(inputs, filters):
08        shortcut = inputs
09        inputs = slim.conv2d(inputs, filters, 1, stride=1, padding='SAME')
          # 正常卷積
10        inputs = slim.conv2d(inputs, filters * 2, 3, stride=1, padding='SAME')
          # 正常卷積
11
12        inputs = inputs + shortcut
13        return inputs
```

這裡使用的是 SAME 卷積，並且步進值為 1，表示每次卷積只改變通道數，並沒有改變高和寬的尺寸。

8.5.3 程式實現：Darknet-53 模型的下取樣卷積

如圖 8-17 所示，每兩個 darknet 區塊之間都有一個單獨的卷積層。它們都是下取樣卷積，是將原有的輸入補 0，再透過步進值為 2、卷積核心為 3 的 VALID 卷積來實現。實際程式如下：

程式 8-11 yolo_v3（續）

```
14    def _conv2d_fixed_padding(inputs, filters, kernel_size, strides=1):
15        assert strides>1
16
17        inputs = _fixed_padding(inputs, kernel_size)#週邊填充 0，支援 VALID 卷積
18        inputs = slim.conv2d(inputs, filters, kernel_size, stride=strides,
                    padding= 'VALID')
19
20        return inputs
21
22    #對指定輸入填充 0
23    def _fixed_padding(inputs, kernel_size, *args, mode='CONSTANT', **kwargs):
24        pad_total = kernel_size - 1
25        pad_beg = pad_total // 2
26        pad_end = pad_total - pad_beg
27
28        #對 inputs [b,h,w,c] 進行 pad 操作時，b 和 c 不變
29        padded_inputs = tf.pad(inputs, [[0, 0], [pad_beg, pad_end],
30                                [pad_beg, pad_end], [0, 0]], mode=mode)
31        return padded_inputs
```

這裡用 tf.pad 函數對輸入進行補 0（見程式第 29 行）。

8.5.4 程式實現：架設 Darknet-53 模型，並傳回 3 種尺度特徵值

按照圖 8-17 所示的結構將網路堆疊起來。實際程式如下：

程式 8-11 yolo_v3（續）

```
32    def darknet53(inputs): #定義 Darknet-53 模型，傳回 3 種不同尺度的特徵
33        inputs = slim.conv2d(inputs, 32, 3, stride=1, padding='SAME')#正常卷積
34        #需要對輸入資料進行補 0 操作，並使用了 VALID 卷積，卷積後的形狀為 (-1, 208,
          208, 64)
35        inputs = _conv2d_fixed_padding(inputs, 64, 3, strides=2)
36
37        inputs = _darknet53_block(inputs, 32)                      #darknet 區塊
38        inputs = _conv2d_fixed_padding(inputs, 128, 3, strides=2)
39
40        for i in range(2):
41            inputs = _darknet53_block(inputs, 64)
42        inputs = _conv2d_fixed_padding(inputs, 256, 3, strides=2)
43
44        for i in range(8):
```

```
45        inputs = _darknet53_block(inputs, 128)
46    route_1 = inputs                              # 特徵 1 (-1, 52, 52, 128)
47
48    inputs = _conv2d_fixed_padding(inputs, 512, 3, strides=2)
49    for i in range(8):
50        inputs = _darknet53_block(inputs, 256)
51    route_2 = inputs                              # 特徵 2  (-1, 26, 26, 256)
52
53    inputs = _conv2d_fixed_padding(inputs, 1024, 3, strides=2)
54    for i in range(4):
55        inputs = _darknet53_block(inputs, 512) # 特徵 3 (-1, 13, 13, 512)
56    # 在原有的 darknet_53 模型中還會做一個全域池化操作，這裡沒有做，所以其實是
         只有 52 層
57    return route_1, route_2, inputs
```

Darknet-53 模型並沒有只傳回最後的特徵結果，而是將倒數 3 個 darknet 區塊的結果傳回（見圖 8-17 中標記的 3、4、5 部分）。這三個傳回值有不同的尺度（52、26、13），是為了給 YOLO 檢測模組提供更豐富的視野特徵。

8.5.5 程式實現：定義 YOLO 檢測模組的參數及候選框

在 YOLO V3 模型中使用了候選框技術。該技術用於輔助 YOLO 檢測模組對目標尺寸的計算，以提升 YOLO 檢測模組的準確率。

候選框來自於訓練模型時的資料集樣本。即在模型訓練時，對資料集的標記樣本進行分群分析，獲得實際的尺寸（見 7.6 節的分群 COCO 資料集實例）。

候選框可以代表目標樣本中最常見的尺寸。在訓練或測試模型時，將這些尺寸資料作為先驗知識一起放到模型裡，可以加強模型的準確率。實際程式如下：

```
程式 8-11 yolo_v3（續）
58    _BATCH_NORM_DECAY = 0.9
59    _BATCH_NORM_EPSILON = 1e-05
60    _LEAKY_RELU = 0.1
61
62    # 定義候選框，來自 coco 資料集
63    _ANCHORS = [(10, 13), (16, 30), (33, 23), (30, 61), (62, 45), (59, 119),
          (116, 90), (156, 198), (373, 326)]
```

因為程式中使用的模型是透過 COCO 資料集訓練出的，所以要將 COCO 資料集的候選框資料放到程式裡。

8.5.6 程式實現：定義 YOLO 檢測塊，進行多尺度特徵融合

在 YOLO V3 模型中，檢測部分的模型是由一個 YOLO 檢測塊加一個檢測層組成的。YOLO 檢測塊負責進一步分析特徵；檢測層負責將最後的特徵轉化為 bbox attrs 單元（見 8.5.1 小節的「2. 檢測部分」）。

其中 YOLO 檢測塊的程式如下：

```
程式 8-11  yolo_v3（續）
64    _#YOLO 檢測塊
65    def _yolo_block(inputs, filters):
66        inputs = slim.conv2d(inputs, filters, 1, stride=1, padding='SAME')
          # 正常卷積
67        inputs = slim.conv2d(inputs, filters * 2, 3, stride=1, padding='SAME')
          # 正常卷積
68        inputs = slim.conv2d(inputs, filters, 1, stride=1, padding='SAME')
          # 正常卷積
69        inputs = slim.conv2d(inputs, filters * 2, 3, stride=1, padding='SAME')
          # 正常卷積
70        inputs = slim.conv2d(inputs, filters, 1, stride=1, padding='SAME')
          # 正常卷積
71        route = inputs
72        inputs = slim.conv2d(inputs, filters * 2, 3, stride=1, padding='SAME')
          # 正常卷積
73        return route, inputs
```

在 YOLO V3 模型中，函數 yolo_block 會被多次呼叫，用於將 darknet 區塊傳回的多個不同尺度的特徵結果（見圖 8-17 中標記的 3、4、5 部分）融合起來，見 5.8.5 小節。

在函數 yolo_block 中，有兩個傳回值：route 與 inputs。傳回值 route 用於配合下一個尺度的特徵一起進行計算；傳回值 inputs 用於輸入檢測層進行 bbox attrs 單元的計算（見 8.5.7 小節）。

8.5.7 程式實現：將 YOLO 檢測塊的特徵轉化為 bbox attrs 單元

下面將定義函數 detection_layer，以實現檢測層的功能。函數 detection_layer 中的實際步驟如下：

（1）將每個尺度的像素展開，當作預測結果的個數。

（2）按照候選框的個數，為每個預測結果產生對應個數的 bbox attrs 單元。

在本實例中，候選框 anchors 的個數為 3，於是該函數會計算出 $3 \times w \times h$ 個 bbox attrs 單元（w 和 h 是輸入特徵的寬和高）。實際程式如下：

程式 8-11 yolo_v3（續）

```
74   def _detection_layer(inputs, num_classes, anchors, img_size, data_format):
     # 定義檢測函數
75
76       print(inputs.get_shape())
77       num_anchors = len(anchors)# 候選框的個數
78       predictions = slim.conv2d(inputs, num_anchors * (5 + num_classes), 1,
                                   stride=1, normalizer_fn=None,
79                                 activation_fn=None, biases_initializer=
                                   tf.zeros_initializer())
80
81       shape = predictions.get_shape().as_list()
82       print("shape",shape)     #3 個尺度的形狀分別為：[1, 13, 13, 3*(5+c)]、
                                    [1, 26, 26, 3*(5+c)]、[1, 52, 52, 3*(5+c)]
83       grid_size = shape[1:3]                # 取 NHWC 中的寬和高
84       dim = grid_size[0] * grid_size[1]     # 每個格子所包含的像素
85       bbox_attrs = 5 + num_classes
86
87       predictions = tf.reshape(predictions, [-1, num_anchors * dim,
                   bbox_attrs])# 把 h 和 w 展開成 dim
88
89       stride = (img_size[0] // grid_size[0], img_size[1] // grid_size[1])
                # 縮放參數 32（416/13）
90
91       anchors = [(a[0] / stride[0], a[1] / stride[1]) for a in anchors]
                    # 將候選框的尺寸相較去年例縮小
92
93       # 將包含邊框的單元屬性拆分
94       box_centers, box_sizes, confidence, classes = tf.split(predictions,
             [2, 2, 1, num_classes], axis=-1)
95
96       box_centers = tf.nn.sigmoid(box_centers)
97       confidence = tf.nn.sigmoid(confidence)
98
99       grid_x = tf.range(grid_size[0], dtype=tf.float32)
         # 定義網格索引| 0,1,2……n
100      grid_y = tf.range(grid_size[1], dtype=tf.float32)
         # 定義網格索引| 0,1,2,……m
101      a, b = tf.meshgrid(grid_x, grid_y)
```

```
          # 產生網格矩陣 a0，a1，……an（共 M 行），b0，b0……b0（共 n 個），第 2 行是 b1
102
103       x_offset = tf.reshape(a, (-1, 1))              # 展開，一共 dim 個
104       y_offset = tf.reshape(b, (-1, 1))
105
106       x_y_offset = tf.concat([x_offset, y_offset], axis=-1)    # 連接 x、y
107       x_y_offset = tf.reshape(tf.tile(x_y_offset, [1, num_anchors]),
                     [1, -1, 2])# 按候選框的個數複製 x、y
108
109       box_centers = box_centers + x_y_offset    #box_centers 是 0～1 之間的數，
          x_y_offset 是實際網格的索引，兩者相加後就是真實位置 (0.1+4=4.1，第 4 個網格
          裡 0.1 的偏移 )
110       box_centers = box_centers * stride                    # 真實尺寸像素點
111
112       anchors = tf.tile(anchors, [dim, 1])        # 按第 0 維進行複製，並複製 dim 份
113       box_sizes = tf.exp(box_sizes) * anchors              # 計算邊長：hw
114       box_sizes = box_sizes * stride                        # 真實邊長
115
116       detections = tf.concat([box_centers, box_sizes, confidence], axis=-1)
117       classes = tf.nn.sigmoid(classes)
118       predictions = tf.concat([detections, classes], axis=-1)
          # 將轉化後的結果合起來
119       print(predictions.get_shape())# 三個尺度的形狀分別為：[1, 507 (13×13×3),
          5+c]、[1, 2028, 5+c]、[1, 8112, 5+c]
120       return predictions                            # 傳回預測值
```

程式第 99、100 行引用了網格的概念。主要用於將目前的座標對映到圖片真實座標。例如：將 416 pixel×416 pixel 的原始圖片轉化矩陣形狀為 13×13 大小的特徵資料。可以視為，將原始圖片縮小了 32 倍，或是原始圖片被等比例分成了 13 個網格。

同時，在程式第 99、100 行又用 range 函數產生了一個序列的資料。該程式可以了解成：為每個網格產生一個索引。

程式第 96~117 行是產生 bbox attrs 單元的實際操作。在該程式中用了以下小技巧。

■ 中心點 box_centers 是使用 sigmoid 函數產生的，它代表在一個網格裡的相對位移（即佔有一個網格邊長的百分比），見程式第 96 行。

■ 邊長 box_sizes 增加了指數轉換，這是為了確保其值永遠為正，並支援用 SGD 演算法來反向求導。這裡預測值的意義是對原始尺寸進行縮放的比

例。所以，讓其與候選框 anchors 的尺度相乘，來獲得真實的邊長。

- 可靠度 confidence 是用 sigmoid 函數產生的，表示準確度的分數，值為 0 ～ 100% 之間的百分數，見程式第 97 行。

- 分類值 classes 也是用 sigmoid 函數產生的，表示被識別的物體分類不再互斥（即同一個物體可以被劃分在多個類型中），見程式第 117 行。

> 提示
>
> 在整個 YOLO V3 模型中，並沒有去實際計算物體的矩形框座標，而是採用預測中心點的偏移比例與邊外觀對於候選框的縮放比例來實現座標定位。

8.5.8 程式實現：實現 YOLO V3 的檢測部分

定義函數 yolo_v3，並實現以下步驟。

（1）用函數 darknet53 獲得 3 種尺度的特徵：route_1 物件、route_2 物件、inputs 物件（分別代表特徵 3、2、1）。

（2）將代表特徵 1 的 inputs 物件傳入 YOLO 檢測塊的 yolo_block 函數中進行處理。

（3）將 YOLO 檢測塊的傳回值放到檢測層 detection_layer 函數中，進行 bbox attrs 單元的計算。

（4）將第（2）步的結果經過一次卷積變化，然後進行上取樣操作。

（5）將第（4）步的結果與 route_2 物件連接起來，傳入 YOLO 檢測塊的 yolo_block 函數中進行處理。

（6）執行第（3）、（4）步實現特徵 1 和特徵 2 的融合並檢測。

（7）將第（6）步的結果與 route_3 物件連接起來，傳入 YOLO 檢測塊的 yolo_block 函數中進行處理。

（8）再次執行第（3）、（4）步，實現特徵 2 和特徵 3 的融合與檢測。

（9）將最後目標檢測的結果合併起來傳回。

其中，第（2）～（8）步的操作可以了解成為一個 FPN（特徵金字塔網路），見 8.7.9 小節的詳細介紹。

第（4）步的上取樣操作是為了讓目前尺寸與下一個特徵的尺寸保持一致（見程式第 161、170 行）。整體過程如圖 8-18 所示。

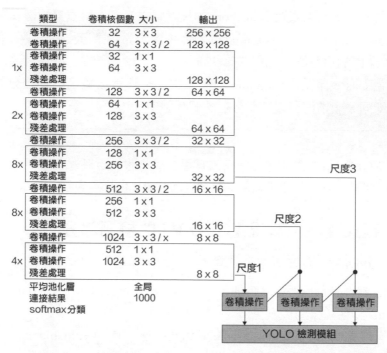

類型	卷積核個數	大小	輸出
卷積操作	32	3 x 3	256 x 256
卷積操作	64	3 x 3 / 2	128 x 128
卷積操作	32	1 x 1	
卷積操作	64	3 x 3	
殘差處理			128 x 128

圖 8-18 YOLO V3 的多尺度檢測

實際程式如下：

程式 8-11 yolo_v3（續）

```
121  # 定義上取樣函數
122  def _upsample(inputs, out_shape):
123      # 由於上取樣的填充方式不同，tf.image.resize_bilinear 會對結果影響很大
124      inputs = tf.image.resize_nearest_neighbor(inputs,
                 (out_shape[1], out_shape[2]))
125      inputs = tf.identity(inputs, name='upsampled')
126      return inputs
127
128  # 定義函數，建置 YOLO V3 模型
129  def yolo_v3(inputs, num_classes, is_training=False, data_format='NHWC',
         reuse=False):
130
131      assert data_format=='NHWC'
132
133      img_size = inputs.get_shape().as_list()[1:3]   # 獲得輸入圖片的大小
134
135      inputs = inputs / 255                           # 歸一化處理
136
```

```
137    # 定義批次歸一化參數
138    batch_norm_params = {
139        'decay': _BATCH_NORM_DECAY,
140        'epsilon': _BATCH_NORM_EPSILON,
141        'scale': True,
142        'is_training': is_training,
143        'fused': None,
144    }
145
146    # 定義 YOLOV3 模型
147    with slim.arg_scope([slim.conv2d, slim.batch_norm], data_format=
                          data_format, reuse=reuse):
148        with slim.arg_scope([slim.conv2d], normalizer_fn=slim.batch_norm,
                              normalizer_params=batch_norm_params,
149                           biases_initializer=None, activation_fn=
                              lambda x: tf.nn.leaky_relu(x, alpha=
                              _LEAKY_RELU)):
150            with tf.variable_scope('darknet-53'):
151                route_1, route_2, inputs = darknet53(inputs)
152
153            with tf.variable_scope('yolo-v3'):
154                route, inputs = _yolo_block(inputs, 512)#(-1, 13, 13, 1024)
155                # 用候選框參數來輔助識別
156                detect_1 = _detection_layer(inputs, num_classes, _
                              ANCHORS[6:9], img_size, data_format)
157                detect_1 = tf.identity(detect_1, name='detect_1')
158
159                inputs = slim.conv2d(route, 256, 1, stride=1, padding=
                              'SAME')# 正常卷積
160                upsample_size = route_2.get_shape().as_list()
161                inputs = _upsample(inputs, upsample_size)
162                inputs = tf.concat([inputs, route_2], axis=3)
163
164                route, inputs = _yolo_block(inputs, 256)#(-1, 26, 26, 512)
165                detect_2 = _detection_layer(inputs, num_classes, _
                              ANCHORS[3:6], img_size, data_format)
166                detect_2 = tf.identity(detect_2, name='detect_2')
167
168                inputs = slim.conv2d(route, 128, 1, stride=1, padding=
                              'SAME')# 正常卷積
169                upsample_size = route_1.get_shape().as_list()
170                inputs = _upsample(inputs, upsample_size)
171                inputs = tf.concat([inputs, route_1], axis=3)
172
```

```
173              _, inputs = _yolo_block(inputs, 128)#(-1, 52, 52, 256)
174
175              detect_3 = _detection_layer(inputs, num_classes, _
                              ANCHORS[0:3], img_size, data_format)
176              detect_3 = tf.identity(detect_3, name='detect_3')
177
178              detections = tf.concat([detect_1, detect_2, detect_3],
                              axis=1)
179              detections = tf.identity(detections, name='detections')
180              return detections  # 傳回了 3 個尺度。每個尺度裡又包含 3 個結果
                              —— -1、10647（507 +2028 + 8112）、5+c
```

程式第 124 行，在上取樣時使用了 nearest_neighbor 方法。這是個很重要的點，如果改用二內插等其他方式，則會對模型的識別率影響很大。

函數 yolo_V3 的檢測結果是一個（1,10647,5+c）形狀的資料。其中 10647 代表了一副圖片被檢測出 10647 種結果。它是由 3 個尺度特徵的檢測結果（507、2028、8112）合併起來的。"5+c" 是每一個結果的描述單元，即 bbox attrs。

程式第 138 行，定義了批次正規化的參數。由於本實例是直接執行 YOLOV3 的預訓練模型，所以 is_training 的預設值是 False，在訓練時還需將該值改為 True。

> **提示**
>
> 程式第 157、166、176 行，用到了一個函數 tf.identity。它的意義是恒等轉換，即在圖中增加一個節點。以 detect_3 為例，將張量 detect_3 轉化為節點名為 "detect_3" 的運算符號。這會使整個網路節點看上去更加規整，穩固性更好。

8.5.9 程式實現：用非極大值抑制演算法對檢測結果去除重複

YOLO 檢測塊從一張圖片中檢測出 10647 個結果。其中很有可能會出現重複物體（中心和大小略有不同）的情況。為了能夠保留檢測結果的唯一性，還要使用非極大值抑制（non-max suppression，Nms）的演算法對 10647 個結果進行去除重複。

非極大值抑制演算法的過程很簡單：

（1）從所有的檢測框中找到可靠度較大（可靠度大於某個設定值）的那個框。

（2）逐一計算其與剩餘框的區域面積的重疊度 (intersection over union，IOU)。

（3）按照 IOU 設定值過濾。如果 IOU 大於一定設定值（重合度過高），則將該框剔除。

（4）對剩餘的檢測框重複上述過程，直到處理完所有的檢測框。

整個過程中，用到的可靠度設定值與 IOU 設定值需要提前指定。

另外，在去除重複之前還需要對座標進行轉換。

因為產生的座標是中心點、高寬的形式，所以需要轉化，變為左上角的座標和右下角的座標。這裡用函數 detections_boxes 來實現。計算區域重疊度的演算法用函數 _iou 來實現。實際程式如下：

```
程式 8-12 用 YOLO V3 模型進行實物檢測
01  import numpy as np
02  import tensorflow as tf
03  from PIL import Image, ImageDraw
04  yolo_model = __import__("8-11 yolo_v3")
05  yolo_v3 = yolo_model.yolo_v3
06
07  size = 416
08  input_img ='timg.jpg'              # 輸入檔案名稱
09  output_img = 'out.jpg'             # 輸出檔案名稱
10  class_names = 'coco.names'         # 樣本標籤名稱
11  weights_file = 'yolov3.weights'    # 預訓練模型檔案名稱
12  conf_threshold = 0.5               # 可靠度設定值
13  iou_threshold = 0.4                # 重疊區域設定值
14
15  # 定義函數：將中心點、高、寬座標轉化為 [x0, y0, x1, y1] 形式
16  def detections_boxes(detections):
17      center_x, center_y, width, height, attrs = tf.split(detections,
        [1, 1, 1, 1, -1], axis=-1)
18      w2 = width / 2
19      h2 = height / 2
20      x0 = center_x - w2
21      y0 = center_y - h2
22      x1 = center_x + w2
23      y1 = center_y + h2
24
25      boxes = tf.concat([x0, y0, x1, y1], axis=-1)
26      detections = tf.concat([boxes, attrs], axis=-1)
27      return detections
```

```
28
29     # 定義函數計算兩個框的內部重疊情況（IOU），box1、box2 為左上、右下的座標 [x0, y0,
       x1, x2]
30     def _iou(box1, box2):
31
32         b1_x0, b1_y0, b1_x1, b1_y1 = box1
33         b2_x0, b2_y0, b2_x1, b2_y1 = box2
34
35         int_x0 = max(b1_x0, b2_x0)
36         int_y0 = max(b1_y0, b2_y0)
37         int_x1 = min(b1_x1, b2_x1)
38         int_y1 = min(b1_y1, b2_y1)
39
40         int_area = (int_x1 - int_x0) * (int_y1 - int_y0)
41
42         b1_area = (b1_x1 - b1_x0) * (b1_y1 - b1_y0)
43         b2_area = (b2_x1 - b2_x0) * (b2_y1 - b2_y0)
44
45         # 分母加上 "1e-05"，避免除數為 0
46         iou = int_area / (b1_area + b2_area - int_area + 1e-05)
47         return iou
48
49
50     # 用 NMS 方法對結果去除重複
51     def non_max_suppression(predictions_with_boxes, confidence_threshold,
       iou_threshold=0.4):
52
53         conf_mask = np.expand_dims((predictions_with_boxes[:, :, 4] >
                       confidence_threshold), -1)
54         predictions = predictions_with_boxes * conf_mask
55
56         result = {}
57         for i, image_pred in enumerate(predictions):
58             shape = image_pred.shape
59             non_zero_idxs = np.nonzero(image_pred)
60             image_pred = image_pred[non_zero_idxs]
61             image_pred = image_pred.reshape(-1, shape[-1])
62
63             bbox_attrs = image_pred[:, :5]
64             classes = image_pred[:, 5:]
65             classes = np.argmax(classes, axis=-1)
66
67             unique_classes = list(set(classes.reshape(-1)))
68
```

```
69          for cls in unique_classes:
70              cls_mask = classes == cls
71              cls_boxes = bbox_attrs[np.nonzero(cls_mask)]
72              cls_boxes = cls_boxes[cls_boxes[:, -1].argsort()[::-1]]
73              cls_scores = cls_boxes[:, -1]
74              cls_boxes = cls_boxes[:, :-1]
75
76              while len(cls_boxes) > 0:
77                  box = cls_boxes[0]
78                  score = cls_scores[0]
79                  if not cls in result:
80                      result[cls] = []
81                  result[cls].append((box, score))
82                  cls_boxes = cls_boxes[1:]
83                  ious = np.array([_iou(box, x) for x in cls_boxes])
84                  iou_mask = ious < iou_threshold
85                  cls_boxes = cls_boxes[np.nonzero(iou_mask)]
86                  cls_scores = cls_scores[np.nonzero(iou_mask)]
87
88      return result
```

程式第 51 行定義了 non_max_suppression 函數，用來實現 non_max_suppression
演算法。其實也可以直接用函數庫函數 tf.image.non_max_suppression 來實
現。如果用函數庫函數 tf.image.non_max_ suppression，則必須確定目前的
TensorFlow 版本大於 1.8，否則會出現效能問題。

8.5.10 程式實現：載入預訓練加權

透過以下網址下載預訓練模型檔案，並儲存到本機。

```
https://pjreddie.com/media/files/yolov3.weights
```

該預訓練模型檔案是透過 COCO 資料集訓練好的 YOLO V3 模型檔案。該檔案
是二進位格式的。在檔案中，前 5 個 int32 值是標題資訊，包含以下 4 部分內
容：

- 主要版本編號（佔 1 個 int32 空間）。
- 次要版本編號（佔 1 個 int32 空間）。
- 子版本編號（佔 1 個 int32 空間）。
- 訓練影像個數（佔 2 個 int32 空間）。

在標題資訊之後，便是網路的加權。

該加權的儲存格式以行為主。在使用時，需要先將其轉成以列為主。實際程式如下：

```
程式 8-12 用 YOLO V3 模型進行實物檢測（續）
89    # 載入加權
90    def load_weights(var_list, weights_file):
91
92        with open(weights_file, "rb") as fp:
93            _ = np.fromfile(fp, dtype=np.int32, count=5)  # 跳過前 5 個 int32
94            weights = np.fromfile(fp, dtype=np.float32)
95
96        ptr = 0
97        i = 0
98        assign_ops = []
99        while i < len(var_list) - 1:
100           var1 = var_list[i]
101           var2 = var_list[i + 1]
102           # 找到卷積項
103           if 'Conv' in var1.name.split('/')[-2]:
104               # 找到 BN 參數項
105               if 'BatchNorm' in var2.name.split('/')[-2]:
106                   # 載入批次歸一化參數
107                   gamma, beta, mean, var = var_list[i + 1:i + 5]
108                   batch_norm_vars = [beta, gamma, mean, var]
109                   for var in batch_norm_vars:
110                       shape = var.shape.as_list()
111                       num_params = np.prod(shape)
112                       var_weights = weights[ptr:ptr + num_params].
                                          reshape(shape)
113                       ptr += num_params
114                       assign_ops.append(tf.assign(var, var_weights,
                                          validate_shape=True))
115
116                   i += 4  # 已經載入了 4 個變數，指標位移加 4
117               elif 'Conv' in var2.name.split('/')[-2]:
118                   bias = var2
119                   bias_shape = bias.shape.as_list()
120                   bias_params = np.prod(bias_shape)
121                   bias_weights = weights[ptr:ptr + bias_params].
                                      reshape(bias_shape)
122                   ptr += bias_params
123                   assign_ops.append(tf.assign(bias, bias_weights,
                                      validate_shape=True))
```

```
124
125            i += 1# 移動指標
126
127         shape = var1.shape.as_list()
128         num_params = np.prod(shape)
129         # 載入加權
130         var_weights = weights[ptr:ptr + num_params].reshape((shape[3],
                             shape[2], shape[0], shape[1]))
131         var_weights = np.transpose(var_weights, (2, 3, 1, 0))
132         ptr += num_params
133         assign_ops.append(tf.assign(var1, var_weights,
                             validate_shape=True))
134         i += 1
135
136     return assign_ops
```

8.5.11 程式實現：載入圖片，進行目標實物的識別

用 main 函數完成整體的處理過程，需要先定義以下幾個函數：

■ 函數 draw_boxes，用於將結果顯示在圖片上。

■ 函數 convert_to_original_size，用於將結果位置還原到真實圖片上對應的位
置。

■ 函數 load_coco_names，用於載入 COCOS 資料集對應的標籤名稱。

實際的程式如下：

程式 8-12 用 YOLO V3 模型進行實物檢測（續）

```
137  # 將結果顯示在圖片上
138  def draw_boxes(boxes, img, cls_names, detection_size):
139      draw = ImageDraw.Draw(img)
140
141      for cls, bboxs in boxes.items():
142          color = tuple(np.random.randint(0, 256, 3))
143          for box, score in bboxs:
144              box = convert_to_original_size(box, np.array(detection_size),
                     np.array(img.size))
145              draw.rectangle(box, outline=color)
146              draw.text(box[:2], '{} {:.2f}%'.format(cls_names[cls], score
                     * 100), fill=color)
147              print('{} {:.2f}%'.format(cls_names[cls], score * 100),box[:2])
148
149  def convert_to_original_size(box, size, original_size):
```

```
150        ratio = original_size / size
151        box = box.reshape(2, 2) * ratio
152        return list(box.reshape(-1))
153
154    # 載入資料集的標籤名稱
155    def load_coco_names(file_name):
156        names = {}
157        with open(file_name) as f:
158            for id, name in enumerate(f):
159                names[id] = name
160        return names
161
162    def main(argv=None):
163        tf.reset_default_graph()
164        img = Image.open(input_img)
165        img_resized = img.resize(size=(size, size))
166
167        classes = load_coco_names(class_names)
168
169        # 定義輸入預留位置
170        inputs = tf.placeholder(tf.float32, [None, size, size, 3])
171
172        with tf.variable_scope('detector'):
173            detections = yolo_v3(inputs, len(classes), data_format='NHWC')
                            # 定義網路結構
174            # 載入加權
175            load_ops = load_weights(tf.global_variables(scope='detector'),
                        weights_file)
176
177        boxes = detections_boxes(detections)
178
179        with tf.Session() as sess:
180            sess.run(load_ops)
181
182            detected_boxes = sess.run(boxes, feed_dict={inputs: [np.array
                            (img_resized, dtype=np.float32)]})
183        # 對 10647 個預測框進行去除重複
184        filtered_boxes = non_max_suppression(detected_boxes, confidence_
                                        threshold=conf_threshold,
185                                        iou_threshold=iou_threshold)
186
187        draw_boxes(filtered_boxes, img, classes, (size, size))
188
```

```
189        img.save(output_img)
190
191  if __name__ == '__main__':
192        main(_)
```

程式第 165 行，先將輸入的圖片統一成固定大小，然後放入模型中進行識別，
再將最後的結果畫到圖片上，並儲存起來（見程式第 189 行）。

8.5.12 執行程式

在本機程式檔案下隨便放一張圖片（例如 "timg.jpg"）。執行程式之後，產生以
下結果：

```
wine glass 95.74% [257.179009107443, 120.12802956654475]
wine glass 95.74% [352.22361010771533, 128.20337944764358]
bowl 93.57% [419.31336153470556, 222.11435362008902]
bowl 93.57% [166.07221649243283, 233.63491428815402]
banana 52.60% [560.0561892436101, 198.93592790456918]
apple 80.51% [478.8216531460102, 221.5187714283283]
```

結果中的每一行都分為 3 部分，代表著所識別出來的物體：

- 類別名稱。
- 可靠度（所屬類別的評分）。
- 類別對應的座標。

同時，會在本機目錄下產生名為 "out.jpg" 的圖片，如圖 8-19 所示。

圖 8-19　YOLO V3 模型的識別結果

8.6 實例 44：用 YOLO V3 模型識別門牌號

本節將用自訂資料集訓練 YOLO V3 模型，並用訓練好的模型進行目標識別。

> **實例描述**
>
> 準備一個帶有門牌號圖片的資料集，裡面含有實際圖片和與圖片上實際門牌數字的位置標記。這個資料集訓練 YOLO V3 模型，讓模型能夠識別圖中門牌的數位內容及座標。

本實例是在動態圖架構中用 tf.keras 介面來實現的。資料集使用的是 SVHN（Street View House Numbers，街道門牌號碼）資料集。載入預訓練模型，並在其基礎上進行二次訓練。下面說明實際操作。

8.6.1 專案部署：準備樣本

SVHN 資料集是史丹佛大學發佈的真實圖像資料集。該資料集的作用類似 MNIST，在影像演算法領域經常使用。實際下載網址：

```
http://ufldl.stanford.edu/housenumbers/
```

在目標識別工作中，光有圖片是不夠的。例如 COCO 資料集，每張圖片都有對應的標記資訊。在隨書的搭配資源裡，也為每張 SVHN 圖片提供了對應的標記檔案（搭配資源中提供的樣本數不多，只是為了示範案例），其格式與對應關係如圖 8-20 所示。

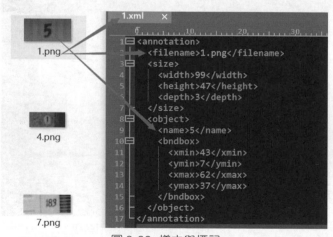

圖 8-20 樣本與標記

如圖 8-20 所示，每張圖片對應一個與其名稱相同的 XML 檔案。該文件裡會放置圖片的尺寸資料（高、寬），以及內容（例如圖中的數字 5）對應的位置座標。

8.6.2 程式實現：讀取樣本資料，並製作標籤

本小節分為兩步實現：讀取樣本與製作標籤。

1 讀取樣本

讀取原始樣本資料的程式是在程式檔案「8-13 annotation.py」中實現的。該程式主要透過 parse_annotation 函數解析 XML 檔案，並傳回圖片與內容的對應關係。舉例來説，其傳回值為：

```
G:/python3/8-20  yolov3numbers\data\img\9.png        # 圖片檔案路徑
[[27  8 39 26]                                       # 圖片中的座標、高、寬
 [40  5 53 23]
 [52  7 67 25]]
 [1, 4, 4]                                           # 圖片中的數字
```

該檔案中的程式功能單一，可以直接被當作工具使用，不需要過多研究。

2 製作標籤

該步驟需要將原始資料轉為 YOLO V3 模型需要的標籤格式。YOLO V3 模型中的標籤格式是與內部模型結構相關的，實際描述如下：

- YOLO V3 模型的標籤由 3 個矩陣組成。
- 3 個矩陣的高、寬分別與 YOLO V3 模型的 3 個輸出尺度相同。
- 每種尺度的矩陣對應 3 個候選框。
- 矩陣在高、寬維度上的每個點被稱為格子。
- 每個格子中有 3 個同樣的結構，對應所在矩陣的 3 個候選框。
- 每個結構中的內容都是候選框資訊。
- 每個候選框資訊的內容包含中心點座標、高（相對候選框的縮放值）、寬（相對候選框的縮放值）、屬於該分類的機率、該分類的 one-hot 編碼。

整體結構如圖 8-21 所示。

從圖 8-21 中的結構可以看出，3 個不同尺度的矩陣分別儲存原始圖片中不同大小的標記物體。矩陣中的格子，可以視為是原影像中對應區域的對映。

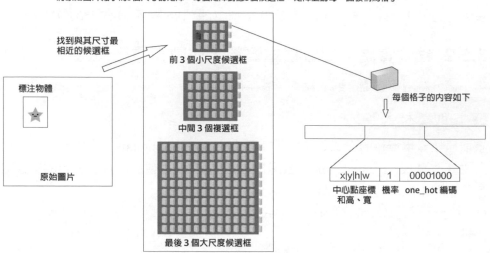

將原始圖片縮小為3個尺寸的矩陣，每個矩陣對應3個候選框，矩陣上的每一點被稱為格子

找到與其尺寸最
相近的候選框

標注物體

原始圖片

前 3 個小尺度候選框

中間 3 個複選框

最後 3 個大尺度候選框

每個格子的內容如下

| x|y|h|w | 1 | 00001000 |

中心點座標 機率 one_hot 編碼
和高、寬

圖 8-21　製作 YOLO V3 的樣本標籤

實作方式的程式檔案為「8-14　generator.py」中的 BatchGenerator 類別。其步驟如下：

（1）根據原始圖片，建置 3 個矩陣當作放置標籤的容器（如圖 8-21 中間的 3 個方塊），並向這 3 個矩陣填充 0 作為初值。見程式第 67 行的 _create_empty_xy 函數。

（2）根據標記中物體的高、寬尺寸，在候選框中找到最接近的框。見程式第 96 行 _find_match_anchor 函數。

（3）根據 _find_match_anchor 函數傳回的候選框索引，可以定位對應的矩陣。呼叫函數 _encode_box，計算物體在該矩陣上的中心點位置，以及本身尺寸相對於該候選框的縮放比例。見程式第 57 行。

（4）呼叫 _assign_box 函數，根據最相近的候選框索引定位到格子裡的實際結構，並將步驟（3）算出來的值與分類資訊填入，見程式第 58 行。

完整程式如下：

```
程式 8-14 generator
01    import numpy as np
02    from random import shuffle
03    annotation = __import__("8-13  annotation")
04    parse_annotation = annotation.parse_annotation
```

```
05    ImgAugment= annotation.ImgAugment
06    box = __import__("8-15  box")
07    find_match_box = box.find_match_box
08    DOWNSAMPLE_RATIO = 32
09
10    class BatchGenerator(object):
11        def __init__(self, ann_fnames, img_dir,labels,
12                      batch_size, anchors,   net_size=416,
13                      jitter=True, shuffle=True):
14            self.ann_fnames = ann_fnames
15            self.img_dir = img_dir
16            self.lable_names = labels
17            self._net_size = net_size
18            self.jitter = jitter
19            self.anchors = create_anchor_boxes(anchors)# 按照候選框尺寸產生座標
20            self.batch_size = batch_size
21            self.shuffle = shuffle
22            self.steps_per_epoch = int(len(ann_fnames) / batch_size)
23            self._epoch = 0
24            self._end_epoch = False
25            self._index = 0
26
27        def next_batch(self):
28            xs,ys_1,ys_2,ys_3 = [],[],[],[]
29            for _ in range(self.batch_size):
                 # 按照指定的批次取得樣本資料，並做成標籤
30                x, y1, y2, y3 = self._get()
31                xs.append(x)
32                ys_1.append(y1)
33                ys_2.append(y2)
34                ys_3.append(y3)
35            if self._end_epoch == True:
36                if self.shuffle:
37                    shuffle(self.ann_fnames)
38                self._end_epoch = False
39                self._epoch += 1
40            return np.array(xs).astype(np.float32), np.array(ys_1).astype(np.
                 float32), np.array(ys_2).astype(np.float32), np.array(ys_3).
                 astype(np.float32)
41
42        def _get(self):                                # 取得一筆樣本資料並做成標籤
43            net_size = self._net_size
44            # 解析標記檔案
45            fname, boxes, coded_labels = parse_annotation(self.ann_fnames
```

```
                    [self._index], self.img_dir, self.lable_names)
46
47          # 讀取圖片，並按照設定修改圖片的尺寸
48          img_augmenter = ImgAugment(net_size, net_size, self.jitter)
49          img, boxes_ = img_augmenter.imread(fname, boxes)
50
51          # 產生 3 種尺度的格子
52          list_ys = _create_empty_xy(net_size, len(self.lable_names))
53          for original_box, label in zip(boxes_, coded_labels):
54              # 在 anchors 中，找到與其面積區域最符合的候選框 max_anchor、對應的
                  尺度索引、該尺度下的第幾個錨點
55              max_anchor, scale_index, box_index = _find_match_anchor
                          (original_box, self.anchors)
56              # 計算在對應尺度上的中心點座標，以及對應候選框的長寬縮放比例
57              _coded_box = _encode_box(list_ys[scale_index], original_box,
                          max_anchor, net_size, net_size)
58              _assign_box(list_ys[scale_index], box_index, _coded_box, label)
59
60          self._index += 1
61          if self._index == len(self.ann_fnames):
62              self._index = 0
63              self._end_epoch = True
64          return img/255., list_ys[2], list_ys[1], list_ys[0]
65
66  # 初始化標籤
67  def _create_empty_xy(net_size, n_classes, n_boxes=3):
68      # 獲得最小矩陣格子
69      base_grid_h, base_grid_w = net_size//DOWNSAMPLE_RATIO, net_size//
                          DOWNSAMPLE_RATIO
70      # 初始化 3 種不同尺度的矩陣，用於儲存標籤
71      ys_1 = np.zeros((1*base_grid_h,  1*base_grid_w, n_boxes,
              4+1+n_classes))
72      ys_2 = np.zeros((2*base_grid_h,  2*base_grid_w, n_boxes,
              4+1+n_classes))
73      ys_3 = np.zeros((4*base_grid_h,  4*base_grid_w, n_boxes,
              4+1+n_classes))
74      list_ys = [ys_3, ys_2, ys_1]
75      return list_ys
76
77  def _encode_box(yolo, original_box, anchor_box, net_w, net_h):
78      x1, y1, x2, y2 = original_box
79      _, _, anchor_w, anchor_h = anchor_box
80      # 取出格子在高和寬方向上的個數
81      grid_h, grid_w = yolo.shape[:2]
```

```
82
83          #根據原始圖片到目前矩陣的縮放比例，計算目前矩陣中物體的中心點座標
84          center_x = .5*(x1 + x2)
85          center_x = center_x / float(net_w) * grid_w
86          center_y = .5*(y1 + y2)
87          center_y = center_y / float(net_h) * grid_h
88
89          #計算物體相對於候選框的尺寸縮放值
90          w = np.log(max((x2 - x1), 1) / float(anchor_w))
91          h = np.log(max((y2 - y1), 1) / float(anchor_h))
92          box = [center_x, center_y, w, h]#將中心點和縮放值包裝傳回
93          return box
94
95      # 找到與物體尺寸最接近的候選框
96      def _find_match_anchor(box, anchor_boxes):
97          x1, y1, x2, y2 = box
98          shifted_box = np.array([0, 0, x2-x1, y2-y1])
99          max_index = find_match_box(shifted_box, anchor_boxes)
100         max_anchor = anchor_boxes[max_index]
101         scale_index = max_index // 3
102         box_index = max_index%3
103         return max_anchor, scale_index, box_index
104     # 將實際的值放到標籤矩陣裡，作為真正的標籤
105     def _assign_box(yolo, box_index, box, label):
106         center_x, center_y, _, _ = box
107         #向下取整數，獲得的就是格子的索引
108         grid_x = int(np.floor(center_x))
109         grid_y = int(np.floor(center_y))
110         #填入所計算的數值，作為標籤
111         yolo[grid_y, grid_x, box_index]      = 0.
112         yolo[grid_y, grid_x, box_index, 0:4] = box
113         yolo[grid_y, grid_x, box_index, 4  ] = 1.
114         yolo[grid_y, grid_x, box_index, 5+label] = 1.
115
116     def create_anchor_boxes(anchors): #將候選框變為 box
117         boxes = []
118         n_boxes = int(len(anchors)/2)
119         for i in range(n_boxes):
120             boxes.append(np.array([0, 0, anchors[2*i], anchors[2*i+1]]))
121         return np.array(boxes)
```

程式第 10 行定義了 BatchGenerator 類別，用來實現資料集的輸入功能。在實際使用時，可以用 BatchGenerator 類別的 next_batch 方法（見程式第 27 行）來取得一批次的輸入樣本和標籤資料。

在 next_batch 方法中，用 _get 函數讀取樣本和轉化標記（見程式第 30 行）。

程式第 90 行是計算物體相對於候選框的尺寸縮放值。程式解讀如下：

（1）"x2-x1" 代表計算該物體的寬度。

（2）在其外層又加了一個 max 函數，取 "x2 -x1" 和 1 中更大的那個值。

> **提示**
>
> 程式第 90 行中的 max 函數可以確保計算出的寬度值永遠大於 1，這樣可以增強程式的穩固性。

8.6.3 程式實現：用 tf.keras 介面建置 YOLO V3 模型，並計算損失

用 tf.keras 介面建置 YOLO V3 模型，並計算模型的輸出結果與標籤（見 8.6.2 小節）之間的 loss 值，訓練模型。

◻ 建置 YOLO V3 模型

在本書的搭配資源裡有程式檔案「8-15　box.py」，該檔案實現了 YOLO V3 模型中邊框處理相關的功能，可以被當作工具程式使用。

YOLO V3 模型分為 4 個程式檔案來完成，實際如下。

- 「8-16 darknet53.py」：實現了 Darknet-53 模型的建置。
- 「8-17 yolohead.py」：實現了 YOLO V3 模型多尺度特徵融合部分的建置。
- 「8-18 yolov3.py」：實現 YOLO V3 模型的建置。
- 「8-19 weights.py」：實現載入 YOLO V3 的預訓練模型功能。

在程式檔案「8-18　yolov3.py」中定義了 Yolonet 類別，用來實現 YOLO V3 模型的網路結構。Yolonet 類別在對原始圖片進行計算之後，會輸出一個含有 3 個矩陣的清單，該清單的結構與 8.6.2 小節中的標籤結構一致。

YOLO V3 模型的正向網路結構在 8.5 節已經介紹，這裡不再詳細說明。

◻ 計算值

YOLO V3 模型的輸出結構與樣本標籤一致，都是一個含有 3 個矩陣的列表。在計算值時，需要對這 3 個矩陣依次計算 loss 值，並將每個矩陣的 loss 值結果

相加再開平方獲得最後結果，見程式第 118 行的 loss_fn 函數。

定義函數 loss_fn，用來計算損失值（見程式 118 行）。在函數 loss_fn 中，實際的計算步驟如下：

（1）檢查 YOLO V3 模型的預測清單與樣本標籤清單（如圖 8-21 的中間部分所示，清單中一共有 3 個矩陣）。

（2）從兩個列表（預測列表和標籤列表）中取出對應的矩陣。

（3）將取出的矩陣和對應的候選框一起傳入 lossCalculator 函數中進行 loss 值計算。

（4）重複第（2）步和第（3）步，依次對列表中的每個矩陣進行 loss 值計算。

（5）將每個矩陣的 loss 值結果相加，再開平方，獲得最後結果。

實際程式如下：

程式 8-20 yololoss

```
01    import tensorflow as tf
02
03    def _create_mesh_xy(batch_size, grid_h, grid_w, n_box):  # 產生帶序號的網格
04        mesh_x = tf.cast(tf.reshape(tf.tile(tf.range(grid_w), [grid_h]),
      (1, grid_h, grid_w, 1, 1)),tf.float)
05        mesh_y = tf.transpose(mesh_x, (0,2,1,3,4))
06        mesh_xy = tf.tile(tf.concat([mesh_x,mesh_y],-1), [batch_size, 1, 1,
      n_box, 1])
07        return mesh_xy
08
09    def adjust_pred_tensor(y_pred):
      # 將網格資訊融入座標，可靠度做 sigmoid 運算，並重新組合
10        grid_offset = _create_mesh_xy(*y_pred.shape[:4])
11        pred_xy    = grid_offset + tf.sigmoid(y_pred[..., :2])
          # 計算該尺度矩陣上的座標 sigma(t_xy) + c_xy
12        pred_wh    = y_pred[..., 2:4]                # 取出預測物體的尺寸 t_wh
13        pred_conf  = tf.sigmoid(y_pred[..., 4])
          # 對分類機率（可靠度）做 sigmoid 轉化
14        pred_classes = y_pred[..., 5:]              # 取出分類結果
15        # 重新組合
16        preds = tf.concat([pred_xy, pred_wh, tf.expand_dims(pred_conf,
      axis=-1), pred_classes], axis=-1)
17        return preds
18
19    # 產生一個矩陣，每個格子裡放有 3 個候選框
```

```
20   def _create_mesh_anchor(anchors, batch_size, grid_h, grid_w, n_box):
21       mesh_anchor = tf.tile(anchors, [batch_size*grid_h*grid_w])
22       mesh_anchor = tf.reshape(mesh_anchor, [batch_size, grid_h, grid_w,
         n_box, 2])                              # 每個候選框有兩個值
23       mesh_anchor = tf.cast(mesh_anchor, tf.float32)
24       return mesh_anchor
25
26   def conf_delta_tensor(y_true, y_pred, anchors, ignore_thresh):
27
28       pred_box_xy, pred_box_wh, pred_box_conf = y_pred[..., :2],
         y_pred[..., 2:4], y_pred[..., 4]
29       # 建立帶有候選框的格子矩陣
30       anchor_grid = _create_mesh_anchor(anchors, *y_pred.shape[:4])
31       true_wh = y_true[:,:,:,:,2:4]
32       true_wh = anchor_grid * tf.exp(true_wh)
33       true_wh = true_wh * tf.expand_dims(y_true[:,:,:,:,4], 4) # 還原真實尺寸
34       anchors_ = tf.constant(anchors, dtype='float', shape=
         [1,1,1,y_pred.shape[3],2])             # y_pred.shape[3] 是候選框個數
35       true_xy = y_true[..., 0:2]                # 取得中心點
36       true_wh_half = true_wh / 2.
37       true_mins    = true_xy - true_wh_half    # 計算起始座標
38       true_maxes   = true_xy + true_wh_half    # 計算尾部座標
39
40       pred_xy = pred_box_xy
41       pred_wh = tf.exp(pred_box_wh) * anchors_
42
43       pred_wh_half = pred_wh / 2.
44       pred_mins    = pred_xy - pred_wh_half    # 計算起始座標
45       pred_maxes   = pred_xy + pred_wh_half    # 計算尾部座標
46
47       intersect_mins  = tf.maximum(pred_mins,  true_mins)
48       intersect_maxes = tf.minimum(pred_maxes, true_maxes)
49
50       # 計算重疊面積
51       intersect_wh    = tf.maximum(intersect_maxes - intersect_mins, 0.)
52       intersect_areas = intersect_wh[..., 0] * intersect_wh[..., 1]
53
54       true_areas = true_wh[..., 0] * true_wh[..., 1]
55       pred_areas = pred_wh[..., 0] * pred_wh[..., 1]
56       # 計算不重疊面積
57       union_areas = pred_areas + true_areas - intersect_areas
58       best_ious  = tf.truediv(intersect_areas, union_areas)    # 計算 iou
59       # 如 iou 小於設定值，則將其作為負向的 loss 值
60       conf_delta = pred_box_conf * tf.cast(best_ious < ignore_thresh,
```

```
        tf.float)
61      return conf_delta
62
63  def wh_scale_tensor(true_box_wh, anchors, image_size):
64      image_size_ = tf.reshape(tf.cast(image_size, tf.float32), [1,1,1,1,2])
65      anchors_ = tf.constant(anchors, dtype='float', shape=[1,1,1,3,2])
66
67      #計算高和寬的縮放範圍
68      wh_scale = tf.exp(true_box_wh) * anchors_ / image_size_
69      #物體尺寸佔整個圖片的面積比
70      wh_scale = tf.expand_dims(2 - wh_scale[..., 0] * wh_scale[..., 1],
        axis=4)
71      return wh_scale
72
73  def loss_coord_tensor(object_mask, pred_box, true_box, wh_scale,
    xywh_scale):    #計算以位置為基礎的損失值：將box的差與縮放比相乘，所得的結果
                    再進行平方和運算
74      xy_delta = object_mask * (pred_box-true_box) * wh_scale * xywh_scale
75
76      loss_xy = tf.reduce_sum(tf.square(xy_delta), list(range(1,5)))
77      return loss_xy
78
79  def loss_conf_tensor(object_mask, pred_box_conf, true_box_conf,
    obj_scale, noobj_scale, conf_delta):
80      object_mask_ = tf.squeeze(object_mask, axis=-1)
81      #計算可靠度loss值，分為正向與負向的之和
82      conf_delta = object_mask_ * (pred_box_conf-true_box_conf) *
        obj_scale + (1-object_mask_) * conf_delta * noobj_scale
83      #按照1、2、3（候選框）精簡求和，0為批次
84      loss_conf = tf.reduce_sum(tf.square(conf_delta), list(range(1,4)))
85      return loss_conf
86
87  #分類損失直接用交叉熵
88  def loss_class_tensor(object_mask, pred_box_class, true_box_class,
    class_scale):
89      true_box_class_ = tf.cast(true_box_class, tf.int64)
90      class_delta = object_mask * \
91                  tf.expand_dims(tf.nn.softmax_cross_entropy_with_logits_v2
                    (labels=true_box_class_, logits=pred_box_class), 4) * \
92                  class_scale
93
94      loss_class = tf.reduce_sum(class_delta, list(range(1,5)))
95      return loss_class
96
```

```
97   ignore_thresh=0.5        # 小於該設定值的 box，被認為沒有物體
98   grid_scale=1             # 每個不同矩陣的總 loss 值縮放參數
99   obj_scale=5              # 有物體的 loss 值縮放參數
100  noobj_scale=1            # 沒有物體的 loss 值縮放參數
101  xywh_scale=1             # 座標 loss 值縮放參數
102  class_scale=1            # 分類 loss 值縮放參數
103
104  def lossCalculator(y_true, y_pred, anchors,image_size):
105      y_pred = tf.reshape(y_pred, y_true.shape) # 統一形狀
106
107      object_mask = tf.expand_dims(y_true[..., 4], 4)# 取可靠度
108      preds = adjust_pred_tensor(y_pred)     # 將 box 與可靠度數值變化後重新組合
109      conf_delta = conf_delta_tensor(y_true, preds, anchors, ignore_thresh)
110      wh_scale =  wh_scale_tensor(y_true[..., 2:4], anchors, image_size)
111
112      loss_box = loss_coord_tensor(object_mask, preds[..., :4], y_true[...,
         :4], wh_scale, xywh_scale)
113      loss_conf = loss_conf_tensor(object_mask, preds[..., 4], y_true[...,
         4], obj_scale, noobj_scale, conf_delta)
114      loss_class = loss_class_tensor(object_mask, preds[..., 5:], y_true
         [..., 5:], class_scale)
115      loss = loss_box + loss_conf + loss_class
116      return loss*grid_scale
117
118  def loss_fn(list_y_trues, list_y_preds,anchors,image_size):
119      inputanchors = [anchors[12:],anchors[6:12],anchors[:6]]
120      losses = [lossCalculator(list_y_trues[i], list_y_preds[i],
         inputanchors[i],image_size) for i in range(len(list_y_trues)) ]
121      return tf.sqrt(tf.reduce_sum(losses))   # 將 3 個矩陣的 loss 值相加再開平方
```

程式第 104 行，lossCalculator 函數用於計算預測結果中每個矩陣的 loss 值。
lossCalculator 函數內部的計算步驟如下。

（1）定義隱藏變數 object_mask：透過取得樣本標籤中的可靠度值（有物體
　　 為 1，沒物體為 0）來標識有物體和沒有物體的兩種情況（見程式第 107
　　 行）。

（2）用 loss_coord_tensor 函數計算位置損失：計算標籤位置與預測位置相差的
　　 平方。

（3）用 loss_conf_tensor 函數計算可靠度損失：分別在有物體和沒有物體的情況下，計算標籤與預測可靠度的差，並將二者的和進行平方。

（4）用 loss_class_tensor 函數計算分類損失：計算標籤分類與預測分類的交叉熵。

（5）將第（2）、（3）、（4）的結果加起來，作為該矩陣的最後損失傳回。

其中，在求其他的損失時只對有物體的情況進行計算。

程式第 112 行，在用 loss_coord_tensor 函數計算位置損失時傳入了一個縮放值 wh_scale。該值代表標籤中的物體尺寸在整個影像上的面積百分比。

wh_scale 值是在函數 wh_scale_tensor 中計算的（見程式第 68 行）。實際步驟如下。

（1）對標籤尺寸 true_box_wh 做 tf.exp(true_box_wh) * anchors_ 計算（anchors_ 為候選框的尺寸），獲得了該物體的真實尺寸（該計算正好是 8.6.2 小節程式 90、91 行的逆運算）。

（2）用物體的真實尺寸除以 image_size_（image_size_ 是圖片的真實尺寸），獲得物體在整個圖上的面積百分比。

在函數 loss_conf_tensor 中計算可靠度損失是在程式第 82 行實現的，該程式解讀如下。

■ 前半部分：object_mask_ * (pred_box_conf-true_box_conf) * obj_scale 是有物體情況下可靠度的 loss 值。

■ 後半部分：(1-object_mask_) * conf_delta * noobj_scale 是沒有物體情況下可靠度的 loss 值。執行完 "1-object_mask_" 操作後，矩陣中沒有物體的自信度欄位都會變為 1，而 conf_delta 是由 conf_delta_tensor 得來的。在 conf_delta_tensor 中，先計算真實與預測框（box）的重疊度（IOU），並透過設定值來控制是否需要計算。如果低於設定值，就將其可靠度納入沒有物體情況的 loss 值中來計算。

程式第 97 ～ 102 行，定義了訓練中不同 loss 值的百分比參數。這裡將 obj_scale 設為 5，是讓模型對有物體情況的可靠度準確性偏大一些。在實際訓練中，還可以根據實際的樣本情況適當調整該值。

8.6.4 程式實現：在動態圖中訓練模型

在訓練過程中，需要使用候選框和預訓練檔案。其中，候選框來自 COCO 資料集聚類後的結果；預訓練檔案與 8.5 節中使用的預訓練檔案一樣。下面介紹實際細節。

1 建立類別資訊，載入資料集

因為樣本中的分類全部是數字，所以手動建立一個 0~9 的分類資訊，見程式第 27 行。接著用 BatchGenerator 類別產生一個實體物件 generator，作為資料集。實際程式如下：

程式 8-21 mainyolo

```
01   import os
02   import tensorflow as tf
03   import glob
04   from tqdm import tqdm
05   import cv2
06   import matplotlib.pyplot as plt
07   import tensorflow.contrib.eager as tfe
08   generator = __import__("8-14 generator")
09   BatchGenerator = generator.BatchGenerator
10   box = __import__("8-15 box")
11   draw_boxes = box.draw_boxes
12   yolov3 = __import__("8-18 yolov3")
13   Yolonet = yolov3.Yolonet
14   yololoss = __import__("8-20 yololoss")
15   loss_fn = yololoss.loss_fn
16
17   tf.enable_eager_execution()
18
19   PROJECT_ROOT = os.path.dirname(__file__)#取得目前的目錄
20   print(PROJECT_ROOT)
21
22   # 定義 coco 錨點的候選框
23   COCO_ANCHORS = [10,13, 16,30, 33,23, 30,61, 62,45, 59,119, 116,90,
                     156,198, 373,326]
24   # 定義預訓練模型的路徑
25   YOLOV3_WEIGHTS = os.path.join(PROJECT_ROOT, "yolov3.weights")
26   # 定義分類
27   LABELS = ['0',"1", "2", "3",'4','5','6','7','8', "9"]
28
29   # 定義樣本路徑
```

```
30    ann_dir = os.path.join(PROJECT_ROOT,  "data", "ann", "*.xml")
31    img_dir = os.path.join(PROJECT_ROOT,  "data", "img")
32
33    train_ann_fnames = glob.glob(ann_dir)          # 取得該路徑下的 XML 檔案
34
35    imgsize =416                                    # 定義輸入圖片大小
36    batch_size =2                                   # 定義批次
37    # 製作資料集
38    generator = BatchGenerator(train_ann_fnames,img_dir,
39                          net_size=imgsize,
40                          anchors=COCO_ANCHORS,
41                          batch_size=2,
42                          labels=LABELS,
43                          jitter = False)           # 隨機變化尺寸，資料增強
```

程式第 35 行，定義圖片的輸入尺寸為 416 pixel×416 pixel。這個值必須大於 COCO_ANCHORS 中的最大候選框，否則候選框沒有意義。

由於使用了 COCO 資料集的候選框，所以在選擇輸入尺寸時，儘量也使用與 COCO 資料集上訓練的 YOLOV3 模型一致的輸入尺寸。這樣會有相對較好的訓練效果。

> **提示**
>
> 在實例中，直接用 COCO 資料集的候選框作為模型的候選框，這麼做只是為了示範方便。在實際訓練中，為了獲得更好的精度，建議使用訓練資料集聚類後的結果作為模型的候選框。

2 定義模型及訓練參數

定義兩個循環處理函數：

- _loop_validation 函數用於循環所有資料集，進行模型的驗證。
- _loop_train 函數用於對全部的訓練資料集進行訓練。

為了示範方便，這裡只用一個資料集，既做驗證用，也做訓練用。實際程式如下：

程式 8-21 mainyolo（續）
```
44    learning_rate = 1e-4            # 定義學習率
45    num_epoches =85                 # 定義反覆運算次數
```

```
46      save_dir = "./model"                # 定義模型路徑
47
48      # 循環整個資料集，進行 loss 值驗證
49      def _loop_validation(model, generator):
50          n_steps = generator.steps_per_epoch
51          loss_value = 0
52          for _ in range(n_steps):      # 按批次循環取得資料，並計算 loss 值
53              xs, yolo_1, yolo_2, yolo_3 = generator.next_batch()
54              xs=tf.convert_to_tensor(xs)
55              yolo_1=tf.convert_to_tensor(yolo_1)
56              yolo_2=tf.convert_to_tensor(yolo_2)
57              yolo_3=tf.convert_to_tensor(yolo_3)
58              ys = [yolo_1, yolo_2, yolo_3]
59              ys_ = model(xs )
60              loss_value += loss_fn(ys, ys_,anchors=COCO_ANCHORS,
61                  image_size=[imgsize, imgsize] )
62          loss_value /= generator.steps_per_epoch
63          return loss_value
64
65      # 循環整個資料集，進行模型訓練
66      def _loop_train(model,optimizer, generator,grad):
67          n_steps = generator.steps_per_epoch
68          for _ in tqdm(range(n_steps)):              # 按批次循環取得資料，並進行訓練
69              xs, yolo_1, yolo_2, yolo_3 = generator.next_batch()
70              xs=tf.convert_to_tensor(xs)
71              yolo_1=tf.convert_to_tensor(yolo_1)
72              yolo_2=tf.convert_to_tensor(yolo_2)
73              yolo_3=tf.convert_to_tensor(yolo_3)
74              ys = [yolo_1, yolo_2, yolo_3]
75              optimizer.apply_gradients(grad(model,xs, ys))
76
77      if not os.path.exists(save_dir):
78          os.makedirs(save_dir)
79      save_fname = os.path.join(save_dir, "weights")
80
81      yolo_v3 = Yolonet(n_classes=len(LABELS))      # 產生實體 yolo 模型的類別物件
82      # 載入預訓練模型
83      yolo_v3.load_darknet_params(YOLOV3_WEIGHTS, skip_detect_layer=True)
84
85      # 定義優化器
86      optimizer = tf.train.AdamOptimizer(learning_rate=learning_rate)
87
```

```
88    # 定義函數計算 loss 值
89    def _grad_fn(yolo_v3, images_tensor, list_y_trues):
90        logits = yolo_v3(images_tensor)
91        loss = loss_fn(list_y_trues, logits,anchors=COCO_ANCHORS,
92                 image_size=[imgsize, imgsize])
93        return loss
94
95    grad = tfe.implicit_gradients(_grad_fn)      # 獲得計算梯度的函數
```

程式第 77~95 行，實現了在動態圖裡建立梯度函數、優化器及 YOLO V3 模型
的操作。有關動態圖的使用方式可以參考第 6 章內容，這裡不再詳述。

3 啟用循環訓練模型

按照指定的反覆運算次數循環，並用 history 列表接收測試的損失值，將損失
值最小的模型儲存起來。實際程式如下：

程式 8-21 mainyolo（續）
```
96    history = []
97    for i in range(num_epoches):
98        _loop_train( yolo_v3,optimizer, generator,grad)       # 訓練
99
100       loss_value = _loop_validation(yolo_v3, generator)      # 驗證
101       print("{}-th loss = {}".format(i, loss_value))
102
103       # 收集 loss 值
104       history.append(loss_value)
105       if loss_value == min(history):            # 只有在 loss 值創新低時才儲存模型
106           print("    update weight {}".format(loss_value))
107           yolo_v3.save_weights("{}.h5".format(save_fname))
```

程式執行後，輸出以下結果：

```
100%|            | 16/16 [00:23<00:00,  1.46s/it]
0-th loss = 16.659032821655273
    update weight 16.659032821655273
......
100%|            | 16/16 [00:22<00:00,  1.42s/it]
81-th loss = 0.8185760378837585
    update weight 0.8185760378837585
100%|            | 16/16 [00:22<00:00,  1.42s/it]
......
85-th loss = 0.9106661081314087
100%|            | 16/16 [00:22<00:00,  1.42s/it]
```

從結果中可以看到，模型在訓練時 loss 值會發生一定的抖動。在第 81 次時，loss 值為 0.81 達到了最小，程式將當時的模型儲存了起來。

在真實訓練的環境下，可以使用更多的樣本資料，設定更多的訓練次數，來讓模型達到更好的效果。

同時，還可以在程式第 43 行將變數 jitter 設為 True，對資料進行尺度變化（這是資料增強的一種方法），以便讓模型有更好的泛化效果。一旦使用了資料增強，模型會需要更多次數的反覆運算訓練才可以收斂。

8.6.5 程式實現：用模型識別門牌號

撰寫程式，載入 test 目錄下的測試樣本，並輸入模型進行識別。實際程式如下：

```
程式 8-21  mainyolo（續）
108  IMAGE_FOLDER = os.path.join(PROJECT_ROOT,  "data", "test","*.png")
109  img_fnames = glob.glob(IMAGE_FOLDER)
110
111  imgs = []                                    # 儲存圖片
112  for fname in img_fnames:                     # 讀取圖片
113      img = cv2.imread(fname)
114      img = cv2.cvtColor(img, cv2.COLOR_BGR2RGB)
115      imgs.append(img)
116
117  yolo_v3.load_weights(save_fname+".h5")        # 載入訓練好的模型
118  import numpy as np
119  for img in imgs:                              # 依次傳入模型
120      boxes, labels, probs = yolo_v3.detect(img, COCO_ANCHORS,imgsize)
121      print(boxes, labels, probs)
122      image = draw_boxes(img, boxes, labels, probs, class_labels=LABELS,
                            desired_size=400)
123      image = np.asarray(image,dtype= np.uint8)
124      plt.imshow(image)
125      plt.show()
```

程式執行後，輸出以下結果（見圖 8-22~ 圖 8-27）：

```
[[ 72.   24.   94.    66. ]
 [ 71.5  26.5  94.5  69.5]
 [ 93.   22.  119.   72. ]]  [5 1 6] [0.1293204  0.83631355 0.94269735]
 5: 12.93203979730606%  1: 83.6313545703888%   6: 94.269734621047977%
```

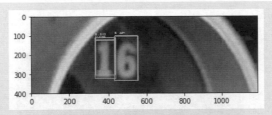

圖 8-22 YOLO V3 結果 1

[[44.511. 55.533.]] [6] [0.8771134]
6: 87.7113401889801%

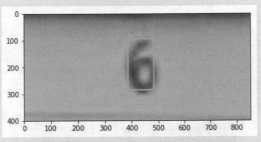

圖 8-23 YOLO V3 結果 2

[[35.   6.545. 25.5]] [5] [0.6734172]
5: 67.34172105789185%

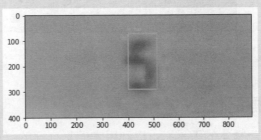

圖 8-24 YOLO V3 結果 3

[[65. 16. 85. 50.]] [8] [0.49630296]
8: 49.63029623031616%

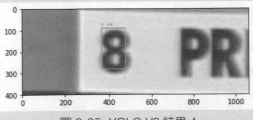

圖 8-25 YOLO V3 結果 4

```
[[105.5  14.5126.5  49.5]] [9] [0.719958]
9: 71.99580073356628%
```

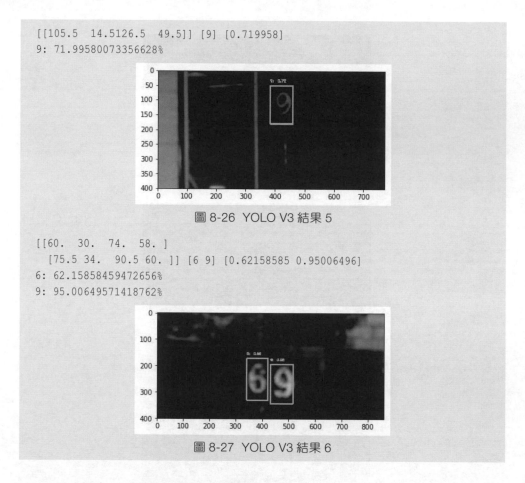

圖 8-26　YOLO V3 結果 5

```
[[60.   30.   74.  58. ]
 [75.5 34.   90.5 60. ]] [6 9] [0.62158585 0.95006496]
6: 62.15858459472656%
9: 95.00649571418762%
```

圖 8-27　YOLO V3 結果 6

8.6.6 擴充：標記自己的樣本

本小節介紹兩個標記樣本的工具。可以利用它們對自己的資料進行標記，然後按照本節的實例訓練自己的模型。

1 Label-Tool

該工具是用 Python Tkinter 開發的。原始程式連結如下：

```
https://github.com/puzzledqs/BBox-Label-Tool
```

在上面連結的頁面中可以看到該軟體的操作介面，如圖 8-28 所示。

圖 8-28　Label-Tool 工具

2　labelImg

該工具是用 Python 和 Qt 開發的。原始程式連結如下：

```
https://github.com/tzutalin/labelImg
```

從上面連結的頁面中可以看到該軟體的操作介面，如圖 8-29 所示。

圖 8-29　Label Img 工具

另外，在以下連結中還可以找到該軟體的安裝套件：

```
https://tzutalin.github.io/labelImg/
```

8.7 實例 45：用 Mask R-CNN 模型定位物體的像素點

Mask R-CNN 模型是一個簡單、靈活、通用的物件實例分割架構。它能夠有效地檢測影像中的物件，並為每個實例產生高品質的分割隱藏，還可以透過增加不同的分支完成不同的工作。它可以完成目標分類、目標檢測、語義分割、實例分割、人體姿勢識別等多種工作。實際細節可以參考以下論文：

```
https://arxiv.org/abs/1703.06870
```

本節就透過實例來示範實際的做法。

> **實例描述**
>
> 架設 Mask R-CNN 模型，並載入現有的預訓練加權。對任意一張圖片進行計算，並在圖上標出識別出來的物體名稱、位置矩形框和精確的像素點。在程式正常執行之後，將 Mask R-CNN 模型的關鍵節點分析出來，並圖示化。嘗試根據結果及本書 8.7.3 小節介紹的模型結構，更深刻地了解 Mask R-CNN 模型。

本實例是用 tf.keras 介面實現的。先從 COCO 資料集的特點開始介紹，接著介紹 Mask R-CNN 模型的原理，並實現網路的架設，然後載入 COCO 資料集上的預訓練模型，最後完成對圖片的檢測。

8.7.1 下載 COCO 資料集及安裝 pycocotools

COCO 資料集是微軟發佈的可以用來做影像識別訓練的資料集，官方網址：http://mscoco.org。

影像主要從複雜的日常場景中截取，影像中的目標透過矩形框進行位置的標定。目前被廣泛地用於圖片分割工作中。在官網還為該資料集提供了搭配的讀取 API 工具——pycocotools。使用者可以直接用該 API 載入資料。它幫助使用者將精力更多地聚焦在模型上。下面就來完成資料的下載及 pycocotools 的安裝。

1 下載 COCO 資料集

COCO 資料集可以從以下連結下載：

```
http://cocodataset.org/#download
```

本實例使用 2014 年的 COCO 資料集。包含圖片：訓練集 82783 張、驗證集 40504 張、測試集 40775 張，共分成 80 個類別。並配有目標檢測的矩形框座標標記、語義分割的散點標記、以人物為基礎的關鍵點標記、對圖片的整體文字描述標記。實際的下載介面如圖 8-30 所示。

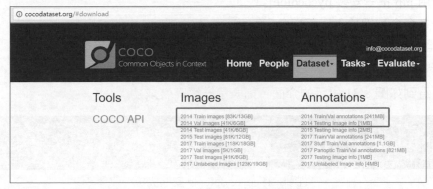

圖 8-30　下載 COCO 資料集

在圖 8-30 中一共有 4 個壓縮文件：3 個圖片資料集文件和 1 個標記資料集文件。

> **提示**
>
> 本章使用的圖片都是線上取得的。如果只是跟著本書實例學習，可以只下載標記文件，不用下載其他的圖片樣本。

2 安裝 pycocotools

在安裝 pycocotools 之前，還需要先安裝兩個工具軟體 GIT 與 visualcppbuildtools，然後再用 pip 指令安裝 pycocotools。實際步驟如下：

（1）安裝 GIT 軟體。

GIT 為一個程式版本管理軟體，可以與 GitHub 網站的程式庫進行互動。安裝該軟體之後，就可以從 GitHub 網站上下載對應的 pycocotools 原始程式碼。實際下載網址如下：

```
https://git-scm.com/
```

下載後直接將其安裝即可。

（2）安裝 visualcppbuildtools 軟體。

該軟體是 Viaual studio 系列的編譯工具。安裝完之後，就可以用該工具對 pycocotools 原始程式碼進行編譯。下載網址如下：

```
https://download.microsoft.com/download/5/f/7/5f7acaeb-8363-451f-9425-
68a90f98b238/visualcppbuildtools_full.exe
```

（3）用 pip 指令安裝 pycocotools。

直接在命令列裡輸入以下指令來安裝 pycocotools。

```
pip install git+https://github.com/philferriere/cocoapi.git#subdirectory=
PythonAPI
```

如果看到如圖 8-31 所示的介面，則表示已經安裝成功。

```
C:\Users\ljh>pip install git+https://github.com/philferriere/cocoapi.git#subdirectory=PythonAPI
Collecting git+https://github.com/philferriere/cocoapi.git#subdirectory=PythonAPI
  Cloning https://github.com/philferriere/cocoapi.git to c:\users\ljh\appdata\local\temp\pip-r1qm945s-build
Installing collected packages: pycocotools
  Running setup.py install for pycocotools ... done
Successfully installed pycocotools-2.0
```

圖 8-31　pycocotools 安裝成功

8.7.2　程式實現：驗證 pycocotools 及讀取 COCO 資料集

在資料集的標記壓縮檔 "annotations_trainval2014.zip" 中有以下 3 個標記檔案。

- instances_train2014.json：包含全部的分類資訊、全部圖片的座標及分類標記資訊。
- person_keypoints_train2014.json：包含以人為基礎的關鍵點標記資訊。
- captions_train2014.json：包含以全部圖片為基礎的文字描述標記。

將資料集的標記壓縮檔 "annotations_trainval2014.zip" 解壓縮到本機程式資料夾 cocos2014 下，並撰寫程式進行驗證。

1 獲得資料集的分類資訊

用 pycocotools 介面中的 COCO 函數，將包含分類資訊的文件 "instances_train2014.json" 載入並解析。實際程式如下：

程式 8-22　資料集驗證

```
01    from pycocotools.coco import COCO
02    import numpy as np
03    import skimage.io as io
04    import matplotlib.pyplot as plt
```

```
05
06    annFile='./cocos2014/annotations_trainval2014/annotations/instances_
          train2014.json'
07    coco=COCO(annFile)                              # 載入註釋的 JSON 格式資料
08
09    cats = coco.loadCats(coco.getCatIds())          # 分析分類資訊
10    print(cats,len(cats))                           # 顯示 80 個分類
11    nmcats=[cat['name'] for cat in cats]
12    print('COCO categories: \n{}\n'.format(' '.join(nmcats)))
13
14    nms = set([cat['supercategory'] for cat in cats])
15    print('COCO supercategories: \n{}'.format(' '.join(nms)))
16    print("supercategory len",len(nms))             # 顯示 12 個超級分類
17
18    # 分類並不連續，例如：沒有 26，第 1 個是 1，最後一個是 90
19    catIds = coco.getCatIds(catNms=nmcats)
20    print(catIds)                                   # 列印出分類的 ID
```

程式執行後，輸出以下資訊。

（1）輸出分類的資訊，包含了每一種對應的 ID、名字及所屬的超級類別。一共 80 個，實際如下：

```
[{'supercategory': 'person', 'id': 1, 'name': 'person'}, {'supercategory':
'vehicle', 'id': 2, 'name': 'bicycle'}, ……'indoor', 'id': 87, 'name':
'scissors'}, {'supercategory': 'indoor', 'id': 88, 'name': 'teddy bear'},
{'supercategory': 'indoor', 'id': 89, 'name': 'hair drier'}, {'supercategory':
'indoor', 'id': 90, 'name': 'toothbrush'}] 80
```

（2）輸出 80 個分類的名稱，實際如下：

```
COCO categories:
person bicycle car motorcycle airplane bus train truck boat traffic light fire
hydrant stop sign parking meter bench bird cat dog horse sheep cow elephant
bear zebra giraffe backpack umbrella handbag tie suitcase frisbee skis
snowboard sports ball kite baseball bat baseball glove skateboard surfboard
tennis racket bottle wine glass cup fork knife spoon bowl banana apple
sandwich orange broccoli carrot hot dog pizza donut cake chair couch potted
plant bed dining table toilet tv laptop mouse remote keyboard cell phone
microwave oven toaster sink refrigerator book clock vase scissors teddy bear
hair drier toothbrush
```

（3）輸出 12 個超級類別的名稱，實際如下：

```
COCO supercategories:
furniture vehicle animal kitchen accessory outdoor food indoor sports
```

```
electronic person appliance
supercategory len 12
```

（4）輸出所有類別的 ID，實際如下：

```
[1, 2, 3, 4, 5, 6, 7, 8, 9, 10, 11, 13, 14, 15, 16, 17, 18, 19, 20, 21, 22,
23, 24, 25, 27, 28, 31, 32, 33, 34, 35, 36, 37, 38, 39, 40, 41, 42, 43, 44,
46, 47, 48, 49, 50, 51, 52, 53, 54, 55, 56, 57, 58, 59, 60, 61, 62, 63, 64,
65, 67, 70, 72, 73, 74, 75, 76, 77, 78, 79, 80, 81, 82, 84, 85, 86, 87, 88,
89, 90]
```

從輸出結果中可以看到，類別的 ID 從 1 開始，而且不連續，舉例來説，沒有 26、29 等。

② 載入並顯示資料集的座標標記

用 pycocotools 介面中的 COCO 函數，將包含圖片座標標記資訊的文件 "instances_train2014.json" 載入並解析，實際的程式如下：

程式 8-22 資料集驗證（續）

```
21  catIds = coco.getCatIds(catNms=['person'])   # 根據類別名稱獲得類別 ID
22  imgIds = coco.getImgIds(catIds=catIds )       # 根據類別 ID 獲得對應的圖片清單
23  print(catIds,len(imgIds),imgIds[:5])
24
25  index = imgIds[np.random.randint(0,len(imgIds))] # 從指定清單中取一張圖片
26  print(index)
27  img = coco.loadImgs(index)[0]                 #index 可以是陣列，會傳回多個圖片
28  print(img)
29  I = io.imread(img['coco_url'])                # 直接從網路獲得該檔案
30  plt.axis('off')
31  plt.imshow(I)
32  plt.show()
33  plt.imshow(I); plt.axis('off')               # 獲得標記的分割資訊，並包含到原圖顯示出來
34  annIds = coco.getAnnIds(imgIds=img['id'], catIds=catIds,
35                          iscrowd=None)          # 參數 iscrowd 代表是否是一群
36  # 一條標記 ID 對應的資訊 -- segmentation（分割）、bbox（框）、category_id（類別）
37  anns = coco.loadAnns(annIds)
38  print(annIds,anns)
39  coco.showAnns(anns) # 將分割的資訊包含到影像上
```

程式第 21 行，讓 coco.getCatIds 函數按照指定的類別名稱傳回對應的類別 ID。

程式第 22 行，讓 coco.getImgIds 函數按照指定的類別 ID 傳回對應的圖片索引清單。

程式第 27 行，讓 coco.loadImgs 函數按照指定的圖片索引傳回對應的標記資訊。

程式執行後，輸出結果大致分為以下兩部分。

（1）輸出圖片的座標標記資訊及內容。實際如下：

```
[1] 45174 [262145, 262146, 524291, 393223, 393224]
187519
{'license': 5, 'file_name': 'COCO_train2014_000000187519.jpg', 'coco_url':
'http://images.cocodataset.org/train2014/COCO_train2014_000000187519.jpg',
'height': 640, 'width': 367, 'date_captured': '2013-11-2301:14:03',
'flickr_url': 'http://farm7.staticflickr.com/6014/5958747831_c486a37977_
z.jpg', 'id': 187519}
```

上面顯示的結果為圖片的標記資訊，對應程式第 21 ～ 32 行輸出的內容。實際解讀如下所示。

- 結果的第 1 行顯示的內容為：person 類別的 ID 為 1，person 類別共有 45174 個圖片，person 類別中前 5 個圖片的 ID 值。
- 第 2 行顯示的內容為：從 45174 張圖片中隨機取出了一個 ID 為 187519 的圖片。
- 第 3 行到最後，顯示的內容為 ID 為 187519 的圖片所對應的標記資訊。其中包含了檔案名稱、URL、高、寬等資訊。

接著，輸出了圖片的內容，如圖 8-32 所示。

圖 8-32 COCO 資料集圖例

（2）輸出圖片的座標資訊及將座標資訊包含到圖片上的內容。實際如下：

```
[447039, 1219580, 2167032]
[{'segmentation': [[168.85, 32.27,……64.48, 146.7, 58.73, 161.08, 34.28]],
'area': 75920.59414999999, 'iscrowd': 0, 'image_id': 187519, 'bbox': [21.57,
32.27, 331.51, 593.11], 'category_id': 1, 'id': 447039},
{'segmentation': [[60.7, 263.98, ……, 265.01], [56.58, ……101.95, 280.48]],
'area': 5370.287899999999, 'iscrowd': 0, 'image_id': 187519, 'bbox': [55.55,
195.92, 60.84, 196.95], 'category_id': 1, 'id': 1219580},
{'segmentation': [[1.18, 200.27, ……5.47, 260.31], [5.47, ……1.18, 296.46]],
'area': 5143.66055, 'iscrowd': 0, 'image_id': 187519, 'bbox': [1.18, 200.27,
64.94, 227.92], 'category_id': 1, 'id': 2167032}]
```

輸出結果的第 1 行是圖 8-32 對應的座標標記 ID（對應程式第 38 行中的變數 annIds），該座標標記 ID 是含有 3 個元素的清單，表示圖 8-32 中共有 3 條座標標記資訊。

輸出結果的第 2 ～ 3 行、第 4 ～ 5 行、第 6 ～ 7 行分別為圖 8-32 中 3 條座標標記的實際資訊。每條座標標記資訊都包含以下幾個屬性。

- segmentation：語義分割座標。由許多個點座標 x 和 y 組成，個數不定。
- area：所分割的面積。
- iscrowd：是否是一群個體，設定值 0 或 1，用來指定 Segmentation 屬性的格式。
- image_id：所對應的圖片 ID。
- bbox：位置所在的矩形框，由左上角的 x 和 y 座標與右下角的 x 和 y 座標組成，一共 4 個值。
- category_id：物體的類別。
- id：該標記的 ID。

其中，segmentation 欄位可以有 3 種格式來表示。

- poly 格式：座標點組成的列表。
- uncompress RLE 格式：沒有壓縮的 Run Length Encoding。
- compact RLE 格式：壓縮的 Run Length Encoding。

如果 iscrowd 為 0，則 segmentation 為 poly 格式；如果 iscrowd 為 1，則 segmentation 為 RLE 格式。

將座標標記資訊包含到圖片上之後，如圖 8-33 所示，可以看到其對應的語義分割區域。

在輸出結果的第 4~5 行和第 6~7 行，可以看到其 Segmentation 欄位為兩個陣列。所以對應於圖 8-33 中 ID 為 1219580、2167032 的標記分別有兩個區域。

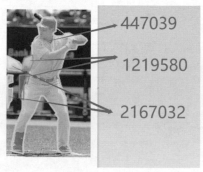

圖 8-33 COCO 資料集座標圖例

3 載入並顯示以人為基礎的關鍵點標記資訊

用 pycocotools 介面中的 COCO 函數將包含人物關鍵點標記資訊的文件 "person_keypoints_train2014.json" 載入並解析。實際的程式如下：

```
程式 8-22 資料集驗證（續）
40   annFile = './annotations_trainval2014/annotations/person_keypoints_
            train2014.json'
41   coco_kps=COCO(annFile)
42   plt.imshow(I); plt.axis('off')
43   ax = plt.gca()
44   annIds = coco_kps.getAnnIds(imgIds=img['id'], catIds=catIds, iscrowd=None)
45   anns = coco_kps.loadAnns(annIds)
     # 超級類別 person 的每條標記，包含了關鍵點及 segmentation 和 bbox、category_id
46   print(annIds,anns)
47   coco_kps.showAnns(anns)
```

程式執行後，輸出以下結果：

（1）輸出圖片的關鍵點標記資訊，並將關鍵點資訊包含到圖片上的內容。實際如下：

```
[447039, 1219580, 2167032]
[{'segmentation': [[168.85, 32.27, ……, 34.28]], 'num_keypoints': 16, 'area':
75920.59415, 'iscrowd': 0, 'keypoints': [148, 96, 2, ……, 582, 2], 'image_id':
187519, 'bbox': [21.57, 32.27, 331.51, 593.11], 'category_id': 1, 'id': 447039},
{'segmentation': [[60.7, 263.98, ……, 265.01], [56.58, ……, 101.95, 280.48]],
'num_keypoints': 8, 'area': 5370.2879, 'iscrowd': 0, 'keypoints': [0, 0, 0,
0, 0, ……, 1, 0, 0, 0, 0, 0, 0], 'image_id': 187519, 'bbox': [55.55, 195.92,
60.84, 196.95], 'category_id': 1, 'id': 1219580},
{'segmentation': [[1.18, ……, 5.47, 260.31], [5.47, ……, 296.46]], 'num_
keypoints': 4, 'area': 5143.66055, 'iscrowd': 0, 'keypoints': [0, 0, ……,  0,
0], 'image_id': 187519, 'bbox': [1.18, 200.27, 64.94, 227.92], 'category_id':
1, 'id': 2167032}]
```

輸出結果的第 1 行是圖 8-32 的關鍵點標記 ID（見程式第 44 行的 annIds），該關鍵點標記 ID 是含有 3 個元素的清單，表示圖 8-32 共有 3 筆關鍵點標記資訊。

輸出結果的是圖 8-32 中 3 筆關鍵點標記的實際資訊（2 和 3 是一筆，4 和 5 是一筆，6 和 7 是一筆）。每筆關鍵點標記都比位置座標標記多了兩個屬性。

■ num_keypoints：關鍵點個數，最多 16 個。

- keypoints：實際的關鍵點，固定 16 個點，每個點由 x 和 y 兩個值組成。如果個數不足 16，則需要補 0。

將關鍵點標記資訊包含到圖片上後，在圖片上可以看到對應的語義分割及關鍵點區域，如圖 8-34 所示。

圖 8-34 COCO 資料集
人物關鍵點圖例

4 載入並顯示文字描述標記資訊

使用 pycocotools 介面中的 COCO 函數將含有文字描述標記資訊的檔案 "captions_train2014.json" 載入並解析。

實際程式如下：

程式 8-22 資料集驗證（續）

```
48    annFile = './annotations_trainval2014/annotations/captions_train2014.json'
49    coco_caps=COCO(annFile)                              # 載入 Json 檔案，取得圖片描述
50    annIds = coco_caps.getAnnIds(imgIds=img['id'])  # 每一個圖片 ID 對應於多筆描述
51    anns = coco_caps.loadAnns(annIds)                # 跟據描述 ID 載入每筆描述
52    print(annIds,anns)                               # 每筆描述包含圖片 ID 和一段文字
53    coco_caps.showAnns(anns)
```

程式執行後，輸出以下結果：

```
[270682, 275047, 275455, 276205, 279877]
[{'image_id': 187519, 'id': 270682, 'caption': 'A man standing on home plate
holding a baseball bat.'}, {'image_id': 187519, 'id': 275047, 'caption': 'A
man swinging a baseball bat on a field.'}, {'image_id': 187519, 'id': 275455,
'caption': 'A baseball player is standing with his bat raised.'}, {'image_id':
187519, 'id': 276205, 'caption': 'A baseball player up at bat in a game in a
stadium.'}, {'image_id': 187519, 'id': 279877, 'caption': 'A ball player is
preparing to take a swing.'}]
A man standing on home plate holding a baseball bat.
A man swinging a baseball bat on a field.
A baseball player is standing with his bat raised.
A baseball player up at bat in a game in a stadium.
A ball player is preparing to take a swing.
```

輸出結果的第 1 行是圖 8-32 對應的文字描述標記 ID（見程式第 50 行的 annIds 變數），該文字描述標記 ID 是含有 5 個元素的清單，表示圖 8-32 中共有 5 筆文字描述標記資訊。

輸出結果的第 2~5 行是這 5 筆文字描述標記的實際資訊。

輸出結果的第 6~10 行是描述圖 8-32 的 5 筆實際文字。該資訊由 COCO 物件的 showAnns 方法輸出（見程式第 53 行）。

8.7.3 拆分 Mask R-CNN 模型的處理步驟

Mask R-CNN 模型屬於兩階段（2-stage）檢測模型，即該模型會先檢測包含實物的區域，再對該區域內的實物進行分類識別。

1 檢測實物區域的步驟

實際步驟如下：

（1）按照演算法將一張圖片分成多個子框。這些子框被叫作錨點（anchors），錨點是不同尺度的矩形框，彼此間存在部分重疊。

（2）在圖片中為實際的實物標記位置座標（所屬的位置區域）。

（3）根據實物標記的位置座標與錨點區域的面積重合度（Intersection over Union，IOU）計算出哪些錨點屬於前景、哪些錨點屬於背景（重疊度高的就是前景，重疊度低的就是背景，重疊度一般的就忽略掉）。

（4）根據第（3）步結果中屬於前景的錨點座標和第（2）步結果中實物標記的位置座標，計算出二者的相對位移和長寬的縮放比例。

最後，檢測區域中的工作會被轉化成對一堆錨點框的分類（前景和背景）和回歸工作（偏移和縮放）。如圖 8-35 所示，每張圖片都會將其本身標記的資訊轉化為與錨點對應的標籤，讓模型對已有的錨點進行訓練或識別。

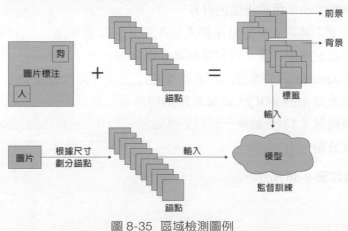

圖 8-35 區域檢測圖例

在 Mask R-CNN 模型中，擔當區域檢測功能的網路被稱作 RPN（Region Proposal Network）。

在實際處理過程中，會從 RPN 的輸出結果中選取前景機率較高的一定數量錨點作為可靠區域（Region Of Interest，ROI），送到第 2 階段的網路中進行計算。

2 Mask R-CNN 模型的完整步驟

Mask R-CNN 模型可以拆分成以下 5 個子步驟。

（1）分析主特徵：這部分的模型又被叫作骨幹網路。它用來從圖片中分析出一些不同尺度的重要特徵，通常用於一些預訓練好的網路（如 VGG 模型、Inception 模型、Resnet 模型等）。這些獲得的特徵資料被稱作 feature map。

（2）特徵融合：用特徵金字塔網路（Feature Pyramid Network，FPN）整合骨幹網路中不同尺度的特徵。最後的特徵資訊用於後面的 RPN 網路和最後的分類器網路。

（3）分析可靠區域：主要透過 RPN 來實現。該網路的作用是，在許多錨點中計算出前景和背景的預測值，並算出以錨點為基礎的偏移，然後對前景機率較大的可靠區域用 NMS 演算法去除重複，並從最後結果中取出指定個數的 ROI 用於後續網路的計算。

（4）ROI 池化：用區域對齊（ROIAlign）的方式進行。將第（2）步的結果當作圖片，按照 ROI 中的區域框位置從圖中取出對應的內容，並將形狀統一成指定大小，用於後面的計算。

（5）最後檢測：將第 4 步的結果輸入依次送入分類器網路（classifier）進行分類與邊框座標的計算。再將帶有精確邊框座標的分類結果一起送到檢測器網路（detectioner）進行二次去除重複（過濾掉類別分數較小且重複度高於指定設定值的 ROI），以實現實物矩形檢測功能。最後再將前面檢測器的結果與第（2）步結果一起送入隱藏檢測器（Mask_Detectioner）進行實物像素分割。

完整的架構如圖 8-36 所示。

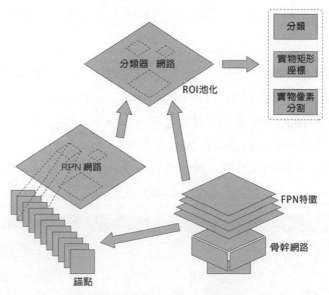

圖 8-36 Mask-RCNN 架構圖

8.7.4 專案部署：準備程式檔案及模型

Mask R-CNN 模型的預訓練模型的下載網址如下：

```
https://github.com/matterport/Mask_RCNN/releases/download/v2.0/mask_rcnn_coco.h5
```

將預訓練模型下載之後，放到本機程式的同級目錄下。再從本書搭配資源裡將該專案的原始程式碼檔案取出，放到本機路徑下，完成專案的部署。

該專案由 5 個程式檔案組成，實際說明如下。

- 「8-23 Mask_RCNN 應用 .py」：放置使用模型的全流程程式，以及說明模型內部過程的範例程式。
- 「8-24 mask_rcnn_model.py」：放置 Mask-RCNN 模型的實際程式。
- 「8-25 mask_rcnn_utils.py」：放置模型所需要的輔助工具程式。
- 「8-26 mask_rcnn_visualize.py」：放置視覺化部分的顯示程式。
- 「8-27 othernet.py」：放置 Mask_RCNN 中使用的實際模型，包含 RPN 模型、FPN 模型、分類器模型（用於圖片分類）、檢測器模型（用於目標檢測）、Mask 模型（用於圖片分割）。

8.7.5 程式實現：載入資料建置模型，並輸出模型加權

撰寫程式完成以下步驟：

（1）載入必要的程式模組，並將本實例中用到的其他程式檔案載入。

（2）用 pycocotools 工具將 COCO 資料集中的類別名稱分析出來。

（3）產生實體 MaskRCNN 類別，並建置 Mask R-CNN 模型。

（4）將預訓練模型 Mask R-CNN 的加權檔案載入。

（5）用 html_weight_stats 函數將加權檔案的內容儲存成網頁形式，並顯示出來。

實際的程式如下：

```
程式 8-23 Mask_RCNN 應用
01   import numpy as np
02   import tensorflow as tf
03   import matplotlib.pyplot as plt
04   from pycocotools.coco import COCO
05   import skimage.io as io                              # 載入必要的模組
06
07   mask_rcnn_model = __import__ ("8-24  mask_rcnn_model")
08   MaskRCNN = mask_rcnn_model.MaskRCNN
09   utils = __import__ ("8-25  mask_rcnn_utils")
10   visualize = __import__ ("8-26  mask_rcnn_visualize")
11
12   # 載入資料集
13   annFile='./cocos2014/annotations_trainval2014/annotations/ instances_
            train2014.json'
14   coco=COCO(annFile)                                   # 載入註釋的 JSON 格式資料
15
16   class_ids = sorted(coco.getCatIds())                 # 獲得分類 ID
17   class_info = coco.loadCats(coco.getCatIds())         # 分析分類資訊
18   class_name=[n["name"] for n in class_info]
19
20   class_ids.insert(0,0)
21   class_name.insert(0,"BG")
22
23   print(class_ids)                                     # 所有的類別索引
24   print(class_name)                                    # 所有的類別名稱
25
26   # 載入模型
27   BATCH_SIZE =1                                        # 批次
28   MODEL_DIR = "./log"
```

```
29    # 指定模型執行的裝置
30    DEVICE = "/cpu:0"   # 指定模型在第 0 塊 CPU 上執行（也可以指定在 GPU 上執行）
31    # 以 inference 模式建置模型
32    with tf.device(DEVICE):
33        model = MaskRCNN(mode="inference", model_dir=MODEL_DIR, num_class=
                    len(class_ids),batch_size = BATCH_SIZE)    # 指定分類個數（81）
34
35    # 模型加權檔案路徑
36    weights_path = "./mask_rcnn_coco.h5"
37
38    # 載入加權檔案
39    print("Loading weights ", weights_path)
40    model.load_weights(weights_path, by_name=True)
41
42    # 將所有的可訓練加權顯示出來
43    utils.html_weight_stats(model)                           # 顯示加權
```

執行程式後，輸出以下結果：

```
[0, 1, 2, 3, ……89, 90]
['BG', 'person',……'toothbrush']
```

在輸出結果中：

- 第 1 行顯示的是類別的 ID。
- 第 2 行顯示的類別的名稱。

在程式第 20、21 行，對原始的資料類別進行轉換，加入一個背景類別（ID 為 0，名稱為 BG）。

> **提示**
>
> 因為本實例使用的預訓練模型就是按照含有 ID 為 0 的背景類別結構進行訓練的，所以在建置 Mask R-CN 模型時也必須增加這個背景類別。
>
> 另外，在訓練自己的資料時也建議使用這種技巧，它可以讓模型訓練出更好的效果。

在程式執行之後，會在本機目錄下產生一個名為 a.html 的檔案。雙擊開啟該檔案，可以看到如圖 8-37 所示的加權列表。

file:///G:/python3/8-9%20%20Mask_RCNN网络/a.html

bn2a_branch2a/moving_variance:0	(64,)	+0.0000	+8.9258	+2.0314
res2a_branch2b/kernel:0	(3, 3, 64, 64)	-0.3878	+0.5070	+0.0323
res2a_branch2b/bias:0	(64,)	-0.0037	+0.0026	+0.0010
bn2a_branch2b/gamma:0	(64,)	+0.3165	+1.7010	+0.3042
bn2a_branch2b/beta:0	(64,)	-1.9348	+4.5429	+1.5113
bn2a_branch2b/moving_mean:0	(64,)	-6.7752	+4.5769	+2.2594
bn2a_branch2b/moving_variance:0	(64,)	+0.0000	+5.5085	+1.0835
res2a_branch2c/kernel:0	(1, 1, 64, 256)	-0.4468	+0.3615	+0.0410
res2a_branch2c/bias:0	(256,)	-0.0041	+0.0052	+0.0016
res2a_branch1/kernel:0	(1, 1, 64, 256)	-0.8674	+0.7588	+0.0703
res2a_branch1/bias:0	(256,)	-0.0034	+0.0025	+0.0009
bn2a_branch2c/gamma:0	(256,)	-0.5782	+3.1806	+0.6192
bn2a_branch2c/beta:0	(256,)	-1.1422	+1.4273	+0.4229
bn2a_branch2c/moving_mean:0	(256,)	-4.2602	+3.0864	+1.0168
bn2a_branch2c/moving_variance:0	(256,)	+0.0000	+2.6688	+0.3827
bn2a_branch1/gamma:0	(256,)	+0.2411	+3.4973	+0.6241
bn2a_branch1/beta:0	(256,)	-1.1422	+1.4274	+0.4229
bn2a_branch1/moving_mean:0	(256,)	-8.0883	+8.6554	+2.0289
bn2a_branch1/moving_variance:0	(256,)	+0.0000	+8.7306	+1.5526
res2b_branch2a/kernel:0	(1, 1, 256, 64)	-0.2536	+0.2319	+0.0358
res2b_branch2a/bias:0	(64,)	-0.0027	+0.0028	+0.0012

圖 8-37 Mask-RCNN 加權列表

8.7.6 程式實現：架設殘差網路 ResNet

架設一個殘差網路（ResNet 模型）作為 Mask R-CNN 模型中的骨幹網結構。

在實作方式時，將 ResNet 模型封裝成 API，以便程式呼叫，實際步驟如下。

1 載入模組，定義模型參數

整個 Mask R-CNN 模型的網路結構都是在程式檔案「8-24 mask_rcnn_model.py」中實現的。在程式開始處，先引用全部的模組，並定義需要的參數。實際的程式如下：

程式 8-24 mask_rcnn_model

```
import os
import random
import datetime
import re
import math
import logging
import numpy as np
import skimage.transform
import tensorflow as tf
from tensorflow import keras
from tensorflow.keras import backend as K        #載入 keras 的後端實現
from tensorflow.keras import layers as KL
```

```
13    from tensorflow.keras import models as KM          # 載入模組
14
15    utils = __import__("8-25  mask_rcnn_utils")
16    log = utils.log
17    compose_image_meta = utils.compose_image_meta
18    othernet =  __import__("8-27  othernet")
19    build_rpn_model = othernet.build_rpn_model
20    ProposalLayer= othernet.ProposalLayer
21    fpn_classifier_graph = othernet.fpn_classifier_graph
22    DetectionLayer = othernet.DetectionLayer
23    build_fpn_mask_graph = othernet.build_fpn_mask_graph
24    parse_image_meta_graph = othernet.parse_image_meta_graph
25    # 要求 TensorFlow 的版本在 1.8 以上，這樣 MNS 演算法才會表現穩定
26    from distutils.version import LooseVersion
27    assert LooseVersion(tf.__version__) >= LooseVersion("1.8")
28
29    # 定義全域輸入圖片大小（二選一），圖片會被下取樣 6 次，必須能夠被 2 的 6 次方整除
30    IMAGE_MIN_DIM = 800
31    IMAGE_MAX_DIM = 1024
32    IMAGE_DIM = IMAGE_MAX_DIM                    # 選擇 1024
33    IMAGE_RESIZE_MODE = "square"                 # 統一成 IMAGE_MAX_DIM
34
35    # 對圖片變化尺寸時，定義的最小縮放範圍。0 代表不限制最小縮放範圍
36    IMAGE_MIN_SCALE = 0
37
38    BACKBONE = "resnet101"                       # 骨幹網路使用 ResNet
39
40    # 骨幹網路傳回的每一層特徵，對原始圖片的縮小比例代表著輸出特徵的 5 種尺度
41    # 在計算錨點時，BACKBONE_STRIDES 的每個元素代表按照該像素值劃分網格
42    # 骨幹網路輸出的特徵，其尺度分別為 256、128、64、32、16，代表輸出的網格個數分別為
      256、128、64、32、16
43    BACKBONE_STRIDES = [4, 8, 16, 32, 64]
44
45    # 掃描網格的步進值。按照該步進值取得網格，用於計算錨點。網格中的第 1 個像素座標被
      當作錨點的中心點
46    RPN_ANCHOR_STRIDE = 1
47
48    # 每個錨點的邊長初值
49    RPN_ANCHOR_SCALES = (32, 64, 128, 256, 512)
50
51    # 錨點的邊長比例 (width/height)，將初值和邊長比例一起計算，獲得錨點的真實邊長
52    RPN_ANCHOR_RATIOS = [0.5, 1, 2]
53
```

```
54    RPN_TRAIN_ANCHORS_PER_IMAGE = 256            # 訓練 RPN 時選取錨點的個數
55    TRAIN_ROIS_PER_IMAGE = 200            # 在訓練過程中，將選取多少個 ROI 放到 FPN 層中
56    ROI_POSITIVE_RATIO = 0.33            # 訓練過程中選取的正向 ROI 比例，用於送往 FPN
57
58    # 對應於訓練或是使用時，RPN 最後需要最大保留多少個 ROI
59    POST_NMS_ROIS_TRAINING = 2000
60    POST_NMS_ROIS_INFERENCE = 1000
61    RPN_NMS_THRESHOLD = 0.7
62    FPN_FEATURE = 256            # 特徵金字塔層的深度
63    DETECTION_MAX_INSTANCES = 100            #FPN 最後檢測的實例個數
64    # 在製作樣本的標籤時，從一張圖片中最多唯讀取 100 個實例
65    MAX_GT_INSTANCES = 100
66    # 分類時的可靠度設定值
67    DETECTION_MIN_CONFIDENCE = 0.7
68    # 檢測時的 Non-maximum suppression 設定值
69    DETECTION_NMS_THRESHOLD = 0.3
70
71    # 定義池化 ROI 的相關參數
72    POOL_SIZE = 7            # 金字塔對齊池化後的 ROI 形狀
73    MASK_POOL_SIZE = 14
74    MASK_SHAPE = [28, 28]
75    # 定義 RPN 和最後檢測的邊界框細化標準差
76    RPN_BBOX_STD_DEV = np.array([0.1, 0.1, 0.2, 0.2])
77    BBOX_STD_DEV = np.array([0.1, 0.1, 0.2, 0.2])
78
79    # 是否對隱藏進行壓縮
80    USE_MINI_MASK = True
81    MINI_MASK_SHAPE = (56, 56)            # 壓縮後的隱藏大小 (height, width)
```

程式中每個參數的定義，都做了詳細的註釋。讀者需要了解這些定義，並與實際的演算法規則結合起來，才能更進一步地了解程式。

提示

在程式第 24 行，用斷言函數判斷 TensorFlow 的版本，要求 TensorFlow 的版本編號要在 1.8 以上。原因在於，本實例直接使用了 TensorFlow 中的 NMS 演算法函數庫。

如果使用的是 1.8 以下的版本，則不建議使用 TensorFlow 中的 NMS 的演算法函數庫。可以將使用 TensorFlow 中的 NMS 演算法函數庫的程式（見 8.7.12 小節）改成使用 8.5.9 小節自訂的 NMS 演算法函數。

---

2 架設殘差塊

殘差網路中最核心的部分是透過短連結實現的殘差塊。

在 ResNet101 模型中實現了兩種不同的殘差塊結構：

- 不帶卷積操作的短連結結構。
- 帶卷積操作的短連結結構。

這兩種殘差塊的實現程式如下：

程式 8-24 mask_rcnn_model（續）

```
82    def compute_backbone_shapes( image_shape):          #計算 ResNet 傳回的形狀
83        returnshape  = [[int(math.ceil(image_shape[0] / stride)),
84                         int(math.ceil(image_shape[1] / stride))] for stride in
                          BACKBONE_STRIDES]
85        return np.array( returnshape)
86
87    #ResNet 中的 identity_block( 不帶卷積的短連結 )
88    def identity_block(input_tensor, kernel_size, filters, stage, block,
      use_bias=True, train_bn=True): #kernel_size 是第 2 層卷積核心的大小。Filters
                              是每層卷積核心的個數，stage 和 block 用於命名
89
90        nb_filter1, nb_filter2, nb_filter3 = filters    #解析出每層卷積核心個數
91        conv_name_base = 'res' + str(stage) + block + '_branch' #為卷積層命名
92        bn_name_base = 'bn' + str(stage) + block + '_branch'    #為 BN 層命名
93
94        x = KL.Conv2D(nb_filter1, (1, 1), name=conv_name_base + '2a',
              use_bias=use_bias)(input_tensor)
95        x = KL.BatchNormalization(name=bn_name_base + '2a')(x, training=train_bn)
96        x = KL.Activation('relu')(x)
97
98        x = KL.Conv2D(nb_filter2, (kernel_size, kernel_size), padding='same',
              name=conv_name_base + '2b', use_bias=use_bias)(x)
99        x = KL.BatchNormalization(name=bn_name_base + '2b')(x, training=train_bn)
100       x = KL.Activation('relu')(x)
101
102       x = KL.Conv2D(nb_filter3, (1, 1), name=conv_name_base + '2c',
              use_bias=use_bias)(x)
103       x = KL.BatchNormalization(name=bn_name_base + '2c')(x, training=train_bn)
104
105       x = KL.Add()([x, input_tensor])                       #短連結
106       x = KL.Activation('relu', name='res' + str(stage) + block + '_out')(x)
107       return x
```

```
108
109    #ResNet 中的 conv_block( 帶卷積的短連結 )
110    def conv_block(input_tensor, kernel_size, filters, stage, block, strides=
                 (2, 2), use_bias=True, train_bn=True):  #strides 為第 1 層的步
    進值，進行了下取樣，所以短連結時也得下取樣
111
112        nb_filter1, nb_filter2, nb_filter3 = filters
113        conv_name_base = 'res' + str(stage) + block + '_branch'
114        bn_name_base = 'bn' + str(stage) + block + '_branch'
115
116        # 第 1 層，1×1 卷積
117        x = KL.Conv2D(nb_filter1, (1, 1), strides=strides,  name=conv_name_
              base + '2a', use_bias=use_bias)(input_tensor)
118        x = KL.BatchNormalization(name=bn_name_base + '2a')(x, training=train_bn)
119        x = KL.Activation('relu')(x)
120
121        # 第 2 層，按照指定卷積核心卷積
122        x = KL.Conv2D(nb_filter2, (kernel_size, kernel_size), padding='same',
              name=conv_name_base + '2b', use_bias=use_bias)(x)
123        x = KL.BatchNormalization(name=bn_name_base + '2b')(x, training =
              train_bn)
124        x = KL.Activation('relu')(x)
125
126        # 第 3 層，1×1 卷積
127        x = KL.Conv2D(nb_filter3, (1, 1), name=conv_name_base + '2c',
              use_bias=use_bias)(x)
128        x = KL.BatchNormalization(name=bn_name_base + '2c')(x, training=train_bn)
129
130        # 帶卷積的短連結
131        shortcut = KL.Conv2D(nb_filter3, (1, 1), strides=strides, name=
                  conv_name_base + '1', use_bias=use_bias)(input_tensor)
132        shortcut = KL.BatchNormalization(name=bn_name_base + '1')(shortcut,
                  training=train_bn)
133        x = KL.Add()([x, shortcut])
134        x = KL.Activation('relu', name='res' + str(stage) + block + '_out')(x)
135
136        return x
```

程式第 88 行定義了 identity_block 層，實現了不帶卷積的殘差塊，主要是用於識別影像特徵。

程式第 110 行定義了 conv_block 層，實現了帶卷積的殘差塊（見程式第 131 行）。在識別影像特徵的同時，又對原有圖片進行了下取樣。殘差網路主要是

將這兩種單元結構按照一定順序串聯起來，形成了深層的神經網路，進一步具有分析特徵的能力。

❸ 架設 ResNet 模型

ResNet 模型常被用在複雜模型中，實現特徵分析功能。經典的 ResNet 模型有兩種結構：ResNet50 和 ResNet101。

- ResNet50 一共有 50 層，屬於較小型網路，精度稍低一些，但運算速度更快。
- ResNet101 一共有 101 層，屬於較大型網路，精度稍高一些，但運算速度較慢。

下面程式中用 resnet_graph 函數來架設 ResNet 模型。函數 resnet_graph 可以同時支援 ResNet101 和 ResNet50 兩種模型的實現。

在整個 Mask R-CNN 模型中，僅取得殘差網路輸出的最後特徵是不夠的，還需要將其中間狀態的部分特徵取出出來。

在程式實現時，按照整個網路對原始圖片的縮放尺度（每個帶卷積的殘差塊都會將尺寸縮為原來的一半）將不同尺寸的特徵層取出出來。

實際程式如下：

```
程式 8-24 mask_rcnn_model（續）
137  # 組建殘差網路，支援 resnet50 和 resnet101 兩種。參數 stage5 表示是否將第 5 特徵層
     的結果輸出
138  def resnet_graph(input_image, architecture, stage5=False, train_bn=True):
139
140      assert architecture in ["resnet50", "resnet101"]
141      #第 1 特徵層
142      x = KL.ZeroPadding2D((3, 3))(input_image)
143      x = KL.Conv2D(64, (7, 7), strides=(2, 2), name='conv1', use_bias=
             True)(x)
144      x = KL.BatchNormalization(name='bn_conv1')(x, training=train_bn)
145      x = KL.Activation('relu')(x)
146      C1 = x = KL.MaxPooling2D((3, 3), strides=(2, 2), padding="same")(x)
147      #第 2 特徵層
148      x = conv_block(x, 3, [64, 64, 256], stage=2, block='a', strides=(1, 1),
             train_bn=train_bn)
149      x = identity_block(x, 3, [64, 64, 256], stage=2, block='b', train_bn=
             train_bn)
150      C2 = x = identity_block(x, 3, [64, 64, 256], stage=2, block='c',
```

```
              train_bn=train_bn)
151     #第3特徵層
152     x = conv_block(x, 3, [128, 128, 512], stage=3, block='a',
            train_bn=train_bn)
153     x = identity_block(x, 3, [128, 128, 512], stage=3, block='b',
            train_bn=train_bn)
154     x = identity_block(x, 3, [128, 128, 512], stage=3, block='c',
            train_bn=train_bn)
155     C3 = x = identity_block(x, 3, [128, 128, 512], stage=3, block='d',
            train_bn=train_bn)
156     #第4特徵層
157     x = conv_block(x, 3, [256, 256, 1024], stage=4, block='a',
            train_bn=train_bn)
158     block_count = {"resnet50": 5, "resnet101": 22}[architecture]
159     for i in range(block_count):
160         x = identity_block(x, 3, [256, 256, 1024], stage=4, block=chr(98
                + i), train_bn=train_bn)
161     C4 = x
162     #第5特徵層
163     if stage5:
164         x = conv_block(x, 3, [512, 512, 2048], stage=5, block='a',
                train_bn=train_bn)
165         x = identity_block(x, 3, [512, 512, 2048], stage=5, block='b',
                train_bn=train_bn)
166         C5 = x = identity_block(x, 3, [512, 512, 2048], stage=5,
                block='c', train_bn=train_bn)
167     else:
168         C5 = None
169     return [C1, C2, C3, C4, C5]
```

在上述程式的最後一行，傳回了 ResNet 模型中每個特徵層所取出的特徵資料。其中，第 1 特徵層至第 5 特徵層分別用張量 C1 ～ C5 表示。

每個特徵層都是透過對上層資料進行下取樣處理得來的。假如輸入圖片的尺寸為 [1024,2014,3]，則 C1 到 C5 的尺寸依次為：[256,256]、[128,128]、[64,64]、[32,32]、[16,16]。

8.7.7 程式實現：架設 Mask R-CNN 模型的骨幹網路 ResNet

下面透過 MaskRCNN 類別架設 Mask R-CNN 模型。在 MaskRCNN 類別中，實現模型的兩種使用方式：訓練（training）方式和介面呼叫（inference）方式。

因為本實例是直接使用預訓練模型進行實現，所以只實現其介面功能即可。

■1 在 MaskRCNN 類別中架設 ResNet 模型

在 MaskRCNN 類別中，用成員變數 keras_model 來建立 Mask R-CNN 模型。
基本想法是：首先透過 MaskRCNN 類別的初始化方法（__init__）為其增加
基本設定；接著透過 build 方法為 keras_model 建置模型。在 build 方法中，用
resnet_graph 函數建置 ResNet 模型，並傳回其中 5 種尺度的特徵。

在建置模型之前，需要實現一個 mold_inputs 方法，以便對輸入的圖片進行前
置處理。在 mold_inputs 方法中，將圖片等比例縮放到 [1024,1024,3] 大小，並
將尺寸不足的地方補 0。實作程式如下：

程式 8-24 mask_rcnn_model（續）

```
170   class MaskRCNN():                                      # 定義 Mask R-CNN 模型類別
171     def __init__(self, mode, model_dir,num_class,batch_size):        # 初始化
172       """
173       mode: 可以是 training 或 inference 兩種模式
174       model_dir: 儲存模型的路徑
175       """
176       assert mode == 'inference'
177       self.mode = mode
178       self.num_class = num_class
179       self.batch_size = batch_size
180       self.model_dir = model_dir
181       self.set_log_dir()
182       self.keras_model = self.build(mode=mode)   #keras_model 是真正模型
183
184     def mold_inputs(self, images):                       # 輸入圖片前置處理
185       molded_images = []
186       image_metas = []
187       windows = []
188       for image in images:
189
190         #window 是縮放後有效圖片的座標
191         #scale 是縮放比例
192         molded_image, window, scale, padding, crop = utils.resize_image(
193             image,
194             min_dim=IMAGE_MIN_DIM,
195             min_scale=IMAGE_MIN_SCALE,
196             max_dim=IMAGE_MAX_DIM,
197             mode=IMAGE_RESIZE_MODE)
```

```
198              molded_image = mold_image(molded_image)# 平均值化
199
200              # 把圖片搭配的資訊也包裝好
201              image_meta = utils.compose_image_meta(
202                  0, image.shape, molded_image.shape, window, scale,
203                  np.zeros([self.num_class], dtype=np.int32))
204              # 將資訊增加到列表
205              molded_images.append(molded_image)
206              windows.append(window)
207              image_metas.append(image_meta)
208
209          # 轉成 np 陣列
210          molded_images = np.stack(molded_images)
211          image_metas = np.stack(image_metas)
212          windows = np.stack(windows)
213
214          return molded_images, image_metas, windows
215
216      def build(self, mode):                      # 建置 Mask R-CNN 模型的網路架構
217
218          # 檢查尺寸合法性
219          h, w = IMAGE_DIM,IMAGE_DIM;
220          if h / 2**6 != int(h / 2**6) or w / 2**6 != int(w / 2**6):
221              raise Exception(" 必須要被 2 的 6 次方整除 . 例如：256, 320, 384,
                 448, 512, ... 等 . ")
222
223          input_image = KL.Input( shape=[None, None, 3], name="input_image")
             # 定義輸入節點
224
225          input_image_meta = KL.Input(shape=[img_meta_size], name=
             "input_image_meta")
226
227          if mode == "inference":                      # 將全域的錨點框輸入
228              input_anchors = KL.Input(shape=[None, 4], name="input_anchors")
229
230          # 建置骨幹網路。傳回最後 5 層的特徵 (5 種尺度)，不使用 BN，因為批次 =1，
             非常小
231          _, C2, C3, C4, C5 = resnet_graph(input_image, BACKBONE,
                               stage5=True, train_bn=False)
```

從程式第 231 行可以看到，並沒有將 5 種尺度的特徵全部使用，而是將第 1 特徵層的特徵丟掉。原因是：第 1 層的特徵相對變化較小，雖然資訊豐富，但是相對精度較低。

2 實現 utils 模組中相關的函數

在 MaskRCNN 類別中用到了 3 個函數：resize_image、compose_image_meta 和 mold_image。實現方式請看以下程式：

程式 8-25 mask_rcnn_utils

```
01   import numpy as np
02   import tensorflow as tf
03   from tensorflow.keras import backend as K          #載入 Keras 的後端實現
04   from collections import OrderedDict
05   import skimage.color
06   import skimage.io
07   import skimage.transform
08   mask_rcnn_model = __import__("8-24 mask_rcnn_model")
09   model =mask_rcnn_model
10
11   #Image mean (RGB)
12   MEAN_PIXEL = np.array([123.7, 116.8, 103.9])
13   def mold_image(images):                           #將圖片平均值化
14       return images.astype(np.float32) - MEAN_PIXEL
15
16   def unmold_image(normalized_images ):             #將平均值化的圖片還原
17       return (normalized_images + MEAN_PIXEL).astype(np.uint8)
18
19   #改變圖片形狀，mode 為 square 表示填充為正方形，大小為 max_dim
20   def resize_image(image, min_dim=None, max_dim=None, min_scale=None,
21                    mode="square"):    #mode 為 pad64，支援被 64 整除；mode 為
                                         crop，表示按照 min_dim 變形
22
23       ……# 由於程式過長，這裡略過。請參考隨書的搭配程式
24       else:
25           raise Exception("Mode {} not supported".format(mode))
26       return image.astype(image_dtype), window, scale, padding, crop
27
28   # 定義函數將圖片資訊組合起來
29   def compose_image_meta(image_id, original_image_shape, #原始圖片尺寸
30                       image_shape,        #image_shape 轉化後圖片尺寸
31                       window,             # 轉化後的圖片，除去補 0 後剩下的座標
32                       scale, active_class_ids):
33       meta = np.array(
34           [image_id] +                    #size=1
35           list(original_image_shape) +    #size=3
36           list(image_shape) +             #size=3
37           list(window) +                  #size=4 (y1, x1, y2, x2)
```

```
38            [scale] +                                      #size=1
39            list(active_class_ids)                         #size=num_classes
40       )
41       return meta
```

8.7.8 程式實現：視覺化 Mask R-CNN 模型骨幹網路的特徵輸出

為了可以清晰地了解 ResNet 模型所輸出的內容，透過程式向模型輸入圖片，並將結果顯示出來。

1 實現 utils 模組中相關的函數

在 utils 模組中實現了函數 run_graph，用於輸出 MaskRCNN 類別中的指定模型節點資訊。在函數 run_graph 中，使用的是 tf.keras 介面的 function 函數將指定的網路節點輸出（見程式第 64 行）。

函數 tf.keras.function 的用法與函數 tf.keras.model 的用法類似，實際如下：

（1）建置輸入與輸出的網路節點。

（2）將輸入與輸出的網路節點傳入 tf.keras.function 函數，獲得一個 kf 物件。kf 物件具有可呼叫（ __call__ ）屬性。

（3）呼叫物件 kf，並向裡面傳入實際的輸入資料，這樣便可實現指定節點的輸出。

在本例中，直接將 MaskRCNN 類別裡的輸入層作為函數 tf.keras.function 的輸入節點，將參數 outputs 作為函數 tf.keras.function 的輸出節點，並呼叫函數 tf.keras.function 建置出可呼叫物件 kf。接著便建置出輸入資料，呼叫 kf 物件，輸出 outputs 節點的計算結果。實際程式如下：

程式 8-25 mask_rcnn_utils（續）
```
42   def log(text, array=None):# 輸出 numpy 類型的物件資訊
43       if array is not None:
44           text = text.ljust(25)
45           text += ("shape: {:20}  min: {:10.5f}  max: {:10.5f}  {}".format(
46               str(array.shape),
47               array.min() if array.size else "",
48               array.max() if array.size else "",
49               array.dtype))
```

```
50      print(text)
51
52  # 定義函數，執行子圖
53  def run_graph(MaskRCNNobj, images, outputs,BATCH_SIZE, image_metas=None):
54
55          model = MaskRCNNobj.keras_model              # 取得模型
56          outputs = OrderedDict(outputs)               # 檢查參數
57          for o in outputs.values():
58              assert o is not None
59
60          # 透過 tf.keras 介面的 function 函數來執行圖中的一部分
61          inputs = model.inputs
62          if model.uses_learning_phase and not isinstance(K.learning_
                  phase(), int):
63              inputs += [K.learning_phase()]
64          kf = K.function(model.inputs, list(outputs.values()))
65
66          if image_metas is None:                       # 檢查 image_metas 參數
67              molded_images, image_metas, _ = MaskRCNNobj.mold_inputs(images)
68          else:
69              molded_images = images
70          image_shape = molded_images[0].shape
71
72          # 根據圖片形狀獲得錨點資訊
73          anchors = MaskRCNNobj.get_anchors(image_shape)# 根據圖片大小獲得錨點
74
75          # 一張圖片的錨點變成 batch 張圖片，複製 batch 份
76          anchors = np.broadcast_to(anchors, (BATCH_SIZE,) + anchors.shape)
77          model_in = [molded_images, image_metas, anchors]
78
79          # 執行模型
80          if model.uses_learning_phase and not isinstance(K.learning_
                  phase(), int):
81              model_in.append(0.)
82          outputs_np = kf(model_in)
83
84          # 將結果包裝成字典
85          outputs_np = OrderedDict([(k, v) for k, v in zip(outputs.keys(),
                      outputs_np)])
86
87          for k, v in outputs_np.items():                          # 輸出結果
88              log(k, v)
89          return outputs_np
```

程式第 66~77 行，實現了列表物件 model_in 的建置。該列表物件 model_in 將作為可呼叫物件 kf 的輸入資料在計算輸出節點中使用。

可呼叫物件 kf 的輸入資料格式應與 MaskRCNN 類別裡輸入層節點的格式一致，它們由圖片（molded_images）、圖片中繼資料（image_metas）、錨點資訊（anchors）這 3 個資料組成。

- molded_images：前置處理過的圖片資料。在程式第 66 行對參數 image_metas 進行判斷。如果參數 image_metas 為 None，則表示輸入的圖片 images 是原始圖片，需要呼叫模型的 mold_inputs 方法對圖片進行前置處理，並將縮放後的圖片資料封包裝到參數 image_metas 裡；如果參數 image_metas 不為 None，則表示輸入的圖片 images 已被前置處理過，可以直接使用。
- image_metas：圖片的中繼資料，記錄著圖片在前置處理過程中的附屬資訊。
- anchors：圖片的錨點資訊。它根據是輸入圖片的形狀計算得來的，由模型的 get_anchors 方法產生。產生規則見 8.7.10 小節的詳細介紹。

在程式第 82 行，將列表物件 model_in 傳入可呼叫物件 kf 中，進行輸出節點的計算（獲得結果 outputs_np）。接著將最後的計算結果 outputs_np 輸出，並傳回。

2 取得圖片

從資料集中隨機取出一張圖片，作為模型的原始輸入資料登錄 MaskRCNN 類別中，用來計算 ResNet 層所取出的特徵。程式如下：

程式 8-23 Mask_RCNN 應用（續）

```
44   # 從資料集中取得一個圖片用於測試
45   catIds = coco.getCatIds(catNms=['person'])   # 根據類別名稱獲得對應的圖片清單
46   imgIds = coco.getImgIds(catIds=catIds )
47   print(catIds,len(imgIds),imgIds[:5])
48
49   # 從指定清單中取一張圖片
50   index = imgIds[np.random.randint(0,len(imgIds))]
51   print(index)
52   img = coco.loadImgs(index)[0]                 #index 可以是陣列，會傳回多個圖片
53   print(img)
54   image = io.imread(img['coco_url'])
```

```
55   plt.axis('off')
56   plt.imshow(image)
57   plt.show()
```

程式執行後，輸出以下結果：

```
[1] 45174 [262145, 262146, 524291, 393223, 393224]
227612
{'license': 2, 'file_name': 'COCO_train2014_000000227612.jpg', 'coco_url':
'http://images.cocodataset.org/train2014/COCO_train2014_000000227612.jpg',
'height': 333, 'width': 500, 'date_captured': '2013-11-1923:55:59', 'flickr_
url': 'http://farm3.staticflickr.com/2646/3916774397_6f358fa220_z.jpg', 'id':
227612}
```

輸出結果的第 1 行的意義是：在 COCO 資料集中，person 類別的索引為 1。該
類別有 45174 筆標記資訊，以及 person 類別中前 5 筆標記的索引值。

輸出結果的第 2 行，對應於程式第 51 行的執行結果。意義是：在 person 類別
的標記資料中，隨機取出一筆索引值為 227612 的標記資料。

輸出結果的第 3 行顯示索引值為 227612 的標記資料的實際內容。

在程式第 54 行，呼叫函數 io.imread，並根據標記資訊中的網址將圖片下載到
記憶體中並顯示出來，如圖 8-38 所示。

圖 8-38 COCO 資料集中的人物圖片

❸ 執行 MaskRCNN 子圖，驗證 ResNet 輸出

下面用 run_graph 函數將 ResNet 的最後兩層網路的特徵值列印出來，並進行視
覺化。程式如下：

程式 8-23 Mask_RCNN 應用（續）

```
58  ResNetFeatures = utils.run_graph(model,[image], [
59     ("res4w_out",    model.keras_model.get_layer("res4w_out").output),
60     ("res5c_out",    model.keras_model.get_layer("res5c_out").output),
61  ],BATCH_SIZE)
62
63  #視覺化
64  visualize.display_images(np.transpose(ResNetFeatures["res4w_out"]
       [0,:,:,:4], [2, 0, 1]))
65  visualize.display_images(np.transpose(ResNetFeatures["res5c_out"]
       [0,:,:,:4], [2, 0, 1]))
```

在建置 ResNet 模型的程式中（見 8.7.6 小節），為每個特徵層的殘差塊都定義了一個名字。

程式第 59 行，用 model.keras_model.get_layer 方法，根據殘差塊的名字取出第 4 特徵層輸出的張量。該張量將傳入 run_graph 函數，計算出實際的特徵資料。

程式第 64、65 行，用 visualize 模組的 display_images 函數，分別從第 4、5 特徵層的輸出結果中取出 4 張特徵資料，並將其視覺化（visualize 模組是一個視覺化程式模組，本書不做實際說明）。

整個程式執行後，輸出以下結果：

```
res4w_out   shape: (1, 64, 64, 1024)   min:   0.00000  max:   78.48668  float32
res5c_out   shape: (1, 32, 32, 2048)   min:   0.00000  max:   70.40952  float32
```

輸出結果中的第 1、2 行分別是第 4、5 特徵層的輸出。從形狀上可以看到，第 4 特徵層將原始圖片（1024 pixel×1024 pixel）做了 4 次縮小一半的操作（$1024 \div 4^2 = 64$），而第 5 特徵層將原始圖片做了 5 次縮小一半的操作。

接著還會看到輸出的特徵圖片，如圖 8-39 所示。

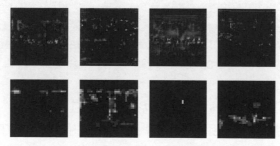

圖 8-39 ResNet 模型的第 4、5 特徵層的輸出結果

從圖 8-39 中可以看到，模型中第 4、5 層的特徵資料能夠關注到圖片中的某些特殊區域。

8.7.9 程式實現：用特徵金字塔網路處理骨幹網路特徵

在特徵分析過程中，骨幹網模型的最後層特徵與中間層特徵有以下特點：

- 最後特徵層，輸出的特徵語義資訊比較少，但指向收斂目標的特徵相對精準。
- 中間特徵層，含有的特徵語義資訊比較豐富，但指向收斂目標的特徵相比較較粗略。

特徵金字塔網路（Feature Pyramid Networks，FPN）是目標檢測模型中的經典網路，它可以對骨幹網路模型做更好的特徵分析。用 FPN 分析出來的特徵能夠兼顧最後層和中間層特徵的優點，使預測效果更好。

FPN 的原理是：將骨幹網路最後特徵層和中間特徵層的多個尺度的特徵以類似金字塔的形式融合在一起。最後的特徵可以兼顧兩個特點──指向收斂目標的特徵準確、特徵語義資訊豐富。更多資訊可以參考論文：

```
https://arxiv.org/abs/1612.03144
```

實際方式如圖 8-40 所示。

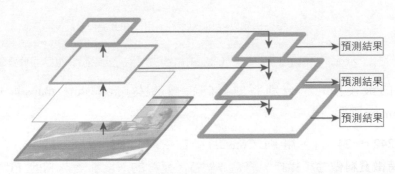

圖 8-40 FPN 的結構

1 FPN 的程式實現

接著 8.7.7 小節，在 MaskRCNN 類別中增加以下程式：

程式 8-24 mask_rcnn_model（續）

```
232          # 實現特徵金字塔層 FPN
233          P5 = KL.Conv2D(256, (1, 1), name='fpn_c5p5')(C5)
234          P4 = KL.Add(name="fpn_p4add")([KL.UpSampling2D(size=(2, 2),
                        name="fpn_p5upsampled")(P5),
235                  KL.Conv2D(256, (1, 1), name='fpn_c4p4')(C4)]  )
236          P3 = KL.Add(name="fpn_p3add")([KL.UpSampling2D(size=(2, 2),
                        name="fpn_p4upsampled")(P4),
237                  KL.Conv2D(256, (1, 1), name='fpn_c3p3')(C3)]  )
238          P2 = KL.Add(name="fpn_p2add")([ KL.UpSampling2D(size=(2, 2),
                        name="fpn_p3upsampled")(P3),
239                  KL.Conv2D(256, (1, 1), name='fpn_c2p2')(C2)]  )
240
241          # 依次對融合後的特徵進行卷積操作
242          P2 = KL.Conv2D(FPN_FEATURE, (3, 3), padding="SAME", name=
               "fpn_p2")(P2)
243          P3 = KL.Conv2D(FPN_FEATURE, (3, 3), padding="SAME", name=
               "fpn_p3")(P3)
244          P4 = KL.Conv2D(FPN_FEATURE, (3, 3), padding="SAME", name=
               "fpn_p4")(P4)
245          P5 = KL.Conv2D(FPN_FEATURE, (3, 3), padding="SAME", name=
               "fpn_p5")(P5)
246          # 額外再將 P5 進行下取樣，產生一個 P6 特徵，用於 RPN
247          P6 = KL.MaxPooling2D(pool_size=(1, 1), strides=2, name=
               "fpn_p6")(P5)
248          # 將特徵準備好後，分別放到兩個列表裡，用於 RPN 處理及最後的分類器
249          rpn_feature_maps = [P2, P3, P4, P5, P6]    # 定義列表，用於 rpn 處理
250          mrcnn_feature_maps = [P2, P3, P4, P5]      # 定義列表，用於分類器
```

在程式的最後兩行，分別將做好的特徵放入 rpn_feature_maps 與 mrcnn_feature_maps 兩個列表中。

程式第 242 ～ 245 行，用 KL.Conv2D 函數依次對 P2、P3、P4、P5 這 4 個融合後的特徵資料做卷積操作，將這 4 個特徵資料的深度都變為 FPN_FEATURE（256）個通道。

❷ FPN 的結果檢視

用 utils.run_graph 函數將 FPN 中的各個尺度特徵都列印出來。

實際程式如下：

```
程式 8-23 Mask_RCNN 應用（續）
66    roi_align_mask = utils.run_graph(model,[image], [
67       ("fpn_p2",           model.keras_model.get_layer("fpn_p2").output),
         # 輸出 fpn_p2 層
68       ("fpn_p3",           model.keras_model.get_layer("fpn_p3").output),
         # 輸出 fpn_p3 層
69       ("fpn_p4",           model.keras_model.get_layer("fpn_p4").output),
         # 輸出 fpn_p4 層
70       ("fpn_p5",           model.keras_model.get_layer("fpn_p5").output),
         # 輸出 fpn_p5 層
71       ("fpn_p6",           model.keras_model.get_layer("fpn_p6").output),
         # 輸出 fpn_p6 層
72    ],BATCH_SIZE)
```

程式執行後，輸出以下結果：

```
fpn_p2           shape: (1, 256, 256, 256)     min:  -27.07274  max:
28.28360  float32
fpn_p3           shape: (1, 128, 128, 256)     min:  -33.81137  max:
31.17183  float32
fpn_p4           shape: (1, 64, 64, 256)       min:  -40.54855  max:
36.91861  float32
fpn_p5           shape: (1, 32, 32, 256)       min:  -35.25085  max:
44.75595  float32
fpn_p6           shape: (1, 16, 16, 256)       min:  -33.35557  max:    43.78230
float32
```

從輸出結果中可以看出，不同的尺度的特徵層有相同的深度，但高度 h 和寬度 w 是不斷減半的。

在兩階段的識別模型中，經過 FPN 後的特徵資料會被放在 mrcnn_feature_maps 列表裡，並按以下步驟進行使用：

（1）透過 RPN 對 rpn_feature_maps 列表進行計算，得出相對可靠的 ROI 區域。

（2）在 mrcnn_feature_maps 列表中，為每個 ROI 區域找到與其符合的特徵資料。

（3）在 ROI 區域對應的特徵資料上，按照 ROI 區域的尺寸取出對應的 ROI 特徵資料。

（4）將第（3）步的結果輸入分類器中，算出最後結果。

8.7.10 計算 RPN 中的錨點

計算 RPN 的錨點分為兩步：計算中心點和計算邊長。實際如下：

1 計算中心點

計算中心點的計算方式有以下幾點需說明：

- rpn_feature_maps 清單中的 5 個特徵都是 w 與 h 相等的正方形，邊長值依次是 256、128、64、32、16。
- 這 5 個特徵的邊長對應於原始圖片（邊長值是 1024）的縮小比例分別是 4、8、16、32、64。
- 假設把縮小的比例當作圖片上的像素點，那麼這 5 個特徵可以了解成：將 1024×1024 pixel 大小的圖片按照實際的像素點分割成多個網格。

以第 5 特徵為例，在圖片上分了 16×16 個網格，每個網格的大小是 64 pixel×64 pixel。步進值與中心點的關係如下：

- 如果步進值為 1，則每個網格的左上角第 1 個元素被當作錨點的中心點。
- 如果步進值為 2，則每隔一個網格的下一個網格左上角第 1 個元素被當作錨點的中心點。
- 如果步進值為 3，則每隔兩個網格的下一個網格左上角第 1 個元素被當作錨點的中心點。
- 如果步進值為 4，依此類推。

2 計算邊長

計算邊長的實際步驟如下：

（1）列出一個預設值，即寬與高的比例。這裡使用的比例（w/h）為 RPN_ANCHOR_RATIOS = [0.5,1,]，即 3 種形狀。

（2）將全部的網格複製 3 份，每種形狀各對應一份網格。

3 錨點的組成與作用

錨點的基本資訊由中心點和邊長組成，一共四個值（x、y、h、w）。

在實際應用中，錨點也會被用左上和右下兩個點來表示，即（x1、y1、x2、y2）。

在網路運算的中間狀態，還會根據錨點的基本位置資訊，透過計算其偏移量
（中心點的平移量與邊長的縮放量）來修正位置。

在本實例中，整體錨點個數為：

（256×256+128×128+64×64+32×32+16×16）×3 = 261888

8.7.11 程式實現：建置 RPN

RPN 的工作原理如下：

（1）從預先設定好的錨點（261888 個）中找出可能包含實例的錨點區域（在
8.7.3 小節中稱它為可靠區域 ROI）。

（2）計算出其中心點和對應的邊長。

（3）用 NMS 演算法對第（2）步的結果進行去除重複。

◼ 將 RPN 連線 MaskRCNN 類別

繼續在 MaskRCNN 類別中增加程式。建置 RPN，並將 rpn_feature_maps 清單
中的特徵依次傳入 RPN 中進行計算。實際程式如下：

```
程式 8-24  mask_rcnn_model（續）
251        # 定義 RPN 模型，該模型會產生前後景的機率
252        rpn = build_rpn_model(RPN_ANCHOR_STRIDE, len(RPN_ANCHOR_RATIOS),
               FPN_FEATURE)                      # 每個尺度的特徵都是 256
253
254        layer_outputs = []                    # 定義列表，用來儲存 RPN 結果
255        for p in rpn_feature_maps:            # 依次將特徵送入 RPN 中進行計算
256            layer_outputs.append(rpn([p]))
               # 將 RPN 的輸出結果放到 layer_outputs 中
257
258        # 用 concat 函數將結果連在一起
259        # 例如 [[a1, b1, c1], [a2, b2, c2]] => [[a1, a2], [b1, b2], [c1, c2]]
260        output_names = ["rpn_class_logits", "rpn_class", "rpn_bbox"]
261        outputs = list(zip(*layer_outputs))
262        outputs = [KL.Concatenate(axis=1, name=n)(list(o)) for o, n in
               zip(outputs, output_names)]
263
264        rpn_class_logits, rpn_class, rpn_bbox = outputs
```

程式第 252 行，用 build_rpn_model 函數產生 RPN。接著，依次將特徵放入
RPN 中（見程式第 256 行），最後將結果連接到一起。

❷ 建置 RPN

定義 build_rpn_model 函數，建置 RPN。實際程式如下：

```
程式 8-27 othernet
01    import tensorflow as tf
02    from tensorflow.keras import layers as KL
03    from tensorflow.keras import models as KM
04    from tensorflow.keras import backend as K #載入 Keras 的後端實現架構
05    import numpy as np
06    utils = __import__("8-25  mask_rcnn_utils")
07    mask_rcnn_model = __import__("8-24  mask_rcnn_model")
08
09    # 建置 RPN 圖結構一共分為兩部分：1- 計算分數，2- 計算邊框
10    def rpn_graph(feature_map,   # 輸入的特徵，其寬和高所圍成區域的個數為錨點的個數
11                  anchors_per_location,
                    # 每個待計算錨點的網格需要劃分為幾種形狀的矩形
12                  anchor_stride):# 掃描網格的步進值
13
14        # 透過一個卷積獲得共用特徵
15        shared = KL.Conv2D(512, (3, 3), padding='same', activation='relu',
16                strides=anchor_stride,name='rpn_conv_shared')(feature_map)
17
18        #第 1 部分計算錨點的分數（前景和背景）[batch, height, width, anchors per
          location * 2]
19        x = KL.Conv2D(2 * anchors_per_location, (1, 1), padding='valid',
20                      activation='linear', name='rpn_class_raw')(shared)
21
22        # 將 feature_map 展開，獲得 [batch, anchors, 2]。anchors 的值是 feature_
          map 形狀的 h、w 與 anchors_per_location 這三個維度的乘積
23        rpn_class_logits = KL.Lambda(lambda t: tf.reshape(t, [tf.shape(t)[0],
                            -1, 2]))(x)
24
25        # 用 Softmax 來分類前景和背景 BG/FG，結果代表預測的分數
26        rpn_probs = KL.Activation(
27            "softmax", name="rpn_class_xxx")(rpn_class_logits)
28
29        #第 2 部分計算錨點的邊框，每個網格劃分 anchors_per_location 種矩形框，每種
          4 個值
30        x = KL.Conv2D(anchors_per_location * 4, (1, 1), padding="valid",
31                      activation='linear', name='rpn_bbox_pred')(shared)
32
33        # 將 feature_map 展開，獲得 [batch, anchors, 4]
34        rpn_bbox = KL.Lambda(lambda t: tf.reshape(t, [tf.shape(t)[0], -1,
```

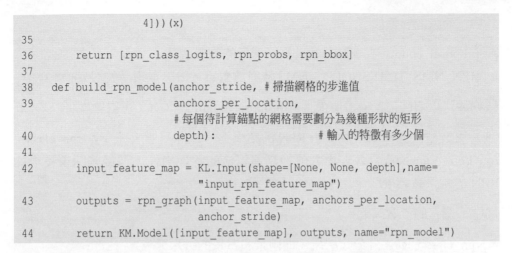

```
                      4]))(x)
35
36        return [rpn_class_logits, rpn_probs, rpn_bbox]
37
38    def build_rpn_model(anchor_stride,  #掃描網格的步進值
39                        anchors_per_location,
                          #每個待計算錨點的網格需要劃分為幾種形狀的矩形
40                        depth):                    #輸入的特徵有多少個
41
42        input_feature_map = KL.Input(shape=[None, None, depth],name=
                              "input_rpn_feature_map")
43        outputs = rpn_graph(input_feature_map, anchors_per_location,
                              anchor_stride)
44        return KM.Model([input_feature_map], outputs, name="rpn_model")
```

程式第 38 行，在 build_rpn_model 函數中定義了一個輸入層 input_feature_map，用於輸入特徵，然後用 rpn_graph 函數建置 RPN。

在 rpn_graph 函數中分為兩部分：計算錨點的前景與背景機率值（見程式第 18 ～ 27 行），計算錨點的邊框 rpn_bbox,（見程式第 30 ～ 34 行）。

其中，邊框 rpn_bbox 表示實物座標相對於原始錨點座標的偏移量（相對中心點的偏移）與縮放值（相對邊長的縮放比例）。

8.7.12 程式實現：用非極大值抑制演算法處理 RPN 的結果

定義 ProposalLayer 類別，將非極大值抑制演算法封裝起來，並用 ProposalLayer 類別對 RPN 的結果進行去除重複。

ProposalLayer 類別會從 RPN 的結果中選取前景分值最大的 n 個結果（n 可以事先指定）保留下來，並傳入下一層。實作方式如下。

1 在 MaskRCNN 類別中處理 RPN 的結果

在 MaskRCNN 類別中，實際操作如下：

（1）對參數 proposal_count 設定值，使其等於 POST_NMS_ROIS_INFERENCE。

（2）定義非極大值抑制演算法的處理物件：向 ProposalLayer 類別中傳導入參數 proposal_count 和 RPN_NMS_THRESHOLD，獲得產生實體後的非極大值抑制演算法處理物件。

其中，傳入的參數如下。

- proposal_count：在去除重複時需要保留的結果個數。
- RPN_NMS_THRESHOLD：NMS 演算法對結果去除重複時的設定值。

該物件可以傳回前景機率值最大的 proposal_count 個 ROI（可靠區域）。

（3）用非極大值抑制演算法對 RPN 的結果進行去除重複：將參數 rpn_class、rpn_bbox、anchors 傳入非極大值抑制演算法的處理物件，獲得去除重複後的 RPN 的結果該結果儲存在 rpn_rois 物件中。

其中，傳入的參數如下。

- rpn_class：RPN 的分類結果，即前景和背景的分類分值。
- rpn_bbox：RPN 的矩形框結果，即每個邊框的修正值。
- anchors：原始錨點的矩形框資訊。

實際程式如下：

```
程式 8-24 mask_rcnn_model（續）
265        proposal_count = POST_NMS_ROIS_TRAINING if mode == "training"
                        else POST_NMS_ROIS_INFERENCE
266
267        # 定義錨點輸入
268        if mode == "inference":
269            anchors = input_anchors
270        # 傳回 NMS 去除重複後前景機率值最大的 n 個 ROI
271        rpn_rois = ProposalLayer(proposal_count=proposal_count, nms_
                threshold=RPN_NMS_THRESHOLD,batch_size=self.batch_size,
272            name="ROI")([rpn_class, rpn_bbox, anchors])
```

程式最後一行，將 RPN 結果中的 proposal_count（1000）個前景機率值最高的 ROI（可靠區域）傳回到 rpn_rois 物件中。

2 實現 RPN 的結果處理類別 ProposalLayer

ProposalLayer 類別是在程式檔案「8-27 othernet.py」中實現的。ProposalLayer 類別是用 tf.keras 介面實現的網路層（有關使用 tf.keras 介面自訂網路層的詳細説明見 8.4 節）。在 ProposalLayer 類別的 call 方法裡實現了該網路層的處理流程：

（1）將機率值的由高到低排序，取出前 6000 個結果。

（2）用函數 apply_box_deltas_graph，對每個結果的偏移座標 deltas 在對應的錨
點框 anchors 上做偏移運算，合成矩形框座標（見程式第 116 行）。

（3）用函數 clip_boxes_graph 對合成的座標進行二次處理，剪掉座標中超出邊
界的部分。

（4）用 NMS（參考 8.5.9 小節）演算法去除重複。

提示

在上述過程中，第（2）、（3）步都是以標準化座標操作為基礎的。這是由於，
在程式中錨點 anchors 的座標是以標準化座標的形式存在的。

在 MaskRCNN 類別的 get_anchors 方法中計算出錨點 anchors 之後，又將其像
素座標轉化成了標準化座標。實際程式在 8.7.22 小節。

實際程式如下：

```
程式 8-27  othernet（續）
45  # 按照指定的框與偏移量計算最後的框
46  def apply_box_deltas_graph(boxes, #[N, (y1, x1, y2, x2)]
47                             deltas):    #[N, (dy, dx, log(dh), log(dw))]
48
49      # 轉換成中心點和 h、w 格式
50      height = boxes[:, 2] - boxes[:, 0]
51      width = boxes[:, 3] - boxes[:, 1]
52      center_y = boxes[:, 0] + 0.5 * height
53      center_x = boxes[:, 1] + 0.5 * width
54      # 計算偏移
55      center_y += deltas[:, 0] * height
56      center_x += deltas[:, 1] * width
57      height *= tf.exp(deltas[:, 2])
58      width *= tf.exp(deltas[:, 3])
59      # 轉成左上、右下兩個點：y1, x1, y2, x2
60      y1 = center_y - 0.5 * height
61      x1 = center_x - 0.5 * width
62      y2 = y1 + height
63      x2 = x1 + width
64      result = tf.stack([y1, x1, y2, x2], axis=1, name="apply_box_deltas_out")
65      return result
66
67  # 將框座標限制在 0~1 之間
```

```
68   def clip_boxes_graph(boxes, # 計算完的 box[N, (y1, x1, y2, x2)]
69                         window):      # y1, x1, y2, x2[0, 0, 1, 1]
70
71       # 取得座標
72       wy1, wx1, wy2, wx2 = tf.split(window, 4)
73       y1, x1, y2, x2 = tf.split(boxes, 4, axis=1)
74       # 剪輯
75       y1 = tf.maximum(tf.minimum(y1, wy2), wy1)
76       x1 = tf.maximum(tf.minimum(x1, wx2), wx1)
77       y2 = tf.maximum(tf.minimum(y2, wy2), wy1)
78       x2 = tf.maximum(tf.minimum(x2, wx2), wx1)
79       clipped = tf.concat([y1, x1, y2, x2], axis=1, name="clipped_boxes")
80       clipped.set_shape((clipped.shape[0], 4))
81       return clipped
82
83   class ProposalLayer(tf.keras.layers.Layer):          # 定義 RPN 的最後處理層
84
85       def __init__(self, proposal_count, nms_threshold,batch_size, **kwargs):
86           super(ProposalLayer, self).__init__(**kwargs)
87           self.proposal_count = proposal_count
88           self.nms_threshold = nms_threshold
89           self.batch_size = batch_size
90
91       def call(self, inputs):
92           '''
93           輸入欄位 input 描述
94           rpn_probs: [batch, num_anchors, 2]
95           rpn_bbox: [batch, num_anchors, (dy, dx, log(dh), log(dw))]
96           anchors: [batch, (y1, x1, y2, x2)]
97           '''
98           # 從形狀為 [batch, num_anchors, 1] 的資料中取出前景機率值
99           scores = inputs[0][:, :, 1] #scores 的形狀為 [batch, num_anchors]
100          # 取出位置偏移量 [batch, num_anchors, 4]
101          deltas = inputs[1]
102          deltas = deltas * np.reshape(mask_rcnn_model.RPN_BBOX_STD_DEV,
                        [1, 1, 4])
103          # 取出錨點 Anchors
104          anchors = inputs[2]
105
106          # 獲得前 6000 個分值最大的資料
107          pre_nms_limit = tf.minimum(6000, tf.shape(anchors)[1])
108          ix = tf.nn.top_k(scores, pre_nms_limit, sorted=True, name=
                        "top_anchors").indices
```

```
109              # 取得 scores 中索引為 ix 的值
110              scores = utils.batch_slice([scores, ix], lambda x, y: tf.gather
                         (x, y),self.batch_size)
111              deltas = utils.batch_slice([deltas, ix], lambda x, y:
                         tf.gather(x, y),self.batch_size)
112              pre_nms_anchors = utils.batch_slice([anchors, ix], lambda a, x:
                         tf.gather(a, x),
113                       4 self.batch_size, names=["pre_nms_anchors"])
114
115      # 得出最後的框座標。其形狀為 [batch, N,4]
116              boxes = utils.batch_slice([pre_nms_anchors, deltas],
117                      lambda x, y: apply_box_deltas_graph(x, y),self.batch_size,
118                      names=["refined_anchors"])
119
120              # 對出界的 box 進行剪輯，範圍控制在 0.0~1.0，其形狀為 [batch, N, (y1,
                 x1, y2, x2)]
121              window = np.array([0, 0, 1, 1], dtype=np.float32)
122              boxes = utils.batch_slice(boxes,lambda x: clip_boxes_graph(x,
                                   window), self.batch_size,
123                                   names=["refined_anchors_clipped"])
124
125              #Non-max suppression 演算法
126              def nms(boxes, scores):
127                  indices = tf.image.non_max_suppression(boxes, scores,
                             self.proposal_count,
128          self.nms_threshold, name="rpn_non_max_suppression")
             # 計算 NMS，並獲得索引
129                  proposals = tf.gather(boxes, indices)
                     # 從 boxes 中取出 indices 索引所指的值
130                  # 如果 proposals 的個數小於 proposal_count，則剩下的補 0
131                  padding = tf.maximum(self.proposal_count - tf.shape
                             (proposals)[0], 0)
132                  proposals = tf.pad(proposals, [(0, padding), (0, 0)])
133                  return proposals
134          proposals = utils.batch_slice([boxes, scores], nms,self.batch_size)
135          return proposals
136
137      def compute_output_shape(self, input_shape):
138          return (None, self.proposal_count, 4)
```

程式第 91 行是 ProposalLayer 類別的 call 方法實現。call 方法的輸入參數 inputs 是一個陣列。inputs 陣列的第 1 個元素是 RPN 的傳回結果（rpn_probs 物件）。

在 rpn_probs 物件的形狀 [batch,num_anchors,2] 中，最後一維有兩個元素，代表背景機率值和前景機率值。

程式第 99 行的操作可以了解成以下步驟：

（1）從 inputs 陣列中取出第 1 個元素 rpn_probs 物件。

（2）從 rpn_probs 物件中取出最後一維索引值是 1 的元素，獲得前景機率值。

提示

在 rpn_probs 物件中，最後一維索引值與前景、背景的對應關係是在模型訓練時設定的。在用訓練好的模型進行預測時，這個索引值必須與訓練時的設定一致，否則模型將無法輸出正確的結果。

程式第 108 行，用函數 tf.nn.top_k 從前景機率值 scores 中找出分值最大的前 pre_nms_limit 個索引。

提示

函數 tf.nn.top_k 的作用是：在多維陣列的最後一維中找出最大的 k 個元素。該函數會以清單的方式傳回元素的值和索引。實際用法見以下程式：

```
import tensorflow as tf
import numpy as np
tf.enable_eager_execution()        # 啟動動態圖（在 TensorFlow 2.x 中可以去掉該句）

scores  = np.array([[4, 5, 3, 4],    # 假設 scores 的 batch 為 2，每行有 4 個分值
                [10, 60, 80, 50]])
print(np.shape(scores ))          # 輸出 scores 的形狀：(2, 4)
top_k=tf.nn.top_k(scores ,2)       # 在 scores 的每行中尋找最大的兩個數
print(top_k.values.numpy())       # 輸出 [[ 5  4] [8060]]
print(top_k.indices.numpy())      # 輸出 [[10] [21]]
```

程式第 110 行，在前景機率值 scores 中按照索引 ix 設定值。

程式第 111 行，在前景的位移偏移量 deltas 中按照索引 ix 設定值。

> **提示**
>
> 程式第 110、111 行都用函數 tf.gather 按照指定的索引從資料中設定值。因為
> 函數 tf.gather 不支援批次處理資料，所以又在外層用 utils.batch_slice 函數進行
> 轉換。utils.batch_slice 函數可以將資料按照批次拆開，單獨放到指定的函數裡
> 去處理，並將處理後的結果組合成批次數據。下面對函數 tf.gather 和函數 utils.
> batch_slice 進行詳細說明。
>
> （1）函數 tf.gather 的詳細說明。
>
> 函數 tf.gather 可以在張量中按照指定的索引取得資料，與 Python 中的切片操作
> 類似。實際使用見以下程式：
>
> ```
> import tensorflow as tf
> import numpy as np
> tf.enable_eager_execution()        # 啟動動態圖（在 TensorFlow 2.x 中可以去掉該句）
>                                     # 假設 deltas 的 batch 為 2，則每行有 4 個座標
> deltas  = np.array([[[1,2,3,4], [2,2,3,4], [3,2,3,4], [4,2,3,4]],
>                     [[5,6,7,8], [2,6,7,8], [3,6,7,8], [4,6,7,8]]])
> ix = np.array([[1,0],[2,1]])        # 定義索引
> for data,i in zip(deltas,ix):       # 模擬 utils.batch_slice 的處理，將批次拆開
>     print(data[i])                  # 用切片取得資料，輸出：[[22 34] [12 34]]
>     print(tf.gather(data,i).numpy())  # 呼叫取得資料，輸出：[[22 34] [12 34]]
>     break
> ```
>
> 從程式的輸出結果中可以看到，用 tf.gather 函數取出的值與 Python 切片方式取
> 出的值完全一樣。不過函數 tf.gather 只能指定一個維度進行設定值。如果要指
> 定多維度進行設定值，則可以用 tf.gather_nd 函數（該函數的用法見 8.7.20 小
> 節）。
>
> （2）函數 utils.batch_slice 的詳細說明。
>
> 函數 utils.batch_slice 的作用是：將第 1 個參數中的元素按照批次個數，依次輸
> 入第 2 個參數所代表的函數中（實際程式實現請參考搭配資源中的程式檔案「8-
> 25_mask_rcnn_utils」）。它可以讓程式相容輸入批次小於 2 和大於等於 2 的兩種
> 情況，但是以犧牲效率為代價的。如果模型節點中的所有網路層都支援批次大
> 於 2 的輸入，則可以直接將 utils.batch_slice 函數去掉。

程式第 102 行，將偏移量 deltas 與標準差 RPN_BBOX_STD_DEV 相乘，並將
獲得的值再次指定給變數 deltas。此時的變數 deltas 變成了以標準化為基礎的
偏移座標。

> **提示**
>
> 程式第 102 行使用的標準差 RPN_BBOX_STD_DEV 是模型在訓練時設定的。因為在訓練模型過程中，製作 RPN 標籤時將每個前景標籤的偏移座標進行了歸一化處理（即除以了標準差 RPN_BBOX_STD_DEV，見 8.8.4 小節），所以在模型輸出偏移量之後，還需要將其乘以 RPN_BBOX_STD_DEV，還原成歸一化處理之前的真實偏移座標。

8.7.13 程式實現：分析 RPN 的檢測結果

呼叫 run_graph 函數，並傳入圖片 image。該函數會計算出 RPN 的檢測結果 rpn_class 和 ProposalLayer 層傳回的結果。

實際程式如下：

程式 8-23 Mask_RCNN 應用（續）

```
73  pillar = model.keras_model.get_layer("ROI").output
    # 獲得 ROI 節點，即 ProposalLayer 層
74
75  rpn = utils.run_graph(model,[image], [
76      ("rpn_class", model.keras_model.get_layer("rpn_class").output),#(1,
        261888, 2)
77      ("pre_nms_anchors", model.ancestor(pillar, "ROI/pre_nms_anchors:0")),
78      ("refined_anchors", model.ancestor(pillar, "ROI/refined_anchors:0")),
79      ("refined_anchors_clipped", model.ancestor(pillar, "ROI/refined_
        anchors_clipped:0")),
80      ("post_nms_anchor_ix", model.ancestor(pillar, "ROI/rpn_non_max_
        suppression/NonMaxSuppressionV3:0") ),#shape: (1000,)
81      ("proposals", model.keras_model.get_layer("ROI").output),
82  ],BATCH_SIZE)
```

程式執行後，輸出以下結果：

```
rpn_class                    shape: (1, 261888, 2)  min:  0.00000  max: 1.00000
float32
pre_nms_anchors              shape: (1, 6000, 4)    min: -0.35390  max: 1.29134
float32
refined_anchors              shape: (1, 6000, 4)    min: -2.48665  max: 3.46406
float32
refined_anchors_clipped      shape: (1, 6000, 4)    min:  0.00000  max: 1.00000
float32
post_nms_anchor_ix           shape: (1000,)         min:  0.00000  max: 3886.00000
int32
```

```
proposals              shape: (1, 1000, 4)    min: 0.00000  max: 1.00000
float32
```

在結果的第 1 行中，rpn_class 是 RPN 對所有錨點的前景 / 背景進行分類的分值，其形狀是 (1, 261888, 2)，表示一共 261888 個 ROI（可靠區域）、2 個分類。

第 2、3、4 行是將 rpn_class 中前景分值最大的前 6000 個 ROI（可靠區域）取出，並按照其索引找到前 6000 個 ROI 對應的原始錨點 pre_nms_anchors、修正後的邊框 refined_anchors、剪輯後的邊框 refined_anchors_clipped。

最後兩行是透過 NMS 演算法處理後的結果：post_nms_anchor_ix 是 NMS 演算法所傳回的 proposal_count（1000）個索引值；proposals 是按照 post_nms_anchor_ix 索引值傳回的被剪輯後的 bbox 框，見 8.7.12 小節「2. 實現 RPN 的結果處理類別 ProposalLayer」的程式第 129 行。

> **提示**
>
> 這裡解釋一個疑點：在 8.7.12 小節定義了一個輸入層，用於將原始錨點輸入 ProposalLayer 層；但是在 8.7.13 小節執行子圖 ProposalLayer 時只輸入了一個圖片，並沒有輸入原始錨點（見 8.7.13 小節程式第 68 行）。為什麼程式可以運作呢？
>
> 原因是：在 utils.run_graph 函數的內部已經實現了取得原始錨點的操作（見 8.7.8 小節的「1. 實現 utils 模組中相關的函數」程式第 73 行）。在執行子圖 ProposalLayer 時，會將錨點與圖片的資訊一起組成輸入參數傳入模型中。
>
> 其中，產生錨點部分呼叫了 MaskRCNN 類別中的 get_anchors 方法，實際程式在 8.6.22 小節的「2. 實現 MaskRCNN 類別錨點產生」。
>
> 在 get_anchors 方法裡，將計算好的錨點框（像素座標）存入 MaskRCNN 類別的成員變數 anchors 中，並將像素座標轉化為標準化座標並傳回用於輸入 ProposalLayer 層。

8.7.14 程式實現：視覺化 RPN 的檢測結果

下面透過程式視覺化 RPN 中各個環節的檢測結果。

1 視覺化 RPN 傳回的前景錨點

在 RPN 字典裡的 pre_nms_anchors 元素中儲存著 6000 個錨點。這 6000 個錨點是按照前景機率值從大到小排列的。

撰寫程式，將 RPN 字典裡的 pre_nms_anchors 元素中的前 50 個錨點取出，並在圖中顯示出來。實際程式如下：

```
程式 8-23 Mask_RCNN 應用（續）
83    def get_ax(rows=1, cols=1, size=16):#設定顯示圖片的位置及大小
84        _, ax = plt.subplots(rows, cols, figsize=(size*cols, size*rows))
85        return ax
86    #將分值高的前 50 個錨點顯示出來
87    limit = 50
88    h, w = mask_rcnn_model.IMAGE_DIM,mask_rcnn_model.IMAGE_DIM;
89    pre_nms_anchors = rpn['pre_nms_anchors'][0, :limit] * np.array([h, w, h, w])
90    print(image.shape)
91    image2, window, scale, padding, _ = utils.resize_image( image,
92                                        min_dim=mask_rcnn_model.IMAGE_MIN_DIM,
93                                        max_dim=mask_rcnn_model.IMAGE_MAX_DIM,
94                                        mode=mask_rcnn_model.IMAGE_RESIZE_MODE)
95    print(image2.shape)
96    visualize.draw_boxes(image2, boxes=pre_nms_anchors, ax=get_ax())
```

程式第 89 行，將標準座標的錨點框轉化成像素座標，然後在影像上顯示出來。

程式第 91 行，將原始圖片變為統一大小。這樣才可以與顯示的錨點框對應。

程式執行後，輸出以下資訊：

```
(640, 480, 3)
(1024, 1024, 3)
```

第 1 行是原始的圖片形狀，第 2 行是轉化後的圖片形狀。顯示的圖如圖 8-41 所示。

從圖 8-41 可以看到，兩邊黑色的部分就是補 0 的部分。

2 根據像素座標視覺化 RPN 傳回的前景錨點

在 8.7.13 小節中的「提示」部分介紹過，錨點的像素座標儲存在 MaskRCNN 類別的成員變

圖 8-41 RPN 錨點的視覺化結果

數 anchors 中，所以也可以直接從 rpn_class 元素中取出前景機率值最高的 50
個錨點的索引。根據索引從 MaskRCNN 類別的成員變數 anchors 中設定值，並
在圖中顯示出來。程式如下：

```
程式 8-23 Mask_RCNN 應用（續）
97    # 從 rpn 的 rpn_class 元素中取出前景，並按由大到小排列
98    sorted_anchor_ids = np.argsort(rpn['rpn_class'][:,:,1].flatten())[::-1]
99    visualize.draw_boxes(image2,
      boxes=model.anchors[sorted_anchor_ids[:limit]], ax=get_ax())
```

將程式第 98 行中的鏈式運算式展開，含義如下。

（1）rpn[rpn_class]：代表從 rpn 中取出 rpn_class 元素。其形狀為 (1, 261888, 2)。

（2）rpn_class 元素的最後一維為 softmax 後的背景和前景。0 代表背景，1 代
　　表前景。

（3）rpn[rpn_class][:,:,1]：將 rpn_class 元素中的前景取出。

（4）np.argsort(rpn[rpn_class][:,:,1].flatten())：對前景按照從小到大排序。

（5）np.argsort(rpn[rpn_class][:,:,1].flatten())[::-1]：將「從小到大」排序後的
　　前景進行倒序轉化，變為「從大到小」排序。

（6）將最後的結果值設定給 sorted_anchor_ids 變數。

程式第 99 行中，sorted_anchor_ids[:limit] 的含義是：從清單 sorted_anchor_ids
中取出前 50 筆記錄（變數 limit 的值為 50）。

程式執行後產生的結果與圖 8-41 一樣。這也驗證了像素座標與標準化座標的
轉化正確。

3 視覺化座標調整前後的效果

將 RPN 中的 pre_nms_anchors 資料、refined_anchors 資料與 refined_anchors_
clipped 資料在影像上顯示出來。程式如下：

```
程式 8-23 Mask_RCNN 應用（續）
100   ax = get_ax(1, 2)
101   pre_nms_anchors = rpn['pre_nms_anchors'][0, :limit] * np.array([h, w, h, w])
102   refined_anchors = rpn['refined_anchors'][0, :limit] * np.array([h, w, h, w])
103   refined_anchors_clipped = rpn['refined_anchors_clipped'][0, :limit] *
      np.array([h, w, h, w])
104   # 將 nms 之前的資料、邊框調整後的資料和邊框剪輯後的資料顯示出來
105   visualize.draw_boxes(image2, boxes=pre_nms_anchors,refined_boxes=
```

```
      refined_anchors, ax=ax[0])
106   visualize.draw_boxes(image2, refined_boxes=refined_anchors_clipped,
      ax=ax[1])#邊框剪輯後的資料
```

程式第 105 行，在用 visualize.draw_boxes 方法顯示圖片時傳入了兩個參數——
boxes 與 refined_boxes。前者用於虛線顯示，後者用於實線顯示。

程式執行後，產生的圖片如圖 8-42 所示。

 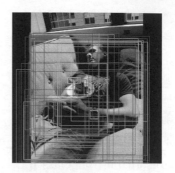

圖 8-42　RPN 錨點邊框調整後的視覺化圖片

圖 8-42 左側圖有兩種邊框：虛線框與實線框。虛線框是模型中 ROI（可靠區
域）對應的錨點框，實線框是每個錨點經過偏移計算後的修正邊框。二者的左
上角透過直線連接起來。

圖 8-42 右側的圖表示對出界部分的邊框進行了剪輯。

4　視覺化 NMS 之後的結果

經過 NMS 去除重複之後，錨點個數會變成 1000 個。將前景機率值最高的 50
個錨點取出，在圖中顯示出來。程式如下：

程式 8-23 Mask_RCNN 應用（續）
```
107   post_nms_anchor_ix = rpn['post_nms_anchor_ix'][ :limit]
108   refined_anchors_clipped = rpn["refined_anchors_clipped"][0,
      post_nms_anchor_ix] * np.array([h, w, h, w])
109   visualize.draw_boxes(image2, refined_boxes=refined_anchors_clipped,
      ax=get_ax())
110
111
112   #將 rpn 物件中的資料轉化成原始影像尺寸，用於顯示
113   proposals = rpn['proposals'][0, :limit] * np.array([h, w, h, w])
114   visualize.draw_boxes(image2, refined_boxes=proposals, ax=get_ax())
```

程式執行後，產生的圖片如圖 8-43 所示

圖 8-43 RPN 結果經過 NMS 演算法處理後的錨點邊框

比較圖 8-42 右側的圖片，圖 8-43 上的邊框稀疏了一些，這說明去除重複演算
法還是有效果的。

8.7.15 程式實現：在 MaskRCNN 類別中對 ROI 區域進行分類

經過 NMS 演算法後的 RPN 結果被叫作 ROI（可靠區域）。

在 MaskRCNN 類別中，將 ROI（可靠區域）與 8.7.9 小節的金字塔網路結果
mrcnn_feature_map 張量一起輸入分類器網路中進行分類處理。

實際程式如下：

程式 8-24 mask_rcnn_model（續）
273 　　　　# 下面式子中的數字，從左到右的意義依次是：1 代表 image_id，3 代表
original_image_shape，3 代表 image_shape，3 代表座標，1 代表縮放
274 　　　　img_meta_size = 1 + 3 + 3 + 4 + 1 + self.num_class # 定義圖片附加資訊
275
276 　　　　input_image_meta = KL.Input(shape=[img_meta_size], name=
"input_image_meta")　　　　　　　　　　　　　　# 定義圖片附加資訊
277
278 　　　　#FPN 對 rpn_rois 區域與特徵資料 mrcnn_feature_maps 進行計算，識別出分
類、邊框和隱藏
279 　　　　if mode == "inference":
280 　　　　　　# 定義網路的表頭
281 　　　　　　# 對 rpn_rois 區域內的 mrcnn_feature_maps 做分類，並微調 box
Proposal classifier and BBox regressor heads
282 　　　　　　#mrcnn_class 是分類結果，mrcnn_bbox 是中心點長寬變化量

```
283          mrcnn_class_logits, mrcnn_class, mrcnn_bbox =\
284          fpn_classifier_graph(rpn_rois, mrcnn_feature_maps,
                                 input_image_meta,
285                              POOL_SIZE, self.num_class ,
286                              train_bn=False,# 不用 BN 演算法
287                              fc_layers_size=1024)# 全連接層 1024 個節點
```

在程式第 284 行可以看到，分類器是用 fpn_classifier_graph 網路來實現的。下面 8.7.16 小節就來介紹實際內容。

8.7.16 程式實現：金字塔網路的區域對齊層（ROIAlign）中的區域框與特徵的比對演算法

在分類器 fpn_classifier_graph 網路的第 1 層，用 ROIAlign 層進行特徵取出。實際步驟如下：

（1）把 mrcnn_feature_maps 清單中每個尺度的特徵都當作一副圖片。

（2）用 rpn_rois 中的矩形框座標在圖片上找到對應區域，並將該區域的內容取出。

（3）統一變化到 7×7 大小的特徵資料（feature map）。

因為 rpn_rois 區域中的位置框大小各有不同，mrcnn_feature_maps 清單中的內容也是各種尺度。如何在 mrcnn_feature_maps 清單中選取特徵元素？需要按照 rpn_rois 區域中的哪個框來分析內容？這便是在 ROIAlign 層中需要解決的問題。

① ROIAlign 層中比對演算法的實現方法

ROIAlign 層中的比對演算法來自一篇 FPN 論文，連結如下：

```
https://arxiv.org/abs/1612.03144
```

該演算法的核心思想是：先用一個演算法將 rpn_rois 區域中的每個框與 mrcnn_feature_maps 清單中的實際特徵對應起來，然後用 rpn_rois 區域中的每個框從與其本身對應的特徵中分析內容。

因為特徵清單 mrcnn_feature_maps 中的特徵是 P2~P5，所以該演算法也將 rpn_rois 區域中的所有框按照 2~5 來劃分等級。

由於特徵清單 mrcnn_feature_maps 中的每個特徵尺度都不同，rpn_rois 區域中

的每個框的面積也不同，所以在該論文中，設計了一個根據 rpn_rois 區域中的單一區域框的尺寸來劃分 2 ～ 5 等級的演算法，見式（8.5）。

$$k = k_0 + \log_2(\sqrt{wh}/224) \tag{8.5}$$

在式（8.5）中，k 代表傳回的等級，k_0 代表一個基準的等級值（在本實例中，值為 4），w 與 h 分別代表區域框的寬和高。

這裡的 k_0=4 與 224 代表了一個基準。因為在模型中使用的骨幹網是 ResNet 模型，該模型在 ImgNet 資料集上訓練時，輸入的尺寸是 224，輸出的特徵尺寸與 P4 一致。所以，如果在 rpn_rois 物件中某個框的大小為 224，則其所對應的特徵必定是 P4。

至於其他尺寸的特徵，可以根據 $\log_2(\sqrt{wh}/224)$ 算出其與 224 的差別，再將需要調整的差別作用在基準的等級值 k_0 上，獲得對應的等級。在式（8.5）中，使用 $\log_2$ 只是進行了數值轉換而已，這樣會保障當邊框發生較小的變化時，變差會有較大的值；而當邊框發生過大的變化時，變差不會產生過大的值（log 的特性）。

2 實現 ROIAlign 層中的比對演算法

用 tf.keras 介面定義一個 PyramidROIAlign 類別，完成 ROIAlign 層的工作。在 PyramidROIAlign 類別的 call 方法中，實現了 ROIAlign 層的比對演算法和區域分析功能。

其中，比對演算法的實現部分見以下程式：

```
程式 8-27 othernet（續）
139  #PyramidROIAlign 處理
140  class PyramidROIAlign(tf.keras.layers.Layer):
141
142      def __init__(self,batch_size, pool_shape, **kwargs):
143          super(PyramidROIAlign, self).__init__(**kwargs)
144          self.pool_shape = tuple(pool_shape)
145          self.batch_size = batch_size
146
147      def log2_graph(self, x):                    #計算 log2
148          return tf.log(x) / tf.log(2.0)
149
150      def call(self, inputs):
```

```
151                    '''
152            輸入參數 Inputs:
153            -ROIboxes(RPN 結果):該參數的形狀為 [batch, num_boxes, 4],其中,
                   最後一個維度 4 的內容為:(y1, x1, y2, x2)。
154            - image_meta: [batch, (meta data)] 圖片的附加資訊 93
155            - Feature maps: [P2, P3, P4, P5] 骨幹網經過 FPN 後的特徵資料,形狀依次為:
156            [(1, 256, 256, 256),(1, 128, 128, 256),(1, 64, 64, 256),(1, 32,
               32, 256)]
157                    '''
158            # 取得輸入參數
159            ROIboxes = inputs[0]              #(1, 1000, 4)
160            image_meta = inputs[1]           #(1, 93)
161            feature_maps = inputs[2:]
162
163            # 將錨點座標提出來
164            y1, x1, y2, x2 = tf.split(ROIboxes, 4, axis=2)#[batch, num_boxes, 4]
165            h = y2 - y1
166            w = x2 - x1
167            print("ROIboxes",ROIboxes.get_shape())
168            print("image_meta",image_meta.get_shape())
169            print("h",h.get_shape())                    #(1, 1000, 1)
170            print("w",w.get_shape())
171
172            # 在這 1000 個 ROI 裡,按固定演算法比對到不同 level 的特徵
173            # 獲得圖片形狀
174            image_shape = parse_image_meta_graph(image_meta)['image_shape'][0]
175            print("image_shape",image_shape.get_shape())
176            image_area = tf.cast(image_shape[0] * image_shape[1], tf.float32)
177            # 因為 h 與 w 是標準化座標。其分母已經除以了 tf.sqrt(image_area)
178            # 這裡再除以 tf.sqrt(image_area) 分之 1,是為了將 h 與 w 變為像素座標
179            roi_level = self.log2_graph(tf.sqrt(h * w) / (224.0 / tf.sqrt
                       (image_area)))
180            roi_level = tf.minimum(5, tf.maximum( 2, 4 + tf.cast(tf.round
                       (roi_level), tf.int32)))
181            roi_level = tf.squeeze(roi_level, 2)
182            print("roi",roi_level.get_shape())  #(1, 1000)
```

在程式第 179 行中,計算 roi_level 時會發現分母比式(8.5)中多了一個 "/ tf.sqrt(image_area)"。原因是,程式裡的 w 與 h 是歸一化後的值,即「像素值 / tf.sqrt(image_area)」後的結果。而公式裡的 w 和 h 是像素值,所以在分母上加了一個 "/tf.sqrt(image_area)" 將座標統一成像素值。

程式第 180 行中，對對映結果 roi_level 做了二次處理，保障其變化後的值在 2 ～ 5 之間。

8.7.17 程式實現：在金字塔網路的 ROIAlign 層中按區域 邊框分析內容

有了 rpn_rois 區域中的位置框與 mrcnn_feature_maps 清單中不同尺度特徵的對應關係之後，便可以按照 rpn_rois 區域中的 ROI 邊框資訊從特徵資料中分析內容了。

可以將「按照 rpn_rois 區域框從特徵資料中分析內容」過程了解為：從圖片中按照指定的區域框來分析內容。

- 圖片：mrcnn_feature_maps 清單中的不同尺度的特徵資料。從 P2（第 2 特徵層資料）到 P5（第 5 特徵層資料）所對應的尺寸依次為 [128,128]、[64,64]、[32,32]、[16,16]。
- 剪輯區域框：rpn_rois 區域中的每個 ROI 邊框資訊。
- 剪輯區域框與圖的對應關係：透過 PyramidROIAlign 類別的演算法規則進行比對，實現剪輯區域框與圖片的一一對應。

1 了解分析內容關節中的邊界值不符合問題

在「從圖片中按照剪輯區域框分析內容」環節中，存在一個邊界值不符合的問題。這是由於圖片中像素點的值是用整數表示的，而 rpn_rois 區域中的 ROI 邊框座標是用浮點數的小數表示的，二者存在數值不符合的問題。舉例來說，無法從一個尺寸為 [16,16] 的圖片上精確地分析出尺寸為 [10.5,10.5] 這樣的區域內容。

2 邊界值不符合問題的解決方法

在 Mask-RCNN 模型的論文（https://arxiv.org/abs/1703.06870）中，透過將浮點數座標轉化為對應像素點上的影像數值，來解決邊界值不符合問題。

在實作方式中，用雙線性內插的演算法來完成浮點數座標到影像數值的轉化。在本實例中，直接使用 tf.image.crop_and_resize 函數即可實現從轉化到分析的整套功能。

函數 tf.image.crop_and_resize 的作用是：按照指定的區域去圖片上進行截取，並將截取的結果轉化為指定的形狀。該函數支援雙線性內插和鄰近值內插兩種演算法。在使用時，可以透過參數進行控制。

3 按照區域邊框分析內容的完整實現

在實際程式開發中，除考慮分析內容的操作外，還需要考慮在內容分析後的順序問題。要保障分析後的內容順序與 rpn_rois 區域中的邊框順序對應起來。整個步驟如下：

（1）按照特徵層資料的索引，去 rpn_rois 區域框中找到對應的 ROI 邊框，獲得 level_boxes 物件。

（2）統一用 tf.image.crop_and_resize 函數在特徵圖中按照 level_boxes 物件中的各個剪輯框截取內容。

（3）將所有截取後的結果合併起來，產生 pooled 物件（此時 pooled 物件的順序是按照其所對應特徵尺度的順序來的）

（4）按照原有 rpn_rois 順序將 pooled 物件重新排列起來。

以上步驟形成了 PyramidROIAlign 類別的後半部分。實際程式如下：

程式 8-27　othernet（續）

```
183    # 每個 ROI 按照自己的區域去對應的特徵裡截取內容，並將尺寸改成 7×7 大小的特徵資料
184        pooled = []
185        box_to_level = []
186        for i, level in enumerate(range(2, 6)):
187
188            #tf.equal 會傳回一個 true false 的 (1,1000)
189            #tf.where 傳回其中為 true 的索引 [[0,1],[0,4] …[0,200]…]
190            ix = tf.where(tf.equal(roi_level, level),name="ix")
               # 所得形狀為 (828, 2)
191            print("ix",level,ix.get_shape(),ix.name)
192
193            # 在多維上建立索引設定值 [?,4](828, 4)
194            level_boxes = tf.gather_nd(ROIboxes, ix,name="level_boxes")
195
196            # 形狀為 (828, )
197            box_indices = tf.cast(ix[:, 0], tf.int32)
198            print("box_indices",box_indices.get_shape(),box_indices.name)
199            # 追蹤索引值
200            box_to_level.append(ix)
```

```
201
202                 # 不希望下面兩個值有變化，所以停止梯度
203                 level_boxes = tf.stop_gradient(level_boxes)
                    #ROIboxes 中按照不同尺度劃分好的索引
204                 box_indices = tf.stop_gradient(box_indices)
205
206                 # 結果：[batch * num_boxes, pool_height, pool_width, channels]
207                 #feature_maps [(1, 256, 256, 256),(1, 128, 128, 256),(1, 64,
                    64, 256),(1, 32, 32, 256)]
208                 #box_indices 一共有 level_boxes 個。指定 level_boxes 中的第幾個框作
                    用於 feature_maps 中的第幾個圖片
209                 pooled.append(tf.image.crop_and_resize(feature_maps[i],
                    level_boxes, box_indices, self.pool_shape, method="bilinear"))
210
211             #1000 個 roi 都取到了對應的內容，將它們組合起來。組合後的形狀為 ( 1000,
                7, 7, 256)
212             pooled = tf.concat(pooled, axis=0)
                # 其中的順序是按照 level 來的，需要重新排列成原來 ROIboxes 順序
213
214             # 按照選取 level 的順序重新排列成原來 ROIboxes 順序
215             box_to_level = tf.concat(box_to_level, axis=0)
216             box_range = tf.expand_dims(tf.range(tf.shape(box_to_level)[0]), 1)
217             box_to_level = tf.concat([tf.cast(box_to_level, tf.int32),
                box_range],axis=1)                      #[1000，3] 3([xi] range)
218
219             # 取出頭兩個 " 批次 + 序號 "（1000 個），每個值代表原始 ROI 展開的索引
220             sorting_tensor = box_to_level[:, 0] * 100000 + box_to_level[:, 1]
                # 保障一個批次在 100000 以內
221             # 按照索引排序
222             ix = tf.nn.top_k(sorting_tensor, k=tf.shape(box_to_level)[0]).
                    indices[::-1]
223             ix = tf.gather(box_to_level[:, 2], ix)
                # 按照 ROI 中的順序取出 pooled 中的索引
224             pooled = tf.gather(pooled, ix)# 將 pooled 按照原始順序排列
225
226             # 加上批次維度，並傳回
227             pooled = tf.expand_dims(pooled, 0)
228
229             return pooled
230
231         def compute_output_shape(self, input_shape):
232             return input_shape[0][:2] + self.pool_shape + (input_shape[2][-1], )
```

程式第 191 行和第 198 行將張量的名稱（name）列印出來，是為了偵錯時使

用。執行後會看到該張量的名稱。根據該名稱撰寫程式將裡面的值執行出來，觀察結果是否與預期的一致。

程式第 200 行將每次循環的索引值儲存起來，是為後面將結果重新排列做準備（見程式第 223 行）。

程式第 203 行，level_boxes 物件是 ROIboxes 物件中按照不同尺度劃分好的索引。程式第 204 行，box_indices 物件是批次索引，該批次索引與目前的尺度特徵對應。這兩個值是依賴 rpn_rois 區域框的數值並根據正常演算法獲得的。在反向傳遞中，不希望其值發生變化，所以停止梯度。

程式第 210 行，呼叫了 tf.image.crop_and_resize 函數的前 4 個重要參數。實際說明如下：

- feature_maps[i]：輸入待修改的圖。
- level_boxes：儲存剪輯框的陣列。按照該陣列中的剪輯框尺寸去圖中修改。
- box_indices：一個與 level_boxes 物件長度一樣的陣列，內容為特徵資料 feature_maps[i] 的索引值，用於選取圖片。該陣列讓 level_boxes 物件中的每個 ROI 區域框去指定的圖片上截取內容。
- self.pool_shape：將截取後的內容統一調整尺寸到指定尺寸。

8.7.18 程式實現：偵錯並輸出 ROIAlign 層的內部運算值

用 utils.run_graph 函數將相關節點列印出來。程式如下：

```
程式 8-23 Mask_RCNN 應用（續）
115  roi_align_classifierlar = model.keras_model.get_layer
       ("roi_align_classifier").output     # 獲得 ROI 節點，即 ProposalLayer 層
116
117  roi_align_classifier = utils.run_graph(model,[image], [
118      ("roi_align_classifierlar", model.keras_model.get_layer
       ("roi_align_classifier").output),#(1, 261888, 2)
119      ("ix", model.ancestor(roi_align_classifierlar, "roi_align_classifier/
       ix:0")),
120      ("level_boxes", model.ancestor(roi_align_classifierlar,
       "roi_align_classifier/level_boxes:0")),
121      ("box_indices", model.ancestor(roi_align_classifierlar,
       "roi_align_classifier/Cast_2:0")),
122
```

```
123    ],BATCH_SIZE)
124
125    print(roi_align_classifier ["ix"][:5])        #(828, 2)
126    print(roi_align_classifier ["level_boxes"][:5])  #(828, 4)
127    print(roi_align_classifier ["box_indices"][:5])  #(828, 4)
```

執行程式後，對輸出的結果進行整理、解讀。實際如下：

（1）各張量的形狀和數值資訊。

```
roi_align_classifierlar  shape: (1, 1000, 7, 7, 256)  min: -39.27100  max:
44.52850  float32
ix             shape: (421, 2)    min:    0.00000 max:  999.00000  int64
level_boxes    shape: (421, 4)    min:    0.00000 max:    1.00000  float32
box_indices    shape: (421,)      min:    0.00000 max:    0.00000  int32
```

PyramidROIAlign 層的傳回形狀為 (1, 1000, 7, 7, 256)。之所以將維度變成了 5，是為了在後面可以基於單一圖片獨立做卷積變化（見 8.7.19 小節）。

在 PyramidROIAlign 層中，每個尺度特徵框索引的形狀為 (批次 ,2)。

level_boxes 物件是從 rpn_rois 區域框中根據索引 ix 拿出的區域框，形狀為 (批次 ,4)。box_indices 陣列的意義是，為 level_boxes 物件中的每個框指定所要分析內容的圖片索引，形狀為 (批次 ,)。注意，逗點之後是沒有數字的。

（2）索引 ix 的前 5 個元素的實際值（其中 0 代表批次的索引）：

```
[[ 0 22]
 [ 0 29]
 [ 0 48]
 [ 0 59]
 [ 0 64]]
```

（3）level_boxes 物件的前 5 個元素是被歸一化處理的兩個點座標。

```
[[0.7207245  0.7711525   0.7770287   0.8291931 ]
 [0.70217687 0.51715106  0.7498454   0.60750276]
 [0.7385003  0.6546944   0.79295075  0.7119865 ]
 [0.75078577 0.70076877  0.81955194  0.77168196]
 [0.8174721  0.6675705   0.8727931   0.7368731 ]]
```

> **提示**
>
> 一共 5 行，每行代表一個元素。每個元素有 4 個值，前 2 個值代表第 1 個點的 *x*、*y* 值。後 2 個值代表第 2 個點的 *x*、*y* 值。

（4）box_indices 陣列的前 5 個元素的值全是 0。因為每個尺度特徵的形狀為 (batch,N,N,256)，可以了解成深度為 256 通道的圖片。本實例中 batch=1，所以 rpn_rois 區域框中所有的框都得去第 0 張圖片上截取。

```
[0 0 0 0 0]
```

8.7.19 程式實現：對 ROI 內容進行分類

本小節將實現分類器，並透過程式驗證其效果。

1 實現分類器

完整的分類器是在 fpn_classifier_graph 函數中實現的。程式如下：

程式 8-27 othernet（續）

```
233  def fpn_classifier_graph(rois, feature_maps, image_meta,
234                       pool_size, num_classes, batch_size, train_bn=True,
235                       fc_layers_size=1024):
236
237      #ROIAlign 層 Shape: [batch, num_boxes, pool_height, pool_width, channels]
238      x = PyramidROIAlign(batch_size,[pool_size, pool_size],
239                      name="roi_align_classifier")([rois, image_meta] +
                        feature_maps)
240
241      # 用卷積替代兩個 1024 全連接網路
242      x = KL.TimeDistributed(KL.Conv2D(fc_layers_size, (pool_size, pool_size),
243                          padding="valid"), name="mrcnn_class_conv1")(x)
244      x = KL.TimeDistributed(KL.BatchNormalization(), name='mrcnn_class_bn1')(x,
245                          training=train_bn)
246      x = KL.Activation('relu')(x)
247      #1×1 卷積，代替第 2 個全連接
248      x = KL.TimeDistributed(KL.Conv2D(fc_layers_size, (1, 1)), name=
             "mrcnn_class_conv2")(x)
249      x = KL.TimeDistributed(KL.BatchNormalization(), name=
             'mrcnn_class_bn2')(x, training=train_bn)
250      x = KL.Activation('relu')(x)
251
252      # 共用特徵，用於計算分類和邊框
253      shared = KL.Lambda(lambda x: K.squeeze(K.squeeze(x, 3), 2),name=
                "pool_squeeze")(x)
254
255      #（1）計算分類
256      mrcnn_class_logits = KL.TimeDistributed(KL.Dense(num_classes),
```

```
257                                           name='mrcnn_class_logits')(shared)
258      mrcnn_probs = KL.TimeDistributed(KL.Activation("softmax"),
259                                       name="mrcnn_class")(mrcnn_class_logits)
260
261      #（2）計算邊框座標 BBox（偏移和縮放量）
262      #[batch, boxes, num_classes * (dy, dx, log(dh), log(dw))]
263      x = KL.TimeDistributed(KL.Dense(num_classes * 4, activation='linear'),
264                             name='mrcnn_bbox_fc')(shared)
265      # 將形狀變成 [batch, boxes, num_classes, (dy, dx, log(dh), log(dw))]
266      mrcnn_bbox = KL.Reshape((-1, num_classes, 4), name="mrcnn_bbox")(x)
267
268      return mrcnn_class_logits, mrcnn_probs, mrcnn_bbox
```

程式第 242、248 行分別用兩個卷積網路代替全連接產生共用特徵 shared（見程式第 253 行）。之後將共用特徵用於分類（256）和邊框（263）的計算。

提示

本節程式中多次用到 KL.TimeDistributed 函數（例如程式第 245、258 行等）。該函數的作用是將輸入特徵按照時間維度應用到相同的層。其處理的資料第 1 維度是 1，表示將整個資料當作一個樣本。而批次和每一批次的資料個數被統一放在了第 2 維度。它與 ProposalLayer 類別中的 utils.batch_slice 函數（見 8.7.12 小節）並不一樣。utils.batch_slice 是從不同的張量中收集與指定索引相對應的公共元素。

例如：在 fpn_classifier_graph 函數中，PyramidROIAlign 層的輸出形狀為（batch,N, 高度 , 寬度 , 通道 ）。這是一個 5D 張量。而 tf.keras 的卷積函數 Conv2D 僅接受 4D 張量。這時可以把 batch 看作 tf.TimeDistributed 中的圖層，把第 2 維（N）當作 Conv2D 操作的批次。經過第 1 次 ReLU 操作後，輸出形狀為（batch，N,1,1,1024）。

ProposalLayer 類別的輸入是 rpn_class（batch,num_anchors_total,2）和 rpn_bbox（batch,num_anchors_total,4）。第 1 次呼叫 utils.batch_slice 函數的輸入是分值 scores（batch,num_anchors_total）和索引 ix（batch,pre_nms_limit），目的是收集 ix 指定的所有批次的頂級 pre_nms_limit 錨點，並用 tf.gather 完成此操作。函數 tf.gather 是在第 1 個維度（batch）上執行的。因此在函數 utils.batch_slice 中，透過一個 for 循環一次處理一個批次，在錨點總數 num_anchors_total 物件和 pre_nms_limit 維度之間進行函數 tf.gather 處理。

---

② 視覺化分類器結果

用 utils.run_graph 函數將分類器輸出的分類和邊框結果執行出來，並將獲得的值視覺化。程式如下：

程式 8-23 Mask_RCNN 應用（續）

```
128  fpn_classifier = utils.run_graph(model,[image], [
129      ("probs", model.keras_model.get_layer("mrcnn_class").output),
         #shape: (1, 1000, 81)
130      ("deltas", model.keras_model.get_layer("mrcnn_bbox").output),
         #(1, 1000, 81, 4)
131  ],BATCH_SIZE)
132  # 因為 proposals 結果是相對於原始圖片變形的框，所以要使用相對於原始圖片變形後的
     圖片 image2
133  proposals=utils.denorm_boxes(rpn["proposals"][0], image2.shape[:2])
     #(1000, 4)
134
135  # 計算 81 大類中的最大索引 -- class id( 索引就是分類 )
136  roi_class_ids = np.argmax(fpn_classifier["probs"][0], axis=1)#(1000,)
137  print(roi_class_ids.shape,roi_class_ids[:20])
138  roi_class_names = np.array(class_name)[roi_class_ids]# 根據索引把名字取出來
139  print(roi_class_names[:20])
140  # 去除重複類別個數
141  print(list(zip(*np.unique(roi_class_names, return_counts=True))))
142
143  roi_positive_ixs = np.where(roi_class_ids > 0)[0]# 不是背景的類別索引
144  print("{} 中有 {} 個前景實例 \n{}".format(len(proposals),
145                                      len(roi_positive_ixs),roi_positive_ixs))
146  # 根據索引將最大的那個值取出來，當作分數
147  roi_scores = np.max(fpn_classifier["probs"][0],axis=1)
148  print(roi_scores.shape,roi_scores[:20])
149
150  # 邊框視覺化
151  # 透過兩張圖來完成：從第 1 張圖中取出 50 個包含前景和背景的框，並顯示出來；從第 2 張
     圖中取出 5 個座標調整後的前景框，並顯示出來
152  limit = 50
153  ax = get_ax(1, 2)
154
155  ixs = np.random.randint(0, proposals.shape[0], limit)
156  captions = ["{} {:.3f}".format(class_name[c], s) if c > 0 else ""
157              for c, s in zip(roi_class_ids[ixs], roi_scores[ixs])]
158
159  visib= np.where(roi_class_ids[ixs] > 0, 2, 1)# 前景統一設為 2，背景統一設為 1
160
```

```
161  visualize.draw_boxes(image2, boxes=proposals[ixs],  # 原始的框放進去
162          visibilities=visib,# 若為 2，則突出顯示；若為 1，則一般顯示
163          captions=captions, title="before fpn_classifier", ax=ax[0])
164
165  # 把指定類別索引的座標分析出來
166  # 取出每個框對應分類的座標偏差。fpn_classifier["deltas"] 的形狀為 (1,1000,81,4)
167  roi_bbox_specific = fpn_classifier["deltas"][0,
168                      np.arange(proposals.shape[0]), roi_class_ids]
168  print("roi_bbox_specific", roi_bbox_specific)# 形狀為 (1000,4)
169
170  # 根據偏移來調整 ROI，Shape: [N, (y1, x1, y2, x2)]
171  refined_proposals = utils.apply_box_deltas(
172      proposals, roi_bbox_specific * mask_rcnn_model.BBOX_STD_DEV).astype
         (np.int32)
173  print("refined_proposals", refined_proposals)
174
175  limit =5
176  ids = np.random.randint(0, len(roi_positive_ixs), limit)# 取出 5 個前景類別
177
178  captions = ["{} {:.3f}".format(class_name[c], s) if c > 0 else ""
179              for c, s in zip(roi_class_ids[roi_positive_ixs][ids],
                 roi_scores[roi_positive_ixs][ids])]
180
181  visualize.draw_boxes(image2, boxes=proposals[roi_positive_ixs][ids],
182          refined_boxes=refined_proposals[roi_positive_ixs][ids],
183          captions=captions, title="ROIs After Refinement",ax=ax[1])
```

程式執行後，輸出以下結果：

（1）ROI 分類結果的個數（1000 個），以及前 20 個 ROI 的分類結果。

```
(1000,) [33  1  1  1  1  1  1  1  1  1  1  1  1  1  1  1  0  1  0  1  0  1  0  1  1]
```

（2）對應的類別名稱。

```
['sports ball' 'person' 'person' 'person' 'person' 'person' 'person''person'
'person' 'person' 'person' 'person' 'person' 'BG' 'person' 'BG' 'person' 'BG'
'person' 'person']
[('BG', 905), ('baseball glove', 11), ('handbag', 2), ('person', 76),
('sports ball', 6)]
1000 中有 95 個前景實例
[  0   1   2   3   4   5   6   7   8   9  10  11  12  14  16  18  19  20
 ……822 850 879 972 992]
```

（3）每個類別的得分情況。

```
(1000,) [0.9996729  0.999342260.9994691  0.9995741  0.999400850.9998511
 0.98432136 0.997045460.7715847  0.91766   0.7421977  0.941382
 0.6399888  0.958379570.5357658  0.7453531  0.99681807 0.7035237  0.9983895
 0.6693075 ]
```

（4）計算出的座標。

```
roi_bbox_specific [[-0.08322562 -0.08801503  0.06453485 -0.07142121]
 [-0.15577134  0.08577229 -0.08280858  0.2607019 ]
 [ 0.18355349  0.30293933  0.12844186 -0.26919323]
 ...
 [ 0.36996925 -0.24318382  0.2388043   0.13342915]
 [ 0.67343915 -0.19701773  0.3982284  -0.13674134]
 [ 0.45560795 -0.08497302  0.20064178  0.07753003]]
```

（5）換算成像素點的座標。

```
refined_proposals [[112  57  137  94]
 [148 418 258 476]
 [165 359 331 426]
 ...
 [192 261 198 266]
 [188 122 193 131]
 [191 218 197 225]]
```

產生的圖片如圖 8-44 所示。

圖 8-44　RPN 結果經過 NMS 演算法處理後的錨點邊框

在圖 8-44 中，左圖顯示了前 50 個 ROI 區域框。其中虛線代表背景，實線代表前景的實際類別；右圖顯示了 5 個前景類別中的 ROI 區域框。其中虛線表示 RPN 的位置框，實線表示調整後的位置框。每個虛線框和其調整後的實線框都透過左上角的直線相連。在右圖中可以看到，最左邊的那個人被畫上了兩個實線框。這表示：檢測結果中出現了重複實例。所以，要對分類器 fpn_classifier_graph 處理後的結果再次去除重複，才可以獲得最後的分類即邊框。

8.7.20 程式實現：用檢測器 DetectionLayer 檢測 ROI 內容，獲得最後的實物矩形

實物矩形檢測的最後一個環節是透過 DetectionLayer 類別來實現的。DetectionLayer 類別的主要功能是對分類器 fpn_classifier_graph 輸出結果的二次去除重複，該去除重複操作是根據分類的分數及邊框的位置來實現的。實際做法如下。

1 在 MaskRCNN 類別中呼叫檢測器 DetectionLayer

在 MaskRCNN 類別中增加程式，將使用 NMS 演算法處理後的 RPN 結果（rpn_rois）與分類器結果（mrcnn_class 和 mrcnn_bbox）組合起來，送入 DetectionLayer 類別算出真實的 box 座標。實際程式如下：

程式 8-24 mask_rcnn_model（續）

```
288        #將 rpn_rois 與 mrcnn_class、mrcnn_bbox 組合起來，算出真實的 box 座標
289          detections = DetectionLayer( batch_size= self.batch_size,
    name="mrcnn_detection")(
290              [rpn_rois, mrcnn_class, mrcnn_bbox, input_image_meta])
```

2 實現 DetectionLayer 類別

下面用 tf.keras 介面定義檢測器 DetectionLayer 類別。DetectionLayer 類別作為一個網路層用於輸出 Mask R-CNN 模型最後的分類結果。在 DetectionLayer 類別的 call 方法中實現了以下步驟：

（1）取出圖片的附加資訊 m 字典（見程式 281 行）。

（2）從 m 字典中取出 window 變數。Window 是經過 pading 處理後真實圖片的像素座標。該值是在對原始圖片進行 resize（轉換尺寸）操作時填入的。

（3）將 window 變數所代表的圖片像素座標變成標準座標（見程式 284 行）。

（4）將分類資訊統一放入 refine_detections_graph 函數中實現二次去除重複。

實際程式如下：

程式 8-27 othernet（續）

```
269  #實物邊框檢測，傳回最後的標準化區域座標 [batch, num_detections, (y1, x1, y2,
     x2, class_id, class_score)]
270  class DetectionLayer(tf.keras.layers.Layer):
271
272      def __init__(self,batch_size,  **kwargs):
```

```
273          super(DetectionLayer, self).__init__(**kwargs)
274          self.batch_size = batch_size
275
276      def call(self, inputs):#輸入：rpn_rois、mrcnn_class、mrcnn_bbox,
    input_image_meta
277          # 分析參數
278          rois,mrcnn_class,mrcnn_bbox,image_meta = inputs
279
280          # 解析圖片附加資訊
281          m = parse_image_meta_graph(image_meta)
282          image_shape = m['image_shape'][0]
283          #window是經過pading處理後真實圖片的像素座標，將其轉化為標準座標
284          window = norm_boxes_graph(m['window'], image_shape[:2])
285
286          # 根據分類資訊，對原始ROI進行再一次過濾，獲得DETECTION_MAX_INSTANCES
             個ROI。
287          detections_batch = utils.batch_slice(
288              [rois, mrcnn_class, mrcnn_bbox, window],
289              lambda x, y, w, z: refine_detections_graph(x, y, w, z),
290              self.batch_size)
291
292          # 將標準化座標及過濾後的結果變形後傳回
293          return tf.reshape(
294              detections_batch,
295              [self.batch_size, mask_rcnn_model.DETECTION_MAX_INSTANCES, 6])
296
297      def compute_output_shape(self, input_shape):
298          return (None, mask_rcnn_model.DETECTION_MAX_INSTANCES, 6)
299
300  # 將座標按照圖片大小轉化為標準座標
301  def norm_boxes_graph(boxes,                    # 像素座標 (y1, x1, y2, x2)
302                       shape):                   # 像素邊長 (height, width)
303      h, w = tf.split(tf.cast(shape, tf.float32), 2)
304      scale = tf.concat([h, w, h, w], axis=-1) - tf.constant(1.0)
305      shift = tf.constant([0., 0., 1., 1.])
306      return tf.divide(boxes - shift, scale) # 標準化座標 [..., (y1, x1, y2, x2)]
```

模型輸出的 box 座標是根據 resize（轉換尺寸）後的圖片尺寸進行計算的。在傳回最後結果之前，還需將該 box 座標對映到真實圖片的尺寸上去。

程式第 284 行獲得標準座標，用於還原邊框在原始圖片上的座標。

程式第 301 行定義了函數 norm_boxes_graph，該函數將座標按照圖片大小轉化為標準座標。

3 定義函數 refine_detections_graph，實現對結果去除重複

定義函數 refine_detections_graph，實現對結果去除重複，並對邊框座標進行簡
單的處理（根據偏移量 delta 修正出最後座標，並進行符合規範剪輯）。實際程
式如下：

程式 8-27 othernet（續）

```
307   # 定義分類器結果的最後處理函數，傳回剪輯後的標準座標與去除重複後的分類結果
308   def refine_detections_graph(rois, probs, deltas, window):
309
310       # 從分類結果 probs 中取出分類分值最大的索引，probs 的形狀是 [1000, 81]
311       class_ids = tf.argmax(probs, axis=1, output_type=tf.int32)
312
313       # 根據分類索引建置分類結果 probs 的切片索引，該切片索引用於以切片的方式從張
              量中設定值
314       indices = tf.stack([tf.range(tf.shape(probs)[0]), class_ids], axis=1)
315       class_scores = tf.gather_nd(probs, indices)        # 根據索引獲得分數
316
317       deltas_specific = tf.gather_nd(deltas, indices)
          # 根據索引獲得 box 區域座標（待修正的偏差）
318
319       # 將偏差應用到 rois 框中
320       refined_rois = apply_box_deltas_graph( rois, deltas_specific *
                       mask_rcnn_model.BBOX_STD_DEV)
321       # 對出界的框進行剪輯
322       refined_rois = clip_boxes_graph(refined_rois, window)
323
324       # 取出前景的類別索引（將背景類別過濾掉）
325       keep = tf.where(class_ids > 0)[:, 0]
326       # 在前景類別裡，將小於 DETECTION_MIN_CONFIDENCE 的分數過濾掉
327       if mask_rcnn_model.DETECTION_MIN_CONFIDENCE:
328           conf_keep = tf.where(class_scores >=
                           mask_rcnn_model.DETECTION_MIN_CONFIDENCE)[:, 0]
329           keep = tf.sets.set_intersection(tf.expand_dims(keep, 0),
                                           tf.expand_dims(conf_keep, 0))
330
331           keep = tf.sparse_tensor_to_dense(keep)[0]
332
333       # 根據剩下的 keep 索引取出對應的值
334       pre_nms_class_ids = tf.gather(class_ids, keep)
335       pre_nms_scores = tf.gather(class_scores, keep)
336       pre_nms_rois = tf.gather(refined_rois,  keep)
337       unique_pre_nms_class_ids = tf.unique(pre_nms_class_ids)[0]
338
```

```
339        def nms_keep_map(class_id):# 定義 NMS 演算法處理函數，對每個類別做去除重複
340
341            # 找出類別為 class_id 的索引
342            ixs = tf.where(tf.equal(pre_nms_class_ids, class_id))[:, 0]
343
344            # 對該類別的 roi 按照設定值 DETECTION_NMS_THRESHOLD 進行區域去除重複，
               最多獲得 DETECTION_MAX_INSTANCES 個結果
345            class_keep = tf.image.non_max_suppression(
346                    tf.gather(pre_nms_rois, ixs),
347                    tf.gather(pre_nms_scores, ixs),
348                    max_output_size=mask_rcnn_model.DETECTION_MAX_INSTANCES,
349                    iou_threshold=mask_rcnn_model.DETECTION_NMS_THRESHOLD)
350            # 將去除重複後的索引轉化為 ROI 中的索引
351            class_keep = tf.gather(keep, tf.gather(ixs, class_keep))
352            # 資料對齊，當去除重複後的個數小於 DETECTION_MAX_INSTANCES 時，對其補 -1
353            gap = mask_rcnn_model.DETECTION_MAX_INSTANCES - tf.shape
                    (class_keep)[0]
354            class_keep = tf.pad(class_keep, [(0, gap)],
355                            mode='CONSTANT', constant_values=-1)
356            # 將形狀統一變為 [mask_rcnn_model.DETECTION_MAX_INSTANCES]，並傳回
357            class_keep.set_shape([mask_rcnn_model.DETECTION_MAX_INSTANCES])
358            return class_keep
359
360        # 對每個 class IDs 做去除重複操作
361        nms_keep = tf.map_fn(nms_keep_map, unique_pre_nms_class_ids,
362                        dtype=tf.int64)
363        # 將 list 結果中的元素合併到一個陣列裡，並刪掉 -1 的值
364        nms_keep = tf.reshape(nms_keep, [-1])
365        nms_keep = tf.gather(nms_keep, tf.where(nms_keep > -1)[:, 0])
366        keep = nms_keep
367        # 經過 NMS 處理後，根據剩下的 keep 索引取出對應的值，並將設定值的個數控制在
           DETECTION_MAX_INSTANCES 之內
368        roi_count = mask_rcnn_model.DETECTION_MAX_INSTANCES
369        class_scores_keep = tf.gather(class_scores, keep)
370        num_keep = tf.minimum(tf.shape(class_scores_keep)[0], roi_count)
371        top_ids = tf.nn.top_k(class_scores_keep, k=num_keep, sorted=True)[1]
372        keep = tf.gather(keep, top_ids)#keep 個數小於 DETECTION_MAX_INSTANCES
373
374        # 連接輸出結果，形狀是 [N, (y1, x1, y2, x2, class_id, score)]。其中，N 是
           結果的個數
375        detections = tf.concat([ tf.gather(refined_rois, keep),
376            tf.cast(tf.gather(class_ids, keep) ,tf.float32)[..., tf.newaxis],
377            tf.gather(class_scores, keep)[..., tf.newaxis]
378            ], axis=1)
```

```
379
380      # 資料對齊，不足 DETECTION_MAX_INSTANCES 的補 0，並傳回
381      gap = mask_rcnn_model.DETECTION_MAX_INSTANCES - tf.shape(detections)[0]
382      detections = tf.pad(detections, [(0, gap), (0, 0)], "CONSTANT")
383      return detections
```

程式第 315 行，用函數 tf.gather_nd 從分類結果 probs 中設定值，獲得分類分數。因為分類結果 probs 是張量，所以不能以 Python 切片的方式進行設定值。

函數 tf.gather_nd 支援多維度設定值，在呼叫函數 tf.gather_nd 時，將製作好的切片索引 indices（見程式第 314 行）傳入即可實現 Python 中的切片效果。

提示

程式第 311 ～ 315 行比較晦澀。為了方便了解，將該部分的邏輯用模擬資料實現出來。實際程式如下：

```
import tensorflow as tf
import numpy as np
tf.enable_eager_execution()      # 啟動動態圖（在 TensorFlow 2.x 中可以去掉該句）
                                 # 假設 probs 中有 3 個錨點，每個錨點有 4 個分值
probs  = np.array([[1,6,3,4], [2,2,3,4], [3,2,9,4]])
print(np.shape(probs ))          # 輸出 probs 的形狀：(3, 4)
class_ids = tf.argmax(probs, axis=1, output_type=tf.int32)
print(class_ids.numpy())         # 輸出 probs 中的最大索引：[1 3 2]
                                 # 建置切片索引
indices = tf.stack([tf.range(tf.shape(probs)[0]), class_ids], axis=1)
print(indices.numpy())           # 輸出切片索引：[[0 1] [1 3] [2 2]]
class_scores = tf.gather_nd(probs, indices)     # 根據切片索引獲得分數
print(class_scores.numpy())      # 輸出所獲得的分數：[6 4 9]
print(probs[tf.range(tf.shape(probs)[0]).numpy(),class_ids])
                                 # 用切片方式取數，輸出：[6 4 9]
```

從輸出的結果可以看出，函數 tf.gather_nd 的設定值結果與 Python 語法中使用多維度切片方式的設定值結果相同。

在函數 refine_detections_graph 中，會對分類分數按照固定的設定值進行過濾（見程式第 328 行）。將剩下的部分再用 NMS 演算法進行去除重複（見程式第 361 行）。最後取 DETECTION_MAX_INSTANCES 個 ROI（不足的補 0），作為最後檢測結果（見程式第 382 行）。

提示

函數 refine_detections_graph 的輸入、輸出都是以單一樣本為基礎的,即該函數中的所有變數都沒有批次維度。

---

4 視覺化檢測器結果

用 utils.run_graph 函數輸出檢測器結果,並透過座標轉化將其顯示到原始圖片上,並將獲得的值視覺化。程式如下:

```
程式 8-23 Mask_RCNN 應用(續)
184  # 定義函數按照視窗來調整座標
185  def refineboxbywindow(window,coordinates):
186
187      wy1, wx1, wy2, wx2 = window
188      shift = np.array([wy1, wx1, wy1, wx1])
189      wh = wy2 - wy1  # 計算 window height
190      ww = wx2 - wx1  # 計算 window width
191      scale = np.array([wh, ww, wh, ww])
192      # 按照視窗來調整座標
193      refine_coordinates = np.divide(coordinates - shift, scale)
194      return refine_coordinates
195
196  # 模型輸出的最後檢測結果
197  DetectionLayer = utils.run_graph(model,[image], [
198          #(1, 100, 6),最後的 6 由 4 個位置、1 個分類、1 個分數組成
199      ("detections", model.keras_model.get_layer("mrcnn_detection").output),
200  ],BATCH_SIZE)
201
202  # 獲得分類的 ID
203  det_class_ids = DetectionLayer['detections'][0, :, 4].astype(np.int32)
204
205  det_ids = np.where(det_class_ids != 0)[0]# 取出前景類別不等於 0 的索引
206  det_class_ids = det_class_ids[det_ids]                # 預測的分類 ID
207  # 將分類 ID 顯示出來
208  print("{} detections: {}".format( len(det_ids), np.array(class_name)
     [det_class_ids]))
209
210  roi_scores= DetectionLayer['detections'][0, :, -1]     # 獲得分類分數
211
212  boxes_norm= DetectionLayer['detections'][0, :, :4]     # 獲得邊框座標
213  window_norm = utils.norm_boxes(window, image2.shape[:2])
214  boxes = refineboxbywindow(window_norm,boxes_norm)  # 按照視窗縮放來調整座標
```

```
215
216    # 將座標轉化為像素座標
217    refined_proposals=utils.denorm_boxes(boxes[det_ids],
       image.shape[:2])#(1000, 4)
218    captions = ["{} {:.3f}".format(class_name[c], s) if c > 0 else ""
219             for c, s in zip(det_class_ids, roi_scores[det_ids])]
220
221    visualize.draw_boxes(                        # 在原始圖片上顯示結果
222        image, boxes=refined_proposals[det_ids],
223        visibilities=[2] * len(det_ids),# 統一設為 2，表示用實線顯示
224        captions=captions, title="Detections after NMS",
225        ax=get_ax())
```

程式執行後，輸出以下結果：

```
5 detections: ['person' 'person' 'person' 'person' 'frisbee']
```

結果顯示，檢測出了 5 個類別，其中前 4 個是人物，最後一個是飛碟。

同時又輸出了最後視覺化結果，如圖 8-45 所示。

圖 8-45　檢測器的輸出結果

至此，Mask R-CNN 模型已經完成了目標檢測工作。從圖 8-45 中可以看到，該網路可以精準定位實物座標，並且分類。

8.7.21　程式實現：根據 ROI 內容進行實物像素分割

整個 Mask R-CNN 模型的最後一個環節就是實物像素分割。它可以讓網路模型了解像素等級的語義。該環節透過函數 build_fpn_mask_graph 來實現。build_fpn_mask_graph 函數的功能主要是：根據 DetectionLayer 傳回的矩形框，用 ROIAlign 方法對特徵進行池化分析（該特徵來自骨幹網經過 FPN 處理後的結果）；並將池化後的特徵經過 4 個 3×3 的卷積層，再進行一次上取樣；最後透

過全連接（用卷積代替）獲得 81 個區域大小為 28×28 的隱藏。實際做法如下。

1 在 MaskRCNN 類別中增加 build_fpn_mask_graph 實現

在 MaskRCNN 類別中增加程式，將 DetectionLayer 層傳回的矩形框提出來，輸入函數 build_fpn_mask_graph 進行像素分割，並完成 MaskRCNN 類別中建置模型的全部功能。實際程式如下：

```
程式 8-24 mask_rcnn_model（續）
291              # 像素分割
292              detection_boxes = KL.Lambda(lambda x: x[..., :4])(detections)
                 # 取出 box 座標
293              mrcnn_mask = build_fpn_mask_graph(detection_boxes,
                                mrcnn_feature_maps,
294                             input_image_meta,MASK_POOL_SIZE,#14
295                             self.num_class,self.batch_size,train_bn=False)
                                # 不用 bn
296
297              model = KM.Model([input_image, input_image_meta, input_anchors],
                 # 輸入參數
298      [detections, mrcnn_class, mrcnn_bbox,mrcnn_mask, rpn_rois, rpn_class,
    rpn_bbox],    # 輸出
299                             name='mask_rcnn')
300
301          return model
```

程式 297 行，將前面所有的輸入和輸出傳入 KM.Model 裡，完成 MaskRCNN 類別中模型 keras_model 的建置。

2 實現 build_fpn_mask_graph

函數 build_fpn_mask_graph 的處理過程與分類器函數 fpn_classifier_graph 的處理過程極為相似。步驟如下：

（1）透過 ROIAlign 演算法分析 FPN 處理後的特徵。

（2）對第（1）步的結果依次進行卷積操作、上取樣操作、全連接（用卷積代替）操作。

（3）得出與分類個數相同的特徵資料（feature map）。每個 feature map 為該區域內一個類別的隱藏。

實際程式如下：

程式 8-27 othernet（續）

```
384  # 語義分割
385  def build_fpn_mask_graph(rois,# 目標實物檢測結果，標準座標 [batch, num_rois,
     (y1, x1, y2, x2)]
386                           feature_maps,#FPN 特徵 [P2, P3, P4, P5]
387                           image_meta,
388                           pool_size, num_classes,batch_size, train_bn=True):
389      """
390      傳回值：Masks [batch, roi_count, height, width, num_classes]
391      """
392      #ROIAlign 最後統一池化的大小為 14
393      # 形狀為 [batch, boxes, pool_height, pool_width, channels]
394      x = PyramidROIAlign(batch_size,[pool_size, pool_size],
395          name="roi_align_mask")([rois, image_meta] + feature_maps)
396
397      # 卷積層
398      x = KL.TimeDistributed(KL.Conv2D(256, (3, 3), padding="same"),
             name="mrcnn_mask_conv1")(x)
399      x = KL.TimeDistributed(KL.BatchNormalization(), name='mrcnn_mask_bn1')
             (x, training=train_bn)
400      x = KL.Activation('relu')(x)
401
402      x = KL.TimeDistributed(KL.Conv2D(256, (3, 3), padding="same"),
             name="mrcnn_mask_conv2")(x)
403      x = KL.TimeDistributed(KL.BatchNormalization(), name='mrcnn_mask_bn2')
             (x, training=train_bn)
404      x = KL.Activation('relu')(x)
405
406      x = KL.TimeDistributed(KL.Conv2D(256, (3, 3), padding="same"),
             name="mrcnn_mask_conv3")(x)
407      x = KL.TimeDistributed(KL.BatchNormalization(), name='mrcnn_mask_bn3')
             (x, training=train_bn)
408      x = KL.Activation('relu')(x)
409
410      x = KL.TimeDistributed(KL.Conv2D(256, (3, 3), padding="same"),
             name="mrcnn_mask_conv4")(x)
411      x = KL.TimeDistributed(KL.BatchNormalization(), name='mrcnn_mask_bn4')
             (x, training=train_bn)
412      x = KL.Activation('relu')(x)#(1, ?, 14, 14, 256)
413
414      # 用反卷積進行上取樣
415      x = KL.TimeDistributed(KL.Conv2DTranspose(256, (2, 2), strides=2,
```

```
        activation="relu"),
416     name="mrcnn_mask_deconv")(x)  #(1, ?, 28, 28, 256)
417   #用卷積代替全連接
418   x = KL.TimeDistributed(KL.Conv2D(num_classes, (1, 1), strides=1,
        activation="sigmoid"),
419     name="mrcnn_mask")(x)
420   return x
```

3 視覺化檢測器的結果

視覺化步驟如下：

（1）用 utils.run_graph 函數將隱藏結果輸出。

（2）將第（1）步的隱藏結果轉化為圖片並顯示出來。

（3）將模型的最後檢測結果轉化為圖片並顯示出來。

實際程式如下：

程式 8-23 Mask_RCNN 應用（續）

```
226  # 模型輸出的最後檢測結果
227  maskLayer = utils.run_graph(model,[image], [
228      ("masks", model.keras_model.get_layer("mrcnn_mask").output),#(1, 100,
       28, 28, 81)
229  ],BATCH_SIZE)
230
231  # 按照指定的類別索引取出隱藏。該隱藏是每個框裡的相對位移 [n,28,28]
232  det_mask_specific = np.array([maskLayer["masks"][0, i, :, :, c]
233                       for i, c in enumerate(det_class_ids)])
234
235  # 還原成真實大小。按照圖片的框來還原真實座標 (n, image.h, image.h)
236  true_masks = np.array([utils.unmold_mask(m, refined_proposals[i],
                   image.shape)
237                   for i, m in enumerate(det_mask_specific)])
238
239  # 隱藏視覺化
240  visualize.display_images(det_mask_specific[:4] * 255, cmap="Blues",
                   interpolation="none")
241  visualize.display_images(true_masks[:4] * 255, cmap="Blues",
                   interpolation="none")
242
243  # 將語義分割結果視覺化
244  t = np.transpose(true_masks,(1,2,0))
245  visualize.display_instances(image, refined_proposals, t, det_class_ids,
246                   class_name, roi_scores[det_ids])
```

程式執行後，產生如圖 8-46、8-47、8-48 所示圖片。

- 圖 8-46 是模型輸出的原始隱藏結果，其大小為 28 pixel×28 pixel，裡面的值是 0 ～ 1 之間的浮點數相對座標。
- 圖 8-47 是將隱藏結果換算到整個圖片上的像素座標，由程式第 241 行產生。
- 圖 8-48 是將模型最後的結果包含到原始圖片上的影像。

圖 8-46　模型輸出的隱藏結果

圖 8-47　結果座標變化後的隱藏結果

圖 8-48　最後合成的結果

8.7.22　程式實現：用 Mask R-CNN 模型分析圖片

在 MaskRCNN 類別中實現 detect 方法，並透過 detect 方法用 Mask R-CNN 模型分析圖片。

1 實現 MaskRCNN 類別的 detect 方法

實現 detect 方法的實際步驟如下：

（1）對輸入圖片做變形處理，獲得變形後的圖片 molded_images 與附加資訊 image_metas。

（2）根據圖片處理後的尺寸產生錨點框。

（3）呼叫 Mask R-CNN 模型的 predict 方法，將第（1）步的結果與錨點資訊一起傳入。

（4）呼叫 unmold_detections 方法將模型的輸出結果按照輸入的真實圖片尺寸
進行還原。

（5）循環檢查每張輸入圖片，依次將其傳入 unmold_detections 方法中進行第
（4）步的操作。

（6）將第（5）步傳回的所有結果放到列表中傳回。

實際程式如下：

程式 8-24 mask_rcnn_model（續）

```
302   def detect(self, images, verbose=0):#用模型進行檢測
303       """ 用模型進行檢測
304       輸入：images
305       輸出：字典類型。包含以下內容
306           rois: 檢測框 [N, (y1, x1, y2, x2)]
307           class_ids: 類別 [N]
308           scores: 分數 [N]
309           masks: 隱藏 [H, W, N]
310       """
311       assert self.mode == "inference", "Create model in inference mode."
312       assert len( images) == self.batch_size, "len(images) must be
          equal to BATCH_SIZE"
313
314       if verbose:#是否輸出資訊
315           print("Processing {} images".format(len(images)))
316
317
318       # 圖片前置處理（統一大小，並傳回圖片附加資訊）
319       molded_images, image_metas, windows = self.mold_inputs(images)
320
321       # 驗證尺寸
322       image_shape = molded_images[0].shape
323       for g in molded_images[1:]:
324           assert g.shape == image_shape,\
325               "After resizing, all images must have the same size.
    Check IMAGE_RESIZE_MODE and image sizes."
326
327       # 產生錨點
328       anchors = self.get_anchors(image_shape)
329       # 複製錨點到批次
330       anchors = np.broadcast_to(anchors, (self.batch_size,) +
                  anchors.shape)
331
```

```
332          if verbose:
333              log("molded_images", molded_images)
334              log("image_metas", image_metas)
335              log("anchors", anchors)
336          # 執行模型進行圖片分析
337          detections, _, _, mrcnn_mask, _, _, _ =\
338              self.keras_model.predict([molded_images, image_metas, anchors],
                                           verbose=0)
339
340          # 處理分析結果
341          results = []
342          for i, image in enumerate(images):
343              final_rois, final_class_ids, final_scores, final_masks =\
344                  self.unmold_detections(detections[i], mrcnn_mask[i],
345                                          image.shape, molded_images[i].shape,
346                                          windows[i])
347              results.append({
348                  "rois": final_rois,
349                  "class_ids": final_class_ids,
350                  "scores": final_scores,
351                  "masks": final_masks,
352              })
353          return results
```

在程式第 328 行，用 get_anchors 方法產生錨點。該方法實際的實現見「2. 實現 MaskRCNN 類別錨點產生」。

2 實現 MaskRCNN 類別錨點產生

在 get_anchors 方法中加入快取 _anchor_cache 物件，用於儲存已經算好的錨點。在第 1 次取得錨點時，呼叫了下面就來介紹的 get_anchors 方法與 utils.generate_pyramid_anchors 函數的實現過程來計算錨點。

（1）get_anchors 方法的實作方式見以下程式：

程式 8-24 mask_rcnn_model（續）
```
354      def get_anchors(self, image_shape):
355          """ 根據指定圖片大小產生錨點 """
356          backbone_shapes = compute_backbone_shapes( image_shape)
357          # 快取錨點
358          if not hasattr(self, "_anchor_cache"):
359              self._anchor_cache = {}
360          if not tuple(image_shape) in self._anchor_cache:
```

```
361              # 產生錨點
362              a = utils.generate_pyramid_anchors(RPN_ANCHOR_SCALES,
                    RPN_ANCHOR_RATIOS,
363                backbone_shapes,BACKBONE_STRIDES,RPN_ANCHOR_STRIDE)
364              self.anchors = a
365              # 設為標準座標
366              self._anchor_cache[tuple(image_shape)] = utils.norm_boxes(a,
                                                           image_shape[:2])
367          return self._anchor_cache[tuple(image_shape)]
```

程式第 361 行，對快取物件 _anchor_cache 進行判斷。如果該快取物件中沒有
image_shape 物件，則呼叫 utils.generate_pyramid_anchors 函數產生錨點物件
a，並將 a 指定給成員變數 anchors。

（2）utils.generate_pyramid_anchors 函數的實作方式見以下程式：

程式 8-25 mask_rcnn_utils（續）

```
90   def generate_anchors(scales, ratios, shape, feature_stride, anchor_stride):
91       """
92
93       以 BACKBONE_STRIDES 個像素為單位，在圖片上劃分網格。獲得的網格按照
         anchor_stride 進行計算，並判斷是否需要算作錨點
94       anchor_stride=1 表示都要被用作計算錨點，anchor_stride=2 表示隔一個取一個
         網格用於計算錨點
95       每個網格第 1 個像素為中心點
96       邊長由 scales 按照 ratios 種比例計算獲得。每個中心點配上每種邊長，組成一個錨點
97       """
98
99       scales, ratios = np.meshgrid(np.array(scales), np.array(ratios))
100      scales = scales.flatten()# 複製了 ratios 個 scales，其形狀為 [32,32,32]
101      ratios = ratios.flatten()# 因為 scales 只有 1 個元素，所以不變
102
103      # 將比例開方再計算邊長，產生相對不規則一些的邊框
104      heights = scales / np.sqrt(ratios)
105      widths = scales * np.sqrt(ratios)
106
107      # 計算像素點為單位的網格位移
108      shifts_y = np.arange(0, shape[0], anchor_stride) * feature_stride
109      shifts_x = np.arange(0, shape[1], anchor_stride) * feature_stride
110      shifts_x, shifts_y = np.meshgrid(shifts_x, shifts_y)# 獲得 x 和 y 的位移
111
112      # 將每個網格的第 1 點當作中心點，以 3 種邊長為錨點大小
```

```
113      box_widths, box_centers_x = np.meshgrid(widths, shifts_x)
114      box_heights, box_centers_y = np.meshgrid(heights, shifts_y)
115
116      box_centers = np.stack(#Reshape 併合並中心點座標 (y, x)
117          [box_centers_y, box_centers_x], axis=2).reshape([-1, 2])
118      #合併邊長 (h, w)
119      box_sizes = np.stack([box_heights, box_widths], axis=2).reshape([-1, 2])
120
121      #將中心點邊長轉化為兩個點的座標 (y1, x1, y2, x2)
122      boxes = np.concatenate([box_centers - 0.5 * box_sizes,
123                              box_centers + 0.5 * box_sizes], axis=1)
124      print(boxes[0])#因為中心點從 0 開始，所以第 1 個錨點的 x1、y1 為負數
125      return boxes
126
127  def generate_pyramid_anchors(scales, ratios, feature_shapes,
                                  feature_strides,
128                                  anchor_stride):
129      anchors = []
130      for i in range(len(scales)):#檢查不同的尺度，產生錨點
131          anchors.append(generate_anchors(scales[i], ratios, feature_shapes[i],
132                                  feature_strides[i], anchor_stride))
133      return np.concatenate(anchors, axis=0) #[anchor_count, (y1, x1, y2, x2)]
```

程式第 90 行，函數 generate_anchors 封裝了以在圖片上劃分錨點為基礎的演算法。

程式第 130 行，在 generate_pyramid_anchors 函數內部檢查尺度清單 scales，依次呼叫 generate_anchors 函數在圖片上劃分不同的錨點。

3 視覺化檢測器的結果

用模型進行圖片分析的程式非常簡單，只需要呼叫 detect 方法。實際程式如下：

程式 8-23 Mask_RCNN 應用（續）

```
247  results = model.detect([image], verbose=1)#用 detect 方法進行檢測
248  r = results[0]
249  #視覺化結果
250  visualize.display_instances(image, r['rois'], r['masks'], r['class_ids'],
251                              class_name, r['scores'])
```

程式執行後，可以看到與圖 8-33 一樣的效果。這裡不再展示。

8.8 實例 46：訓練 Mask R-CNN 模型，進行形狀的識別

由於 Mask R-CNN 模型過於龐大，本書將 Mask R-CNN 模型的基礎知識拆分成兩部分：正向過程與訓練部分。8.6 節已經實現了 Mask R-CNN 模型的正向過程。本節將接著實現 Mask R-CNN 的訓練部分。

實例描述

用演算法合成許多個圖片，每個圖片上都有不確定個數的形狀。架設 Mask R-CNN 模型，對合成圖片進行訓練，並用訓練好的模型識別圖片中的形狀。

本實例需要借助 8.6 節中的程式，在其上面增加反向傳播部分，使其具有可訓練功能，然後訓練並使用模型。

8.8.1 專案部署：準備程式檔案及模型

將 8.7 節的程式全部複製到本機，並按照下列方式為其重新命名。一共由 5 個檔案組成，實際如下。

- 「8-28　訓練 Mask_RCNN.py」：使用模型的全流程程式。包含訓練及使用模型的程式。
- 「8-29　mask_rcnn_model.py」：Mask-RCNN 模型的實際程式。
- 「8-30　mask_rcnn_utils.py」：模型所需要的輔助工具程式。
- 「8-31　othernet.py」：放置 Mask_RCNN 中使用的實際模型，包含 RPN 模型、FPN 模型、分類器模型（用於圖片分類）、檢測器模型（用於目標檢測）、mask 模型（用於圖片分割）。
- 「8-32　mask_rcnn_visualize.py」：視覺化部分的程式。

為了加強訓練的速度，本實例同樣需要使用預訓練好的模型，所以需要將 8.6 節的模型 mask_rcnn_coco.h5 一起複製到本機路徑下。

8.8.2 樣本準備：產生隨機形狀圖片

撰寫程式實現以下步驟：

（1）定義 ShapesDataset 類別，用於產生隨機形狀圖片。

（2）對 ShapesDataset 類別進行產生實體，獲得訓練資料集物件 dataset_train 和驗證資料集物件 dataset_val。

（3）從資料集中取出部分樣本，並顯示出來。

實際程式如下：

```
程式 8-28 訓練 Mask_RCNN
01    import math
02    import random
03    import numpy as np
04    import cv2
05    import matplotlib.pyplot as plt                        # 引用系統模組
06
07    mask_rcnn_model = __import__("8-29 mask_rcnn_model")   # 引用本機模組
08    MaskRCNN = mask_rcnn_model.MaskRCNN
09    utils = __import__("8-30 mask_rcnn_utils")
10    visualize = __import__("8-32 mask_rcnn_visualize")
11
12    # 隨機產生圖片類別
13    class ShapesDataset():
14
15        def __init__(self, class_map=None):
16            self.image_ids = []
17            ……# 不是本實例重點，程式忽略
18
19    def get_ax(rows=1, cols=1, size=8):
20        _, ax = plt.subplots(rows, cols, figsize=(size*cols, size*rows))
21        return ax
22
23    # 訓練資料集 dataset
24    dataset_train = ShapesDataset()
25    dataset_train.load_shapes(500, mask_rcnn_model.IMAGE_DIM,
                                mask_rcnn_model.IMAGE_DIM)
26    dataset_train.prepare()
27
28    # 測試資料集 dataset
29    dataset_val = ShapesDataset()
30    dataset_val.load_shapes(50, mask_rcnn_model.IMAGE_DIM,
                              mask_rcnn_model.IMAGE_DIM)
31    dataset_val.prepare()
32
33    # 載入隨機樣本，並顯示
```

```
34    image_ids = np.random.choice(dataset_train.image_ids, 4)
35    for image_id in image_ids:
36        image = dataset_train.load_image(image_id)
37        mask, class_ids = dataset_train.load_mask(image_id)
38        visualize.display_top_masks(image, mask, class_ids,
                                    dataset_train.class_names)
```

程式執行後會產生 5 個圖片，如圖 8-49 所示。

圖 8-49 模擬圖片的部分顯示

在圖 8-49 中，左邊第 1 個是邊長 128 pixel 的圖片。ShapesDataset 類別會根據隨機演算法，向裡面放置圓形、三角形、正方形。後面四個子圖為該形狀的標記，其中標記了實際形狀的隱藏資訊及對應的分類。

8.8.3 程式實現：為 Mask R-CNN 模型增加損失函數

在 MaskRCNN 類別的 build 方法中，增加程式實現損失值 loss 的處理。該程式需要增加在 RPN 之後的 mode 判斷分支中（見程式第 11 行，將 loss 值處理增加到 if 敘述的 else 分支中）。

實際程式如下：

程式 8-29 mask_rcnn_model

```
01    ……
02            # 傳回用 NMS 演算法去除重複後前景機率值最大的 n 個 ROI（可靠區域）
03            rpn_rois = ProposalLayer(proposal_count=proposal_count,
                 nms_threshold=RPN_NMS_THRESHOLD,batch_size=self.batch_size,
04                name="ROI")([rpn_class, rpn_bbox, anchors])
05            img_meta_size = 1 + 3 + 3 + 4 + 1 + self.num_class
          # 定義圖片的附加資訊
06
07            input_image_meta = KL.Input(shape=[img_meta_size],
      name="input_image_meta")# 定義圖片附加資訊
08              if mode == "inference":
09              ……# 用模型預測時的程式
```

```
10              else:
11                  # 獲得輸入資料的類別
12                  active_class_ids = KL.Lambda(   lambda x:
    parse_image_meta_graph(x)["active_class_ids"]
13                  )(input_image_meta)
14
15              if not USE_RPN_ROIS:                        # 支援手動輸入 ROI
16                  input_rois = KL.Input(shape=[POST_NMS_ROIS_TRAINING, 4],
    name="input_roi", dtype=np.int32)
17                  # 轉為標準座標
18                  target_rois = KL.Lambda(lambda x: norm_boxes_graph(
19                      x, K.shape(input_image)[1:3]))(input_rois)
20              else:                                       # 正常訓練模式
21                  target_rois = rpn_rois
22
23              # 根據輸入的樣本製作 RPN 的標籤
24              rois, target_class_ids, target_bbox, target_mask =
    DetectionTargetLayer(self.batch_size,
25                  name="proposal_targets")([ target_rois,
                        input_gt_class_ids, gt_boxes, input_gt_masks])
26
27              # 分類器
28              mrcnn_class_logits, mrcnn_class, mrcnn_bbox =
    fpn_classifier_graph(rois, mrcnn_feature_maps, input_image_meta,
29              POOL_SIZE, self.num_class,self.batch_size,train_bn=False,
                # 不用 bn
30              fc_layers_size=1024)    # 全連接層 1024 個節點
31              # 進行語義分割、隱藏預測
32              mrcnn_mask = build_fpn_mask_graph(rois, mrcnn_feature_maps,
                        input_image_meta,
33                      MASK_POOL_SIZE,self.num_class,self.batch_size,
                        train_bn=False)
34
35              output_rois = KL.Lambda(lambda x: x * 1, name="output_rois")
    (rois)
36
37              # 計算 Loss 值
38              rpn_class_loss = KL.Lambda(lambda x: rpn_class_loss_graph(*x),
     name="rpn_class_loss")( [input_rpn_match, rpn_class_logits])
39
40              rpn_bbox_loss = KL.Lambda(lambda x: rpn_bbox_loss_graph(self.
    batch_size, *x), name="rpn_bbox_loss")( [input_rpn_bbox, input_rpn_match,
    rpn_bbox])
```

```
41
42              class_loss = KL.Lambda(lambda x: mrcnn_class_loss_graph(self.
    num_class,self.batch_size,*x), name="mrcnn_class_loss")(
43                  [target_class_ids, mrcnn_class_logits, active_class_ids])
44
45              bbox_loss = KL.Lambda(lambda x: mrcnn_bbox_loss_graph(*x),
    name="mrcnn_bbox_loss")( [target_bbox, target_class_ids, mrcnn_bbox])
46
47              mask_loss = KL.Lambda(lambda x: mrcnn_mask_loss_graph(*x),
    name="mrcnn_mask_loss")( [target_mask, target_class_ids, mrcnn_mask])
48
49              # 建置模型的輸入節點
50              inputs = [input_image, input_image_meta, input_rpn_match,
    input_rpn_bbox, input_gt_class_ids, input_gt_boxes, input_gt_masks]
51
52              if not USE_RPN_ROIS:
53                  inputs.append(input_rois)
54              outputs = [rpn_class_logits, rpn_class, rpn_bbox,
                # 建置模型的輸出節點
55              mrcnn_class_logits, mrcnn_class, mrcnn_bbox, mrcnn_mask,
                    rpn_rois, output_rois,
56                  rpn_class_loss, rpn_bbox_loss, class_loss,
                    bbox_loss, mask_loss]
57
58              model = KM.Model(inputs, outputs, name='mask_rcnn')
59              ......
```

從程式第 10 行開始是訓練模型的部分。

程式第 23 行，用 DetectionTargetLayer 函數計算輸入圖片的錨點資訊、分類資訊與座標框資訊。這些資料將作為 RPN 的標籤參與訓練。

從程式第 38 行開始是計算損失值的部分。該模型的損失值包含 5 部分：

- RPN 的分類損失。
- RPN 的邊框損失。
- 分類器的分類損失。
- 分類器的邊框損失。
- 隱藏的損失。

實際的 loss 函數可以參考本書的搭配程式。這裡不多作說明。

8.8.4 程式實現：為 Mask R-CNN 模型增加訓練函數，使其支援微調與全網訓練

定義 MaskRCNN 類別中的 train 方法，實現模型訓練的全部過程。在 train 方法中，實現以下步驟：

（1）獲得指定的訓練規模，按照參數找到對應的層。見程式第 67 行。

（2）產生反覆運算器資料集，用於訓練。見程式第 81 行。

（3）設定反向訓練相關參數（優化器、正規化、學習率等）及指定層的訓練開關。見程式第 100、101 行。

（4）訓練模型。見程式第 103 行。

實際程式如下：

程式 8-29 mask_rcnn_model（續）

```
60      ......
61      def train(self, train_dataset, val_dataset,batch_size, learning_rate,
                epochs, layers,
62              augmentation=None, custom_callbacks=None,
                no_augmentation_sources=None):
63
64          assert self.mode == "training", "Create model in training mode."
65
66          # 根據參數指定訓練規模，用於微調
67          layer_regex = {
68              # 訓練除骨幹網外的其他網路
69              "heads": r"(mrcnn\_.*)|(rpn\_.*)|(fpn\_.*)",
70              # 選擇指定的網路進行訓練
71              "3+": r"(res3.*)|(bn3.*)|(res4.*)|(bn4.*)|(res5.*)|(bn5.*)|
                (mrcnn\_.*)|(rpn\_.*)|(fpn\_.*)",
72              "4+": r"(res4.*)|(bn4.*)|(res5.*)|(bn5.*)|(mrcnn\_.*)|
                (rpn\_.*)|(fpn\_.*)",
73              "5+": r"(res5.*)|(bn5.*)|(mrcnn\_.*)|(rpn\_.*)|(fpn\_.*)",
74              # 全部訓練
75              "all": ".*",
76          }
77          if layers in layer_regex.keys():
78              layers = layer_regex[layers]
79
80          # 產生資料
81          train_generator = data_generator(train_dataset,  shuffle=True,
```

```
82                                       augmentation=augmentation,
                                         batch_size=batch_size,
83                                       no_augmentation_sources=
   no_augmentation_sources,num_class = self.num_class)
84        val_generator = data_generator(val_dataset, shuffle=True,
85                       batch_size=batch_size,num_class = self.num_class)
86
87        # 增加記錄檔儲存的回呼函數
88        callbacks = [
89            keras.callbacks.TensorBoard(log_dir=self.log_dir,
90                histogram_freq=0, write_graph=True, write_images=False),
91            keras.callbacks.ModelCheckpoint(self.checkpoint_path,
92                                    verbose=0, save_weights_only=True),
93        ]
94        if custom_callbacks:
95            callbacks += custom_callbacks
96
97        # 開始訓練 Train
98        log("\nStarting at epoch {}. LR={}\n".format(self.epoch,
           learning_rate))
99        log("Checkpoint Path: {}".format(self.checkpoint_path))
100       self.set_trainable(layers)            # 根據指定的層設定訓練開關
101       self.compile(learning_rate, LEARNING_MOMENTUM)
          # 設定模型的優化器及學習參數
102
103       self.keras_model.fit_generator(       # 呼叫 fit_generator 進行訓練
104           train_generator,
105           initial_epoch=self.epoch,
106           epochs=epochs,
107           steps_per_epoch=STEPS_PER_EPOCH,
108           callbacks=callbacks,
109           validation_data=val_generator,
110           validation_steps=VALIDATION_STEPS,
111           max_queue_size=100,
112           workers=0,
113           use_multiprocessing=False,
114       )
115       self.epoch = max(self.epoch, epochs)
```

程式 81 行，用函數 data_generator 產生訓練使用的資料集。由於 Mask R-CNN 屬於兩階段訓練模型，在製作結果標籤之外，還需要製作 RPN 標籤。

在函數 data_generator 中，用 build_rpn_targets 函數實現了 RPN 標籤的製作。

提示

在訓練 RPN 過程中，需要將錨點 anchors、樣本、標記這三個資訊合成 RPN 標籤，這樣才可以進行監督式訓練。合成 RPN 標籤的過程如下：

（1）根據樣本和標記分析出圖片的分類標籤資訊和矩形框標籤資訊。

（2）將錨點中的矩形框與矩形框標籤資訊按照區域重合度進行比對。

（3）對每個錨點進行前景和背景的分類：將與矩形框標籤資訊符合的錨點設為前景標籤；將與矩形框標籤資訊不符合的錨點設為背景標籤。

（4）計算所有前景錨點與其矩形座標框標籤之間的座標偏移（中心點偏移和邊長的縮放比例）。

（5）將第（4）步所計算出的座標偏移值除以 RPN_BBOX_STD_DEV 進行歸一化處理。

由於篇幅原因，這裡不再將函數 data_generator 與函數 build_rpn_targets 的程式一一列出，讀者可以參考隨書搭配的程式資來自行檢視。

8.8.5 程式實現：訓練並使用模型

MaskRCNN 類別中的程式準備好了之後，便開始架設主體流程。

1 建立 Mask R-CNN 模型，並載入加權

指定訓練批次，用訓練模式建置模型。實際程式如下：

程式 8-28 訓練 Mask_RCNN（續）

```
39    BATCH_SIZE =3              # 批次
40    NUM_CLASSES = 1 + 3    # 1 個背景類別和 3 個形狀類別
41    # 建立訓練模式模型
42    MODEL_DIR = "./log"
43    model = MaskRCNN(mode="training", model_dir=MODEL_DIR, num_class=
      dataset_train.num_classes,batch_size = BATCH_SIZE)
44
45    # 模型加權檔案路徑
46    weights_path = "./mask_rcnn_coco.h5"
47
48    # 載入加權檔案
49    print("Loading weights ", weights_path)
50    model.load_weights(weights_path, by_name=True,exclude=["mrcnn_class_logits",
      "mrcnn_bbox_fc",    "mrcnn_bbox", "mrcnn_mask"])
```

2 訓練並儲存 Mask R-CNN 模型

訓練模型分為兩步：

（1）固定骨幹網的加權，訓練其他層。
（2）設定較低的學習率，對整個網路進行繼續訓練。

實際程式如下：

```
程式 8-28 訓練 Mask_RCNN（續）
51   model.train(dataset_train, dataset_val,batch_size =  BATCH_SIZE,
52               learning_rate=mask_rcnn_model.LEARNING_RATE,
53               epochs=1,
54               layers='heads')
55
56   model.train(dataset_train, dataset_val ,batch_size =  BATCH_SIZE,
57               learning_rate=mask_rcnn_model.LEARNING_RATE / 10,
58               epochs=2,
59               layers="all")
60   # 儲存模型
61   import os
62   MODEL_DIR = "mask_model"
63   model_path = os.path.join(MODEL_DIR, "mask_rcnn_shapes.h5")
64   model.keras_model.save_weights(model_path)
```

程式執行後，系統會在本機的 mask_model 資料夾下產生模型檔案 mask_rcnn_shapes.h5，並顯示以下結果：

```
......
Epoch 2/2
......

 99/100 [==============================>.] - ETA: 9s - loss: 0.9817 -
rpn_class_loss: 0.0166 -
......
100/100 [==============================] - 933s 9s/step - loss: 0.9780 -
rpn_class_loss: 0.0165 - rpn_bbox_loss: 0.4315 - mrcnn_class_loss: 0.2105 -
mrcnn_bbox_loss: 0.1693 - mrcnn_mask_loss: 0.1501 - val_loss: 0.9802 -
val_rpn_class_loss: 0.0170 - val_rpn_bbox_loss: 0.5260 - val_mrcnn_class_loss:
0.1228 - val_mrcnn_bbox_loss: 0.1543 - val_mrcnn_mask_loss: 0.1601
......
```

3 用 Mask R-CNN 模型進行識別

撰寫程式使用模型，實際步驟如下：

（1）重新產生實體一個模型 model2。

（2）載入訓練好的模型加權。

（3）隨機取出一張模擬圖片。

（4）將取出的圖片傳入模型進行預測。

（5）將圖片的標籤資訊與模型的預測結果分別包含到模擬圖片上，並顯示出來。

實際程式如下：

程式 8-28 訓練 Mask_RCNN（續）

```
65    MODEL_DIR = "mask_model"
66    model_path = os.path.join(MODEL_DIR, "mask_rcnn_shapes.h5")
67    # 重新建置模型
68    model2 = MaskRCNN(mode="inference", model_dir=MODEL_DIR, num_class=
      dataset_train.num_classes,batch_size = 1)    # 加完背景後的 81 個類別
69
70    # 載入模型
71    print("Loading weights from ", model_path)
72    model2.load_weights(model_path, by_name=True)
73
74    # 隨機取出圖片
75    image_id = random.choice(dataset_val.image_ids)
76    original_image, image_meta, gt_class_id, gt_bbox, gt_mask =\
77        mask_rcnn_model.load_image_gt(dataset_val,   image_id,
          use_mini_mask=False)
78
79    ax = get_ax(1, 2)
80    # 顯示原始圖片及標記
81    visualize.display_instances(original_image, gt_bbox, gt_mask, gt_class_id,
82                            dataset_train.class_names, ax=ax[0])
83
84    # 用模型進行預測，並顯示結果
85    results = model2.detect([original_image], verbose=1)
86    r = results[0]
87    visualize.display_instances(original_image, r['rois'], r['masks'],
                              r['class_ids'],
88                            dataset_val.class_names, r['scores'], ax=ax[1])
```

程式執行後，產生的結果如圖 8-50 所示。

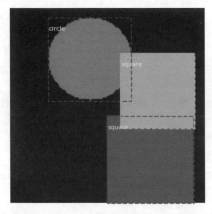 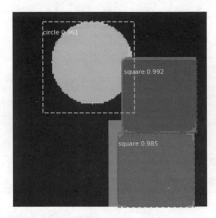

圖 8-50 Mask R-CNN 模型訓練後的識別結果

如圖 8-50 所示，左邊為樣本的圖片及標記，右邊為模型產生的圖片及標記。由於整個資料集只反覆運算了兩次，所以誤差還比較大。讀者可以把反覆運算次數加強，以便訓練出更精準的模型。

4 為模型評分

隨機取出 10 張照片，輸入 Mask R-CNN 模型，並將模型產生的結果與原始圖片的標記進行比較，得出模型的評分。實際程式如下：

程式 8-28 訓練 Mask_RCNN（續）

```
89    image_ids = np.random.choice(dataset_val.image_ids, 10)
90    APs = []
91    for image_id in image_ids:
92        #原始圖片
93        image, image_meta, gt_class_id, gt_bbox, gt_mask =\
94            mask_rcnn_model.load_image_gt(dataset_val,  image_id,
              use_mini_mask=False)
95        molded_images = np.expand_dims(utils.mold_image(image), 0)
96      # 執行結果
97        results = model2.detect([image], verbose=0)
98        r = results[0]
99        #計算模型分數
100       AP, precisions, recalls, overlaps =\
101           utils.compute_ap(gt_bbox, gt_class_id, gt_mask,
102                         r["rois"], r["class_ids"], r["scores"], r['masks'])
103       APs.append(AP)
104
105   print("mAP: ", np.mean(APs))
```

程式執行後，輸出以下結果：

```
mAP:  0.9333333373069763
```

結果表示，模型的平均精度為 0.93。其中的 mAP（Mean Average Precision）代表平均精度。

8.8.6 擴充：取代特徵分析網路

在 YOLO V3 模型的論文（https://pjreddie.com/media/files/papers/YOLOv3.pdf）中，比較用 Darknet-53 模型分析的特徵結果與 ResNet 模型分析的特徵結果，獲得的結論是：Darknet-53 模型分析的特徵在 YOLO V3 模型中表現更優。如圖 8-51 所示。

Backbone	Top-1	Top-5	Bn Ops	BFLOP/s	FPS
Darknet-19 [13]	74.1	91.8	7.29	1246	**171**
ResNet-101[3]	77.1	93.7	19.7	1039	53
ResNet-152 [3]	**77.6**	**93.8**	29.4	1090	37
Darknet-53	77.2	**93.8**	18.7	**1457**	78

圖 8-51　Darknet-53 模型的特徵結果與 ResNet 模型的特徵結果比較

讀者可以嘗試將 MaskRCNN 類別中的骨幹網 ResNet 模型取代成 Darknet-53 模型，並使用 8.8.5 小節「4. 為模型評分」的方法進行測試。觀察 Darknet-53 模型在 Mask R-CNN 模型中是否也會表現出更好的效果。

09

循環神經網路（RNN）--
處理序列樣本的神經網路

循環神經網路（Recurrent Neural Networks，RNN）具有記憶功能，它可以發現樣本之間的序列關係，是處理序列樣本的首選模型。循環神經網路大量應用在數值、文字、聲音、視訊處理等領域。本章介紹循環神經網路中相關的計算單元及主流的網路架構。

> **提示**
> 本章內容偏重於說明循環神經網路的架設與實際應用，淡化了循環神經網路中的原理。例如詞向量、詞嵌入、各種 cell 結構等基礎基礎知識及循環神經網路的底層原理，還需要讀者額外學習。

9.1 快速導讀

在學習本實例之前，讀者有必要了解一下循環神經網路的基礎知識。

9.1.1 什麼是循環神經網路

循環神經網路模型（以下簡稱 RNN 模型）是一個具有記憶功能的模型。它可以發現樣本之間的相互關係，多用於處理帶有序列特徵的樣本資料。

RNN 模型有很多種結構，其最基本的結構是將全連接網路的輸出節點複製一份並傳回到輸入節點中，與輸入資料一起進行下一次運算。這種神經網路將資料從輸出層又傳回到輸入層，形成了循環結構，所以被叫作循環神經網路。

透過 RNN 模型，可以將上一個序列的樣本輸出結果與下一個序列樣本一起輸入模型中進行運算，使模型所處理的特徵資訊中，既含有該樣本之前序列的資訊，又含有該樣本身的資料資訊，進一步使網路具有記憶功能。

在實際開發中，所使用的 RNN 模型還會以上述為基礎的原理做更多的結構改進，使網路的記憶功能更強。

在深層網路結構中，還會在 RNN 模型基礎上結合全連接網路、卷積網路等組成擬合能力更強的模型。

9.1.2 了解 RNN 模型的基礎單元 LSTM 與 GRU

RNN 模型的基礎結構是單元，其中比較常見的有 LSTM 單元、GRU 單元等，它們充當了 RNN 模型中的基礎結構部分。使用單元架設出來的 RNN 模型會有更好的擬合效果。

LSTM 單元與 GRU 單元是 RNN 模型中最常見的單元，其內部由輸入門、遺忘門和輸出門三種結構組合而成。

LSTM 單元與 GRU 單元的作用幾乎相同，唯一不同的是：

- LSTM 單元傳回 cell 狀態和計算結果。
- GRU 單元只傳回計算結果，沒有 cell 狀態。

相比之下，使用 GRU 單元會更加簡單。

9.1.3 認識 QRNN 單元

QRNN（Quasi-Recurrent Neural Networks）單元是一種 RNN 模型的基礎單元，它比 LSTM 單元的速度更快。

QRNN 單元被發表於 2016 年。它使用卷積操作替代傳統的循環結構，其網路結構介於 RNN 與 CNN 之間。

QRNN 內部的卷積結構可以將序列資料以矩陣方式同時運算，不再像循環結構那樣必須按照序列順序依次計算。其以平行的運算方式取代了串列，提升了運算速度。在訓練時，卷積結構也要比循環結構的效果更加穩定。

在實際應用中，QRNN 單元可以與 RNN 模型中的現有單元隨意取代。

如果想更多了解 QRNN，可以參考以下論文：

```
https://arxiv.org/abs/1611.01576
```

9.1.4 認識 SRU 單元

SRU 單元是 RNN 模型的基礎單元。它的作用與 QRNN 單元類似，也是對 LSTM 單元在速度方面進行了提升。

LSTM 單元必須要將樣本按照序列順序一個個地進行運算，才能夠輸出結果。這種運算方式使得該單元無法在多台機器平行運算的環境中發揮最大的作用。

SRU 單元被發表於 2017 年。它保留了 LSTM 單元的循環結構，透過調整運算先後順序的方式（把矩陣乘法放在串列循環外，把相乘的再相加的運算放在串列循環內）提升了運算速度。

1 SRU 單元的結構

SRU 單元在本質上與 QRNN 單元很像。從網路建置上看，SRU 單元有點像 QRNN 單元中的特例，但是又比 QRNN 單元多了一個直連的設計。

若需要研究 SRU 單元更深層面的理論，可以參考以下論文：

```
https://arxiv.org/abs/1709.02755
```

2 SRU 單元的使用

在 TensorFlow 中，用函數 tf.contrib.rnn.SRUCell 可以使用 SRU 單元。該函數的用法與函數 LSTMCell 的用法完全一致（函數 LSTMCell 是 LSTM 單元的實現）。

關於函數 tf.contrib.rnn.SRUCell 的更多使用方法，可以參考官方説明文件：

```
https://www.tensorflow.org/api_docs/python/tf/contrib/rnn/SRUCell
```

9.1.5 認識 IndRNN 單元

IndRNN 單元是一種新型的循環神經網路單元結構，被發表於 2018 年，其效果和速度均優於 LSTM 單元。

IndRNN 單元不僅可以改善傳統 RNN 模型所存在的梯度消失和梯度爆炸問題，還能夠更進一步地學習樣本中的長期相依關係。

在架設模型時：

■ 以堆疊的方式使用 IndRNN 單元，可以架設出更深的網路結構。

■ 將 IndRNN 單元配合 ReLu 等非飽和啟動函數一起使用，會使模型表現出更好的堅固性。

有關 IndRNN 單元的更多理論，可以參考論文：https://arxiv.org/abs/1803.04831。

1 IndRNN 單元與 RNN 模型其他單元的結構差異

與 LSTM 單元相比，IndRNN 單元的結構要簡單得多。它更像一個原始的 RNN 模型結構（只將神經元的輸出複製到輸入節點中）。

與原始的 RNN 模型相比，IndRNN 單元主要在循環層部分做了特殊處理。下面透過公式來詳細介紹。

2 原始的 RNN 模型結構

原始的 RNN 模型結構見式（9.1）：

$$h_t = \sigma(Wx_t + U\,h_{t-1} + b) \tag{9.1}$$

在式（9.1）中，σ 代表啟動函數，W 代表權重，x 代表輸入，U 代表循環層的加權，h 代表前一個序列的輸出，b 代表偏置。

在原始的 RNN 模型結構中，每個序列的輸入資料乘以加權後，都要加上一個序列的輸出與循環層的加權相乘的結果，再加上偏置，獲得最後的結果。

3 IndRNN 單元的結構

IndRNN 單元的結構見式（9.2）：

$$h_t = \sigma(Wx_t + U \odot h_{t-1} + b) \tag{9.2}$$

式（9.2）與式（9.1）相比，不同之處在於 U 與 h 的運算。符號 $\odot$ 代表兩個矩陣的哈達瑪積（Hadamard product），即兩個矩陣的對應位置相乘。

在 IndRNN 單元中，要求 U 和 h 這兩個矩陣的形狀必須完全相同。

IndRNN 單元的核心就是將上一個序列的輸出與循環層的加權進行哈達瑪積操作。從某種角度來講，循環層的加權更像是卷積網路中的卷積核心，該卷積核心會對序列樣本中的每個序列做卷積操作。

4 TensorFlow 中的 IndRNN 單元

在 TensorFlow 1.10 之後的版本中提供了 IndRNNCell 類別，它封裝了 IndRNN

單元，並在 IndRNN 單元的基礎上增加了與 GRU 單元和 LSTM 單元一樣的門結構，產生 IndyGRUCell 類別與 IndyLSTMCell 類別。其用法與程式中 GRU 單元和 LSTM 單元的用法一樣。實際用法見 9.4 節。

9.1.6 認識 JANET 單元

JANET 單元也是對 LSIM 單元的一種最佳化，被發表於 2018 年。該網路源於一個很大膽的猜測──當 LSTM 單元只有遺忘門會怎樣？

實驗表明，只有遺忘門的網路，其效能居然優於標準 LSTM 單元。同樣，該最佳化方式也可以被用在 GRU 單元中。

如想要了解更多關於 JANET 單元的內容，可以參考以下論文：

```
https://arxiv.org/abs/1804.04849
```

有關 JANET 單元在 RNN 模型中的實際應用，請參考本書的 9.5 節。

9.1.7 最佳化 RNN 模型的技巧

在最佳化 RNN 模型時，也需要使用如批次正規化方法、dropout 方法等提升模型效果。

由於 RNN 模型具有獨特的網路結構，在實現時，與正常最佳化技巧相比，以 RNN 模型為基礎的最佳化技巧會略有不同。實際細節可以在本書的其他章節中找到詳細內容，舉例來說，以 RNN 模型為基礎的 dropout 方法（見 9.4 實例）、以 RNN 模型為基礎的批次正規化技術（見 10.1.6 小節）。

9.1.8 了解 RNN 模型中多項式分佈的應用

自然語言一句話中的某個詞並不是唯一固定的。例如「程式醫生工作室真棒」這句話中的最後一個字「棒」，也可以換成「好」，不會影響整句話的語義。

在 RNN 模型中，將一個使用語言樣本訓練好的模型用於產生文字時，會發現模型總會將在下一時刻出現機率最大的那個詞取出。這種產生文字的方式失去了語言本身的多樣性。

為了解決這個問題，這裡將 RNN 模型的最後結果當作一個多項式分佈（Multinomial Distribution），以分佈取樣的方式預測出下一序列的詞向量。用這種方法所產生的句子更符合語言的特性。

1 多項式分佈

多項式分佈是二項式分佈的擴充。在學習多項式分佈之前,先學習二項式分佈比較容易。

二項式分佈又被稱為伯努利(Bernoulli)分佈,其中典型的實例是「扔硬幣」:硬幣正面朝上的機率為 p,重複扔 n 次硬幣,所得到 k 次正面朝上的機率,即為一個二項式分佈機率。把二項式分佈公式擴充至多種狀態,就獲得了多項式分佈。

2 RNN 模型中多項式分佈的應用

在 RNN 模型中,預測的結果不再是下一個序列中出現的實際某一個詞,而是這個詞的分佈情況。這便是在 RNN 模型中使用多項式分佈的核心思維。

在獲得該詞的多項式分佈之後,便可以在該分佈中進行取樣操作,獲得實際的詞。這種方式更符合 NLP 工作中語言本身的多樣性(一個句子中的某個詞並不是唯一的)。

在實際的 RNN 模型中,實際的實現步驟如下。

(1)將 RNN 模型預測的結果透過全連接或卷積,轉換成與字典維度相同的陣列。

(2)用該陣列代表模型所預測結果的多項式分佈。

(3)用 tf.multinomial 函數從預測結果中取樣,獲得真正的預測結果。

3 函數 tf.multinomial 的使用方法

函數 tf.multinomial 可以按批次處理資料。該函數的使用細節如下。

- 在使用時:需要傳入一個形狀是 [batch_size, num_classes] 的分佈資料。
- 在即時執行:會按照分佈資料中的 num_classes 機率取出指定個數的樣本並傳回。

完整的範例程式如下:

```
import numpy as np
import tensorflow as tf
b = tf.constant(np.random.normal(size = (2, 4)))      # 產生一串亂數
```

```
with tf.Session() as sess:
    print(sess.run(b))      # 輸出：[[ 0.14730237  0.10002697 -0.3397995 0.08918727]
                            #[ 2.00974768 -1.30524175 -0.30822854  1.75512202]]
    print(sess.run(tf.multinomial(b, 1)))
    # 按照 b 的分佈進行 1 個資料的取樣，輸出：[[2] [0]]
    print(sess.run(tf.multinomial(b, 1)))              # 第二次取樣，輸出：[[0] [0]]
```

從上面的範例程式中可以看到，對於一個指定的多項式分佈，多次取樣可以
獲得不同的值。將多項式取樣用於 RNN 模型的輸出處理，更符合 NLP 的樣
本特性。

9.1.9 了解注意力機制的 Seq2Seq 架構

帶注意力機制的 Seq2Seq（attention_Seq2Seq）架構常用於解決 Seq2Seq 工
作。為了防止讀者對概念混淆，下面對 Seq2Seq 相關的工作、架構、介面、模
型做出統一解釋。

- Seq2Seq（Sequence2Sequence）工作：從一個序列（Sequence）對映到另一
  個序列（Sequence）的工作，例如：語音辨識、機器翻譯、詞性標記、智慧
  對話等。
- Seq2Seq 架構：也被叫作編解碼架構（即 Encoder-Decoder 架構）是一種特
  殊的網路模型結構。這種結構適合於完成 Seq2Seq 工作。
- Seq2Seq 介面：是指用程式實現的 Seq2Seq 架構函數程式庫。在 Python
  中，以模組的方式提供給使用者使用。使用者可以使用 Seq2Seq 介面來進
  行模型的開發。
- Seq2Seq 模型：用 Seq2Seq 介面實現的模型被叫作 Seq2Seq 模型。

1 了解 Seq2Seq 架構

Seq2Seq 工作的主流解決方法是使用 Seq2Seq 架構（即 Encoder-Decoder 架構）。

Encoder-Decoder 架構的工作機制如下。

（1）用編碼器（Encoder）將輸入編碼對映到語義空間中，獲得一個固定維數
　　　的向量，這個向量就表示輸入的語義。

（2）用解碼器（Decoder）將語義向量解碼，獲得所需要的輸出。如果輸出的
　　　是文字，則解碼器（Decoder）通常就是語言模型。

Encoder-Decoder 架構的結構如圖 9-1 所示。

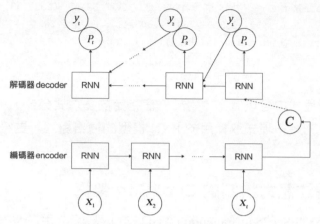

圖 9-1 Encoder-Decoder 架構結構

該網路架構擅長解決:語音到文字、文字到文字、影像到文字、文字到影像等轉換工作。

2 了解帶有注意力機制的 Seq2Seq 架構

注意力機制可用來計算輸入與輸出的相似度。一般將其應用在 Seq2Seq 架構中的編碼器(Encoder)與解碼器(Decoder)之間,透過給輸入編碼器的每個詞指定不同的關注加權,來影響其最後的產生結果。這種網路可以處理更長的序列工作。其實際結構如圖 9-2 所示。

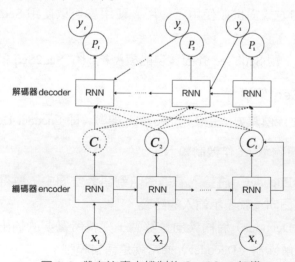

圖 9-2 帶有注意力機制的 Seq2Seq 架構

圖 9-2 中的架構只是注意力機制中的一種。在實際應用中，注意力機制還有很多其他的變化。其中包含 LuongAttention、BahdanauAttention、LocationSensitiveAttention 等。更多關於注意力機制的內容還可以參考論文：

```
https://arxiv.org/abs/1706.03762
```

9.1.10 了解 BahdanauAttention 與 LuongAttention

在 TensorFlow 的 Seq2Seq 介面中實現了兩種注意力機制的類別介面：BahdanauAttention 與 LuongAttention。在介紹這兩種注意力機制的區別之前，先系統地介紹一下注意力機制的幾種實現方法。

1 注意力機制的實現歸納

注意力機制在實現上，大致可以分為 4 種方式：

- 一般方式：$f = s^T W h$ （9.3）
- 點積（dot）方式：$f = s^T h$ （9.4）
- 連接（concat）方式：$f = W[s;h]$ （9.5）
- 神經網路（perceptron）方式：$f = V^T \tanh(w_1 s + w_2 h)$ （9.6）

其中，f 代表注意力的計算公式；W、w_1、w_2、V 代表權重；s 代表輸入；上標的 T 代表矩陣轉置；h 代表解碼序列的中間狀態。

2 BahdanauAttention 與 LuongAttention 的區別

BahdanauAttention 與 LuongAttention 這兩種注意力機制分別是由 Bahdanau 與 Luong 這兩個作者實現的。前者是使用一般方式實現的，見式（9.3）；後者使用的是使用神經網路方式實現的，見式（9.6）。其對應的論文如下：

- BahdanauAttention：https://arxiv.org/abs/1409.0473。
- LuongAttention：https://arxiv.org/abs/1508.04025。

3 在 TensorFlow 中的介面與應用

BahdanauAttention 與 LuongAttention 這兩個類別的實作方式，見以下程式檔案（其中的 Anaconda3 是 Anaconda 軟體的安裝路徑）：

```
Anaconda3\lib\site-packages\tensorflow\contrib\seq2seq\python\ops\
attention_wrapper.py
```

在使用 LuongAttention 與 BahdanauAttention 這兩個類別時，只需要產生實體，並將產生實體物件傳入 AttentionWrapper 類別中即可。實際可見 9.4 節的實例。另外，在 9.3 節中還介紹了一個用 tf.keras 介面手動實現 BahdanauAttention 的實例。

4 在 TensorFlow 中的實作方式

以注意力機制 BahdanauAttention 類別為例，該類別是透過三個全連接（memory_layer、query_layer、v）方式實現的，實際步驟如下。

（1）在初始化時，需要傳入編碼器的輸出結果 memory（形狀為 [batch_size, max_time, endim]）和注意力深度 num_units（全連接加權的神經元個數）。其中，變數 endim 是編碼器單元的個數。

（2）在基礎類別 _BaseAttentionMechanism 中，會用全連接層 memory_layer 對編碼器結果 memory 進行處理，產生形狀為 [batch_size, max_time, num_units] 的張量。該張量將作為 keys。

（3）在解碼過程中，會將上一時刻的目標值 y_{t-1} 傳入解碼器中，並將解碼輸出結果當作查詢準則 query（形狀為 [batch_size,dedim]）傳入 BahdanauAttention 實例進行注意力計算。其中變數 dedim 是解碼器的 cell 個數。

（4）在 BahdanauAttention 類別的 __call__ 函數中，用全連接層 query_layer 對解碼結果 query 進行處理，產生形狀為 [batch_size, num_units] 的張量 processed_query。

（5）將張量 processed_query 的形狀變為 [batch_size, 1, num_units]，並與張量 keys 相加。

（6）將相加後的結果經過啟動函數 tanh 轉換後，再與加權 v 相乘。

（7）將最後的結果按照最後一個維度進行歸約加和，獲得注意力值 score。其形狀是 [batch_size, max_time]

（8）對注意力值 score 使用 softmax 演算法處理，便獲得最後的結果。

按照上面的步驟操作後可以發現，TensorFlow 程式實現的變數與式（9.6）$V^{\mathrm{T}}\tanh(w_1 s + w_2 h)$ 的對應關係是：V^{T} 對應 v，w_1 對應 memory_layer，s 對應 memory，w_2 對應 query_layer，h 對應 query。

目前，注意力機制已經發展成為 RNN 模型領域中應用最廣的技術。建議讀者結合上述過程說明和 TensorFlow 的原始程式仔細練習，儘量達到熟練掌握的程度。該技術在序列工作處理中會大有用處。

5 normed_BahdanauAttention 與 scaled_LuongAttention

在 BahdanauAttention 類 別 中 有 一 個 加 權 歸 一 化 的 版 本（normed_BahdanauAttention），它可以加快隨機梯度下降的收斂速度。在使用時，將初始化函數中的參數 normalize 設為 True 即可。

實際可以參考以下論文：

```
https://arxiv.org/pdf/1602.07868.pdf
```

在 LuongAttention 類 別 中 也 實 現 了 對 應 的 加 權 歸 一 化 版 本（scaled_LuongAttention）。在使用時，將初始化函數中的參數 scale 設為 True 即可。

9.1.11 了解單調注意力機制

單調注意力機制（monotonic attention），是在原有注意力機制上增加了一個單調約束。該單調約束的內容為：

（1）假設在產生輸出序列過程中，模型是以從左到右的方式處理輸入序列的。
（2）當某個輸入序列所對應的輸出受到關注時，在該輸入序列之前出現的其他輸入將不能在後面的輸出中被關注。

即已經被關注過的輸入序列，其前面的序列中不再被關注。

更多描述可以參考以下論文：

```
https://arxiv.org/pdf/1704.00784.pdf
```

1 在 TensorFlow 中的介面

在 TensorFlow 中，單調注意力機制有兩個介面類別：

- BahdanauMonotonicAttention 類別。
- LuongMonotonicAttention 類別。

在這兩個類別中，使用了同樣的單調演算法。在這兩個類別的產生物理參數中，與單調注意力機制相關的參數有 3 個。

- sigmoid_noise：用於調節注意力分數，預設值為 0.0。
- sigmoid_noise_seed：用於調節注意力分數，預設值為 None。
- mode：用於指定單調注意力機制的運算方式，預設值為 parallel。

2 在 TensorFlow 中的實作方式

單調注意力機制（monotonic attention）的實現與原始的注意力機制僅有很小的變化。以 BahdanauMonotonicAttention 為例，在 9.1.10 小節中「4. 在 TensorFlow 中的實作方式」裡的第（8）步，在對注意力分值 score 進行 softmax 演算法處理時做了變化：將 softmax 演算法換成了單調注意力演算法（見原始程式碼中的 _monotonic_probability_fn 函數）。

在 _monotonic_probability_fn 函數中會對傳入的注意力分數做一次變化：用 sigmoid_noise 與 sigmoid_noise_seed 兩個參數進行調節。實際見以下程式：

```
if sigmoid_noise > 0:
    noise = random_ops.random_normal(array_ops.shape(score),
                                     dtype=score.dtype,
                                     seed=seed)#seed 的值為 sigmoid_noise_seed
    score += sigmoid_noise*noise
```

在調節注意力分數之後，可選擇 3 種方式進行實際運算。這 3 種方式由參數 mode 來指定，實際介紹如下。

- 遞迴方式：設定值為 recursive。用函數 tf.scan 遞迴計算分佈。此方式雖然速度慢，但是精確。
- 平行方式：設定值為 parallel。用平行的 cumulative-sum 函數和 cumulative-produce 函數計算注意力分佈。此方式比遞迴方式效率高。如果輸入序列 input_sequence_length 很長，或 p_choose_i（第 i 個輸入序列元素的機率）非常接近 0 或 1，則計算出的注意力分佈將很不精確。為了避免這種情況，在使用該方式之前必須要對數字進行檢查。
- 硬方式：設定值為 hard。要求 p_choose_i 中的機率都是 0 或 1，此方式更有效、更精確。

如果 mode 值是 hard，則一般會將參數 sigmoid_noise 的值設為大於 0。這樣，模型會對現有的注意力分數進行放大，使注意力分數在 one-hot 編碼轉換時雜湊得更好。

如果在測試場景中，或是在 mode 值不是 hard 時，則建議將參數 sigmoid_noise 的值設為 0。

9.1.12 了解混合注意力機制

混合注意力（hybrid attention）機制又被稱作位置敏感注意力（location sensitive attention）機制，它主要是將上一時刻的注意力結果當作該序列的位置特徵資訊，並增加到原有注意力機制基礎上。這樣獲得的注意力中就會有內容和位置兩種資訊。

因為混合注意力中含有位置資訊，所以它可以在輸入序列中選擇下一個編碼的位置。這樣的機制更適用於輸出序列大於輸入序列的 Seq2Seq 工作，例如語音合成工作（見 9.8 節）。

實際可以參考以下論文：

```
https://arxiv.org/pdf/1506.07503.pdf
```

1 混合注意力機制的結構

在論文中，混合注意力機制的結構見式（9.7）。

$$a_i = \text{Attend}(s_{i-1}, a_{i-1}, h_i) \tag{9.7}$$

在式（9.7）中，符號的實際含義如下。

- h 代表編碼後的中間狀態（代表內容資訊）。
- a 代表分配的注意力分數（代表位置資訊）。
- s 代表解碼後的輸出序列。
- $i-1$ 代表上一時刻。
- i 代表目前時刻。

可以將混合注意力分數 a 的計算描述為：上一時刻的 s 和 a（位置資訊）與目前時刻的 h（內容資訊）的點積計算結果。

Attend 代表注意力計算的整個流程。按照式（9.7）的方式，不帶位置資訊的注意力機制可以表述：

$$a_i = \text{Attend}(s_{i-1}, h_i) \tag{9.8}$$

式（9.7）與式（9.8）的區別是：式（9.7）中多了一個 a_{i-1}，即在混合注意力機制中加入了上一時刻的注意力結果 a_{i-1}。

2 混合注意力機制的實作方式

混合注意力機制的實作方式介紹如下。

（1）對上一時刻的注意力結果做卷積操作，實現位置特徵的分析。

（2）對卷積操作的結果做全連接處理，實現維度的調整。

（3）用可選的平滑歸一化函數（smoothing normalization function）取代 9.1.10 小節中的 softmax 函數。平滑歸一化函數的公式程式如下：

```
def _smoothing_normalization(e):
    return tf.nn.sigmoid(e) / tf.reduce_sum(tf.nn.sigmoid(e), axis=-1,
    keepdims=True)
```

實際程式實例見本書 9.8 節。

> **提示**
>
> 在第（3）步中所提到的 softmax 函數，用在注意力分數 score 的最後處理環節。
> 實際內容見 9.1.10 小節「4. 在 TensorFlow 中的實作方式」裡的第（8）步。

9.1.13 了解 Seq2Seq 介面中的取樣介面（Helper）

TensorFlow 架構將解碼器（Decoder）的取樣過程抽象出來，單獨封裝到取樣介面的 Helper 類別中。以 Helper 類別實現為基礎的取樣介面又衍生了其他的 Helper 子類別，如圖 9-3 所示。

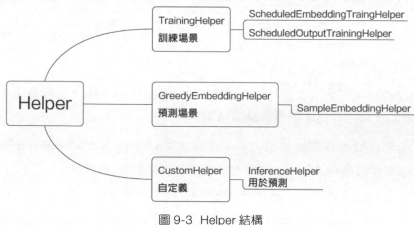

圖 9-3 Helper 結構

如圖 9-3 所示，每個取樣介面類別（Helper）的解釋如下。

- Helper：最基本的抽象類別。
- TrainingHelper：用於訓練過程中。將上一序列的真實值傳入，以計算下一序列的詞嵌入分佈情況，該結果用於計算 loss 值。
- ScheduledEmbeddingTrainingHelper：用於訓練過程中。其繼承自 TrainingHelper 類別，增加了廣義伯努利分佈（屬於多項式分佈，見 9.1.8 小節），對模型的輸出結果進行取樣。
- ScheduledOutputTrainingHelper：用於訓練過程中。其繼承自 TrainingHelper 類別，直接對輸出進行取樣。
- GreedyEmbeddingHelper：用在模型使用過程中。從上一序列透過模型後的輸出結果中找到機率最大的詞，並將其從詞嵌入轉化成詞向量。
- SampleEmbeddingHelper：用於模型使用過程中。其繼承自 GreedyEmbeddingHelper 類別，將 GreedyEmbeddingHelper 中最大機率的取樣規則改成了從產生的機率分佈中取樣。
- CustomHelper：自訂的取樣介面。
- InferenceHelper：一個只用於預測的 helper。其屬於 CustomHelper 類別的特例，也由使用者自訂來產生。

TrainingHelper 類別與 GreedyEmbeddingHelper 類別的使用實例，請參考本書 9.4 節。CustomHelper 類別的使用實例，請參考本書 9.8 節。

9.1.14 了解 RNN 模型的 Wrapper 介面

TensorFlow 架構用一系列 Wrapper 類別將 RNN 模型封裝起來，它們形成了 RNN 模型特有的 Wrapper 介面，該介面包含以下幾個。

- InputProjectionWrapper：對輸入的資料進行維度對映的 Wrapper 類別。它對輸入資料進行一次全連接轉換，再將其輸入網路。
- OutputProjectionWrapper：對輸出的資料進行維度對映的 Wrapper 類別。它對網路的輸出資料進行一次全連接轉換。
- DropoutWrapper：在呼叫單元的前後進行 dropout 操作，支援對輸入層、cell 狀態（state）和輸出層進行 dropout 處理。

- ResidualWrapper：以 RNN 模型為基礎的殘差包裝類別，相當於把輸入用 concat 函數連接到輸出上一起傳回。
- DeviceWrapper：為單元指定執行的裝置。
- MultiRNNCell：相當於一個 wrapper 類別，將單元包裝起來，實現多層 RNN 模型。
- AttentionCellWrapper：注意力機制的包裝類別，參照 9.1.10 小節。

其中，ResidualWrapper 類別的使用實例見本書 9.8.11 小節。其他 Wrapper 類別的使用實例見本書 9.4 節。

9.1.15 什麼是時間序列（TFTS）架構

時間序列（TFTS）架構是一個在估算器上整合好的、專用於序列處理的進階架構。

在使用時，可以直接呼叫 TFTS 架構中附帶的模型（狀態空間模型、自回歸模型），也可以在 TFTS 架構中建置自訂的 RNN 模型。

該模型支援分段、批次處理兩種平行的計算方式。更多內容見以下連結：

```
https://github.com/tensorflow/tensorflow/tree/master/tensorflow/contrib/
timeseries
```

在 TFTS 架構中有兩個經典的建模工具，實際如下：

- 非線性自回歸建模工具（參見原始程式碼檔案 estimators.py 中的 ARRegressor 類別）。
- 線性狀態空間建模的元件集合建模工具（參見原始程式碼檔案 estimators.py 中的 StructuralEnsembleRegressor 類別）。

有關 TFTS 架構的實際案例，見本書 9.7 節。

9.1.16 什麼是梅爾標度

梅爾標度（the mel scale）是一種符合人耳聽覺特性的計算方法。它可以將聲音轉為與人耳具有同樣感受的數值關係。

舉例來說，人耳對於聲音由 1000Hz 變為 2000Hz 的感受並不是音量加強了兩倍。而如果將梅爾標度數值提升兩倍後，所產生的聲音會讓人耳感受到兩倍的變化。

在本書的 9.8 節中介紹了一個語音合成的實例。其中使用音訊資料的梅爾頻譜特徵作為樣本標籤，在模型獲得梅爾頻譜特徵之後，再使用梅爾標度的逆向演算法將其還原成音訊資料。

> **提示**
>
> 所謂的梅爾倒譜是指，在梅爾標度的頻譜上做倒譜分析（取對數，做離散餘弦轉換）。在語音分析問題中，這樣的特徵常常用於表述音訊資料。

9.1.17 什麼是短時傅立葉轉換

短時傅立葉轉換（STFT）是最經典的時頻域分析方法。其分為兩步：

（1）對長時訊號進行分頁框，將其轉為短時訊號。
（2）對短時訊號做傅立葉轉換。

1 原理

短時傅立葉轉換的原理是：將原始聲音訊號透過短時傅立葉轉換展開，使其成為一個二維訊號的聲譜圖。實際步驟如下。

（1）把一段長時訊號分頁框、加窗。
（2）對每一頁框做快速傅立葉轉換（Fast Fourier Transformation，FFT）。
（3）把第（2）步的結果堆疊起來，獲得二維的訊號資料。

圖 9-4 所示的是原始的聲音訊號，圖 9-5 所示的是轉換後的聲譜圖。

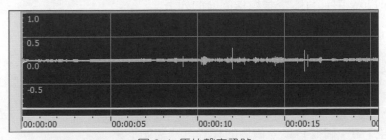

圖 9-4　原始聲音訊號

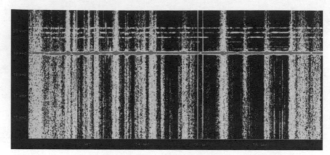

圖 9-5 轉換後的聲譜圖

2 用 librosa 函數庫進行聲音處理

librosa 函數庫是一個語音處理的協力廠商函數庫。用 librosa 函數庫中的 stft 函數可以實現短時傅立葉轉換（STFT）。該函數的定義如下：

```
def stft(y, n_fft=2048, hop_length=None, win_length=None, window='hann',
        center=True, dtype=np.complex64, pad_mode='reflect'):
```

其中主要參數有 4 個。

- y：輸入的音訊序列。
- n_fft：快速傅立葉轉換（FFT）視窗的大小。
- hop_length：短時傅立葉轉換（STFT）演算法中的頁框移步進值。
- win_length：短時傅立葉轉換（STFT）演算法中的相鄰兩個視窗的重疊長度（預設為參數 n_fft）。

有關 librosa 函數庫的更詳細介紹請見 9.8.1 小節。

3 用 TensorFlow 進行聲音處理

在 TensorFlow 中，有關聲音處理的介面如下。

- 函數 tf.contrib.signal.stft：可以實現短時傅立葉轉換（STFT）。
- 函數 tf.contrib.signal.inverse_stft：可以實現反向的短時傅立葉轉換（STFT）。該函數可用於合成聲音訊號。
- 函數 tf.contrib.ffmpeg.decode_audio：可以實現讀取音效檔。

另外，再介紹一個很有參考價值的程式，連結如下：

```
https://github.com/Kyubyong/tensorflow-exercises/blob/master/
Audio_Processing.ipynb
```

在該程式檔案中，用 TensorFlow 與 librosa 函數庫實現了音訊與數字的雙向轉換：

（1）將音訊資料轉為梅爾頻譜與梅爾倒譜。

（2）將梅爾頻譜轉換回音訊資料。

9.2 實例 47：架設 RNN 模型，為女孩產生英文名字

實例描述

有一批關於女孩的英文名字列表。讓 RNN 模型學習已有的英文名字，並模擬出類似規則的字母序列，為女孩產生英文名字。

在動態圖架構中，使用 tf.keras 介面架設一個由 GRU 單元組成的 RNN 模型。實際做法如下。

9.2.1 程式實現：讀取及處理樣本

樣本使用一個檔案名稱為「女孩名字 .txt」的資料集。資料集中的每個名字都帶有它的寓意解釋。例如：

```
Abby: 意為嬌小可愛的女人，令人喜愛，個性甜美。
Aimee: 意為可愛的人。
Alisa: 意為快樂的姑娘。
```

在隨書的搭配資源中找到該資料集，並將其放到本機程式的同級目錄下。撰寫程式，實現以下步驟。

（1）用正規表示法將每一行的英文字母分析出來。

（2）將分析出來的英文字母轉成向量。

（3）對向量進行對齊操作。

實際程式如下。

程式 9-1 用 RNN 模型為女孩產生英文名字
```
01    from sklearn.model_selection import train_test_split
02    import numpy as np
03    import os
04    import time
05    from PIL import Image
```

```
06   import tensorflow as tf
07
08   import matplotlib.pyplot as plt
09   tf.enable_eager_execution()
10
11   def make_dictionary():                                    # 定義函數產生字典
12       words_dic = [chr(i) for i in range(32,127)]
13       words_dic.insert(0,'None')                            # 補 0
14       words_dic.append("unknown")
15       words_redic = dict(zip(words_dic, range(len(words_dic))))  # 反向字典
16       print(' 字表大小 :', len(words_dic))
17   return words_dic,words_redic
18   # 字元到向量
19   def ch_to_v(datalist,words_redic,normal = 1):
20       # 字典裡沒有的就是 None
21       to_num = lambda word: words_redic[word] if word in words_redic else
                     len(words_redic)-1
22       data_vector =[]
23       for ii in datalist:
24           data_vector.append(list(map(to_num, list(ii))))
25
26       if normal == 1:                                       # 歸一化
27           return np.asarray(data_vector)/ (len(words_redic)/2) - 1
28       return np.array(data_vector)
29   # 對資料進行補 0 操作
30   def pad_sequences(sequences, maxlen=None, dtype=np.float32,
31                     padding='post', truncating='post', value=0.):
32
33       lengths = np.asarray([len(s) for s in sequences], dtype=np.int64)
34       nb_samples = len(sequences)
35       if maxlen is None:
36           maxlen = np.max(lengths)
37
38       sample_shape = tuple()
39       for s in sequences:
40           if len(s) > 0:
41               sample_shape = np.asarray(s).shape[1:]
42               break
43
44       x = (np.ones((nb_samples, maxlen) + sample_shape) * value).astype(dtype)
45       for idx, s in enumerate(sequences):
46           if len(s) == 0:
47               continue    # 跳過空的列表
48           if truncating == 'pre':
```

```
49              trunc = s[-maxlen:]
50          elif truncating == 'post':
51              trunc = s[:maxlen]
52          else:
53              raise ValueError('Truncating type "%s" not understood' %
                                 truncating)
54
55          trunc = np.asarray(trunc, dtype=dtype)
56          if trunc.shape[1:] != sample_shape:              # 檢查 trunc 形狀
57              raise ValueError('Shape of sample %s of sequence at position
                %s is different from expected shape %s' % (trunc.shape[1:],
                idx, sample_shape))
58
59          if padding == 'post':
60              x[idx, :len(trunc)] = trunc
61          elif padding == 'pre':
62              x[idx, -len(trunc):] = trunc
63          else:
64              raise ValueError('Padding type "%s" not understood' % padding)
65      return x, lengths
66
67  def getbacthdata(batchx,charmap):                    # 樣本資料前置處理（用於訓練）
68      batchx = ch_to_v( batchx,charmap,0)
69      sampletpad ,sampletlengths =pad_sequences(batchx)    # 都填充為最大長度
70      zero = np.zeros([len(batchx),1])
71      tarsentence =np.concatenate((sampletpad[:,1:],zero),axis = 1)
72      return np.asarray(sampletpad,np.int32),np.asarray(tarsentence,
    np.int32),sampletlengths
73
74  inv_charmap,charmap = make_dictionary()       # 產生字典
75  vocab_size = len(charmap)
76
77  DATA_DIR ='./ 女孩名字 .txt'                      # 定義載入樣本的路徑
78  input_text=[]
79  f = open(DATA_DIR)
80  import re
81  reforname=re.compile(r'[a-z]+', re.I)          # 用正規化，忽略大小寫分析字母
82  for i in f:
83      t = re.match(reforname,i)
84      if t:
85          t=t.group()
86          input_text.append(t)
87          print(t)
```

在訓練模型的過程中，需要將樣本中的單一字元依次輸入 RNN 模型中。讓 RNN 模型根據已輸入的字元預測出下一個字元。於是該資料集的標籤不再是分類結果，而是樣本中目前字元的下一個序列字元。

程式第 67 行定義了函數 getbacthdata，用來製作訓練模型所使用的輸入資料與標籤資料。

程式第 71 行是在函數 getbacthdata 中製作標籤的實際程式。該程式解讀如下：

（1）製作切片，取出輸入資料第 1 個字元之後的資料。

（2）在第（1）步的切片最後增加 0。

透過這兩步操作，即可完成輸入資料與標籤資料的對應關係。舉例來說，針對輸入資料 "ANNA" 所製作的標籤為 "NNAnone"。

程式第 74 行用 make_dictionary 函數產生樣本對應的字典。該字典是一個通用的字元字典，裡面包含了以下內容：

- 數值在 32 ～ 127 的 ASCII 碼字元。
- 對齊操作中的補 0 字元──None。
- 向量化操作中的未知字元──unknown（見程式第 14 行）。

程式第 77~87 行使用正規表示法分析樣本檔案中的內容，將每行的英文名字分析出來後放到列表裡。其中程式第 81 行的 re.compile 函數有兩個參數：

- r [a-z]+ 代表從頭開始比對屬於 a ～ z 的字元，其中加號代表比對多個這樣的連續字元。
- re.I 代表忽略大小寫。

用這兩個參數來比對所有以英文開頭的字串。

程式第 83 行是正規表示法的比對操作。

程式第 85 行是將比對到的內容取出來。

9.2.2　程式實現：建置 Dataset 資料集

下面用函數 getbacthdata 獲得訓練模型所需的樣本資料，並將其轉為 Dataset 資料集。實際程式如下：

程式 9-1 用 RNN 模型為女孩產生英文名字（續）

```
88   input_text,target_text,sampletlengths = getbacthdata(input_text,charmap)
     # 產生樣本標籤
89   print(input_text)
90   print(target_text)
91
92   max_length = len(input_text[0])
93   learning_rate = 0.001
94
95   embedding_dim = 256              # 定義詞向量
96   units = 1024                    # 定義 GRU 單元個數
97   BATCH_SIZE = 6                  # 定義批次
98
99   # 定義資料集
100  dataset = tf.data.Dataset.from_tensor_slices((input_text, target_text)).
     shuffle(1000)
101  dataset = dataset.batch(BATCH_SIZE, drop_remainder=True)
```

9.2.3 程式實現：用 tf.keras 介面建置產生式 RNN 模型

撰寫程式，建置 RNN 模型，實際步驟如下。

（1）將詞向量轉換成詞嵌入。

（2）將詞嵌入輸入 GRU 模型。

（3）將 GRU 模型的輸出結果輸入全連接網路。

（4）透過全連接網路，將最後結果收斂到與字典相同維度的特徵。

可以將最後模型的輸出結果了解為一個多項式分佈，即在下一個序列中，每個詞可能出現的機率。

模型的反向傳播部分如下：

- 損失函數部分使用的是 sparse_softmax_cross_entropy 函數。
- 優化器使用的是 AdamOptimizer 函數。
- 其他都用預設值。

整個網路結構都是用 tf.keras 介面開發的，實際程式如下：

程式 9-1 用 RNN 模型為女孩產生英文名字（續）

```
102  class Model(tf.keras.Model):                    # 建置模型
103     def __init__(self, vocab_size, embedding_dim, units, batch_size):
```

```
104        super(Model, self).__init__()
105        self.units = units
106        self.batch_sz = batch_size
107        # 定義詞嵌入層
108        self.embedding = tf.keras.layers.Embedding(vocab_size, embedding_dim)
109
110        if tf.test.is_gpu_available():          # 定義 GRU cell
111          self.gru = tf.keras.layers.CuDNNGRU(self.units,
112                                              return_sequences=True,
113                                              return_state=True,
114                                              recurrent_initializer='glorot_uniform')
115        else:
116          self.gru = tf.keras.layers.GRU(self.units,
117                                              return_sequences=True,
118                                              return_state=True,
119                                              recurrent_activation='sigmoid',
120                                              recurrent_initializer='glorot_uniform')
121
122        self.fc = tf.keras.layers.Dense(vocab_size)# 定義全連接層
123
124      def call(self, x, hidden):
125        x = self.embedding(x)
126
127        # 用 GRU 網路進行計算，output 的形狀為 (batch_size, max_length, hidden_size)
128        #states 的形狀為 (batch_size, hidden_size)
129        output, states = self.gru(x, initial_state=hidden)
130
131        # 轉換維度，用於後面的全連接，輸出形狀為 (batch_size * max_length,
           hidden_size)
132        output = tf.reshape(output, (-1, output.shape[2]))
133
134        # 獲得每個詞的多項式分佈
135        # 輸出形狀為 (max_length * batch_size, vocab_size)
136        x = self.fc(output)
137        return x, states
138
139  model = Model(vocab_size, embedding_dim, units, BATCH_SIZE)
140  optimizer = tf.train.AdamOptimizer()
141
142  # 損失函數
143  def loss_function(real, preds):
144        return tf.losses.sparse_softmax_cross_entropy(labels=real, logits=preds)
```

9.2.4 程式實現：在動態圖中訓練模型

撰寫程式，實現以下步驟：

（1）指定檢查點檔案的路徑並建立循環。

（2）按照指定反覆運算次數 EPOCHS 進行反覆運算訓練。

（3）在每次反覆運算訓練中，用動態圖的訓練方式對模型加權進行最佳化。

實際程式如下。

程式 9-1　用 RNN 模型為女孩產生英文名字（續）

```
145  checkpoint_dir = './training_checkpoints'
146  checkpoint_prefix = os.path.join(checkpoint_dir, "ckpt")
     # 定義檢查點檔案的路徑
147  # 定義檢查點檔案
148  checkpoint = tf.train.Checkpoint(optimizer=optimizer, model=model)
149  latest_cpkt = tf.train.latest_checkpoint(checkpoint_dir)
150  if latest_cpkt:                                     # 處理二次訓練
151      print('Using latest checkpoint at ' + latest_cpkt)
152      checkpoint.restore(latest_cpkt)
153  else:
154      os.makedirs(checkpoint_dir, exist_ok=True)     # 建立儲存模型的資料夾
155
156  EPOCHS = 20                                         # 定義反覆運算次數
157
158  for epoch in range(EPOCHS):                         # 開始訓練
159      start = time.time()
160
161      hidden = model.reset_states()                  # 初始化 RNN 模型
162      totaloss = []
163      for (batch, (inp, target)) in enumerate(dataset):
164          hidden = model.reset_states()          # 對於每個樣本都需要重新初始化
165          with tf.GradientTape() as tape:            # 應用梯度訓練模型
166              predictions, hidden = model(inp, hidden)
167              target = tf.reshape(target, (-1,))
168              loss = loss_function(target, predictions)
169              totaloss.append(loss)                  # 統計損失值
170          grads = tape.gradient(loss, model.variables)
171          optimizer.apply_gradients(zip(grads, model.variables))
172
173          if batch % 100 == 0:                       # 顯示結果
174              print ('Epoch {} Batch {} Loss {:.4f}'.format(epoch+1,
```

```
      batch, loss))
175
176        # 每反覆運算 5 次儲存 1 次檢查點
177        if (epoch + 1) % 5 == 0:
178          checkpoint.save(file_prefix = checkpoint_prefix)
179
180        print ('Epoch {} Loss {:.4f}'.format(epoch+1, np.mean(totaloss)))
181        print('Time taken for 1 epoch {} sec\n'.format(time.time() - start))
```

因為在樣本中每個名字都是獨立的，所以在對每個樣本處理之前都需要對模型重新初始化（見程式第 164 行），讓本次處理不受上一個樣本資訊的影響。

程式第 165~171 行是動態圖中的反向傳播實現，這部分內容可以參考本書 6.7 節。

9.2.5　程式實現：載入檢查點檔案並用模型產生名字

在使用模型時，需要對 RNN 模型的輸出結果進行多項式取樣，並將取樣後的結果當作真正的目標結果。實際的實現步驟如下。

（1）用模型產生 20 個英文名字（見程式第 184 行）。

（2）在每次產生英文名字時，都會從樣本集裡面隨機選出一個名字的首字元，作為本次的字首（見程式第 185 行），並將首字元作為模型的輸入。

（3）將輸入的字元送入模型中進行預測，對模型的預測結果用以多項式分佈為基礎的取樣操作（從候選詞分佈中獲得實際字母），獲得預測序列中的下一個字母（見程式第 196 行）。

（4）將第（3）步的輸出結果作為輸入，再次送入第（3）步，繼續預測下一個字元。

（5）按照第（3）（4）步驟進行循環，直到模型輸出的字母向量為 0（0 表示產生結束），見程式第 195 行。

（6）如果一直沒有 0 值，則第（5）步的循環會在執行 max_length 次時結束，見程式第 192 行。

（7）將第（2）步產生的首字元與第（3）步每次輸出的字元連接，形成最後的結果。

實際程式如下。

程式 9-1 用 RNN 模型為女孩產生英文名字（續）

```
182  checkpoint.restore(tf.train.latest_checkpoint(checkpoint_dir)) # 載入模型
183
184  for iii in range(20):
185      input_eval = input_text[np.random.randint(len(input_text))][0]
         # 獲得一個亂數做開始
186      start_string = inv_charmap[input_eval]
187      input_eval = tf.expand_dims([input_eval], 0)              # 將其轉成向量
188
189      text_generated = ''                                # 定義空字串，用於儲存結果
190
191      hidden = model.reset_states()                      # 初始化模型
192      for i in range(max_length):
193          predictions, hidden = model(input_eval, hidden) # 輸出模型結果
194          predicted_id = tf.multinomial(predictions, num_samples=1)[0][0].
                                            numpy()              # 取樣
195          if predicted_id==0:                            # 出現 0 時表示結束
196              break
197
198          input_eval = tf.expand_dims([predicted_id], 0)
199          text_generated += inv_charmap[predicted_id]      # 保存單次結果
200
201      print (start_string + text_generated)                # 輸出結果
```

程式執行之後，輸出以下結果：

```
Epoch 14 Batch 0 Loss 0.2410
......
Epoch 20 Batch 0 Loss 0.2626
Epoch 20 Loss 0.2943
Time taken for 1 epoch 2.3288302421569824 sec

Alisa Lena Moon Sellew Daisy Kotty Andrea Gloria Ann Amhndra Gladys Sveety
Alisa Camille Irene Angelina Alice Carol Eudora Dema
```

結果中的最後兩行即為產生的名字。可以看到，這些名字與我們常見的英文名字很像（有的幾乎是一樣的），符合英文命名習慣。

9.3 實例 48：用帶注意力機制的 Seq2Seq 模型為 圖片增加內容描述

在動態圖上用 tf.keras 介面架設帶注意力機制的 Seq2Seq 模型,並用該模型為圖片增加內容描述。

> **實例描述**
>
> 用 COCO 資料集訓練一個帶有注意力機制的 Seq2Seq 模型,使模型能夠識別圖片內容,並根據內容產生描述。

本實例使用 COCO 資料集的文字描述標記內容來訓練模型,即輸入是實際的一張圖片,輸出是一段文字描述。

> **提示**
>
> 在 COCO 資料集中,關於文字描述標記內容見 8.7.2 小節「4. 載入並顯示文字描述標記資訊」。

9.3.1 設計以圖片為基礎的 Seq2Seq

本實例屬於跨域工作,實現圖片與文字之間的轉換。在實現時,將 Seq2Seq 架構中編碼器(Encoder)的輸入部分改成能夠分析圖片特徵的網路結構,使其支援對圖片的處理,實際結構如圖 9-6 所示。

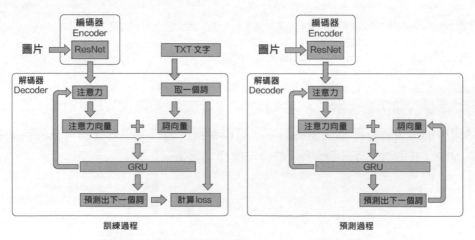

圖 9-6 以圖片處理為基礎的 Seq2Seq 模型的結構

Seq2Seq 模型常用於處理純文字類別工作，其內部的資料轉換可以視為兩步：

（1）將文字轉換成特徵。

（2）將特徵轉換成文字。

在圖 9-6 所示的模型中，其內部的資料轉換也可以視為兩步：

（1）將圖片轉換成特徵。

（2）將特徵轉換成文字。

圖 9-6 所示的模型將 Seq2Seq 模型的第（1）步（處理文字）換成了處理圖片。使模型同樣可以透過特徵來與第（2）步進行對接。這種設計思想來自神經網路模型的本質要素——特徵。

在演算法模型中，神經網路模型關注的是資料的特徵，而某個特徵是來自文字序列還是來自圖片，並不是神經網路模型所關心的事情。

在設計模型時，建議讀者要有特徵的概念，不要將某個網路模型侷限於處理某一方向的問題上。舉例來說，本書 8.3 節介紹的那個實例，其中將擅長處理圖片樣本的卷積網路模型用在文字資料的分類工作之上，這也是考慮從特徵角度來設計模型結構的。

9.3.2 程式實現：圖片前置處理——用 ResNet 分析圖片特徵並儲存

在訓練模型時，模型每次的反覆運算處理都需要先將圖片轉成特徵向量再進行計算，這使得程式做了大量的重複工作。

可以在前置處理環節中，提前將圖片轉換成特徵向量並儲存起來。這樣，在反覆運算訓練時模型直接讀取轉換後的特徵向量即可，省去了將圖片轉為特徵向量的重複工作。

■ 對樣本進行前置處理

由於 COCO 資料集 train2014 中的圖片檔案過多（見 8.7.2 小節「4. 載入並顯示文字描述標記資訊」中的資料集及標記），所以這裡只取 300 張圖片作為訓練集來示範。

實際要實現以下步驟：

（1）將所有的文字標記讀到記憶體中。

（2）將圖片資料轉為特徵資料。

（3）將轉換後的特徵資料儲存到 numpyfeature 目錄下面。

實際程式如下。

程式 9-2 用動態圖和 tf_keras 訓練模型

```
01   from sklearn.model_selection import train_test_split
02   import numpy as np
03   import os
04   import time
05   import json
06   from PIL import Image
07   import tensorflow as tf
08
09   import matplotlib.pyplot as plt
10   import tensorflow.contrib.eager as tfe
11   preimgdata = __import__("9-3  利用 Resnet 進行樣本前置處理 ")
12   makenumpyfeature = preimgdata.makenumpyfeature
13
14   tf.enable_eager_execution()                  # 啟動動態圖
15   print("TensorFlow 版本：{}".format(tf.VERSION))
16   print("Eager execution: {}".format(tf.executing_eagerly()))
17   # 載入標記檔案
18   annotation_file = r'cocos2014/annotations/captions_train2014.json'
19   PATH = r"cocos2014/train2014/"
20   numpyPATH = './numpyfeature/'
21
22   with open(annotation_file, 'r') as f:     # 讀取標記檔案
23       annotations = json.load(f)
24
25   num_examples = 300                         # 載入指定個數的圖片路徑和對應的標題
26   train_captions = []                        # 定義列表，用於儲存所有的訓練文字
27   img_filename= []                           # 定義列表，用於儲存所有的圖片檔案路徑
28
29   for annot in annotations['annotations']: # 取得全部的檔案名稱及對應的標記文字
30       caption = '<start> ' + annot['caption'] + ' <end>'
31       image_id = annot['image_id']
32       full_coco_image_path =  'COCO_train2014_' + '%012d.jpg' % (image_id)
33
34       img_filename.append(full_coco_image_path)
```

```
35        train_captions.append(caption)
36        if len(train_captions) >=num_examples:
37            break
38  #如果本機沒有產生特徵檔案，則進行資料前置處理
39  if not os.path.exists(numpyPATH):
40      makenumpyfeature(numpyPATH,img_filename,PATH)        #產生特徵檔案，並儲存
```

程式第 30 行將 <start> 與 <end> 標籤分別增加到每行文字的開頭和結尾處，旨在標示出每行文字的開始位置和結束位置。在句子中，標出開始位置和結束位置的方法是 Seq2Seq 介面的標準用法。

程式第 40 行用 makenumpyfeature 函數將圖片轉為特徵，並儲存到檔案中。該函數的實作方式過程見本小節「2. 前置處理函數的細節」。

② 前置處理函數的細節

函數 makenumpyfeature 的程式是在程式檔案「9-3 利用 Resnet 進行樣本前置處理 .py」中實現的。該函數與本書 6.7.9 小節的方法類似。不同的是，這次沒有使用 ResNet 模型的輸出結果，而是分析 ResNet 模型的倒數第 2 層特徵。實際程式如下。

程式 9-3 利用 Resnet 進行樣本前置處理
```
01  import numpy as np
02  import os
03  import shutil
04  import tensorflow as tf
05  from tensorflow.python.keras.applications.resnet50 import ResNet50
06
07  def makenumpyfeature(numpyPATH,img_filename,PATH):
08      if os.path.exists(numpyPATH):                        #去除已有的檔案目錄
09          shutil.rmtree(numpyPATH, ignore_errors=True)
10
11      os.mkdir(numpyPATH)                                  #新增檔案目錄
12
13      size = [224,224]                                     #設定圖片輸出尺寸
14      batchsize = 10
15
16      def load_image(image_path):                          #輸入圖片的前置處理
17          img = tf.read_file(PATH +image_path)
18          img = tf.image.decode_jpeg(img, channels=3)
19          img = tf.image.resize (img, size)
20          img = tf.keras.applications.resnet50.preprocess_input(img)
```

```
              #ResNet 的統一前置處理
21        return img, image_path
22
23    image_model = ResNet50(weights='resnet50_weights_tf_dim_ordering_tf_
                 kernels_notop.h5'
24                 ,include_top=False)              # 建立 ResNet
25
26    new_input = image_model.input                 # 定義輸入節點
27    hidden_layer = image_model.layers[-2].output  # 取得 ResNet 的倒數第 2 層
28
29    image_features_extract_model = tf.keras.Model(new_input, hidden_layer)
30
31    encode_train = sorted(set(img_filename))      # 對輸入檔案目錄去除重複
32
33    image_dataset = tf.data.Dataset.from_tensor_slices(  # 圖片資料集
34                 encode_train).map(load_image).batch(batchsize)
35
36    for img, path in image_dataset:               # 按照批次進行轉換
37      batch_features = image_features_extract_model(img)
      # 輸出形狀 (batch, 7, 7, 2048)
38
39      batch_features = tf.reshape(batch_features, # 輸出形狀 (batch,49, 2048)
40                          (batch_features.shape[0], -1,
                             batch_features.shape[3]))
41
42      for bf, p in zip(batch_features, path):     # 將特徵結果儲存到檔案中
43        path_of_feature = p.numpy().decode("utf-8")
44        np.save(numpyPATH+path_of_feature, bf.numpy())
```

程式第 27 行將 ResNet 模型的倒數第 2 層當作輸出節點。

3 在 ResNet 模型中找到輸出節點

如果想要從 ResNet 模型中分析特徵，則需要先了解 ResNet 模型的程式實現。

以作者的本機路徑為例，在 TensorFlow 中，ResNet 模型原始程式碼檔案的路徑如下：

```
"C:\local\Anaconda3\lib\site-packages\tensorflow\python\keras\applications\
resnet50.py"
```

在該原始程式碼檔案的第 263 行，可以找到 ResNet 模型的定義。實際程式如下。

程式 resnet50

```
263    x = identity_block(x, 3, [512, 512, 2048], stage=5, block='c')
       # 最後的卷積結果
264    x = AveragePooling2D((7, 7), name='avg_pool')(x)      # 全域平均池化層
265    if include_top:                                       # 傳回指定的頂層輸出
266      x = Flatten()(x)
267      x = Dense(classes, activation='softmax', name='fc1000')(x)
268    else:
269      if pooling == 'avg':
270        x = GlobalAveragePooling2D()(x)
271      elif pooling == 'max':
272        x = GlobalMaxPooling2D()(x)
```

可以看到，在程式第 265 行中傳回了指定的頂層輸出。

在第 265 行之前是全域平均池化層。在全域平均池化層之前（上一層）的內容（見程式第 263 行）便是需要分析的部分。

因為載入模型時使用的是去掉頂層的 ResNet 模型（見程式檔案「9-3 利用 Resnet 進行樣本前置處理 .py」程式第 23 行，include_top=False），即最後一層為平均池化層，所以這裡取了輸出節點的倒數第 2 層（見程式檔案「9-3 利用 Resnet 進行樣本前置處理 .py」第 27 行）。

另外，該程式還需要載入 ResNet 模型的預訓練模型（在 ImgNet 資料集上訓練好的加權檔案）"resnet50_weights_tf_dim_ordering_tf_kernels_notop.h5"。可以參考本書的 6.7.9 小節，將該預訓練模型下載後直接放到本機路徑下。

4 執行程式進行前置處理

程式執行後，會在本機路徑的 numpyfeature 資料夾下產生多個以 ".np" 結尾的檔案。這些檔案裡面放置了形狀為 (49, 2048) 的特徵資料。

9.3.3 程式實現：文字前置處理——過濾處理、字典建立、對齊與向量化處理

在對 COCO 資料集中的圖片前置處理之後，還需要對每個圖片的標記文字做前置處理，實際步驟如下。

（1）過濾文字：去除無效符號。

（2）建立字典：產生正反向字典。

（3）向量化文字與對齊操作：將文字按照字典中的數字進行向量化處理，並按照指定長度進行對齊操作（多餘的截掉，不足的補 0）。

最後將圖片前置處理的結果與文字前置處理的結果結合，並按照一定比例拆分成訓練集與評估資料集。

實際程式如下。

程式 9-2 用動態圖和 tf_keras 訓練模型（續）

```
41  top_k = 5000                          #設定字典最大長度為 5000
42  tokenizer = tf.keras.preprocessing.text.Tokenizer(num_words=top_k,
43                                  oov_token="<unk>",
44                                  filters='!"#$%&()*+.,-/:;=?@[\]^_`{|}~ ')
45  tokenizer.fit_on_texts(train_captions)   # 過濾處理
46
47  #建立字典
48  tokenizer.word_index = {key:value for key, value in tokenizer.word_index.
                       items() if value <= top_k}
49  tokenizer.word_index[tokenizer.oov_token] = top_k + 1
    #在字典中增加符號 <unk>，用於處理未知單字
50  tokenizer.word_index['<pad>'] = 0
51  print(tokenizer.word_index)
52
53  index_word = {value:key for key, value in tokenizer.word_index.items()}
    #反向字典
54  train_seqs = tokenizer.texts_to_sequences(train_captions)      # 變為向量
55
56  # 按照最長的句子對齊，不足的在其後面補 0
57  cap_vector = tf.keras.preprocessing.sequence.pad_sequences(train_seqs,
    padding='post')
58  print("最大長度 ",len(cap_vector[0]))
59  max_length =len(cap_vector[0])
60
61  #將資料拆成訓練集和測試集
62  img_name_train, img_name_val, cap_train, cap_val =
        train_test_split(img_filename,
63                              cap_vector,
64                              test_size=0.2,
65                              random_state=0)
```

9.3.4 程式實現：建立資料集

讀取特徵資料，用 tf.data.Dataset 介面將特徵檔案與文字向量組合到一起，產

生資料集，為訓練模型做準備。實際步驟如下。

程式 9-2 用動態圖和 tf_keras 訓練模型（續）

```
66  BATCH_SIZE = 20
67  embedding_dim = 256
68  units = 512
69  vocab_size = len(tokenizer.word_index)
70
71  # 圖片特徵 (47, 2048)
72  features_shape = 2048
73  attention_features_shape = 49
74
75  # 載入 numpy 檔案
76  def map_func(img_name, cap):
77      img_tensor = np.load(numpyPATH+img_name.decode('utf-8')+'.npy')
78      return img_tensor, cap
79
80  dataset = tf.data.Dataset.from_tensor_slices((img_name_train, cap_train))
81
82  # 用 map 載入 numpy 特徵檔案
83  dataset = dataset.map(lambda item1, item2: tf.py_function(
84          map_func, [item1, item2], [tf.float32, tf.int32]),
            num_parallel_calls=8)
85
86  dataset = dataset.shuffle(1000).batch(BATCH_SIZE).prefetch(1)
```

9.3.5　程式實現：用 **tf.keras** 介面建置 **Seq2Seq** 模型中的編碼器

編碼器模型比解碼器模型簡單，只有一個全連接網路。該全連接網路對原始圖片的特徵資料進行轉換處理，使原始圖片特徵資料的維度與詞嵌入的維度相同。實際程式如下。

程式 9-2 用動態圖和 tf_keras 訓練模型（續）

```
87  class DNN_Encoder (tf.keras.Model):# 編碼器模型
88      def __init__(self, embedding_dim):
89          super(DNN_Encoder, self).__init__()
90          #tf.keras 的全連接支援多維輸入。僅對最後一維進行處理
91          self.fc = tf.keras.layers.Dense(embedding_dim)
92
93      def call(self, x):# 最後輸出特徵的形狀為 (batch_size, 49, embedding_dim)
94          x = self.fc(x)
```

```
95        x = tf.nn.relu(x)
96        return x
```

在 tf.keras 介面中，全連接網路的輸入既可以是二維資料，也可以是多維資料。如果輸入的是多維資料，則按照最後一維進行全連接轉換。在程式第 93 行的 call 方法中，DNN_Encoder 模型最後會輸出一個形狀為 (batch_size, 49, embedding_dim) 的資料。

9.3.6 程式實現：用 tf.keras 介面建置 Bahdanau 類型的注意力機制

定義一個 BahdanauAttention 類別，建置 Bahdanau 類型的注意力機制。實際程式如下。

程式 9-2 用動態圖和 tf_keras 訓練模型（續）

```
97    class BahdanauAttention(tf.keras.Model):
98      def __init__(self, units):
99        super(BahdanauAttention, self).__init__()
100       self.W1 = tf.keras.layers.Dense(units)
101       self.W2 = tf.keras.layers.Dense(units)
102       self.V = tf.keras.layers.Dense(1)
103
104      def call(self, features,   #features 形狀 (batch_size, 49, embedding_dim)
105            hidden):            #hidden(batch_size, hidden_size)
106
107        hidden_with_time_axis = tf.expand_dims(hidden, 1) #(batch_size, 1,
           hidden_size)
108        #score 形狀：(batch_size, 49, hidden_size)
109        score = tf.nn.tanh(self.W1(features) + self.W2(hidden_with_time_axis))
110
111        attention_weights = tf.nn.softmax(self.V(score), axis=1)
           #(batch_size, 49, 1)
112
113        context_vector = attention_weights * features     #(batch_size, 49,
       hidden_size)
114        context_vector = tf.reduce_sum(context_vector, axis=1)  #(batch_size,
       hidden_size)
115
116        return context_vector, attention_weights
```

9.3.7 程式實現：架設 Seq2Seq 模型中的解碼器 Decoder

定義類別 RNN_Decoder，建置 Seq2Seq 模型中的解碼器。實際步驟如下。

（1）用注意力機制對編碼器的特徵進行處理。

（2）用 GRU 單元建置循環神經網路模型，進行解碼工作。

（3）用兩層全連接網路得出最後結果。

實際程式如下。

程式 9-2 用動態圖和 tf_keras 訓練模型（續）

```
117  def gru(units):
118    if tf.test.is_gpu_available():
119      return tf.keras.layers.CuDNNGRU(units,
120                            return_sequences=True,
121                            return_state=True,
122                            recurrent_initializer='glorot_uniform')
123    else:
124      return tf.keras.layers.GRU(units,
125                            return_sequences=True,
126                            return_state=True,
127                            recurrent_activation='sigmoid',
128                            recurrent_initializer='glorot_uniform')
129
130  class RNN_Decoder(tf.keras.Model):
131    def __init__(self, embedding_dim, units, vocab_size):
132      super(RNN_Decoder, self).__init__()
133      self.units = units
134
135      self.embedding = tf.keras.layers.Embedding(vocab_size, embedding_dim)
136      self.gru = gru(self.units)
137      self.fc1 = tf.keras.layers.Dense(self.units)
138      self.fc2 = tf.keras.layers.Dense(vocab_size)
139
140      self.attention = BahdanauAttention(self.units)
141
142    def call(self, x, features, hidden):
143      # 傳回注意力特徵向量和注意力加權
144      context_vector, attention_weights = self.attention(features, hidden)
145
146      x = self.embedding(x) # 形狀為 (batch_size, 1, embedding_dim)
147
```

```
148      x = tf.concat([tf.expand_dims(context_vector, 1), x], axis=-1)
         #形狀為 (batch_size, 1, embedding_dim + hidden_size)
149
150      output, state = self.gru(x)       #用循環網路進行處理
151      #全連接處理，形狀為 (batch_size, max_length, hidden_size)
152      x = self.fc1(output)
153      #將形狀變化為 (batch_size * max_length, hidden_size)
154      x = tf.reshape(x, (-1, x.shape[2]))
155      #第 2 層全連接得出最後結果，形狀為 (batch_size * max_length, vocab)
156      x = self.fc2(x)
157
158      return x, state, attention_weights
159
160  def reset_state(self, batch_size):
161      return tf.zeros((batch_size, self.units))
```

9.3.8 程式實現：在動態圖中計算 Seq2Seq 模型的梯度

在本書 6.3 節中，介紹過兩種在動態圖中計算梯度的方法。

- 用 tfe.implicit_gradients 函數計算梯度。
- 用 tf.GradientTape 函數計算梯度。

二者具有同樣的效果。在本實例中是用 tfe.implicit_gradients 函數來計算梯度，
實際程式如下。

程式 9-2 用動態圖和 tf_keras 訓練模型（續）

```
162   def loss_function(real, pred):    # 單一 loss 值的處理函數
163     mask = 1 - np.equal(real, 0)        # 批次中被補 0 的序列不參與計算 loss 值
164     loss_ = tf.nn.sparse_softmax_cross_entropy_with_logits(labels=real,
        logits=pred) * mask
165     return tf.reduce_mean(loss_)
166
167  def all_loss(encoder,decoder,img_tensor,target):# 定義函數，處理全部的 loss 值
168     loss = 0
169     hidden = decoder.reset_state(batch_size=target.shape[0])
170
171     dec_input = tf.expand_dims([tokenizer.word_index['<start>']] *
     BATCH_SIZE, 1)
172     features = encoder(img_tensor)#(20, 49, 256)
173
174     for i in range(1, target.shape[1]):
175         # 透過 Decoder 網路產生預測結果
```

```
176          predictions, hidden, _ = decoder(dec_input, features, hidden)
177          loss += loss_function(target[:, i], predictions)
             #計算本次預測的 loss 值
178          # 獲得本次標籤，用於下次序列的預測使用
179          dec_input = tf.expand_dims(target[:, i], 1)
180      return loss
181
182  grad = tfe.implicit_gradients(all_loss)        # 根據 all_loss 函數產生梯度
```

9.3.9 程式實現：在動態圖中為 Seq2Seq 模型增加儲存檢查點功能

用 tf.train.Checkpoint 函數為模型增加儲存檢查點功能，實際程式如下。

程式 9-2 用動態圖和 tf_keras 訓練模型（續）

```
183    model_objects = {                              # 建置輸入參數
184        'encoder':DNN_Encoder(embedding_dim),
185        'decoder' :RNN_Decoder(embedding_dim, units, vocab_size) ,
186        'optimizer': tf.train.AdamOptimizer(),
187        'step_counter': tf.train.get_or_create_global_step(),
188  }
189
190  checkpoint_prefix = os.path.join("mytfemodel/", 'ckpt')
191  checkpoint = tf.train.Checkpoint(**model_objects)
192  latest_cpkt = tf.train.latest_checkpoint("mytfemodel/")  # 尋找檢查點檔案
193  if latest_cpkt:
194      print('Using latest checkpoint at ' + latest_cpkt)
195      checkpoint.restore(latest_cpkt)                       # 恢復加權
```

9.3.10 程式實現：在動態圖中訓練 Seq2Seq 模型

在動態圖中訓練 Seq2Seq 模型的步驟如下。

（1）定義單步訓練函數 train_one_epoch。

（2）用 for 循環按照指定反覆運算次數呼叫函數 train_one_epoch。

（3）將在訓練過程中用函數 train_one_epoch 傳回的損失值 loss 資料儲存起來，並將其輸出。

實際程式如下。

程式 9-2 用動態圖和 tf_keras 訓練模型（續）

```
196      # 實現單步訓練過程
```

```
197  def train_one_epoch(encoder,decoder,optimizer,step_counter,dataset,
     epoch):
198      total_loss = 0
199      for (step, (img_tensor, target)) in enumerate(dataset):
200          loss = 0
201          #應用梯度
202          optimizer.apply_gradients(grad(encoder,decoder,img_tensor,
                                          target),step_counter)
203          loss =all_loss(encoder,decoder,img_tensor, target)
204
205          total_loss += (loss / int(target.shape[1]))
206          if step % 5 == 0:
207              print ('Epoch {} Batch {} Loss {:.4f}'.format(epoch + 1,
208                                      step,
209                                      loss.numpy() / int(target.shape[1])))
210      print("step",step)
211      return total_loss/(step+1)
212
213  loss_plot = []
214  EPOCHS = 50                                          #定義反覆運算次數
215
216  for epoch in range(EPOCHS):                          #訓練模型
217      start = time.time()
218      total_loss= train_one_epoch(dataset=dataset,epoch=epoch,
                                      **model_objects)    #訓練一次
219
220      loss_plot.append(total_loss )  #儲存 loss 值
221
222      print ('Epoch {} Loss {:.6f}'.format(epoch + 1, total_loss))
223      checkpoint.save(checkpoint_prefix)
224      print('Train time for epoch #%d (step %d): %f' %
225      (checkpoint.save_counter.numpy(),  checkpoint.step_counter.numpy(),
         time.time() - start))
226  plt.plot(loss_plot)
227  plt.xlabel('Epochs')
228  plt.ylabel('Loss')
229  plt.title('Loss Plot')
230  plt.show()
```

程式執行後，輸出以下內容：

```
......
Epoch 49 Loss 0.160428
Train time for epoch #109 (step 658): 8.619966
```

```
Epoch 50 Batch 0 Loss 0.1336
Epoch 50 Loss 0.170198
Train time for epoch #110 (step 670): 8.554722
```

顯示的損失值（loss）結果如圖 9-7 所示。

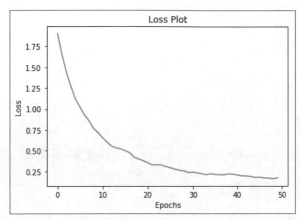

圖 9-7　以圖片處理為基礎的 Seq2Seq 模型結構

9.3.11　程式實現：用多項式分佈取樣取得圖片的內容描述

下面撰寫程式，實現兩個函數。

- evaluate 函數用於為指定的圖片產生內容描述，將整個網路連接起來。
- plot_attention 函數用於將模型中的注意力分值以圖示化的方式顯示出來。

實際程式如下。

程式 9-2　用動態圖和 tf_keras 訓練模型（續）

```
231    def evaluate(encoder,decoder,optimizer,step_counter,image):
232      attention_plot = np.zeros((max_length, attention_features_shape))
233
234      hidden = decoder.reset_state(batch_size=1)
235      size = [224,224]
236      def load_image(image_path):
237          img = tf.read_file(PATH +image_path)
238          img = tf.image.decode_jpeg(img, channels=3)
239          img = tf.image.resize (img, size)
240          img = tf.keras.applications.resnet50.preprocess_input(img)
241          return img, image_path
242      from tensorflow.python.keras.applications.resnet50 import ResNet50
243
```

```
244      image_model = ResNet50(weights=
                          'resnet50_weights_tf_dim_ordering_tf_kernels_notop.h5'
245                      ,include_top=False)                    # 建立 ResNet
246
247      new_input = image_model.input
248      hidden_layer = image_model.layers[-2].output
249      image_features_extract_model = tf.keras.Model(new_input, hidden_layer)
250
251      temp_input = tf.expand_dims(load_image(image)[0], 0)
252      img_tensor_val = image_features_extract_model(temp_input)
         # 用 ResNet 產生特徵
253      img_tensor_val = tf.reshape(img_tensor_val, (img_tensor_val.shape[0],
         -1, img_tensor_val.shape[3]))
254
255      features = encoder(img_tensor_val)        # 用編碼器對特徵進行轉換
256
257      dec_input = tf.expand_dims([tokenizer.word_index['<start>']], 0)
258      result = []
259
260      for i in range(max_length):                # 用循環進行 Seq2Seq 架構的解碼工作
261          predictions, hidden, attention_weights = decoder(dec_input,
                                                         features, hidden)
262          attention_plot[i] = tf.reshape(attention_weights, (-1, )).numpy()
263          # 將預測結果轉化為詞向量
264          predicted_id = tf.multinomial(predictions, num_samples=1)[0][0].
                          numpy()
265          result.append(index_word[predicted_id])# 保存單次的預測結果
266          if index_word[predicted_id] == '<end>': # 如果出現結束標示，則停止循環
267              return result, attention_plot
268          dec_input = tf.expand_dims([predicted_id], 0)# 維度變化用於下一次的輸入
269
270      attention_plot = attention_plot[:len(result), :]
271      return result, attention_plot
272
273  def plot_attention(image, result, attention_plot): # 圖示化模型的注意力分值
274      temp_image = np.array(Image.open(PATH +image))
275
276      fig = plt.figure(figsize=(10, 10))
277      len_result = len(result)
278      for l in range(len_result):
279          temp_att = np.resize(attention_plot[l], (7, 7))
280          ax = fig.add_subplot(len_result//2, len_result//2+len_result%2, l+1)
281          ax.set_title(result[l])
```

```
282          img = ax.imshow(temp_image)
283          ax.imshow(temp_att, cmap='gray', alpha=0.4, extent=img.get_extent())
284
285      plt.tight_layout()
286      plt.show()
287
288  rid = np.random.randint(0, len(img_name_val))    #隨機選取一張圖片
289  image = img_name_val[rid]
290  real_caption = ' '.join([index_word[i] for i in cap_val[rid] if i not in [0]])
291  result, attention_plot = evaluate(image=image,**model_objects) #產生結果
292  print ('Real Caption:', real_caption)
293  print ('Prediction Caption:', ' '.join(result))   #輸出預測值與真實值的描述結果
294  plot_attention(image, result, attention_plot)    #將注意力分值結果顯示出來
295
296  img = Image.open(PATH +img_name_val[rid])        #開啟輸入檔案並顯示
297  plt.imshow(img)
298  plt.axis('off')
299  plt.show()
```

在函數 evaluate 中，實現以下步驟：

（1）建置 ResNet50 網路，作為圖片的特徵分析層。

（2）將分析圖片的特徵資料登錄編碼器模型中（見程式第 255 行）。

（3）使用循環進行 Seq2Seq 架構的解碼工作，依次產生輸出的文字內容（見程式第 260 行）。

（4）利用 Seq2Seq 架構的結構，將編碼器模型的結果與中間的狀態值一起放入解碼器模型中進行解碼（見程式第 261 行）。

（5）用多項式分佈取樣的方式從解碼器模型的結果中取出目前序列的文字向量（見程式第 264 行）。

（6）按照步驟（3）所指定的循環次數，重複步驟（4）和（5），直到產生全部的文字。

程式執行後輸出結果如下：

```
Real Caption: <start> a clean organized kitchen cabinet and countertop area <end>
Prediction Caption: a kitchen has red bricks lining the counter <end>
```

在輸出結果中，第 1 行是資料集中的標記文字。第 2 行是模型產生的預測文字。圖示化的結果如圖 9-8 和圖 9-9 所示。

圖 9-8 原始圖片

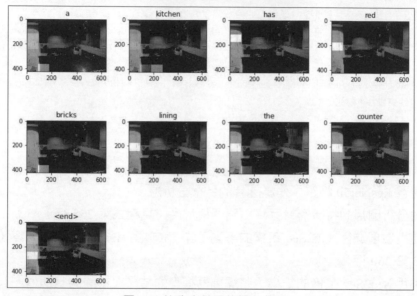

圖 9-9 注意力結果的圖示化顯示

9.4 實例 49：用 IndRNN 與 IndyLSTM 單元製作聊天機器人

TensorFlow 1.0 之後的版本對 Seq2Seq 架構進行了重新封裝，推出新的 Seq2Seq 架構 API。本節使用新的 Seq2Seq 架構 API 實現一個聊天機器人。

實例描述

本實例用已有的對話語料（一問一答模式）進行訓練，製作一個聊天機器人。當輸入問題後，聊天機器人會計算出要回答的敘述並顯示。

新版本的 API 將注意力機制、解碼器等幾個主要的功能分別進行封裝，直接用
對應的 Wapper 類別進行產生實體。在編碼與解碼的過程中，用函數 dynamic_
rnn 建立可以支援變長輸入的動態 RNN 模型。這裡不再需要用 model_with_
buckets 等方法來實現桶機制。實際做法如下。

9.4.1 下載及處理樣本

該實例的樣本來自 GitHub 網站上的開放原始碼專案，位址如下：

```
https://github.com/gunthercox/chatterbot-corpus
```

該專案中有多種語言的對話語料，如圖 9-10 所示。

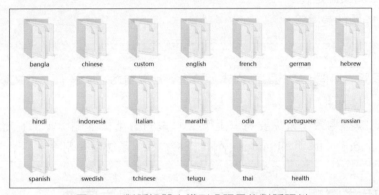

圖 9-10 對話機器人模型多語言的對話語料

下載資料集，並將中文語料的部分資料夾（chinese 資料夾）複製到本機程式
的同級目錄下。該資料夾下有關於各個領域的對話語料，如圖 9-11 所示。

圖 9-11 對話機器人的中文語料

每個文件都有相同的格式，例如 "ai.yml" 中的內容如下：

```
categories:
- AI
conversations:
- - 什麼是人工智慧
  - 人工智慧是工程和科學的分支，致力於建置思維的機器
- - 你寫的是什麼語言
  - python
```

其中程式第 1、2 行是該文件的分類，第 3 行及以下是對話內容。其中分為問題與回答兩部分：

- 以 "- -" 開頭的是問題。
- 以 "-" 開頭的是回答。

提示

該實例只實現一問一答的對話模式，預設對話與對話之間沒有上下文關係，每次對話都是獨立的。

為了適應模型場景，還需要將有上下文聯繫的對話樣本刪除，即把樣本檔案 "conversations.yml" 與 "literature.yml" 直接從樣本函數庫裡刪除。

9.4.2 程式實現：讀取樣本，分詞並建立字典

將 chinese 資料夾下的所有檔案讀取記憶體中，並分詞，根據分詞結果建立字典。為了使程式更簡潔，這裡用 tf.keras 介面產生字典。

分詞操作使用的是協力廠商函數庫 jieba。有關 jieba 函數庫的使用這裡不做説明。實際程式如下。

程式 9-4 用估算器實現帶注意力機制的 Seq2Seq 模型

```
01    import numpy as np
02    import tensorflow as tf
03    from tensorflow.contrib import layers
04    from sklearn.model_selection import train_test_split
05
06    START_TOKEN = 0
07    END_TOKEN = 1
08
09    import os
```

```
10    import jieba
11    path = "./chinese/"                              #指定資料的資料夾
12
13    alltext= []
14    for file in os.listdir(path):                    #獲得所有檔案
15        with open(path+file, 'r', encoding='UTF-8') as f: #依次開啟檔案
16            strtext = f.read().split('\n')           #按行讀取，變為列表
17            strtext=list(filter( lambda x:len(x)>0, strtext))
18            strtext = list(map(lambda x:" ".join(jieba.cut(x.replace('-','').
              replace(' ','')))),strtext[3:]))     #用 jieba 函數庫進行分詞，並處理
19            print(file,strtext[:2])
20            alltext = alltext+strtext
21            print(len(alltext))
22
23    top_k = 5000                                     #過濾文字，選出 5000 個
24    #產生字典
25    tokenizer = tf.keras.preprocessing.text.Tokenizer(num_words=top_k,
      oov_token="<unk>")
26    tokenizer.fit_on_texts(alltext)
27
28    #建置字典
29    tokenizer.word_index = {key:value for key, value in tokenizer.word_index.
                              items() if value <= top_k}
30    tokenizer.word_index[tokenizer.oov_token] = top_k + 1     #增加其他字元
31    tokenizer.word_index['<start>'] = START_TOKEN
32    tokenizer.word_index['<end>'] = END_TOKEN
33
34    #反向字典
35    index_word = {value:key for key, value in tokenizer.word_index.items()}
36    print(len(index_word))
```

程式第 17 行，將無效行過濾。

程式第 18 行，將每行字元中的 "-" 去掉，再進行分詞，並將結果用 join 連接起來。

提示

在程式第 31、32 行，分別向字典中加入 START_TOKEN 標籤與 END_TOKEN 標籤，這兩個標籤是為了在 Seq2Seq 模型處理樣本過程中，告訴模型輸入樣本的起始和結束位置資訊。

程式執行後，輸出以下結果：

```
ai.yml ['什麼是 ai', '人工智慧是工程和科學的分支，致力於建置思維的機器。']
110
......
psychology.yml ['讓我問你一個問題', '當然可以']
748
science.yml ['什麼是熱力學定律', '我不是一個物理學家，但我覺得這事做熱，
                熵和節省能源，對不對？']
806
sports.yml ['每年 PRO 棒球', '金手套。']
846
1525
```

在輸出結果中，以行的方式顯示出所有資料集的檔案名稱，以及該檔案中的第一個問答內容。

在每個檔案名稱的下一行，顯示了該檔案中的句子總數（例如：輸出結果的第 1、2 行顯示了在檔案 ai.yml 中，一共有 110 個句子。）。

在輸出結果的最後一行，輸出了整個資料集的字典大小（1525 個詞），該字典是資料集分詞後的處理結果。

9.4.3 程式實現：對樣本進行向量化、對齊、填充前置處理

樣本的前置處理包含一些零碎的處理工作，同時它也是訓練模型的必要工作。實際介紹如下。

（1）將記憶體中的資料樣本轉化成向量。

（2）將樣本中的句子分解成問題與答案兩個陣列。其中，問題資料被當作輸入資料，答案資料被當作標籤資料。

（3）對問題和答案的資料分別做對齊處理，不足的用 END_TOKEN 標籤填充。

（4）對所有的句子增加結束標示。

（5）將整個資料集按照一定比例拆分成訓練集與測試集。

實際程式如下。

程式 9-4 用估算器實現帶注意力機制的 Seq2Seq 模型（續）

```
37   train_seqs = tokenizer.texts_to_sequences(alltext)      # 變為向量
38
39   inputseq,outseq = train_seqs[0::2], train_seqs[1::2];# 拆分成問題與答案
```

```
40    print(len(inputseq), len(outseq))                        # 輸出二者的長度，便於比較
41
42    # 按照最長的句子對齊。不足的在其後面補 END_TOKEN
43    input_vector = tf.keras.preprocessing.sequence.pad_sequences(inputseq,
      padding='post',value=END_TOKEN)
44    output_vector = tf.keras.preprocessing.sequence.pad_sequences(outseq,
      padding='post',value=END_TOKEN)
45
46    end = np.ones_like(input_vector[:,0])                     # 對所有的句子增加結束標示
47    end = np.reshape(end,[-1,1])
48    print(np.shape(start),np.shape(input_vector),np.shape(end))
49    input_vector = np.concatenate((input_vector,end),axis= 1)
50    output_vector = np.concatenate((output_vector,end),axis= 1)
51
52    print("in 最大長度 ",len(input_vector[0]))
53    print("out 最大長度 ",len(output_vector[0]))
54    in_max_length =len(input_vector[0])
55    out_max_length =len(output_vector[0])                     # 計算最大長度
56
57    input_vector_train, input_vector_val, output_vector_train,
      output_vector_val = train_test_split(input_vector,
      output_vector, test_size=0.2,  random_state=0)           # 拆分成訓練集與測試集
```

9.4.4 程式實現：在 Seq2Seq 模型中加工樣本

撰寫函數 seq2seq 實現 Seq2Seq 架構的主體結構。

在函數 seq2seq 中，首先要對輸入樣本進行統一化加工。實際的加工步驟如下。

（1）為每個輸入增加 START_TOKEN 標示。

（2）計算每個輸入及標籤的長度。

（3）將輸入和標籤分別轉為各自的詞嵌入形式。

實際程式如下。

程式 9-4 用估算器實現帶注意力機制的 Seq2Seq 模型（續）

```
58    useScheduled=True                                        # 設定訓練過程中的取樣方式
59    def seq2seq(mode, features, labels, params):
60        vocab_size = params['vocab_size']
61        embed_dim = params['embed_dim']
62        num_units = params['num_units']
```

```
63    output_max_length = params['output_max_length']
64
65    print(" 獲得輸入張量的名字 ",features.name,labels.name)
66    inp = tf.identity(features[0], 'input_0')        #用於鉤子函數顯示
67    output = tf.identity(labels[0], 'output_0')
68    batch_size = tf.shape(features)[0]
69    # 按照指定形狀，複製 START_TOKEN
70    start_tokens = tf.tile([START_TOKEN], [batch_size])
71    train_output = tf.concat([tf.expand_dims(start_tokens, 1), labels], 1)
      # 增加開始標示
72    # 計算長度
73    input_lengths = tf.reduce_sum(tf.cast(tf.not_equal(features,
      END_TOKEN) ,tf.int32), 1,name="len")
74    output_lengths = tf.reduce_sum(tf.cast(tf.not_equal(train_output,
      END_TOKEN) ,tf.int32), 1,name="outlen")
75    # 產生問題與回答的詞嵌入
76    input_embed = layers.embed_sequence( features, vocab_size=vocab_size,
      embed_dim=embed_dim, scope='embed')
77    output_embed = layers.embed_sequence( train_output, vocab_size=
      vocab_size, embed_dim=embed_dim, scope='embed', reuse=True)
78
79    with tf.variable_scope('embed', reuse=True):        # 用於模型的使用場景
80        embeddings = tf.get_variable('embeddings')
```

程式第 65 行，將張量 features 與張量 labels 的名字列印出來。張量 features 與張量 labels 的名字會在向模型植入資料時被使用（見 9.4.9 小節）。

程式第 66、67 行用 tf.identity 函數將張量複製一份。在執行程式時，新複製的張量會根據圖中指定的名字顯示其實際值（見 9.4.9 小節）。

程式第 70 行，用 tf.tile 函數將 START_TOKEN 標籤按照形狀 [batch_size] 進行複製，獲得與輸入資料第 0 維度（批次數量 batch_size）相同的張量。然後用 tf.concat 函數將 START_TOKEN 標籤貼在每個輸入資料的前面。

> **提示**
>
> 由於 START_TOKEN 的值為 0，所以程式第 70 行也可以被取代為 tf.zeros ([batch_size], dtype=tf.int32)，直接產生 [batch_size] 個 0。

9.4.5 程式實現：在 Seq2Seq 模型中，實現以 IndRNN 與 IndyLSTM 為基礎的動態多層 RNN 編碼器

在 Seq2Seq 模型中，用 IndRNN 單元與 IndyLSTM 單元一起組成了動態的多層 RNN 編碼器。實際程式如下。

程式 9-4 用估算器實現帶注意力機制的 Seq2Seq 模型（續）

```
81      Indcell = tf.nn.rnn_cell. DeviceWrapper(tf.contrib.rnn.IndRNNCell
    (num_units=num_units), "/device:GPU:0")
82      IndyLSTM_cell = tf.nn.rnn_cell. DeviceWrapper(tf.contrib.rnn.
    IndyLSTMCell(num_units=num_units), "/device:GPU:0")
83      multi_cell = tf.nn.rnn_cell.MultiRNNCell([Indcell, IndyLSTM_cell])
84      encoder_outputs, encoder_final_state = tf.nn.dynamic_rnn(multi_cell,
    input_embed,sequence_length=input_lengths, dtype=tf.float32)
```

在程式第 82、83 行中，都用 DeviceWrapper 語法了指派了執行裝置。這裡也是為了示範 DeviceWrapper 語法的實際用法。

9.4.6 程式實現：為 Seq2Seq 模型中的解碼器建立 Helper

在下面的程式中建立了兩個取樣器 train_helper 與 pred_helper。前者用於訓練模型場景，後者用於使用模型場景。

- 在訓練模型時，可以選擇用 TrainingHelper 函數（一般方式）或是 ScheduledEmbeddingTrainingHelper 函數（採用多項式分佈的取樣方式，見 9.1.14 小節）來實現取樣器 train_helper。
- 在使用模型時，用 GreedyEmbeddingHelper 函數來實現取樣器 pred_helper。

實際程式如下。

程式 9-4 用估算器實現帶注意力機制的 Seq2Seq 模型（續）

```
85      if useScheduled:                  # 根據設定選擇 train_helper 的實現方式
86         train_helper = tf.contrib.seq2seq.ScheduledEmbeddingTrainingHelper
              (output_embed,
87              tf.tile([output_max_length], [batch_size]), embeddings, 0.3)
88      else:
89         train_helper = tf.contrib.seq2seq.TrainingHelper(output_embed,
90                      tf.tile([output_max_length], [batch_size]))
91      # 實現 pred_helper
92      pred_helper = tf.contrib.seq2seq.GreedyEmbeddingHelper( embeddings,
93                  start_tokens=tf.tile([START_TOKEN], [batch_size]),
                  end_token=END_TOKEN)
```

在產生取樣器 train_helper 物件時，用最大長度 output_max_length（見程式第 87、90 行）來指定取樣器的長度。這很關鍵，只有按照最大長度取樣才能獲得與標籤序列一樣的長度（因為輸入標籤的序列長度也是最大長度 output_max_length）。這樣在計算損失值 loss 時，才不會顯示出錯。否則在計算損失值 loss 值時，還需要對輸出結果進行對齊才可以順利進行。

提示

程式第 89 行很容易會被寫成以下這樣：

```
train_helper = tf.contrib.seq2seq.TrainingHelper(output_embed, output_lengths)
```

這裡是在 TensorFlow 的 Seq2Seq 介面中最容易犯錯的地方。因為這種程式埋藏了一個隱含的 Bug。

在處理定長序列資料時，常常不會顯示出錯。一旦輸入和輸出都是變長序列，則程式將在計算 loss 值時，顯示維度不符合的錯誤。

除像程式第 86、89 行那樣寫外，還可以直接在計算 loss 值時將產生的結果填充成與標籤序列相等的維度，再計算 loss 值，詳見搭配資源中的程式檔案「9-5 估算器實現帶注意力機制的 Seq2Seq 模型──手動對齊 .py」。

9.4.7 程式實現：實現帶有 Bahdanau 注意力、dropout、OutputProjectionWrapper 的解碼器

TensorFlow 中的新版 Seq2Seq 介面對解碼器進行了調整。實現帶有注意力機制的解碼器主要有以下幾個步驟。

（1）建立一個注意力機制物件和一個 RNN 單元。

（2）用 AttentionWrapper 函數將注意力機制作用於 RNN 單元，產生 attn_cell 物件。

（3）用 OutputProjectionWrapper 函數或全連接層對 attn_cell 物件進行維度變化，獲得 out_cell 物件。

（4）呼叫 BasicDecoder 函數並傳入 out_cell 物件和 helper 物件，產生解碼器模型。

（5）將解碼器模型放入 dynamic_decode 函數中進行解碼，產生最後結果。

在函數 seq2seq 中實現內嵌函數 decode 的實際程式如下。

程式 9-4 用估算器實現帶注意力機制的 Seq2Seq 模型（續）

```
94      def decode(helper, scope, reuse=None):
95          with tf.variable_scope(scope, reuse=reuse):
96              attention_mechanism = tf.contrib.seq2seq.BahdanauAttention(
                    #定義注意力機制處理層
97                              num_units=num_units, memory=encoder_outputs,
98                              memory_sequence_length=input_lengths)
99
100             cell = tf.contrib.rnn.IndRNNCell(num_units=num_units)
101             if reuse == None:                       #為模型增加 dropout 方法
102                 keep_prob=0.8
103             else:
104                 keep_prob=1
105             cell = tf.nn.rnn_cell. DropoutWrapper(cell, output_keep_prob=
                        keep_prob)
106
107             attn_cell = tf.contrib.seq2seq.AttentionWrapper(
108                 cell, attention_mechanism, attention_layer_size=num_units
                    / 2)
109
110             out_cell = tf.contrib.rnn.OutputProjectionWrapper(
111                 attn_cell, vocab_size, reuse=reuse
112             )
113             decoder = tf.contrib.seq2seq.BasicDecoder(cell=out_cell,
                        helper=helper,
114               initial_state=out_cell.zero_state( dtype=tf.float32,
                        batch_size=batch_size))
115
116             outputs = tf.contrib.seq2seq.dynamic_decode(
117                 decoder=decoder, output_time_major=False,
118                 impute_finished=True, maximum_iterations=output_max_length
119             )
120             return outputs[0]
```

程 式 第 105 行 用 DropoutWrapper 函 數 為 解 碼 器 增 加 Dropout 層。
DropoutWrapper 函數實現了 RNN 模型的 dropout 方法，該函數既可以透過
output_keep_prob 參數指定層與層之間的 dropout 操作，還可以透過 input_
keep_prob 參數指定序列與序列之間的 dropout 操作。

9.4.8 程式實現：在 Seq2Seq 模型中實現反向最佳化

下面是關於函數 seq2seq 的最後一部分內容：用 sequence_loss 函數來計算損失值，並傳回估算器模型。實際程式如下。

程式 9-4 用估算器實現帶注意力機制的 Seq2Seq 模型（續）

```
121    train_outputs = decode(train_helper, 'decode')    #訓練場景的解碼結果
122    pred_outputs = decode(pred_helper, 'decode', reuse=True)#使用場景的結果
123    #複製張量中的值，用於顯示
124    tf.identity(train_outputs.sample_id[0], name='train_pred')
125
126    masks = tf.sequence_mask(output_lengths, output_max_length, #計算隱藏
127                             dtype=tf.float32, name="masks")
128    #計算 loss 值
129    loss = tf值.contrib.seq2seq.sequence_loss(train_outputs.rnn_output,
130                                              labels, weights=masks)
131    #優化器
132    train_op = layers.optimize_loss(loss, tf.train.get_global_step(),
133                          optimizer=params.get('optimizer', 'Adam'),
134                          learning_rate=params.
                                get('learning_rate', 0.001),
135                          summaries=['loss', 'learning_rate'])
136    #用於鉤子函數顯示
137    tf.identity(pred_outputs.sample_id[0], name='predictions')
138    #傳回估算器模型
139    return tf.estimator.EstimatorSpec( mode=mode, predictions=
                      pred_outputs.sample_id, loss=loss, train_op=train_op)
```

程式第 121、122 行，用共用變數的技術產生了訓練場景和使用場景的解碼結果。

> **提示**
>
> 共用變數屬於靜態圖中的多模型加權共用技術。
>
> 在 TensorFlow 2.0 之後的版本中主推動態圖的使用方式，共用變數技術將被逐漸淡化，所以這裡也不多作說明。

程式第 126 行呼叫 tf.sequence_mask 函數，根據輸入標籤資料的真實長度來建立隱藏。該行程式也可以寫成以下樣子：

```
masks = tf.cast(tf.not_equal(train_output[:, :-1], 0) ,tf.float32)
```

產生的隱藏會在計算 loss 值的過程中將標籤資料中的填充部分忽略（見程式
129 行）。

9.4.9 程式實現：建立帶有鉤子函數的估算器，並進行訓練

下面的程式實現了在估算器中註冊鉤子函數並列印記錄檔。透過註冊鉤子函數
可以將模型中的任意張量列印出來，這相當於在靜態圖中透過階段中的 run 方
法列印模型中的任意張量節點的效果。

用鉤子函數列印記錄檔的實際步驟如下。

（1）建立一個入口函數 feed_fn。

（2）在 feed_fn 函數內部，用字典類型建置指定的輸入資料。該字典物件會被
　　　植入模型中（見程式第 182 行）。

（3）在建置輸入資料時，字典中的關鍵字（key）為輸入張量的名稱。該名稱
　　　可透過輸出函數進行檢視（見程式第 65 行）。在本實例中，輸入的張量是
　　　兩個預留位置，其名稱是 "IteratorGetNext:0" 與 "IteratorGetNext:0"。

（4）用函數 tf.train.LoggingTensorHook 定義鉤子函數的列印過程。

（5）在估算器模型的 train 方法中，用 tf.train.FeedFnHook 函數對 feed_fn 進行
　　　封裝，並將封裝後的結果與步驟（4）所產生的列印過程一起組成陣列，
　　　傳導入參數 hooks 中。

在本實例中定義了 3 個列印過程。其中：

- 程式第 173、176 行分別將指定張量內容按照註冊好的函數 get_formatter 進
  行列印。

- 程式第 179 行定義鉤子函數 print_len。該函數使用預設的輸出功能，可以
  將張量圖中的節點內容列印出來。

實際程式如下。

```
程式 9-4 用估算器實現帶注意力機制的 Seq2Seq 模型（續）
140   BATCH_SIZE = 10                              # 定義批次
141   params = {                                   # 定義模型參數
142         'vocab_size': len(index_word),
143         'batch_size': BATCH_SIZE,
144         'output_max_length': out_max_length,
145         'embed_dim': 100,
```

```
146          'num_units': 256
147      }
148
149  model_dir='./modelrnn'                       # 定義模型路徑
150  est = tf.estimator.Estimator(  model_fn=seq2seq, model_dir=model_dir,
           params=params)
151  # 定義訓練集的輸入函數
152  def train_input_fn(input_vector, output_vector, batch_size):
153      # 建置資料集的組成：一個特徵輸入，一個標籤輸入
154      dataset = tf.data.Dataset.from_tensor_slices( (input_vector,
                  output_vector) )
155      # 將資料集亂數、重複、批次劃分
156      dataset = dataset.shuffle(1000).repeat().batch(batch_size,
                  drop_remainder=True).
157      return dataset
158
159  def get_formatter(keys, rev_vocab): # 定義格式化函數，用於鉤子函數的格式化顯示
160      def to_str(sequence):              # 定義內嵌函數，根據詞向量產生字串
161          tokens = [
162              rev_vocab.get(x,
163              "<UNK>") for x in filter(lambda x:x!=END_TOKEN and x!=
                  START_TOKEN,sequence)]
164          return ' '.join(tokens)
165      def format(values):                # 定義內嵌函數，分析詞向量
166          res = []
167          for key in keys:
168              res.append("%s = %s" % (key, to_str(values[key])))
169          return '\n'.join(res)
170      return format
171
172  # 註冊鉤子函數，列印過程資訊
173  print_inputs = tf.train.LoggingTensorHook(['input_0', 'output_0'],
174      every_n_iter=200, formatter=get_formatter(['input_0',
175      'output_0'], index_word))                 # 定義鉤子函數，每 200 步輸出一次
176  print_predictions = tf.train.LoggingTensorHook(['predictions',
177   'train_pred'], every_n_iter=200, formatter=get_formatter(['predictions',
178   'train_pred'], index_word))                  # 定義鉤子函數，每 200 步輸出一次
179  print_len = tf.train.LoggingTensorHook(  ['len',"outlen","input_0",
180          "train_pred"],every_n_iter=500) # 定義鉤子函數，每 500 步輸出一次
181
182  def feed_fn():                               # 定義鉤子函數的輸入
183      index = np.random.randint(len(input_vector_val)-BATCH_SIZE)
184      return {'IteratorGetNext:0':input_vector_val[index:index+BATCH_SIZE],
```

```
         # 植入資料
185              'IteratorGetNext:1': output_vector_val[index:index+BATCH_SIZE]}
186
187  # 訓練模型
188  est.train(lambda: train_input_fn(input_vector_train, output_vector_train,
     BATCH_SIZE),
189      hooks=[tf.train.FeedFnHook(feed_fn),
190           print_inputs, print_predictions,print_len],steps=1000)
```

9.4.10 程式實現：用估算器架構評估模型

評估模型的過程如下。

（1）透過修飾器（見本書 6.4.8 小節）定義了估算器的輸入函數 eval_input_fn
　　（見程式第 198 行）。

（2）呼叫估算器的 evaluate 方法，並將輸入函數 eval_input_fn 傳導入參數
　　input_fn 中，進行模型評估（見程式第 211 行）。

實際程式如下。

程式 9-4　用估算器實現帶注意力機制的 Seq2Seq 模型（續）

```
191  # 模型評估
192  def wrapperFun(fn):                                    # 定義修飾器函數
193      def wrapper():                                     # 包裝函數
194          return fn(input_vector_val, output_vector_val, BATCH_SIZE)
             # 呼叫原函數
195      return wrapper
196
197  @wrapperFun    # 定義測試或應用模型時，資料集的輸入函數
198  def eval_input_fn(input_vector,labels, batch_size):
199      assert batch_size is not None, "batch size must not be None"
     #batch 不允許為空
200
201      if labels is None:                                 # 如果預測，則沒有標籤
202          inputs = input_vector
203      else:
204          inputs = (input_vector,labels)
205
206      # 建置資料集
207      dataset = tf.data.Dataset.from_tensor_slices(inputs)
208      dataset = dataset.batch(batch_size, drop_remainder=True)# 按批次劃分
209      return dataset                                      # 傳回資料集
210
```

```
211   train_metrics = est.evaluate(input_fn=eval_input_fn)          #評估模型
212   print("train_metrics",train_metrics)
```

程式第 201 行，透過判斷標籤 labels 是否為空值，來取得目前函數的呼叫場
景。

■ 如果標籤 labels 為空，則表示使用場景。

■ 如果標籤 labels 不為空，則表示評估場景。

程式執行後，輸出結果如下。

（1）訓練部分的內容輸出：

```
......
INFO:tensorflow:input_0 = 是個騙子
output_0 = 我總覺得我被我自己的智慧生活。
INFO:tensorflow:predictions = 我是覺得我的自己。
train_pred = <UNK> 我 <UNK> 我 <UNK> <UNK> <UNK> <UNK> <UNK> <UNK> <UNK>
。……<UNK> <UNK> <UNK> <UNK> <UNK> 複製 <UNK> 。<UNK> <UNK> 很多
......
INFO:tensorflow:loss = 1.0014467, step = 500 (97.611 sec)
INFO:tensorflow:global_step/sec: 1.04819
INFO:tensorflow:input_0 = 這會讓傷心
output_0 = 我沒有任何情緒所以我不能真正感到悲傷這樣。
INFO:tensorflow:predictions = 我沒有任何情緒所以我不能真正感到悲傷這樣。
train_pred = <UNK> 沒有任何 <UNK> <UNK> <UNK> <UNK> <UNK> 這樣 <UNK> 感到 <UNK>
……這樣感到 <UNK> 。的這樣 <UNK> 是。<UNK> <UNK> 、<UNK>
INFO:tensorflow:loss = 1.0113558, step = 600 (95.399 sec)
......
INFO:tensorflow:input_0 = 什麼是超音波
output_0 = 超音波在醫學診斷和治療中使用在手術等。
INFO:tensorflow:predictions = 超音波在醫學診斷和治療中使用在手術等。
train_pred = <UNK> <UNK> 醫學 <UNK> 和治療？<UNK> <UNK> <UNK> 的 <UNK> <UNK>
……<UNK> <UNK> <UNK> <UNK> <UNK> <UNK> <UNK> <UNK> 。<UNK> <UNK> <UNK> <UNK>
<UNK>
INFO:tensorflow:loss = 2.2775753, step = 800 (98.470 sec)
INFO:tensorflow:global_step/sec: 1.02077
INFO:tensorflow:loss = 0.35907432, step = 900 (98.259 sec)
......
```

在輸出結果中可以看到，模型每反覆運算訓練 100 次，就會輸出 6 行資訊，實
際內容如下。

- input_0：輸入模型的樣本內容。
- output_0：輸入模型的標籤內容。
- predictions：模型模型輸出的預測結果。
- train_pred：模型輸出的訓練結果。
- loss 與 step：loss 是模型目前訓練的損失結果，step 是模型目前的訓練步數。
- global_step/sec：平均每次反覆運算訓練所用的時間。

（2）評估模型的內容輸出：

```
獲得輸入張量的名字 IteratorGetNext:0 IteratorGetNext:1
input_0:0 output_0:0
INFO:tensorflow:Done calling model_fn.
INFO:tensorflow:Starting evaluation at 2019-01-06-09:47:49
......
INFO:tensorflow:Saving dict for global step 10000: global_step = 10000, loss =
0.19673859
INFO:tensorflow:Saving 'checkpoint_path' summary for global step 10000: ./
modelrnn\model.ckpt-10000
train_metrics {'loss': 0.19673859, 'global_step': 10000}
```

從輸出結果的最後一行可以看到，模型反覆運算 10000 次之後，表示模型的損失值的是 0.19。還可以透過增加反覆運算次數、複雜化模型的方法繼續提升模型的精度。

9.4.11 擴充：用注意力機制的 Seq2Seq 模型實現中英翻譯

在 GitHub 網站的 TensorFlow 專案中，有一個用 tf.keras 介面實現的帶有注意力機制的 Seq2Seq 模型。該模型可實現英文和法文語言互相翻譯，實際連結如下：

```
https://github.com/tensorflow/tensorflow/blob/master/tensorflow/contrib/eager/
python/examples/nmt_with_attention/nmt_with_attention.ipynb
```

讀者可以根據該實例，配合所學的知識，嘗試將其改成中 / 英文翻譯模型。

9.5 實例 50：預測飛機引擎的剩餘使用壽命

本節用 JANET 單元建置一個多層動態的 RNN 模型，來解決數值分析中的回歸工作。

> **實例描述**
>
> 本實例用已有的飛機引擎感測器數值訓練模型，並用模擬的飛機引擎感測器數值來預測飛機引擎在未來 15 個週期內是否可能發生故障和飛機引擎的 RUL（Remaining Useful Life，剩餘使用壽命）。

本實例屬於一個深度學習在評估及監控資產狀態領域中的應用實例，其中將日常維護裝置的記錄檔與真實的飛機引擎壽命記錄組合起來，形成樣本。用該樣本訓練模型，讓模型能夠預測現有飛機引擎的剩餘使用壽命。

傳統的預測性維護工作，是在特徵工程基礎上使用機器學習模型實現的。它需要使用該領域的專業知識手動建置正確的特徵。這種方式對專業人才的依賴性很大，而且做出來的模型與業務耦合性極強，缺少模型的通用性。

深度學習在解決這種問題時，可以自動從資料中分析正確的特徵，大幅降低了對特徵工程的依賴性。

9.5.1 準備樣本

該實例所使用樣本的實際位址如下：

```
https://ti.arc.nasa.gov/tech/dash/groups/pcoe/prognostic-data-repository/
#turbofan
```

該資料集共包含 3 個檔案，裡面記錄著每個引擎的設定資料與該引擎上 21 個感測器的資料，這些資料可以反映出飛機引擎在生命週期中，各個時間點的詳細情況，實際介紹如下。

- PM_train.txt 檔案：記錄每個飛機引擎完整的生命週期資料。一共含有 100 個飛機引擎的週期性歷史資料。實際內容見圖 9-12 中的 "Sample training data" 部分。
- PM_test.txt 檔案：記錄每個引擎的部分週期資料。一共含有 100 個飛機引擎的週期性歷史資料。實際內容見圖 9-12 中的 "Sample testing data" 部分。

■ PM_truth.txt 檔案：記錄 PM_test.txt 檔案中每個飛機引擎距離發生故障所剩的週期數。實際內容見圖 9-12 中的 "Sample ground truth data" 部分。

Sample training data
~20k rows,
100 unique engine id

id	cycle	setting1	setting2	setting3	s1	s2	s3	...	s19	s20	s21
1	1	-0.0007	-0.0004	100	518.67	641.82	1589.7		100	39.06	23.419
1	2	0.0019	-0.0003	100	518.67	642.15	1591.82		100	39	23.4236
1	3	-0.0043	0.0003	100	518.67	642.35	1587.99		100	38.95	23.3442
...	...										
1	191	0	-0.0004	100	518.67	643.34	1602.36		100	38.45	23.1295
1	192	0.0009	0	100	518.67	643.54	1601.41		100	38.48	22.9649
2	1	-0.0018	0.0006	100	518.67	641.89	1583.84		100	38.94	23.4585
2	2	0.0043	-0.0003	100	518.67	641.82	1587.05		100	39.06	23.4085
2	3	0.0018	0.0003	100	518.67	641.55	1588.32		100	39.11	23.425
...											
2	286	-0.001	-0.0003	100	518.67	643.44	1603.63		100	38.33	23.0169
2	287	-0.0005	0.0006	100	518.67	643.85	1608.5		100	38.43	23.0848

Sample testing data
~13k rows,
100 unique engine id

id	cycle	setting1	setting2	setting3	s1	s2	s3	...	s19	s20	s21
1	1	0.0023	0.0003	100	518.67	643.02	1585.29		100	38.86	23.3735
1	2	-0.0027	-0.0003	100	518.67	641.71	1588.45		100	39.02	23.3916
1	3	0.0003	0.0001	100	518.67	642.46	1586.94		100	39.08	23.4166
...	...										
1	30	-0.0025	0.0004	100	518.67	642.79	1585.72		100	39.09	23.4069
1	31	-0.0006	0.0004	100	518.67	642.58	1581.22		100	38.81	23.3552
2	1	-0.0009	0.0004	100	518.67	642.66	1589.3		100	39	23.3923
2	2	-0.0011	0.0002	100	518.67	642.51	1588.43		100	38.84	23.2902
2	3	0.0002	0.0003	100	518.67	642.58	1595.6		100	39.02	23.4064
...											
2	48	0.0011	-0.0001	100	518.67	642.64	1587.71		100	38.99	23.2918
2	49	0.0018	-0.0001	100	518.67	642.55	1586.59		100	38.81	23.2618
3	1	-0.0001	0.0001	100	518.67	642.03	1589.92		100	38.99	23.296
3	2	0.0039	-0.0003	100	518.67	642.23	1597.31		100	38.84	23.3191
3	3	0.0006	0.0003	100	518.67	642.98	1586.77		100	38.69	23.3774
...											
3	125	0.0014	0.0002	100	518.67	643.24	1588.64		100	38.56	23.227
3	126	-0.0016	0.0004	100	518.67	642.88	1589.75		100	38.93	23.274

Sample ground truth data
100 rows

RUL
112
98
69
82
91

圖 9-12　引擎記錄樣本

> **提示**
>
> 本實例只使用一個資料來源（感測器值）進行預測。在實際的預測性維護工作中，還有許多其他資料來源（例如歷史維護記錄、錯誤記錄檔、機器和操作員功能等）。這些資料來源都需要被處理成對應的特徵資料，然後輸入模型裡進行計算，以便獲得更準確的預測結果。

9.5.2　程式實現：前置處理資料──製作資料集的輸入樣本與標籤

本實例的工作有兩個：

■ 預測飛機引擎在未來 15 個週期內是否可能發生故障。

■ 預測飛機引擎的剩餘使用壽命（RUL）。

前者屬於分類問題，後者屬於回歸問題。

在資料前置處理環節，需要設定一個序列資料的時間視窗（在本實例中設為 50），並按照該時間視窗將資料加工成輸入的樣本資料與標籤資料。在本實例中，根據分類工作與回歸工作製作出兩種標籤。

- 分類標籤：尋找樣本中的序列維護記錄。以訓練樣本為例，在 PM_train.txt 中，以每個引擎為單位，在其中截取 50 個連續的記錄作為樣本。如果該樣本的最後一筆記錄在該飛機引擎的最後 15 筆記錄以內，則表明該樣本在未來 15 個週期內會出現故障，否則為在未來 15 個週期內不出現故障。

- 回歸標籤：尋找樣本中的序列維護記錄。以訓練樣本為例，在 PM_train.txt 中，以每個飛機引擎為單位，在其中截取 50 個連續的記錄作為樣本。直接分析最後一條的 RUL 欄位作為標籤。

製作測試集時，還需要將 PM_test.txt 檔案與 PM_truth.txt 檔案中的內容連結起來，計算出 RUL（見程式第 59 ～ 62 行）。

製作好標籤後，對資料進行歸一化，並將其轉換成資料集。實際程式如下。

```
程式 9-6 預測飛機引擎的剩餘使用壽命
01    import tensorflow as tf                              # 匯入模組
02    import pandas as pd
03    import numpy as np
04    import matplotlib.pyplot as plt
05    from sklearn import preprocessing
06
07    # 讀取 PM_train 資料
08    train_df = pd.read_csv('./PM_train.txt', sep=" ", header=None)
09    train_df.drop(train_df.columns[[26, 27]], axis=1, inplace=True)
10    train_df.columns = ['id', 'cycle', 'setting1', 'setting2', 'setting3',
                          's1', 's2', 's3', 's4', 's5', 's6', 's7', 's8',
11                        's9', 's10', 's11', 's12', 's13', 's14',
12                        's15', 's16', 's17', 's18', 's19', 's20', 's21']
13    train_df = train_df.sort_values(['id','cycle'])
14
15    # 讀取 PM_test 資料
16    test_df = pd.read_csv('./PM_test.txt', sep=" ", header=None)
17    test_df.drop(test_df.columns[[26, 27]], axis=1, inplace=True)
18    test_df.columns = ['id', 'cycle', 'setting1', 'setting2', 'setting3',
19                       's1', 's2', 's3', 's4', 's5', 's6', 's7', 's8', 's9',
```

```
                          's10', 's11', 's12', 's13', 's14',
20                        's15', 's16', 's17', 's18', 's19', 's20', 's21']
21
22   # 讀取 PM_truth 資料
23   truth_df = pd.read_csv('./PM_truth.txt', sep=" ", header=None)
24   truth_df.drop(truth_df.columns[[1]], axis=1, inplace=True)
25
26   # 處理訓練資料
27   rul = pd.DataFrame(train_df.groupby('id')['cycle'].max()).reset_index()
28   rul.columns = ['id', 'max']
29   train_df = train_df.merge(rul, on=['id'], how='left')
30   train_df['RUL'] = train_df['max'] - train_df['cycle']
31   train_df.drop('max', axis=1, inplace=True)
32
33   w0 = 15                                    # 定義了兩個分類參數──15 週期與 30 週期
34   w1 = 30
35
36   train_df['label1'] = np.where(train_df['RUL'] <= w1, 1, 0 )
37   train_df['label2'] = train_df['label1']
38   train_df.loc[train_df['RUL'] <= w0, 'label2'] = 2
39
40   train_df['cycle_norm'] = train_df['cycle']   # 訓練資料歸一化
41   train_df['RUL_norm'] = train_df['RUL']
42   cols_normalize = train_df.columns.difference(['id','cycle','RUL',
     'label1','label2'])
43   min_max_scaler = preprocessing.MinMaxScaler()
44   norm_train_df = pd.DataFrame(min_max_scaler.fit_transform(
                                  train_df[cols_normalize]),
45                                columns=cols_normalize,
46                                index=train_df.index)
47   # 合成訓練資料特徵列
48   join_df = train_df[train_df.columns.difference(cols_normalize)].
             join(norm_train_df)
49   train_df = join_df.reindex(columns = train_df.columns)
50
51   # 處理測試資料
52   rul = pd.DataFrame(test_df.groupby('id')['cycle'].max()).reset_index()
53   rul.columns = ['id', 'max']
54   truth_df.columns = ['more']
55   truth_df['id'] = truth_df.index + 1
56   truth_df['max'] = rul['max'] + truth_df['more']
57   truth_df.drop('more', axis=1, inplace=True)
58
```

```
59    # 產生測試資料的 RUL
60    test_df = test_df.merge(truth_df, on=['id'], how='left')
61    test_df['RUL'] = test_df['max'] - test_df['cycle']
62    test_df.drop('max', axis=1, inplace=True)
63
64    # 產生測試標籤
65    test_df['label1'] = np.where(test_df['RUL'] <= w1, 1, 0 )
66    test_df['label2'] = test_df['label1']
67    test_df.loc[test_df['RUL'] <= w0, 'label2'] = 2
68
69    test_df['cycle_norm'] = test_df['cycle']              # 對測試資料進行歸一化處理
70    test_df['RUL_norm'] = test_df['RUL']
71    norm_test_df = pd.DataFrame(min_max_scaler.transform(test_df[cols_normalize]),
72                              columns=cols_normalize,
73                              index=test_df.index)
74    test_join_df = test_df[test_df.columns.difference(cols_normalize)].join
                    (norm_test_df)
75    test_df = test_join_df.reindex(columns = test_df.columns)
76    test_df = test_df.reset_index(drop=True)
77
78    sequence_length = 50                                  # 定義序列的長度
79    def gen_sequence(id_df, seq_length, seq_cols): # 按照序列的長度獲得序列資料
80        data_matrix = id_df[seq_cols].values
81        num_elements = data_matrix.shape[0]
82
83        for start, stop in zip(range(0, num_elements-seq_length),
              range(seq_length, num_elements)):
84            yield data_matrix[start:stop, :]
85
86    # 合成特徵列
87    sensor_cols = ['s' + str(i) for i in range(1,22)]
88    sequence_cols = ['setting1', 'setting2', 'setting3', 'cycle_norm']
89    sequence_cols.extend(sensor_cols)
90
91    seq_gen = (list(gen_sequence(train_df[train_df['id']==id],
                sequence_length, sequence_cols))
92                for id in train_df['id'].unique())
93    seq_array = np.concatenate(list(seq_gen)).astype(np.float32) # 產生訓練資料
94    print(seq_array.shape)
95
96    def gen_labels(id_df, seq_length, label):                    # 產生標籤
97        data_matrix = id_df[label].values
98        num_elements = data_matrix.shape[0]
```

```
99          return data_matrix[seq_length:num_elements, :]
100
101  # 產生訓練分類標籤
102  label_gen = [gen_labels(train_df[train_df['id']==id], sequence_length,
                  ['label1'])
103              for id in train_df['id'].unique()]
104  label_array = np.concatenate(label_gen).astype(np.float32)
105  label_array.shape
106
107  # 產生訓練回歸標籤
108  labelreg_gen = [gen_labels(train_df[train_df['id']==id], sequence_length,
                  ['RUL_norm'])
109                  for id in train_df['id'].unique()]
110
111  labelreg_array = np.concatenate(labelreg_gen).astype(np.float32)
112  print(labelreg_array.shape)
113
114  # 從測試資料中找到序列長度大於 sequence_length 的資料，並取出其最後
     sequence_length 個資料
115  seq_array_test_last = [test_df[test_df['id']==id][sequence_cols].values
                          [-sequence_length:]
116                      for id in test_df['id'].unique() if len(test_df
                          [test_df['id']==id]) >= sequence_length]
117  # 產生測試資料
118  seq_array_test_last = np.asarray(seq_array_test_last).astype(np.float32)
119  y_mask = [len(test_df[test_df['id']==id]) >= sequence_length for id in
                  test_df['id'].unique()]
120  # 產生分類回歸標籤
121  label_array_test_last = test_df.groupby('id')['label1'].nth(-1)[y_mask].
     values
122  label_array_test_last = label_array_test_last.reshape(label_array_test_
     last.shape[0],1).astype(np.float32)
123  # 產生測試回歸標籤
124  labelreg_array_test_last = test_df.groupby('id')['RUL_norm'].nth(-1)
     [y_mask].values
125  labelreg_array_test_last = labelreg_array_test_last.reshape(labelreg_
     array_test_last.shape[0],1).astype(np.float32)
126
127  BATCH_SIZE = 80      # 指定批次
128  # 定義訓練集
129  dataset = tf.data.Dataset.from_tensor_slices((seq_array, (label_array,
     labelreg_array))).shuffle(1000)
130  dataset = dataset.repeat().batch(BATCH_SIZE)
```

```
131
132    # 測試集
133    testdataset = tf.data.Dataset.from_tensor_slices((seq_array_test_last,
       (label_array_test_last,labelreg_array_test_last)))
134    testdataset = testdataset.batch(BATCH_SIZE, drop_remainder=True)
```

程式第 43 行，用 sklearn 函數庫中的 preprocessing 函數對資料進行歸一化處理。

提示

在第一次歸一化處理後，需要將當時歸一化的極值儲存。在應用模型時，需要使用同樣的極值來做歸一化，這樣才保障模型的資料分佈統一。

9.5.3 程式實現：建置帶有 JANET 單元的多層動態 RNN 模型

在隨書搭配資源中找到原始程式碼檔案 "JANetLSTMCell.py"，該檔案是 JANET 單元的實際程式實現（在 LSTM 單元結構上只保留了遺忘門）。將其複製到本機程式的同級目錄下。

撰寫程式，實現以下邏輯：

（1）匯入實現 JANET 單元的程式模組。

（2）用 tf.nn.dynamic_rnn 介面建立包含 3 層 JANET 單元的 RNN 模型。

（3）在每層後面增加 dropout 功能。

（4）建立兩個損失值：一個用於分類，另一個用於回歸。

（5）對兩個損失值取平均數，獲得整體損失值。

（6）建立 Adam 優化器，用於反向傳播。

實際程式如下。

程式 9-6 預測飛機引擎的剩餘使用壽命（續）

```
135    import JANetLSTMCell
136    tf.reset_default_graph()
137    learning_rate = 0.001                    # 定義學習率
138
139    # 建置網路節點
140    nb_features = seq_array.shape[2]
141    nb_out = label_array.shape[1]
```

```
142  reg_out= labelreg_array.shape[1]
143  n_classes = 2
144  x = tf.placeholder("float", [None, sequence_length, nb_features])
145  y = tf.placeholder(tf.int32, [None, nb_out])
146  yreg = tf.placeholder("float", [None, reg_out])
147
148  hidden = [100,50,36]                      # 設定每層的 JANET 單元的個數
149  stacked_rnn = []
150  for i in range(3):
151      cell = JANetLSTMCell.JANetLSTMCell(hidden[i], t_max=sequence_length)
152      stacked_rnn.append(tf.nn.rnn_cell.DropoutWrapper(cell,
         output_keep_prob=0.8))
153  mcell = tf.nn.rnn_cell.MultiRNNCell(stacked_rnn)
154
155  outputs,_  = tf.nn.dynamic_rnn(mcell,x,dtype=tf.float32)
156  outputs = tf.transpose(outputs, [1, 0, 2])
157  print(outputs.get_shape())
158  pred =tf.layers.conv2d(tf.reshape(outputs[-1],[-1,6,6,1]),n_classes,6,
     activation = tf.nn.relu)
159  pred =tf.reshape(pred,(-1,n_classes))      # 分類模型
160
161  predreg =tf.layers.conv2d(tf.reshape(outputs[-1],[-1,1,1,36]),1,1,
     activation = tf.nn.sigmoid)
162  predreg =tf.reshape(predreg,(-1,1))        # 回歸模型
163
164  costreg = tf.reduce_mean(abs(predreg - yreg))
165  costclass = tf.reduce_mean(tf.losses.sparse_softmax_cross_entropy
     (logits=pred, labels=y))
166
167  cost =(costreg+costclass)/2                    # 整體損失值
168  optimizer = tf.train.AdamOptimizer(learning_rate=learning_rate).
     minimize(cost)
```

JANET 單元是一個只有忘記門的 GRU 單元或 LSTM 單元結構，更多介紹見 9.1.6 小節。

9.5.4 程式實現：訓練並測試模型

撰寫程式，完成以下步驟。

（1）產生資料集反覆運算器。

（2）在階段（session）中訓練模型。

（3）待訓練結束後，將模型測試的結果列印出來。

實際程式如下。

程式 9-6 預測飛機引擎的剩餘使用壽命（續）

```
169  iterator = dataset.make_one_shot_iterator()      # 產生一個訓練集的反覆運算器
170  one_element = iterator.get_next()
171
172  iterator_test = testdataset.make_one_shot_iterator()
     # 產生一個測試集的反覆運算器
173  one_element_test = iterator_test.get_next()
174
175  EPOCHS = 5000                                      # 指定反覆運算次數
176  with tf.Session() as sess:
177      sess.run(tf.global_variables_initializer())
178
179      for epoch in range(EPOCHS):                    # 訓練模型
180          alloss = []
181          inp, (target,targetreg) = sess.run(one_element)
182          if len(inp)!= BATCH_SIZE:
183              continue
184          predregv,_,loss =sess.run([predreg,optimizer,cost], feed_dict={x:
     inp, y: target,yreg:targetreg})
185
186          alloss.append(loss)
187          if epoch%100==0:                           # 每 100 次顯示一次結果
188              print(np.mean(alloss))
189
190      # 測試模型
191      alloss = []                                    # 收集 loss 值
192      while True:
193          try:
194              inp, (target,targetreg) = sess.run(one_element_test)
195              predv,predregv,loss =sess.run([pred,predreg,cost],
     feed_dict={x: inp, y: target,yreg:targetreg})
196              alloss.append(loss)
197              print(" 分類結果 :",target[:20,0],np.argmax(predv[:20],axis = 1))
198              print(" 回歸結果 :",np.asarray(targetreg[:20]*train_df['RUL'].
     max()+train_df['RUL'].min(),np.int32)[:,0],
199                        np.asarray(predregv[:20]*train_df['RUL'].max()+
     train_df['RUL'].min(),np.int32)[:,0])
200              print(loss)
201
202          except tf.errors.OutOfRangeError:
203              print(" 測試結束 ")
204              # 視覺化顯示
```

```
205              y_true_test =np.asarray(targetreg*train_df['RUL'].max()+
    train_df['RUL'].min(),np.int32)[:,0]
206              y_pred_test = np.asarray(predregv*train_df['RUL'].max()+
    train_df['RUL'].min(),np.int32)[:,0]
207
208              fig_verify = plt.figure(figsize=(12, 8))
209              plt.plot(y_pred_test, color="blue")
210              plt.plot(y_true_test, color="green")
211              plt.title('prediction')
212              plt.ylabel('value')
213              plt.xlabel('row')
214              plt.legend(['predicted', 'actual data'], loc='upper left')
215              plt.show()
216              fig_verify.savefig("./model_regression_verify.png")
217              print(np.mean(alloss))
218              break
```

9.5.5 執行程式

程式執行後，輸出以下結果。

（1）訓練結果：模型的損失值逐漸收斂到 0.05 左右。

```
0.65047395
0.21954131
0.15633471
......
0.052825853
0.054040894
0.055623062
```

（2）測試結果：分為分類結果、回歸結果、測試模型的損失值，共 3 部分。

```
分類結果：[0. 0. 0. 0. 0. 0. 0. 0. 0. 0. 0. 0. 0. 0. 1. 0. 1. 0. 0. 1.]
[00 00 00 00 00 00 00 10 10 01]
回歸結果：[ 69  82  90  93  90  95111  96  97124  95  83  84  50  28  87  16  56
 113  20] [ 50  79  91  90124  84135  89102102  93105114  61  19  91   9  89
 130  24]
0.038021535
```

輸出的視覺化結果如圖 9-13 所示。

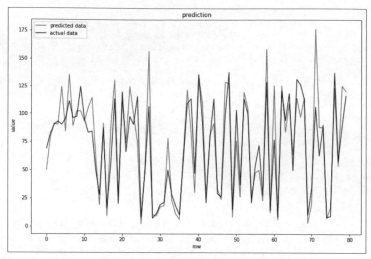

圖 9-13 飛機引擎資料預測結果

在圖 9-13 中有兩條線：一條是真實值（相對峰值較低的線），另一條是預測值（相對峰值較高的線）。可以看出兩條線的擬合程度還是很接近的。

9.5.6 擴充：為含有 JANET 單元的 RNN 模型增加注意力機制

在 9.5.3 小節程式第 158、161 行，只從 RNN 模型的輸出結果中取出最後一個序列，作為預測結果。其實，該網路輸出結果的其他序列也是有意義的。可以用注意力機制將其他的序列利用起來，以實現更好的擬合效果。

定義注意力函數 task_specific_attention，使用注意力機制為輸出結果中的每個序列分配不同的加權。將 9.5.3 小節程式第 156 ～ 162 行取代成以下程式：

```
def mkMask(input_tensor, maxLen):                       # 支援變長序列
    shape_of_input = tf.shape(input_tensor)
    shape_of_output = tf.concat(axis=0, values=[shape_of_input, [maxLen]])

    oneDtensor = tf.reshape(input_tensor, shape=(-1,))
    flat_mask = tf.sequence_mask(oneDtensor, maxlen=maxLen)
    return tf.reshape(flat_mask, shape_of_output)

def masked_softmax(inp, seqLen):                        # 變長序列隱藏
    seqLen = tf.where(tf.equal(seqLen, 0), tf.ones_like(seqLen), seqLen)
    if len(inp.get_shape()) != len(seqLen.get_shape())+1:
```

```
        raise ValueError('rank of seqLen should be %d, but have the rank %d.\n'
                        % (len(inp.get_shape())-1, len(seqLen.get_shape())))
    mask = mkMask(seqLen, tf.shape(inp)[-1])
    masked_inp = tf.where(mask, inp, tf.ones_like(inp) * (-np.Inf))
    ret = tf.nn.softmax(masked_inp)
    return ret


def task_specific_attention(in_x, xLen,  out_sz,
                            dropout=None, is_train=False, scope=None):#注意力機制

    assert len(in_x.get_shape()) == 3 and in_x.get_shape()[-1].value is not None

    with tf.variable_scope(scope or 'attention') as scope:
        context_vector = tf.get_variable(name='context_vector', shape=[out_sz],
dtype=tf.float32)
        in_x_mlp = tf.layers.dense(in_x, out_sz, activation=tf.tanh, name='mlp')
        #點積計算後的 attn 形狀為 shape(b_sz, tstp)
        attn = tf.tensordot(in_x_mlp, context_vector, axes=[[2], [0]])
        attn_normed = masked_softmax(attn, xLen)

        attn_normed = tf.expand_dims(attn_normed, axis=-1)
#矩陣相乘後的 attn_ctx 形狀為 shape(b_sz, dim, 1)
        attn_ctx = tf.matmul(in_x_mlp, attn_normed, transpose_a=True)
        #將最後一維去掉，形狀為 shape(b_sz, dim)
        attn_ctx = tf.squeeze(attn_ctx, axis=[2])
        if dropout is not None:
            attn_ctx = tf.layers.dropout(attn_ctx, rate=dropout, training=
is_train)
        return attn_ctx

attention_outputs = task_specific_attention(outputs, np.ones([BATCH_SIZE])*
sequence_length,  int(outputs.get_shape()[-1]))
pred =tf.layers.conv2d(tf.reshape(attention_outputs,[-1,6,6,1]),n_classes,6,
activation = tf.nn.relu)
predreg =tf.layers.conv2d(tf.reshape(attention_outputs,[-1,1,1,36]),1,1,
activation = tf.nn.sigmoid)

pred =tf.reshape(pred,(-1,n_classes))        # 分類模型
predreg =tf.reshape(predreg,(-1,1))          # 回歸模型
```

注意力機制是 RNN 模型的升級版本。RNN 模型處理的序列越長，則注意力機制的效果越明顯。在同樣超參數的情況下，用修改後的程式訓練獲得的 loss 值是 0.03077051，比不帶注意力機制的 RNN 模型的損失值（0.038021535）更低。

9.6 實例 51：將動態路由用於 RNN 模型，對路透社新聞進行分類

本實例用帶有動態路由演算法的 RNN 模型，對序列編碼進行資訊聚合，實現以文字為基礎的多分類工作。

> **實例描述**
>
> 用新聞資料集訓練模型，讓模型能夠將新聞按照 46 個類別進行分類。

本實例的思想原理與注意力機制十分類似，實際介紹如下。

- 相同點：都是對 RNN 模型輸出的序列進行加權分配，按照序列中對整體語義的影響程度去動態轉換對應的加權。
- 不同點：注意力機制是用相似度演算法來分配加權，而本實例是用動態路由演算法來分配加權。

在本書的 8.1.7 小節中，介紹過膠囊網路中的動態路由演算法。其目的是要為 $\hat{u}$ 分配對應的 c（$\hat{u}$ 與 c 的意義見 8.1.7 小節）這剛好與本實例的演算法需求機制完全一致——為 RNN 模型的輸出序列分配注意力加權。

而實作也證明，與原有的注意力機制相比，動態路由演算法確實在精度上有所提升。實際介紹可見以下論文：

```
https://arxiv.org/pdf/1806.01501.pdf
```

9.6.1 準備樣本

本實例使用的是用 tf.keras 介面整合的資料集。該資料集包含 11228 條新聞，共分成 46 個主題。實際介面如下。

```
tf.keras.datasets.reuters
```

該介面與 8.4 節的資料集 tf.keras.datasets.imdb 十分類似。不同的是，本實例是多分類工作，而 8.4 節是 2 分類工作。

9.6.2 程式實現：前置處理資料——對齊序列資料並計算長度

撰寫程式，實現以下邏輯。

（1）用 tf.keras.datasets.reuters.load_data 函數載入資料。

（2）使用 tf.keras.preprocessing.sequence.pad_sequences 函數，對於長度不足 80 個詞的句子，在後面補 0；對於長度超過 80 個詞的句子，從前面截斷，只保留後 80 個詞。

實際程式如下。

程式 9-7 用帶有動態路由演算法的 RNN 模型對新聞進行分類

```
01    import tensorflow as tf
02    import numpy as np
03
04    # 定義參數
05    num_words = 20000
06    maxlen = 80
07
08    # 載入資料
09    print('Loading data...')
10    (x_train, y_train), (x_test, y_test) = tf.keras.datasets.reuters.load_
      data(path='./reuters.npz',num_words=num_words)
11
12    # 對齊資料
13    x_train = tf.keras.preprocessing.sequence.pad_sequences(x_train,
      maxlen=maxlen,padding = 'post')
14    x_test = tf.keras.preprocessing.sequence.pad_sequences(x_test,
      maxlen=maxlen,padding = 'post' )
15    print('Pad sequences x_train shape:', x_train.shape)
16
17    leng = np.count_nonzero(x_train,axis = 1)# 計算每個句子的真實長度
```

9.6.3 程式實現：定義資料集

將樣本資料按照指定批次製作成 tf.data.Dataset 介面的資料集，並將不足一批次的剩餘資料捨棄。實際程式如下。

程式 9-7 用帶有動態路由演算法的 RNN 模型對新聞進行分類（續）

```
18    tf.reset_default_graph()
19
20    BATCH_SIZE = 100                                              # 定義批次
21    # 定義資料集
22    dataset = tf.data.Dataset.from_tensor_slices(((x_train,leng), y_train)).
      shuffle(1000)
23    dataset = dataset.batch(BATCH_SIZE, drop_remainder=True) # 捨棄剩餘資料
```

9.6.4 程式實現：用動態路由演算法聚合資訊

將膠囊網路中的動態路由演算法應用在 RNN 模型中還需要做一些改動，實際如下。

（1）定義函數 shared_routing_uhat。該函數使用全連接網路，將 RNN 模型的輸出結果轉換成動態路由中的 $\hat{U}$（$\hat{U}$ 代表 uhat）見程式第 33 行。

（2）定義函數 masked_routing_iter 進行動態路由計算。在該函數的開始部分（見程式第 50 行），對輸入的序列長度進行隱藏處理，使動態路由演算法支援動態長度的序列資料登錄，見程式第 45 行。

（3）定義函數 routing_masked 完成全部的動態路由計算過程。對 RNN 模型的輸出結果進行資訊聚合。在該函數的後部分（見程式 87 行），對動態路由計算後的結果進行 dropout 處理，使其具有更強的泛化能力（見程式第 78 行）。

實際程式如下。

程式 9-7 用帶有動態路由演算法的 RNN 模型對新聞進行分類（續）

```
24   def mkMask(input_tensor, maxLen):                         #計算變長 RNN 模型的隱藏
25       shape_of_input = tf.shape(input_tensor)
26       shape_of_output = tf.concat(axis=0, values=[shape_of_input, [maxLen]])
27
28       oneDtensor = tf.reshape(input_tensor, shape=(-1,))
29       flat_mask = tf.sequence_mask(oneDtensor, maxlen=maxLen)
30       return tf.reshape(flat_mask, shape_of_output)
31
32   #定義函數，將輸入轉化成 uhat
33   def shared_routing_uhat(caps,       #輸入的參數形狀為 (b_sz, maxlen, caps_dim)
34                           out_caps_num,                    #輸出膠囊的個數
35                           out_caps_dim, scope=None):       #輸出膠囊的維度
36
37       batch_size,maxlen = tf.shape(caps)[0],tf.shape(caps)[1] #取得批次和長度
38
39       with tf.variable_scope(scope or 'shared_routing_uhat'): #轉成 uhat
40           caps_uhat = tf.layers.dense(caps, out_caps_num * out_caps_dim,
     activation=tf.tanh)
41           caps_uhat = tf.reshape(caps_uhat, shape=[batch_size, maxlen,
     out_caps_num, out_caps_dim])
42       #輸出的結果形狀為 (batch_size, maxlen, out_caps_num, out_caps_dim)
43       return caps_uhat
```

```
44
45    def masked_routing_iter(caps_uhat, seqLen, iter_num):          # 動態路由計算
46        assert iter_num > 0
47        batch_size,maxlen = tf.shape(caps_uhat)[0],tf.shape(caps_uhat)[1]
          # 取得批次和長度
48        out_caps_num = int(caps_uhat.get_shape()[2])
49        seqLen = tf.where(tf.equal(seqLen, 0), tf.ones_like(seqLen), seqLen)
50        mask = mkMask(seqLen, maxlen)      #mask 的形狀為 (batch_size, maxlen)
51        floatmask = tf.cast(tf.expand_dims(mask, axis=-1), dtype=tf.float32)
          # 形狀：(batch_size, maxlen, 1)
52
53        #B 的形狀為 (b_sz, maxlen, out_caps_num)
54        B = tf.zeros([batch_size, maxlen, out_caps_num], dtype=tf.float32)
55        for i in range(iter_num):
56            C = tf.nn.softmax(B, axis=2)
                  # 形狀：(batch_size, maxlen, out_caps_num)
57            C = tf.expand_dims(C*floatmask, axis=-1)
                  # 形狀：(batch_size, maxlen, out_caps_num, 1)
58            weighted_uhat = C * caps_uhat
                  # 形狀：(batch_size, maxlen, out_caps_num, out_caps_dim)
59            #S 的形狀為 (batch_size, out_caps_num, out_caps_dim)
60            S = tf.reduce_sum(weighted_uhat, axis=1)
61
62            V = _squash(S, axes=[2])#shape(batch_size, out_caps_num,
                  out_caps_dim)
63            V = tf.expand_dims(V, axis=1)#shape(batch_size, 1, out_caps_num,
                  out_caps_dim)
64            B = tf.reduce_sum(caps_uhat * V, axis=-1) + B
                  #shape(batch_size, maxlen, out_caps_num)
65
66        V_ret = tf.squeeze(V, axis=[1])#shape(batch_size, out_caps_num,
              out_caps_dim)
67        S_ret = S
68        return V_ret, S_ret
69
70    def _squash(in_caps, axes):       # 定義啟動函數
71        _EPSILON = 1e-9
72        vec_squared_norm = tf.reduce_sum(tf.square(in_caps), axis=axes,
                              keepdims=True)
73        scalar_factor = vec_squared_norm / (1 + vec_squared_norm) /
                          tf.sqrt(vec_squared_norm + _EPSILON)
74        vec_squashed = scalar_factor * in_caps
75        return vec_squashed
```

```
76
77    # 定義函數，用動態路由聚合 RNN 模型的結果資訊
78    def routing_masked(in_x, xLen, out_caps_dim, out_caps_num, iter_num=3,
79                                  dropout=None, is_train=False, scope=None):
80        assert len(in_x.get_shape()) == 3 and in_x.get_shape()[-1].value is
      not None
81        b_sz = tf.shape(in_x)[0]
82        with tf.variable_scope(scope or 'routing'):
83            caps_uhat = shared_routing_uhat(in_x, out_caps_num, out_caps_dim,
                      scope='rnn_caps_uhat')
84            attn_ctx, S = masked_routing_iter(caps_uhat, xLen, iter_num)
85            attn_ctx = tf.reshape(attn_ctx, shape=[b_sz, out_caps_num*
                      out_caps_dim])
86            if dropout is not None:
87                attn_ctx = tf.layers.dropout(attn_ctx, rate=dropout,
                          training=is_train)
88        return attn_ctx
```

9.6.5 程式實現：用 IndyLSTM 單元架設 RNN 模型

撰寫程式，實現以下邏輯。

（1）將 3 層 IndyLSTM 單元傳入 tf.nn.dynamic_rnn 函數中，架設動態 RNN 模型。

（2）用函數 routing_masked 對 RNN 模型的輸出結果做以動態路由為基礎的資訊聚合。

（3）將聚合後的結果輸入全連接網路，進行分類處理。

（4）用分類後的結果計算損失值，並定義優化器用於訓練。

實際程式如下。

程式 9-7 用帶有動態路由演算法的 RNN 模型對新聞進行分類（續）

```
89    x = tf.placeholder("float", [None, maxlen])        # 定義輸入預留位置
90    x_len = tf.placeholder(tf.int32, [None, ])         # 定義輸入序列長度預留位置
91    y = tf.placeholder(tf.int32, [None, ])             # 定義輸入分類標籤預留位置
92
93    nb_features = 128                                  # 詞嵌入維度
94    embeddings = tf.keras.layers.Embedding(num_words, nb_features)(x)
95
96    # 定義帶有 IndyLSTMCell 的 RNN 模型的
97    hidden = [100,50,30]                               # RNN 模型的單元個數
98    stacked_rnn = []
```

```
99    for i in range(3):
100        cell = tf.contrib.rnn.IndyLSTMCell(hidden[i])
101        stacked_rnn.append(tf.nn.rnn_cell.DropoutWrapper(cell,
                            output_keep_prob=0.8))
102    mcell = tf.nn.rnn_cell.MultiRNNCell(stacked_rnn)
103
104    rnnoutputs,_  = tf.nn.dynamic_rnn(mcell,embeddings,dtype=tf.float32)
105    out_caps_num = 5                    # 定義輸出的膠囊個數
106    n_classes = 46                      # 分類個數
107    outputs = routing_masked(rnnoutputs, x_len,int(rnnoutputs.get_shape()
                [-1]), out_caps_num, iter_num=3)
108    pred =tf.layers.dense(outputs,n_classes,activation = tf.nn.relu)
109
110    # 定義優化器
111    learning_rate = 0.001
112    cost = tf.reduce_mean(tf.losses.sparse_softmax_cross_entropy(logits=pred,
                labels=y))
113    optimizer = tf.train.AdamOptimizer(learning_rate=learning_rate).
       minimize(cost)
```

9.6.6 程式實現：建立階段，訓練網路

用 tf.data 資料集介面的 Iterator.from_structure 方法取得反覆運算器，並按照資料集的檢查次數訓練模型。實際程式如下。

程式 9-7 用帶有動態路由演算法的 RNN 模型對新聞進行分類（續）

```
114    iterator1 = tf.data.Iterator.from_structure(dataset.output_types,
       dataset.output_shapes)
115    one_element1 = iterator1.get_next()              # 取得一個元素
116
117    with tf.Session()  as sess:
118        sess.run( iterator1.make_initializer(dataset) )   # 初始化反覆運算器
119        sess.run(tf.global_variables_initializer())
120        EPOCHS = 20                          # 整個資料集反覆運算訓練 20 次
121        for ii in range(EPOCHS):
122            alloss = []                      # 資料集反覆運算兩次
123            while True:                       # 透過 for 循環列印所有的資料
124                try:
125                    inp, target = sess.run(one_element1)
126                    _,loss =sess.run([optimizer,cost], feed_dict={x: inp[0],
       x_len:inp[1], y: target})
127                    alloss.append(loss)
128
129                except tf.errors.OutOfRangeError:
```

```
130                    print("step",ii+1,": loss=",np.mean(alloss))
131                    sess.run( iterator1.make_initializer(dataset) )# 從頭再來一遍
132                    break
```

程式執行後，輸出以下內容：

```
step 1 : loss= 3.4340985
step 2 : loss= 2.349189
......
step 19 : loss= 0.69928074
step 20 : loss= 0.65264946
```

結果顯示，反覆運算 20 次之後的 loss 值約為 0.65。使用動態路由演算法，會使模型訓練時的收斂速度變得相對較慢。隨著反覆運算次數的增加，模型的精度還會加強。

9.6.7 擴充：用分級網路將文章（長文字資料）分類

對於文章（長文字資料）的分類問題，可以將其樣本的資料結構了解為含有多個句子，每個句子又含有多個詞。本實例用「RNN 模型 + 動態路由演算法」結構對序列詞的語義進行處理，進一步獲得單一句子的語義。

在獲得單一句子的語義之後，可以再次用「RNN 模型 + 動態路由演算法」結構，對序列句子的語義進行處理，獲得整個文章的語義，如圖 9-14 所示。

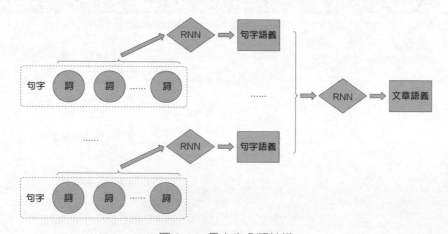

圖 9-14　長文字分類結構

如圖 9-14 所示，透過連續兩個「RNN 模型 + 動態路由演算法」結構，就可以實現長文字的分類功能。有興趣的讀者可以自行嘗試一下。

9.7 實例 52：用 TFTS 架構預測某地區每天的出生人數

實例描述

現有記錄著某地區從 1979 年 1 月 1 日至 1990 年 12 月 31 日每天出生人數的歷史資料。要求：訓練模型進行擬合，進一步預測出未來指定天數內每天出生的人數。

9.7.1 準備樣本

本實例使用的樣本是某地區從 1979 年 1 月 1 日至 1990 年 12 月 31 日，每天的出生人數。樣本的來源見以下位址：

```
https://datamarket.com/data/set/235j/number-of-daily-births-in-quebec-jan-01-
1977-to-dec-31-1990#!ds=235j&display=line
```

9.7.2 程式實現：資料前置處理──製作 TFTS 架構中的讀取器

TFTS 架構支援 3 種建立讀取器（Reader）的方式：

- 從 Numpy 陣列中建立讀取器。
- 從 TFRecords 檔案中建立讀取器。
- 從 CVS 檔案中建立讀取器。

本實例用 tf.contrib.timeseries.NumpyReader 函數和 Numpy 陣列建立讀取器。實際程式如下。

程式 9-8 時間序列問題
```
01   import numpy as np
02   import tensorflow as tf
03   import pandas as pd
04   from matplotlib import pyplot
05
06   tf.logging.set_verbosity(tf.logging.INFO)                    # 輸出系統記錄檔
07
08   csv_file_name = './number-of-daily-births-in-quebec.csv' # 指定樣本檔案
09   md1 = pd.read_csv(csv_file_name,names=list('AB'),skiprows=1,encoding =
     "gbk")# 讀取樣本
```

```
10
11    data_num=np.array(md1["B"])                    # 轉化為 numpy 陣列並顯示部分資料
12    print(data_num[:10])
13
14    x = np.array(range(len(data_num)))                           # 設定序列
15    data = {
16        tf.contrib.timeseries.TrainEvalFeatures.TIMES: x,
17        tf.contrib.timeseries.TrainEvalFeatures.VALUES: data_num,
18    }
19
20    reader = tf.contrib.timeseries.NumpyReader(data)             # 建立 reader
```

9.7.3 程式實現：用 TFTS 架構定義模型，並進行訓練

本實例用 TFTS 架構的內建函數 StructuralEnsembleRegressor 進行資料的擬合。該函數與估算器的用法類似。

■ 在定義時，需要傳入一個輸入函數並指定許多參數。

■ 在訓練時，直接呼叫估算器的 train 方法即可。

函數 StructuralEnsembleRegressor 實現了一個結構化的回歸模型。在使用時，該函數的常用參數如下。

■ periodicities：指定資料的擬合週期。

■ num_features：輸入樣本的維度。

■ cycle_num_latent_values：參與運算的潛在變數序列個數。其值越大，則執行得越慢，精度越高。

■ model_dir：模型儲存路徑。

> **提示**
> 有關該函數的更多參數，請參見程式中函數 StructuralEnsembleRegressor 的定義。

因為 TFTS 架構是估算器的一種實作方式，所以也支援估算器的參數設定（可以透過設定類別 tf.contrib.learn.RunConfig 為估算器指定訓練參數）。實際程式如下。

程式 9-8 時間序列問題（續）

```
21    estimator = tf.contrib.timeseries.StructuralEnsembleRegressor( # 定義模型
22      periodicities=200, num_features=1, cycle_num_latent_values=15,
        model_dir ="mode/")
```

```
23
24    # 定義輸入函數
25    train_input_fn = tf.contrib.timeseries.RandomWindowInputFn(reader,
      batch_size=4, window_size=64)
26
27    estimator.train(input_fn=train_input_fn, steps=600)              # 訓練模型
```

程式第 25 行呼叫了 TFTS 架構附帶的輸入函數 RandomWindowInputFn。該函數可以實現自動亂數的操作，專門用於訓練模型。

9.7.4 程式實現：用 TFTS 架構評估模型

TFTS 架構的評估方法與估算器的評估方法一致，都是使用 estimator.evaluate 方法進行的。實際程式如下。

程式 9-8 時間序列問題（續）

```
28    evaluation_input_fn = tf.contrib.timeseries.WholeDatasetInputFn(reader)
29    # 評估模型
30    evaluation = estimator.evaluate(input_fn=evaluation_input_fn, steps=1)
31    print(evaluation.keys())                        # 列印評估結果
32    print(evaluation['loss'])                       # 列印評估結果中的 loss 值
```

程式第 28 行呼叫了 TFTS 架構的輸入函數 WholeDatasetInputFn。該函數將指定的資料全部輸入模型裡，並且只輸入一次，專門用於評估或預測模型。

TFTS 架構的評估結果中含有的資訊量較大，實際見 9.7.6 小節的執行結果。

9.7.5 程式實現：用模型進行預測，並將結果視覺化

TFTS 架構的預測方法與估算器架構的預測方法一致，都是使用 estimator.predict 方法。

這裡呼叫輸入函數 tf.contrib.timeseries.predict_continuation_input_fn 來設定模型預測時的輸入資料和預測步數。該函數的作用是：在評估結果的基礎上，讓 estimator.predict 方法輸出後續指定步數的預測值。實際程式如下。

程式 9-8 時間序列問題（續）

```
33    (predictions,) = tuple(estimator.predict(           # 預測模型
34          input_fn=tf.contrib.timeseries.predict_continuation_input_fn(
35             evaluation, steps=2)))
36    print("predictions:",predictions)
37
```

```
38    times = evaluation["times"][0][-20:]                # 取後 20 個內容進行顯示
39    observed = evaluation["observed"][0, :, 0][-20:]    # 獲得原始資料 observed
40    mean = np.squeeze(np.concatenate(
41          [evaluation["mean"][0][-20:], predictions["mean"]], axis=0))
42    variance = np.squeeze(np.concatenate(
43          [evaluation["covariance"][0][-20:], predictions["covariance"]],
      axis=0))
44    all_times = np.concatenate([times, predictions["times"]], axis=0)
45    upper_limit = mean + np.sqrt(variance)
      # 根據方差和平均值，算出該序列的設定值範圍
46    lower_limit = mean - np.sqrt(variance)
47
48    # 定義函數，視覺化結果
49    def make_plot(name, training_times, observed, all_times, mean,
      upper_limit, lower_limit):
50      pyplot.figure()
51      pyplot.plot(training_times, observed, "b", label="training series")
52      pyplot.plot(all_times, mean, "r", label="forecast")
53      pyplot.plot(all_times, upper_limit, "g", label="forecast upper bound")
54      pyplot.plot(all_times, lower_limit, "g", label="forecast lower bound")
55      pyplot.fill_between(all_times, lower_limit, upper_limit, color="grey",
56                          alpha="0.2")
57      pyplot.axvline(training_times[-1], color="k", linestyle="--")
58      pyplot.xlabel("time")
59      pyplot.ylabel("observations")
60      pyplot.legend(loc=0)
61      pyplot.title(name)
62
63    make_plot("Structural ensemble",times,observed,all_times,mean,
      upper_limit, lower_limit)
```

在模型評估和預測的過程中，會輸出每個時間段的平均值和方差。根據該平均值和方差可以獲得該值的分佈區間。

程式第 49 行，用函數 make_plot 將整個資料及預測的資料區間一起顯示出來。

9.7.6　執行程式

將程式執行後，輸出結果如下。

（1）輸出評估結果。

```
dict_keys(['covariance', 'log_likelihood', 'loss', 'mean', 'observed',
'start_tuple', 'times', 'global_step'])
```

```
1.1670636
```

從輸出結果可以看到，輸出的評估結果是一個字典類型的資料。該字典中含有每個時刻的資料分佈情況（covariance、log_likelihood 、mean）、原始值（observed）、損失值（loss）及訓練步數（global_step）。

（2）輸出預測結果。

```
predictions:
{'mean':  array([[237.21950126],  [246.91376098]]), 'covariance':
array([[[1054.86319966]],[[1302.53715562]]]),
 'times': array([5113, 5114], dtype=int64)}
```

輸出預測結果是未來兩天的出生人口數（取平均值）是 237、247。結果中的 times 是輸出的序列次數。

另外，程式也輸出了視覺化預測結果，如圖 9-15 所示。

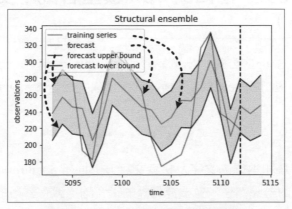

圖 9-15 TFTS 架構中模型的預測結果

提示

在 TFTS 架構中訓練模型時，產生的記錄檔資訊較多。可以將程式第 6 行（tf. logging.set_ verbosity(tf.logging.INFO)）註釋起來，或設定額外的記錄檔等級，以減少資訊輸出量。

9.7.7 擴充：用 TFTS 架構進行例外值檢測

如圖 9-15 所示，用 TFTS 架構中的模型可以預測出一個序列資料未來的分佈空間。利用這個功能可以實現以序列資料為基礎的例外值檢測。

如果真實值在預測值範圍之內，則認為是合理的值；否則就認為是例外的值。
當然這只是個方向，在實際中還要配合很多技術來提升模型的精度。

例如：

（1）用 TFTS 架構訓練模型，得出模型的預測範圍與真實值之間的距離，透過
後續模型對距離與分類的關係進行擬合。

（2）用 TFTS 架構定義模型，用於對多變數進行擬合。

（3）在 TFTS 架構中用自訂的 RNN 模型進行更高精度的序列資料擬合等。

更多的實例可以參考以下連結：

```
https://github.com/tensorflow/tensorflow/tree/master/tensorflow/contrib/
timeseries/examples
```

9.8 實例 53：用 Tacotron 模型合成中文語音（TTS）

Tacotron 模型是 Google 公司推出的點對點的 TTS（語音合成）模型。該模型
使用帶有注意力機制的 Seq2Seq 架構。它所合成的語音效果，可以遲到以假亂
真的效果。

> **實例描述**
>
> 有一批音訊資料和對應的文字及拼音文字。下面讓 Tacotron 模型學習並擬
> 合拼音與音訊的對應關係，並根據實際的拼音輸入獲得對應的音訊發音。

本實例用 tf.keras 介面來實現。實際做法如下。

9.8.1 準備安裝套件及樣本資料

在專案開始前，需要完成一些準備工作，實際介紹如下。

▌ 安裝 librosa 函數庫

在本實例中，用 librosa 函數庫對音訊進行處理。Librosa 函數庫是一個用於音訊
分析和音樂分析的 Python 工具套件。可以透過以下指令安裝 Librosa 函數庫。

```
pip install librosa
```

該工具套件中封裝了很多函數，可以實現音訊處理、音訊特徵分析、圖型處理等功能。實際可以參考以下位址。

- 音訊處理：http://librosa.github.io/librosa/core.html
- 音訊特徵分析：http:// librosa.github.io/librosa/feature.html
- 圖型處理：http://librosa.github.io/librosa/display.html

提示

安裝完 librosa 函數庫後，在程式中用 "import librosa" 敘述進行匯入時，有時會報以下錯誤：

```
AttributeError: module 'numba' has no attribute 'jit'
```

可以透過重新安裝 numba 函數庫解決，實際指令如下：

```
conda install numba
```

---

2 部署樣本資料

本實例採用的是清華大學發佈的語料庫 data_thchs30。

出於學習目的，這裡只使部分語料進行訓練。部署的方法如下所示。

（1）將資料解壓縮。

（2）在解壓縮後的 data_thchs30\test 目錄下，隨意取出幾個音訊檔案。

（3）將選取的檔案放到 mytest 目錄裡。

（4）將 mytest 目錄與 doc 目錄一同放在 data_thchs30 目錄下。

完整的目錄結構如圖 9-16 所示。

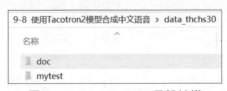

圖 9-16 data_thchs30 目錄結構

9.8.2 程式實現：將音訊資料分頁框並轉為梅爾頻譜

音訊樣本在被轉為訓練資料的過程中，需要消耗大量的運算資源。所以有必要在樣本前置處理環節，將音訊檔案轉為分頁框後的特徵資料並儲存起來。這樣在訓練模型的過程中，直接用轉換好的音訊資料進行反覆運算輸入，不需要每次都載入再額外轉換了。

在語音合成專案中，輸入的樣本是中文文字對應的拼音。該樣本的路徑是 data_thchs30/doc/trans，其中包含兩個文件：

- test.syllable.txt 文件（測試資料）。
- train.syllable.txt 文件（訓練資料）。

樣本的標籤是將音訊檔案經過短時傅立葉（stft）轉換後獲得的分頁框資料與梅爾頻率譜特徵資料。

撰寫程式，將音訊檔案轉為分頁框後的特徵數字資料，並為其比對對應的拼音文字。實際程式如下。

程式 9-9　樣本前置處理

```
01   import os
02   from multiprocessing import cpu_count
03   from tqdm import tqdm
04   from concurrent.futures import ProcessPoolExecutor   # 載入多處理程序函數庫
05   from functools import partial
06   import numpy as np
07   import glob
08   from scipy import signal
09   import librosa
10
11   max_frame_num=1000              # 定義每個音訊檔案的最大頁框數
12   sample_rate=16000               # 定義音訊檔案的取樣速率
13
14   num_freq=1025                   # 振幅頻率
15   num_mels=80                     # 定義 Mel bands 特徵的個數
16
17   frame_length_ms=50              # 定義 stft 演算法中的重疊視窗（用時間來表示）
18   frame_shift_ms=12.5             # 定義 stft 演算法中的移動步進值（用時間來表示）
19
20   preemphasis=0.97                # 用於數字濾波器的設定值
21   #stft 演算法中使用的視窗（因為聲音的真實頻率只有正的，而 fft 轉換是對稱的，所以需
     要加上負頻率）
22   n_fft = (num_freq - 1) * 2
23   hop_length = int(frame_shift_ms / 1000 * sample_rate)
     # 定義 stft 演算法中的頁框移步進值
24   win_length = int(frame_length_ms / 1000 * sample_rate)
```

```
     # 定義 stft 演算法中的相鄰兩個視窗的重疊長度
25
26   ref_level_db=20                        # 控制峰值的設定值
27   min_level_db=-100                      # 指定 dB 最小值，用於歸一化
28
29   # 建立一個 Mel filter，shape=(n_mels, 1 + n_fft/2)，即 (n_mels, num_freq)
30   _mel_basis = librosa.filters.mel(sample_rate, n_fft, n_mels=num_mels)
31
32   def spectrogram(D):                     # 定義函數，實現 dB 頻譜轉換
33     S =20 * np.log10(np.maximum(1e-5, D)) - ref_level_db       # 轉為 dB 頻譜
34     return np.clip((S - min_level_db) / -min_level_db, 0, 1)  # 歸一化
35
36   def melspectrogram(D):                  # 轉為 mel 特徵
37     mel = np.dot(_mel_basis, D)           # 透過與矩陣點積計算，將分頁框結果轉為 mel 特徵
38     return spectrogram(mel)
39
40   def _process_utterance(out_dir, index, wav_path,pinyin): # 樣本前置處理函數
41
42     # 按照 16000 的取樣速率讀取音訊
43     wav,_ = librosa.core.load(wav_path, sr=sample_rate)
44
45     # 對波形檔案進行數字濾波處理
46     emphasis = signal.lfilter([1, -preemphasis], [1], wav)
47
48     # 用短時傅立葉轉換將音訊分頁框
49     D=np.abs(librosa.stft(emphasis, n_fft, hop_length, win_length))
50
51     # 計算原始聲音分頁框後的時頻圖
52     linear_spectrogram = spectrogram(D).astype(np.float32)
53     n_frames = linear_spectrogram.shape[1]     # 傳回頁框的個數
54     if n_frames > max_frame_num:                # 如頁框數過長，則直接捨去
55       return None
56
57     # 計算原始聲音分頁框後的 mel 特徵時頻圖
58     mel_spectrogram = melspectrogram(D).astype(np.float32)
59
60     # 儲存轉換後的特徵資料
61     spectrogram_filename = 'thchs30-spec-%05d.npy' % index
62     mel_filename = 'thchs30-mel-%05d.npy' % index
63     np.save(os.path.join(out_dir, spectrogram_filename), linear_spectrogram.T,
             allow_pickle=False)
64     np.save(os.path.join(out_dir, mel_filename), mel_spectrogram.T,
             allow_pickle=False)
65
```

```
66      # 傳回特徵檔案名稱（即樣本的拼音標記）
67      return (spectrogram_filename, mel_filename, n_frames,pinyin)
```

程式第 32 行定義了函數 spectrogram，將所有 FFT 或梅爾標度數據轉為 dB 頻譜。

dB 頻譜是一個沒有任何單位的比值。由於它在不同的領域（常見的領域有聲音、訊號、增益等）具有不同的名稱，因此它也具有不同的實際意義，在實際使用時，也不會有固定的計算公式。在本實例中，dB 表示聲音的大小（分貝）。

9.8.3 程式實現：用多處理程序前置處理樣本並儲存結果

定義主處理函數 preprocess_data，並在其內部實現以下邏輯。

（1）用多處理程序呼叫 process_utterance 函數進行批次處理轉換。

（2）儲存最後的結果。

實際程式如下。

程式 9-9 樣本前置處理（續）

```
68      # 用多處理程序實現音訊資料的轉換
69      def build_from_path(in_dir, out_dir, num_workers=1, tqdm=lambda x: x):
70
71          executor = ProcessPoolExecutor(max_workers=num_workers)
            # 建立處理程序池執行器
72          futures = []
73          index = 1
74          # 取得指定目錄下的檔案
75          wav_files = glob.glob(os.path.join(in_dir, 'mytest', '*.wav'))
76
77          # 讀取標記檔案
78          with open(os.path.join(in_dir, r'doc/trans', 'test.syllable.txt')) as f:
79              allpinyin = {}
80              for pinyin in f:
81                  indexf = pinyin.index(' ')
82                  allpinyin[pinyin[:indexf]] = pinyin[indexf+1:]
83
84          # 將音訊檔案與標記連結在一起
85          for wav_file in wav_files:
86              key = wav_file[ wav_file.index('D'):-4]
87              # 定義處理程序工作，呼叫處理函數
```

```
88              task = partial(_process_utterance, out_dir, index, wav_file,
    allpinyin[key])
89          futures.append(executor.submit(task))
90          index += 1
91      return [future.result() for future in tqdm(futures) if future.
    result() is not None]
92
93  def preprocess_data(num_workers): # 定義函數處理樣本資料
94      # 指定樣本路徑
95      in_dir = os.path.join(os.path.expanduser('.'), 'data_thchs30')
96      # 指定輸出路徑
97      out_dir = os.path.join(os.path.expanduser('.'), 'training')
98      os.makedirs(out_dir, exist_ok=True)
99      # 處理資料
100     metadata = build_from_path(in_dir, out_dir, num_workers, tqdm=tqdm)
101     # 將結果儲存起來
102     with open(os.path.join(out_dir, 'train.txt'), 'w', encoding='utf-8') as f:
103         for m in metadata:
104             f.write('|'.join([str(x) for x in m]))
105     frames = sum([m[2] for m in metadata])
106
107     print('Wrote %d utterances, %d frames ' % (len(metadata), frames))
108     print('Max input length:  %d' % max(len(m[3]) for m in metadata))
109     print('Max output length: %d' % max(m[2] for m in metadata))
110
111 def main():
112     preprocess_data(cpu_count())
113
114 if __name__ == "__main__":                            # 執行目前模組
115   main()
```

程式執行後，會在本機 training 資料夾下產生轉換好的音訊資料檔案，以及整理後的統計檔案 train.txt。

> **提示**
>
> 程式第 114 行是必需的，否則會報錯誤。該程式是多處理程序程式，所以系統建立的新處理程序必須位於 "if __name__ =='__ main __'：" 之下。在 Windows 中保護程式的主循環非常重要，這種語法可以避免在使用 processspoolexecutor 或產生新處理程序的任何其他平行程式時遞迴產生子處理程序。

9.8.4 拆分 Tacotron 網路模型的結構

Tacotron 網路模型使用帶有注意力機制的 Seq2Seq 架構。它在 Seq2Seq 架構基礎上又增加了一些例如 CBHG 網路模型、殘差 RNN 模型之類的細節技術。

1 Tacotron 網路模型的主體結構

Tacotron 網路模型的主體結構如下。

- 編碼器用 CBHG 網路模型增加其泛化能力。
- 注意力機制的實現是在原有 BahdanauAttention 注意力介面基礎上的二次封裝，實現了一個以內容和位置為基礎的混合注意力機制。
- 解碼器使用兩層帶有殘差的多層 RNN 模型。其中的 cell 使用的是 GRU 單元。
- 在合成音訊之前對解碼器的輸出結果同樣做了一次 CBHG 網路模型的變化，將其轉為 linear 音訊特徵。

對應的結構圖如 9-17 所示。

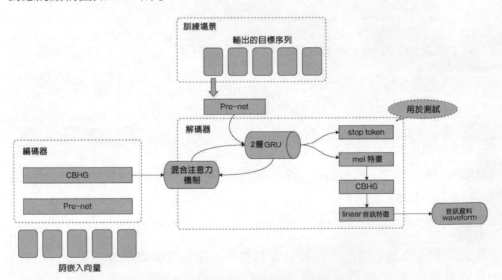

圖 9-17 Tacotron 網路模型的主體結構

在圖 9-17 中包含了 3 個主要的子結構：Pre-net、CBHG、混合注意力機制。其中，Pre-net 代表前置處理層，對所有輸入的原始資料做了兩層的全連接轉換，使其變化到指定的維度。另外兩個子結構將在下面重點介紹。

以上結構來自 Tacotron 與 Tacotron-2 兩個結構，更多內容可以參考以下兩篇論文：

```
https://arxiv.org/pdf/1703.10135.pdf
https://arxiv.org/pdf/1712.05884.pdf
```

2 介紹 CBHG 網路的結構

CBHG 網路模型常用在 NLP 工作中。其擅長分析序列字元的內在特徵，在這裡主要被用於加強網路的泛化效果。CBHG 網路模型的結構如圖 9-18 所示。

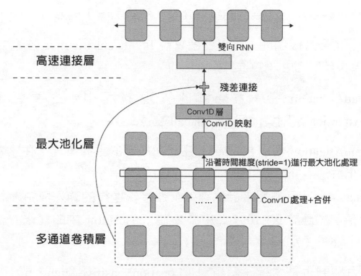

圖 9-18　CBHG 網路模型的主體結構

如圖 9-18 所示，CBHG 網路模型可以分為 3 個主要部分：多通道卷積層、最大池化層、高速連接層（由殘差網路實現的）。CBHG 模型裡使用的多通道卷積是 1 維卷積，其背後的理論與 TextCnn 網路模型類似，用於發現更多的特徵。

經過多通道卷積層之後，會進行殘差連接。即：把多通道卷積層輸出的序列結果與最大池化層輸出的結果相加起來，然後輸入高速連接層。CBHG 網路中的高速連接層一共有 4 層。

高速連接層把輸入同時放入兩個一層的全連接網路中進行處理。這兩個全連接網路的啟動函數分別是 ReLu 和 sigmoid。

例如：輸入為張量 input，啟動函數 ReLu 的輸出為張量 output1，啟動函數 sigmoid 的輸出為張量 output2，那麼高速連接層的輸出為：

```
output=output1×output2+input×(1-output2)
```

將序列中的每個樣本轉換之後，再輸入雙向 RNN 模型中進行全序列的特徵分析，這樣就完成了 CBHG 網路模型的全部過程。

③ 混合注意力機制的實現方法

在 9.1.12 小節，介紹過混合注意力機制的原理。但是在 TensorFlow 的目前版本裡並沒有帶混合注意力機制的模型介面，所以需要手動實現。

在實現混合注意力機制時，可以參考實現 BahdanauAttention 注意力機制的原始程式碼。按照 9.1.12 小節進行修改即可。

在 BahdanauAttention 注意力機制的實現過程中，主要包含了一個 BahdanauAttention 類別與一個 _bahdanau_score 函數：

■ BahdanauAttention 類別 Bahdanau 注意力機制的主體實現，在該類別中實現了初始化方法 __init__ 和呼叫方法 __call__。

■ _bahdanau_score 函數用來計算經過全連接轉換後的輸入與中間狀態結果的最後分值。對應於 9.1.10 小節中「4. 在 TensorFlow 中的實作方式」裡面的第（5）、（6）、（7）步。

混合注意力機制也是透過一個類別（LocationSensitiveAttention）和一個函數（_location_sensitive_score）實現的：

■ 在 LocationSensitiveAttention 類別的 __call__ 方法中，對上一次的注意力結果做了一次卷積與一次全連接，並與原始 BahdanauAttention 類別中的成員變數 query 及成員變數 key 一起被送入函數 _location_sensitive_score 中，進行計算分數。

■ 在函數 _location_sensitive_score 中，除使用權重 v 進行相乘外，又加入偏置 b 的加權。程式如下：

```
tf.reduce_sum(v_a * tf.tanh(keys + processed_query + processed_location +
b_a), [2])
```

更詳細的介紹請參考 9.8.6 小節。

9.8.5 程式實現：架設 CBHG 網路

撰寫 cbhg 函數架設 CBHG 網路結構，並將其封裝為兩個函數。

- encoder_cbhg 函數用於分析輸入的拼音序列特徵。
- post_cbhg 函數用於分析音訊序列解碼後的特徵。

實際程式如下。

程式 9-10　CBHG

```
01    import tensorflow as tf
02
03    # 定義高速連接函數
04    def highwaynet(inputs, scope, depth):
05      with tf.variable_scope(scope):
06        H = tf.keras.layers.Dense(units=depth,activation='relu',name='H')
      (inputs)
07        T = tf.keras.layers.Dense(units=depth,activation='sigmoid',name='T',
08                    bias_initializer=tf.constant_initializer(-1.0)) (inputs)
09        return H * T + inputs * (1.0 - T)
10
11    def cbhg(inputs, input_lengths, is_training, scope, K, projections, depth):
12      with tf.variable_scope(scope):
13        with tf.variable_scope('conv_bank'):#多通道卷積
14          conv_bank = []
15          for k in range(1,K+1):
            # 使用 same 卷積。結果的尺度與卷積核心無關，與步進值有關
16            con1d_output = tf.keras.layers.Conv1D(128,k,activation=tf.nn.relu,
17                        padding='same',name = 'conv1d_%d'% k) ( inputs)
18            con1d_output_bn = tf.keras.layers.BatchNormalization(
19                  name = 'conv1d_%d_bn'% k) ( con1d_output,training =
                  is_training)
20            conv_bank.append(con1d_output_bn)
21          conv_outputs = tf.concat(conv_bank,axis=-1)
22
23        # 最大池化層
24        maxpool_output = tf.keras.layers.MaxPool1D (pool_size=2,strides=1,
        padding='same')( conv_outputs)
25
26        # 用兩層卷積進行維度轉換
27        proj1_output = tf.keras.layers.Conv1D(projections[0],3,activation=
                    tf.nn.relu,
28                    padding='same',name = 'proj_1')( maxpool_output)
```

```
29      proj1_output_bn = tf.keras.layers.BatchNormalization(name =
            'proj_1_bn')( proj1_output, training=is_training) # 卷積後的 BN 處理
30      # 第 2 層卷積
31      proj2_output = tf.keras.layers.Conv1D(projections[1],3, padding=
    'same',name = 'proj_2')( proj1_output_bn)
32      # 卷積後的 BN 處理
33      proj2_output_bn = tf.keras.layers.BatchNormalization(name =
    'proj_2_bn')( proj2_output, training=is_training)
34
35      # 殘差連接
36      highway_input = proj2_output_bn + inputs
37
38      half_depth = depth // 2
        # 必須能被 2 整除，之後的結果是每個方向 RNN 的 cell 個數
39      assert half_depth*2 == depth, 'depth 必須被 2 整除 .'
40
41      # 調整殘差後的維度，與 RNN 的 cell 個數一致
42      if highway_input.shape[2] != half_depth:
43        highway_input = tf.keras.layers.Dense(half_depth)( highway_input)
44
45      #4 層高速連接
46      for i in range(4):
47        highway_input = highwaynet(highway_input, 'highway_%d' % (i+1),
    half_depth)
48      rnn_input = highway_input
49
50      # 雙向 RNN
51      outputs, states = tf.nn.bidirectional_dynamic_rnn(tf.keras.layers.
            GRUCell(half_depth), tf.keras.layers.GRUCell(half_depth),
52            rnn_input, sequence_length=input_lengths,dtype=tf.float32)
53      return tf.concat(outputs, axis=2)   # 將雙向 RNN 正反方向結果組合到一起
54
55  # 用於編碼器中的 CBHG
56  def encoder_cbhg(inputs, input_lengths, is_training, depth):#depth 是 RNN
    單元個數，由於是雙向的，所以它必須能被 2 整除
57    return cbhg(inputs,input_lengths, is_training,scope='encoder_cbhg', K=16,
58      projections=[ 128, inputs. shape.as_list()[2] ], depth=depth)
59
60  # 用於解碼器中的 CBHG
61  def post_cbhg(inputs, input_dim, is_training, depth):
62    return cbhg( inputs,None, is_training, scope='post_cbhg', K=8,
    projections=[256, input_dim], depth=depth)
```

9.8.6 程式實現：建置帶有混合注意力機制的模組

參考 9.1.12 小節與 9.8.4 小節的描述，實現混合注意力機制。

實際程式如下。

程式 9-11 attention

```
01   import tensorflow as tf
02   from tensorflow.contrib.seq2seq.python.ops.attention_wrapper import
     BahdanauAttention
03   from tensorflow.python.ops import array_ops, variable_scope
04
05   def _location_sensitive_score(processed_query, processed_location, keys):
06       # 取得注意力的深度（全連接神經元的個數）
07       dtype = processed_query.dtype
08       num_units = keys.shape[-1].value or array_ops.shape(keys)[-1]
09
10       # 定義了最後一個全連接 v
11       v_a = tf.get_variable('attention_variable', shape=[num_units],
     dtype=dtype,
12           initializer=tf.contrib.layers.xavier_initializer())
13
14       # 定義偏置 b
15       b_a = tf.get_variable('attention_bias', shape=[num_units], dtype=dtype,
16           initializer=tf.zeros_initializer())
17        # 計算注意力分數
18       return tf.reduce_sum(v_a * tf.tanh(keys + processed_query + processed_
     location + b_a), [2])
19   # 平滑歸一化函數，傳回 [batch_size, max_time]，代替 softmax
20   def _smoothing_normalization(e):
21       return tf.nn.sigmoid(e) / tf.reduce_sum(tf.nn.sigmoid(e), axis=-1,
     keepdims=True)
22
23   class LocationSensitiveAttention(BahdanauAttention):
     # 定義位置敏感注意力機制類別
24       def __init__(self,                          # 初始化
25           num_units,                              # 實現過程中全連接的神經元個數
26           memory,                                 # 編碼器（Encoder）的結果
27           smoothing=False,                        # 是否使用平滑歸一化函數代替 softmax
28           cumulate_weights=True,                  # 是否對注意力結果進行累加
29           name='LocationSensitiveAttention'):
30
31           # 如果 smoothing 為 true，則使用 _smoothing_normalization，否則使用 softmax
32           normalization_function = _smoothing_normalization if (smoothing ==
```

```
      True) else None
33       super(LocationSensitiveAttention, self).__init__(
34           num_units=num_units, memory=memory,
35           memory_sequence_length=None,
36           probability_fn=normalization_function,
37           name=name) # 如果 probability_fn 為 None，則基礎類別會呼叫 softmax
38
39       self.location_convolution = tf.layers.Conv1D(filters=32,
40           kernel_size=(31, ), padding='same', use_bias=True,
41           bias_initializer=tf.zeros_initializer(), name='location_
      features_convolution')
42       self.location_layer = tf.layers.Dense(units=num_units, use_bias=
      False, dtype=tf.float32, name='location_features_layer')
43       self._cumulate = cumulate_weights
44
45    def __call__(self, query, # 解碼器中間態結果 [batch_size, query_depth]
46                     state): # 上一次的注意力 [batch_size, alignments_size]
47       with variable_scope.variable_scope(None, "Location_Sensitive_
      Attention", [query]):
48
49           # 全連接處理 query 特徵 [batch_size, query_depth] -> [batch_size,
      attention_dim]
50           processed_query = self.query_layer(query) if self.query_layer
      else query
51           # 維度擴充 -> [batch_size, 1, attention_dim]
52           processed_query = tf.expand_dims(processed_query, 1)
53
54           # 維度擴充 [batch_size, max_time] -> [batch_size, max_time, 1]
55           expanded_alignments = tf.expand_dims(state, axis=2)
56           # 透過卷積取得位置特徵 [batch_size, max_time, filters]
57           f = self.location_convolution(expanded_alignments)
58           # 經過全連接變化 [batch_size, max_time, attention_dim]
59           processed_location_features = self.location_layer(f)
60
61           # 計算注意力的分數 [batch_size, max_time]
62           energy = _location_sensitive_score(processed_query,
      processed_location_features, self.keys)
63
64       # 計算最後的注意力結果 [batch_size, max_time]，
65       alignments = self._probability_fn(energy, state)
66
67       # 是否需要將傳回累加後的注意力作為狀態值
68       if self._cumulate:
```

```
69          next_state = alignments + state
70     else:
71          next_state = alignments
72     return alignments, next_state
```

程式第 28 行透過參數 cumulate_weights 來決定是否使用累加注意力功能。

如果參數 cumulate_weights 為 True，則表示使用累加注意力功能。程式會將解碼器每次計算的注意力累加起來，作為下一次計算注意力時的狀態值。

9.8.7 程式實現：建置自訂 wrapper

注意力機制需要與 wrapper 函數一起使用。但是本實例的解碼器在注意力機制的前後，還需要做一些其他的操作。因為 TensorFlow 中原有的 wrapper 函數無法滿足要求，所以需要自訂一個 TacotronDecoderwrapper 函數。

在 TacotronDecoderwrapper 函數中，實際需要實現以下幾個步驟。

（1）對輸入的真實值 y，做兩層全連接的前置處理轉換。

（2）加入注意力分值，然後再做一次全連接。將混合後的特徵輸入解碼器的 RNN 模型中。

（3）對輸出的結果做混合注意力計算。

（4）將獲得的注意力與解碼器的 RNN 模型結果連接，作為最後的解碼特徵。

（5）對解碼特徵做一個全連接，產生下一個序列的音訊 mel 特徵。

（6）對解碼特徵做一個全連接，產生下一個序列結束符號。

由於多個連續音訊頁框代表一個音素（拼音中的發音），並且代表一個音素的多個連續音訊頁框的 mel 特徵值一般都不會差別太大，所以在解碼時，可以對音訊頁框進行分段處理（不需要對所有的音訊頁框進行一個一個處理）。這種方式可以提升整個模型的處理效能。

實作方式步驟如下。

（1）設定一個參數（見以下程式第 12 行中的 outputs_per_step 參數）。

（2）按照該參數的步進值從目標音訊頁框中取樣。

（3）將取樣的結果送入解碼器中。

（4）解碼器會按照參數的值產生下一時刻的音訊頁框數。

實際程式如下。

程式 9-12 TacotronDecoderwrapper

```
01  import tensorflow as tf
02  from tensorflow.python.framework import ops, tensor_shape
03  from tensorflow.python.ops import array_ops, check_ops, rnn_cell_impl,
    tensor_array_ops
04  from tensorflow.python.util import nest
05  from tensorflow.contrib.seq2seq.python.ops import attention_wrapper
06
07  attention = __import__("9-11  attention")
08  LocationSensitiveAttention = attention.LocationSensitiveAttention
09
10  class TacotronDecoderwrapper(tf.nn.rnn_cell.RNNCell):
11    # 初始化
12    def __init__(self,encoder_outputs, is_training, rnn_cell, num_mels ,
      outputs_per_step):
13
14      super(TacotronDecoderwrapper, self).__init__()
15
16      self._training = is_training
17      self._attention_mechanism = LocationSensitiveAttention(256,
    encoder_outputs)#[N, T_in, attention_depth=256]
18      self._cell = rnn_cell
19      self._frame_projection = tf.keras.layers.Dense(units=num_mels *
    outputs_per_step, name='projection_frame')# 形狀為 [N, T_out/r, M*r]
20
21  #[N, T_out/r, r]
22      self._stop_projection = tf.keras.layers.Dense(units=outputs_per_step,
    name='projection_stop')
23      self._attention_layer_size = self._attention_mechanism.values.
    get_shape()[-1].value
24
25      self._output_size = num_mels * outputs_per_step# 定義輸出大小
26
27    def _batch_size_checks(self, batch_size, error_message):
28      return [check_ops.assert_equal(batch_size, self._attention_mechanism.
    batch_size,
29        message=error_message)]
30
31    @property
32    def output_size(self):
33      return self._output_size
34
```

```
35      def state_size(self):# 傳回的狀態大小
36        return tf.contrib.seq2seq.AttentionWrapperState(
37          cell_state=self._cell._cell.state_size,
38          time=tensor_shape.TensorShape([]),
39          attention=self._attention_layer_size,
40          alignments=self._attention_mechanism.alignments_size,
41          alignment_history=(),attention_state = ())
42
43      def zero_state(self, batch_size, dtype):# 傳回一個 0 狀態
44        with ops.name_scope(type(self).__name__ + "ZeroState",
      values=[batch_size]):
45          cell_state = self._cell.zero_state(batch_size, dtype)
46          error_message = (
47            "When calling zero_state of TacotronDecoderCell %s: " %
      self._base_name +
48            "Non-matching batch sizes between the memory "
49            "(encoder output) and the requested batch size.")
50          with ops.control_dependencies(
51            self._batch_size_checks(batch_size, error_message)):
52            cell_state = nest.map_structure(
53              lambda s: array_ops.identity(s, name="checked_cell_state"),
54              cell_state)
55
56          return tf.contrib.seq2seq.AttentionWrapperState(
57            cell_state=cell_state,
58            time=array_ops.zeros([], dtype=tf.int32),
59            attention=rnn_cell_impl._zero_state_tensors(self._attention_
      layer_size, batch_size, dtype),
60            alignments=self._attention_mechanism.initial_alignments(batch_
      size, dtype),
61            alignment_history=tensor_array_ops.TensorArray(dtype=dtype,
      size=0,dynamic_size=True),
62            attention_state = tensor_array_ops.TensorArray(dtype=dtype,
      size=0,dynamic_size=True)
63            )
64      # 定義類別的呼叫方法，將目前時刻的真實值與 Decoder 輸出的狀態值傳入，進行下一時
        刻的預測
65      def __call__(self, inputs, state):
66
67        drop_rate = 0.5 if self._training else 0.0      # 設定 dropout 的捨棄參數
68        # 對輸入前置處理
69        with tf.variable_scope('decoder_prenet'):        # 兩個全連接轉化 mel 特徵
70          for i, size in enumerate([256, 128]):
71            dense = tf.keras.layers.Dense(units=size, activation=tf.
```

```
72        nn.relu, name='dense_%d' % (i+1))( inputs)
                inputs = tf.keras.layers.Dropout(rate=drop_rate,
   name='dropout_%d' % (i+1))( dense,training=self._training)
73
74        # 加入注意力特徵
75        rnn_input = tf.concat([inputs, state.attention], axis=-1)
76
77        # 將連接後的結果經過一個全連接轉換，再傳入解碼器的 RNN 模型中
78        rnn_output, next_cell_state = self._cell(tf.keras.layers.Dense(256)(
   rnn_input), state.cell_state)
79
80        # 計算本次注意力
81        context_vector, alignments, cumulated_alignments =attention_wrapper._
   compute_attention(self._attention_mechanism,
82           rnn_output,state.alignments,None)#state.alignments 為上一次的累計注意力
83
84        # 儲存歷史 alignment（與原始的 AttentionWrapper 一致）
85        alignment_history = state.alignment_history.write(state.time, alignments)
86
87        # 傳回本次的 wrapper 狀態
88        next_state = tf.contrib.seq2seq.AttentionWrapperState( time=state.
   time + 1, cell_state=next_cell_state,attention=context_vector,
89         alignments=cumulated_alignments, alignment_history=alignment_history,
90          attention_state = state.attention_state)
91
92        # 計算本次結果：將解碼器輸出與注意力結果用 concat 函數連接起來，作為最後的輸入
93        projections_input = tf.concat([rnn_output, context_vector], axis=-1)
94
95        # 兩個全連接分別預測輸出的下一個結果和停止標示 <stop_token>
96        cell_outputs = self._frame_projection(projections_input)
          # 獲得下一次 outputs_per_step 個頁框的 mel 特徵
97        stop_tokens = self._stop_projection(projections_input)
98        if self._training==False: # 測試時需要加上 sigmoid。
99           stop_tokens = tf.nn.sigmoid(stop_tokens)
100
101       return (cell_outputs, stop_tokens), next_state
```

程式第 99 行進行應用場景的區分。只有在測試模型時才會使用啟動函數 sigmoid。原因是在訓練模型時，計算損失值 loss 部分會使用 sigmoid_cross_entropy 函數，在這個過程中包含用啟動函數 sigmoid 對產生的 stop_tokens 特徵進行處理，所以此處不再需要啟動函數 sigmoid 了。

9.8.8 程式實現：建置自訂取樣器

9.1.13 小節介紹了 Seq2Seq 架構的多種現有取樣介面和自訂取樣介面。但是這些取樣介面都滿足不了本實例的取樣器需求。本小節還需要實現一個自訂的取樣器，原因是：本實例的取樣器在計算是否停止取樣的過程中需要引用額外的變數 stop_token_preds，該變數是 TacotronDecoderwrapper 的輸出結果之一。另外，在取樣時還需要對原始的 mel 特徵按照指定的步進值進行取出取樣，這也是原有介面所不支援的。

下面仿照 tf.contrib.seq2seq.GreedyEmbeddingHelper 取樣器的實現，對 __init__、initialize、sample、next_inputs 這四個方法進行重構。實際程式如下：

```
程式 9-13 TacotronHelpers
01   import numpy as np
02   import tensorflow as tf
03   from tensorflow.contrib.seq2seq import Helper
04
05   def _go_frames(batch_size, output_dim):
       # 輸入的目標序列以 0 開始。作為 <GO> 標示
06     return tf.tile([[0.0]], [batch_size, output_dim])
07
08   class TacoTrainingHelper(Helper):              # 訓練場景中的取樣介面
09     def __init__(self, targets, output_dim, r): # targets 形狀為 [N, T_out, D]
10       with tf.name_scope('TacoTrainingHelper'):
11         self._batch_size = tf.shape(targets)[0] # 獲得批次
12         self._output_dim = output_dim
13         self._reduction_factor = r
14
15         # 對輸入資料進行步進值為 r 的取樣。在每 r(5) 個 mel 中取一個作為下一時刻的 y
16         self._targets = targets[:, r-1::r, :]
17
18         num_steps = tf.shape(self._targets)[1] # 獲得序列長度（取樣後的最大步數）
19         self._lengths = tf.tile([num_steps], [self._batch_size])
           # 建置 RNN 模型輸入所用的長度矩陣
20
21     @property
22     def batch_size(self):
23       return self._batch_size
24
25     @property
```

```
26    def token_output_size(self):                    # 輸出的大小為 5
27      return self._reduction_factor
28
29    @property
30    def sample_ids_shape(self):
31      return tf.TensorShape([])
32
33    @property
34    def sample_ids_dtype(self):
35      return np.int32
36
37    def initialize(self, name=None):      # 初始化時，設定輸入值為 0，代表 go
38      return (tf.tile([False], [self._batch_size]), _go_frames(self._batch_
              size, self._output_dim))
39
40    def sample(self, time, outputs, state, name=None):  # 補充介面
41      return tf.tile([0], [self._batch_size])
42
43    # 取 time 時刻的數據傳入
44    def next_inputs(self, time, outputs, state,  name=None, **unused_kwargs):
45      with tf.name_scope(name or 'TacoTrainingHelper'):
46        finished = (time + 1 >= self._lengths)        # 判斷是否結束
47        next_inputs = self._targets[:, time, :]        # 下一時刻的輸入標籤
48        return (finished, next_inputs, state)
49
50  class TacoTestHelper(Helper):                          # 測試場景中的取樣介面
51    def __init__(self, batch_size, output_dim, r):
52      with tf.name_scope('TacoTestHelper'):
53        self._batch_size = batch_size
54        self._output_dim = output_dim
55        self._reduction_factor = r              # 取樣的步進值
56
57    @property
58    def batch_size(self):
59      return self._batch_size
60
61    @property
62    def token_output_size(self):                    # 自訂屬性
63      return self._reduction_factor
64
65    @property
66    def sample_ids_shape(self):
67      return tf.TensorShape([])
```

```
68
69      @property
70      def sample_ids_dtype(self):
71        return np.int32
72
73      def initialize(self, name=None):
74        return (tf.tile([False], [self._batch_size]),
      _go_frames(self._batch_size, self._output_dim))
75
76      def sample(self, time, outputs, state, name=None):
77        return tf.tile([0], [self._batch_size])    # 傳回全 0
78
79      def next_inputs(self, outputs, state,  stop_token_preds, name=None,
      **unused_kwargs):# 測試時靠 stop_token_preds 判斷結束
80
81        with tf.name_scope('TacoTestHelper'):
82          # 如果 stop 機率 >0.5，即為 stop 標示
83          finished = tf.reduce_any(tf.cast(tf.round(stop_token_preds), tf.bool))
84
85          # 將解碼器輸出的最後一頁框作為下一時刻的輸入
86          next_inputs = outputs[:, -self._output_dim:]
87          return (finished, next_inputs, state)
```

在上面程式中，分別實現了兩個取樣介面。

- TacoTrainingHelper 類別：用於訓練使用的取樣介面（見程式第 8 行）。
- TacoTestHelper 類別：用於測試使用的採用介面（見程式第 50 行）。

由於場景不同，二者也有各自不同的實現流程。

- 訓練場景：使用的是目標輸出結果作為輸入取樣資料，需要在 __init__ 環節中對輸入資料進行按指定步進值的取樣（見程式第 16 行）。在函數 next_inputs 中，在取得下一個取樣資料時，透過判斷總共的取樣次數來決定是否結束取樣過程（見程式第 46 行）。
- 測試場景：使用已有的解碼器模型輸出的目前時刻結果作為取樣資料。由於解碼器每次輸出指定步進值個 mel 特徵，所以取樣時只取其最後一個（見程式第 86 行）。因為在訓練模型的過程中已經獲得了對停止符號的判斷，所以，直接透過停止符號來決定是否結束取樣過程（見程式第 83 行）。

9.8.9 程式實現：建置自訂解碼器

在 TensorFlow 中，提供了幾種支援 Seq2Seq 架構的解碼器介面，其中包含 BasicDecoder 介面、BeamSearchDecoder 介面等。這些解碼器介面與 Seq2Seq 架構中的解碼器模型名稱相似，但意義不同，實際區別如下。

- TensorFlow 中的解碼器是指程式實現過程中的 API，它將取樣器 Help 與 RNN 解碼器模型直接連接及耦合，即從取樣器 Help 中取樣，再傳入 RNN 解碼器模型中進行運算。

- Seq2Seq 架構中的解碼器是相對於編碼器而言的。該解碼器能將編碼器輸出的結果解碼成目標序列。在實作方式時，Seq2Seq 架構中的解碼器包含了 Help、RNN 解碼器、Decoder、注意力（可選）部分。

在 Seq2Seq 架構中使用解碼器介面 BasicDecoder 的方法可以參考 9.4 節。

TensorFlow 中的原生解碼器（BasicDecoder）介面，同樣不能滿足本實例的需求。原因是在 9.8.8 小節中已經修改了原始的取樣器介面。即每次呼叫 next_inputs 介面進行取樣時，還需要傳入特徵資料 stop_token_preds。而 TensorFlow 的原生介面不支援特徵資料 stop_token_preds 的傳入，所以需要額外開發一套。

下面仿照解碼器介面 BasicDecoder 的實現過程，在其取樣過程中和傳回的結果中都加上 stop_token 的處理。實際程式如下。

```
程式 9-14 TacotronDecoder
01   import collections
02   import tensorflow as tf
03   from tensorflow.contrib.seq2seq.python.ops import decoder
04   from tensorflow.contrib.seq2seq.python.ops import helper as helper_py
05   from tensorflow.python.framework import ops
06   from tensorflow.python.framework import tensor_shape
07   from tensorflow.python.layers import base as layers_base
08   from tensorflow.python.ops import rnn_cell_impl
09   from tensorflow.python.util import nest
10
11   # 在輸出類型中，增加 token_output 作為 stop token 的輸出
12   class TacotronDecoderOutput(
13       collections.namedtuple("TacotronDecoderOutput", ("rnn_output",
     "token_output", "sample_id"))):
14     pass
15
```

```
16    # 自訂解碼器實現類別，來自 Tacotron 2 的結構
17    class TacotronDecoder(decoder.Decoder):
18        # 初始化
19        def __init__(self, cell, helper, initial_state, output_layer=None):
20            rnn_cell_impl.assert_like_rnncell(type(cell), cell)
21            if not isinstance(helper, helper_py.Helper):
22                raise TypeError("helper must be a Helper, received: %s" % type
(helper))
23            if (output_layer is not None
24                    and not isinstance(output_layer, layers_base.Layer)):
25                raise TypeError(
26                    "output_layer must be a Layer, received: %s" % type
(output_layer))
27            self._cell = cell
28            self._helper = helper
29            self._initial_state = initial_state
30            self._output_layer = output_layer
31
32        @property
33        def batch_size(self):      # 傳回批次 size
34            return self._helper.batch_size
35
36        def _rnn_output_size(self): # 傳回 RNN 模型的輸出尺寸
37            size = self._cell.output_size
38            if self._output_layer is None:
39                return size
40            else:
41                output_shape_with_unknown_batch = nest.map_structure(
42                    lambda s: tensor_shape.TensorShape([None]).concatenate(s),
43                    size)
44                layer_output_shape = self._output_layer._compute_output_
    shape(output_shape_with_unknown_batch)
45                return nest.map_structure(lambda s: s[1:], layer_output_shape)
46
47        @property
48        def output_size(self):        # 傳回輸出 size
49            return TacotronDecoderOutput(
50                    rnn_output=self._rnn_output_size(),
51                    token_output=self._helper.token_output_size,
52                    sample_id=self._helper.sample_ids_shape)
53
54        @property
55        def output_dtype(self):       # 傳回輸出類型
```

```
56            dtype = nest.flatten(self._initial_state)[0].dtype
57        return TacotronDecoderOutput(
58            nest.map_structure(lambda _ : dtype, self._rnn_output_size()),
59            tf.float32,
60            self._helper.sample_ids_dtype)
61
62    def initialize(self, name=None):
63        # 傳回 (finished, first_inputs, initial_state)
64        return self._helper.initialize() + (self._initial_state,)
65
66    def step(self, time, inputs, state, name=None):# 執行解碼的實際步驟
67
68        with ops.name_scope(name, "TacotronDecoderStep", (time, inputs,
    state)):
69            # 呼叫解碼器 cell
70            (cell_outputs, stop_token), cell_state = self._cell(inputs, state)
71
72            # 應用指定的輸出層
73            if self._output_layer is not None:
74                cell_outputs = self._output_layer(cell_outputs)
75            sample_ids = self._helper.sample(
76                time=time, outputs=cell_outputs, state=cell_state)
77
78            # 呼叫 help 進行取樣
79            (finished, next_inputs, next_state) = self._helper.next_inputs(
80                time=time,outputs=cell_outputs,state=cell_state,
81                sample_ids=sample_ids,stop_token_preds=stop_token)
82
83        outputs = TacotronDecoderOutput(cell_outputs, stop_token, sample_ids)
84        return (outputs, next_state, next_inputs, finished)
```

9.8.10 程式實現：建置輸入資料集

資料集建置相比較較好了解。下面讀取 9.8.3 小節儲存的 metadata 檔案，將裡面的指定音訊檔案——numpy 檔案載入記憶體，形成音訊資料與拼音對應的輸入樣本。實際程式如下。

程式 9-15 cn_dataset

```
01    import tensorflow as tf          # 載入模組
02    import os
03    import numpy as np
04
05    _pad,_eos = '_','~'               # 定義填補字元與結束字元
```

```
06    _padv = 0                          # 定義填充的向量預留位置
07    _stop_token_padv = 1               # 定義標示結束的向量預留位置
08
09    _characters = 'ABCDEFGHIJKLMNOPQRSTUVWXYZabcdefghijklmnopqrstuvwxyz
      1234567890!\'(),-.:;? '
10    symbols = [_pad, _eos] + list(_characters)# 定義字典
11    index_symbols = {value:key for key, value in enumerate(symbols) }
12    print(index_symbols)
13
14    def sequence_to_text(sequence): # 將向量轉成字元
15        strlen = len(symbols)
16        return ''.join([symbols[i] for i in sequence if i<strlen ])
17
18    # 定義資料集
19    def mydataset(metadata_filename,outputs_per_step,batch=32,shuffleflag=
      True,mode = 'train'):
20
21        # 載入 metadata 檔案
22        datadir = os.path.dirname(metadata_filename)
23        with open(metadata_filename, encoding='utf-8') as f:
24            print("metadata_filename",metadata_filename)
25            _metadata = [line.strip().split('|') for line in f]
26
27        # 載入拼音字元，並計算最大長度
28        inputseq = list( map(lambda x:[index_symbols[key] for key in  x[3] ],
      _metadata) )
29        seqlen = [len(x) for x in inputseq]
30
31        # 計算語音最大長度
32        Max_output_length =int(max(m[2] for m in _metadata))+1
33        # 按照 outputs_per_step 步進值對最大輸出長度進行取整數
34        Max_output_length =[ Max_output_length + outputs_per_step - Max_
      output_length%outputs_per_step,Max_output_length][Max_output_
      length%outputs_per_step==0]
35
36        # 對輸入的拼音補 0
37        inputseq = tf.keras.preprocessing.sequence.pad_sequences(inputseq,
      padding='post',value=_padv)
38        print(inputseq)
39        print(len(inputseq[0]))
40        # 定義拼音資料集
41        datasetinputseq = tf.data.Dataset.from_tensor_slices( inputseq )
42        # 定義輸入長度資料集
```

```
43        datasetseqlen = tf.data.Dataset.from_tensor_slices( seqlen )
44      # 定義全部的 metadata 資料集
45        datasetmetadata = tf.data.Dataset.from_tensor_slices( _metadata )
46      # 合併資料集
47        dataset = tf.data.Dataset.zip((datasetmetadata,datasetinputseq,
    datasetseqlen))
48        print(dataset.output_shapes)
49
50      def mymap(_meta,seq,seqlen):    # 對合併好的資料集按照指定規則進行處理
51          def _parse(meta):
52                  # 根據檔案名稱載入音訊資料的 np 檔案
53                  linear_target = np.load(os.path.join(datadir, meta.numpy()
    [0].decode('UTF-8') ))
54                  mel_target = np.load(os.path.join(datadir, meta.numpy()[1].
    decode('UTF-8')))
55
56                  # 建置結束隱藏
57                  stop_token_target = np.asarray([0.] * len(mel_target),
    dtype = np.float32)
58
59                  # 統一對齊操作
60                  linear_target =np.pad(linear_target, [(0, Max_output_length -
    linear_target.shape[0]), (0,0)], mode='constant', constant_values=_padv)
61                  mel_target =np.pad(mel_target, [(0, Max_output_length - mel_
    target.shape[0]), (0,0)], mode='constant', constant_values=_padv)
62                  stop_token_target =np.pad(stop_token_target, (0, Max_output_
    length - len(stop_token_target)), mode='constant', constant_values=_stop_
    token_padv)
63                  # 傳回處理後的單筆樣本
64                  return linear_target,mel_target,stop_token_target
65          linear_target,mel_target,stop_token_target = tf.py_function(
    _parse, [_meta], [tf.float32,tf.float32,tf.float32])
66          return seq,seqlen,linear_target,mel_target,stop_token_target
                # 呼叫協力廠商函數進行 map 處理的傳回值
67
68      dataset = dataset.map(mymap)               # 對資料進行 map 處理
69      if mode=='train':                          # 在訓練場景中進行亂數操作
70          if shuffleflag == True:                # 對資料進行亂數操作
71              dataset = dataset.shuffle(buffer_size=1000)
72          dataset = dataset.repeat()
73      dataset = dataset.batch(batch)             # 批次劃分
74
```

```
75      iterator = dataset.make_one_shot_iterator()
76      print(dataset.output_types)
77      print(dataset.output_shapes)
78      next_element = iterator.get_next()
79      return next_element
```

程式第 34 行按照 outputs_per_step 步進值，對最大輸出長度進行取整數。如果 Max_output_ length%outputs_per_step==0 成立，則傳回 Max_output_length。否則傳回 Max_output_length + outputs_per_step - Max_output_length%outputs_per_step。

9.8.11 程式實現：建置 Tacotron 網路

按照 9.8.4 小節描述的流程，將 Seq2Seq 架構的主要模組合起來，架設 Tacotron 網路。實際步驟如下。

（1）對輸入 inputs 做詞嵌入轉換。

（2）對詞嵌入結果 embedded_inputs 做兩次全連接，再經過 encoder_cbhg 網路，完成編碼。

（3）定義 RNN 模型用於整個網路的解碼部分。

（4）產生實體 TacotronDecoderwrapper 類別，為 RNN 模型的解碼結果增加混合注意力機制。

（5）定義取樣器 help 物件。

（6）呼叫動態解碼介面 dynamic_decode，實現 Seq2Seq 架構的循環處理，獲得 mel 特徵和停止標示符號。

（7）用 post_cbhg 模型對合成後的 mel 特徵進行計算，獲得以頁框頻為基礎的特徵資料。

實際程式如下。

程式 9-16 tacotron

```
01    import tensorflow as tf
02    cbhg = __import__("9-10  cbhg")
03    encoder_cbhg = cbhg.encoder_cbhg
04    post_cbhg = cbhg.post_cbhg
05    rnnwrapper = __import__("9-12  TacotronDecoderwrapper")
06    TacotronDecoderwrapper = rnnwrapper.TacotronDecoderwrapper
07    Helpers= __import__("9-13  TacotronHelpers")
```

```
08   TacoTestHelper = Helpers.TacoTestHelper
09   TacoTrainingHelper = Helpers.TacoTrainingHelper
10   Decoder= __import__("9-14  TacotronDecoder")
11   TacotronDecoder = Decoder.TacotronDecoder
12   cn_dataset = __import__("9-15  cn_dataset")
13   symbols = cn_dataset.symbols
14   class Tacotron():
15       # 初始化
16     def __init__(self, inputs,     # 形狀為 [N, input_length]。N 代表批次，
       input_length 代表序列長度
17                   input_lengths,    # 形狀為 [N]
18                   num_mels,outputs_per_step,num_freq,
19                   linear_targets=None,# 形狀為 [N, targets_length, num_freq]，
       targets_length 代表輸出序列
20                   mel_targets=None, # 形狀為 [N, targets_length, num_mels]
21                   stop_token_targets=None):
22
23       with tf.variable_scope('inference') as scope:
24         is_training = linear_targets is not None
25         batch_size = tf.shape(inputs)[0]
26
27         # 詞嵌入轉換
28         embedding_table = tf.get_variable( 'embedding', [len(symbols), 256],
                   dtype=tf.float32,
29                   initializer=tf.truncated_normal_initializer(stddev=0.5))
30         embedded_inputs = tf.nn.embedding_lookup(embedding_table, inputs)
           # 詞嵌入形狀為 [N, input_lengths, 256]
31
32         # 定義 RNN 編碼器（兩層全連接 +encoder_cbhg）
33         drop_rate = 0.5 if is_training else 0.0
34         with tf.variable_scope('encoder_prenet'):
35           for i, size in enumerate([256, 128]):
36             dense = tf.keras.layers.Dense(units=size, activation=
     tf.nn.relu, name='dense_%d' % (i+1))( embedded_inputs)
37             embedded_inputs = tf.keras.layers.Dropout(rate=drop_rate,
     name='dropout_%d' % (i+1))( dense, training=is_training)
38         # 最後解碼特徵輸出的形狀為 [N, input_length, 256]
39         encoder_outputs = encoder_cbhg(embedded_inputs, input_lengths,
     is_training, 256)
40
41         # 定義 RNN 解碼網路
42         multi_rnn_cell = tf.nn.rnn_cell.MultiRNNCell([
43             tf.nn.rnn_cell.ResidualWrapper(tf.nn.rnn_cell.GRUCell(256)),
```

```
44            tf.nn.rnn_cell.ResidualWrapper(tf.nn.rnn_cell.GRUCell(256))
45        ], state_is_tuple=True)    # 輸出形狀為 [N, input_length, 256]
46
47        # 產生實體 TacotronDecoderwrapper
48        decoder_cell = TacotronDecoderwrapper(encoder_outputs,is_training,
                                                multi_rnn_cell,
49                                              num_mels, outputs_per_step)
50
51      if is_training:# 選擇不同的取樣器
52        helper = TacoTrainingHelper( mel_targets, num_mels, outputs_per_step)
53      else:
54        helper = TacoTestHelper(batch_size, num_mels, outputs_per_step)
55
56      # 初始化解碼器狀態
57      decoder_init_state = decoder_cell.zero_state(batch_size=batch_size,
    dtype=tf.float32)
58
59      max_iters=300 # 解碼的最大長度為 300，實際產生的長度為 300×5
60      (decoder_outputs, stop_token_outputs, _), final_decoder_state, _ =
    tf.contrib.seq2seq.dynamic_decode(
61          TacotronDecoder(decoder_cell, helper, decoder_init_state),
    maximum_iterations=max_iters)
62
63      # 對輸出結果進行 Reshape，產生 mel 特徵 [N, outputs_per_step, num_mels]。
64      self.mel_outputs = tf.reshape(decoder_outputs, [batch_size, -1,
    num_mels])
65      self.stop_token_outputs = tf.reshape(stop_token_outputs,
    [batch_size, -1])
66
67      # 用 CBHG 對 mel 特徵後處理，形狀為 [N, outputs_per_step, 256]
68      post_outputs = post_cbhg(self.mel_outputs, num_mels, is_training, 256)
69      # 用全連接網路將處理後的 mel 特徵還原，輸出形狀為 [N, outputs_per_step,
    num_freq]
70      self.linear_outputs = tf.keras.layers.Dense(num_freq)( post_outputs)
71
72      # 取得注意力機制的全部結果，用於視覺化
73      self.alignments = tf.transpose(final_decoder_state.alignment_
    history.stack(), [1, 2, 0])
74
75      self.inputs = inputs
76      self.input_lengths = input_lengths
77      self.mel_targets = mel_targets
78      self.linear_targets = linear_targets
```

```
79        self.stop_token_targets = stop_token_targets
80        tf.logging.info('Initialized Tacotron model. Dimensions: ')
81        tf.logging.info('  embedding:              {}'.format(embedded_
   inputs.shape))
82        tf.logging.info('  encoder out:            {}'.format(encoder_
   outputs.shape))
83        tf.logging.info('  decoder out (r frames): {}'.format(decoder_
   outputs.shape))
84        tf.logging.info('  decoder out (1 frame):  {}'.format(self.mel_
   outputs.shape))
85        tf.logging.info('  postnet out:            {}'.format(post_
   outputs.shape))
86        tf.logging.info('  linear out:             {}'.format(self.linear_
   outputs.shape))
87        tf.logging.info('  stop token:             {}'.format(self.stop_
   token_outputs.shape))
```

程式第 42 行，透過兩層帶有殘差網路的 GRU 單元實現了解碼器的主體。

帶有殘差網路的 RNN 模型與殘差卷積網路模型的功能類似，將深度網路結構調整為了平行網路，可以支援更多層結構的反向傳播和更好的特徵表達。

9.8.12 程式實現：建置 Tacotron 網路模型的訓練部分

訓練模型部分主要是對損失值 loss 的計算。該損失值包含了 3 部分：Mel 特徵 loss 值、stop token 的 loss 值、頁框頻的 loss 值。實際程式如下。

程式 9-16 tacotron（續）

```
88   def buildTrainModel(self,sample_rate,num_freq,global_step):
89       #計算 loss 值
90       with tf.variable_scope('loss') as scope:
91           #計算 mel 特徵的 loss 值
92           self.mel_loss = tf.reduce_mean(tf.abs(self.mel_targets - self.mel_
   outputs))
93           #計算停止符的 loss 值
94           self.stop_token_loss = tf.reduce_mean(tf.nn.sigmoid_cross_entropy_
                              with_logits(
95                              labels=self.stop_token_targets,
96                              logits=self.stop_token_outputs))
97
98           l1 = tf.abs(self.linear_targets - self.linear_outputs)
99           #計算 Prioritize 的 loss 值
100          n_priority_freq = int(4000 / (sample_rate * 0.5) * num_freq)
```

```
101         self.linear_loss = 0.5 * tf.reduce_mean(l1) + 0.5 * tf.reduce_
    mean(l1[:,:,0:n_priority_freq])
102
103         self.loss = self.mel_loss + self.linear_loss + self.stop_token_loss
104
105         # 定義優化器
106     with tf.variable_scope('optimizer') as scope:
107         initial_learning_rate=0.001
108         self.learning_rate = _learning_rate_decay(initial_learning_rate,
    global_step)
109
110         optimizer = tf.train.AdamOptimizer(self.learning_rate)
111         gradients, variables = zip(*optimizer.compute_gradients(self.loss))
112         self.gradients = gradients
113         clipped_gradients, _ = tf.clip_by_global_norm(gradients, 1.0)
114
115         # 在 BN 運算之後更新加權
116         with tf.control_dependencies(tf.get_collection(tf.GraphKeys.
    UPDATE_OPS)):
117             self.optimize = optimizer.apply_gradients(zip(clipped_gradients,
                variables),
118             global_step=global_step)
119
120 # 退化學習率
121 def _learning_rate_decay(init_lr, global_step):
122     warmup_steps = 4000.0# 超參數方法來自 tensor2tensor:
123     step = tf.cast(global_step + 1, dtype=tf.float32)
124     return init_lr * warmup_steps**0.5 * tf.minimum(step * warmup_steps**
        -1.5, step**-0.5)
```

程式第 121 行，用退化學習率的方法來訓練模型。在退化學習率的演算法中，加入了 warmup_steps 參數，該參數的值為 4000。這個 4000 是一個經驗值，該經驗值來自 tensor2tensor 架構中的程式。經過函數 learning_rate_decay 所產生的退化學習率，可以使模型在訓練過程中收斂得更快。讀者也可以將函數 learning_rate_decay 直接用在自己的模型訓練中。

9.8.13 程式實現：訓練模型並合成音訊檔案

下面載入資料集並建置模型，進行訓練。

在訓練過程中，對模型輸出的音訊特徵資料進行音訊轉換，並將轉換結果儲存起來。

音訊轉換的過程是 9.8.2 小節的逆過程，即使用反向短時傅立葉轉換對音訊訊號進行還原。實際程式如下。

程式 9-17 train

```
01  from datetime import datetime
02  import math
03  import os
04  import time
05  import tensorflow as tf
06  import traceback
07  import numpy as np
08  from scipy import signal
09  import librosa
10  from scipy.io import wavfile
11  import matplotlib.pyplot as plt
12
13  tacotron = __import__("9-16  tacotron")
14  Tacotron = tacotron.Tacotron
15  cn_dataset = __import__("9-15  cn_dataset")
16  mydataset = cn_dataset.mydataset
17  sequence_to_text = cn_dataset.sequence_to_text
18
19  def time_string():                # 定義函數將時間轉為字串
20      return datetime.now().strftime('%Y-%m-%d %H:%M')
21
22  max_frame_num=1000                # 定義每個音訊檔案的最大頁框數
23  sample_rate=16000                 # 定義音訊檔案的取樣速率
24  num_mels=80
25  num_freq=1025
26  outputs_per_step = 5
27
28  n_fft = (num_freq - 1) * 2    #stft 演算法中使用的視窗大小（因為聲音的真實頻率
    只有正的，而 fft 轉換是對稱的，所以需要加上負頻率）
29  frame_length_ms=50               # 定義 stft 演算法中的重疊視窗（用時間來表示）
30  frame_shift_ms=12.5              # 定義 stft 演算法中的移動步進值（用時間來表示）
31  hop_length = int(frame_shift_ms / 1000 * sample_rate)# 定義 stft 演算法中的
    頁框移步進值
32  win_length = int(frame_length_ms / 1000 * sample_rate)
    # 定義 stft 演算法中的相鄰兩個視窗的重疊長度
33  preemphasis=0.97                 # 用於過濾聲音訊率的設定值
34  ref_level_db=20                  # 控制峰值的設定值
35  min_level_db=-100                # 指定 dB 最小值，用於歸一化
36
37  griffin_lim_iters=60             #Griffin-Lim 演算法合成語音時的計算次數
```

```
38    power=1.5                       # 設定在 Griffin-Lim 演算法之前，提升振幅的參數
39
40    def _db_to_amp(x):
41      return np.power(10.0, x * 0.05)
42
43    def _denormalize(S):
44      return (np.clip(S, 0, 1) * -min_level_db) + min_level_db
45
46    def inv_preemphasis(x):   # 用數字濾波器恢復音訊訊號
47      return signal.lfilter([1], [1, -preemphasis], x)
48
49    def _griffin_lim(S):      # 用 griffin lim 訊號估計演算法，恢復聲音
50      angles = np.exp(2j * np.pi * np.random.rand(*S.shape))
51      S_complex = np.abs(S).astype(np.complex)
52      # 反向短時傅立葉轉換
53      y = librosa.istft(S_complex * angles, hop_length=hop_length, win_length=
             win_length)
54      for i in range(griffin_lim_iters):
55        angles = np.exp(1j * np.angle(librosa.stft(y,n_fft,hop_length,
                  win_length)))
56        y = librosa.istft(S_complex * angles, hop_length=hop_length,
               win_length=win_length)
57      return y
58
59    def inv_spectrogram(spectrogram):   # 將特徵訊號轉換成 wave 形式的聲音
60      S = _db_to_amp(_denormalize(spectrogram) + ref_level_db)
             # 將 dB 頻譜轉為音訊特徵訊號
61      return inv_preemphasis(_griffin_lim(S ** power))
62
63    def save_wav(wav, path):
64      wav *= 32767 / max(0.01, np.max(np.abs(wav)))
65      #librosa.output.write_wav(path, wav.astype(np.int16), sample_rate)
66      wavfile.write(path, sample_rate, wav.astype(np.int16))
67
68    def train(log_dir):                                      # 訓練模型
69
70      checkpoint_path = os.path.join(log_dir, 'model.ckpt')
71      tf.logging.info('Checkpoint path: %s' % checkpoint_path)
72      # 載入資料集
73      next_element = mydataset('training/train.txt',outputs_per_step=5)
74      # 定義輸入預留位置
75      inputs = tf.placeholder(tf.int32, [None, None], 'inputs')
76      input_lengths= tf.placeholder(tf.int32, [None], 'input_lengths')
77      linear_targets =     tf.placeholder(tf.float32, [None, None, num_freq],
```

```
                                      'linear_targets')
78    mel_targets =      tf.placeholder(tf.float32, [None, None, num_mels],
                                'mel_targets')
79    stop_token_targets =        tf.placeholder(tf.float32, [None, None],
                                  'stop_token_targets')
80
81    # 建置模型
82    global_step = tf.Variable(0, name='global_step', trainable=False)
83    with tf.variable_scope('model') as scope:
84      model = Tacotron(inputs, input_lengths,num_mels,outputs_per_step,
                         num_freq,
85                       linear_targets, mel_targets,  stop_token_targets)
86      model.buildTrainModel(sample_rate,num_freq,global_step)
87
88    time_window = []
89    loss_window = []
90    saver = tf.train.Saver(max_to_keep=5, keep_checkpoint_every_n_hours=2)
91
92    eporch = 100000                              # 定義反覆運算訓練的次數
93    checkpoint_interval = 1000                   # 每 1000 次儲存一次檢查點
94    os.makedirs(log_dir, exist_ok=True)
95    checkpoint_state = tf.train.get_checkpoint_state(log_dir)
96
97    def plot_alignment(alignment, path, info=None):      # 輸出音訊圖譜
98        fig, ax = plt.subplots()
99        im = ax.imshow(
100         alignment,
101         aspect='auto',
102         origin='lower',
103         interpolation='none')
104       fig.colorbar(im, ax=ax)
105       xlabel = 'Decoder timestep'
106       if info is not None:
107         xlabel += '\n\n' + info
108       plt.xlabel(xlabel)
109       plt.ylabel('Encoder timestep')
110       plt.tight_layout()
111       plt.savefig(path, format='png')
112
113   with tf.Session() as sess:
114     sess.run(tf.global_variables_initializer())
115     # 恢復檢查點
116     if checkpoint_state is not None:
117         saver.restore(sess, checkpoint_state.model_checkpoint_path)
```

```
118         tf.logging.info('Resuming from checkpoint: %s ' % (checkpoint_
    state.model_checkpoint_path) )
119     else:
120         tf.logging.info('Starting new training ')
121
122     try:                                                    # 反覆運算訓練
123         for i in range(eporch):
124             seq,seqlen,linear_target,mel_target,stop_token_target =
    sess.run(next_element)
125
126             start_time = time.time()
127             step, loss, opt = sess.run([global_step, model.loss,
                    model.optimize],
128                 feed_dict={inputs: seq, input_lengths: seqlen,
129                 linear_targets: linear_target,mel_targets: mel_target,
130                 stop_token_targets: stop_token_target})
131
132             time_window.append(time.time() - start_time)
133             loss_window.append(loss)
134             message = 'Step %-7d [%.03f sec/step, loss=%.05f,
                    avg_loss=%.05f]' % (
135               step, sum(time_window) / max(1, len(time_window)),
136               loss,  sum(loss_window) / max(1, len(loss_window)))
137             tf.logging.info(message)
138
139             if loss > 100 or math.isnan(loss):
140                 tf.logging.info('Loss exploded to %.05f at step %d!' %
    (loss, step))
141                 raise Exception('Loss Exploded')
142
143             if step % checkpoint_interval == 0:
144                 tf.logging.info('Saving checkpoint to: %s-%d' %
    (checkpoint_path, step))
145                 saver.save(sess, checkpoint_path, global_step=step)
146                 tf.logging.info('Saving audio and alignment...')
147                 # 輸出模型結果
148                 input_seq, spectrogram, alignment = sess.run([model.
    inputs[0],
149    model.linear_outputs[0], model.alignments[0]],
150                 feed_dict={inputs: seq, input_lengths: seqlen,
151                     linear_targets: linear_target,mel_targets: mel_target,
152                     stop_token_targets: stop_token_target})
153
154                 waveform = inv_spectrogram(spectrogram.T)  # 轉換成音訊資料
```

```
155                # 儲存音訊資料
156                save_wav(waveform, os.path.join(log_dir, 'step-%d-audio.
                       wav' % step))
157                # 繪製音訊圖譜
158                plot_alignment(alignment, os.path.join(log_dir,
        'step-%d-align.png' % step),
159                    info=' %s, step=%d, loss=%.5f' % (  time_string(),
                       step, loss))
160                tf.logging.info('Input: %s' % sequence_to_text(input_seq))
161
162       except Exception as e:
163           tf.logging.info('Exiting due to exception: %s' % e)
164           traceback.print_exc()
165
166  if __name__ == '__main__':
167    tf.reset_default_graph()                    # 重置圖
168    tf.logging.set_verbosity(tf.logging.INFO)   # 定義輸出的 log 等級
169    train(os.path.join('.', 'model-cpk' ))      # 訓練模型
```

程式執行後，會輸出以下結果：

```
......
Step 11060   [4.415 sec/step, loss=0.05607, avg_loss=0.05585]
Step 11061   [4.441 sec/step, loss=0.05787, avg_loss=0.05588]
Step 11062   [4.476 sec/step, loss=0.05712, avg_loss=0.05591]
Step 11063   [4.504 sec/step, loss=0.06074, avg_loss=0.05595]
Step 11064   [4.532 sec/step, loss=0.05887, avg_loss=0.05602]
Step 11065   [4.551 sec/step, loss=0.05710, avg_loss=0.05605]
```

在程式的同級目錄下，產生了 model-cpk 資料夾。該資料夾裡面包含每訓練 1000 步所輸出的音訊圖譜（如圖 9-19 所示）與 wav 檔案 "step-11000-audio. wav"。

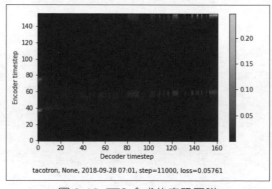

圖 9-19 TTS 合成的音訊圖譜

9.8.14 擴充：用 **pypinyin** 模組實現文字到聲音的轉換

本實例將拼音文字轉為實際的聲音。在實際應用中，在大部分的場景中是需要將文字轉為聲音的，可以透過 pypinyin 模組的輔助來完成。Pypinyin 模組的功能是將文字轉為拼音，這樣有了拼音之後便可以再進一步轉換成聲音。

下面需要先透過 pip install pypinyin 指令安裝 pypinyin 模組，接著可以透過以下範例程式完成拼音的轉換：

```
from pypinyin import lazy_pinyin, Style  #pip install pypinyin
a = lazy_pinyin(' 程式醫生工作室，習慣成就精品 ', style=Style.TONE3)
print(a)
```

程式執行之後，會看到輸出了包含對應拼音的列表：

```
['dai4', 'ma3', 'yi1', 'sheng1', 'gong1', 'zuo4', 'shi4', ',', 'xi2',
'guan4', 'cheng2', 'jiu4', 'jing1', 'pin3']
```

另外，pypinyin 模組還可以產生各種不同形式的拼音，甚至具有分詞功能。例如：

```
from pypinyin.contrib.mmseg import seg
text = ' 程式醫生工作室，習慣成就精品 '
b = list( seg.cut(text) )
print(b)              # 輸出:[' 代 ',' 碼 ',' 醫 ',' 生 ',' 工作 ',' 室 ',' ',
                      ' 習 ',' 慣 ',' 成 ',' 就 ',' 精 ',' 品 ']
```

更多的使用方法可以參考 pypinyin 模組的原始程式連結：

```
https://github.com/mozillazg/python-pinyin
```

第四篇　進階

本篇將介紹多模型的組合訓練技術。

在訓練模型過程中,可以用兩個目標相反的網路模型協作訓練,在訓練過程中,形成對抗關係。透過對抗過程中的互相限制,促進兩個網路模型的更新,進一步實現更好的效果。

這種利用多個模型間的對抗關係進行訓練的技術,被廣泛用在模擬產生工作和攻防工作上。

第 10 章將介紹模擬產生工作,說明了對抗神經網路模型的種類、訓練對抗神經網路模型的方法,以及提升模型效能的技巧。

第 11 章將介紹攻防工作,說明了對抗樣本的製作方法、攻擊模型的方法,以及提升模型穩固性的技巧。

▶ 第 10 章 產生式模型 -- 能夠輸出內容的網路模型
▶ 第 11 章 網路模型攻與防 -- 看似智慧的 AI 也有其脆弱的一面

產生式模型 --
能夠輸出內容的模型

產生式模型的主要功能是輸出實際樣本。該模型用在模擬產生工作中。

產生式模型包含自編碼網路模型、對抗神經網路模型。這種模型輸出的不再是分類或預測結果，而是符合輸入樣本分佈空間中的樣本個體。例如：產生與使用者符合的 3D 假牙、合成一些有趣的圖片或音樂，甚至是創作小說或是撰寫程式。當然這些技術都比較前端，大部分還沒成熟或普及。

目前，產生式模型主要用於提升已有模型的效能。例如：

用產生式模型可以模擬已有樣本的產生，從擴充資料集的角度提升模型的泛化能力（適用於樣本不足的場景）。

用產生式模型可以製作目標模型的對抗樣本。該對抗樣本能夠提升目標模型的穩固性。

將產生或模型嵌入到已有分類或回歸工作模型裡，透過損失值增加對模型的約束，進一步實現精度更好的分類或回歸模型。例如在膠囊網路模型中就嵌入了自編碼網路模型，完成了重建損失的功能。

10.1 快速導讀

在學習實例之前，有必要了解一下自編碼網路模型的基礎知識。

10.1.1 什麼是自編碼網路模型

自編碼網路模型是一種輸出和輸入相等的模型。它是典型的非監督學習模型。輸入的資料在網路模型中經過一系列特徵轉換，但在輸出時還與輸入時一樣。

自編碼網路模型雖然對單一樣本沒有意義，但對整體樣本集卻很有價值。它可以極佳地學習到該資料集中樣本的分佈情況，既能對資料集進行特徵壓縮，實現分析資料主成分功能；又能與資料集的特徵相擬合，實現產生模擬資料的功能。

10.1.2　什麼是對抗神經網路模型

對抗神經網路模型由兩個模型組成。

- 產生器模型：用於合成與真實樣本相差無幾的模擬樣本。
- 判別器模型：用於判斷某個樣本是來自真實世界還是模擬產生的。

產生器模型的作用是，讓判別器模型將合成樣本當作真實樣本；判別器模型的作用是，將合成樣本與真實樣本分辨出來。二者存在矛盾關係。將兩個模型放在一起同步訓練，則產生器模型產生的模擬樣本會更加真實，判別器模型對樣本的判斷會更加精準。產生器模型可以被當作成產生式模型，用來獨立處理產生式工作；判別器模型可以被當作分類器模型，用來獨立處理分類工作。

10.1.3　自編碼網路模型與對抗神經網路模型的關係

自編碼網路模型和對抗神經網路模型都屬於多模型網路結構。二者常常混合使用，以實現更好的產生效果。

自編碼網路模型和對抗神經網路模型都屬於非監督（或半監督訓練）模型。它們會在原有樣本的分佈空間中隨機產生模擬資料。為了使隨機產生的方式變得可控，常常會加入條件參數。

從某種角度看，如果自編碼網路模型和對抗神經網路模型帶上條件參數會更有價值。本書 10.3 節實現的 AttGAN 模型就是一個以條件為基礎的模型，它由自編碼網路模型和對抗神經網路模型組合而成。

10.1.4　什麼是批次歸一化中的自我調整模式

批次歸一化（BatchNorm，BN）是對一個批次圖片的所有像素求平均值和標準差。在深度神經網路模型中，該演算法的作用是讓模型更容易收斂、加強模型的泛化能力。

1 帶有自我調整模式的批次歸一化公式

所謂批次歸一化中的自我調整模式，就是在批次歸一化（BN）演算法中加上一個加權參數。透過反覆運算訓練，使 BN 演算法收斂為一個合適的值。

當 BN 演算法中加入了自我調整模式後，其數學公式見式（10.1）。

$$BN = \gamma \cdot \frac{(x-\mu)}{\sigma} + \beta \qquad (10.1)$$

在式（10.1）中，μ 代表平均值，σ 代表方差。這兩個值都是根據目前資料運算來的。γ 和 β 是參數，代表自我調整的意思。在訓練過程中，會透過優化器的反向求導來最佳化出合適的 γ、β 值。

2 如何使用帶有自我調整模式的批次歸一化

下面以 TF-slim 介面中的批次正規化函數 slim.batch_norm 為例。該函數的參數 scale 控制著式（10.1）中的 γ。參數 scale 的預設值是 False，代表不乘以 γ，即不使用帶有自我調整模式的 BN 演算法。

- 如果 BN 演算法後面有其他的線性轉換層，則一般會將 scale 參數設為 False（因為自我調整模式的功能會在線性層被實現）。
- 如果 BN 演算法後面沒有線性轉換層，則將 scale 參數設為 True（因為使用帶有自我調整模式的 BN 演算法效果會更好）。

實際應用可以參考 10.3.5 小節程式。

10.1.5 什麼是實例歸一化

批次歸一化是對一個批次圖片的所有像素求平均值和標準差。而實例歸一化（InstanceNorm，IN）是對單一圖片進行歸一化處理，即對單一圖片的所有像素求平均值和標準差。

1 實例歸一化的使用場景

在對抗神經網路模型、風格轉換這種產生式工作中，常用實例歸一化取代批次歸一化。因為，產生式工作的本質是——將產生樣本的特徵分佈與目標樣本的特徵分佈進行比對。產生式工作中的每個樣本都有獨立的風格，不應該與批次中其他的樣本產生太多聯繫。所以，實例歸一化適用於解決這種以個體為基礎的樣本分佈問題。詳細説明見以下連結：

```
https://arxiv.org/abs/1607.08022
```

2 如何使用實例歸一化

用函數 tf.contrib.layers.instance_norm 和函數 tf.contrib.slim.instance_norm 可以實現 IN 演算法。實際應用可以參考 10.3.7 小節程式。

10.1.6 了解 SwitchableNorm 及更多的歸一化方法

歸一化方法有很多種，除原始的 BatchNorm 演算法（見 10.1.4 小節）、InstanceNorm 演算法（見 10.1.5 小節）外，還有 ReNorm 演算法、LayerNorm 演算法、GroupNorm 演算法、SwitchableNorm 演算法。

下面以一個形狀是 [N（批次）,H（高）,W（寬）,C（通道）] 的資料為例，介紹這些演算法。

1 ReNorm 演算法

ReNorm 演算法與 BatchNorm 演算法一樣，注重對全域資料的歸一化，即對輸入資料的形狀中的 N 維度、H 維度、W 維度做歸一化處理。不同的是，ReNorm 演算法在 BatchNorm 演算法上做了一些改進，使得模型在小量場景中也有良好的效果。實際論文見以下連結：

```
https://arxiv.org/pdf/1702.03275.pdf
```

在 tf.Keras 介面中，在產生實體 BatchNormalization 類別後，將 renorm 參數設為 True 即可。

2 LayerNorm 演算法

LayerNorm 演算法是在輸入資料的通道方向上，對該資料形狀中的 C 維度、H 維度、W 維度做歸一化處理。

在 TensorFlow 的 1.12 版本及之後的版本中，可以直接用 tf.contrib.rnn.LayerNormLSTMCell 類別及 tf.contrib.rnn.LayerNormBasicLSTMCell 類別建立帶有 LayerNorm 演算法的 RNN 模型單元。

> **提示**
>
> 在使用 tf.contrib.rnn.LayerNormBasicLSTMCell 函數時，要求輸入值必須被提前歸一化到 −1 ～ 1。如果輸入數值在 0 ～ 1 之間，則會出現損失值為 "NAN" 的現象。
>
> 有關 tf.contrib.rnn.LayerNormBasicLSTMCell 函數的實際使用實例，見本書搭配資源中的程式檔案「lnonMnist(1.11 版本之後).py」。

同時，還可以用 tf.contrib.layers.layer_norm 方法與 tf.contrib.slim.layer_norm 方法建立帶有 LayerNorm 演算法的網路層。

❸ InstanceNorm 演算法

InstanceNorm（實例歸一化）演算法是對輸入資料形狀中的 H 維度、W 維度做歸一化處理。它主要用在風格化移轉之類工作的模型中。有關 InstanceNorm 的詳細介紹見 10.1.5 小節。

❹ GroupNorm 演算法

GroupNorm 演算法是介於 LayerNorm 演算法和 InstanceNorm 演算法之間的演算法。它首先將通道分為許多組（group），再對每一組做歸一化處理。

GroupNorm 演算法與 ReNorm 演算法的作用類似，都是為了解決 BatchNorm 演算法對批次大小的依賴。實際論文見下方連結：

```
https://arxiv.org/abs/1803.08494
```

❺ SwitchableNorm 演算法

SwitchableNorm 演算法是將 BN 演算法、LN 演算法、IN 演算法結合起來使用，並為每個演算法都指定加權，讓網路自己去學習歸一化層應該使用什麼方法。實際論文見下方連結：

```
https://arxiv.org/abs/1806.10779
```

實際應用方法可以參考 10.2 節的程式實例。

10.1.7 什麼是影像風格轉換工作

影像風格轉換工作是深度學習中對抗神經網路模型所能實現的經典工作之一。

用 CycleGAN 模型產生模擬梵古風格的圖畫，已經成為一個廣為熟知的實例。除此之外，影像風格轉換工作還可以實現橘子與蘋果間的轉化、斑馬與普通馬之間的轉化、照片與油畫之間的轉化，甚至還可以根據一張風景照片產生四季下的場景圖片。

影像風格轉化工作也被叫作跨域產生式工作。該工作的模型（跨域產生式模型）一般由無監督或半監督方式訓練產生。其技術本質是：透過對抗網路學習跨域間的關係，進一步實現影像風格轉換。

例如：CycleGAN 模型透過採用循環一致性損失（cycle consistency loss）和跨領域的對抗網路損失，在兩個影像域之間訓練兩個雙向的傳遞模型。這種模型的訓練樣本不用標記，只需要提供兩種統一風格的圖片即可，不要求一一對應。

另外還有 DiscoGAN 模型、DualGAN 模型等影像風格轉換的優秀模型。讀者可以自行研究。

10.1.8 什麼是人臉屬性編輯工作

人臉屬性編輯工作可以將人臉按照指定的屬性特徵進行轉化，例如：轉換表情、增加鬍子、增加眼鏡、增加瀏海等。這種工作早先是透過特徵點區域像素取代的方法來實現的。這種方法無法做出逼真的效果，常常將取代區域做得很誇張和卡通，可以造成娛樂的效果，所以多用於社交軟體中。

隨著深度學習的發展，人臉屬性編輯的效果變得越來好，逼真度越來越高。透過特定的模型可以實現以假亂真的效果。

在深度學習中，人臉屬性編輯工作可以被歸類為影像風格轉換工作中的一種。它並不是以像素為基礎的單一取代，而是以圖片特徵為基礎的深度擬合。

實現人臉屬性編輯工作大致有兩種方法：以最佳化為基礎的方法、以學習為基礎的方法。

❶ 以最佳化方法為基礎的人臉屬性編輯工作

以最佳化方法為基礎的人臉屬性編輯工作，主要是利用神經網路模型的優化器，透過監督式訓練來不斷最佳化節點參數，進一步實現人臉圖片到目標屬性的轉化。例如：CNAI、DFI 等方法。

- CNAI 方法是計算人臉圖片透過 CNN 模型處理後的特徵與待轉換的人臉屬性特徵間的損失值,並按照該損失最小化的方向最佳化網路模型,進一步實現人臉屬性編輯。
- DFI 方法是在損失計算過程中加入了歐式距離的測量方法。

這兩種方法都需要透過大量次數的反覆運算訓練,且效果相對較差。

2 以學習方法為基礎的人臉屬性編輯工作

以學習方法為基礎的人臉屬性編輯工作,主要是透過對抗神經網路學習不同域之間的關係,進一步進行轉化。它是目前主流的實現方法。

在影像風格轉換工作中用到的模型,都可以用來做人臉屬性編輯工作。例如:在 CycleGAN 模型中加入重構損失函數,以保障圖片內容的一致性(即將人臉中不需要變化的屬性保持原樣)。

在 CycleGAN 模型之後又出現了 StarGAN 模型。StarGAN 模型是在輸入圖片中加入了屬性控制資訊,並改良了判別器模型,在 GAN 網路結構中,除判斷輸入樣本真假外,還對輸入樣本的屬性進行分類。StarGAN 模型可以透過屬性控制資訊實現用一個模型產生多個屬性的效果。

還有效果更好的 AttGAN 模型。該模型在產生器模型部分嵌入了自編碼網路模型(轉碼器模型架構)。這樣的模型可以更深層次地擬合原資料中潛在特徵和屬性的關係,進一步使得產生的效果更加逼真。在本書 10.3 節將介紹 AttGAN 模型的實作方式。

10.1.9 什麼是 TFgan 架構

TFGan 架構是 TensorFlow 中封裝好的對抗網路整合架構。整個架構的使用方法與估算器的使用方法十分類似。

用 TFGan 架構可以很方便地開發出 GAN 模型,但需要一定的學習成本。對估算器架構不熟悉的讀者,不建議直接上手使用該架構。

更多實例可以參考以下連結:

```
https://github.com/tensorflow/tensorflow/tree/master/tensorflow/contrib/gan
```

10.2 實例 54：建置 DeblurGAN 模型，將模糊相片變清晰

在拍照時，常常因為手抖或補光不足，導致拍出的照片很模糊。可以用 DeblurGAN 模型將模糊的照片變清晰，留住精彩瞬間。

DeblurGAN 模型是一個對抗神經網路模型，由產生器模型和判別器模型組成。

■ 產生器模型，根據輸入的模糊圖片模擬產生清晰的圖片。

■ 判別器模型，用在訓練過程中，幫助產生器模型達到更好的效果。實際可以參考論文：https://arxiv.org/pdf/1711.07064.pdf。

> **實例描述**
>
> 有一套街景拍攝的照片資料集，其中包含清晰照片和模糊照片。

要求：

（1）用該資料集訓練 DeblurGAN 模型，使模型具有將模糊圖片轉成清晰圖片的能力。

（2）DeblurGAN 模型能將資料集之外的模糊照片變清晰。

本實例的程式用 tf.keras 介面撰寫。實際過程如下。

10.2.1 取得樣本

本實例使用 GOPRO_Large 資料集作為訓練樣本。GOPRO_Large 資料集裡包含高頁框相機拍攝的街景圖片（其中的照片有的清晰，有的模糊）和人工合成的模糊照片。樣本中每張照片的尺寸為 720 pixel×1280 pixel。

❶ 下載 GOPRO_Large 資料集

可以透過以下連結取得原始的 GOPRO_Large 資料集：

```
https://drive.google.com/file/d/1H0PIXvJH4c40pk7ou6nAwoxuR4Qh_Sa2/view
```

❷ 部署 GOPRO_Large 資料集

在 GOPRO_Large 資料集中有許多套實景拍攝的照片。每套照片中包含有 3 個資料夾：

- 在 blur 資料夾中，放置了模糊的照片。
- 在 sharp 資料夾中，放置了清晰的照片。
- 在 blur_gamma 資料夾中，放置了人工合成的模糊照片

從 GOPRO_Large 資料集的 blur 與 sharp 資料夾裡，各取出 200 張模糊與清晰的圖片，放到本機程式的同級目錄 image 資料夾下用作訓練。其中，模糊的圖片放在 image/train/A 資料夾下，清晰的圖片在 image/train/B 資料夾下。

10.2.2 準備 SwitchableNorm 演算法模組

SwitchableNorm 演算法與其他的歸一化演算法一樣，可以被當作函數來使用。由於在目前的 API 函數庫裡沒有該程式的實現，所以需要自己撰寫一套這樣的演算法。

SwitchableNorm 演算法的實現不是本節重點，其原理已經在 10.1.6 小節介紹。這裡直接使用本書中的搭配原始程式碼 "switchnorm.py" 即可。

直接將該程式放到本機程式資料夾下，然後將其引用。

提示

在 SwitchableNorm 演算法的實現過程中，定義了額外的變數參數。所以在執行時期，需要透過階段中的 tf.global_variables_initializer 函數初始化，否則會出現「SwitchableNorm 類別中的某些張量沒有初始化」之類的錯誤。正確的用法見 10.2.9 小節的實作方式。

10.2.3 程式實現：建置 DeblurGAN 中的產生器模型

DeblurGAN 中的產生器模型是使用殘差結構來實現的。其模型的層次結構順序如下：

（1）透過 1 層卷積核心為 7×7、步進值為 1 的卷積轉換。保持輸入資料的尺寸不變。

（2）將第（1）步的結果進行兩次卷積核心為 3×3、步進值為 2 的卷積操作，實現兩次下取樣效果。

（3）經過 5 層殘差塊。其中，殘差塊是中間帶有 Dropout 層的兩次卷積操作。

（4）仿照（1）和（2）步的逆操作，進行兩次上取樣，再來一個卷積操作。

（5）將（1）的輸入與（4）的輸出加在一起，完成一次殘差操作。

該結構使用「先下取樣，後上取樣」的卷積處理方式，這種方式可以表現出樣本分佈中更好的潛在特徵。實際程式如下：

```
程式 10-1 deblurmodel
01  from tensorflow.keras import layers as KL
02  from tensorflow.keras import models as KM
03  from switchnorm import SwitchNormalization      # 載入 SwitchableNorm 演算法
04  ngf = 64                                # 定義產生器模型原始卷積核心個數
05  ndf = 64                                # 定義判別器模型原始卷積核心個數
06  input_nc = 3                            # 定義輸入通道
07  output_nc = 3                           # 定義輸出通道
08  n_blocks_gen = 9                        # 定義殘差層數量
09
10  # 定義殘差塊函數
11  def res_block(input, filters, kernel_size=(3, 3), strides=(1, 1),
    use_dropout=False):
12      x = KL.Conv2D(filters=filters,
        # 使用步進值為 1 的卷積操作，保持輸入資料的尺寸不變
13                  kernel_size=kernel_size,
14                  strides=strides, padding='same')(input)
15
16      x = KL.SwitchNormalization()(x)
17      x = KL.Activation('relu')(x)
18
19      if use_dropout:                              # 使用 dropout 方法
20          x = KL.Dropout(0.5)(x)
21
22      x = KL.Conv2D(filters=filters,               # 再做一次步進值為 1 的卷積操作
23                  kernel_size=kernel_size,
24                  strides=strides,padding='same')(x)
25
26      x = KL.SwitchNormalization()(x)
27
28      # 將卷積後的結果與原始輸入相加
29      merged = KL.Add()([input, x])  # 殘差層
30      return merged
31
32  def generator_model(image_shape ,istrain = True): # 建置產生器模型
33      # 建置輸入層（與動態圖不相容）
34      inputs = KL.Input(shape=(image_shape[0],image_shape[1], input_nc))
35      # 使用步進值為 1 的卷積操作，保持輸入資料的尺寸不變
```

```
36        x = KL.Conv2D(filters=ngf, kernel_size=(7, 7), padding='same')(inputs)
37        x = KL.SwitchNormalization()(x)
38        x = KL.Activation('relu')(x)
39
40        n_downsampling = 2
41        for i in range(n_downsampling):                    #兩次下取樣
42            mult = 2**i
43            x = KL.Conv2D(filters=ngf*mult*2, kernel_size=(3, 3), strides=2,
   padding='same')(x)
44            x = KL.SwitchNormalization()(x)
45            x = KL.Activation('relu')(x)
46
47        mult = 2**n_downsampling
48        for i in range(n_blocks_gen):                      #定義多個殘差層
49            x = res_block(x, ngf*mult, use_dropout= istrain)
50
51        for i in range(n_downsampling):                    #兩次上取樣
52            mult = 2**(n_downsampling - i)
53            #x = KL.Conv2DTranspose(filters=int(ngf * mult / 2), kernel_size=
   (3, 3), strides=2, padding='same')(x)
54            x = KL.UpSampling2D()(x)
55            x = KL.Conv2D(filters=int(ngf * mult / 2), kernel_size=(3, 3),
   padding='same')(x)
56            x = KL.SwitchNormalization()(x)
57            x = KL.Activation('relu')(x)
58
59        #步進值為 1 的卷積操作
60        x = KL.Conv2D(filters=output_nc, kernel_size=(7, 7), padding='same')(x)
61        x = KL.Activation('tanh')(x)
62
63        outputs = KL.Add()([x, inputs])          #與最外層的輸入完成一次大殘差
64        #防止特徵值域過大，進行除 2 操作（取平均數殘差）
65        outputs = KL.Lambda(lambda z: z/2)(outputs)
66        #建置模型
67        model = KM.Model(inputs=inputs, outputs=outputs, name='Generator')
68        return model
```

程式第 11 行，透過定義函數 res_block 架設殘差塊的結構。

程式第 32 行，透過定義函數 generator_model 建置產生器模型。由於產生器模型輸入的是模糊圖片，輸出的是清晰圖片，所以函數 generator_model 的輸入與輸出具有相同的尺寸。

程式第 65 行，在使用殘差操作時，將輸入的資料與產生的資料一起取平均值。這樣做是為了防止產生器模型的傳回值的值域過大。在計算損失時，一旦產生的資料與真實圖片的像素資料值域不同，則會影響收斂效果。

10.2.4 程式實現：建置 DeblurGAN 中的判別器模型

判別器模型的結構相比較較簡單。

（1）透過 4 次下取樣卷積（見程式第 74~82 行），將輸入資料的尺寸變小。

（2）經過兩次尺寸不變的 1×1 卷積（見程式第 85~92 行），將通道壓縮。

（3）經過兩層全連接網路（見程式第 95~97 行），產生判別結果（0 還是 1）。

實際程式如下。

程式 10-1 deblurmodel（續）

```
69    def discriminator_model(image_shape):# 建置判別器模型
70
71        n_layers, use_sigmoid = 3, False
72        inputs = KL.Input(shape=(image_shape[0],image_shape[1],output_nc))
73        # 下取樣卷積
74        x = KL.Conv2D(filters=ndf, kernel_size=(4, 4), strides=2,
   padding='same')(inputs)
75        x = KL.LeakyReLU(0.2)(x)
76
77        nf_mult, nf_mult_prev = 1, 1
78        for n in range(n_layers):# 繼續 3 次下取樣卷積
79            nf_mult_prev, nf_mult = nf_mult, min(2**n, 8)
80            x = KL.Conv2D(filters=ndf*nf_mult, kernel_size=(4, 4), strides=2,
   padding='same')(x)
81            x = KL.BatchNormalization()(x)
82            x = KL.LeakyReLU(0.2)(x)
83
84        # 步進值為 1 的卷積操作，尺寸不變
85        nf_mult_prev, nf_mult = nf_mult, min(2**n_layers, 8)
86        x = KL.Conv2D(filters=ndf*nf_mult, kernel_size=(4, 4), strides=1,
   padding='same')(x)
87        x = KL.BatchNormalization()(x)
88        x = KL.LeakyReLU(0.2)(x)
89
90        # 步進值為 1 的卷積操作，尺寸不變。將通道壓縮為 1
91        x = KL.Conv2D(filters=1, kernel_size=(4, 4), strides=1, padding='same')(x)
92        if use_sigmoid:
```

```
93          x = KL.Activation('sigmoid')(x)
94
95      x = KL.Flatten()(x)  # 兩層全連接，輸出判別結果
96      x = KL.Dense(1024, activation='tanh')(x)
97      x = KL.Dense(1, activation='sigmoid')(x)
98
99      model = KM.Model(inputs=inputs, outputs=x, name='Discriminator')
100     return model
```

程式 81 行，呼叫了批次歸一化函數，使用了參數 trainable 的預設值 True。

程式 99 行，用 tf.keras 介面的 Model 類別建置判別器模型 model。在使用 model 時，可以設定 trainable 參數來控制模型的內部結構。

10.2.5 程式實現：架設 DeblurGAN 的完整結構

將判別器模型與產生器模型結合起來，組成 DeblurGAN 模型的完整結構。實際程式如下：

程式 10-1 deblurmodel（續）

```
101  def g_containing_d_multiple_outputs(generator, discriminator,image_shape):
102      inputs = KL.Input(shape=(image_shape[0],image_shape[1],input_nc)  )
103      generated_image = generator(inputs)          # 呼叫產生器模型
104      outputs = discriminator(generated_image)     # 呼叫判別器模型
105      # 建置模型
106      model = KM.Model(inputs=inputs, outputs=[generated_image, outputs])
107      return model
```

函數 g_containing_d_multiple_outputs 用於訓練產生器模型。在使用時，需要將判別器模型的加權固定，讓產生器模型不斷地調整加權。實際可以參考 10.2.10 小節程式。

10.2.6 程式實現：引用函數庫檔案，定義模型參數

撰寫程式實現以下步驟：

（1）載入模型檔案——程式檔案「10-1 deblurmodel」。

（2）定義訓練參數。

（3）定義函數 save_all_weights，將模型的加權儲存起來。

實際程式如下：

```
程式 10-2 訓練 deblur
01  import os
02  import datetime
03  import numpy as np
04  import tqdm
05  import tensorflow as tf
06  import glob
07  from tensorflow.python.keras.applications.vgg16 import VGG16
08  from functools import partial
09  from tensorflow.keras import models as KM
10  from tensorflow.keras import backend as K        # 載入 Keras 的後端實現
11  deblurmodel = __import__("10-1  deblurmodel")   # 載入模型檔案
12  generator_model = deblurmodel.generator_model
13  discriminator_model = deblurmodel.discriminator_model
14  g_containing_d_multiple_outputs = deblurmodel.g_containing_d_multiple_outputs
15
16  RESHAPE = (360,640)              # 定義處理圖片的大小
17  epoch_num = 500                 # 定義反覆運算訓練次數
18
19  batch_size =4                   # 定義批次大小
20  critic_updates = 5              # 定義每訓練一次產生器模型需要訓練判別器模型的次數
21  # 儲存模型
22  BASE_DIR = 'weights/'
23  def save_all_weights(d, g, epoch_number, current_loss):
24      now = datetime.datetime.now()
25      save_dir = os.path.join(BASE_DIR, '{}{}'.format(now.month, now.day))
26      os.makedirs(save_dir, exist_ok=True)      # 建立目錄
27      g.save_weights(os.path.join(save_dir, 'generator_{}_{}.h5'.format(
    epoch_number, current_loss)), True)
28      d.save_weights(os.path.join(save_dir, 'discriminator_{}.h5'.
    format(epoch_number)), True)
```

程式第 16 行將輸入圖片的尺寸設為（360,640），使其與樣本中圖片的高、寬比例相對應（樣本中圖片的尺寸比例為 720 1280）。

在 TensorFlow 中，預設的圖片尺寸順序是「高」在前，「寬」在後。

10.2.7 程式實現：定義資料集，建置正反向模型

本小節程式的步驟如下：

（1）用 tf.data.Dataset 介面完成樣本圖片的載入（見程式第 29 ～ 54 行）。

（2）將產生器模型和判別器模型架設起來。

（3）建置 Adam 優化器，用於產生器模型和判別器模型的訓練過程。

（4）以 WGAN 的方式定義損失函數 wasserstein_loss，用於計算產生器模型和判別器模型的損失值。其中，產生器模型的損失值是由 WGAN 損失與特徵空間損失（見 10.2.8 小節）兩部分組成。

（5）將損失函數 wasserstein_loss 與優化器一起編譯到可訓練的判別器模型中（見程式第 70 行）。

實際程式如下：

程式 10-2 訓練 deblur（續）

```
29   path = r'./image/train'
30   A_paths, =os.path.join(path, 'A', "*.png")          # 定義樣本路徑
31   B_paths = os.path.join(path, 'B', "*.png")
32   # 取得該路徑下的 png 檔案
33   A_fnames, B_fnames = glob.glob(A_paths),glob.glob(B_paths)
34   # 產生 Dataset 物件
35   dataset = tf.data.Dataset.from_tensor_slices((A_fnames, B_fnames))
36
37   def _processimg(imgname):                           # 定義函數調整圖片大小
38       image_string = tf.read_file(imgname)            # 讀取整數個檔案
39       image_decoded = tf.image.decode_image(image_string)
40       image_decoded.set_shape([None, None, None])#形狀變化，否則下面會轉化失敗
41       # 變化尺寸
42       img =tf.image.resize( image_decoded,RESHAPE)
43       image_decoded = (img - 127.5) / 127.5
44       return image_decoded
45
46   def _parseone(A_fname, B_fname):                     # 解析一個圖片檔案
47       # 讀取並前置處理圖片
48       image_A,image_B = _processimg(A_fname),_processimg(B_fname)
49       return image_A,image_B
50
51   dataset = dataset.shuffle(buffer_size=len(B_fnames))
```

```
52   dataset = dataset.map(_parseone)            #轉化為有圖片內容的資料集
53   dataset = dataset.batch(batch_size)          #將資料集按照 batch_size 劃分
54   dataset = dataset.prefetch(1)
55
56   #定義模型
57   g = generator_model(RESHAPE)                 #產生器模型
58   d = discriminator_model(RESHAPE)             #判別器模型
59   d_on_g = g_containing_d_multiple_outputs(g, d,RESHAPE)   #聯合模型
60
61   #定義優化器
62   d_opt = tf.keras.optimizers.Adam(lr=1E-4, beta_1=0.9, beta_2=0.999,
     epsilon=1e-08)
63   d_on_g_opt = tf.keras.optimizers.Adam(lr=1E-4, beta_1=0.9, beta_2=0.999,
     epsilon=1e-08)
64
65   #WGAN 的損失
66   def wasserstein_loss(y_true, y_pred):
67       return tf.reduce_mean(y_true*y_pred)
68
69   d.trainable = True
70   d.compile(optimizer=d_opt, loss=wasserstein_loss)        #編譯模型
71   d.trainable = False
```

程式第 70 行，用判別器模型物件的 compile 方法對模型進行編譯。之後，將該模型的加權設定成不可訓練（見程式第 71 行）。這是因為，在訓練產生器模型時，需要將判別器模型的加權固定。只有這樣，在訓練產生器模型過程中才不會影響到判別器模型。

10.2.8 程式實現：計算特徵空間損失，並將其編譯到產生器模型的訓練模型中

產生器模型的損失值是由 WGAN 損失與特徵空間損失兩部分組成。WGAN 損失已經由 10.2.7 小節的第 66 行程式實現。本小節將實現特徵空間損失，並將其編譯到可訓練的產生器模型中去。

■ 計算特徵空間損失的方法

計算特徵空間損失的方法如下：

（1）用 VGG 模型對靶心圖表片與輸出圖片做特徵分析，獲得兩個特徵資料。

（2）對這兩個特徵資料做平方差計算。

2 特徵空間損失的實作方式

在計算特徵空間損失時，需要將 VGG 模型嵌入到目前網路中。這裡使用已經下載好的預訓練模型檔案 "vgg16_weights_tf_dim_ordering_tf_kernels_notop.h5"。讀者可以自行下載，也可以在本書搭配資源中找到。

將預訓練模型檔案放在目前程式的同級目錄下。並參照本書 6.7.9 小節的內容，利用 tf.keras 介面將其載入。

3 編譯產生器模型的訓練模型

將 WGAN 損失函數與特徵空間損失函數放到陣列 loss 中，呼叫產生器模型的 compile 方法將損失值陣列 loss 編譯進去，實現產生器模型的訓練模型。

實際程式如下：

```
程式 10-2  訓練 deblur（續）
72    # 計算特徵空間損失
73    def perceptual_loss(y_true, y_pred,image_shape):
74        vgg = VGG16(include_top=False,
75    weights="vgg16_weights_tf_dim_ordering_tf_kernels_notop.h5",
76                    input_shape=(image_shape[0],image_shape[1],3) )
77
78        loss_model = KM.Model(inputs=vgg.input, outputs=vgg.get_layer
      ('block3_conv3').output)
79        loss_model.trainable = False
80        return tf.reduce_mean(tf.square(loss_model(y_true) - loss_model(y_pred)))
81
82    myperceptual_loss = partial(perceptual_loss, image_shape=RESHAPE)
83    myperceptual_loss._name_ = 'myperceptual_loss'
84    # 建置損失
85    loss = [myperceptual_loss, wasserstein_loss]
86    loss_weights = [100, 1]                      # 將損失調為統一數量級
87    d_on_g.compile(optimizer=d_on_g_opt, loss=loss, loss_weights=loss_weights)
88    d.trainable = True
89
90    output_true_batch, output_false_batch = np.ones((batch_size, 1)), -np.
      ones((batch_size, 1))
91
92    # 產生資料集反覆運算器
93    iterator = dataset.make_initializable_iterator()
94    datatensor = iterator.get_next()
```

程式第 85 行，在計算產生器模型損失時，將損失值函數 myperceptual_loss 與損失值函數 wasserstein_loss 一起放到清單裡。

程式第 86 行，定義了損失值的加權比例 [100,1]。這表示最後的損失值是：函數 myperceptual_loss 的結果乘上 100，將該積與函數 wasserstein_loss 的結果相加所得到和。

提示

加權比例是根據每個函數傳回的損失值得來的。

將 myperceptual_loss 的結果乘上 100，是為了讓最後的損失值與函數 wasserstein_loss 的結果在同一個數量級上。

損失值函數 myperceptual_loss、wasserstein_loss 分別與模型 d_on_g 物件的輸出值 generated_image、outputs 相對應。模型 d_on_g 物件的輸出節點部分是在 10.2.5 小節程式第 106 行定義的。

10.2.9 程式實現：按指定次數訓練模型

按照指定次數反覆運算呼叫訓練函數 pre_train_epoch，然後在函數 pre_train_epoch 內檢查整個 Dataset 資料集，並進行訓練。步驟如下：

（1）取一批次數據。

（2）訓練 5 次判別器模型。

（3）將判別器模型加權固定，訓練一次產生器模型。

（4）將判別器模型設為可訓練，並循環第（1）步，直到整個資料集檢查結束。

實際程式如下：

```
程式 10-2 訓練 deblur（續）
95    # 定義設定檔
96    config = tf.ConfigProto()
97    config.gpu_options.allow_growth = True
98    config.gpu_options.per_process_gpu_memory_fraction = 0.5
99    sess = tf.Session(config=config)                    # 建立階段（session）
100
101   def pre_train_epoch(sess, iterator,datatensor):# 反覆運算整個資料集進行訓練
102       d_losses = []
103       d_on_g_losses = []
```

```
104        sess.run( iterator.initializer )
105
106        while True:
107            try:                                # 取得一批次的資料
108                (image_blur_batch,image_full_batch) = sess.run(datatensor)
109            except tf.errors.OutOfRangeError:
110                break                                # 如果資料取完則退出循環
111
112            generated_images = g.predict(x=image_blur_batch, batch_size=batch_size)
               # 將模糊圖片輸入產生器模型
113
114            for _ in range(critic_updates):       # 訓練 5 次判別器模型
115                d_loss_real = d.train_on_batch(image_full_batch,
    output_true_batch)                              # 訓練，並計算還原樣本的 loss 值
116
117                d_loss_fake = d.train_on_batch(generated_images,
    output_false_batch)                             # 訓練，並計算模擬樣本的 loss 值
118                d_loss = 0.5 * np.add(d_loss_fake, d_loss_real)
                   # 二者相加，再除以 2
119                d_losses.append(d_loss)
120
121            d.trainable = False                   # 固定判別器模型參數
122            d_on_g_loss = d_on_g.train_on_batch(image_blur_batch,
    [image_full_batch, output_true_batch])          # 訓練並計算產生器模型 loss 值
123            d_on_g_losses.append(d_on_g_loss)
124
125            d.trainable = True                    # 恢復判別器模型參數可訓練的屬性
126            if len(d_on_g_losses)%10== 0:
127                print(len(d_on_g_losses),np.mean(d_losses),
    np.mean(d_on_g_losses))
128        return np.mean(d_losses), np.mean(d_on_g_losses)
129 # 初始化 SwitchableNorm 變數
130 K.get_session().run(tf.global_variables_initializer())
131 for epoch in tqdm.tqdm(range(epoch_num)):         # 按照指定次數反覆運算訓練
132    # 反覆運算訓練一次資料集
133    dloss,gloss = pre_train_epoch(sess, iterator,datatensor)
134    with open('log.txt', 'a+') as f:
135        f.write('{} - {} - {}\n'.format(epoch, dloss, gloss))
136    save_all_weights(d, g, epoch, int(gloss))     # 儲存模型
137 sess.close()                                       # 關閉階段
```

程式第 130 行，進行全域變數的初始化。初始化之後，SwitchableNorm 演算法
就可以正常使用了。

> **提示**
>
> 即使是 tf.keras 介面,其底層也是透過靜態圖上的階段(session)來執行程式的。
>
> 在程式第 130 行中示範了一個用 tf.keras 介面實現全域變數初始化的技巧:
>
> (1) 用 tf.keras 介面的後端類別 backend 中的 get_session 函數,取得 tf.keras 介面目前正在使用的階段(session)。
>
> (2) 拿到 session 之後,執行 tf.global_variables_initializer 方法進行全域變數的初始化。
>
> (3) 程式執行後,輸出以下結果:
>
> ```
> 1%|        | 6/50 [15:06<20:43:45, 151.06s/it]10 -0.4999978220462799678.8936
> 20 -0.4999967348575592680.67926
> ......
> 1%|        | 7/50 [17:29<20:32:16, 149.97s/it]10 -0.49999643564224244737.67645
> 20 -0.49999758243560793700.6202
> 30 -0.49999806722005216672.0518
> 40 -0.49999826729297636666.23425
> 50 -0.49999827754497536665.67645
> ......
> ```

同時可以看到,在本機目錄下產生了一個 weights 資料夾,裡面放置的便是模型檔案。

10.2.10 程式實現:用模型將模糊相片變清晰

在加權 weights 資料夾裡找到以 "generator" 開頭並且是最新產生(按照檔案的產生時間排序)的檔案。將其複製到本機路徑下(作者本機的檔案名稱為 "generator_499_0.h5")。這個模型就是 DeblurGAN 中的產生器模型部分。

按照 10.2.1 小節的步驟,在測試集中隨機複製幾個圖片放到本機 test 目錄下。與 train 目錄結構一樣:A 放置模糊的圖片,B 放置清晰的圖片。

下面撰寫程式來比較模型還原的效果。實際如下:

程式 10-3 使用 deblur 模型

```
01   import numpy as np
02   from PIL import Image
03   import glob
```

```
04   import os
05   import tensorflow as tf                          # 載入模組
06   deblurmodel = __import__("10-1  deblurmodel")
07   generator_model = deblurmodel.generator_model
08
09   def deprocess_image(img):                         # 定義圖片的後處理函數
10       img = img * 127.5 + 127.5
11       return img.astype('uint8')
12
13   batch_size = 4
14   RESHAPE = (360,640)                               # 定義要處理圖片的大小
15
16   path = r'./image/test'
17   A_paths, B_paths = os.path.join(path, 'A', "*.png"), os.path.join(path,
     'B', "*.png")
18   # 取得該路徑下的 png 檔案
19   A_fnames, B_fnames = glob.glob(A_paths),glob.glob(B_paths)
20   # 產生 Dataset 物件
21   dataset = tf.data.Dataset.from_tensor_slices((A_fnames, B_fnames))
22
23   def _processimg(imgname):                         # 定義函數調整圖片大小
24       image_string = tf.read_file(imgname)         # 讀取整數個檔案
25       image_decoded = tf.image.decode_image(image_string)
26       image_decoded.set_shape([None, None, None]) # 形狀變化，否則下面會轉化失敗
27       # 變化尺寸
28       img =tf.image.resize( image_decoded,RESHAPE)#[RESHAPE[0],
     RESHAPE[1],3])
29       image_decoded = (img - 127.5) / 127.5
30       return image_decoded
31
32   def _parseone(A_fname, B_fname):                  # 解析一個圖片檔案
33       # 讀取並前置處理圖片
34       image_A,image_B = _processimg(A_fname),_processimg(B_fname)
35       return image_A,image_B
36
37   dataset = dataset.map(_parseone)                  # 轉化為有圖片內容的資料集
38   dataset = dataset.batch(batch_size)               # 將資料集按照 batch_size 劃分
39   dataset = dataset.prefetch(1)
40
41   # 產生資料集反覆運算器
42   iterator = dataset.make_initializable_iterator()
43   datatensor = iterator.get_next()
44   g = generator_model(RESHAPE,False)                # 建置產生器模型
```

```
45    g.load_weights("generator_499_0.h5")          # 載入模型檔案
46
47    # 定義設定檔
48    config = tf.ConfigProto()
49    config.gpu_options.allow_growth = True
50    config.gpu_options.per_process_gpu_memory_fraction = 0.5
51    sess = tf.Session(config=config)               # 建立 session
52    sess.run( iterator.initializer )
53    ii= 0
54    while True:
55        try:                                       # 取得一批次的資料
56            (x_test,y_test) = sess.run(datatensor)
57        except tf.errors.OutOfRangeError:
58            break                                  # 如果資料取完則退出循環
59        generated_images = g.predict(x=x_test, batch_size=batch_size)
60        generated = np.array([deprocess_image(img) for img in generated_images])
61        x_test = deprocess_image(x_test)
62        y_test = deprocess_image(y_test)
63        print(generated_images.shape[0])
64        for i in range(generated_images.shape[0]):    # 按照批次讀取結果
65            y = y_test[i, :, :, :]
66            x = x_test[i, :, :, :]
67            img = generated[i, :, :, :]
68            output = np.concatenate((y, x, img), axis=1)
69            im = Image.fromarray(output.astype(np.uint8))
70            im = im.resize( (640*3, int( 640*720/1280)   ) )
71            print('results{}{}.png'.format(ii,i))
72            im.save('results{}{}.png'.format(ii,i))       # 將結果儲存起來
73        ii+=1
```

程式第 44 行，在定義產生器模型時，需要將其第 2 個參數 istrain 設為 False。
這麼做的目的是不使用 Dropout 層。

程式執行後，系統會自動在本機資料夾的 image/test 目錄下載入圖片，並其放
到模型裡進行清晰化處理。最後產生的圖片如圖 10-1 所示。

圖 10-1 DeblurGAN 的處理結果

圖 10-1 中有 3 個子圖。左、中、右依次為原始、模糊、產生後的圖片。比較圖 10-1 中的原始圖片（最左側的圖片）與產生後的圖片（最右側的圖片）可以發現，最右側模型產生的圖片比中間的模糊圖片更為清晰。

10.2.11 練習題

如果產生器模型使用普通的歸一化演算法，會是什麼效果？並改寫程式實驗一下。

答案：將 10.2.3 小節所有的 KL.SwitchNormalization 程式都取代成 KL.BatchNormalization 程式，並重新訓練模型。所產生的影像如圖 10-2 所示。

圖 10-2 普通歸一化的處理結果

用 SwitchableNorm 歸一化處理的結果如圖 10-3 所示。

圖 10-3 使用 SwitchableNorm 歸一化處理的結果

比較圖 10-2 與圖 10-3 中最右邊的圖片可以看出，圖 10-2 中最右側圖片的頂部出現了一些雜訊，而圖 10-3 中產生的影像（最右側的圖）品質更好（消除了雜訊）。因為本書是黑白印刷，所以效果並不太明顯。

10.2.12 擴充：DeblurGAN 模型的更多妙用

DeblurGAN 模型可以提升照片的清晰度。這是一個很有商業價值的功能。

舉例來說，在開發智慧冰箱、智慧冰櫃專案中，使用者從冰櫃裡拿取商品時，一般需要透過高速相機在短時間內連續拍照，並挑選出高品質的圖片送入後面的 YOLO 模型進行識別。如果應用的是 DeblurGAN 模型，則可以用相對便宜的相機來替代高速相機，而 YOLO 模型的識別率又不會有太大的損失。這個方案可以大幅節省硬體成本。該方案在 14.5 節還有詳細描述。

另外，DeblurGAN 模型的網路結構沒有將輸入圖片的尺寸與加權參數緊耦合，它可以處理不同尺寸的圖片（請試著隨意修改 10.2.9 小節程式第 14 行的尺寸值，程式仍可以正常執行）。所以説，DeblurGAN 模型應用起來更加靈活。

10.3 實例 55：建置 AttGAN 模型，對照片進行加鬍子、加瀏海、加眼鏡、變年輕等修改

將自編碼網路模型與對抗神經網路模型結合起來，透過重建學習和對抗性學習的訓練方式，融合人臉的潛在特徵與指定屬性，產生帶有指定屬性特徵的人臉圖片。

> **實例描述**
>
> 用 CelebA 資料集訓練 AttGAN 模型。使模型能夠對照片中的人物進行修改，實現為照片中的人物增加鬍子、增加瀏海、增加眼袋、增加眼鏡、年輕化處理等 40 項屬性的處理。

10.3.1 取得樣本

CelebA 資料集是一個人臉資料集，其中包含人臉圖片與人臉屬性的標記資訊。下載方法可以參考本書的 5.2.1 小節。

1 部署樣本資料

下載完 CelebA 資料集後，將其中的對齊圖片資料與標記資料分析出來，用於訓練。實際操作如下：

（1）在程式的本機資料夾下新增一個目錄 data。

（2）將 CelebA\Img 下的 img_align_celeba.zip 解壓縮，獲得 img_align_celeba 資料夾，並將該資料夾放在 data 目錄下。

（3）將 CelebA\Anno 下的 list_attr_celeba.txt 也放到 data 目錄下。

2 介紹樣本的標記資訊

CelebA 資料集中的標記檔案 list_attr_celeba.txt 記錄了每張人臉圖片的多個屬性特徵。在標記檔案 list_attr_celeba.txt 中,將人臉屬性劃分成了 40 個屬性標籤。如果圖片中的人臉符合某個屬性標籤,則在該屬性標籤的位置上設定值 1,否則在該屬性的標籤上設定值 −1。

這 40 種人臉屬性的內容如下:

' 當天的小鬍子 ': 0,	' 拱形眉毛 ': 1,	' 漂亮 ': 2,	' 眼袋 ': 3,	' 沒頭髮 ': 4,
' 瀏海 ': 5,	' 大嘴唇 ': 6,	' 大鼻子 ': 7,	' 黑髮 ': 8,	' 金髮 ': 9,
' 圖片模糊 ': 10,	' 棕色頭髮 ': 11,	' 濃眉毛 ': 12,	' 胖乎乎 ': 13,	' 雙下巴 ': 14,
' 眼鏡 ': 15,	' 山羊鬍子 ': 16,	' 灰髮 ': 17,	' 濃妝 ': 18,	' 高顴骨 ': 19,
' 男 ': 20,	' 嘴微微開 ': 21,	' 小鬍子 ': 22,	' 細眼睛 ': 23,	' 沒鬍子 ': 24,
' 橢圓形臉 ': 25,	' 蒼白皮膚 ': 26,	' 尖鼻子 ': 27,	' 髮際線後退 ': 28,	' 玫瑰色臉頰 ': 29,
' 落腮鬍 ': 30,	' 微笑 ': 31,	' 直髮 ': 32,	' 波浪髮 ': 33,	' 佩戴耳環 ': 34,
' 戴帽子 ': 35,	' 塗口紅 ': 36,	' 戴項鍊 ': 37,	' 打領帶 ': 38,	' 年輕 ': 39

這裡的標籤標記並不是 one-hot 分類,人臉圖片與這 40 個屬性標籤是多對多的關係,即一個圖片可以被打上多個屬性的分類標籤,如圖 10-4 所示。

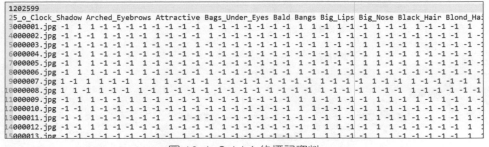

圖 10-4 CelebA 的標記資料

從圖 10-4 中可以看出,標記檔案的內容主要分為 3 種資料:

- 第 1 行是總共標記的筆數。
- 第 2 行是這 40 種屬性的英文標籤。
- 第 3 行及以下行是每個圖片對應的標籤,表明該圖片實際帶有哪個屬性(1 表示具有該屬性,−1 表示沒有該屬性)。

10.3.2 了解 AttGAN 模型的結構

AttGAN 模型屬於對抗神經網路模型架構下的多模型結構。它在對抗神經網路模型架構基礎之上,將單一的產生器模型換成一個自編碼網路模型。其整體結構描述如下。

- 產生器模型:由一個自編碼網路模型組成。用自編碼模型中的編碼器模型來分析人臉主要潛在特徵,用自編碼模型中的解碼器模型來產生指定屬性的人臉影像。
- 判別器模型:造成約束解碼器模型的作用,讓解碼器模型產生具有指定特徵屬性的人臉影像。

AttGAN 模型的完整結構如圖 10-5 所示。

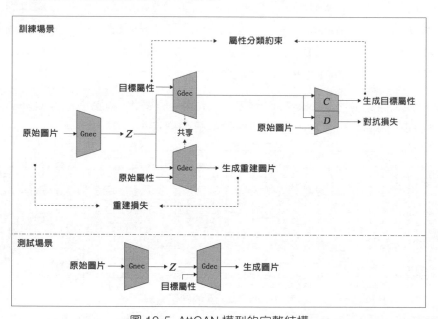

圖 10-5　AttGAN 模型的完整結構

在圖 10-5 中描述了 AttGAN 模型在兩個場景下的完整結構:訓練(Train)場景與測試(Test)場景。

- 訓練場景:表現了 AttGAN 模型的完整結構。在訓練自編碼模型的解碼器模型時,將重建過程的損失值和對抗網路模型的損失值作為整個網路模型的損失值。該損失值將參與反覆運算訓練過程中的反向傳播過程。

■ 測試場景：直接用訓練好的自編碼模型產生人臉圖片，不再需要對抗神經
網路模型中的判別器模型部分。

1 訓練場景中模型的組成及作用

在訓練場景中，模型由 3 個子模型組成：編碼器模型（Genc）、解碼器模型
（Gdec）、判別器模型（CD）。實際描述如下。

■ 編碼器模型（Genc）：將真實圖片壓縮成特徵向量 Z。
■ 解碼器模型（Gdec）：使用了兩種訓練方式。一種訓練方式是將樣本圖片與
原始標籤 a 組合作為輸入，重建出原始圖片；另一種訓練方式是將樣本圖
片與隨機製作的標籤 b 組合作為輸入，重建出帶有標籤 b 中特徵的圖片。
■ 判別器模型（CD）：輸出了兩種結果。一種是分類結果（C），代表圖片中
人臉的屬性；另一種是判斷真偽的結果（D），用來區分輸入是真實圖片，
還是產生的圖片。

在 AttGAN 模型中，產生器模型的隨機值並不是產生照片的亂數，而是根據原
始標籤變化後的標籤值。照片資料在模型中只是造成重建作用。因為在人臉編
輯工作中，不希望對屬性之外的影像發生變化，所以重建損失可以最大化地保
障個體資料原有的樣子。

2 測試場景中模型的組成及作用

在測試場景中，AttGAN 模型由兩個子模型組成：

（1）利用編碼器模型將圖片特徵分析出來。
（2）將分析的特徵與指定的屬性值參數一起輸入編碼器模型中，合成出最後的
人臉圖片。

更多細節可以參考論文：https://arxiv.org/pdf/1711.10678.pdf。

10.3.3 程式實現：實現支援動態圖和靜態圖的資料集工具 類別

撰寫資料集工具類別，對 tf.data.Dataset 介面進行二次封裝，使其可以相容動
態圖與靜態圖。程式如下：

程式 10-4 mydataset

```python
01    import os
02    import numpy as np
03    import tensorflow as tf
04    import tensorflow.contrib.eager as tfe
05
06    class Dataset(object):                    # 定義資料集類別，支援動態圖和靜態圖
07        def __init__(self):
08            self._dataset = None
09            self._iterator = None
10            self._batch_op = None
11            self._sess = None
12            self._is_eager = tf.executing_eagerly()
13            self._eager_iterator = None
14
15        def __del__(self):                    # 多載 del 方法
16            if self._sess:                    # 在靜態圖中，在銷毀物件時需要關閉 session
17                self._sess.close()
18
19        def __iter__(self):                   # 多載反覆運算器方法
20            return self
21
22        def __next__(self):                   # 多載 next 方法
23            try:
24                b = self.get_next()
25            except:
26                raise StopIteration
27            else:
28                return b
29        next = __next__
30        def get_next(self):                   # 取得下一個批次的資料
31            if self._is_eager:
32                return self._eager_iterator.get_next()
33            else:
34                return self._sess.run(self._batch_op)
35
36        def reset(self, feed_dict={}):
      # 重置資料集反覆運算器指標（用於整個資料集循環反覆運算）
37            if self._is_eager:
38                self._eager_iterator = tfe.Iterator(self._dataset)
39            else:
40                self._sess.run(self._iterator.initializer, feed_dict=feed_dict)
41
```

```
42        def _bulid(self, dataset, sess=None):      #建置資料集
43            self._dataset = dataset
44
45            if self._is_eager:            # 直接傳回動態圖中的資料集反覆運算器物件
46                self._eager_iterator = tfe.Iterator(dataset)
47            else:      # 在靜態圖中，需要進行初始化，並傳回反覆運算器的 get_next 方法
48                self._iterator = dataset.make_initializable_iterator()
49                self._batch_op = self._iterator.get_next()
50                if sess:
51                    self._sess = sess
52                else:                        #如果沒有傳入 session，則需要自己建立一個
53                    self._sess = tf.Session()
54            try:
55                self.reset()
56            except:
57                pass
58        @property
59        def dataset(self):                # 傳回 deatset 屬性
60            return self._dataset
61
62        @property
63        def iterator(self):               # 傳回 iterator 屬性
64            return self._iterator
65
66        @property
67        def batch_op(self):               # 傳回 batch_op 屬性
68            return self._batch_op
```

整個程式相比較較好了解，就是內部維護了一套動態圖和靜態圖各自的反覆運算關係。使用的都是 Python 基礎語法方面的知識。

10.3.4 程式實現：將 CelebA 做成資料集

製作 Dataset 資料集可以分成兩個主要部分：

- 函數 disk_image_batch_dataset，用來將實際的圖片和標籤資料拼裝成 Dataset 資料集。
- 類別 Celeba 繼承於 10.3.3 小節的 Dataset 類別。在該類別中實現了實際圖片資料的轉化函數 _map_func 與一個靜態方法 check_attribute_conflict。靜態方法 check_attribute_conflict 的作用是將標籤中與指定屬性衝突的標示位歸零。

實際程式如下：

程式 10-4 mydataset（續）

```
69   # 從指定的圖片目錄中讀取圖片，並轉成資料集
70   def disk_image_batch_dataset(img_paths, batch_size, labels=None,
     filter=None,drop_remainder=True,
71                              map_func=None,  shuffle=True, repeat=-1):
72
73       if labels is None:        # 將傳入的圖片路徑與標籤轉成 Dataset 資料集
74           dataset = tf.data.Dataset.from_tensor_slices(img_paths)
75       elif isinstance(labels, tuple):
76           dataset = tf.data.Dataset.from_tensor_slices((img_paths,) +
     tuple(labels))
77       else:
78           dataset = tf.data.Dataset.from_tensor_slices((img_paths, labels))
79
80       if filter:                       # 支援呼叫外部傳入的 filter 處理函數
81           dataset = dataset.filter(filter)
82
83       def parse_func(path, *label):  # 定義資料集的 map 處理函數，用來讀取圖片
84           img = tf.read_file(path)
85           img = tf.image.decode_png(img, 3)
86           return (img,) + label
87
88       if map_func:                     # 支援呼叫外部傳入的 map 處理函數
89           def map_func_(*args):
90               return map_func(*parse_func(*args))
91           dataset = dataset.map(map_func_, num_parallel_calls=num_threads)
92       else:
93           dataset = dataset.map(parse_func, num_parallel_calls=num_threads)
94
95       if shuffle:                      # 亂數操作
96           dataset = dataset.shuffle(buffer_size)
97       # 按批次劃分
98       dataset = dataset.batch(batch_size,drop_remainder = drop_remainder)
99       dataset = dataset.repeat(repeat).prefetch(prefetch_batch)# 設定快取
100      return dataset
101
102  class Celeba(Dataset):
103      # 定義人臉屬性
104      att_dict={'5_o_Clock_Shadow': 0,'Arched_Eyebrows': 1, 'Attractive': 2,
105               'Bags_Under_Eyes': 3,'Bald': 4, 'Bangs': 5, 'Big_Lips': 6,
106               'Big_Nose': 7,'Black_Hair': 8, 'Blond_Hair': 9, 'Blurry': 10,
```

```
107            'Brown_Hair': 11, 'Bushy_Eyebrows': 12, 'Chubby': 13,
108            'Double_Chin': 14, 'Eyeglasses': 15, 'Goatee': 16,
109            'Gray_Hair': 17, 'Heavy_Makeup': 18, 'High_Cheekbones': 19,
110            'Male': 20, 'Mouth_Slightly_Open': 21, 'Mustache': 22,
111            'Narrow_Eyes': 23, 'No_Beard': 24, 'Oval_Face': 25,
112            'Pale_Skin': 26, 'Pointy_Nose': 27, 'Receding_Hairline': 28,
113            'Rosy_Cheeks': 29, 'Sideburns': 30, 'Smiling': 31,
114            'Straight_Hair': 32, 'Wavy_Hair': 33, 'Wearing_Earrings': 34,
115            'Wearing_Hat': 35, 'Wearing_Lipstick': 36,
116            'Wearing_Necklace': 37, 'Wearing_Necktie': 38, 'Young': 39}
117
118    def __init__(self, data_dir, atts, img_resize, batch_size,
119         shuffle=True, repeat=-1, sess=None, mode='train', crop=True):
120        super(Celeba, self).__init__()
121        # 定義資料路徑
122        list_file = os.path.join(data_dir, 'list_attr_celeba.txt')
123        img_dir_jpg = os.path.join(data_dir, 'img_align_celeba')
124        img_dir_png = os.path.join(data_dir, 'img_align_celeba_png')
125
126        # 讀取文字資料
127        names = np.loadtxt(list_file, skiprows=2, usecols=[0], dtype=np.str)
128        if os.path.exists(img_dir_png):        # 將圖片的檔案名稱收集起來
129            img_paths = [os.path.join(img_dir_png, name.replace('jpg',
    'png')) for name in names]
130        elif os.path.exists(img_dir_jpg):
131            img_paths = [os.path.join(img_dir_jpg, name) for name in names]
132        print(img_dir_png,img_dir_jpg)
133        # 讀取每個圖片的屬性標示
134        att_id = [Celeba.att_dict[att] + 1 for att in atts]
135        labels = np.loadtxt(list_file, skiprows=2, usecols=att_id,
    dtype=np.int64)
136
137        if img_resize == 64:
138            offset_h = 40
139            offset_w = 15
140            img_size = 148
141        else:
142            offset_h = 26
143            offset_w = 3
144            img_size = 170
145
```

```
146          def _map_func(img, label):
147              # 從位於 (offset_h, offset_w) 的影像的左上角像素開始對影像修改
148              img = tf.image.crop_to_bounding_box(img, offset_h, offset_w,
     img_size, img_size)
149              # 用雙向內插法縮放圖片
150              img = tf.image.resize(img, [img_resize, img_resize],
     tf.image.ResizeMethod.BICUBIC)
151              img = tf.clip_by_value(img, 0, 255) / 127.5 - 1# 歸一化處理
152              label = (label + 1) // 2      # 將標籤變為 0 和 1
153              return img, label
154
155          drop_remainder = True
156          if mode == 'test':                    # 根據使用情況決定資料集的處理方式
157              drop_remainder = False
158              shuffle = False
159              repeat = 1
160              img_paths = img_paths[182637:]
161              labels = labels[182637:]
162          elif mode == 'val':
163              img_paths = img_paths[182000:182637]
164              labels = labels[182000:182637]
165          else:
166              img_paths = img_paths[:182000]
167              labels = labels[:182000]
168          # 建立資料集
169          dataset = disk_image_batch_dataset(img_paths=img_paths,labels=
                     labels,
170                     batch_size=batch_size, map_func=_map_func,
171                     drop_remainder=drop_remainder,
172                     shuffle=shuffle,repeat=repeat)
173          self._bulid(dataset, sess)        # 建置資料集
174          self._img_num = len(img_paths)    # 計算總長度
175
176      def __len__(self):                        # 多載 len 函數
177          return self._img_num                  # 傳回資料集的總長度
178
179      @staticmethod                             # 定義一個靜態方法，實現將衝突類別歸零
180      def check_attribute_conflict(att_batch, att_name, att_names):
181          def _set(att, value, att_name):
182              if att_name in att_names:
183                  att[att_names.index(att_name)] = value
184
185          att_id = att_names.index(att_name)
```

```
186        for att in att_batch:              # 循環處理批次中的每個反向標籤
187            if att_name in ['Bald', 'Receding_Hairline'] and att[att_id]
               == 1:
188                _set(att, 0, 'Bangs')
               # 沒頭髮屬性和髮際線後退屬性與瀏海屬性衝突
189            elif att_name == 'Bangs' and att[att_id] == 1:
190                _set(att, 0, 'Bald')
191                _set(att, 0, 'Receding_Hairline')
192            elif att_name in ['Black_Hair', 'Blond_Hair', 'Brown_Hair',
    'Gray_Hair'] and att[att_id] == 1:
193                for n in ['Black_Hair', 'Blond_Hair', 'Brown_Hair',
    'Gray_Hair']:
194                    if n != att_name:                # 頭髮顏色只能取一種
195                        _set(att, 0, n)
196            elif att_name in ['Straight_Hair', 'Wavy_Hair'] and
    att[att_id] == 1:
197                for n in ['Straight_Hair', 'Wavy_Hair']:
198                    if n != att_name:            # 直髮屬性和波浪屬性
199                        _set(att, 0, n)
200            elif att_name in ['Mustache', 'No_Beard'] and att[att_id] == 1:
201                for n in ['Mustache', 'No_Beard']: # 有鬍子屬性和沒鬍子屬性
202                    if n != att_name:
203                        _set(att, 0, n)
204
205        return att_batch
```

在程式第 104 行中，手動定義了人臉屬性的字典。該字典的屬性名稱與順序要與 10.3.1 小節介紹的樣本標記中的一致。在整個專案中，都會用這個字典來定位圖片的實際屬性。

程式第 137 行是一個對輸入圖片主要內容增強的小技巧：先按照一定尺寸將圖片主要內容剪輯下來，再將其轉化為指定的尺寸，進一步實現將主要內容區域放大的效果。因為本實例使用的人臉資料集是經過對齊前置處理後的圖片（高為 218 pixel，寬為 178 pixel），所以可以用人為調好的數值進行修改。

程式第 137~144 行的意思是：如果使用 64 pixel×64 pixel 大小的圖片，則從原始圖片的（15,40）座標處修改 148 pixel×148 pixel 大小的區域；如果使用其他尺寸大小的圖片，則從原始圖片的（3,26）座標處修改 170 pixel×170 pixel 大小的區域。

修改後的圖片將被用雙向內插法縮放為指定大小的圖片。

10.3.5 程式實現：建置 AttGAN 模型的編碼器

模型編碼器模型由多個卷積層組成。每一層在進行卷積操作後，都會做批次歸一化處理（BN）。另外，用一個列表 zs 將每層的處理結果收集起來一起傳回。

編碼器模型的結果和清單 zs 中的中間層特徵會在 10.3.6 小節的解碼器模型中被使用。

實際程式如下：

```
程式 10-5 AttGANmodels
01    import tensorflow as tf
02    import tensorflow.contrib.slim as slim
03
04    MAX_DIM = 64 * 16                              # 卷積輸出的最小維度
05    def Genc(x, dim=64, n_layers=5, is_training=True):
06        with tf.variable_scope('Genc', reuse=tf.AUTO_REUSE):
07            z = x
08            zs = []
09            for i in range(n_layers):              # 循環卷積操作
10                d = min(dim * 2**i, MAX_DIM)
11                z = slim.conv2d(z,d,4,2,activation_fn=tf.nn.leaky_relu)
12                z = slim.batch_norm(z,scale=True,updates_collections=None,
                       is_training=is_training)      # 批次歸一化處理
13                zs.append(z)
14            return zs
```

在程式第 12 行的批次歸一化（BN）處理中，呼叫了 slim.batch_norm 函數。該函數的幾個重要參數說明如下。

- scale：是否使用自我調整模式（見 10.1.4 小節）。這裡將 scale 設為了 True，表示使用自我調整模式（見程式第 12 行）。

- updates_collections：設定更新移動平均值 μ 和移動方差 σ 的 OP（運算符號）。預設值為 tf.GraphKeys.UPDATE_OPS，表示在 BN 處理時，會將更新移動平均值 μ 和移動方差 σ 的運算符號儲存在 tf.GraphKeys.UPDATE_OPS 裡。此時並不會對移動平均值和移動方差做真正的更新操作，而是等待外部程式來觸發該 OP（運算符號）執行（見 5.2.7 小節）。這裡將參數 updates_collections 設為了 None，表示在 BN 處理時每次都強制更新移動平均值 μ 和移動方差 σ（見程式第 12 行）。這種方式可以確保移動平均值 μ 和移動方差 σ 即時更新。但在分散式執行時期，這種方式會對效能影響很大。

■ decay：估計移動平均值的衰減係數。它與訓練步數相對應。即需要訓練 1/
（1-decay）步，才能夠真正收斂。該參數預設值為 0.999，表示至少需要的
訓練步數為 1/（1-0.999）=1000 步才能夠使模型真正收斂。

10.3.6 程式實現：建置含有轉置卷積的解碼器模型

解碼器模型是由植入層、短連接層、多個轉置卷積層組成的。

■ 植入層：將標籤資訊按照解碼器模型中間層的尺寸 [h,w] 複製 $h \times w$ 份，變
成形狀為 [batch,h,w, 標籤屬性個數] 的矩陣。然後用 concat 函數將該矩陣
與解碼器模型中間層資訊連接起來，一起傳入下一層進行轉置卷積操作。

■ 短連接：將 10.3.5 小節編碼器模型中間層資訊與對應的解碼器模型中間層
資訊用 concat 函數結合起來，一起傳入下一層進行轉置卷積操作。

■ 轉置卷積層：透過將卷積核心轉置並進行反卷積操作。該網路層具有資訊
還原的功能。

解碼器模型中轉置卷積層的數量要與編碼器模型中卷積層的數量一致，各為 5
層。編碼器模型與解碼器模型的結構如圖 10-6 所示。

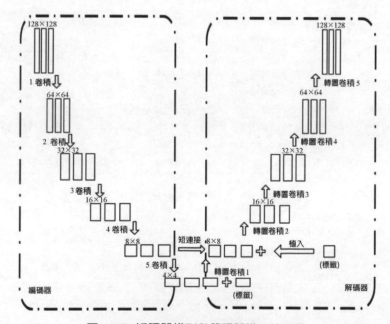

圖 10-6 編碼器模型與解碼器模型的結構

按照圖 10-6 中的結構，解碼器模型的處理流程如下：

（1）將編碼器模型的結果加入標籤資訊作為原始資料。

（2）在第 1 層進行轉置卷積後加入短連接資訊。

（3）將標籤透過植入層與第（2）步的結果連接起來。

（4）依次再透過 4 層轉置卷積，獲得與原始圖片尺寸相同（128 pinxel×128 pixel）的輸出。

其中，短連接層的數量與植入層的數量是可以透過參數調節的。這裡使用的參數為 1，代表各使用 1 層。

實際程式如下：

```
程式 10-5 AttGANmodels（續）
15  def Gdec(zs, _a, dim=64, n_layers=5, shortcut_layers=1, inject_layers=0,
    is_training=True):
16      shortcut_layers = min(shortcut_layers, n_layers - 1) #定義短連接層
17      inject_layers = min(inject_layers, n_layers - 1)        #定義植入層
18
19      def _concat(z, z_, _a):                          #定義函數，實現 concat 操作
20          feats = [z]
21          if z_ is not None:                          #追加短連接層資訊
22              feats.append(z_)
23          if _a is not None:                          #追加植入層的標籤資訊
24              #調整標籤維度，與解碼器模型的中間層一致
25              _a = tf.reshape(_a, [-1, 1, 1, _a.get_shape()[-1] ])
26              #按照解碼器模型中間層輸出的尺寸進行複製
27              _a = tf.tile(_a, [1, z.get_shape()[1],z.get_shape()[2], 1])
28              feats.append(_a)
29          return tf.concat(feats, axis=3)              #對特徵進行 concat 操作
30
31      with tf.variable_scope('Gdec', reuse=tf.AUTO_REUSE):
32          z = _concat(zs[-1], None, _a)           #將編碼器模型結果與標籤結合起來
33          for i in range(n_layers):                   #5 層轉置卷積
34              if i < n_layers - 1:
35                  d = min(dim * 2**(n_layers - 1 - i), MAX_DIM)
36                  z = slim.conv2d_transpose(z,d,4,2,activation_fn=tf.nn.relu)
37                  z = slim.batch_norm(z,scale=True,updates_collections=
    None, is_training=is_training)
38                  if shortcut_layers > i:         #實現短連接層
```

```
39                          z = _concat(z, zs[n_layers - 2 - i], None)
40                  if inject_layers > i:                  #實現植入層
41                          z = _concat(z, None, _a)
42              else:
43                  x = slim.conv2d_transpose(z, 3, 4, 2,activation_fn=
                        tf.nn.tanh)                   #對最後一層的結果進行特殊處理
44          return x
```

程式第 43 行，對最後一層的結果做了啟動函數 tanh 的轉化，將最後結果變成
與原始圖片歸一化處理後一樣的值域（－1~1 之間）。

提示

這裡分享一個在實際訓練中得出的經驗：啟動函數 leaky_relu 配合卷積神經網
路的效果要比啟動函數 relu 好。所以可以看到，在 10.3.5 小節中的編碼器模型
部分使用的是啟動函數 leaky_relu，而在本節的解碼器模型部分使用的是啟動函
數 relu。

10.3.7 程式實現：建置 AttGAN 模型的判別器模型部分

判別器模型相對簡單。步驟如下：

（1）用 5 層卷積網路對輸入資料進行特徵分析。

（2）在第（1）步的 5 層卷積網路中，每次卷積操作之後，都進行一次實例歸
一化（10.1.5 小節）處理。實例歸一化可以幫助卷積網路更進一步地對獨
立樣本個體進行特徵分析。

（3）將第（1）步的結果分成兩份，分別透過 2 層全連接網路，獲得判別真偽
的結果與判別分類的結果。

（4）將最後的判別真偽的結果與判別分類的結果傳回。

實際程式如下。

程式 10-5 AttGANmodels（續）

```
45   def D(x, n_att, dim=64, fc_dim=MAX_DIM, n_layers=5):
46      with tf.variable_scope('D', reuse=tf.AUTO_REUSE):
47          y = x
48          for i in range(n_layers):      #5層卷積網路
49              d = min(dim * 2**i, MAX_DIM)
50              y= slim.conv2d(y,d,4,2, normalizer_fn=slim.instance_norm,
     activation_fn=tf.nn.leaky_relu)
```

```
51          print(y.shape,y.shape.ndims)
52          if y.shape.ndims > 2:        #大於 2 維，需要展開。變成 2 維的再做全連接
53              y = slim.flatten(y)
54          #用 2 層全連接辨別真偽
55          logit_gan = slim.fully_connected(y, fc_dim,activation_fn =
        tf.nn.leaky_relu )
56          logit_gan = slim.fully_connected(logit_gan, 1,activation_fn =None )
57          #用 2 層全連接進行分類
58          logit_att = slim.fully_connected(y, fc_dim,activation_fn =
        tf.nn.leaky_relu )
59          logit_att = slim.fully_connected(logit_att, n_att,activation_fn =None )
60
61          return logit_gan, logit_att
62
63  def gradient_penalty(f, real, fake=None):        #計算 WGAN-gp 的懲罰項
64      def _interpolate(a, b=None):                 #定義聯合分佈空間的取樣函數
65          with tf.name_scope('interpolate'):
66              if b is None:
67                  beta = tf.random_uniform(shape=tf.shape(a), minval=0.,
                        maxval=1.)
68                  _, variance = tf.nn.moments(a, range(a.shape.ndims))
69                  b = a + 0.5 * tf.sqrt(variance) * beta
70              shape = [tf.shape(a)[0]] + [1] * (a.shape.ndims - 1)
71              #定義取樣的亂數
72              alpha = tf.random_uniform(shape=shape, minval=0., maxval=1.)
73              inter = a + alpha * (b - a)           #聯合空間取樣
74              inter.set_shape(a.get_shape().as_list())
75              return inter
76
77      with tf.name_scope('gradient_penalty'):
78          x = _interpolate(real, fake)             #在聯合分佈空間取樣
79          pred = f(x)
80          if isinstance(pred, tuple):
81              pred = pred[0]
82          grad = tf.gradients(pred, x)[0]          #計算梯度懲罰項
83          norm = tf.norm(slim.flatten(grad), axis=1)
84          gp = tf.reduce_mean((norm - 1.)**2)
85          return gp
```

程式第 63 行是一個計算對抗網路懲罰項的函數。該懲罰項源於 WGAN-gp 對抗神經網路模型。如果在 WGAN 模型與 LSGAN 模型中增加了懲罰項，則分別變成了 WGAN-gp、LSGAN-gp 模型。

10.3.8 程式實現：定義模型參數，並建置 AttGAN 模型

接下來進入模型訓練環節。

首先，在靜態圖中建置 AttGAN 模型，並建立資料集。實際程式如下。

```
程式 10-6 trainattgan
01  from functools import partial        #引用偏函數程式庫
02  import traceback
03  import re                            #引用正規函數庫
04  import numpy as np
05  import tensorflow as tf
06  import time
07  import os
08  import scipy.misc
09  #引用本機檔案
10  mydataset = __import__("10-4  mydataset")
11  data = mydataset#.data
12  AttGANmodels = __import__("10-5  AttGANmodels")
13  models = AttGANmodels#.models
14
15  img_size = 128                       #定義圖片尺寸
16  #定義模型參數
17  shortcut_layers = 1                  #定義短連接層數
18  inject_layers =1                     #定義植入層數
19  enc_dim = 64                         #定義編碼維度
20  dec_dim = 64                         #定義解碼維度
21  dis_dim = 64                         #定義判別器模型維度
22  dis_fc_dim = 1024                    #定義判別器模型中全連接的節點
23  enc_layers = 5                       #定義編碼器模型層數
24  dec_layers = 5                       #定義解碼器模型層數
25  dis_layers = 5                       #定義判別器模型器層數
26
27  #定義訓練參數
28  mode = 'wgan'                        #設定計算損失的方式，還可設為 "lsgan"
29  epoch = 200                          #定義反覆運算次數
30  batch_size = 32                      #定義批次大小
31  lr_base = 0.0002                     #定義學習率
32  n_d = 5              #定義訓練間隔，訓練n_d次判別器模型伴隨一次產生器模型
33  #定義產生器模型的隨機方式
34  b_distribution = 'none'             #還可以設定值：uniform、truncated_normal
35  thres_int = 0.5                      #訓練時，特徵的上下限值域
```

```
36   # 測試時特徵屬性的上下限值域
37   test_int = 1.0                          # 一般要大於訓練時的值域，使特徵更加明顯
38   n_sample = 32
39
40   # 定義預設屬性
41   att_default = ['Bald', 'Bangs', 'Black_Hair', 'Blond_Hair', 'Brown_Hair',
     'Bushy_Eyebrows', 'Eyeglasses', 'Male', 'Mouth_Slightly_Open',
     'Mustache', 'No_Beard', 'Pale_Skin', 'Young']
42   n_att = len(att_default)
43
44   experiment_name = "128_shortcut1_inject1_None"          # 定義模型的資料夾名稱
45   os.makedirs('./output/%s' % experiment_name, exist_ok=True)      # 建立目錄
46
47   tf.reset_default_graph()
48   # 定義執行 session 的硬體規格
49   config = tf.ConfigProto(allow_soft_placement=True, log_device_placement=False)
50   config.gpu_options.allow_growth = True
51   sess = tf.Session(config=config)
52
53   # 建立資料集
54   tr_data = data.Celeba(r'E:\newgan\AttGAN-Tensorflow-master\data',
     att_default, img_size, batch_size, mode='train', sess=sess)
55   val_data = data.Celeba(r'E:\newgan\AttGAN-Tensorflow-master\data',
     att_default, img_size, n_sample, mode='val', shuffle=False, sess=sess)
56
57   # 準備一部分評估樣本，用於測試模型的輸出效果
58   val_data.get_next()
59   val_data.get_next()
60   xa_sample_ipt, a_sample_ipt = val_data.get_next()
61   b_sample_ipt_list = [a_sample_ipt]     # 儲存原始樣本標籤，用於重建
62   for i in range(len(att_default)):      # 每個屬性產生一個標籤
63       tmp = np.array(a_sample_ipt, copy=True)
64       tmp[:, i] = 1 - tmp[:, i]                   # 將指定屬性反轉，去掉顯像屬性的衝突項
65       tmp = data.Celeba.check_attribute_conflict(tmp, att_default[i],
     att_default)
66       b_sample_ipt_list.append(tmp)
67
68   # 建置模型
69   Genc = partial(models.Genc, dim=enc_dim, n_layers=enc_layers)
70   Gdec = partial(models.Gdec, dim=dec_dim, n_layers=dec_layers,
     shortcut_layers=shortcut_layers, inject_layers=inject_layers)
71   D = partial(models.D, n_att=n_att, dim=dis_dim, fc_dim=dis_fc_dim,
     n_layers=dis_layers)
```

程式第 58~66 行，根據評估樣本的標籤資料來合成多個目標標籤。這些目標標籤將被輸入模型中用於產生指定的人臉圖片。實際步驟如下：

（1）用資料集產生一部分評估樣本及對應的標籤。

（2）從預設屬性 att_default（見程式第 41 行）中取出一個屬性索引。

（3）用第（2）步的屬性索引，在樣本標籤中找到對應的屬性值，將其反轉。

（4）將反轉後的標籤儲存起來，完成一個目標標籤的製作。

（5）用 for 循環檢查預設屬性 att_default，在循環中實現第（2）~（4）步的操作，合成多個目標標籤。

在合成目標標籤的過程中，每個目標標籤只在原來的標籤上改變了一個屬性。這樣做可以使輸出的效果更加明顯。

在程式第 69~71 行，用偏函數分別對編碼器模型、解碼器模型、判別器模型進行二次封裝，將常數參數固定起來。

10.3.9 程式實現：定義訓練參數，架設正反向模型

定義學習率、輸入樣本、模擬標籤相關的預留位置，並建置正反向模型。

1 架設 AttGAN 模型正向結構的步驟

按照 10.3.2 小節中 AttGAN 模型正向結構的描述實現以下步驟：

（1）用編碼器模型分析特徵。

（2）將分析後的特徵與樣本標籤一起輸入解碼器模型，重建輸入的人臉圖片。

（3）將第（1）步分析後的特徵與模擬標籤一起輸入解碼器模型，完成模擬人臉圖片的產生。

（4）將第（3）步的模擬人臉圖片與真實的圖片輸入判別器，模型進行圖片真偽的判斷和屬性分類的計算。

1 架設 AttGAN 模型中的技術細節

在標籤計算之前，統一進行一次值域變化，將標籤的值域從 0 ～ 1 變為 -0.5 ～ 0.5，見程式第 75 行。

在模擬標籤部分，程式中列出了 3 種方法：直接亂數、用 uniform 隨機值進行變化、用 truncated_normal 隨機值進行變化，見程式第 77 ～ 82 行。

完整的程式如下。

程式 10-6 trainattgan（續）

```
72   lr = tf.placeholder(dtype=tf.float32, shape=[])# 定義學習率預留位置
73   xa = tr_data.batch_op[0]                        # 定義取得訓練圖片資料的 OP
74   a = tr_data.batch_op[1]                         # 定義取得訓練標籤資料的 OP
75   _a = (tf.cast(a,tf.float32) * 2 - 1) * thres_int        # 改變標籤值域
76   b = tf.random_shuffle(a)          # 打亂屬性標籤的對應關係，用於產生器模型的輸入
77   if b_distribution == 'none':     # 建置產生器模型的隨機值標籤
78       _b = (tf.cast(b,tf.float32) * 2 - 1) * thres_int
79   elif b_distribution == 'uniform':
80       _b = (tf.cast(b,tf.float32) * 2 - 1) * tf.random_uniform(tf.shape(b))
     * (2 * thres_int)
81   elif b_distribution == 'truncated_normal':
82       _b = (tf.cast(b,tf.float32) * 2 - 1) * (tf.truncated_normal(tf.shape
     (b)) + 2) / 4.0 * (2 * thres_int)
83
84   xa_sample = tf.placeholder(tf.float32, [None, img_size, img_size, 3])
85   _b_sample = tf.placeholder(tf.float32, [None, n_att])
86
87   # 建置產生器模型
88   z = Genc(xa)          # 用編碼器模型分析特徵
89   xb_ = Gdec(z, _b)   # 將編碼器模型輸出的特徵配合隨機屬性 產生人臉圖片（用於對抗）
90   with tf.control_dependencies([xb_]):
91       xa_ = Gdec(z, _a)
     # 將編碼器模型輸出的特徵配合原有標籤屬性，產生人臉圖片（用於重建）
92
93   # 建置判別器模型
94   xa_logit_gan, xa_logit_att = D(xa)
95   xb__logit_gan, xb__logit_att = D(xb_)
96
97   # 計算判別器模型損失
98   if mode == 'wgan':                              # 用 wgan-gp 方式
99       wd = tf.reduce_mean(xa_logit_gan) - tf.reduce_mean(xb__logit_gan)
100      d_loss_gan = -wd
101      gp = models.gradient_penalty(D, xa, xb_)
102  elif mode == 'lsgan':                           # 用 lsgan-gp 方式
103      xa_gan_loss = tf.losses.mean_squared_error(tf.ones_like
     (xa_logit_gan), xa_logit_gan)
104      xb__gan_loss = tf.losses.mean_squared_error(tf.zeros_like
     (xb__logit_gan), xb__logit_gan)
```

```
105     d_loss_gan = xa_gan_loss + xb__gan_loss
106     gp = models.gradient_penalty(D, xa)
107
108 #計算分類器模型的重建損失
109 xa_loss_att = tf.losses.sigmoid_cross_entropy(a, xa_logit_att)
110 d_loss = d_loss_gan + gp * 10.0 + xa_loss_att   #最後的判別器模型損失
111
112 #計算產生器模型損失
113 if mode == 'wgan':                              #用 wgan-gp 方式
114     xb__loss_gan = -tf.reduce_mean(xb__logit_gan)
115 elif mode == 'lsgan':                           #用 lsgan-gp 方式
116     xb__loss_gan = tf.losses.mean_squared_error(tf.ones_like
    (xb__logit_gan), xb__logit_gan)
117
118 #計算分類器模型的重建損失
119 xb__loss_att = tf.losses.sigmoid_cross_entropy(b, xb__logit_att)
120 #用於校準產生器模型的產生結果
121 xa__loss_rec = tf.losses.absolute_difference(xa, xa_)
122 #最後的產生器模型損失
123 g_loss = xb__loss_gan + xb__loss_att * 10.0 + xa__loss_rec * 100.0
124
125 t_vars = tf.trainable_variables()              #獲得訓練參數
126 d_vars = [var for var in t_vars if 'D' in var.name]
127 g_vars = [var for var in t_vars if 'G' in var.name]
128 #定義優化器 OP
129 d_step = tf.train.AdamOptimizer(lr, beta1=0.5).minimize(d_loss, var_list=
    d_vars)
130 g_step = tf.train.AdamOptimizer(lr, beta1=0.5).minimize(g_loss, var_list=
    g_vars)
131 #按照指定屬性產生資料，用於測試模型的輸出效果
132 x_sample = Gdec(Genc(xa_sample, is_training=False), _b_sample,
    is_training=False)
133
134 def summary(tensor_collection,  #定義 summary 處理函數
135             summary_type=['mean', 'stddev', 'max', 'min', 'sparsity',
    'histogram'],
136             scope=None):
137
138     def _summary(tensor, name, summary_type):
139         if name is None:
140             name = re.sub('%s_[0-9]*/' % 'tower', '', tensor.name)
141             name = re.sub(':', '-', name)
```

```
142
143            summaries = []
144            if len(tensor.shape) == 0:
145                summaries.append(tf.summary.scalar(name, tensor))
146            else:
147                if 'mean' in summary_type:
148                    mean = tf.reduce_mean(tensor)
149                    summaries.append(tf.summary.scalar(name + '/mean', mean))
150                if 'stddev' in summary_type:
151                    mean = tf.reduce_mean(tensor)
152                    stddev = tf.sqrt(tf.reduce_mean(tf.square(tensor - mean)))
153                    summaries.append(tf.summary.scalar(name + '/stddev', stddev))
154                if 'max' in summary_type:
155                    summaries.append(tf.summary.scalar(name + '/max',
       tf.reduce_max(tensor)))
156                if 'min' in summary_type:
157                    summaries.append(tf.summary.scalar(name + '/min',
       tf.reduce_min(tensor)))
158                if 'sparsity' in summary_type:
159                    summaries.append(tf.summary.scalar(name + '/sparsity',
       tf.nn.zero_fraction(tensor)))
160                if 'histogram' in summary_type:
161                    summaries.append(tf.summary.histogram(name, tensor))
162            return tf.summary.merge(summaries)
163
164    if not isinstance(tensor_collection, (list, tuple, dict)):
165        tensor_collection = [tensor_collection]
166
167    with tf.name_scope(scope, 'summary'):
168        summaries = []
169        if isinstance(tensor_collection, (list, tuple)):
170            for tensor in tensor_collection:
171                summaries.append(_summary(tensor, None, summary_type))
172        else:
173            for tensor, name in tensor_collection.items():
174                summaries.append(_summary(tensor, name, summary_type))
175        return tf.summary.merge(summaries)
176 #定義產生 summary 的相關節點
177 d_summary = summary({d_loss_gan: 'd_loss_gan',gp: 'gp',
178     xa_loss_att: 'xa_loss_att',}, scope='D')          #定義判別器模型記錄檔
179
180 lr_summary = summary({lr: 'lr'}, scope='Learning_Rate') #定義學習率記錄檔
181
```

```
182  g_summary = summary({ xb__loss_gan: 'xb__loss_gan', # 定義產生器模型記錄檔
183      xb__loss_att: 'xb__loss_att',xa__loss_rec: 'xa__loss_rec',
184  }, scope='G')
185
186  d_summary = tf.summary.merge([d_summary, lr_summary])
187
188  def counter(start=0, scope=None):                    # 對張量進行計數
189      with tf.variable_scope(scope, 'counter'):
190          counter = tf.get_variable(name='counter',
191                              initializer=tf.constant_initializer(start),
192                              shape=(),
193                              dtype=tf.int64)
194          update_cnt = tf.assign(counter, tf.add(counter, 1))
195          return counter, update_cnt
196  # 定義計數器
197  it_cnt, update_cnt = counter()
198
199  # 定義 saver，用於讀取模型
200  saver = tf.train.Saver(max_to_keep=1)
201
202  # 定義摘要記錄檔寫入器
203  summary_writer = tf.summary.FileWriter('./output/%s/summaries' %
     experiment_name, sess.graph)
```

在計算損失值方面，程式第 97~123 行中提供了對抗神經網路模型中計算損失值的兩種方式──wgan-gp 與 lsgan-gp。這兩種方式都是對抗神經網路模型中主流的計算 loss 值的方式。它可以在訓練過程中，使產生器模型與判別器模型極佳地收斂。

程式第 123 行，在合成最後的產生器模型的損失時，分別為模擬標籤的分類損失和真實圖片的重建損失增加了 10 和 100 的縮放參數。這樣做是為了使損失處於同一數量級。類似的還有程式第 110 行，合成判別器模型的損失部分。

> 提示
>
> 在 AttGAN 的論文（https://arxiv.org/pdf/1711.10678.pdf）中，作者對重建損失、分類損失與對抗損失分別做了單獨的實驗，進一步歸納各個損失值對模型的約束意義，以便更進一步地了解模型內部的機制。實際如下：
> - 重建損失是為了表示屬性以外的資訊，可以確保與屬性無關的人臉部分不被改變。

- 分類損失是為了表示屬性資訊，使產生器模型能夠按照指定的屬性來產生圖片。

- 對抗損失是為了強化產生器模型的屬性產生功能，讓屬性資訊可以顯現出來。

如果沒有對抗損失，產生器模型產生的圖片會很不穩定，用肉眼看去，有的具有屬性，有的卻沒有屬性。但這並不代表產生器模型產生的圖片沒有對應的屬性，只不過是人眼無法看出這些屬性而已。這時產生器模型相當於一個用於攻擊模型的對抗樣本產生器模型，即產生具有人眼識別不出來的圖片屬性（實際參考第 11 章）。而對抗損失用真實的圖片與標籤進行校準，正好強化了產生器模型的分類產生功能，讓產生器模型可以產生人眼可見的屬性圖片。

程式第 121 行用 tf.losses.absolute_difference 函數計算重建損失。該函數計算的是產生圖片與原始圖片的平均絕對誤差（MAD）。相對於 MSE 演算法，平均絕對誤差受偏離正常範圍的離群樣本影響較小，讓模型具有更好的泛化性，可以更進一步地幫助模型在重建方面進行收斂。但缺點是收斂速度比 MSE 演算法慢。

程式第 119 行，在計算分類損失時，使用了啟動函數 sigmoid 的交叉熵函數 sigmoid_cross_entropy。sigmoid 的交叉熵是將預測值與標籤值中的每個分類各做一次 sigmoid 變化，再計算交叉熵。這種方法常常用來解決非互斥類別的分類問題。它不同於 softmax 的交叉熵：softmax 的交叉熵在 softmax 環節限定預測值中所有分類的機率值的「和」為 1，標籤值中所有分類的機率值的「和」也為 1，這會導致機率值之間是互斥關應，所以 softmax 的交叉熵適用於互斥類別的分類問題。

程式第 134~186 行實現了輸出 summary 記錄檔的功能。待模型訓練結束之後，可以在 TensorBoard 中檢視。

10.3.10 程式實現：訓練模型

首先定義 3 個函數 immerge、to_range、imwrite，用在測試模型的輸出圖片環節。

接著透過循環反覆運算訓練模型。在訓練的過程中，每訓練 5 次判別器模型，就訓練一次產生器模型。實際程式如下：

程式 10-6 trainattgan（續）

```
204  def immerge(images, row, col):#合成圖片
205      h, w = images.shape[1], images.shape[2]
206      if images.ndim == 4:
207          img = np.zeros((h * row, w * col, images.shape[3]))
208      elif images.ndim == 3:
209          img = np.zeros((h * row, w * col))
210      for idx, image in enumerate(images):
211          i = idx % col
212          j = idx // col
213          img[j * h:j * h + h, i * w:i * w + w, ...] = image
214
215      return img
216
217  #轉化圖片值域，從 [-1.0, 1.0] 到 [min_value, max_value]
218  def to_range(images, min_value=0.0, max_value=1.0, dtype=None):
219
220      assert np.min(images) >= -1.0 - 1e-5 and np.max(images) <= 1.0 + 1e-5 \
221          and (images.dtype == np.float32 or images.dtype == np.float64), \
222          ('The input images should be float64(32) '
223           'and in the range of [-1.0, 1.0]!')
224      if dtype is None:
225          dtype = images.dtype
226      return ((images + 1.) / 2. * (max_value - min_value) +
227              min_value).astype(dtype)
228
229  def imwrite(image, path):                    # 儲存圖片，數值為 [-1.0, 1.0]
230      if image.ndim == 3 and image.shape[2] == 1: #儲存灰階圖
231          image = np.array(image, copy=True)
232          image.shape = image.shape[0:2]
233      return scipy.misc.imsave(path, to_range(image, 0, 255, np.uint8))
234  #建立或載入模型
235  ckpt_dir = './output/%s/checkpoints' % experiment_name
236  try:
237      thisckpt_dir = tf.train.latest_checkpoint(ckpt_dir)
238      restorer = tf.train.Saver()
239      restorer.restore(sess, thisckpt_dir)
240      print(' [*] Loading checkpoint succeeds! Copy variables from % s!' %
     thisckpt_dir)
241  except:
242      print(' [*] No checkpoint')
243      os.makedirs(ckpt_dir, exist_ok=True)
244      sess.run(tf.global_variables_initializer())
```

```
245
246    # 訓練模型
247    try:
248        # 計算訓練一次資料集所需的反覆運算次數
249        it_per_epoch = len(tr_data) // (batch_size * (n_d + 1))
250        max_it = epoch * it_per_epoch
251        for it in range(sess.run(it_cnt), max_it):
252            start_time = time.time()
253            sess.run(update_cnt)                # 更新計數器
254            epoch = it // it_per_epoch    # 計算訓練一次資料集所需要的反覆運算次數
255            it_in_epoch = it % it_per_epoch + 1
256            lr_ipt = lr_base / (10 ** (epoch // 100)) # 計算學習率
257            for i in range(n_d):                        # 訓練 n_d 次判別器模型
258                d_summary_opt, _ = sess.run([d_summary, d_step],
    feed_dict={lr: lr_ipt})
259                summary_writer.add_summary(d_summary_opt, it)
260            g_summary_opt, _ = sess.run([g_summary, g_step], feed_dict=
    {lr: lr_ipt})                                # 訓練一次產生器模型
261            summary_writer.add_summary(g_summary_opt, it)
262            if (it + 1) % 1 == 0:                       # 顯示計算時間
263                print("Epoch: {} {}/{} time: {}".format(epoch, it_in_epoch,
    it_per_epoch,time.time()-start_time))
264
265            if (it + 1) % 1000 == 0:         # 儲存模型
266                save_path = saver.save(sess, '%s/Epoch_(%d)_(%dof%d).ckpt' %
    (ckpt_dir, epoch, it_in_epoch, it_per_epoch))
267                print('Model is saved at %s!' % save_path)
268
269            # 用模型產生一部分樣本，以便觀察效果
270            if (it + 1) % 100 == 0:
271                x_sample_opt_list = [xa_sample_ipt, np.full((n_sample,
    img_size, img_size // 10, 3), -1.0)]
272                for i, b_sample_ipt in enumerate(b_sample_ipt_list):
273                    _b_sample_ipt = (b_sample_ipt * 2 - 1) * thres_int
                       # 標籤前置處理
274                    if i > 0:
                       # 將目前屬性的值域變成 [-1，1]。如果 i 為 0，則是原始標籤
275                        _b_sample_ipt[..., i - 1] = _b_sample_ipt[..., i - 1]
    * test_int / thres_int
276                    x_sample_opt_list.append(sess.run(x_sample, feed_dict=
    {xa_sample: xa_sample_ipt, _b_sample: _b_sample_ipt}))
277                sample = np.concatenate(x_sample_opt_list, 2)
```

```
278              save_dir = './output/%s/sample_training' % experiment_name
279              os.makedirs(save_dir, exist_ok=True)
280              imwrite(immerge(sample, n_sample, 1), '%s/Epoch_(%d)_
     (%dof%d).jpg' % (save_dir, epoch, it_in_epoch, it_per_epoch))
281  except:
282      traceback.print_exc()
283  finally:    # 在程式最後儲存模型
284      save_path = saver.save(sess, '%s/Epoch_(%d)_(%dof%d).ckpt' % (ckpt_
     dir, epoch, it_in_epoch, it_per_epoch))
285      print('Model is saved at %s!' % save_path)
286      sess.close()
```

程式執行後，輸出以下結果：

```
......
Epoch:  116 233/947  time: 10.196768760681152
Epoch:  116 234/947  time: 10.141278266906738
Epoch:  116 235/947  time: 10.229653596878052
Epoch:  116 236/947  time: 10.178789377212524
......
```

結果中只顯示了訓練的進度和時間。內部的損失值可以透過 TensorBoard 來參看，如圖 10-7 所示。

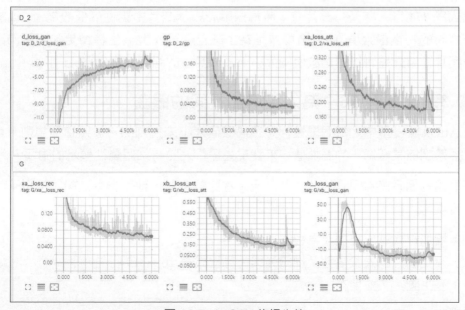

圖 10-7 AttGAN 的損失值

在目前的目錄的 output\128_shortcut1_inject1_None\sample_training 檔案下，可以看到產生的人臉圖片情況，如圖 10-8 所示。

圖 10-8　AttGAN 所合成的人臉圖片

圖 10-8 中，每一行是實際圖片按照指定屬性產生的結果。其中，第 1 列為原始圖片。第 2 列到最後一列是按照程式 66 行 b_sample_ipt_list 變數中的屬性標籤產生的，其中包含帶有眼袋、瀏海、黑頭髮、金色頭髮、棕色頭髮等屬性的人臉圖片。

程式第 274 行，在產生圖片時，將每個用於顯示圖片主屬性的值設為 1，高於訓練時的特徵最大值 0.5。這麼做是為了讓產生器模型產生特徵更加明顯的人臉圖片。另外還可以透過該值的大小來調節屬性的強弱，見 10.3.11 小節。

10.3.11　實例 56：為人臉增加不同的眼鏡

在 AttGAN 模型中，每個屬性都是透過數值大小來控制的。按照這個規則，可以透過調節某個單一的屬性值，來實現在編輯人臉時某個屬性顯示的強弱。

下面透過編碼來實現實際的實驗效果。在定義參數、建置模型之後，按以下步驟實現：

（1）增加程式載入模型（見程式第 1 ～ 14 行）。

（2）設定圖片的人臉屬性及標籤強弱（見程式第 16 ～ 19 行）。

（3）產生圖片，並儲存。

實際程式如下：

程式 10-7 testattgan（片段）

```
01    ……
02    ckpt_dir = './output/%s/checkpoints' % experiment_name
03    print(ckpt_dir)
04    thisckpt_dir = tf.train.latest_checkpoint(ckpt_dir)
05    print(thisckpt_dir)
06    restorer = tf.train.Saver()
07    restorer.restore(sess, thisckpt_dir)
08
09    try:                    # 載入模型
10        thisckpt_dir = tf.train.latest_checkpoint(ckpt_dir)
11        restorer = tf.train.Saver()
12        restorer.restore(sess, thisckpt_dir)
13    except:
14        raise Exception(' [*] No checkpoint!')
15
16    n_slide  =10            # 產生 10 個圖片
17    test_int_min = 0.7          # 特徵值從 0.7 開始
18    test_int_max = 1.2          # 特徵值到 1.2 結束
19    test_att = 'Eyeglasses'        # 只使用一個眼鏡屬性
20    try:
21        for idx, batch in enumerate(te_data):# 檢查樣本資料
22            xa_sample_ipt = batch[0]
23            b_sample_ipt = batch[1]
24            # 處理標籤
25            x_sample_opt_list = [xa_sample_ipt, np.full((1, img_size,
      img_size // 10, 3), -1.0)]
26            for i in range(n_slide):# 產生 10 個圖片
27                test_int = (test_int_max - test_int_min) / (n_slide - 1) * i
      + test_int_min
28                _b_sample_ipt = (b_sample_ipt * 2 - 1) * thres_int
29                _b_sample_ipt[..., att_default.index(test_att)] = test_int
30                # 用模型產生圖片
31                x_sample_opt_list.append(sess.run(x_sample, feed_dict=
      {xa_sample: xa_sample_ipt, _b_sample: _b_sample_ipt}))
32            sample = np.concatenate(x_sample_opt_list, 2)
33            # 儲存結果
34            save_dir = './output/%s/sample_testing_slide_%s' %
      (experiment_name, test_att)
35
36            os.makedirs(save_dir, exist_ok=True)
37            imwrite(sample.squeeze(0), '%s/%d.png' % (save_dir, idx + 182638))
38            print('%d.png done!' % (idx + 182638))
```

```
39    except:
40        traceback.print_exc()
41    finally:
42        sess.close()
```

程式執行後會看到，在本機 output\128_shortcut1_inject1_None\sample_testing_slide_ Eyeglasses 資料夾下產生了許多圖片。以其中的為例，如圖 10-9 所示。

圖 10-9　帶有不同眼鏡的人臉圖片

可以看到，從左到右眼鏡的顏色在變深、變大，這表示 AttGAN 模型已經能夠學到眼鏡屬性在人臉中的特徵分佈情況。根據眼鏡屬性值的大小不同，產生的眼鏡的風格也不同。

10.3.12　擴充：AttGAN 模型的限制

看似強大的 AttGAN 模型也有它的缺陷。AttGAN 模型的作者在用 AttGAN 模型處理跨域較大的風格轉換工作時（舉例來說，將現實圖片轉換成油畫風格），發現效果並不理想。這表明 AttGan 模型適用於圖片紋理變化相對較小的圖片風格轉換工作（舉例來說，根據風景圖片產生四季的效果），但不適用於紋理或顏色變化較大的圖片轉換工作。

這是因為，AttGan 模型更偏重於單一樣本的產生，即對單一樣本進行微小改變。所以，該模型在批次資料上的風格改變效果並不優秀。在實際應用中，讀者應根據實際的問題選擇合適的模型。

10.4　實例 57：用 RNN.WGAN 模型模擬產生惡意請求

實例描述

從網路中取得到一部分惡意請求資料。用該資料來訓練 RNN.WGAN 模型，讓模型可以擬合現有樣本的特徵，並模擬產生相似的惡意請求資料。

該實例源於網路安全領域中的真實場景。在用有監督的訓練方式訓練模型時，通常需要很大的樣本數。然而準備大量帶有標記的樣本並不是一件很容易的事。在有限的樣本下，如想實現用巨量資料訓練出來的模型效果，則可以用產生式網路模型模擬出更多的樣本，以擴充訓練資料集。

10.4.1 取得樣本：透過 Panabit 裝置取得惡意請求樣本

本案例使用的資料集來自 Panabit 裝置。該裝置的主要功能是：對網路流量進行控制、控管 DNS、最佳化網路效率。它在識別網路應用的基礎上，還實現了智選路由、負載平衡、二級路由、行動裝置等功能。

在深度學習中，可以從該裝置源源不斷地取出資料，用於訓練。下面簡單介紹一下從 Panabit 裝置取得資料的方法。

❶ 建立自己的 Panabit 裝置

Panabit 官網提供了一個可以獨立安裝的免費軟體。可以將其安裝在 PC 上，以實現 Panabit 裝置同等的能力。對於手裡沒有 Panabit 裝置但也想得到網路即時資料的讀者，可以按本節的方法自己動手建立一台 Panabit 裝置。

（1）Panabit 的安裝套件。

Panabit 有兩部分組成：Panabit 系統、Panalog 軟體。

■ Panabit 系統：該安裝套件是一個 IOS 格式的映像檔檔案。其安裝方法與作業系統的安裝方法類似。需要製作隨身碟的開機磁碟，並從隨身碟啟動進行安裝。

■ Panalog 軟體：是在 Panabit 系統中安裝的軟體，可以實現記錄檔收集、儲存安全防護、局勢感知，以及大數據分析等功能。

（2）Panabit 的安裝方法。

Panabit 軟體的實際下載路徑及安裝方式可以從以下連結中獲得：

```
http://forum.panabit.com/
```

該網站是一個技術討論區。討論區中的「Panabit 路由流量控制」和「Panalog 記錄檔分析」板塊中有詳細的安裝教學，如圖 10-10 所示。

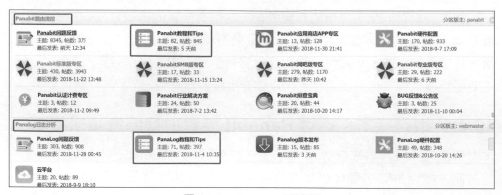

圖 10-10 Panabit 討論區

在「Panabit 教學和 Tips」板塊中，介紹了 Panabit 軟體的安裝方法。在「PanaLog 教學和 Tips」板塊中，介紹了如何安裝 PanaLog，以及匯出網路日誌的方法。

> **提示**
>
> Panabit 為網路管理軟體，要求本機至少配有 3 張或以上 Intel 1000M 網路卡：一個用於管理，另外兩個用作橋接器。

按照教學中的方法將 Panabit 軟體安裝好之後，直接串聯到自己的內網出口，便可以建立一台自己的 Panabit 裝置。

❷ 從 Panabit 裝置中匯出樣本

在 Panabit 軟體安裝完成之後，可以用以下步驟匯出樣本。

（1）開啟 Panabit 記錄檔分析軟體，選擇「使用者行為」介面下的「URL 查詢」，然後根據存取方式、目的 IP 位址、域名關鍵字、URL 關鍵字、協定等資訊進行實際查詢。

舉例來說，查詢 IP 位址為 100.64.160.209 的主機以 GET 方式存取的 URL 資訊，則可以直接在介面中輸入 IP 位址，如圖 10-11 所示。

（2）根據以上檢索條件查詢到的 URL 資訊，可以按照 EXCEL、TXT、CSV 等格式產生報表，並提供下載，如圖 10-12 所示。

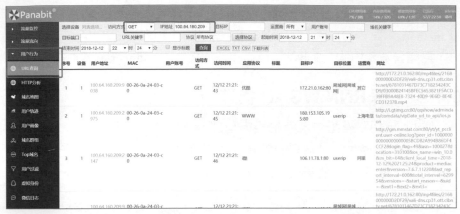

圖 10-11 PanaLog 介面

圖 10-12 用 PanaLog 匯出資料

（3）下載後的 Excel 文件包含 URL 的所有關鍵資訊，包含目標 IP、域名、URL、協定類型、所屬電信業者、所屬地區等，如圖 10-13 所示。

採集時間	源IP	目標Ip	訪問方式	域名	URI	協讠
2018/12/12 21:21	100.64.160.209:9038	172.21.0.1	GET	172.21.0.1	/mp4files/2168000000D2DF29/vali-dns.cp31.ott.cibntv.net/6781031467D	優酉
2018/12/12 21:21	100.64.160.209:2975	180.153.1	GET	i.gtimg.cn	/qqshow/admindata/comdata/vipData_url_to_api/ios.json	WW
2018/12/12 21:21	100.64.160.209:2147	106.11.7	GET	gm.mmsta	/yt/yt_pcclient.user-online.log?peer_id=10000000000000005BCDB2/	阿
2018/12/12 21:21	100.64.160.209:9035	172.21.0	GET	172.21.0.16	/mp4files/2168000000D2DF29/vali-dns.cp31.ott.cibntv.net/6781031467D	優酉
2018/12/12 21:21	100.64.160.209:2975	180.153.	30	i.gtimg.cn	/qqshow/admindata/comdata/vipData_url_to_api/ios.json	WW
2018/12/12 21:21	100.64.160.209:2635	222.192.	GET	vali.cp31. ntv.net	/657802F8C5C377161890E48D1/03000807045114B640EFFA04CB019F9E	優酉
2018/12/12 21:21	100.64.160.209:2212	106.11.9	GET	yt1.mmstat	/yt/vp.vtslog?version=0.6.3&uid=5675865 9&uid=328813380&type=h5&	WW
2018/12/12 21:21	100.64.160.209:2635	222.192.	GET	vali.cp31.o ntv.net	/657802F8C5C377161890E48D1/03000807045114B640EFFA04CB019F9E	優酉
2018/12/12 21:21	100.64.160.209:2248	106.11.7.	GET	gm.mmstat	/yt/yt_pcclient.users.log?access_token=4cdaf4d66150fb/1e68aff1405ff6fi	阿
2018/12/12 21:22	100.64.160.209:2111	27.221.81	GET	dldir1.qq.c	/qqtv/appdata/config.ini	WW
2018/12/12 21:22	100.64.160.209:2284	54.223.47	GET	api.foxitrea	/message/update?tags=commontags&updateTime=d751713988987	WW
2018/12/12 21:22	100.64.160.209:2260	222.192.1	GET	hudong.a .con	/api/data/v2/c8bd94f14504fee93fbf16a74c94d95.js?t=1544621143749&	WW
2018/12/12 21:22	100.64.160.209:2635	222.192.18	GET	vali.cp31.o	/657802F8C5C377161890E48D1/03000807045114B640EFFA04CB019F9E	優酉
2018/12/12 21:22	100.64.160.209:2131	27.115.124	GET	netmon 60safe.con	/stat?mid=ff464ff38f924121db0822f875cc1885&type=910&k1=4&k2=7%	WW
2018/12/12 21:22	100.64.160.209:2213	106.11.92.2	GET	yt1.mmstat	/yt/vp.vtslog?version=0.6.3&uid=5675865 9&uid=328813380&type=h5&	WW
2018/12/12 21:22	100.64.160.209:2635	222.192.186	GET	vali.cp31.o cibntv.net	/657802F8C5C377161890E48D1/03000807045114B640EFFA04CB019F9E	優酉
2018/12/12 21:22	100.64.160.209:2107	106.11.62.7	GET	valc.atr zu.com	/vc?site=1&ccode=0502&os=win&pver=0.6.3&sver=1.0&pver=0.6.3&sver=1.0	優酉
2018/12/12 21:22	100.64.160.209:2635	106.11.47.3	GET	vali.cp3	/yt/vp.vdoview?platform=windows&browser=qqbrowser&browser_version	WW
2018/12/12 21:22	100.64.160.209:2635	222.192.186	GET	playlog .com	/playlog/open/push_web.json?umid=7jwoFMEVCBgCAW%2B7Kp%2BKobkl	淘宝
2018/12/12 21:22	100.64.160.209:2054	180.163.22.2	GET	180.163	/?ver=0&key=3062020101045b305902010102010102042354 2f0304243	WW

圖 10-13 檢視 PanaLog 中匯出的資料

在本例中，將圖 10-13 中的 URI 列單獨分析出來，儲存到 TXT 檔案中。透過人工將跨站攻擊、SQL 植入、webshell 等惡意 URI 資料挑選出來，組合成惡意樣本（見隨書資源中的 "s2_bad_webshell.txt" 與 "s5_badqueries.txt" 樣本檔案）。

10.4.2 了解 RNN.WGAN 模型

在普通的對抗網路模型中，產生器模型部分一般由反卷積或全連接網路等組成。該模型擅長產生連續類型的模擬資料。而惡意請求資料是由字元組成的序列資料，屬於離散類型的資料，所以不適合用單純的反卷積或全連接網路等技術來模擬產生。

RNN.WGAN 模型的核心是：將 RNN 模型用在產生器模型中，使得該網路模型可以模擬產生離散類型的資料樣本。下面分別介紹 RNN.WGAN 模型中的產生器模型和判別器模型，以及訓練方式。

1 產生器模型

在 RNN.WGAN 模型中，產生器模型部分把亂數與真實樣本放在一起，並做了以序列為基礎的樣本離散化處理，然後用於訓練。這樣便可以使網路模型模擬出與原有樣本相似的資料。實際過程如圖 10-14 所示。

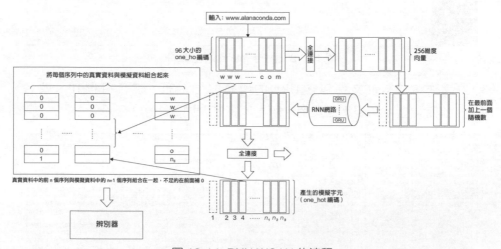

圖 10-14　RNN.WGAN 的流程

如圖 10-14 所示，生 RNN.WGAN 的成器模型的處理過程大致可以分為以下步驟：

（1）將 one_hot 編碼的輸入字元透過全連結轉成與 RNN 模型對應維度的向量
序列資料。

（2）將產生的亂數作為產生的向量序列資料的第 1 個序列，並一起放到 RNN
模型中。

（3）將 RNN 模型輸出的結果再透過一次全連結，轉成 one_hot 編碼的模擬字
元向量。

（4）將模擬字元與輸入字元混合起來，作為訓練用的產生器模型的輸出樣本。
模擬字元中的每一個序列資料，都作為產生樣本中的最後一個資料。該序
列前面的資料使用輸入字元的資料，不足的地方用 0 填充。

在產生器模型訓練好之後，用該模型產生模擬資料的步驟如下：

（1）產生指定維度的亂數，作為模擬資料的起始值。

（2）將亂數傳入產生器模型，輸出下一時刻的預測字元。

（3）將產生器模型的資料結果作為目前時刻的輸入資料，再次輸入產生器模型
中，獲得下一時刻的預測字元。

（4）按照指定的輸出長度，重複第（3）步操作。如果中途預測出結束字元，
則停止循環。

2 判別器模型

判別器模型的結構非常簡單——一個 RNN 模型加全連結。實際的實現見 10.4.3
小節的詳細程式。

3 訓練方式

RNN.WGAN 模型使用了 WGAN 模型的方法進行訓練。詳細做法可以參考以
下論文：

```
https://arxiv.org/abs/1704.00028
```

10.4.3 程式實現：建置 RNN.WGAN 模型

RNN.WGAN 模型主要由三部分組成：判別器模型（又叫評判器）、產生器模
型和反向傳播部分。實際程式如下：

1 判別器模型

判別器模型用 256 個 GRU 單元分析序列資料的特徵，並將輸出結果透過全連結網路產生 1 維資料。該資料代表對輸入樣本的判別結果——1 為真、0 為假。

程式 10-8　RNNWGAN 模型

```
01    import tensorflow as tf
206   from tensorflow.contrib.rnn import GRUCell
207
208   # 定義網路參數
209   DISC_STATE_SIZE = 256      # 定義判別器模型中 RNN 模型 cell 節點的個數
210   GEN_STATE_SIZE = 256       # 定義產生器模型中 RNN 模型 cell 節點的個數
211   GEN_RNN_LAYERS = 1         # 產生器模型中 RNN 模型 cell 的層數
212   LAMBDA = 10.0              # 懲罰參數
213
214   # 定義判別器模型函數
215   def Discriminator_RNN (inputs, charmap_len, seq_len, reuse=False,
      rnn_cell =None):
216       with tf.variable_scope("Discriminator", reuse=reuse):
217           flat_inputs = tf.reshape(inputs, [-1, charmap_len])
218
219           weight = tf.get_variable("embedding", shape=[charmap_len,
      DISC_STATE_SIZE],
220                 initializer=tf.random_uniform_initializer(minval=-0.1,
      maxval=0.1))
221
222           # 透過全連結轉成與 RNN 模型同樣維度的向量
223           inputs = tf.reshape(flat_inputs@weight, [-1, seq_len,
      DISC_STATE_SIZE])
224           inputs = tf.unstack(tf.transpose(inputs, [1,0,2]))
225           # 輸入 RNN
226           cell = rnn_cell(DISC_STATE_SIZE)
227           output, state = tf.contrib.rnn.static_rnn(cell,inputs,dtype=
      tf.float32)
228
229           weight = tf.get_variable("W", shape=[DISC_STATE_SIZE, 1],
230                             initializer=tf.random_uniform_initializer
                                  (minval=-0.1, maxval=0.1))
231           bias = tf.get_variable("b", shape=[1], initializer=
      tf.random_uniform_initializer(minval=-0.1, maxval=0.1))
232           # 透過全連結網路產生判別結果
233           prediction = output[-1]@weight + bias
234
235           return prediction
```

2 產生器模型

在產生器模型函數 Generator_RNN 中實現的步驟如下：

（1）定義內建函數 get_noise 和 create_initial_states，用於初始化 RNN 的狀態值。

（2）架設產生器的主體結構。

（3）根據傳入的參數 gt 來選擇內部所執行的程式分支是執行訓練程式，還是執行評估程式。參數 gt 代表所傳入的真實樣本。如果參數 gt 有值，則執行訓練程式，否則執行評估程式。

實際程式如下：

```
程式 10-8 RNNWGAN 模型（續）
236  # 定義產生器模型函數
237  def Generator_RNN (n_samples, charmap_len, BATCH_SIZE,LIMIT_BATCH,
     seq_len=None, gt=None, rnn_cell=None):
238
239      def get_noise(BATCH_SIZE):# 產生亂數
240          noise_shape = [BATCH_SIZE, GEN_STATE_SIZE]
241          return tf.random_normal(noise_shape,mean = 0.0, stddev=10.0),
     noise_shape
242      def create_initial_states(noise):
243          states = []
244          for l in range(GEN_RNN_LAYERS):
245              states.append(noise)
246          return states
247
248      with tf.variable_scope("Generator"):
249          sm_weight = tf.Variable(tf.random_uniform([GEN_STATE_SIZE,
     charmap_len], minval=-0.1, maxval=0.1))
250          sm_bias = tf.Variable(tf.random_uniform([charmap_len], minval=
     -0.1, maxval=0.1))
251
252          embedding = tf.Variable(tf.random_uniform([charmap_len,
     GEN_STATE_SIZE], minval=-0.1, maxval=0.1))
253
254          # 獲得產生器模型的原始亂數
255          char_input = tf.Variable(tf.random_uniform([GEN_STATE_SIZE],
     minval=-0.1, maxval=0.1))
256          # 轉成一批次的原始亂數據
257          char_input = tf.reshape(tf.tile(char_input, [n_samples]),
```

```
                [n_samples, 1, GEN_STATE_SIZE])
258
259         cells = []
260         for l in range(GEN_RNN_LAYERS):
261             cells.append(rnn_cell(GEN_STATE_SIZE))
262         if seq_len is None:
263             seq_len = tf.placeholder(tf.int32, None, name=
       "ground_truth_sequence_length")
264
265         # 初始化 RNN 模型的 states
266         noise, noise_shape = get_noise(BATCH_SIZE)
267         train_initial_states = create_initial_states(noise)
268         inference_initial_states = create_initial_states(noise)
269         if gt is not None:          # 如果 GT 不為 none，則表示目前為訓練狀態
270             train_pred = get_train_op(cells, char_input, charmap_len,
       embedding, gt, n_samples, GEN_STATE_SIZE, seq_len, sm_bias, sm_weight,
       train_initial_states,BATCH_SIZE,LIMIT_BATCH)
271             inference_op = get_inference_op(cells, char_input, embedding,
       seq_len, sm_bias, sm_weight, inference_initial_states,
272                 GEN_STATE_SIZE, charmap_len, BATCH_SIZE,reuse=True)
273         else:                       # 如果 GT 為 None，則表示目前為 eval 狀態
274             inference_op = get_inference_op(cells, char_input, embedding,
       seq_len, sm_bias, sm_weight, inference_initial_states,
275                 GEN_STATE_SIZE,charmap_len, BATCH_SIZE,reuse=False)
276             train_pred = None
277
278         return train_pred, inference_op
279
280 # 產生用於訓練的模擬樣本
281 def get_train_op(cells, char_input, charmap_len, embedding, gt, n_samples,
    num_neurons, seq_len, sm_bias, sm_weight, states,BATCH_SIZE,LIMIT_BATCH):
282     gt_embedding = tf.reshape(gt, [n_samples * seq_len, charmap_len])
283     gt_RNN_input = gt_embedding@embedding
284     gt_RNN_input = tf.reshape(gt_RNN_input, [n_samples, seq_len,
    num_neurons])[:, :-1]
285     gt_sentence_input = tf.concat([char_input, gt_RNN_input], axis=1)
    #gt_sentence_input 的 shape[n_samples, seq_len+1, num_neurons]
286     RNN_output, _ = rnn_step_prediction(cells, charmap_len, gt_sentence_
    input, num_neurons, seq_len, sm_bias, sm_weight, states,BATCH_SIZE)
287     train_pred = []
```

```
288     # 從 seq_len+1 中取出前 seq_len 個特徵，每一個產生的特徵都與原來的輸入重新組
        成一個序列
289     for i in range(seq_len):
290         train_pred.append( # 每個序列特徵前面加 0 資料，前 i-1 行資料
291             tf.concat([tf.zeros([BATCH_SIZE, seq_len - i - 1,
    charmap_len]), gt[:, :i], RNN_output[:, i:i + 1, :]],
292                         axis=1))
293
294     train_pred = tf.reshape(train_pred, [BATCH_SIZE*seq_len, seq_len,
    charmap_len])
295
296     if LIMIT_BATCH:
        # 從 BATCH_SIZE*seq_len 個序列中隨機取出 BATCH_SIZE 個樣本進行判斷
297         indices = tf.random_uniform([BATCH_SIZE], 0, BATCH_SIZE*seq_len,
    dtype=tf.int32)     # 獲得隨機索引
298         train_pred = tf.gather(train_pred, indices)     # 按照隨機索引取資料
299
300     return train_pred
301
302 # 定義模型函數，透過 RNN 對資料進行特徵分析
303 def rnn_step_prediction(cells, charmap_len, gt_sentence_input,
    num_neurons, seq_len, sm_bias, sm_weight, states,BATCH_SIZE
304                         ,reuse=False):
305     with tf.variable_scope("rnn", reuse=reuse):
306         RNN_output = gt_sentence_input
307         for l in range(GEN_RNN_LAYERS):
308             RNN_output, states[l] = tf.nn.dynamic_rnn(cells[l], RNN_output,
    dtype=tf.float32,
309                 initial_state=states[l], scope="layer_%d" % (l + 1))
310     RNN_output = tf.reshape(RNN_output, [-1, num_neurons])
311     RNN_output = tf.nn.softmax(RNN_output@sm_weight + sm_bias)
312     RNN_output = tf.reshape(RNN_output, [BATCH_SIZE, -1, charmap_len])
313     return RNN_output, states
314
315 # 模擬產生真實樣本
316 def get_inference_op(cells, char_input, embedding, seq_len, sm_bias,
    sm_weight, states, num_neurons, charmap_len,BATCH_SIZE,
317                         reuse=False):
318     inference_pred = []
319     embedded_pred = [char_input]# 第一個序列字元是隨機產生的，後面的序列字元
    由 RNN 模型產生的，每個字元透過全連結轉成與 RNN 模型符合的向量，再輸入 RNN 模型
320     for i in range(seq_len):
321         step_pred, states = rnn_step_prediction(cells, charmap_len,
```

```
                              tf.concat(embedded_pred, 1), num_neurons, seq_len,
322                               sm_bias, sm_weight, states,BATCH_SIZE, reuse=reuse)
323           best_chars_tensor = tf.argmax(step_pred, axis=2)
324           best_chars_one_hot_tensor = tf.one_hot(best_chars_tensor,
                                          charmap_len)
325           best_char = best_chars_one_hot_tensor[:, -1, :]
326           inference_pred.append(tf.expand_dims(best_char, 1))
327           embedded_pred.append(tf.expand_dims(best_char@embedding, 1))
328           reuse = True                    # 設定變數產生方式為 resue
329
330       return tf.concat(inference_pred, axis=1)
```

3 反向傳播部分

該部分程式主要實現了 WGAN 模型的損失值計算。程式如下：

程式 10-8 RNNWGAN 模型（續）

```
331  # 獲得指定訓練參數
332  def params_with_name(name):
333      return [p for p in tf.trainable_variables() if name in p.name]
334
335  def get_optimization_ops(disc_cost, gen_cost, global_step, gen_lr, disc_lr):
336      gen_params = params_with_name('Generator')
337      disc_params = params_with_name('Discriminator')
338      print("Generator Params: %s" % gen_params)
339      print("Disc Params: %s" % disc_params)
340      gen_train_op = tf.train.AdamOptimizer(learning_rate=gen_lr, beta1=0.5,
     beta2=0.9).minimize(gen_cost,
341          var_list=gen_params,
342          global_step=global_step)
343
344      disc_train_op = tf.train.AdamOptimizer(learning_rate=disc_lr, beta1=0.5,
     beta2=0.9).minimize(disc_cost,
345          var_list=disc_params)
346      return disc_train_op, gen_train_op
347
348  # 將輸入的序列資料打散。每一個序列作為一個樣本
349  def get_substrings_from_gt(real_inputs, seq_length, charmap_len,
     BATCH_SIZE,LIMIT_BATCH):
350      train_pred = []
351      for i in range(seq_length):
352          train_pred.append(
353              tf.concat([tf.zeros([BATCH_SIZE, seq_length - i - 1,
                          charmap_len]), real_inputs[:, :i + 1]],
```

```
354                        axis=1))
355
356     all_sub_strings = tf.reshape(train_pred, [BATCH_SIZE * seq_length,
    seq_length, charmap_len])
357
358     if LIMIT_BATCH:                    # 按照指定批次隨機設定值
359         indices = tf.random_uniform([BATCH_SIZE], 1, all_sub_strings.get_
    shape()[0], dtype=tf.int32)
360         all_sub_strings = tf.gather(all_sub_strings, indices)
361         return all_sub_strings[:BATCH_SIZE]
362     else:
363         return all_sub_strings
364
365 def define_objective(charmap, real_inputs_discrete, seq_length,
    BATCH_SIZE,LIMIT_BATCH):
366
367     real_inputs = tf.one_hot(real_inputs_discrete, len(charmap))
368
369     train_pred, _ = Generator_RNN(BATCH_SIZE, len(charmap), BATCH_SIZE,
    LIMIT_BATCH,seq_len=seq_length, gt=real_inputs, rnn_cell=GRUCell)
370
371     # 將輸入 real_inputs 按照序列展開，再隨機設定值
372     real_inputs_substrings = get_substrings_from_gt(real_inputs,
    seq_length, len(charmap),BATCH_SIZE,LIMIT_BATCH)
373
374     disc_real = Discriminator_RNN( real_inputs_substrings, len(charmap),
    seq_length, reuse=False, rnn_cell=GRUCell)
375     disc_fake = Discriminator_RNN( train_pred, len(charmap), seq_length,
    reuse=True, rnn_cell=GRUCell)
376
377     disc_cost, gen_cost = loss_d_g(disc_fake, disc_real, train_pred,
    real_inputs_substrings, charmap, seq_length, Discriminator_RNN, GRUCell)
378
379     return disc_cost, gen_cost, train_pred, disc_fake, disc_real
380
381 #WGAN 損失函數
382 def loss_d_g(disc_fake, disc_real, fake_inputs, real_inputs, charmap,
    seq_length, Discriminator, GRUCell):
383     disc_cost = tf.reduce_mean(disc_fake) - tf.reduce_mean(disc_real)
384     gen_cost = -tf.reduce_mean(disc_fake)
385
386     # 計算 WGAN 模型的懲罰項
387     alpha = tf.random_uniform(
388         shape=[tf.shape(real_inputs)[0], 1, 1],
```

```
389         minval=0.,
390         maxval=1.
391      )
392     differences = fake_inputs - real_inputs
393     interpolates = real_inputs + (alpha * differences)
394     gradients = tf.gradients(Discriminator(interpolates, len(charmap),
    seq_length, reuse=True, rnn_cell=GRUCell), [interpolates])[0]
395     slopes = tf.sqrt(tf.reduce_sum(tf.square(gradients),
    reduction_indices=[1, 2]))
396     gradient_penalty = tf.reduce_mean((slopes - 1.) ** 2)
397     disc_cost += LAMBDA * gradient_penalty
398
399     return disc_cost, gen_cost
```

10.4.4 程式實現：訓練指定長度的 RNN.WGAN 模型

訓練模型部分主要分為兩步：樣本處理與訓練模型。

▌1 樣本處理

樣本處理有以下步驟：

（1）將樣本 "no" 資料夾放到本機程式的同級目錄下。

（2）實現字典的產生（見本書搭配資源中的程式檔案「10-9 prepro.py」）。

（3）實現資料集的建立（見本書搭配資源中的程式檔案「10-10 mydataset. py」）。

（4）撰寫樣本的處理函數（用於訓練和測試）。

資料前置處理函數 getbacthdata 用於訓練。它主要是把資料集傳回的批次字元資料轉化成向量，並進行統一長度的填充。

樣本資料處理函數 generate_argmax_samples_and_gt_samples 用於測試。它主要是產生模擬樣本，並取出真實樣本，方便在訓練過程中對模型效果進行評估。

程式 10-11 train_a_sequence

```
01    import os
02    import time
03    import sys
04
05    sys.path.append(os.getcwd())
06
07    import numpy as np
```

```
08    import tensorflow as tf
09
10    model = __import__("10-8  RNNWGAN 模型 ")
11    prepro = __import__("10-9  prepro")
12    preprosample = prepro.preprosample
13    dataset = __import__("10-10  mydataset")
14    mydataset = dataset.mydataset
15
16    # 定義單一長度訓練的相關參數
17    CRITIC_ITERS = 2                      # 每次訓練 GAN 中，反覆運算訓練兩次判別器模型
18    GEN_ITERS = 10                        # 每次訓練 GAN 中，反覆運算訓練 10 次產生器模型
19    DISC_LR =2e-4                    # 定義判別器模型的學習率
20    GEN_LR = 1e-4                    # 定義產生器模型的學習率
21
22    PRINT_ITERATION =100            # 定義輸出列印資訊的反覆運算頻率
23    SAVE_CHECKPOINTS_EVERY = 1000      # 定義儲存檢查點的反覆運算頻率
24
25    LIMIT_BATCH = True   # 讓產生器模型產生同批次的資料
26
27    # 樣本資料前置處理（用於訓練）
28    def getbacthdata(sess,dosample,next_element,words_redic,BATCH_SIZE,END_SEQ):
29        def getone():
30            batchx,batchlabel = sess.run(next_element)
31            batchx = dosample.ch_to_v([strname.decode() for strname in batchx],
    words_redic,0)
32            batchlabel = np.asarray(batchlabel,np.int32)#no===0   yes==1
33            sampletpad ,sampletlengths = dosample.pad_sequences(batchx, maxlen=
    END_SEQ)  # 都填充為最大長度 END_SEQ
34            return sampletpad,batchlabel,sampletlengths
35
36        sampletpad,batchlabel,sampletlengths = getone()
37        iii = 0
38        while np.shape(sampletpad)[0]!=BATCH_SIZE: # 取出不夠批次的尾數據
39            iii=iii+1
40            tf.logging.warn("_____iii %d"%iii)
41            sampletpad,batchlabel,sampletlengths = getone()
42
43        sampletpad = np.asarray(sampletpad,np.int32)
44        return sampletpad,batchlabel,sampletlengths
45
46    # 獲得模擬樣本和真實樣本（用於測試）
47    def generate_argmax_samples_and_gt_samples(session, inv_charmap,
    fake_inputs, disc_fake, _data, real_inputs_discrete, feed_gt=True):
```

```
48      scores = []
49      samples = []
50      samples_probabilites = []
51      for i in range(10):
52          argmax_samples, real_samples, samples_scores = generate_samples
    (session, inv_charmap, fake_inputs, disc_fake,
53       _data, real_inputs_discrete, feed_gt=feed_gt)
54          samples.extend(argmax_samples)
55          scores.extend(samples_scores)
56          samples_probabilites.extend(real_samples)
57      return samples, samples_probabilites, scores
58
59  # 獲得產生的模擬樣本
60  def generate_samples(session, inv_charmap, fake_inputs, disc_fake, _data,
    real_inputs_discrete, feed_gt=True):
61      if feed_gt:
62          f_dict = {real_inputs_discrete: _data}
63      else:
64          f_dict = {}
65
66      fake_samples, fake_scores = session.run([fake_inputs, disc_fake],
    feed_dict=f_dict)
67      fake_scores = np.squeeze(fake_scores)
68
69      decoded_samples = decode_indices_to_string(np.argmax(fake_samples,
    axis=2), inv_charmap)
70      return decoded_samples, fake_samples, fake_scores
71
72  # 將向量轉成字元
73  def decode_indices_to_string(samples, inv_charmap):
74      decoded_samples = []
75      for i in range(len(samples)):
76          decoded = []
77          for j in range(len(samples[i])):
78              decoded.append(inv_charmap[samples[i][j]])
79
80          strde = "".join(decoded)
81          decoded_samples.append(strde)
82      return decoded_samples
```

2 完成訓練流程

因為序列資料具有長度的屬性,所以在訓練模型時需要指定所訓練資料的序列
長度。這裡用 run 函數中的參數 seq_length 來設定序列長度。實際程式如下:

程式 10-11 train_a_sequence（續）

```
83  def run(iterations, seq_length, is_first,BATCH_SIZE, prev_seq_length,
    DATA_DIR,END_SEQ):
84      if len(DATA_DIR) == 0:
85          raise Exception('Please specify path to data directory in
    single_length_train.py!')
86
87      dosample = preprosample()
88      inv_charmap,charmap = dosample.make_dictionary()
89
90      #取得資料
91      next_element = mydataset(DATA_DIR,BATCH_SIZE)
92
93      real_inputs_discrete = tf.placeholder(tf.int32, shape=[BATCH_SIZE,
    seq_length])
94
95      global_step = tf.Variable(0, trainable=False)
96      disc_cost, gen_cost, fake_inputs, disc_fake, disc_real = model.
    define_objective(charmap, real_inputs_discrete, seq_length,
    BATCH_SIZE,LIMIT_BATCH)
97
98      disc_train_op, gen_train_op = model.get_optimization_ops(
99          disc_cost, gen_cost, global_step, DISC_LR, GEN_LR)
100
101     saver = tf.train.Saver(tf.trainable_variables())
102
103     config=tf.ConfigProto( log_device_placement=False,   #定義設定檔
104  allow_soft_placement=True )
105     config.graph_options.optimizer_options.global_jit_level =
    tf.OptimizerOptions.ON_1
106
107     with tf.Session(config=config) as session:
108         checkpoint_dir = './'+str(seq_length)
109
110         session.run(tf.global_variables_initializer())
111         if not is_first:
112             print("Loading previous checkpoint...")
113             internal_checkpoint_dir = './'+str(prev_seq_length)
114
115             kpt = tf.train.latest_checkpoint(internal_checkpoint_dir)
116             print("load model:",kpt,internal_checkpoint_dir,seq_length)
117             startepo= 0
118             if kpt!=None:
119                 saver.restore(session, kpt)
```

```
120
121          _gen_cost_list = []
122          _disc_cost_list = []
123          _step_time_list = []
124
125          for iteration in range(iterations):
126              start_time = time.time()
127
128              # 訓練判別器模型
129              for i in range(CRITIC_ITERS):
130                  _data,batchlabel,sampletlengths =getbacthdata(session,
    dosample,next_element,charmap,BATCH_SIZE,END_SEQ)
131                  _data= _data[:,:seq_length]
132                  _disc_cost, _, real_scores = session.run( [disc_cost,
    disc_train_op, disc_real], feed_dict={real_inputs_discrete: _data} )
133                  _disc_cost_list.append(_disc_cost)
134
135              # 訓練產生器模型
136              for i in range(GEN_ITERS):
137                  _data,batchlabel,sampletlengths =getbacthdata(session,
    dosample,next_element,charmap,BATCH_SIZE,END_SEQ)
138                  _data= _data[:,:seq_length]
139                  _gen_cost, _ = session.run([gen_cost, gen_train_op],
    feed_dict={real_inputs_discrete: _data})
140                  _gen_cost_list.append(_gen_cost)
141
142              _step_time_list.append(time.time() - start_time)
143
144              # 顯示訓練過程中的資訊
145              if iteration % PRINT_ITERATION == PRINT_ITERATION-1:
146                  _data,batchlabel,sampletlengths =getbacthdata(session,
    dosample,next_element,charmap,BATCH_SIZE,END_SEQ)
147                  _data= _data[:,:seq_length]
148
149                  tf.logging.info("iteration %s/%s"%(iteration, iterations))
150                  tf.logging.info("disc cost {} gen cost {} average step
    time {}".format( np.mean(_disc_cost_list), np.mean(_gen_cost_list),
    np.mean(_step_time_list)) )
151                  _gen_cost_list, _disc_cost_list, _step_time_list = [], [], []
152
153                  fake_samples, samples_real_probabilites, fake_scores
    = generate_argmax_samples_and_gt_samples(session, inv_charmap,
    fake_inputs, disc_fake, _data, real_inputs_discrete,feed_gt=True)
154
```

```
155                     print(fake_samples[:2], fake_scores[:2], iteration,
        seq_length, "train")
156                     print(decode_indices_to_string(_data[:2], inv_charmap),
        real_scores[:2], iteration, seq_length, "gt")
157
158             # 儲存檢查點
159             if iteration % SAVE_CHECKPOINTS_EVERY ==
                SAVE_CHECKPOINTS_EVERY-1:
160                 saver.save(session, checkpoint_dir+"/gan.cpkt",
                            global_step=iteration)
161
162         saver.save(session, checkpoint_dir+"/gan.cpkt", global_step=
                iteration)
163         session.close()
164
```

在訓練過程中，考慮到產生器模型相對於判別器模型收斂速度較慢，在訓練過程中，以 2 次判別器模型的訓練與 10 次產生器模型的訓練為一組，進行多次反覆運算。

10.4.5 程式實現：用長度依次遞增的方式訓練模型

為了讓產生式模型效能更穩定，可用長度依次遞增的方式訓練模型：

（1）讓產生器模型輸出的最大長度為 1，並按照指定反覆運算次數訓練模型。

（2）在訓練完成後，將產生器模型輸出的最大長度加 1。

（3）載入上一次訓練後的模型加權，然後按照指定反覆運算次數再次訓練模型。

（4）透過循環來重複執行第（2）、（3）步，直到模型輸出的最大長度達到最後長度的指定值（見程式第 21 行，最後長度設定為 256）。

實際程式如下：

程式 10-12 train_model

```
01   import tensorflow as tf
02   train_a_sequence = __import__("10-11  train_a_sequence")
03
04   tf.logging.set_verbosity(tf.logging.INFO)
05
06   # 定義相關參數
07   DATA_DIR ='./no'                       # 定義載入的樣本路徑
```

```
08
09   TRAIN_FROM_CKPT =False              #是否從檢查點開始訓練
10
11   DYNAMIC_BATCH = False               #是否使用動態批次
12   BATCH_SIZE = 256                    #定義批次大小
13
14   SCHEDULE_ITERATIONS = True          #是否根據長度調整訓練次數
15   SCHEDULE_MULT = 200                 #每個長度增加的訓練次數
16   ITERATIONS_PER_SEQ_LENGTH = 2000    #定義每個長度訓練時的反覆運算次數
17
18   REAL_BATCH_SIZE = BATCH_SIZE
19
20   START_SEQ = 1                       #待訓練的起始長度
21   END_SEQ = 256                       #最後長度
22
23   #開始訓練
24   stages = range(START_SEQ, END_SEQ)
25   printstr = '----Stages : ' + ' '.join(map(str, stages)) + "-------"
26   tf.logging.info(printstr)
27
28   for i in range(len(stages)): #從 START_SEQ 開始依次對每個長度的模型進行訓練
29       prev_seq_length = stages[i-1] if i>0 else 0
         #定義變數，用於獲得上次模型的路徑名稱
30       seq_length = stages[i]
31
32       printstr = "--Training on Seq Len = %d, BATCH SIZE: %d--" %
     (seq_length, BATCH_SIZE)
33       tf.logging.info(printstr)
34
35       tf.reset_default_graph()
36
37       if SCHEDULE_ITERATIONS:                        #計算訓練的反覆運算次數
38           iterations = min((seq_length + 1) * SCHEDULE_MULT,
     ITERATIONS_PER_SEQ_LENGTH)
39       else:
40           iterations = ITERATIONS_PER_SEQ_LENGTH
41
42       is_first = seq_length == stages[0] and not (TRAIN_FROM_CKPT)
43       #開始訓練
44       train_a_sequence.run( iterations, seq_length, is_first,BATCH_SIZE,
     prev_seq_length,DATA_DIR,END_SEQ )
45
46       if DYNAMIC_BATCH:
47           BATCH_SIZE = REAL_BATCH_SIZE / seq_length
```

可以看到，訓練工作從標籤 START_SEQ 一步一步地來到標籤 END_SEQ。每增加一步，都會呼叫一次 run 函數進行訓練。在 run 函數中，會將上一次的序列長度模型載入，結合著開始本次序列長度模型的訓練。

由於剛開始的長度很短，不需要訓練太多次數，所以這裡來用了動態次數的設計。即在剛開始時，每增加一個長度，訓練的次數增加 200 次（見程式第 38 ～ 41 行）。

10.4.6 執行程式

程式執行後，可以看到以下輸出：

```
INFO:tensorflow:iteration 99/400
INFO:tensorflow:disc cost 0.92843276262228333 gen cost -0.14586441218852997
average step time 0.27192285776138303
['"', '<'] [0.100293025, 0.2281375] 991 train
['/', '/'] [[0.807168 ]
 [0.4004431]] 991 gt
INFO:tensorflow:iteration 199/400
INFO:tensorflow:disc cost 0.018268248066306114 gen cost -0.49142125248908997
average step time 0.2696471452713013
['%', '%'] [0.43393168, 0.43629712] 1991 train
['?', '/'] [[0.44106907]
 [0.3808497 ]] 1991 gt
……
```

其中，倒數第 3 行是模型輸出的測試結果，第 1 個 [% ，%] 是模型產生的模擬資料，後面的 [0.43393168, 0.43629712] 是判別器模型的輸出結果，大於 0 的都是正確資料。倒數第 2 行是判別器模型對真實資料的判別結果。

10.4.7 擴充：模型的使用及最佳化

實例 57 是一個很通用的架構，可以仿照訓練模型的程式使用模型。還可以在判別器模型和產生器模型的實現函數中，增加更深層複雜的網路結構。

1 模型的應用

在收集樣本困難的情況下，模型可以極佳地補充現有資料集。例如：在訓練結束之後，撰寫簡單的程式呼叫產生器模型，讓其產生以下模擬樣本資料：

```
CALULNULULULULULUL0003C    0.897428
/eve/tyx.php?stuff="print;bsh3s    0.537700
```

```
/javascript/dmad.exe    0.844558
/eve/tyx.php?stuff="print;bsh3s    0.537700
??%u2216??%u2215??%u2215??%u2215??%u2215    0.552321
/top.exe    0.991244
<yvgrang="Ca:./winkodkes/search.mscripti    0.200083
%2e.0x2f..0x2f..0x2f..0x2f..0x2f..0x2f..    0.791354
/main.php?stuff="print;bsh3s    0.598888
%2e.0x2f..0x2f..0x2f..0x2f..0x2f..0x2f..    0.791354
&#X0003C    1.046342
/ionstalsart/oounttaysart.chp    0.646257
'"><a href="x:x #    0.961426
/ionstalsart/oounttaysart.chp    0.646257
%2e.0x2f..0x2f..0x2f..0x2f..0x2f..0x2f..    0.791354
%f0%80%80%80%80%80%80%80%80%80%80%80%    -0.147070
<img srint(ber0=0003C    0.855602
/javascript/dmad.exe    0.844558
/eve/tyx.php?stuff="print;bsh3s    0.537700
%2e.0x2f..0x2f..0x2f..0x2f..0x2f..0x2f..    0.791354
%5C..%%35%%63boot.ini    0.801754
%c0%fe%c0%fe%c0%fe%c0%fe%c0%f0%80%    0.384254
..\..\..\..\..\..\..\..\..\..\..\.    0.182383
/eve/tyx.php?stuff="print;bsh3s    0.537700
/od-wcyascriptionsbgis/iastovest.htm?<sc    0.240135
%uff0e%uff0x6e\\xa0bbsveep2endar aa aaaa    0.224024
N.../-ss.exe    0.963894
ssse\x09>q5968855#assue    0.828035
```

以上結果是用訓練好的模型產生的模擬惡意域名請求資料。可以看到，這些都是很明顯的 webshell 植入指令。使用這樣的模型，可以非常方便地豐富資料集。

2 模型的最佳化

該實例使用的 RNN 模型相對簡單，意在提供一個對抗神經網路模型解決序列資料的想法，以及配合 RNN 模型的方法。可以在包含判別器模型和產生器模型的 RNN 模型中使用更為優秀的 cell 單元，例如 IndRNN 單元、JANENT 單元等。還可以使用更進階的網路結構，例如：多層 RNN、雙向 RNN 等。

另外，還可以在判別器模型中加上分類層，將其改造成 GAN-cls 模型或 ACGAN 模型，讓整個模型具備分類的功能（關於 GAN-cls 模型和 ACGAN 模型可以參考。帶有分類功能的判別器模型，可以直接用在惡意請求的識別分類工作中。

模型的攻與防 -- 看似智慧的 AI 也有脆弱的一面

在實際專案中,很多時候並不需要我們從頭來開發或是訓練模型,而是使用已有的模型進行改造。這樣的模型實現方便,且效能穩定、可靠。

但是,原封不動地使用現成的模型,也會帶來一定的安全隱憂。了解深度學習的人只要稍加處理,便可以讓模型故障。

另外,即使是自己原生開發的模型,在應用中也會因受到攻擊而故障。模型的攻防技術,伴隨著模型的發展也在不斷地革新和進步。如果要將 AI 專案化,則必須了解這部分的知識。

本章說明模型的攻防技巧。

11.1 快速導讀

在學習實例之前,有必要了解一下模型攻防方面的基礎知識。

11.1.1 什麼是 FGSM 方法

攻擊模型主要透過對抗樣本來實現。對抗樣本是一種看上去與真實樣本一樣,但又會使模型輸出錯誤結果的樣本。該樣本主要用於攻擊模型,所以又被叫作攻擊樣本。

FGSM(Fast Gradient Sign Method)是一種產生對抗樣本的方法。該方法的描述如下:

(1)將輸入圖片當作訓練的參數,使其在訓練過程中可以被調整。
(2)在訓練時,透過損失函數誘導模型對圖片產生錯誤的分類。

（3）當多次反覆運算導致模型收斂後，訓練出來的圖片就是所要得到的對抗樣本。

實際可以參考論文：

```
https://arxiv.org/pdf/1607.02533.pdf
```

11.1.2 什麼是 cleverhans 模組

在 TensorFlow 中有一個子專案叫作 cleverhans。該專案可以被當作模組單獨引用程式中。

cleverhans 模組中封裝了多種產生對抗樣本的方法和多種強化模型的方法。可以透過以下指令安裝 cleverhans 模組：

```
pip install cleverhans
```

在 https://github.com/tensorflow/cleverhans 中，有與 cleverhans 模組相關的教學、文件和程式實例。

該連結的範例程式中，提供了 TensorFlow（包含靜態圖和動態圖）、Keras、Pytorch 相關的攻防程式。

提示

cleverhans 模組的程式並不像 TensorFlow 的程式那樣具有較好的向下相容性。使用不同版本的 cleverhans 模組開發的程式，有可能互不相容。

這會導致從 GitHub 網站上下載的 cleverhans 程式實例有可能無法在本機的 cleverhans 模組中成功執行。因為，使用 pip 指令安裝的 cleverhans 發佈版本常常要落後於 GitHub 網站上正在開發的 cleverhans 版本。

為了解決這種問題，可以單獨把 GitHub 網站中的 cleverhans 原始程式下載下來，並將目前程式的工作區設為 cleverhans 原始程式所在的路徑（實際操作參考 11.4 節），然後讓範例程式優先載入原始程式中的函數庫模組。

11.1.3 什麼是黑箱攻擊

攻擊模型的方法，本質是「訓練」神經網路來欺騙自己。所以前提是，需要有被攻擊網路的模型檔案。

在實際生活中，攻擊者很難拿到被攻擊模型的原始程式碼或模型檔案。如果想要攻擊，則需要使用黑箱攻擊技術。

黑箱攻擊是指，在沒有被攻擊模型的原始程式碼或模型檔案的情況下製作出對抗樣本，對目標模型進行攻擊。

該方法的主要原理是，從表面上複製被攻擊模型。即：利用探測目標網路模型的結果動向來映像檔同步自己的網路，進一步訓練一個可以替代目標網路模型的被攻擊模型；然後製作關於替代模型的對抗樣本，透過攻擊替代模型的方式來間接的攻擊目標網路。

這種攻擊技術適用於任何場景，沒有範圍限制。所產生的後果取決於被攻擊網路所應用的場景，例如：

- 將「停車」路標偽造成一個綠燈，來欺騙自動駕駛汽車。容易引起車禍！
- 將指紋偽造成萬能鑰匙，使指紋鎖故障。容易遺失財務！
- 將病毒偽造成正常檔案，讓網路防護故障。會導致病毒的惡意傳播！

> **提示**
>
> 如果重要場景中的模型被攻擊成功，則導致的後果將是災難性的。
>
> 建議讀者勿濫用該技術進行，以免承擔不必要的道德或法律責任。

如果要想訓練出一個穩固的模型，則必須要了解和掌握黑箱攻擊技術。這樣才能做到「知己知彼」。即在了解對手的攻擊方式之上研究自己的防護方法，才會使模型更安全，使用起來更放心。

11.1.4 什麼是以雅可比矩陣為基礎的資料增強方法

以雅可比（Jacobian）矩陣為基礎的資料增強方法，是一種常用的黑箱攻擊方法。該方法可以快速建置出近似於被攻擊模型的決策邊界，進一步使用最少量的輸入樣本。即：建置出代替模型，並進行後續的攻擊操作。

詳細請見以下連結：

```
https://arxiv.org/abs/1602.02697
```

1 黑箱方式的攻擊想法

黑箱方式的攻擊想法如下：

（1）將收集好的樣本送入被攻擊模型裡，獲得標籤。

（2）將樣本與標籤合成待訓練的樣本資料集。

（3）架設一個具有同等功能的模型。

（4）使用第（2）步的樣本資料集訓練第（3）步的模型，獲得替代模型。

（5）對替代模型進行攻擊，獲得對抗樣本。

因為神經網路的能力與架構之間具有可傳輸性，所以從理論上說，在替代模型下產生的對抗樣本同樣也適應於被攻擊的模型。

2 黑箱方式的挑戰

訓練神經網路模型需要依賴大量的樣本資料。資料收集問題是訓練替代模型所面臨的挑戰。

為了取得被攻擊模型對應的樣本，只能透過向模型輸入資料並獲得其傳回結果的方式製作資料集。然而大量的存取行為很容易被隱藏（一般的網路模型都會有攻擊防護機制）。

3 雅可比矩陣的資料增強方法的原理

雅可比矩陣的資料增強方法，主要用來解決訓練替代模型中的資料收集問題。它是一種尋找輸入樣本的方法。透過少量的輸入樣本，即可試出目標模型的決策邊界。透過決策邊界的來製作樣本，並訓練出與目標模型相同決策邊界的替代模型。

因為在攻擊場景中，建置替代模型關注的是被攻擊模型的決策邊界，所以，只要替代模型與被攻擊模型的決策邊界擬合，即可在其基礎之上進行攻擊。

雅可比矩陣的啟發式方法的主要作用是：在輸入域進行探索，最小化地找到有用輸入樣本。這些樣本沿著某個方向上的連續設定值，並輸入目標模型，可以快速找到能夠使目標模型預測出不同標籤的樣本。

雅可比矩陣本質上是，函數的所有分量（ m 個）對向量 x 的所有分量（ n 個）的一階偏導數組成的矩陣。該矩陣是對梯度的一種泛化。矩陣中每個導數的符號代表該輸入點相對於目標模型決策邊界的方向（正向或負向）。

4 實現雅可比矩陣的資料增強方法──建置 jacobian 矩陣圖

實現雅可比矩陣的資料增強方法分為兩步。

（1）建置雅可比矩陣圖：使用 cleverhans.attacks_tf 模組中的 jacobian_graph 函數。

（2）資料增強演算法的實現：使用 cleverhans.attacks_tf 模組中的 jacobian_augmentation 函數。

5 建置雅可比矩陣圖

jacobian_graph 函數可以建置一個關於輸入 x 的導數列表。該清單用於後續的增強演算法實現。在該清單中，元素的個數是標籤類別的個數。實際原始程式如下：

```
def jacobian_graph(predictions, x, nb_classes):    # 建置雅可比矩陣圖
    list_derivatives = []                          # 儲存導數的列表
    for class_ind in xrange(nb_classes):           # 計算每一種結果關於 x 的偏導數
        derivatives, = tf.gradients(predictions[:, class_ind], x)
        list_derivatives.append(derivatives)       # 將 TF 圖形式的導數儲存到列表中
    return list_derivatives                        # 傳回該列表，建立雅可比矩陣圖完成
```

在 jacobian_graph 函數中，參數的含義如下：

- predictions 代表所建置替代模型的輸出張量。
- x 代表輸入。
- nb_classes 代表產生的標籤個數（用於定義被攻擊模型的策略邊界）。

6 資料增強演算法的實現

jacobian_augmentation 函數的作用是，從傳入的 jacobian 矩陣圖中選出實際的輸入樣本 x。其內部的實現步驟如下：

（1）選出一部分待輸入的樣本資料。

（2）在原有梯度模型上，計算出該輸入樣本標籤所對應的導數方向（透過取該導數符號 sign 的方式獲得方向）。

（3）在導數方向上對樣本進行變化，公式是：$\lambda(x+\lambda sign)$。

（4）將變化後的結果作為下一次的輸入樣本。

該做法可以確保每次的樣本選取都是有針對性的，即根據本身模型梯度來選取輸入樣本。實際程式如下：

```
def jacobian_augmentation(sess, x, X_sub_prev, Y_sub, grads, lmbda,
                          feed=None):
    input_shape = list(x.get_shape())                # 取得輸入樣本形狀
    input_shape[0] = 1                               # 獲得單一樣本形狀
    X_sub = np.vstack([X_sub_prev, X_sub_prev])      # 複製一份輸入樣本
    for ind, prev_input in enumerate(X_sub_prev):    # 循環取出每個輸入樣本
        grad = grads[Y_sub[ind]]                     # 從雅可比矩陣圖中取得該樣本的梯度
        feed_dict = {x: np.reshape(prev_input, input_shape)}  # 建置植入字典
        if feed is not None:                         # 將額外的資料更新到字典裡，用於植入
            feed_dict.update(feed)
        grad_val = sess.run([tf.sign(grad)], feed_dict=feed_dict)[0]
        # 獲得樣本的梯度方向
        X_sub[X_sub_prev.shape[0] + ind] = X_sub[ind] + lmbda * grad_val
        # 建置輸入樣本
    return X_sub    # 傳回結果
```

在 jacobian_graph 函數中，各個參數的實際意義如下。

- sess：傳入目前的階段。
- x：輸入的預留位置。
- X_sub_prev：用於輸入模型的原始樣本。
- Y_sub：原始樣本所對應的標籤。
- grads：儲存每個決策邊界的導數列表（即雅可比矩陣圖）。
- lmbda：在更新輸入樣本時，讓每個輸入點沿著梯度方向所前進的步進值 λ。
- feed：在植入模型時，除樣本資料外的其他輸入。

函數 jacobian_graph 最後傳回的結果 X_sub 包含兩部分內容：原始的輸入樣本、建置好的輸入樣本。

在建置好輸入樣本之後，便可以將其輸入被攻擊模型中，進一步獲得對應的標籤。接著就可以用這組資料（輸入樣本和標籤）訓練替代模型。將在該替代模型上做出的對抗樣本放到被攻擊模型中，也會造成一樣的攻擊效果。

11.1.5 什麼是資料中毒攻擊

在聯網模式的模型應用中，常常會用再訓練模式來應用模型，即模型在應用的過程中同步收集樣本。收集到的樣本又會自動用於模型再訓練，訓練好的模型線上繼續提供服務。這一套流程全部自動化實現。

由於模型都是以現有資料集進行訓練為基礎的，沒有人可以完全掌控結果資料

的分佈情況。所以,一旦結果資料的分佈情況出現較大的變化,則直接影響模型的使用效果。這種部署方式,可以讓模型一直隨最新的資料分佈來調整其擬符合規範則,進一步實現與時俱進。

看似完美的流程,卻忽略了一個致命的環節──來自未來的假資料。資料中毒的攻擊方式正式利用了這一缺陷。它的原理是:

(1)偽造帶有啟動性的樣本(建置大量帶有負向樣本特徵的正向樣本)。

(2)使用第(1)步的樣本,利用僵屍網路之類的大規模資料來源對模型發起攻擊。

(3)大量的偽造樣本會使模型的準確度降低,模型為了能夠適應最新的資料會自動觸發再訓練行為。

(4)在模型啟動再訓練後,會把這些假樣本當作真實環境下的資料來修正自己,最後使得模型的預測結果與真實資料差距越來越大。

典型的實例就是針對垃圾郵件識別模型的攻擊。實際過程如下:

(1)攻擊者偽造大量具有惡意郵件特徵的真實郵件。

(2)用這些郵件在多個帳戶中頻繁往來。

(3)反垃圾郵件模型會顯示識別率下降的事件,進一步觸發再訓練機制。

(4)一旦訓練好了之後,模型將喪失對垃圾郵件的識別功能。

以再訓練模式為基礎的部署,一定要對資料中毒這種情況加以防範。包含:

■ 指定模型的回復機制。

■ 利用其他版本的模型或演算法來輔助警告機制。

一旦發生警告事件,還需要由人工來對樣本進行抽樣檢查,以便核心對所收集樣本的真實性。

11.2 實例 58:用 FGSM 方法產生樣本,並攻擊 PNASNet 模型,讓其將「狗」識別成「傘」

實例描述

將一張哈士奇狗的照片輸入 PNASNet 模型,觀察其傳回結果。

透過梯度下降演算法訓練一個模擬樣本，讓 PNASNet 模型對模擬樣本識別錯誤：將「哈士奇」識別成「傘」。

11.2.1 程式實現：建立 PNASNet 模型

程式檔案「3-1 使用 AI 模型來識別影像 .py」是一個用預訓練模型 PNASNet 識別圖片的實例。本實例基於它進行修改：

（1）複製程式檔案「3-1 使用 AI 模型來識別影像 .py」所在的整個工作目錄，並將程式檔案「3-1 使用 AI 模型來識別影像 .py」改名為「11-1 用梯度下降方法攻擊 PNASNet 模型 .py」。

（2）在程式檔案「11-1 用梯度下降方法攻擊 PNASNet 模型 .py」中撰寫程式，增加 pnasnetfun 函數，實現模型的建立。

完整的程式如下：

程式 11-1 用梯度下降方法攻擊 PNASNet 模型

```
01   import sys                                              # 初始化環境變數
02   nets_path = r'slim'
03   if nets_path not in sys.path:
04       sys.path.insert(0,nets_path)
05   else:
06       print('already add slim')
07
08   import tensorflow as tf                                 # 引用模組
09   from nets.nasnet import pnasnet
10   import numpy as np
11   from tensorflow.python.keras.preprocessing import image
12
13   import matplotlib as mpl
14   import matplotlib.pyplot as plt
15   mpl.rcParams['font.sans-serif']=['SimHei']             # 用來正常顯示中文標籤
16   mpl.rcParams['font.family'] = 'STSong'
17   mpl.rcParams['font.size'] = 15
18
19   slim = tf.contrib.slim
20   arg_scope = tf.contrib.framework.arg_scope
21
22   tf.reset_default_graph()
23   image_size = pnasnet.build_pnasnet_large.default_image_size
     # 獲得圖片的輸入尺寸
24   LANG = 'ch'                                             # 使用中文標籤
```

```
25
26    if LANG=='ch':
27        def getone(onestr):
28            return onestr.replace(',',' ').replace('\n','')
29
30        with open(' 中文標籤 .csv','r+') as f:                      # 開啟檔案
31            labelnames =list( map(getone,list(f))  )
32            print(len(labelnames),type(labelnames),labelnames[:5])# 輸出中文標籤
33    else:
34        from datasets import imagenet
35        labelnames = imagenet.create_readable_names_for_imagenet_labels()
          # 獲得資料集標籤
36        print(len(labelnames),labelnames[:5])                     # 顯示輸出標籤
37
38    def pnasnetfun(input_imgs,reuse ):
39        preprocessed = tf.subtract(tf.multiply(tf.expand_dims(input_imgs, 0),
      2.0), 1.0)
40        arg_scope = pnasnet.pnasnet_large_arg_scope()             # 獲得模型命名空間
41
42        with slim.arg_scope(arg_scope):                          # 建立 PNASNet 模型
43            with slim.arg_scope([slim.conv2d,
44                                  slim.batch_norm, slim.fully_connected,
45                                  slim.separable_conv2d],reuse=reuse):
46
47                logits, end_points = pnasnet.build_pnasnet_large(preprocessed,
      num_classes = 1001, is_training=False)
48                prob = end_points['Predictions']
49        return logits, prob
```

程式第 13~17 行是對顯示的影像進行設定，使其可以支援中文。

程式第 43 行用共用變數的方式重複使用 PNASNet 模型的加權參數。

提示

在建置模型時，需要將其設為不可訓練（見程式第 47 行）。這樣才能保障，在後面 11.2.3 小節中透過訓練產生對抗樣本時 PNASNet 模型不會有變化。

11.2.2 程式實現：架設輸入層並載入圖片，複現 PNASNet 模型的預測效果

在建置輸入層時，用張量來代替預留位置。該張量由函數 tf.Variable 定義，其用法與預留位置的使用方式一樣，同樣支援靜態圖的植入機制。這麼做是為了

在製作對抗樣本時，可以修改（因為張量支援修改操作，而預留位置只能用作輸入）。

在建置好輸入層之後，便是載入圖片、載入預訓練模型、將圖片植入預訓練模型，並最後以視覺化的形式輸出預測結果。完整的程式如下：

程式 11-1 用梯度下降方法攻擊 PNASNet 模型（續）

```
50   input_imgs = tf.Variable(tf.zeros((image_size, image_size, 3)))
51   logits, probs = pnasnetfun(input_imgs,reuse=False)
52   checkpoint_file = r'pnasnet-5_large_2017_12_13\model.ckpt'    # 定義模型路徑
53   variables_to_restore = slim.get_variables_to_restore()
54   init_fn = slim.assign_from_checkpoint_fn(checkpoint_file,
     variables_to_restore,ignore_missing_vars=True)
55
56   sess = tf.InteractiveSession()                  # 建立階段
57   init_fn(sess)                                   # 載入模型
58
59   img_path = './dog.jpg'                          # 載入圖片
60   img = image.load_img(img_path, target_size=(image_size, image_size))
61   img = (np.asarray(img) / 255.0).astype(np.float32)
62
63   def showresult(img,p):                          # 定義函數，將模型輸出結果視覺化
64       fig, (ax1, ax2) = plt.subplots(1, 2, figsize=(10, 8))
65       fig.sca(ax1)
66
67       ax1.axis('off')
68       ax1.imshow(img)
69       fig.sca(ax1)
70
71       top10 = list((-p).argsort()[:10])
72       lab= [labelnames[i][:15] for i in top10]
73       topprobs = p[top10]
74       print(list(zip(top10,lab,topprobs)))
75
76       barlist = ax2.bar(range(10), topprobs)
77
78       barlist[0].set_color('g')
79       plt.sca(ax2)
80       plt.ylim([0, 1.1])
81       plt.xticks(range(10), lab, rotation='vertical')
82       fig.subplots_adjust(bottom=0.2)
83       plt.show()
84
```

```
85    p = sess.run(probs, feed_dict={input_imgs: img})[0]
86    showresult(img,p)
```

程式執行後，顯示以下結果：

```
[(249, '愛斯基摩犬哈士奇', 0.35189062), (251, '哈士奇', 0.34352344), (250,
'雪橇犬阿拉斯加愛斯基摩狗', 0.007250515), (271, '白狼北極狼', 0.0034629034),
(175, '挪威獵犬', 0.0028237076), (538, '狗拉雪橇', 0.0025286602), (270,
'灰狼', 0.0022800271), (274, '澳洲野狗澳洲野犬', 0.0018357899), (254, '巴辛吉
狗', 0.0015468642), (280, '北極狐狸白狐狸', 0.0009330675)]
```

並獲得視覺化圖片，如圖 11-1 所示。

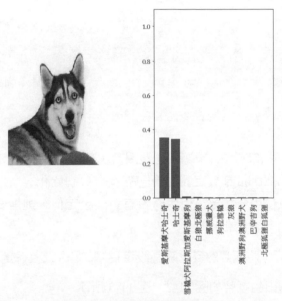

圖 11-1 PNASNet 模型輸出

在圖 11-1 中，左側是輸入的圖片，右側是預測的結果。可以看到，模型成功地預測出該圖片的內容是一隻哈士奇狗。

11.2.3 程式實現：調整參數，定義圖片的變化範圍

在製作樣本時，不能讓圖片的變化太大，要讓圖片透過人眼看上去能夠接收才行。這裡需要手動設定設定值，限制圖片的變化範圍。然後將產生的圖片顯示出來，由人眼判斷圖片是否正常可用，以確保沒有失真。

完整的程式如下：

程式 11-1 用梯度下降方法攻擊 PNASNet 模型（續）

```
87    def floatarr_to_img(floatarr):              # 將浮點數值轉化為圖片像素
88        floatarr=np.asarray(floatarr*255)
89        floatarr[floatarr>255]=255
90        floatarr[floatarr<0]=0
91        return floatarr.astype(np.uint8)
92
93    x = tf.placeholder(tf.float32, (image_size, image_size, 3)) # 定義預留位置
94    assign_op = tf.assign(input_imgs, x)                   # 為 input_imgs 設定值
95    sess.run( assign_op, feed_dict={x: img})
96
97    below = input_imgs - 2.0/255.0              # 定義圖片的變化範圍
98    above = input_imgs + 2.0/255.0
99
100   belowv,abovev = sess.run( [below,above])        # 產生設定值圖片
101
102   plt.imshow(floatarr_to_img(belowv))           # 顯示圖片，用於人眼驗證
103   plt.show()
104   plt.imshow(floatarr_to_img(abovev))
105   plt.show()
```

程式第 94 行，用 tf.assign 函數將輸入圖片 x 設定值給張量 input_imgs。因為輸入層的張量 input_imgs 被定義之後一直沒有被初始化，所以該值必須在被設定值之後才可以使用。如果在使用時沒有對其設定值，則需要先用 input_imgs. initializer 函數將其初始化。

程式第 97、98 行，將圖片的變化範圍設定為：每個像素上下變化最大不超過 2。

程式執行後，輸出的圖片如圖 11-2、圖 11-3 所示。

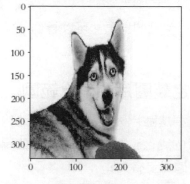

圖 11-2 變化圖片的設定值下限

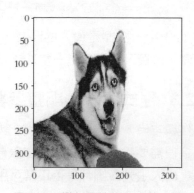

圖 11-3 變化圖片的設定值上限

如圖 11-2、圖 11-3 所示，該圖片完全在人眼接受範圍。一眼看去，就是一隻哈士奇狗。

11.2.4 程式實現：用梯度下降方式產生對抗樣本

與正常的模型訓練目標不同，這裡的訓練目標不是模型中的加權，而是輸入模型的張量。在 11.2.1 小節中，在產生模型的同時，已經將模型固定好（設為不可訓練）。這樣在訓練模型的過程中，反向梯度傳播所修改的值就是輸入的張量 input_imgs，即最後的所要得到的對抗樣本。

實際訓練步驟：（1）設定一個其他類別的標籤；（2）建立損失值 loss 節點，使得每次最佳化時模型的輸出都接近於設定的標籤類別。

完整的程式如下：

程式 11-1 用梯度下降方法攻擊 PNASNet 模型（續）

```
106  label_target = 880                              #設定一個其他類別的目標標籤
107  label =tf.constant(label_target)
108  # 定義計算 loss 值的節點
109  loss = tf.nn.sparse_softmax_cross_entropy_with_logits(logits=logits,
     labels=[label])
110  learning_rate = 1e-1                             # 定義學習率
111  optim_step = tf.train.GradientDescentOptimizer(  # 定義優化器
112      learning_rate).minimize(loss, var_list=[input_imgs])
113
114  # 將調整後的圖片按照指定設定值截斷
115  projected = tf.clip_by_value(tf.clip_by_value(input_imgs, below, above),
     0, 1)
116  with tf.control_dependencies([projected]):
117      project_step = tf.assign(input_imgs, projected)
118
119  demo_steps = 400                                 # 定義反覆運算次數
120  for i in range(demo_steps):                      # 開始訓練
121      _, loss_value = sess.run([optim_step, loss])
122      sess.run(project_step)
123
124      if (i+1) % 10 == 0:                          # 輸出訓練狀態
125          print('step %d, loss=%g' % (i+1, loss_value))
126          if loss_value<0.02:                      # 達到標準後提前結束
127              break
```

程式執行後，輸出以下結果：

```
step 10, loss=5.29815
step 20, loss=0.00202808
```

程式顯示，僅反覆運算 20 次模型就達到了標準。在實際執行中，由於選用的
圖片和指定的其他類別不同，所以反覆運算次數有可能不同。

11.2.5 程式實現：用產生的樣本攻擊模型

接下來就是最有意思的環節了——用訓練好的對抗樣本來攻擊模型。

實現起來非常簡單，直接將張量 input_imgs 作為輸入，執行模型。實際程式如
下：

程式 11-1 用梯度下降方法攻擊 PNASNet 模型（續）

```
128   adv = input_imgs.eval()                          # 取得圖片
129   p = sess.run(probs)[0]                           # 獲得模型結果
130   showresult(floatarr_to_img(adv),p)              # 視覺化模型結果
131   plt.imsave('dog880.jpg',floatarr_to_img(adv))   # 儲存模型
```

程式執行後，獲得以下結果：

[(880, ' 傘 ', 0.9981244), (930, ' 雪糕冰棍冰棒 ', 0.00011489283), (630, ' 唇膏口紅
', 8.979097e-05), (553, ' 女用長圍巾 ', 4.4915465e-05), (615, ' 和服 ', 3.441378e-
05), (729, ' 塑膠袋 ', 3.353129e-05), (569, ' 裘皮大衣 ', 3.0552055e-05), (904, '
假髮 ', 2.2152075e-05), (898, ' 洗衣機自動洗衣機 ', 2.1341652e-05), (950, ' 草莓 ',
2.0412743e-05)]

並獲得視覺化圖片，如圖 11-4 所示。

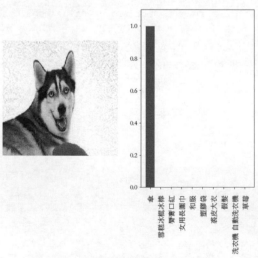

圖 11-4 模型識別對抗樣本的結果

從輸出結果和圖 11-4 可以看出，模型已經把哈士奇狗當成了傘。

11.2.6 擴充：如何防範攻擊模型的行為

防範攻擊模型的行為可以從非技術方法和技術方法兩方面入手。

- 非技術方法：嚴格保密模型所使用的演算法及預訓練檔案的資訊，讓攻擊者無從下手。
- 技術方法：用資料增強方式對預訓練模型進行微調，並將資料增強方法同步施加於應用場景。對輸入的對抗樣本做混淆處理，使其故障。

11.2.7 程式實現：將資料增強方式用在使用場景，以強化 PNASNet 模型，防範攻擊

本實例所使用的預訓練模型檔案 "pnasnet-5_large_2017_12_13" 是 PNASNet 模型在 ImageNet 資料集上訓練出來的。從 slim 模組的程式中可以看到，該預訓練模型在訓練過程中使用了資料增強方法，即 ImageNet 資料集中的圖片在進行翻轉、旋轉、明暗變化後都能夠被正確識別。

這裡以圖片的旋轉操作舉例。輸入 11.2.5 小節產生的對抗樣本 dog880.jpg，並對輸入圖片進行旋轉，然後輸入模型中，讓對抗樣本故障。實際程式如下：

```
程式 11-2 用資料增強抗攻擊
01    ......
02    def pnasnetfun(input_imgs,reuse ):
03      ......
04      return logits, prob
05    ......
06    def showresult(img,p):
07      ......
08      plt.show()
09
10    img_path = './dog880.jpg'                              #載入圖片
11    imgtest = image.load_img(img_path, target_size=(image_size, image_size))
12    imgtest = (np.asarray(imgtest) / 255.0).astype(np.float32)
13
14    ex_angle = np.pi/8                                      #對圖片進行旋轉
15    angle = tf.placeholder(tf.float32, ())
16    rotated_image = tf.contrib.image.rotate(input_imgs, angle)
17    rotated_example = rotated_image.eval(feed_dict={input_imgs: imgtest,
```

```
        angle: ex_angle})
18  p = sess.run(probs, feed_dict={input_imgs: rotated_example})[0]
    # 對旋轉後的圖片進行預測
19  showresult(rotated_example,p)                          # 輸出結果
```

前半部分程式來自程式檔案「11-1　用梯度下降方法攻擊 PNASNet 模型 .py」
中的程式，這裡直接略過。

程式第 10 行，載入對抗樣本 dog880.jpg，接著將其旋轉（見程式第 14 ～ 17
行）。最後輸入模型中並顯示結果（見程式第 18、19 行）。程式執行後輸出以
下檔案並輸出視覺化圖片（如圖 11-5 所示）。

[(251, '哈士奇', 0.43900266), (249, '愛斯基摩犬哈士奇', 0.26704812), (250,
'雪橇犬阿拉斯加愛斯基摩狗', 0.0077105653), (538, '狗拉雪橇', 0.0028206212),
(271, '白狼北極狼', 0.00260258), (175, '挪威獵犬', 0.0025108932), (254, '巴辛
吉狗', 0.0018674432), (274, '澳洲野狗澳洲野犬', 0.0018472295), (270, '灰狼',
0.0017202504), (224, '舒柏奇犬', 0.0011743238)]

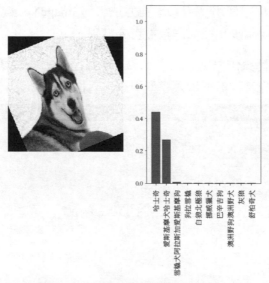

圖 11-5　模型識別對抗樣本的結果

從結果可以看到，將對抗樣本進行旋轉再輸入模型獲得了正確的結果。旋轉輸
入圖片的方式使得對抗樣本故障，有著強化模型的作用。

11.3 實例 59：擊破資料增強防護，製作抗旋轉對抗樣本

攻與防是一對矛盾，互相衍化，相互限制，卻又相互依賴，誰也消滅不了誰。在模型的攻防領域中，攻與防兩方面的技術發展也是永無止境的。下面在 11.2 節的基礎上，再介紹一種效果更好的攻擊模型方法：透過製作抗旋轉的對抗樣本進行攻擊。

> **實例描述**
>
> 對一張哈士奇狗的照片進行處理，讓其輸入 PNASNet 模型後被預測成為雨傘。並且，無論如何旋轉圖片，PNASNet 模型都無法輸出正確的結果。

該實例的原理是典型的攻防博弈實例，即所謂的「以彼之道還之彼身」。既然 PNASNet 模型使用資料增強進行防守，那麼在產生對抗樣本時，也可以直接用資料增強方法進行產生。同樣，也是以資料增強中的旋轉操作為例，實作方式如下：

11.3.1 程式實現：對輸入的資料進行多次旋轉

為了包含所有角度的應用場景，所以在訓練時，需要對圖片進行隨機角度的旋轉。將一張圖片變成多張旋轉後的圖片，進行批次輸入。

在實現時，還需要將 11.2 節的單張處理改成批次處理。實際的程式如下：

```
程式 11-3 製造堅固性更好的對抗樣本
01   ......
02       print(len(labelnames),labelnames[:5])              # 顯示輸出標籤
03
04   batchsize=4                                            # 定義批次數據為 4
05
06   def pnasnetfunrotate(input_imgs,reuse ):              # 建立帶資料增強的模型
07       rotatedarr = []                                    # 儲存旋轉樣本
08       for i in range(batchsize):                         # 按照指定批次進行旋轉
09           rotated = tf.contrib.image.rotate(input_imgs,
10                   tf.random_uniform((), minval=-np.pi/4, maxval=np.pi/4))
11           rotatedarr.append(tf.reshape(rotated,[1,image_size,image_size,3]))
12
```

```
13        inputarr = tf.concat(rotatedarr,axis = 0)   # 組合樣本
14        preprocessed = tf.subtract(tf.multiply(inputarr, 2.0), 1.0)#2 *(
                     input_imgs / 255.0)-1.0          # 樣本前置處理
15
16        arg_scope = pnasnet.pnasnet_large_arg_scope() # 獲得模型的命名空間
17
18        with slim.arg_scope(arg_scope):              # 建置模型
19            with slim.arg_scope([slim.conv2d,
20                             slim.batch_norm, slim.fully_connected,
21                             slim.separable_conv2d],reuse=reuse):
22
23              rotated_logits, end_points = pnasnet.build_pnasnet_large
    (preprocessed,num_classes = 1001, is_training=False)
              prob = end_points['Predictions']
24
25        return rotated_logits, prob                  # 傳回批次輸出結果
26
27  input_imgs = tf.Variable(tf.zeros((image_size, image_size, 3))) # 定義輸入
28  rotated_logits, probs = pnasnetfunrotate(input_imgs,reuse=False)# 建置模型
29  checkpoint_file = r'pnasnet-5_large_2017_12_13\model.ckpt'    # 定義模型路徑
30  variables_to_restore = slim.get_variables_to_restore()#(exclude=exclude)
31  init_fn = slim.assign_from_checkpoint_fn(checkpoint_file,
    variables_to_restore,ignore_missing_vars=True)
32  sess = tf.InteractiveSession()                      # 建立階段
33  init_fn(sess)                                       # 載入模型
34  img_path = './dog.jpg'                              # 讀取原始圖片
35  img = image.load_img(img_path, target_size=(image_size, image_size))
36  img = (np.asarray(img) / 255.0).astype(np.float32)
37
38  def showresult(img,p):                              # 視覺化結果
39      fig, (ax1, ax2) = plt.subplots(1, 2, figsize=(10, 8))
40      ......
41      plt.show()
42
43  p = sess.run(probs, feed_dict={input_imgs: img})[0]  # 進行預測
44  showresult(img,p)
```

在以上程式中，省略符號部分均與檔案「11-1 用梯度下降方法攻擊 PNASNet 模型 .py」一致，這裡不再詳細描述。將輸入圖片隨機旋轉 4 次，並輸入模型裡進行預測。輸出結果均是哈士奇。輸出的結果與 11.2.7 小節類似，這裡省略。

11.3.2 程式實現：產生並儲存堅固性更好的對抗樣本

修改 11.2 節訓練部分的程式，將單張處理改成批次處理，讓模型向預測錯誤的方向訓練。實際的程式如下：

程式 11-3 製造堅固性更好的對抗樣本（續）

```
45   def floatarr_to_img(floatarr):
46       ......
47
48   x = tf.placeholder(tf.float32, (image_size, image_size, 3))    # 定義輸入
49   assign_op = tf.assign(input_imgs, x)              # 為 input_imgs 設定值
50
51   sess.run( assign_op, feed_dict={x: img})
52
53   below = input_imgs - 8.0/255.0                    # 定義圖片的變化範圍
54   above = input_imgs + 8.0/255.0
55
56   belowv,abovev = sess.run( [below,above])          # 輸出結果並人工驗證
57       ......
58
59   label_target = 880                                # 指定其他類別標籤
60   label =tf.constant(label_target)
61   labels = tf.tile([label],[batchsize])             # 按照 batchsize 進行複製
62   loss = tf.reduce_mean(tf.nn.sparse_softmax_cross_entropy_with_logits(
63           logits=rotated_logits, labels=labels)  )
64
65   learning_rate=2e-1                                # 定義學習率
66   optim_step_rotated = tf.train.GradientDescentOptimizer(
67       learning_rate).minimize(loss, var_list=[input_imgs])
68
69   projected = tf.clip_by_value(tf.clip_by_value(input_imgs, below, above), 0, 1)
70   with tf.control_dependencies([projected]):
71       project_step = tf.assign(input_imgs, projected) # 按照控制的設定值產生圖片
72
73   demo_steps = 400                                  # 定義訓練次數
74   for i in range(demo_steps):
75       _, loss_value = sess.run( [optim_step_rotated, loss])
76       sess.run(project_step)
77       if (i+1) % 10 == 0:
78           print('step %d, loss=%g' % (i+1, loss_value))
79           if loss_value<0.02:                       # 提前結束
80               break
81   adv = input_imgs.eval()                           # 取得圖片
```

```
82
83    p = sess.run(probs)[0]
84    showresult(floatarr_to_img(adv),p)
85    plt.imsave('dog880rotated.jpg',floatarr_to_img(adv))     # 儲存圖片
86    sess.close()
```

該程式的流程與 11.2 節非常類似，這裡不再詳細介紹。程式執行後，輸出以下
結果：

```
step 10, loss=5.33923
step 20, loss=0.0115749
```

同樣反覆運算了 20 次完成了訓練。產生了圖片 dog880rotated.jpg。

11.3.3　程式實現：在 PNASNet 模型中比較對抗樣本的效果

為了更直觀地顯示 11.3 節的對抗樣本與 11.2 節的對抗樣本在 PNASNet 模型中
的效果，下面透過一系列連續的旋轉角度對兩種對抗樣本進行變化，並將結果
視覺化。在程式檔案「11-2 用資料增強抗攻擊 .py」中增加以下程式：

程式 11-2 用資料增強抗攻擊（續）

```
20    img_path = './dog880rotated.jpg'              # 載入支援旋轉的對抗樣本
21    imgtestrotated = image.load_img(img_path, target_size=(image_size,
      image_size))
22    imgtestrotated = (np.asarray(imgtestrotated) / 255.0).astype(np.float32)
23
24    thetas = np.linspace(-np.pi/4, np.pi/4, 301)     # 產生一系列連續旋轉角度
25    label_target = 880
26    p_naive = []
27    p_robust = []
28    for theta in thetas:                  # 對兩個樣本進行旋轉，並輸入模型進行結果預測
29        rotated = rotated_image.eval(feed_dict={input_imgs: imgtestrotated,
      angle: theta})
30        p_robust.append(probs.eval(feed_dict={input_imgs: rotated})[0]
      [label_target])
31
32        rotated = rotated_image.eval(feed_dict={input_imgs: imgtest,
      angle: theta})
33        p_naive.append(probs.eval(feed_dict={input_imgs: rotated})[0]
      [label_target])
34    # 視覺化結果
35    robust_line, = plt.plot(thetas, p_robust, color='b', linewidth=2,
      label=' 支援旋轉的對抗樣本 ')
```

```
36    naive_line, = plt.plot(thetas, p_naive, color='r', linewidth=2,
      label=' 不支援旋轉對抗樣本 ')
37    plt.ylim([0, 1.05])
38    plt.xlabel(' 旋轉角度 ')
39    plt.ylabel('880 大類的機率 ')
40    plt.legend(handles=[robust_line, naive_line], loc='lower right')
41    plt.show()
42
43    sess.close()
```

程式執行後，輸出結果如圖 11-6 所示。

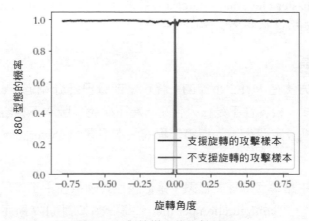

圖 11-6 對抗樣本的比較結果

在圖 11-6 中有兩條線。實際解讀如下：

- 上面的那條線是支援旋轉的對抗樣本。可以看出，在整個水平座標區域內，模型預測 880 大類的機率都為 1。
- 下面的那條線是不支援旋轉的對抗樣本。可以看出，只有水平座標值為 0 時，模型預測 880 大類的機率為 1，其他情況下都是 0。

11.4 實例 60：以黑箱方式攻擊未知模型

實例描述

透過黑箱方式攻擊一個能夠分類 MNIST 資料集的神經網路模型，建置出對抗樣本，讓未知結構的 MNIST 資料集分類器故障。

這裡重點介紹黑箱攻擊的實現原理。讀者對黑箱攻擊技術有了直觀的印象和感受之後，便可以更有針對地對自有模型進行強化。

11.4.1 準備專案程式

按以下步驟準備專案程式。

1 取得程式

按照 11.1.2 小節中的 Gitbub 地址，將原始程式下載下來。將其解壓縮之後，在 cleverhans-master\cleverhans_tutorials 路徑下，找到 mnist_blackbox.py。該程式即為本實例所要說明的範例程式。

2 設定工作區

設定工作區的方法在 11.1.2 小節的「提示」部分已經介紹過。cleverhans 專案的不同版本程式，相容性不是很人性化。為了避免多版本不相容的問題，這裡直接在工作區裡設定優先載入與範例程式版本相同的 cleverhans 函數庫。實際做法如下：

（1）在 spyder 中點擊目前程式檔案，確保該程式檔案在主工作區內。接著選擇功能表列 "Run" → "configuration per file…" 指令，如圖 11-7 所示。

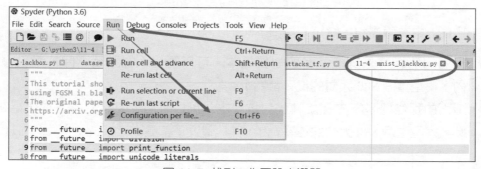

圖 11-7 找到工作區設定選單

（2）出現設定視窗。在 "Working Directory Settings" 中點擊 "The following directory" 選項，以及後面的資料夾按鈕，在出現的對話方塊中選擇 cleverhans-master 專案原始程式所在的路徑，如圖 11-8 所示。

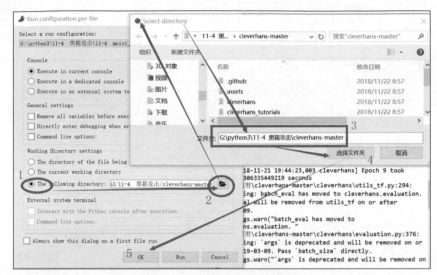

圖 11-8　工作區設定視窗

11.4.2　程式實現：架設通用模型架構

在 cleverhans 模組中單獨實現了一套模型架構，用於建置攻防實驗模型。

該架構只是在原有的 TensorFlow 介面上做了一些微小的封裝。如果讀者已經掌握了 TensorFlow 的機制，會很容易了解該架構的原理，並學會使用該架構。下面詳細解讀一下。

在原始程式的 cleverhans-master\cleverhans\model.py 檔案裡有一個 Model 類別，它用於實現攻防模型的基本架構。其核心程式如下：

```
程式 model（片段）
01    class Model(object):
02        __metaclass__ = ABCMeta                       #定義母類別
03        #定義常數字串（用於建置字典類型中的 key。在描述網路層時使用）
04        O_LOGITS, O_PROBS, O_FEATURES = 'logits probs features'.split()
05
06        def __init__(self, scope=None, nb_classes=None, hparams=None,
07                     needs_dummy_fprop=False):      #初始化函數
08
09            self.scope = scope or self.__class__.__name__
10            self.nb_classes = nb_classes
11            self.hparams = hparams or {}
12            self.needs_dummy_fprop = needs_dummy_fprop
```

```
13
14    def __call__(self, *args, **kwargs):          # 呼叫函數
15      ......
16
17      return self.get_probs(*args, **kwargs)
18
19    def get_logits(self, x, **kwargs):            # 獲得輸出層
20
21      outputs = self.fprop(x, **kwargs)
22      if self.O_LOGITS in outputs:
23        return outputs[self.O_LOGITS]
24      raise NotImplementedError(str(type(self)) + "must implement `get_logits`"
25                                " or must define a " + self.O_LOGITS +
26                                " output in `fprop`")
27
28    def get_predicted_class(self, x, **kwargs):   # 獲得模型預測的分類結果
29
30      return tf.argmax(self.get_logits(x, **kwargs), axis=1)
31
32    def get_probs(self, x, **kwargs):             # 獲得模型的輸出結果
33
34      d = self.fprop(x, **kwargs)
35      if self.O_PROBS in d:
36        output = d[self.O_PROBS]
37        min_prob = tf.reduce_min(output)
38        max_prob = tf.reduce_max(output)
39        asserts = [utils_tf.assert_greater_equal(min_prob,
40                                        tf.cast(0., min_prob.dtype)),
41                   utils_tf.assert_less_equal(max_prob,
42                                        tf.cast(1., min_prob.dtype))]
43        with tf.control_dependencies(asserts):
44          output = tf.identity(output)
45        return output
46      elif self.O_LOGITS in d:
47        return tf.nn.softmax(logits=d[self.O_LOGITS])
48      else:
49        raise ValueError('Cannot find probs or logits.')
50
51    def fprop(self, x, **kwargs):                 # 建置模型的正向結構
52
53      raise NotImplementedError('`fprop` not implemented.')
54
55    def get_params(self):                         # 獲得模型的超參數
```

```
56
57        if hasattr(self, 'params'):
58          return list(self.params)
59
60        # 支援動態圖的方法
61        try:
62          if tf.executing_eagerly():
63            raise NotImplementedError("For Eager execution - get_params "
64                                      "must be overridden.")
65        except AttributeError:
66          pass
67
68        # 對靜態圖的處理
69        scope_vars = tf.get_collection(tf.GraphKeys.TRAINABLE_VARIABLES,
70                                       self.scope + "/")
71
72        if len(scope_vars) == 0:
73          self.make_params()
74          scope_vars = tf.get_collection(tf.GraphKeys.TRAINABLE_VARIABLES,
75                                         self.scope + "/")
76          assert len(scope_vars) > 0
77
78        # 斷言敘述。如果參數發生變化，則程式將顯示出錯
79        if hasattr(self, "num_params"):
80          if self.num_params != len(scope_vars):
81            print("Scope: ", self.scope)
82            print("Expected " + str(self.num_params) + " variables")
83            print("Got " + str(len(scope_vars)))
84            for var in scope_vars:
85              print("\t" + str(var))
86            assert False
87        else:
88          self.num_params = len(scope_vars)
89
90        return scope_vars
91
92    def make_params(self):                    # 設定模型的超參數
93        if self.needs_dummy_fprop:
94          if hasattr(self, "_dummy_input"):
95            return
96          self._dummy_input = self.make_input_placeholder()
97          self.fprop(self._dummy_input)
98
```

```
99    def get_layer_names(self):               # 取得網路層名稱(以列表形式呈現)
100       raise NotImplementedError
101
102   def get_layer(self, x, layer, **kwargs):  # 根據指定名稱取得網路層
103       return self.fprop(x, **kwargs)[layer]
104
105   def make_input_placeholder(self):         # 定義輸入樣本層
106
107       raise NotImplementedError(str(type(self)) + " does not implement "
108                                 "make_input_placeholder")
109
110   def make_label_placeholder(self):         # 定義輸入標籤層
111
112       raise NotImplementedError(str(type(self)) + " does not implement "
113                                 "make_label_placeholder")
114
115   def __hash__(self):                       # 多載 hash 演算法的函數
116       return hash(id(self))
117
118   def __eq__(self, other):                  # 多載相等的函數
119       return self is other
```

程式第 2 行引用了母類別屬性,讓 model 類別成為一個範本類別。

model 類別作為攻防模型的基礎類別,負責統一管理整個模型的介面。在定義模型時,只需要繼承該類別,並實現相關的必要介面。實際使用方法可以參考 11.4.3 小節。

11.4.3 程式實現:架設被攻擊模型

在本例中需要準備一個被攻擊的模型,作為黑盒攻擊的物件。

這 裡 直 接 使 用 cleverhans-master\cleverhans_tutorial\tutorial_models.py 中 的 ModelBasicCNN 模型。該模型的類別定義程式如下:

程式 tutorial_models(片段)
```
01   class ModelBasicCNN(Model):               # 定義模型類別
02     # 初始化模型
03     def __init__(self, scope, nb_classes, nb_filters, **kwargs):
04       del kwargs
05       Model.__init__(self, scope, nb_classes, locals())
06       self.nb_filters = nb_filters
07
```

```
08       # 建置模型
09       self.fprop(tf.placeholder(tf.float32, [128, 28, 28, 1]))
10       self.params = self.get_params()          # 獲得模型的超參數
11
12   def fprop(self, x, **kwargs):                 # 定義模型的正向結構
13       del kwargs
14       my_conv = functools.partial(
15           tf.layers.conv2d, activation=tf.nn.relu,
16           kernel_initializer=initializers.HeReLuNormalInitializer)
17       with tf.variable_scope(self.scope, reuse=tf.AUTO_REUSE):
18         y = my_conv(x, self.nb_filters, 8, strides=2, padding='same')
19         y = my_conv(y, 2 * self.nb_filters, 6, strides=2, padding='valid')
20         y = my_conv(y, 2 * self.nb_filters, 5, strides=1, padding='valid')
21         logits = tf.layers.dense(
22             tf.layers.flatten(y), self.nb_classes,
23             kernel_initializer=initializers.HeReLuNormalInitializer)
24         return {self.O_LOGITS: logits,
25                 self.O_PROBS: tf.nn.softmax(logits=logits)}
```

程式第 12 行，在 ModelBasicCNN 類別中多載了 fprop 方法。在 fprop 方法中定義了模型的正向網路結構：

（1）使用 3 層卷積操作加一個全連接的網路結構，對 MNIST 資料集分類。

（2）在結果中傳回了模型的最後預測值 O_LOGITS 和分類結果 O_PROBS。

11.4.4 程式實現：訓練被攻擊模型

cleverhans 模組中的模型架構，只支援到正向連接部分。如果訓練，則還需要實現計算 loss 值部分，並呼叫另外一個封裝好的函數──cleverhans.train 函數。

在本實例的程式檔案「11-4　mnist_blackbox.py」中，用 prep_bbox 函數實現了模型的訓練過程。

實際程式如下：

程式 11-4 mnist_blackbox（片段）
```
01   def prep_bbox(sess, x, y, x_train, y_train, x_test, y_test,
02               nb_epochs, batch_size, learning_rate,
03               rng, nb_classes=10, img_rows=28, img_cols=28, nchannels=1):
04
05       # 定義被攻擊模型
06       nb_filters = 64
```

```
07    model = ModelBasicCNN('model1', nb_classes, nb_filters)
08    loss = CrossEntropy(model, smoothing=0.1)      # 定義損失函數
09    predictions = model.get_logits(x)              # 取得輸出結果
10    print("Defined TensorFlow model graph.")
11
12    # 定義訓練參數
13    train_params = {'nb_epochs': nb_epochs, 'batch_size': batch_size,
14        'learning_rate': learning_rate }
15    # 訓練模型
16    train(sess, loss, x_train, y_train, args=train_params, rng=rng)
17
18    # 評估模型
19    eval_params = {'batch_size': batch_size}
20    accuracy = model_eval(sess, x, y, predictions, x_test, y_test,
21                         args=eval_params)
22    print('Test accuracy of black-box on legitimate test '
23        'examples: ' + str(accuracy))            # 輸出準確率
24
25    return model, predictions, accuracy
```

本小節完成了一個很普通的分類器模型，充當實例中的目標模型。在後面的操作中，將要對該分類器模型進行攻擊。

11.4.5 程式實現：架設替代模型

在架設替代模型時，要求輸入和輸出必須一致。其他的內部結構和參數對整個攻擊的結果影響不大。一個有經驗的深度學習開發者，會根據模型的實際工作架設出與其近似的模型。

> **提示**
> 有時可能需要架設多個不同架構的模型進行嘗試，從中找出效果更好的模型。

在本實例中，用多層全連接網路來架設替代模型。實際程式如下：

程式 11-4 mnist_blackbox（片段）

```
26   class ModelSubstitute(Model):                    # 建置替代模型
27    def __init__(self, scope, nb_classes, nb_filters=200, **kwargs):
28     del kwargs
29     Model.__init__(self, scope, nb_classes, locals())
30     self.nb_filters = nb_filters
31
```

```
32    def fprop(self, x, **kwargs):              # 架設網路的正向結構
33      del kwargs
34      my_dense = functools.partial(
35          tf.layers.dense, kernel_initializer=HeReLuNormalInitializer)
36      with tf.variable_scope(self.scope, reuse=tf.AUTO_REUSE):
37        y = tf.layers.flatten(x)
38        y = my_dense(y, self.nb_filters, activation=tf.nn.relu)
39        y = my_dense(y, self.nb_filters, activation=tf.nn.relu)
40        logits = my_dense(y, self.nb_classes)
41        return {self.O_LOGITS: logits,
42                self.O_PROBS: tf.nn.softmax(logits=logits)}
```

從程式第 32~40 行可以看到，模型 ModelSubstitute 的輸入為 x，輸出為 logits。輸入 x 需要在呼叫時被指定。輸出 logits 傳回的維度與初始化參數 nb_classes 有關（見程式第 40 行）。

提示

在建置替代模型的過程中，核心內容是對決策邊界的發現。對替代模型的層數要求並不是特別嚴格。例如在本實例中，如果在原有的替代模型基礎上多加幾層全連接，也不會有很明顯的效果提升。

11.4.6 程式實現：訓練替代模型

訓練替代模型是本實例的關鍵環節。該環節主要是用雅可比矩陣的資料增強技術來製作有效樣本（見 11.1.4 小節）。實際程式如下：

程式 11-4 mnist_blackbox（片段）

```
43  def train_sub(sess, x, y,              # 定義參數：階段、輸入的樣本、標籤預留位置
44                bbox_preds,              # 黑箱模型的輸出張量
45                x_sub, y_sub,            # 初始一部分訓練樣本、標籤
46                nb_classes,              # 分類個數
47                nb_epochs_s, batch_size, learning_rate, data_aug, lmbda,
48                aug_batch_size, rng, img_rows=28, img_cols=28,
49                nchannels=1):
50
51    model_sub = ModelSubstitute('model_s', nb_classes)  # 定義替代模型的結構
52    preds_sub = model_sub.get_logits(x)
53    loss_sub = CrossEntropy(model_sub, smoothing=0)     # 定義損失函數
54
55    print("Defined TensorFlow model graph for the substitute.")
56    grads = jacobian_graph(preds_sub, x, nb_classes)    # 定義雅可比矩陣
```

```
57
58      for rho in xrange(data_aug):            # 按照指定資料增強次數訓練替代模型
59        print("Substitute training epoch #" + str(rho))
60        train_params = {                      # 指定替代模型的訓練參數
61          'nb_epochs': nb_epochs_s,           # 訓練的反覆運算次數
62          'batch_size': batch_size,           # 批次大小
63          'learning_rate': learning_rate      # 學習率
64        }
65        with TemporaryLogLevel(logging.WARNING, "cleverhans.utils.tf"):
66          train(sess, loss_sub, x_sub, to_categorical(y_sub, nb_classes),
67                init_all=False, args=train_params, rng=rng,
68                var_list=model_sub.get_params())    # 用產生的資料訓練模型
69
70        if rho < data_aug - 1:        # 最後一次不需要再做雅可比資料增強了，直接退出
71          print("Augmenting substitute training data.")
72          # 執行以雅可比矩陣為基礎的資料增強方法
73          lmbda_coef = 2 * int(int(rho / 3) != 0) -1
          # 動態調整步進值參數 lmbda_coef
74          x_sub = jacobian_augmentation(sess, x, x_sub, y_sub, grads,
75                                        lmbda_coef * lmbda, aug_batch_size)
76          print("Labeling substitute training data.")
77
78          y_sub = np.hstack([y_sub, y_sub])
79          x_sub_prev = x_sub[int(len(x_sub)/2):]    # 獲得建置好的輸入點
80          eval_params = {'batch_size': batch_size}  # 定義評估參數
81          # 將建置好的 x 放入被攻擊模型，產生標籤
82          bbox_val = batch_eval(sess, [x], [bbox_preds], [x_sub_prev],
83                                args=eval_params)[0]
84          # 獲得輸入點對應的標籤
85          y_sub[int(len(x_sub)/2):] = np.argmax(bbox_val, axis=1)
86          showimg(rho,y_sub[int(len(x_sub)/2):],x_sub_prev,batch_size)# 顯示圖片
87      return model_sub, preds_sub
```

程式第 74 行，用 jacobian_augmentation 函數獲得了一部分輸入樣本點。在 11.1.4 小節介紹過，該傳回值分為原始的輸入樣本與計算出來的輸入樣本。

在程式第 79 行，從 jacobian_augmentation 函數的傳回值 x_sub_prev 中，取出輸入樣本點的後半部分（建置好的輸入點）作為下次訓練模型的樣本資料。

程式第 82 行，用 batch_eval 函數將建置好的輸入點送入被攻擊模型 bbox_preds 中，以便取得對應的標籤。如果被攻擊模型在網路側（雲端），則這行程式要改成透過網路請求向模型發送輸入樣本，並取得標籤結果。

訓練替代模型的次數與建置樣本的次數相對應。每次產生的樣本都會與原始的輸入樣本結合起來，再建置出對應的標籤（見程式第 85 行）。這些樣本與標籤組成資料集會被送入模型中，然後按照指定的反覆運算次數 nb_epochs_s 進行訓練。

程式第 86 行，用函數 showimg 將產生的樣本顯示出來。函數 showimg 的定義見 4.3.4 小節。

11.4.7 程式實現：黑箱攻擊目標模型

訓練替代模型是本實例的關鍵環節。該環節主要是用雅可比矩陣的資料增強技術來製作有效樣本。實際程式如下：

```
程式 11-4  mnist_blackbox（片段）
88    def mnist_blackbox(train_start=0, train_end=60000, test_start=0,
89                       test_end=10000, nb_classes=NB_CLASSES,
90                       batch_size=BATCH_SIZE, learning_rate=LEARNING_RATE,
91                       nb_epochs=NB_EPOCHS, holdout=HOLDOUT, data_aug=DATA_AUG,
92                       nb_epochs_s=NB_EPOCHS_S, lmbda=LMBDA,
93                       aug_batch_size=AUG_BATCH_SIZE):
94
95        set_log_level(logging.DEBUG)        # 設定記錄檔等級
96        accuracies = {}
97        assert setup_tutorial()
98        sess = tf.Session()                 # 定義 session
99
100       # 建置 MNIST 資料集
101       mnist = MNIST(train_start=train_start, train_end=train_end,
102                 test_start=test_start, test_end=test_end)
103       x_train, y_train = mnist.get_set('train')
104       x_test, y_test = mnist.get_set('test')
105
106       x_sub = x_test[:holdout]    # 取出一部分原始樣本，用於訓練替代模型所需的資料集
107       y_sub = np.argmax(y_test[:holdout], axis=1)
108
109       x_test = x_test[holdout:]                        # 用於測試被攻擊模型的準確率
110       y_test = y_test[holdout:]
111
112       # 定義圖片參數
113       img_rows, img_cols, nchannels = x_train.shape[1:4]
114       nb_classes = y_train.shape[1]                    # 定義分類個數
```

```
115
116     # 定義預留位置
117     x = tf.placeholder(tf.float32, shape=(None, img_rows, img_cols,
118                                             nchannels))
119     y = tf.placeholder(tf.float32, shape=(None, nb_classes))
120     rng = np.random.RandomState([2017, 8, 30])     # 定義隨機值種子
121
122     # 訓練一個模型，作為黑箱攻擊的目標
123     print("Preparing the black-box model.")
124     prep_bbox_out = prep_bbox(sess, x, y, x_train, y_train, x_test, y_test,
125                             nb_epochs, batch_size, learning_rate,
126                             rng, nb_classes, img_rows, img_cols, nchannels)
127     model, bbox_preds, accuracies['bbox'] = prep_bbox_out
128
129     # 訓練替代模型
130     print("Training the substitute model.")
131     train_sub_out = train_sub(sess, x, y, bbox_preds, x_sub, y_sub,
132                             nb_classes, nb_epochs_s, batch_size,
133                             learning_rate, data_aug, lmbda, aug_batch_size,
134                             rng, img_rows, img_cols, nchannels)
135     model_sub, preds_sub = train_sub_out
136
137     # 評估替代模型
138     eval_params = {'batch_size': batch_size}
139     acc = model_eval(sess, x, y, preds_sub, x_test, y_test, args=eval_params)
140     accuracies['sub'] = acc
141     print("The accuracy of substitute model",acc)     # 輸出替代模型的準確率
142     # 用 FGSM 方法攻擊模型
143     fgsm_par = {'eps': 0.3, 'ord': np.inf, 'clip_min': 0., 'clip_max': 1.}
144     fgsm = FastGradientMethod(model_sub, sess=sess) # 建置 fgsm 操作
145
146     eval_params = {'batch_size': batch_size}
147     x_adv_sub = fgsm.generate(x, **fgsm_par)                # 對輸入 x 用 fgsm 進行轉換
148
149     # 將轉換後的 x_adv_sub 張量放到被攻擊模型裡，並植入測試資料，測試準確率
150     accuracy = model_eval(sess, x, y, model.get_logits(x_adv_sub),
151                             x_test, y_test, args=eval_params)
152     print('Test accuracy of oracle on adversarial examples generated '
153         'using the substitute: ' + str(accuracy)) # 輸入模型的準確率
154     accuracies['bbox_on_sub_adv_ex'] = accuracy
155
156     return accuracies
```

與 11.2 節的實例相比，cleverhans 模組中的 FGSM 方法功能更為強大。在

cleverhans 模組中，FGSM 方法的實現被封裝在 FastGradientMethod 類別中，該類別用 FGSM 方法可以產生兩種類型的對抗樣本：

- 使模型輸出錯誤標籤的對抗樣本。
- 使模型輸出指定標籤的對抗樣本。

程式第 143 行，透過建置參數字典 fgsm_par 指定 FGSM 的實現細節。程式中使用了預設值，即讓模型輸出錯誤標籤的對抗樣本。有關字典 fgsm_par 中每個 key 的含義，可以參考程式檔案 "cleverhans-master\cleverhans\attacks.py"（見 11.4.1 小節）中 FastGradientMethod 類別的定義。

> **提示**
>
> 如果想讓模型輸出指定標籤的對抗樣本，則需要在字典 fgsm_par 中增加 key 為 "y_target" 的鍵值對，並將目的標籤設定到 value 中。

程式第 144 行，將替代模型 model_sub 物件傳入 FastGradientMethod 類別的初始化方法裡，獲得產生實體物件 fgsm。該物件用於實現 FGSM 方法。

程式第 147 行，用 fgsm 的 generate 方法對原始的輸入 x 進行變化。在 generate 方法中，呼叫 fgm 函數，用梯度下降的方法對輸入的樣本進行擾動處理。

在函數 fgm 中，實際的處理過程如下：

（1）將輸入樣本 x 傳入替代模型，算出對應的標籤。
（2）求出該標籤與模型的原始輸出值之間的 loss 值。
（3）根據 loss 值求出 x 的梯度。
（4）在梯度中增加干擾項（本實例中干擾項為 0.3，見程式第 143 行）。
（5）將干擾項更新到原來的輸入樣本 x 上。

經過多次反覆運算之後，再將變化後的輸入樣本 x 傳入替代模型時，替代模型將輸出錯誤的結果。

fgm 的程式片段如下：

```
def fgm(x, logits, y=None, eps=0.3, ord=np.inf, clip_min=None, clip_max=None,
  targeted=False,
        sanity_checks=True):                            #ord 為擾動樣本的計算方式
    asserts = []
```

```
......
  if y is None:                                              # 用模型中的 y 值做標籤
    preds_max = reduce_max(logits, 1, keepdims=True)         # 取出替代模型的分類結果
    y = tf.to_float(tf.equal(logits, preds_max))             # 將 y 變為 one-hot 標籤
    y = tf.stop_gradient(y)                                  # 固定 y 值,停止梯度
  y = y / reduce_sum(y, 1, keepdims=True)        # 使其總機率為 1 ( 對 one-hot 無影響 )
  loss = softmax_cross_entropy_with_logits(labels=y, logits=logits)# 計算損失
......
  grad, = tf.gradients(loss, x)                              # 求關於 x 的梯度

  optimal_perturbation = optimize_linear(grad, eps, ord)     # 對梯度做干擾
  adv_x = x + optimal_perturbation                           # 更新 x 的值
  if (clip_min is not None) or (clip_max is not None):
  # 對 x 值進行剪輯,變化在指定值之間
    assert clip_min is not None and clip_max is not None
    adv_x = utils_tf.clip_by_value(adv_x, clip_min, clip_max)
......
  return adv_x                                               # 傳回對抗樣本
```

在程式第 150 行,將擾動後的張量作為輸入連線被攻擊模型。將測試資料植入進去,並利用 model_eval 函數評測其準確率。觀察黑箱攻擊的效果。

提示

由於本實例只是模擬攻擊,所以在程式第 150 行,將經過 FGSM 方法處理後的張量傳入被攻擊模型的輸入介面進行評測。這裡採用這樣的做法,只是為了簡化程式,並不符合真實場景。

在實際場景中,攻擊者接觸不到被攻擊模型的真正輸入介面。所以,只能將測試資料植入 fgsm 模型以產生擾動後的圖片,然後再將該圖片作為對抗樣本輸入被攻擊模型。

程式執行後,輸入以下結果:

(1)訓練被攻擊模型的結果。

```
Defined TensorFlow model graph.
num_devices: 1
......
[INFO 2018-11-2314:37:26,917 cleverhans] Epoch 9 took 7.253604888916016 seconds
Test accuracy of black-box on legitimate test examples: 0.99248730964467
```

結果顯示,該模型的準確率為 0.99。

（2）訓練替代模型的結果。

```
Training the substitute model.
Defined TensorFlow model graph for the substitute.
Substitute training epoch #0
num_devices:  1
0
......
4
```

圖 11-9　產生的待輸入樣本

```
Substitute training epoch #5
num_devices:  1
The accuracy of substitute model 0.7469035532994924
```

圖 11-9 所顯示的是使用雅可比矩陣產生的待輸入樣本。最後一行是該模型的準確率。

可以看到，準確率只有 0.74。雖然比被攻擊模型的準確率低很多，但它們擁有同樣的決策邊界。

（3）輸出模型被攻擊後的準確率。

```
Test accuracy of oracle on adversarial examples generated using the
substitute: 0.686497461928934
```

從結果可以看到，將用黑盒攻擊方式獲得的對抗樣本輸入目標模型中，讓模型的準確率降低到了 0.68。

11.4.8　擴充：利用黑箱攻擊中的對抗樣本強化模型

強化模型的方法有很多種，最直接的就是透過擴充樣本集。在實現時，可以將用黑箱攻擊獲得的對抗樣本放入訓練集中對模型做二次訓練。這樣訓練出的模型會有更強的抗攻擊能力。

第五篇 實戰 --
深度學習實際應用

本篇偏重於深度學習的專案化應用，即用 TensorFlow 架構訓練出模型之後的事情。本篇主要介紹在不同場景中模型的製作方法和部署方法（包含網路端和行動端的部署）、人工智慧在專案化專案中的應用方法和技巧，以及人工智慧的價值和要面對的挑戰。

本篇將讀者從專注技術的角度提升到關注企業的角度。

「以商業為中心，以價值為導向」的技術，才是最有用途的技術。本篇的內容可以幫助讀者更進一步地駕馭這種技術。

▶ 第 12 章 TensorFlow 模型製作 -- 一種功能，多種身份
▶ 第 13 章 TensorFlow 模型部署 -- 模型與專案的深度結合
▶ 第 14 章 商業實例 -- 科技源於生活，用於生活

TensorFlow 模型製作 --
一種功能，多種身份

本章主要介紹與模型檔案相關的操作。透過本章的實例，讀者可以掌握模型的
匯入和匯出方法，以及製作凍結圖的方法。

12.1 快速導讀

在學習實例之前，有必要了解一下模型製作方面的基礎知識。

12.1.1 詳細分析檢查點檔案

在訓練過程中，TensorFlow 產生的檢查點檔案是由多個檔案組成的。下面以
6.2 節的線性回歸程式為例。執行 6.2 節的程式後，在 log 資料夾中產生的檢查
點檔案如圖 12-1 所示。

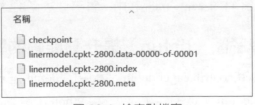

圖 12-1 檢查點檔案

從圖 12-1 中可以看到，一共有 4 種類型的檔案。

- checkpoint：一個模型索引檔案，記錄目前最新的檢查點檔案的名稱。
- *.data-00000-of-00001：儲存模型中每個參數的實際值。
- *.index：儲存模型中參數名稱與值之間的對應關係。

■ *.meta：儲存模型的結構，即神經網路模型結構的節點名稱。檔案格式是 pb（protocol buffer）。

在有原始程式的情況下，*.meta 檔案是沒用的。可以透過設定來關閉產生 *.meta 檔案的功能。設定方法請見 6.2.1 小節「提示」部分。

在沒有原始程式的情況下，需要用 *.meta 檔案來恢復模型結構。實際做法見 12.2 節實例。

12.1.2 什麼是模型中的凍結圖

凍結圖是一個模型的最後匯出檔案。訓練結束後，可以用凍結圖來實現實際的應用。

凍結圖不可以被用來做二次訓練，只能用來計算結果。因為在執行凍結圖時，可以不需要模型的原始程式碼。所以，凍結圖一般用在專案的最後發佈環節。

實際產生和使用凍結圖的方法見 12.3 節。

12.1.3 什麼是 TF Serving 模組與 saved_model 模組

TF Serving 模組的主要功能是將訓練好的模型部署到生產環境中。可以讓模型以遠端呼叫的方式對外提供服務，並能夠保持很高的效能。

TensorFlow 中還為 TF Serving 提供一個 saved_model 模組。用 saved_model 模組可以很方便地產生帶有標籤的凍結圖檔案。這種帶有 TF Serving 標籤的凍結圖檔案可以直接用到 TF Serving 的部署中。實際做法見 12.5 節、13.2 節。

12.1.4 用編譯子圖（defun）提升動態圖的執行效率

編譯子圖的 API 為 tf.contrib.eager.defun，其中的 defun 是 define function 的縮寫。tf.contrib.eager.defun 函數的作用是，將 Python 函數編譯成一個可呼叫的子圖，完成計算功能。這種方式可以提升程式的執行速度。

1 使用方法

被編譯的子圖比 Python 函數的執行效率更高。但是，它不能夠被 pdb 偵錯工具或 print 函數追蹤內部的執行情況。

另外，因為在程式執行時期，被編譯的子圖在第一次載入時也需要一定的負擔。所以這種方案更適合 Python 函數中運算操作較多、較複雜的情況。

tf.contrib.eager.defun 函數的使用方法舉例，程式片段如下：

```python
import tensorflow as tf
tf.enable_eager_execution()

def f(x, y):                                    # 定義函數 f
  return tf.reduce_mean(tf.multiply(x ** 2, 3) + y)
g = tf.contrib.eager.defun(f)                   # 將函數 f 編譯成可呼叫子圖

x = tf.constant([[2.0, 3.0]])
y = tf.constant([[3.0, -2.0]])

print(f(x, y).numpy())                          # 輸出呼叫函數 f 的結果：20.0
print(g(x, y).numpy())                          # 輸出呼叫函數 g 的結果：20.0
```

tf.contrib.eager.defun 函數除可以將 Python 函數編譯成子圖外，還可以將類別中的 call 函數編譯成子圖。例如以下程式片段：

```python
class MyModel(tf.keras.Model):                  # 定義模型類別
  def __init__(self, keep_probability=0.2):     # 定義節點
    super(MyModel, self).__init__()
    ......

  @tf.contrib.eager.defun                       # 裝飾 call 方法
  def call(self, inputs, training=True):
    ......
```

▣ 指定輸入

向子圖中傳入形狀不同的張量後，系統會產生不同的子圖。可以透過輸入來指定使用某個固定形狀的子圖。例如：

```python
@tf.contrib.eager.defun(input_signature=[
  tf.contrib.eager.TensorSpec(shape=[None, 50, 300], dtype=tf.float32),
  tf.contrib.eager.TensorSpec(shape=[300, 100], dtype=tf.float32)
])
def my_sequence_model(words, another_tensor):
  ......
```

在上面程式片段中，用 tf.contrib.eager.TensorSpec 函數指定參數 words 和 another_tensor 的形狀。其中，參數 words 支援不同批次的輸入。

3 注意事項

用 tf.contrib.eager.defun 函數修飾後的方法，與原有方法的處理邏輯是一樣的。
但也有幾個特殊情況。實際如下：

（1）在函數中存在取亂數的情況。

在被編譯後的子圖裡，亂數會故障。例：

```
import tensorflow as tf
tf.enable_eager_execution()
import numpy as np
def fn():                        # 定義函數 fn
  a = np.random.randn(1)         # 取隨機值
  x =  tf.constant(2.)+ a        # 計算張量
  print("a",a,end=',')           # 輸出隨機值
  return x                       # 傳回張量

g = tf.contrib.eager.defun(fn)# 編譯子圖 g
print(fn().numpy())                # 輸出呼叫函數 fn 的結果：a [0.1783442]，[2.1783442]
print(fn().numpy())                # 輸出呼叫函數 fn 的結果：a [0.1783442]，[2.1783442]
print(g().numpy())                 # 輸出呼叫子圖 g 的結果：a [-0.39338869],[1.6066113]
print(g().numpy())                 # 輸出呼叫子圖 g 的結果：[1.6066113]
print(g().numpy())                 # 輸出呼叫子圖 g 的結果：[1.6066113]
```

從上面的輸出中可以看到：

- 每次呼叫子圖 fn 都會獲得不同值。
- 每次呼叫函數 g 都會獲得相同值。

而且子圖 g 只有第一次被呼叫時會輸出 print 資訊，再次被呼叫時不會有資訊
輸出。這表示在第一次被呼叫時，系統將 fn 編譯產生了子圖，固定了隨機值
並且去掉了 print 資訊。在後面執行時期，直接用子圖中的運算流來處理，所
以每次都是一樣的值。

> **提示**
>
> 為避免在子圖中亂數故障這種情況發生，儘量不要把隨機值放到函數內部。可
> 以將其當作一個參數來輸入，進行計算。

（2）在函數中存在 BOOL（布林邏輯）運算的情況。

在被編譯後的子圖裡，只允許對輸入參數進行 Python 語法的 BOOL（布林邏

輯）運算。對內部的張量做 BOOL（布林邏輯）計算時，需要用函數 tf.conf 來
代替。例如：

```python
import tensorflow as tf
tf.enable_eager_execution()
def fn(train = True):                  # 定義函數 fn
  x =  tf.constant(2.)
  y =  tf.constant(2.)
  if train:                            # 對輸入進行判斷
      x = x*2
  else :
      x= x-1
  def f1():                            # 分支函數
    return x*10
  def f2():                            # 分支函數
    return x*100
  x =tf.cond(x < y, f1,f2)             # 在內部進行判斷

  return x

g = tf.contrib.eager.defun(fn)         # 編譯子圖 g
print(fn(True).numpy())                # 輸出呼叫函數 fn 的結果：400.0
print(fn(False).numpy())               # 輸出呼叫函數 fn 的結果：10.0
print(g(True).numpy())                 # 輸出呼叫子圖 g 的結果：400.0
print(g(False).numpy())                # 輸出呼叫子圖 g 的結果：10.0
```

可以看到，呼叫函數 fn 與子圖 g 的結果完全相同。

> **提示**
>
> 在編譯子圖的內部，除需要取代 BOOL 敘述外，還需要將循環敘述（while）取
> 代成 tf.while_loop 敘述。

（3）在函數中存在定義變數敘述的情況。

在被編譯後的子圖裡，只有第一次被呼叫時會執行全部程式。在後續呼叫時，
只執行其編譯後的子圖分支。分支內容是在編譯時決定的。

在編譯過程中，定義參數的函數 tf.Variable 也會被最佳化。這是需要注意的地
方。例如：

```python
import tensorflow as tf
tf.enable_eager_execution()
def fn():                              # 定義函數 fn
```

```
x = tf.Variable(0.0)              # 定義變數
x.assign_add(1.0)                 # 執行加 1 操作
return x.read_value()             # 傳回結果

g = tf.contrib.eager.defun(fn)    # 編譯子圖 g
print(fn().numpy())               # 輸出呼叫函數 fn 的結果：1.0
print(fn().numpy())               # 輸出呼叫函數 fn 的結果：1.0
print(g().numpy())                # 輸出呼叫子圖 g 的結果：1.0
print(g().numpy())                # 輸出呼叫子圖 g 的結果：2.0
```

從程式執行的結果中可以看到：

■ 在兩次執行函數 fn 時，內部都會重新定義一個變數給 x。每次執行時期，
變數 x 的值都會先變成 0，然後再加 1，最後傳回結果 1.0。

■ 在兩次呼叫子圖 g 時，第一次呼叫時，與執行函數 fn 一樣——傳回了 1.0。
第二次呼叫時，x 已經在編譯好的子圖中存在，且 x = tf.Variable(0.0) 敘述
已經被最佳化了。於是變數 x 再加 1，變成了 2.0。

> **提示**
>
> 編譯子圖只適用與 TensorFlow 1.x 版本。在 TensorFlow 2.x 版本中推薦使用更
> 進階的自動圖功能，該功能不僅有編譯子圖同樣的效能，而且還有比編譯子圖
> 更簡單的開發方式。詳情請見 6.1.16 小節。

12.1.5 什麼是 TF_Lite 模組

TF_Lite（TensorFlow Lite）模組可以將現有的 TensorFlow 模型檔案，轉化成
體積比較小的模型檔案。它是 TensorFlow 針對移動和嵌入式裝置的輕量級解
決方案。它可以讓神經網路模型很方便地執行在運算資源受限的裝置上。

1 TF_Lite 模組的使用方式及說明文件

TF_Lite 模組提供了命令列和呼叫 API 兩種轉化方式，用於產生 lite 格式的檔
案，並配有非常豐富的使用文件。其中：

（1）命令列方式的使用文件如下：

```
https://github.com/tensorflow/tensorflow/blob/master/tensorflow/lite/g3doc/
convert/cmdline_reference.md
```

（2）API 介面呼叫方式的使用文件如下：

```
https://github.com/tensorflow/tensorflow/blob/master/tensorflow/lite/g3doc/
convert/python_api.md
```

需要說明的是，在 TensorFlow 1.12.0 及之前的版本中 TF_Lite 還並不增強：

■ Windows 系統中的 TF_Lite 模組無法使用。如果使用 TensorFlow 1.12.0 及之前的版本，則只能在 Linux 系統中使用 TF_Lite 模組。

■ 官方文件中的 API 與程式中的 API 對應不上。如果在使用過程中發生錯誤，則可以透過參考 TF_Lite 模組的原始程式進行解決。

在 TensorFlow 1.13.0 及之後的版本中，TF_Lite 模組相比較較成熟，並且支援在 Windows 系統下執行。

▣ TF_Lite 的使用舉例

以命令列的方式為例。用 TF_Lite 模組轉化模型檔案時，實際指令如下：

```
toco --graph_def_file=./retrained_graph.pb  --input_format=TENSORFLOW_
GRAPHDEF  --output_format=TFLITE  --output_file=graph.tflite  --inference_
type=FLOAT  --input_type=FLOAT  --input_arrays=input  --output_arrays=final_
result  --input_shapes=1,224,224,3
```

該實例是在 TensorFlow 1.13.1 版本上實現的。其中，參數 input_arrays 與參數 output_arrays 是模型檔案 retrained_graph.pb 中輸入和輸出節點的名稱。這兩個節點名稱需要單獨分析。分析的方式有兩種：

■ 透過 TensorBoard 工具在瀏覽器中檢視。實際方法可以參考 12.4.2 小節。

■ 在程式中，用 print 函數將張量的名字列印出來。

執行 toco 指令後，TF_Lite 模組將根據輸入的凍結圖產生 graph.tflite 檔案。該檔案可以應用在 Android 或 IOS 等系統上。實際實例可參考 13.3 節。

12.1.6 什麼是 TFjs-converter 模組

TFjs-converter 模組是 TFjs 模組的搭配介面，可以很方便地將訓練好的 SavedModel、Keras h5、Frozen Model、TF-Hub 模型檔案轉化為 Web 介面的模型檔案，以便透過 JavaScript 語言呼叫它。

實際細節可以參考以下位址：

```
https://github.com/tensorflow/tfjs-converter
```

12.2 實例 61：在原始程式與檢查點檔案分離的情況下，對模型進行二次訓練

在公司與公司，或部門與部門之間合作開發時，出於對智慧財產權的保護，常常都需要將模型的原始程式碼進行隱藏。

例如：乙方為甲方提供模型演算法服務，乙方開發的模型需要用甲方的資料進行訓練。甲方的資料比較機密，希望將乙方的模型拿到甲方公司裡來訓練；而在合約沒有履行完之前，乙方不希望將模型原始程式全部交給甲方。

在這種情況下，可以用模型的原始程式碼與檢查點檔案相分離的方式進行合作。實際的實現方法為：

（1）乙方將模型的原始程式碼與檢查點檔案分離。

（2）將檢查點檔案及流程程式（非模型的原始程式碼部分）交給甲方。

（3）甲方拿到後，在自己公司內部進行訓練模型，並回饋給乙方。

（4）乙方根據回饋進行模型的最佳化及改良。

（5）雙方經過多次互動之後，完成模型的開發及訓練過程。

（6）待合約流程全部履行完之後，乙方再將原始程式發佈給甲方。

下面實現一個在原始程式與檢查點檔案分離情況的進行二次訓練的實例。

實例描述

開發一個模型，讓模型在一組混亂的資料集中找到 $y \approx 2x$ 的規律。並透過脫離模型原始程式碼的情況下，對模型進行二次訓練。

本實例的實現原理很簡單：在模型訓練的過程中，會用到網路模型程式中的幾個節點（例如：輸入、輸出、優化器等）。核心思維就是，將需要用到的節點單獨增加到模型的集合中，在二次訓練時，將模型中用到的節點取出來。實現方式是：透過 tf.add_to_collection 函數將指定網路節點儲存到模型的集合中，並用 tf.get_collection 函數讀出模型中要使用的節點。

12.2.1 程式實現：在線性回歸模型中，在檢查點檔案中增加指定節點

定義一個張量物件 saver（見程式第 37 行）。在階段執行中，用張量物件 saver 的 save 方法將檢查點檔案儲存下來（見程式第 71、74 行）。完整的程式如下：

程式 12-1 在線性回歸模型中增加指定節點到檢查點檔案

```
01   import tensorflow as tf
02   import numpy as np
03   import matplotlib.pyplot as plt
04
05   # (1) 產生模擬資料
06   train_X = np.linspace(-1, 1, 100)
07   train_Y = 2 * train_X + np.random.randn(*train_X.shape) * 0.3
     #y=2x，但是加入了雜訊
08   # 圖形顯示
09   plt.plot(train_X, train_Y, 'ro', label='Original data')
10   plt.legend()
11   plt.show()
12
13   tf.reset_default_graph()
14
15   # (2) 建置網路模型
16   # 預留位置
17   X = tf.placeholder("float")
18   Y = tf.placeholder("float")
19   # 模型參數
20   W = tf.Variable(tf.random_normal([1]), name="weight")
21   b = tf.Variable(tf.zeros([1]), name="bias")
22   # 正向結構
23   z = tf.multiply(X, W)+ b
24   global_step = tf.Variable(0, name='global_step', trainable=False)
25   # 反向最佳化
26   cost =tf.reduce_mean( tf.square(Y - z))
27   learning_rate = 0.01
28   optimizer = tf.train.GradientDescentOptimizer(learning_rate).minimize
     (cost,global_step)              # 梯度下降
29   # 初始化所有變數
30   init = tf.global_variables_initializer()
31   # 定義學習參數
32   training_epochs = 20
33   display_step = 2
34   savedir = "log2/"
```

```
35    saver = tf.train.Saver(tf.global_variables(), max_to_keep=1)
      # 產生 saver，max_to_keep=1 表示只保留一個檢查點檔案
36
37    # 將指定節點透過增加到集合的方式放到模型裡
38    tf.add_to_collection('optimizer', optimizer)
39    tf.add_to_collection('X', X)
40    tf.add_to_collection('Y', Y)
41    tf.add_to_collection('cost', cost)
42    tf.add_to_collection('result', z)
43    tf.add_to_collection('global_step', global_step)
44    # 定義產生 loss 值視覺化的函數
45    plotdata = { "batchsize":[], "loss":[] }
46    def moving_average(a, w=10):
47        if len(a) < w:
48            return a[:]
49        return [val if idx < w else sum(a[(idx-w):idx])/w for idx, val in
      enumerate(a)]
50
51    # (3) 建立 session 進行訓練
52    with tf.Session() as sess:
53        sess.run(init)
54        kpt = tf.train.latest_checkpoint(savedir)
55        if kpt!=None:
56            saver.restore(sess, kpt)
57
58        # 向模型輸入資料
59        while global_step.eval()/len(train_X) < training_epochs:
60            step = int( global_step.eval()/len(train_X) )
61            for (x, y) in zip(train_X, train_Y):
62                sess.run(optimizer, feed_dict={X: x, Y: y})
63
64            # 顯示訓練中的詳細資訊
65            if step % display_step == 0:
66                loss = sess.run(cost, feed_dict={X: train_X, Y:train_Y})
67                print ("Epoch:", step+1, "cost=", loss,"W=", sess.run(W),
      "b=", sess.run(b))
68                if not (loss == "NA" ):
69                    plotdata["batchsize"].append(global_step.eval())
70                    plotdata["loss"].append(loss)
71                saver.save(sess, savedir+"linermodel.cpkt", global_step)
72
73        print (" Finished!")
74        saver.save(sess, savedir+"linermodel.cpkt", global_step)
```

```
75        print ("cost=", sess.run(cost, feed_dict={X: train_X, Y: train_Y}),
    "W=", sess.run(W), "b=", sess.run(b))
76
77        # 顯示模型
78        plt.plot(train_X, train_Y, 'ro', label='Original data')
79        plt.plot(train_X, sess.run(W) * train_X + sess.run(b), label='Fitted
    line')
80        plt.legend()
81        plt.show()
82
83        plotdata["avgloss"] = moving_average(plotdata["loss"])
84        plt.figure(1)
85        plt.subplot(211)
86        plt.plot(plotdata["batchsize"], plotdata["avgloss"], 'b--')
87        plt.xlabel('Minibatch number')
88        plt.ylabel('Loss')
89        plt.title('Minibatch run vs. Training loss')
90
91        plt.show()
```

上面程式執行完後，輸出以下結果：

```
Epoch: 1 cost= 1.1687633 W= [0.5381455] b= [0.4353026]
......
Epoch: 19 cost= 0.10066107 W= [2.1154778] b= [-0.03748273]
 Finished!
cost= 0.100661084 W= [2.1154814] b= [-0.03748437]
```

產生的 loss 值圖如圖 12-2 所示。

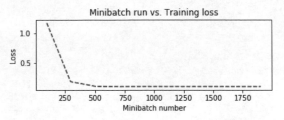

圖 12-2 回歸模型訓練 2000 次的損失值

在程式執行之後，系統會在 log2 資料夾下產生了幾個以 "linermodel.cpkt-2000"
開頭的檔案。它們就是檢查點檔案。

12.2.2 程式實現：在脫離原始程式的情況下，用檢查點檔案進行二次訓練

將檢查點檔案中的模型的結構載入到目前執行圖中，並從執行圖中取得可操作的張量節點。實際步驟如下：

（1）呼叫函數 tf.train.import_meta_graph，將檢查點檔案（該檢查點檔案是由 12.2.1 小節程式所產生的）中的節點名稱匯入到目前執行圖中（見程式第 30 行）。

（2）呼叫 tf.get_collection 函數，在目前執行圖的集合中根據結合的名稱找到對應的張量（見程式第 33~39 行）。

（3）建立階段，訓練模型。

完整的程式如下：

程式 12-2 用原始程式分離的方式進行二次訓練

```
01    import tensorflow as tf
02    import numpy as np
03    import matplotlib.pyplot as plt
04
05    # 產生模擬資料
06    train_X = np.linspace(-1, 1, 100)
07    train_Y = 2 * train_X + np.random.randn(*train_X.shape) * 0.3
      #y=2x，但是加入了雜訊
08    # 圖形顯示
09    plt.plot(train_X, train_Y, 'ro', label='Original data')
10    plt.legend()
11    plt.show()
12
13    # 定義產生 loss 值視覺化的函數
14    plotdata = { "batchsize":[], "loss":[] }
15    def moving_average(a, w=10):
16        if len(a) < w:
17            return a[:]
18        return [val if idx < w else sum(a[(idx-w):idx])/w for idx, val in
      enumerate(a)]
19
20    tf.reset_default_graph()
21
22    # 定義學習參數
23    training_epochs = 58    # 設定反覆運算次數為 58
```

```
24    display_step = 2
25
26    with tf.Session() as sess:
27        savedir = "log2/"
28        kpt = tf.train.latest_checkpoint(savedir)              # 找到檢查點檔案
29        print("kpt:",kpt)
30        new_saver = tf.train.import_meta_graph(kpt+'.meta')
          # 從檢查點的 meta 檔案中匯入變數
31        new_saver.restore(sess, kpt)                           # 恢復檢查點數據
32
33        print(tf.get_collection('optimizer'))                 # 透過集合取張量
34        optimizer = tf.get_collection('optimizer')[0]
          # 傳回的是一個 list ，只是取第 1 個
35        X=tf.get_collection('X')[0]
36        Y=tf.get_collection('Y')[0]
37        cost=tf.get_collection('cost')[0]
38        result=tf.get_collection('result')[0]
39        global_step = tf.get_collection('global_step')[0]
40
41        # 節點恢復完成，可以繼續訓練
42        while global_step.eval()/len(train_X) < training_epochs:
43            step = int( global_step.eval()/len(train_X) )
44            for (x, y) in zip(train_X, train_Y):
45                sess.run(optimizer, feed_dict={X: x, Y: y})
46
47            # 顯示訓練中的詳細資訊
48            if step % display_step == 0:
49                loss = sess.run(cost, feed_dict={X: train_X, Y:train_Y})
50                print ("Epoch:", step+1, "cost=", loss)
51                if not (loss == "NA" ):
52                    plotdata["batchsize"].append(global_step.eval())
53                    plotdata["loss"].append(loss)
54                new_saver.save(sess, savedir+"linermodel.cpkt", global_step)
55
56        print (" Finished!")
57        new_saver.save(sess, savedir+"linermodel.cpkt", global_step)
58        print ("cost=", sess.run(cost, feed_dict={X: train_X, Y: train_Y}))
59
60        plotdata["avgloss"] = moving_average(plotdata["loss"])
61        plt.figure(1)
62        plt.subplot(211)
63        plt.plot(plotdata["batchsize"], plotdata["avgloss"], 'b--')
64        plt.xlabel('Minibatch number')
65        plt.ylabel('Loss')
```

```
66        plt.title('Minibatch run vs. Training loss')
67
68        plt.show()
```

程式執行後，顯示以下結果：

```
kpt: log2/linermodel.cpkt-2000
INFO:tensorflow:Restoring parameters from log2/linermodel.cpkt-2000
[<tf.Operation 'GradientDescent' type=AssignAdd>]
Epoch: 21 cost= 0.099750884
......
Epoch: 57 cost= 0.099868104
 Finished!
cost= 0.099868104
```

輸出結果的第 1 行表示從檢查點檔案 "log2/linermodel.cpkt-2000" 中載入模類型資料。

從輸出結果的第 4 行可以看到，輸出的損失值是 0.09。這説明模型是接著 2000 次的訓練結果繼續進行的（12.2.1 小節中，模型反覆運算訓練 2000 次後損失值是 0.1）。

在訓練結束後，程式產生的損失值（loss）圖如圖 12-3 所示。

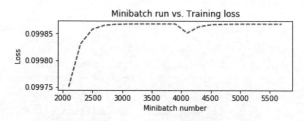

圖 12-3　回歸模型 5800 訓練次的損失值

在圖 12-3 中，表面看去好像是損失值越來越高。其實該曲線是在小數點後 4 位元發生的抖動（見 y 座標軸的單位），這屬於正常現象。

提示

如果是動態圖或是估算器架構產生的模型，則可以先將其先轉成靜態圖模式，再用本實例的方式將原始程式與檔案分離。

將估算器模型程式轉成靜態圖模型程式的實例可以參考 6.5 節。

將動態圖模型程式轉為靜態圖模型程式相對難度不大，讀者可以自行嘗試。

12.2.3 擴充：更泛用的二次訓練方法

在 12.2.2 小節的程式 30 行，呼叫函數 tf.train.import_meta_graph，將檢查點檔案中的節點匯入程式的執行圖中，並根據集合的名稱恢復節點實現模型的二次訓練。這種方法用起來相比較較簡單，也好了解。

在這裡再介紹一種更為泛用的方法：直接用張量的名字代替集合操作。實際如下。

1 獲得執行圖中需要的節點名稱

在 12.2.1 小節程式的最後增加以下程式，將執行圖中需要的節點列印出來：

```
print(optimizer.name)
print(X.name)
print(Y.name)
print(cost.name)
print(z.name)
print(global_step.name)
```

程式執行後，輸出以下結果：

```
GradientDescent
Placeholder:0
Placeholder_1:0
Mean:0
add:0
global_step:0
```

顯示的名稱都是該節點在執行圖中對應的名字。在載入模型時，可以透過這些名稱獲得實際的張量節點。

> **提示**
>
> 還可以在定義張量時為其指定好名稱，這樣使用時直接在名稱後面加上索引值即可。

2 根據節點名稱取得執行圖中的張量

在 12.2.2 小節程式第 33 ～ 39 行，將從集合中恢復節點的部分換作從圖中恢復節點。實際程式如下：

```
my_graph = tf.get_default_graph()              # 獲得目前執行圖
```

```
#根據名字從執行圖中獲得對應的運算符號（OP）及張量
    optimizer = my_graph.get_operation_by_name('GradientDescent')
    X = my_graph.get_tensor_by_name('Placeholder:0')
    Y = my_graph.get_tensor_by_name('Placeholder_1:0')
    cost = my_graph.get_tensor_by_name('Mean:0')
    result = my_graph.get_tensor_by_name('add:0')
    global_step = my_graph.get_tensor_by_name('global_step:0')
```

獲得張量後，便可以對模型進行二次訓練了。完整的程式見搭配資源的程式檔案。「12-3 使用原始程式分離方式二次訓練 - 擴充 .py」

提示

在根據名字恢復節點的操作中，恢復 OP 與恢復張量的函數是不同的：

- 根據名字取得 OP，要使用 get_operation_by_name 函數。
- 根據名字取得張量，要使用 get_tensor_by_name 函數。

另外，還可以用 as_graph_def 方法取得圖中全部變數的定義。見原始程式檔案「12-3 使用原始程式分離方式二次訓練 - 擴充 .py」的最後 3 行程式：

```
graph_def = my_graph.as_graph_def()          #獲得全部定義
    print(graph_def)                             #輸出全部定義
    tf.train.write_graph(graph_def, savedir, 'expert-graph.pb')
    #將定義儲存到檔案裡
```

在大型的模型檔案中，節點的資訊會有很多，可以先將其輸出到檔案中，再進行檢視。

12.3 實例 62：匯出 / 匯入凍結圖檔案

凍結圖檔案是開發模型過程中的最後產物，專用於在生產環境中進行。

實例描述

開發一個模型，讓模型在一組混亂的資料集中找到 $y \approx 2x$ 的規律。在模型訓練好之後，將其匯出成凍結圖檔案，並透過撰寫程式將該凍結圖檔案匯入，用於預測。

在 6.2 節的線性回歸模型基礎上，用 TensorFlow 中 freeze_graph 工具的指令稿實現凍結圖的匯出、匯入功能。該指令稿也支援以命令列的方式執行。實際描述如下：

12.3.1 熟悉 TensorFlow 中的 freeze_graph 工具指令稿

在 TensorFlow 的安裝路徑中可以找到 freeze_graph 工具指令稿，實際如下：

```
Anaconda3\lib\site-packages\tensorflow\python\tools\freeze_graph.py
```

該指令稿可以命令列的方式使用，也可以透過模組載入的方式在程式中使用。
指令稿中的核心函數是 freeze_graph 函數，實際如下：

```
def freeze_graph(input_graph, # 圖定義檔案 GraphDef，見 12.2.3 小節 " 提示 " 部分的介紹
                input_saver,              # 要載入的 sever 檔案，一般為空
                input_binary,             # 輸入檔案是否為二進位格式
                input_checkpoint,         # 輸入的檢查點檔案
                output_node_names,        # 要匯出的節點名稱，不能帶後面的序號
                restore_op_name,          # 該參數已捨棄
                filename_tensor_name,     # 該參數已捨棄
                output_graph,             # 輸出的凍結圖路徑及名稱
                clear_devices,
                # 是否刪除節點的裝置資訊，一般選 True，否則會導致裝置不相容
                initializer_nodes,           # 執行凍結圖之前需要被初始化的節點
                variable_names_whitelist="", # 需要將變數轉化為常數的白名單
                variable_names_blacklist="", # 指定某些變數不需要轉化為常數
                input_meta_graph=None,       # 檢查點的 meta 檔案。
                input_saved_model_dir=None,  # 輸入檢查點檔案的路徑
                saved_model_tags=tag_constants.SERVING,
                # 模型的標籤。預設支援 TF Serving 佈署
                checkpoint_version=saver_pb2.SaverDef.V2):   # 凍結圖版本
```

可以看到，雖然該函數有很多參數，但是大部分參數都有預設值。使用時，只
需要關注少量的必填參數即可。實際如下：

- 如果以命令列方式執行 freeze_graph 指令稿，則需要在參數 input_graph 或
  參數 input_meta_graph 中指定一個，並填導入參數 output_node_names、參
  數 output_graph_path 的值。
- 如果在程式裡呼叫 freeze_graph 函數，則參數沒有預設值，這時可以按照命
  令列中的預設值為 freeze_graph 函數的參數設定值。

12.3.2 程式實現：從線性回歸模型中匯出凍結圖檔案

將 6.2 節的全部程式複製過來，在其後面增加程式，匯出凍結圖檔案。實際如
下：

1 增加函數，匯出凍結圖檔案，並輸出節點名稱

撰寫程式實現以下步驟：

（1）定義函數 exportmodel，將現有執行圖中的節點匯出成凍結圖。

（2）將模型程式中的輸入節點 X、輸出節點 z 的名稱列印出來。

> **提示**
>
> 因為在應用場景中是不需要輸入標籤的，所以沒有匯出 Y。

實際程式如下：

程式 12-4 將線性回歸模型匯出成為凍結圖檔案

```
01    ……#6.2節中的全部程式，這裡略過
02    import os
03    from tensorflow.python.tools import freeze_graph
04    def exportmodel(thisgraph,saverex,thissavedir,outnode='',freeze_file_name
      = 'expert-graph-yes.pb'):
05
06        with tf.Session(graph=thisgraph) as sessex:
07            sessex.run(tf.global_variables_initializer())
08            kpt = tf.train.latest_checkpoint(thissavedir)
09
10            print("kpt:",kpt)
11
12            if kpt!=None:
13                saverex.restore(sessex, kpt)
14
15                # 取得圖中全部變數的定義
16                graph_def = thisgraph.as_graph_def()
17                # 將變數的定義資訊儲存到 expert-graph.pb 檔案中
18                tf.train.write_graph(graph_def, thissavedir, 'expert-graph.pb')
19
20                input_graph_path = os.path.join( thissavedir, 'expert-graph.pb')
21                input_saver_def_path = ""
22                input_binary = False
23                # 指定匯出節點的名字
24                output_node_names = outnode
25                restore_op_name = "save/restore_all"
26                filename_tensor_name = "save/Const:0"
27                output_graph_path = os.path.join(thissavedir, freeze_file_name)
28                clear_devices = True
29                input_meta_graph = ""
```

```
30
31            freeze_graph.freeze_graph(
32                input_graph_path, input_saver_def_path, input_binary, kpt,
33                output_node_names, restore_op_name, filename_tensor_name,
34                    output_graph_path, clear_devices, "", "")
35
36   print(z.name,X.name)# 將節點列印出來
```

程式第 4 行定義了函數 exportmodel，該函數用來實現實際的動態圖匯出操作。在該函數中，實際步驟如下：

（1）載入指定圖中的檢查點檔案。

（2）將圖中全部變數的定義資訊匯出到模型檔案 "expert-graph.pb" 中。

（3）呼叫 freeze_graph 函數，按照參數 freeze_file_name 所指定的檔案名稱產生凍結圖。

程式執行後，輸出以下結果：

```
add:0 Placeholder:0
```

在輸出結果可以看到：

- 輸出節點 z（透過計算得來，具有可變屬性）的名稱是 "add:0"（add 為的名稱，0 為序號）。

- 輸入節點 X（來自樣本，具有不變的屬性）的名稱是 "Placeholder:0"。

2 呼叫函數，實現匯出凍結圖檔案功能

撰寫程式實現以下步驟：

（1）獲得目前的執行圖。

（2）產生 saver 物件用於儲存模型檔案

（3）用函數 exportmodel 產生凍結圖檔案。

實際程式如下：

程式 12-4 將線性回歸模型匯出成為凍結圖檔案（續）

```
37   thisgraph = tf.get_default_graph()
38   saverex = tf.train.Saver()                          # 產生 saver 物件
39   exportmodel(thisgraph,saverex,savedir,"add,Placeholder")
```

程式第 39 行，在呼叫函數 exportmodel 時傳入 "add,Placeholder"，用來指定匯

出節點的名稱。其中，"add" 是輸出節點 z 的名稱，"Placeholder" 是輸入節點 X 的名稱。這裡只需要傳入節點名稱中 "：" 之前的部分。

程式執行後，會在本機 log 資料夾中產生兩個模型檔案：

- expert-graph.pb（執行圖的定義檔案）。
- expert-graph-yes.pb（凍結圖檔案）。

其中的模型檔案 expert-graph-yes.pb 就是最後輸出的凍結圖檔案。

12.3.3 程式實現：匯入凍結圖檔案，並用模型進行預測

撰寫程式實現以下步驟：

（1）用 tf.GraphDef 函數獲得一個執行圖物件 my_graph_def。

（2）將凍結圖匯入執行圖物件 my_graph_def 中。

（3）用執行圖物件 my_graph_def 的 ParseFromString 方法對凍結圖檔案進行解析。

（4）用 tf.import_graph_def 函數將凍結圖物件 my_graph_def 的內容匯入執行圖中（見程式第 13 行）。

（5）用 tf.get_default_graph 函數獲得執行圖物件 my_graph。

（6）用執行圖物件 my_graph 的 get_tensor_by_name 方法獲得執行圖中的輸入、輸出張量。

（7）建立階段，向輸入張量中植入資料，獲得輸出張量的預測結果。

實際程式如下：

程式 12-5 匯入凍結圖並用模型進行預測

```
01   import tensorflow as tf
02
03   tf.reset_default_graph()
04
05   savedir = "log/"
06   PATH_TO_CKPT = savedir +'/expert-graph-yes.pb'
07
08   my_graph_def = tf.GraphDef()                    # 定義 GraphDef 物件
09   with tf.gfile.GFile(PATH_TO_CKPT, 'rb') as fid:
10       serialized_graph = fid.read()
11       my_graph_def.ParseFromString(serialized_graph) # 讀取 pb 檔案
12       print(my_graph_def)
```

```
13          tf.import_graph_def(my_graph_def, name='')        # 恢復到執行圖中
14
15    my_graph = tf.get_default_graph()                       # 獲得執行圖
16    result = my_graph.get_tensor_by_name('add:0')  # 將執行圖中的 z 設定值給 result
17    x = my_graph.get_tensor_by_name('Placeholder:0')     # 執行圖中的 X 設定值給 x
18
19    with tf.Session() as sess:
20        y = sess.run(result, feed_dict={x: 5})              # 傳入 5，進行預測
21        print(y)
```

程式執行後，輸出以下內容：

```
node {
  name: "Placeholder"
  ......
node {
  name: "weight"
  op: "Const"
  attr {
    key: "dtype"
    value {
      type: DT_FLOAT
    }
  }
  attr {
    key: "value"
    value {
      tensor {
        dtype: DT_FLOAT
        tensor_shape {
          dim {
            size: 1
          }
        }
        float_val: 2.004253387451172
      }
    }
  }
}
......
}
library {
}

[10.033242]
```

輸出結果的最後一行是模型的預測結果（向模型中輸入 5，預測出 10）。

輸出結果中最後一行之前的所有資訊都是執行圖中定義的節點。這些定義就是從凍結圖中讀取出來的模型內容。

12.4 實例 63：逆向分析凍結圖檔案

凍結圖雖然隱藏了很多資訊，但是透過 TensorFlow 中的協力廠商工具，還是可以看到原始模型的樣子。本實例用 TensorBoard 工具檢視凍結圖的網路結構。

> **實例描述**
>
> 有一個凍結圖檔案，要求將其翻譯到 TensorBoard 中以觀察其模型結構。

12.2.3 小節的程式第 13 行，是以文字方式將凍結圖的內容列印出來，直觀性相對較差。還可以透過 import_to_tensorboard 工具將產生的凍結圖檔案匯入到概要記錄檔中，並用 TensorBoard 工具進行檢視。實際做法如下：

12.4.1 使用 import_to_tensorboard 工具

在 TensorFlow 的安裝路徑中可以找到 import_to_tensorboard 工具的指令稿。實際如下：

```
Anaconda3\lib\site-packages\tensorflow\python\tools\ import_pb_to_tensorboard.py
```

程式檔案 "import_pb_to_tensorboard.py" 是一個可以單獨在命令列中執行的指令檔，可以在命令列中使用它，也可以在程式中使用它。

1 在命令列裡使用 import_to_tensorboard 工具

在命令列裡使用 import_to_tensorboard 工具，可以輸入以下指令：

```
python import_pb_to_tensorboard.py --model_dir 凍結圖檔案路徑 --log_dir 匯出的概
要記錄檔路徑
```

該指令在即時執行，會呼叫指令稿中的 import_to_tensorboard 函數。該函數的實際定義如下：

```
def import_to_tensorboard(model_dir, log_dir)
```

2 在程式中使用 import_to_tensorboard 工具

撰寫程式來使用 import_to_tensorboard 工具。實際如下：

```
from tensorflow.python.tools import import_pb_to_tensorboard
input_graph_path = "log/expert-graph-yes.pb"        # 凍結圖檔案
import_pb_to_tensorboard.import_to_tensorboard(input_graph_path,'./pbvisualize')
```

上面程式執行後，會在 "./pbvisualize" 路徑下產生概要記錄檔。該概要記錄檔可以被 TensorBoard 工具讀取。

12.4.2 用 TensorBoard 工具檢視模型結構

首先啟動 TensorBoard 工具，接著在瀏覽器中檢視模型結構。實際如下：

1 在命令列中啟動 TensorBoard 工具

在 12.4.1 小節中的程式執行之後，會在 "./pbvisualize" 路徑下獲得概要記錄檔。

在命令列視窗中，將目前位置切換到 pbvisualize 資料夾的上級目錄（作者的路徑為 G:\python3），並啟動 TensorBoard 工具。輸入指令如下：

```
G:\python3>tensorboard --logdir=./pbvisualize
```

該指令執行之後，輸出結果如圖 12-4 所示。

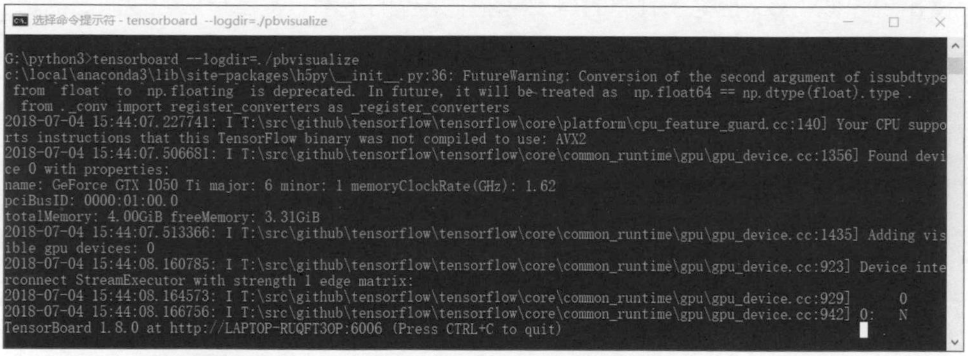

圖 12-4 啟動 TensorBoard

如圖 12-4 所示，最後 1 行是 TensorBoard 工具的造訪網址。

在瀏覽器中輸入 "http://LAPTOP-RUQFT3OP:6006" 可以看到模型結構，如圖 12-5 所示。

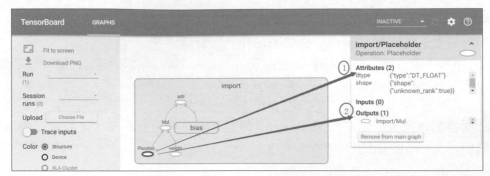

圖 12-5 在 TensorBoard 中檢視網路結構

點擊圖 12-5 中任意一個節點，都可以看到實際的屬性資訊。以圖 12-5 中左下方節點為例：

- 該節點的屬性 Attributes 是 2，表示有兩個屬性（見圖 12-5 中標記 1 的內容）。
- 該節點的輸入節點 Inputs 是 0，表示沒有輸入節點（見標記 2 的內容）。
- 該節點的輸出節點 Outputs 是 1，表示有 1 個輸出節點（見標記 2 的內容）。

提示

在 Windows 系統中，TensorBoard 工具的執行並不是太穩定。有時在瀏覽器中會出現類似「xxx 拒絕了我們的連接請求」這樣的提示，提示無法存取記錄檔結果。在這種情況下，可以嘗試將造訪網址改成 localhost 或 127.0.0.1。

例如：

http://localhost:6006

http://127.0.0.1:6006

如果還是存取不了，則可以嘗試關閉所有的資安防毒軟體，並關閉 Windows 系統內建的防火牆，再執行 TensorBoard 工具。

12.5 實例 64：用 saved_model 模組匯出與匯入模型檔案

用 saved_model 模組產生的是一種凍結圖檔案。與 12.3 節的凍結圖檔案不同之處是，用 saved_model 模組產生的模型檔案整合了打標籤操作，可以被更方便地佈署在生產環境中。

> **實例描述**
>
> 開發一個模型，讓模型在一組混亂的資料集中找到 $y \approx 2x$ 的規律。在模型訓練好之後：
>
> （1）用 saved_model 模組產生適用於 TF Serving 的模型。
>
> （2）比較該模型與 12.3 節中產生的凍結圖檔案的區別。
>
> （3）透過撰寫程式載入該模型，並進行資料預測。

本實例在 6.2 節的模型上面做簡單改進，並完成模型的產生與載入功能。實際如下：

12.5.1 程式實現：用 saved_model 模組匯出模型檔案

將 6.2 節的全部程式複製過來，並在其後面增加程式，用 saved_model 模組匯出模型檔案。實際程式如下：

程式 12-6 用 saved_model 模組匯出與匯入模型檔案

```
01  ……#6.2 節中的全部程式，這裡略過
02  from tensorflow.python.saved_model import tag_constants
03  builder = tf.saved_model.builder.SavedModelBuilder(savedir+'tfservingmodel')
04  #將節點的定義和值加到 builder 中
05  builder.add_meta_graph_and_variables(sess, [tag_constants.SERVING])
06  builder.save()
```

上面程式的實際解讀如下。

- 程式第 2 行：載入了 tag_constants 函數庫。
- 程式第 3 行：將模型的所在路徑傳入 tf.saved_model.builder. SavedModelBuilder 函數中，產生 builder 物件。
- 程式第 5 行：將圖中的節點和值傳入 builder 物件中。其中第 2 個參數是字串類型，代表標籤。該參數需要與載入模型時的標籤相對應。
- 程式第 6 行：將 builder 物件中的內容儲存到檔案中。

程式執行後，輸出以下結果：

```
INFO:tensorflow:SavedModel written to: b'log/tfservingmodel\\saved_model.pb'
```

在輸出資訊的同時，程式會在 log 資料夾下產生模型檔案，如圖 12-6 所示。

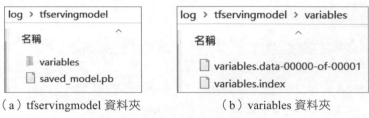

（a）tfservingmodel 資料夾　　　　　（b）variables 資料夾

圖 12-6　saved_model 產生線性回歸模型

從圖 12-6（a）中可以看到，tfservingmodel 資料夾包含了一個檔案和一個資料夾：

■ 檔案 saved_model.pb 是模型的定義檔案。

■ 資料夾 variables 中放置了實際的模型檔案。

圖 12-6（b）中可以看到，variables 資料夾包含了兩個模型檔案：

■ *.data-00000-of-00001 檔案，模型中參數的值。

■ *.index 檔案：模型中節點符號的定義。

可以看到，variables 資料夾中的模型結構與檢查點檔案的結構完全一樣。只不過，本實例所產生的模型檔案裡只有模型的正向傳播相關節點，沒有優化器等與訓練有關的節點。

12.5.2　程式實現：用 **saved_model** 模組匯入模型檔案

用 saved_model 模組匯入模型很簡單，只需要一行程式即可（見程式第 10 行）。

```
程式 12-6 用 saved_model 模組匯出與匯入模型檔案（續）
07    tf.reset_default_graph()
08
09    with tf.Session() as sess:
10        meta_graph_def = tf.saved_model.loader.load(sess,
          [tag_constants.SERVING], savedir+'tfservingmodel')
11        my_graph = tf.get_default_graph()   # 獲得目前圖
12        result = my_graph.get_tensor_by_name('add:0')
          # 獲得目前圖中的 z 設定值給 result
13        x = my_graph.get_tensor_by_name('Placeholder:0')
          # 獲得目前圖中的 X 設定值給 x
14        y = sess.run(result, feed_dict={x: 5})# 傳入 5，進行預測
15        print(y)
```

在程式第 10 行中，用 tf.saved_model.loader.load 方法恢復模型。其中的參數說明如下：

- 第 1 個參數是階段。
- 第 2 個參數是標籤，必須要與產生模型時的一致。
- 第 3 個參數是模型的路徑。

程式執行後，輸出以下結果：

```
INFO:tensorflow:Restoring parameters from b'log/tfservingmodel\\variables\\
variables' [10.140872]
```

12.5.3 擴充：用 saved_model 模組匯出帶有簽名的模型檔案

saved_model 模組可以用簽名機制實現指定節點的匯出、匯入。

（1）在匯出模型檔案時，將指定節點以簽名的形式增加到模型檔案中。

（2）在匯入模型檔案時，透過讀取簽名的方式匯入節點。

> **提示**
>
> saved_model 模組可以替匯出的模型增加多個標籤。每個標籤的結構都由輸入節點、輸出節點、標籤名稱 3 部分組成。並且，輸入節點、輸出節點的名字可以任意指定。
>
> 在使用模型檔案時，透過不同的標籤可以取到不同的輸入節點、輸出節點名字，並根據實際的名字取出張量，再來呼叫模型。
>
> saved_model 模組的簽名機制可以使匯出的模型支援不同場景，並按照不同輸入節點名稱、輸出節點名稱進行佈署。

1 匯出帶有簽名的模型檔案

撰寫程式，按照以下步驟匯出帶有簽名的模型檔案：

（1）用 saved_model 模組的 builder.SavedModelBuilder 類別產生實體一個 builder 物件。

（2）建置標籤的輸入節點 inputs。該輸入節點的名字為 "input_x"。該名字是模型檔案中輸入節點的名字（可以任意取名）。

（3）建置標籤的輸出節點 outputs。該輸入節點的名字為 "output"。

（4）呼叫 build_signature_def 函數，並將標籤的輸入節點、輸出節點和標籤的名字（sig_name）傳入，產生實際的標籤。

（5）用 builder 物件的 add_meta_graph_and_variables 方法將標籤增加到模型中。

（6）呼叫 builder 物件匯出帶有標籤的模型檔案。

實際程式如下：

```
程式 12-7 用 saved_model 模組產生與載入帶簽名的模型
01      from tensorflow.python.saved_model import tag_constants
02      builder = tf.saved_model.builder.SavedModelBuilder(savedir+
    'tfservingmodel')
03
04      #定義輸入簽名，X 為輸入 tensor
05      inputs = {'input_x': tf.saved_model.utils.build_tensor_info(X)}
06      #定義輸出簽名，z 為最後需要的輸出結果 tensor
07      outputs = {'output' : tf.saved_model.utils.build_tensor_info(z)}
08
09      signature = tf.saved_model.signature_def_utils.build_signature_def
    (inputs, outputs, 'sig_name')
10
11      #將節點的定義和值加到 builder 中
12      builder.add_meta_graph_and_variables(sess, [tag_constants.SERVING],
    {'my_signature':signature})
13      builder.save()
```

程式執行後，系統會產生凍結圖檔案。該檔案的結構與 12.5.1 小節的一樣。

> **提示**
>
> 需要將 12.5.1 小節實例中產生的模型檔案刪掉，才可以執行本節程式，否則會顯示出錯，說已經存在該模型檔案。

2 匯入模型檔案，並根據簽名找到網路節點

撰寫程式實現以下步驟：

（1）用 saved_model 模組中的 loader.load 方法匯入凍結圖檔案。

（2）用 signature_def 方法從匯入的模型檔案中取出簽名。

（3）以字典設定值的方式取出輸入、輸出節點。

（4）向模型植入資料，並輸出結果。

實際程式如下：

```
程式 12-7 用 saved_model 模組產生與載入帶簽名的模型（續）
14    tf.reset_default_graph()
15
16    with tf.Session() as sess:
17        meta_graph_def = tf.saved_model.loader.load(sess,
      [tag_constants.SERVING], savedir+'tfservingmodel')
18        # 從 meta_graph_def 中取出 SignatureDef 物件
19        signature = meta_graph_def.signature_def
20
21        # 從 signature 中找出實際輸入輸出的 tensor name
22        x = signature['my_signature'].inputs['input_x'].name
23        result = signature['my_signature'].outputs['output'].name
24
25        y = sess.run(result, feed_dict={x: 5}) # 傳入 5，進行預測
26        print(y)
```

程式執行後，輸出以下結果：

```
[10.140872]
```

從結果中可以看到，程式成功匯入模型檔案，並能夠進行預測。

12.6 實例 65：用 saved_model_cli 工具檢視及使用 saved_model 模型

實例描述

在命令列中，用 saved_model_cli 工具檢視和使用 12.5 節產生的 saved_model 模型。實際要求如下：

（1）找出模型中的 signature、輸入、輸出節點等相關資訊。

（2）以命令列的方式向模型輸入資料，使其執行並輸出結果。

saved_model_cli 工具共有兩個主要的參數。

- show 參數：偏重用於檢視模型中的資訊。
- run 參數：偏重於執行模型。

12.6.1 用 show 參數檢視模型

本 節 使 用 的 模 型 為 12.5 節 所 產 生 的 模 型 檔 案。以 路 徑 G:\python3\log\ tfservingmodel 為例。實際程式如下：

1 檢視模型檔案中的簽名

（1）在命令列中檢視模型檔案中的 tag（標籤）。實際指令如下：

```
saved_model_cli show --dir G:\python3\log\tfservingmodel
```

該指令執行後，可以看到以下結果輸出：

```
The given SavedModel contains the following tag-sets:
serve
```

輸出結果的最後一行是 serve，表示模型中的 tag（標籤）名字。該名字對應於 12.5.3 節中的程式第 12 行（tag_constants.SERVING 字串）。

（2）檢視 tag 下的簽名。實際指令如下：

```
saved_model_cli show --dir G:\python3\log\tfservingmodel --tag_set serve
```

該指令執行後，輸出以下內容：

```
The given SavedModel MetaGraphDef contains SignatureDefs with the following keys:
SignatureDef key: "my_signature"
```

輸出結果的最後一行是 my_signature。該值對應於 12.5.3 小節中的程式第 12 行簽名字典中的 key 值 "my_signature"。

2 檢視模型檔案中輸入、輸出節點的名稱

在命令列中，可以用 saved_model_cli show 工具中的 "--signature_def" 參數檢 視模型的輸入、輸出節點名稱。實際指令如下：

```
saved_model_cli show --dir G:\python3\log\tfservingmodel --tag_set serve
--signature_def my_signature
```

該指令執行後，輸出以下內容：

```
MetaGraphDef with tag-set: 'serve' contains the following SignatureDefs:
signature_def['my_signature']:
  The given SavedModel SignatureDef contains the following input(s):
    inputs['input_x'] tensor_info:
```

```
      dtype: DT_FLOAT
      shape: unknown_rank
      name: Placeholder:0
The given SavedModel SignatureDef contains the following output(s):
  outputs['output'] tensor_info:
      dtype: DT_FLOAT
      shape: unknown_rank
      name: add:0
Method name is: sig_name
```

從上面的輸出內容可以看出，模型輸入的節點張量為 input_x（見輸出結果的第 4 行），輸出的節點張量為 output（見輸出結果的第 9 行）。

3 檢視模型檔案中的全部資訊

在命令列中，可以用 saved_model_cli show 工具中的 "--all" 參數檢視模型檔案中的全部資訊。實際指令如下：

```
saved_model_cli show --dir G:\python3\log\tfservingmodel --all
```

該指令執行後，輸出的結果與本節「2. 檢視模型檔案中的輸入、輸出節點名稱」中的輸出結果一致。（該指令可以將模型檔案中所有的標籤都列印出來。）

12.6.2 用 run 參數執行模型

用 saved_model_cli 工具的 run 參數時，需要先指定好模型的路徑、tag（標籤）及簽名，再往模型裡面輸入資料，並執行結果。

在輸入資料部分，可以用參數來指定不同的輸入方式。

■ --inputs：後面跟實際的檔案。檔案類型支援 numpy 檔案（npy、npz）和 pickle 檔案（plk）。

■ --input_exprs：指定某個變數，向模型植入資料。

■ --input_examples：用字典向模型植入資料。

以 "--input_exprs" 為例，實際指令如下：

```
saved_model_cli run --dir G:\python3\log\tfservingmodel --tag_set serve
--signature_def my_signature --input_exprs "input_x=4.2"
```

輸出結果為：

```
[8.522742]
```

更多使用方式可以參考 TensorFlow 中的原始程式。實際路徑如下：

```
Anaconda3\lib\site-packages\tensorflow\python\tools\saved_model_cli.py
```

12.6.3　擴充：了解 scan 參數的黑名單機制

在 TensorFlow 的每個版本中，都會有一個黑名單清單 _OP_BLACKLIST。該
黑名單中定義了目前版本中不推薦使用的 OP（運算符號），即這些 OP 有可能
會使目前版本出現效能或相容問題。例如：TensorFlow 1.10 版本的 OP 黑名單
為 WriteFile、ReadFile 運算符號。

在 saved_model_cli 工具中，還可以用參數 scan 掃描模型中是否存在被
TensorFlow 目前版本納入黑名單的 OP（運算符號）。這樣可以提前了解模型檔
案與 TensorFlow 目前版本的相容性。

12.7　實例 66：用 TF-Hub 函數庫匯入、匯出詞嵌入模型檔案

在 5.5 節中介紹了用 TF-Hub 函數庫對模型進行微調的方法。本節將以 5.5 節
實現匯入、匯出支援 TF-Hub 函數庫為基礎的模型檔案。

> **實例描述**
>
> 模擬一個訓練好的詞嵌入檔案。用 TF-Hub 函數庫將詞嵌入檔案包裝成模
> 型，並匯出。再用 TF-Hub 函數庫將匯出的模型載入，並用該模型進行詞
> 嵌入的轉換。

本實例將介紹詞嵌入模型的使用方法。在樣本不充足的情況下，使用已經訓練
好的詞嵌入模型可以增加模型的泛化性。

12.7.1　程式實現：模擬產生通用詞嵌入模型

通用的詞嵌入模型常以 key-value 的格式儲存，即把詞所對應的向量一一列出
來。這種方式具有更好的通用性，它可以不依賴任何架構。

撰寫程式，模擬一個已經訓練好的詞嵌入模型。實際程式如下：

程式 12-8 TF-Hub 模型實例

```
01    import os
02    import shutil
03    import tempfile
04    import numpy as np
05    import tensorflow as tf
06    import tensorflow_hub as hub
07
08    # 定義詞嵌入內容
09    _MOCK_EMBEDDING = "\n".join(
10        ["cat 1.112.563.45", "dog 12 3", "mouse 0.50.10.6"])
11    _embedding_file_path  = "./mock_embedding_file.txt"
12    # 產生詞嵌入檔案
13    with tf.gfile.GFile(_embedding_file_path, mode="w") as f:
14        f.write(_MOCK_EMBEDDING)
```

程式第 9 行是模擬的詞嵌入資料。每個詞對應於 3 個維度的特徵值。

程式執行後可以看到，在本機目錄下產生一個名為 mock_embedding_file.txt 的檔案。接下來將該詞嵌入檔案轉化成實際可用的模型檔案。

12.7.2 程式實現：用 TF-Hub 函數庫匯出詞嵌入模型

在 TF-Hub 函數庫中，所有的模型操作都是透過 ModuleSpec 類型物件實現的。

定義函數 make_module_spec，用來產生 ModuleSpec 類型物件。在 make_module_spec 函數中支援的參數有：

- 字典檔案（vocabulary_file）。
- 字典大小（vocab_size）。
- 詞嵌入的全部特徵資料（embeddings_dim）。
- 未識別的保留字元個數（num_oov_buckets）。
- 是否支援前置處理（preprocess_text）。

在 make_module_spec 函數內部，可用以下兩種內嵌函數建置模型。

- 內嵌函數 module_fn：建立一般模型。該函數可以將輸入的單一詞轉為詞嵌入。
- 內嵌函數 module_fn_with_preprocessing：建立支援前置處理的模型。該函數可以對輸入的多個詞做符號過濾、對齊處理，還可以對其產生的詞嵌入做精簡運算。

實際程式如下：

```
程式 12-8 TF-Hub 模型實例（續）
15   def parse_line(line):# 解析詞嵌入檔案中的一行
16     columns = line.split()
17     token = columns.pop(0)
18     values = [float(column) for column in columns]
19     return token, values
20
21   def load(file_path, parse_line_fn):# 按照指定的方法載入詞嵌入
22     vocabulary = []
23     embeddings = []
24     embeddings_dim = None
25     for line in tf.gfile.GFile(file_path):
26       token, embedding = parse_line_fn(line)
27       if not embeddings_dim:
28         embeddings_dim = len(embedding)
29       elif embeddings_dim != len(embedding):
30         raise ValueError(
31           "Inconsistent embedding dimension detected, %d != %d for token %s",
32           embeddings_dim, len(embedding), token)
33       vocabulary.append(token)
34       embeddings.append(embedding)
35     return vocabulary, np.array(embeddings)
36
37   # 傳回 TF-Hub 的 spec 模型
38   def make_module_spec(vocabulary_file, vocab_size, embeddings_dim,
39                        num_oov_buckets, preprocess_text):
40     def module_fn():                         # 正常的、不帶前置處理功能的模型
41       tokens = tf.placeholder(shape=[None], dtype=tf.string, name="tokens")
42       embeddings_var = tf.get_variable( # 定義詞嵌入變數
43           initializer=tf.zeros([vocab_size + num_oov_buckets, embeddings_dim]),
44           name='embedding',dtype=tf.float32)
45
46       lookup_table = tf.contrib.lookup.index_table_from_file(
47           vocabulary_file=vocabulary_file,
48           num_oov_buckets=num_oov_buckets)
49
50       ids = lookup_table.lookup(tokens)
51       combined_embedding = tf.nn.embedding_lookup(params=embeddings_var,
     ids=ids)
52       hub.add_signature("default", {"tokens": tokens},
53                         {"default": combined_embedding})
54
```

```
55    def module_fn_with_preprocessing():# 定義函數，建立帶有前置處理功能的網路模型
56        sentences = tf.placeholder(shape=[None], dtype=tf.string, name=
   "sentences")
57
58        # 用正規表示法刪除特殊符號
59        normalized_sentences = tf.regex_replace(
60            input=sentences, pattern=r"\pP", rewrite="")
61        # 按照空格分詞獲得稀疏矩陣
62        tokens = tf.string_split(normalized_sentences, " ")
63
64        embeddings_var = tf.get_variable(     # 定義詞嵌入變數
65            initializer=tf.zeros([vocab_size + num_oov_buckets, embeddings_dim]),
66            name='embedding', dtype=tf.float32)
67        # 用字典將詞變為詞向量
68        lookup_table = tf.contrib.lookup.index_table_from_file(
69            vocabulary_file=vocabulary_file,
70            num_oov_buckets=num_oov_buckets)
71
72        # 將稀疏矩陣用詞嵌入轉化
73        sparse_ids = tf.SparseTensor(
74            indices=tokens.indices,
75            values=lookup_table.lookup(tokens.values),
76            dense_shape=tokens.dense_shape)
77
78        # 為稀疏矩陣增加空行
79        sparse_ids, _ = tf.sparse_fill_empty_rows(
80            sparse_ids, lookup_table.lookup(tf.constant("")))
81
82        # 結果進行平方和再開根號的歸約計算
83        combined_embedding = tf.nn.embedding_lookup_sparse(
84            params=embeddings_var,sp_ids=sparse_ids,
85            sp_weights=None, combiner="sqrtn")
86
87        # 增加簽名
88        hub.add_signature("default", {"sentences": sentences},
89                          {"default": combined_embedding})
90
91    if preprocess_text:
92        return hub.create_module_spec(module_fn_with_preprocessing)
93    else:
94        return hub.create_module_spec(module_fn)
```

程式第 15、21 行是兩個輔助函數——parse_line 與 load，這兩個函數用來讀取
產生好的模擬詞嵌入檔案。

程式第 55 行是產生前置處理模型的關鍵函數。該函數的步驟如下：

（1）用正規表示法對輸入進行字元過濾，去掉不符合要求的字元。

（2）將其用空格分開，獲得稀疏矩陣形式的陣列。

（3）定義變數用來儲存所有的詞嵌入，以便尋找。

（4）將稀疏矩陣陣列中的詞轉為詞向量。

（5）用 tf.nn.embedding_lookup_sparse 函數進行以稀疏矩陣為基礎的詞嵌入轉化。其中的參數 combiner 代表歸約運算的方式。這裡傳入的是 sqrtn 演算法，表示對一個句子中的多個詞嵌入結果進行平方和再開根號運算（見程式 83 行）。

（6）增加簽名，並用 create_module_spec 函數傳回模型的 ModuleSpec 物件。

在程式第 88 行，增加簽名是個很重要的環節。整個 TF-Hub 函數庫都是透過簽名與模型進行互動的。

在本實例中統一使用預設的 default 作為簽名。如果簽名不是 default，則需要在呼叫模型時進行指定。

另外，如果模型的輸入、輸出是多個值，則需要將其用字典的形式進行傳遞。

12.7.3 程式實現：匯出 TF-Hub 模型

撰寫程式實現以下步驟：

（1）將字典儲存到檔案中。

（2）將字典檔案名稱傳入 make_module_spec 函數中，產生 ModuleSpec 物件。

（3）用 hub.Module 函數將 ModuleSpec 物件轉化成真正的模型 m。

（4）用 m 的 export 方法將模型儲存到本機。

實際程式如下：

```
程式 12-8 TF-Hub 模型實例（續）
95    # 匯出 TF-Hub 模型
96    def export(export_path, vocabulary, embeddings, num_oov_buckets,
97            preprocess_text):# 模型是否支援前置處理
98
99    # 建立暫存檔案夾
100   tmpdir = tempfile.mkdtemp()
101   # 建立目錄
```

```
102     vocabulary_file = os.path.join(tmpdir, "tokens.txt")
103
104     # 將字典 vocabulary 寫入檔案
105     with tf.gfile.GFile(vocabulary_file, "w") as f:
106       f.write("\n".join(vocabulary))
107
108     spec = make_module_spec(vocabulary_file, len(vocabulary), embeddings.
    shape[1], num_oov_buckets, preprocess_text)
109     try:
110       with tf.Graph().as_default():
111         # 將 spec 轉化為真正的模型
112         m = hub.Module(spec)
113         p_embeddings = tf.placeholder(tf.float32)
114         # 為定義好的詞嵌入設定值 ( 恢復模型 )
115         load_embeddings = tf.assign(m.variable_map['embedding'],
116                                     p_embeddings)
117
118         with tf.Session() as sess:
119           # 以植入的方式將模型加權恢復到模型中去
120           sess.run([load_embeddings], feed_dict={p_embeddings: embeddings})
121           m.export(export_path, sess)# 產生模型
122
123     finally:
124       shutil.rmtree(tmpdir)
125
126 os.makedirs('./emb', exist_ok=True)        # 建立模型目錄
127 os.makedirs('./peremb', exist_ok=True)
128
129 export_module_from_file(                 # 產生一個詞嵌入模型
130         embedding_file=_embedding_file_path,
131         export_path='./emb',
132         parse_line_fn=parse_line,
133         num_oov_buckets=1,
134         preprocess_text=False)
135
136 # 產生一個帶有前置處理的詞嵌入模型
137 export_module_from_file(
138         embedding_file=_embedding_file_path,
139         export_path='./peremb',
140         parse_line_fn=parse_line,
141         num_oov_buckets=1,
142         preprocess_text=True)
```

程式第 115 行是恢復模型加權的操作。用 tf.assign 函數將詞嵌入設定值給模型中的張量。需要注意的是，模型中的張量是透過 m.variable_map 字典中的名字獲得的。這個名字是在程式第 42 和第 64 行定義張量 embeddings_var 時指定的。

提示

如果程式第 52、87 行增加簽名時指定的簽名不是 default，則在程式第 112 行取得模型時，還需要指定實際的簽名才行。

另外，如果模型的輸入、輸出節點有多個，並以字典的形式傳入，還需要指定字典類型。程式如下：

```
outputs = hub_module(" 輸入字典 ", signature=" 自訂簽名 ",as_dict=True)
```

該程式執行後，獲得的 outputs 是一個字典。可以透過字典裡的 key 來取得對應的結果。程式如下：

```
features = outputs["key"]        #透過字典的 key 取出結果。
```

程式第 129、137 行，分別產生了一個普通的詞嵌入模型和一個帶有前置處理的詞嵌入模型。

程式執行後，在本機目錄下產生兩個資料夾 emb 與 peremb。以 peremb 為例，其檔案結構如圖 12-7 所示。

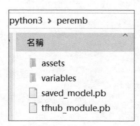

圖 12-7 產生的 TF-Hub 模型檔案

從圖 12-7 中可以看到，相比 saved_model 模組產生的模型檔案，TF-Hub 模型檔案多出了 assets 資料夾和 tfhub_module.pb 檔案：

- assets 資料夾中是字典檔案。
- tfhub_module.pb 檔案中是 TF-Hub 函數庫可以獨立使用的模型檔案。

12.7.4 程式實現：用 TF-Hub 函數庫匯入並使用詞嵌入模型

撰寫程式實現以下步驟：

（1）將 12.7.3 小節產生的兩個模型目錄分別傳入 hub.Module 函數裡，實現模型檔案的匯入。

（2）定義兩個模擬的字串清單資料，傳入模型進行計算。

實際程式如下：

```
程式 12-8 TF-Hub 模型實例（續）
143  with tf.Graph().as_default():
144      hub_module = hub.Module('./emb')                      # 載入模型
145      tokens = tf.constant(["cat", "lizard", "dog"])       # 定義模擬資料
146
147      perhub_module = hub.Module('./peremb')
148      pertesttokens = tf.constant(["cat", "cat cat", "lizard. dog",
     "cat? dog", ""])
149
150      embeddings = hub_module(tokens)                      # 將數據傳入模型
151      perembeddings = perhub_module(pertesttokens)
152      with tf.Session() as session:                        # 啟動階段
153          session.run(tf.tables_initializer())             # 初始化
154          session.run(tf.global_variables_initializer())
155          print(session.run(embeddings))                   # 輸出計算結果
156          print(session.run(perembeddings))
```

上面程式執行後，輸出以下結果：

```
[[1.112.563.45]  [0.   0.   0.  ]  [1.   2.   3.  ]]
[[1.11        2.56        3.45        ]
 [1.5697771   3.6203866   4.879037    ]
 [0.70710677  1.4142135   2.1213205   ]
 [1.4919955   3.224407    4.5608387   ]
 [0.          0.          0.         ]]
```

輸出結果的第 1 行是不帶前置處理模型的輸出內容，其中有 3 個列表。每個列表是傳入詞的詞嵌入結果。

輸出結果的倒數 5 行是帶前置處理功能模型的輸出內容。它們分別是 5 個句子對應的詞向量經過 sqrtn 演算法歸約計算後的結果。

部署 TensorFlow 模型 --
模型與專案的深度結合

深度學習模型本質上是專案項目中的演算法模組，最後還需要被部署到生產環境中，與專案程式結合起來使用。本章將透過實例介紹部署模型的方法。

13.1 快速導讀

在學習實例之前，有必要了解一下部署模型方面的基礎知識。

13.1.1 什麼是 gRPC 服務與 HTTP/REST API

gRPC 服務、HTTP/REST API 是 TF Serving 模組對外支援服務的兩種通訊技術。透過這兩種通訊技術，可以遠端使用 TensorFlow 模型。

1 RPC

了解 gRPC 之前，先來介紹一下遠端程序呼叫協定（Remote Procedure Call Protocol，RPC)。

現有兩台伺服器（伺服器 A、伺服器 B)。一個應用程式部署在 A 伺服器上，它要去呼叫 B 伺服器上的函數或方法。由於 A 伺服器上的應用程式和 B 伺服器上的應用程式不在一個記憶體空間，需要用網路將 A 伺服器上的呼叫語義傳遞到 B 伺服器上，才可以呼叫 B 伺服器上的應用程式。

2 gRPC

gRPC 是 Google 發佈的首款基於 Protocol Buffers（Google 公司開發的一種資料描述語言）的 RPC 架構，是一個高性能、開放原始碼、通用的 RPC 架構，針對移動和 HTTP 2.0 設計。

gRPC 具有雙向串流、流量控制、表頭壓縮、單 TCP 連接上的多重複使用請求等特性。這些特性使得其在行動裝置上表現更好，更省電、省空間。

目前 gRPC 可以分為 gRPC、gRPC-Java、gRPC-Go 三個版本。

- gRPC 版 本 支 援 C、C++、Node.js、Python、Ruby、Objective-C、PHP 和 C# 語言。
- gRPC-Java 版本支援 Java 語言。
- gRPC-Go 版本支援 Go 語言。

用 gRPC 版本實現 gRPC 服務的實例，可以參考本書 13.8 節。

3 gRPC 的服務

gRPC 的服務有以下 4 種。

- 單項 RPC：用戶端發送一個請求給伺服端，從伺服端取得一個回應。它類似於普通的函數呼叫。
- 伺服端流式 RPC：用戶端發送一個請求給伺服端，可以從伺服端取得一個可讀取的資料串流。用戶端從資料串流裡一直讀取資料，直到沒有更多訊息為止。
- 用戶端串流式 RPC：用戶端發送一個請求給伺服端，並從伺服端取得一個可寫入的資料串流。用戶端向資料串流裡一直寫入資料，直到將資料全部寫入，然後等待伺服端讀取這些訊息並傳回回應。
- 雙向串流式 RPC：用戶端與伺服端都可以透過讀寫資料串流來發送資料。這兩個資料串流操作是相互獨立的，用戶端和伺服端可以按其指定的任意順序讀寫。舉例來說，伺服端可以在寫回應前等待所有的用戶端訊息，也可以先讀一個訊息再寫一個訊息；還可以採用讀寫相結合的其他方式。每個資料串流裡訊息的順序會保持不變。

4 HTTP/REST API

HTTP/REST API 主要是讓遠端服務方式以 HTTP 的 URL 通訊方式對外曝露出來。這使得存取遠端服務就像存取 URL 一樣方便。

13.2 節是一個用 HTTP/REST API 方式使用 TF Serving 服務的實例。

13.1.2 了解 TensorFlow 對行動終端的支援

用 TensorFlow 訓練好的模型，可以執行在 Android、蘋果系統的行動終端上。
配合 TF_Lite 模組，模型可以執行得更加流暢。TF_Lite 模組與模型的部署關
係如圖 13-1 所示。

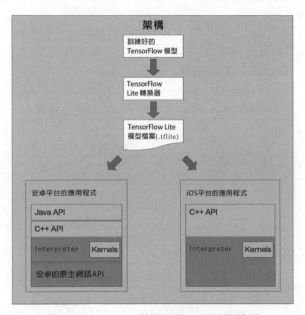

圖 13-1　TF-Lite 模組與模型的部署關係

另外，在 GitHub 網站上也提供了大量的說明文件，供使用者學習使用。實際
連結如下：

```
https://github.com/tensorflow/tensorflow/tree/master/tensorflow/lite/g3doc
```

在 12.1.5 小節簡單介紹過 TF-Lite 模組轉化凍結圖的方法。13.3 節還會透過一
個在 Android 系統上部署的實例詳細介紹實際操作。

13.1.3 了解樹莓派上的人工智慧

樹莓派（Raspberry PI）是一個採用 ARM 架構的開放式嵌入式系統，外形小
巧，卻具有強大的系統功能和介面資源。它由英國的慈善組織「Raspberry Pi
基金會」開發。

迄今為止樹莓派已經有多個型號，見表 13-1。

表 13-1 樹莓派型號

項目	Raspberry Pi 2 Model B	Raspberry Pi Zero	Raspberry Pi 3 Model B
發佈時間	2015-02	2015-11	2016-02
Soc（系統單晶片）	BCM2836	BCM2835	BCM2837
CPU	ARM Cortex-A7 900MHz，單核	ARM 1176JZF-S 核心 700MHz，單核	ARM Cortex-A53 1.2GHz，四核
GPU	Broadcom 公司的 VideoCore IV 影像處理器 載入 OpenGL ES 2.0 驅動程式 支援 1080p 30fps,h.264/MJPEG-4 AVC 高畫質解碼		
RAM	1GB	512MB	1GB
USB 介面	USB 2.0×4	Micro USB 2.0×1	USB 2.0×4
SD 卡介面	Micro SD 卡介面	Micro SD 卡介面	Micro SD 卡介面
網路介面	10/100 乙太網介面（RJ45 接孔）	無	10/100 乙太網介面（RJ45 接孔）

1 樹莓派的主流型號

目前市場的主流型號為 3 Model B。該型號配備一枚博通（Broadcom）生產的 ARM 架構 4 核心 1.2GHz BCM2837 處理器、1GB LPDDR2 記憶體，使用 SD 卡當作儲存媒體，且擁有 1 個 Ethernet 介面、4 個 USB 介面，以及 HDMI（支援聲音輸出）和音訊介面。除此之外，它還支援藍牙 4.1 和 WI-FI，可以執行 Linux 系統和 Windows IOT 系統，可以應用在嵌入式和物聯網領域，完成一些特定的功能。

2 樹莓派的上的人工智慧

樹莓派硬體的運算能力有限，很難在其上直接執行較大的複雜 AI 模型。

如果在樹莓派上執行 AI 模型，需要做二次最佳化。一般會有兩個主要的大方向：修改模型、加速架構。

- 修改模型：用更低的加權精度和加權剪枝。
- 加速架構：透過計算技巧（例如：最佳化矩陣之間的乘法），或使用 GPU、DSP 或 FPGA 等硬體來加速架構的執行時間。

本書主要偏重於修改模型。在 13.5 節中將介紹一個把最佳化後的模型執行在
樹莓派上的實例。

13.2 實例 67：用 TF_Serving 部署模型並進行遠端使用

訓練好的模型在使用過程中有多種場景。TensorFlow 中提供了一種 TF_Serving
介面，可以將模型佈署在遠端伺服器上，並以服務的方式對外提供介面。

> **實例描述**
>
> 用 TF_Serving 介面將一個線性的回歸模型部署在 Linux 伺服器上，讓模型
> 以服務的形式對外提供介面。用 gRPC 與 HTTP/REST API 遠端存取模型，
> 使其計算出結果，並傳回結果。

本節使用的線性回歸模型與 12.5 節一致。在準備好模型檔案之後，還需要安
裝 TF_Serving 模組。

13.2.1 在 Linux 系統中安裝 TF_Serving

在 Linux 系統中線上安裝 TF_Serving 時，因為要使用 "apt-get" 指令從 storage.
googleapis.com 下載對應的軟體套件，所以必須確定本機 IP 所在的網路可到達
storage.googleapis.com 域名位址（可以使用 ping 指令進行測試）。實際操作可
以分為以下幾個步驟。

1 檢測 Linux 版本

以作者的本機機器為例，輸入指令後顯示如下：

```
root@user-NULL:~# cat /proc/version
Linux version 4.13.0-36-generic (buildd@lgw01-amd64-033) (gcc version
5.4.020160609 (Ubuntu 5.4.0-6ubuntu1~16.04.9)) #40~16.04.1-Ubuntu SMP Fri Feb
1623:25:58 UTC 2018
```

2 增加下載網址

輸入以下指令，在 "apt-get" 增加 TF_Serving 安裝套件的下載網址：

```
echo "deb [arch=amd64] http://storage.googleapis.com/tensorflow-serving-apt
```

```
stable tensorflow-model-server tensorflow-model-server-universal" | sudo tee /
etc/apt/sources.list.d/tensorflow-serving.list && \
curl https://storage.googleapis.com/tensorflow-serving-apt/tensorflow-serving.
release.pub.gpg | sudo apt-key add -
```

❸ 更新 apt-get

透過以下指令切換到 sudo 帳戶，並升級 apt-get：

```
sudo su
sudo apt-get update
```

在執行過程中，有可能會提示「沒有數位簽章」錯誤。可以忽略該提示，不影響正常使用。

❹ 下載 tensorflow-model-server

使用以下指令進行 tensorflow-model-server 軟體套件的安裝：

```
apt-get install tensorflow-model-server
```

在安裝過程中，仍然會提示「沒有數位簽章是否允許安裝」。直接輸入 "y" 即可。

提示

預設的 tensorflow-model-server 版本需要安裝在支援 SSE4 和 AVX 指令集的伺服器上。如果本機的機器過於老舊不支援該指令集，需要安裝 tensorflow-model-server-universal 版本。實際指令為：

```
apt-get install tensorflow-model-server-universal
```

如果已經安裝好 tensorflow-model-server，則需要將 tensorflow-model-server 移除後才能再安裝 tensorflow-model-server-universal。移除 tensorflow-model-server 的指令如下：

```
apt-get remove tensorflow-model-server
```

如果在已有的 tensorflow-model-server 上做更新，可以輸入以下指令：

```
apt-get upgrade tensorflow-model-server
```

13.2.2 在多平台中用 Docker 安裝 TF_Serving

Docker 作為一個獨立的跨平台工具，可以將應用環境與開發環境獨立開來。它可以將所有的環境、設定、程式，甚至 Linux 底層，都包裝在一起，使用者不需要考慮新的伺服器環境是否相容。這給專案部署帶來了方便。

1 安裝 Docker

Docker 的有 CE（免費版）和 EE（付費版）兩個版本。可以安裝在各個主流作業系統之上。關於 Docker 的安裝方法，可以參考官方説明文件：

```
https://docs.docker.com/install/
```

如在 Windows 10 中安裝，則需要額外對系統進行設定，可使用其內建的 Hyper-V（虛擬機器）功能來實現：開啟「控制台」→程式和功能→開啟或關閉 Windows 功能→選取 Hyper-V。但是這個功能只在 Windows 10 的企業版有。

如果目前的 Windows 10 系統裡沒有 Hyper-V 選項，則需要安裝 DockerToolbox。下載網址如下：

```
https://get.daocloud.io/toolbox/
```

在 Ubuntu 安裝 Docker 的實例可以參考 13.5.2 小節。

2 在 Docker 中使用 TF_Serving

安裝好 Docker 之後，可以使用以下指令下載一個有 TF_Serving 的映像檔。

```
docker pull tensorflow/serving
```

還可以手動去以下位址下載更多其他版本的映像檔檔案：

```
https://hub.docker.com/r/tensorflow/serving/tags/
```

更多操作説明可以參考官方網站的説明文件，這裡不再詳述。

```
https://www.tensorflow.org/serving/docker
```

13.2.3 撰寫程式：固定模型的簽名資訊

在 12.5.3 小節中，用函數 saved_model 在模型中增加簽名。為了讓產生的模型支援 TF_Serving 服務，在 TensorFlow 中對模型的簽名做了統一的規定。在簽名中規定，模型在處理分類、預測、回歸這三種工作時，必須使用對應的輸入與輸出介面。實際介面的定義在 tensorflow.saved_model.signature_constants 模組下，見表 13-2。

表 13-2 統一的簽名介面規則

任務	輸入與輸出
分類工作： CLASSIFY_METHOD_NAME （"tensorflow/serving/classify"）	輸入：CLASSIFY_INPUTS（"inputs"）
	輸出（分類結果）：CLASSIFY_OUTPUT_CLASSES（"classes"）
	輸出（分類機率）：CLASSIFY_OUTPUT_SCORES（"scores"）
預測工作： PREDICT_METHOD_NAME （"tensorflow/serving/predict"）	輸入：PREDICT_INPUTS（"inputs"）
	輸出：PREDICT_OUTPUTS（"outputs"）
回歸工作： REGRESS_METHOD_NAME （"tensorflow/serving/regress"）	輸入：REGRESS_INPUTS（"inputs"）
	輸出：REGRESS_OUTPUTS（"outputs"）

另外，還提有一個預設的介面 DEFAULT_SERVING_SIGNATURE_DEF_KEY（"serving_default"），用於擴充。

> **提示**
>
> 在表 13-2 中，工作列裡的簽名是必須的，且只能有這 3 種簽名。如使用其他的簽名則會回報錯誤。
>
> 「輸入與輸出」列中的簽名是可選的，可以使用其他簽名，但要求伺服端與用戶端必須嚴格比對。在沒有特殊需求的情況下，建議使用規定的簽名，以避免用戶端與伺服器名稱不符合情況的發生。

改寫程式「12-7 用 saved_model 模組產生與載入帶簽名的模型 .py」，並仿照 12.5.3 小節中的方法為模型增加規定簽名。實際程式如下：

程式 13-1 支援遠端呼叫的模型

```
01   ......
02   from tensorflow.python.saved_model import tag_constants
03       builder = tf.saved_model.builder.SavedModelBuilder(savedir+
                 'tfservingmodelv1')
04
05       # 定義輸入簽名，X 為輸入 tensor
06       inputs = {'input_x': tf.saved_model.utils.build_tensor_info(X)}
07       # 定義輸出簽名，z 是最後需要的輸出結果 tensor
08       outputs = {'output' : tf.saved_model.utils.build_tensor_info(z)}
09       # 增加支援遠端呼叫的簽名
```

```
10      signature = tf.saved_model.signature_def_utils.build_signature_def(
11          inputs=inputs,
12          outputs=outputs,
13          method_name=tf.saved_model.signature_constants.PREDICT_METHOD_NAME)
14
15          # 將節點的定義和值加到 builder 中，並加入了標籤
16          builder.add_meta_graph_and_variables(sess, [tag_constants.SERVING],
        {'my_signature':signature})
17          builder.save()
```

上面的程式與程式檔案「12-7 用 saved_model 模組產生與載入帶簽名的模型.py」只有 1 行不同 —— 程式第 10 行用 tf.saved_model.signature_def_utils.build_signature_def 函數產生簽名。在其中傳入的參數需要符合表 13-2 的標準。本實例要實現的是一個預測工作，所以需要傳入 PREDICT_METHOD_NAME。

提示

預測工作是最靈活的簽名方式，可以包含分類和回歸兩種工作。程式第 10 行中的 build_signature_def 函數還可以取代成更進階的介面呼叫，實際如下：

- 產生回歸簽名函數：regression_signature_def。
- 產生分類簽名函數：classification_signature_def。
- 產生預測簽名函數：predict_signature_def。

這 3 個函數是在 build_signature_def 函數基礎上進行封裝的。它們使用起來更加方便，但是靈活性會差一些。regression_signature_def 與 classification_signature_def 函數支援單一的輸入，並統一按照表 13-2 中的簽名規則，將其傳入到張量節點中即可。實際可以參考原始程式定義。舉例來說，以作者本機原始程式為例，路徑如下：

```
C:\local\Anaconda3\lib\site-packages\tensorflow\python\saved_model\
signature_def_utils_impl.py
```

程式執行之後，在本機的 log\tfservingmodelv1 下可以找到產生的模型檔案。

13.2.4 在 Linux 中開啟 TF_Serving 服務

在 13.2.4 小節中，產生的模型檔案所在的資料夾為 tfservingmodelv1。下面將該資料夾整個傳到伺服器上。

1 建置模型版本編號

在使用 tensorflow_model_server 指令之前，還需要對模型資料夾結構做一些改變。預設情況下，模型檔案必須要放在具有數字命名的資料夾裡，才可以被 tensorflow_model_server 指令啟動。其中的數字代表該模型的版本編號。

在 tfservingmodelv1 下定義一個新的資料夾 123456（代表版本編號），並將模型檔案全部移動到 123456 下面。實際操作如下：

```
cd tfservingmodelv1/              # 進入 tfservingmodelv1 中
mkdir 123456                      # 建立資料夾代表版本編號
mv  saved_model.pb 123456/        # 移動模型檔案
mv  variables  123456/
```

2 啟動 gRPC 服務

直接使用 tensorflow_model_server 指令，並指定連接埠和檔案路徑。實際如下：

```
tensorflow_model_server --port=9000 --model_base_path= /test/tfservingmodelv1/
```

如果看到類似以下資訊，則代表服務已經啟動。

```
……tensorflow/cc/saved_model/loader.cc:259] SavedModel load for tags { serve
}; Status: success. Took 37293 microseconds.
……tensorflow_serving/core/loader_harness.cc:86] Successfully loaded servable
version {name: default version: 123456}
……model_servers/server.cc:285] Running gRPC ModelServer at 0.0.0.0:9000 ...
```

上面是從輸出結果中摘選的 3 筆資訊，分別以省略符號開始。其中解讀如下：

- 第 1 筆顯示結果有 "Status: success" 的資訊，表示模型已經成功載入。
- 第 2 筆顯示結果有 name 和 version 資訊，它們分別代表模型名稱和版本編號。在 tensorflow_model_server 指令中，還可以透過 "--model_name" 參數為模型指定實際名稱。
- 第 3 筆顯示結果表示 gRPC 服務已經正常啟動，監聽的連接埠為 9000。

這裡只是列舉了 tensorflow_model_server 的主要參數。如想了解 tensorflow_model_server 中的更多參數及使用，請參考 GitHub 網站上的原始程式碼檔案。實際連結如下：

```
https://github.com/tensorflow/serving/blob/master/tensorflow_serving/model_
servers/main.cc
```

更多範例和文件，也可以參考以下連結：

```
https://github.com/tensorflow/serving
https://github.com/tensorflow/serving/blob/master/tensorflow_serving/g3doc
```

❸ 啟動 HTTP/REST API 服務

啟動 HTTP/REST API 服務的指令，只需要將 "--port" 參數換作 "--rest_api_port"。其他參數和含義都完全一樣。當 HTTP/REST API 服務啟動成功後，可以在輸出資訊中找到以下資訊：

```
……model_servers/server.cc:301] Exporting HTTP/REST API at:localhost:8500 ...
```

上面的輸出結果表示 HTTP/REST API 已經成功啟動，監聽本機的 8500 連接埠。

> 提示
>
> 在 tensorflow_model_server 指令中，參數 "--port" 和 "--rest_api_port" 是可以同時出現的，但它們必須使用不同的連接埠。

❹ 在後台啟動服務

如想把該服務作為後台指令啟動，可以在後面加上 & 符號，並指定輸出的記錄檔（log）檔案。實際如下：

```
tensorflow_model_server --port=9000 --model_base_path=/test/tfservingmodelv1/ &> log &
```

啟動模型過程中的輸出將被儲存到目前的目錄下的 log 檔案中。

13.2.5 撰寫程式：用 gRPC 存取遠端 TF_Serving 服務

用 gRPC 存取遠端 TF_Serving 服務時，需要在程式中引用 tensorflow-serving-api 模組，來實現本機與 TF_Serving 服務的通訊。tensorflow-serving-api 模組的安裝指令如下：

```
pip install tensorflow-serving-api
```

撰寫程式，實現以下步驟：

（1）在程式中引用 tensorflow-serving-api 中的 prediction_service_pb2_grpc 模組。
（2）產生實體 prediction_service_pb2_grpc.PredictionServiceStub 類別，獲得物件 stub。

（3）用 predict_pb2.PredictRequest 函數建立一個請求物件 request。

（4）為 request 物件增加模型名稱、簽名、輸入節點等資訊。

（5）將請求物件 request 傳入 stub 物件的 Predict 方法中，與遠端伺服器建立一個連接。

> **提示**
>
> prediction_service_pb2_grpc.PredictionServiceStub 類別封裝了多個向伺服端請求的遠端呼叫方法，其中包含：Classify（分類）、Regress（回歸）、Predict（預測）。這些方法分別與 13.2.3 小節中表 13-2 中的簽名介面規則相對應。

實際程式如下：

程式 13-2 grpc 用戶端

```
01  import grpc
02  import numpy as np
03  import tensorflow as tf
04  import time
05  from tensorflow_serving.apis import predict_pb2
06  from tensorflow_serving.apis import prediction_service_pb2_grpc
07
08  def client_gRPC(data):
09      channel = grpc.insecure_channel('127.0.0.1:9000') # 建立一個通道
10      # 連接遠端伺服器
11      stub = prediction_service_pb2_grpc.PredictionServiceStub(channel)
12
13      # 初始化請求
14      request = predict_pb2.PredictRequest()
15      request.model_spec.name = 'md'                      # 指定模型名稱
16      request.model_spec.signature_name = "my_signature"  # 指定模型簽名
17      request.inputs['input_x'].CopyFrom(tf.contrib.util.make_tensor_proto
    (data))
18      # 開發起呼叫叫遠端服務，執行預測工作
19      start_time = time.time()
20      result = stub.Predict(request)
21
22      # 輸出預測時間
23      print("cost time: {}".format(time.time()-start_time))
24
25      # 解析結果並傳回
26      result_dict = {}
27      for key in result.outputs:
```

```
28            tensor_proto = result.outputs[key]
29            nd_array = tf.contrib.util.make_ndarray(tensor_proto)
30            result_dict[key] = nd_array
31
32        return result_dict
33
34    def main():
35        a = 4.2                                        # 傳入單一數值
36        result= client_gRPC(a)
37        print("------- 單一數值預測結果 -------")
38        print(list(result['output']))
39        # 傳入多個數值
40        data = np.asarray([4.2,4.0],dtype = np.float32)
41        result= client_gRPC(data)
42        print("------- 多個數值預測結果 -------")
43        print(list(result['output']))
44
45    # 主模組執行函數
46    if __name__ == '__main__':
47            main()
```

程式中，分別傳入了一個和多個數值到遠端服務進行計算。在程式執行之前，需要按照 13.2.4 小節的內容在伺服端啟動 gRPC 服務。實際指令如下：

```
tensorflow_model_server --port=9000 --model_base_path=/home1/test/
tfservingmodel/ --model_name=md --rest_api_port=8500
```

為了方便起見，直接將 gRPC 與 REST API 兩個服務同時啟動，分別監聽 9000 連接埠與 8500 連接埠。

將程式執行後，輸出以下內容：

```
花費時間：0.18953657150268555
------- 單一數值預測結果 -------
[8.396306]
花費時間：0.16954421997070312
------- 多個數值預測結果 -------
[8.396306, 7.9942493]
```

在輸出結果中，第 3 行是單一數值的預測結果，最後 1 行是多個數值的預測結果。

實例中連接的是本機 IP（見程式第 26 行）。在實際使用過程中，將程式第 26 行的本機 IP 位址 127.0.0.1 換成指定的目標伺服器 IP 位址即可。

13.2.6 用 HTTP/REST API 存取遠端 TF_Serving 服務

Web 介面無疑是當今應用最廣泛的介面之一。將模型提供的服務封裝為以 URL 方式存取的形式，可以相容更多的終端，適用於更多的場景。

使用 HTTP/REST API 時，要透過 POST 方式請求一個 URL，並帶上 JSON 資料來完成。實際的說明如下。

🔢 URL 說明

URL 位址可以分為 3 部分：目的 IP 和連接埠、固定的路徑（/v1/models）、模型名稱（md）與預測方法（predict）。其中，模型名稱與預測方法需要與模型檔案中的名稱與預測方法嚴格比對。例如：

```
http://localhost:8500/v1/models/md:predict
```

其中，localhost:8500 是第 1 部分；v1/models 是第 2 部分（是固定不變的）；md:predict 是第 3 部分（md 為模型名稱、predict 為模型的預測工作）。

如果是分類工作或回歸工作，則第 3 部分的內容要寫成 "md:classify" 或 "md:regress"。

提示

如果同時部署多個版本，則在使用時還需要指定版本，即在第 3 部分的模型名稱前加上版本資訊。例如：

http://localhost:8500/v1/models/md/versions/123456:predict

其中，versions/123456 為版本資訊，表示用 123456 版本的模型進行預測。

🔢 POST 請求中的 JSON 資料格式

在 POST 請求中的 JSON 資料需要按照模型的實際工作（分類、回歸、預測）所對應的格式來建置。

（1）對於分類和回歸工作，建置的格式是一樣的，實際如下：

```
{ "signature_name": 簽名字串 , "context": {" 共用欄位名稱 ": 值或列表 },"examples":
[{" 欄位名稱 ": 值或列表 } ] }
```

實際解釋如下：

- signature_name 是模型中的簽名。當伺服端的模型使用預設簽名時，可以不填。

- examples 裡面可以包含多個 {}，每個 {} 代表一個實際要預測輸入樣本。每個 {} 內部也可以有多個欄位，代表輸入。當多個樣本具有相同的輸入值時，可以將其單獨提出來放到 context 裡面。

- context 是可選項，代表從 examples 中分析出來的具有相同值的共用輸入欄位，可以有多個。

（2）對於預測工作，建置的格式如下：

```
{"signature_name": 簽名字串,"instances":值或列表 , "inputs": 值或列表 }
```

實際解釋如下：

- signature_name 是模型中的簽名。如果伺服端模型使用的是預設簽名，則可以不填。

- instances 是輸入的樣本欄位。如果只有一個輸入列，則直接填值。如果有多個輸入列，則可以用 JSON 格式繼續擴充填充內容。預測的結果將以行的形式來顯示。

- inputs 也是輸入的樣本欄位。與 instances 不同的是，用 inputs 預測的結果將以列的形式顯示。

> **提示**
>
> 在使用時，inputs 與 instances 不可同時使用。

3 POST 傳回中的 JSON 資料的格式

不同的工作傳回的 JSON 格式是不同的，實際如下：

（1）分類工作的傳回格式描述。

```
{ "result": [  [ [<label1>, <score1>], [<label2>, <score2>], ... ],  ... ] }
```

在傳回的 JSON 格式中，label 是分類結果，score 該分類的機率結果。

（2）回歸工作的傳回格式描述。

```
{ "result": [ <value1>, <value2>, <value3>, ...] }
```

在傳回的 JSON 格式中，每個 value 都是回歸工作的傳回值。這些 value 的順序是按照輸入樣本的順序進行排列。

（3）預測工作的傳回格式描述。

預測工作的傳回結果有兩種。

① 如果按照行的方式請求，則傳回結果如下：

```
{ "predictions": 值或列表 }
```

② 如果按照列的方式請求，則傳回結果如下：

```
{"outputs": 值或列表 }
```

4 在 Linux 透過 CURL 存取服務

在了解完 HTTP/REST API 的實際使用細節後，便可以開始建置請求資料了。

可用 CURL 指令來模擬一個 URL 請求。CURL 是一個利用 URL 語法在命令列下工作的檔案傳輸工具，在 Web 開發中應用廣泛，常用於介面間的測試與對接。實際操作如下：

（1）啟動伺服器。

還是採用 13.2.5 小節的啟動指令。這裡不再詳述。實際指令如下：

```
tensorflow_model_server --port=9000 --model_base_path=/home1/test/
tfservingmodel/ --model_name=md --rest_api_port=8500
```

（2）輸入 CURL 指令。

在 Linux 命令列下直接輸入以下指令：

```
curl -d '{"instances": [1.0,2.0,5.0],"signature_name":"my_signature"}' -X
POST http://localhost:8500/v1/models/md:predict
```

指令中的參數解讀如下。

- -d：實際的資料內容。它是 JSON 格式的資料，實際見「2. POST 請求中 JSON 資料的格式」。
- -X POST：以 POST 方式發送請求。後面跟的是 URL 連接。

（3）執行 CURL 指令。

該指令執行後，可以看到以下輸出：

```
{
    "predictions": [1.96339, 3.97367, 10.0045]
}
```

從結果中可以看出，傳回結果也是 JSON 格式的資料。其中的內容為模型計算後的結果。

5 在 Windows 中透過 CURL 存取服務

CURL 工具也支援 Windows 版本。只不過在 Windows 中，需要對 JSON 格式的字元做逸出。

以一個列結果輸出的實例為示範，實際輸入如下：

```
curl -d "{\"inputs\":[2.0,3.0],\"signature_name\":\"my_signature\"}" -X POST
http:// 伺服器的 IP 位址 :8500/v1/models/md:predict
```

在參數 -d 之後的 JSON 資料中，每個雙引號都進行了逸出。同時將輸入關鍵字 instances 換成了 inputs，使其以列的形式傳回。指令執行後，輸出以下結果：

```
{
    "outputs": [
        3.97367,
        5.98396
    ]
}
```

13.2.7 擴充：關於 TF_Serving 的更多實例

前文實現一個極為簡單的實例，意在說明 TF_Serving 模組的完整用法。在以下網站中，還有更多使用的實例：

```
https://github.com/tensorflow/serving/tree/master/tensorflow_serving/example
```

13.3 實例 68：在 Android 手機上識別男女

在 5.2 節介紹過透過微調模型識別男女的實例。本節繼續使用該資料集。現將模型部署在 Android 系統上，呼叫手機的攝影機來識別人物的性別。

> **實例描述**
>
> 有一組照片，分為男人和女人。將其作為資料集，用來微調一個 ImgNet 上訓練好的成熟模型，使該模型能夠識別人物的性別。並將其佈署到 Android 手機上進行應用。

本節使用的資料集與 5.2 節的一致。微調部分也在第 5 章有詳細介紹。這裡將把分辨男女的模型佈署到 Android 手機中。

13.3.1 準備專案程式

TensorFlow 在提供 lite 模組的同時，也提供了一個非常好的教學專案。該專案將在訓練指令稿及 Android、蘋果系統上的 App 專案一起包裝實現，以方便使用者學習。本實例也使用該專案的程式。該程式的下載連結如下：

```
https://github.com/googlecodelabs/tensorflow-for-poets-2
```

將該專案下載並解壓縮後，再將 5.2 節的資料集（data 目錄）複製到該目錄下，完成整體專案的部署。目錄結構如圖 13-2 所示。

圖 13-2　TF-Lite 模組 demo 專案的目錄結構

其中的目錄描述如下。

- idea：開發工具自動產生的隱藏資料夾，可以忽略。
- android：儲存 Android 端 App 的專案程式。
- data：儲存男女圖片的資料集。
- ios：儲存蘋果端 App 的專案程式。
- scripts：儲存再訓練模型相關的工具指令稿。
- tf_lites：儲存準備使用的 lite 模型檔案。

下面將用 scripts 目錄下的指令稿微調模型，用 android 目錄下的專案載入模型。在 android 目錄下有兩個資料夾 tflite 與 tfmobile，分別代表兩個專案。前者是在 Android 系統中載入 lite 格式的模型；後者是在 Android 系統中載入凍結圖格式的模型。

13.3.2 微調預訓練模型

預訓練模型使用的是 scripts 目錄中的原始程式碼檔案 "retrain.py"，該檔案的使用方法與 5.5 節類似。在該檔案中的程式第 1143 行及以下，可以看到該檔案執行階段所需要的實際參數。例如：

```
if __name__ == '__main__':
  parser = argparse.ArgumentParser()
  parser.add_argument(
      '--image_dir',
      type=str,
      default='',
      help='Path to folders of labeled images.'
  )
  parser.add_argument(……
```

在上面程式中可以看到，每個參數都有實際的解釋（在 help 參數中）和預設值（在 default 參數中）。讀者可以自行檢視。

▌1▐ 介紹 retrain 的參數及選取模型的方法

其中需要特別注意的參數有兩個。

（1）--final_tensor_name：指定模型最後輸出的張量名稱，在轉化模型時會用到。預設為 final_result。

（2）--architecture：在微調過程中，指定所選擇的預訓練模型。所支援的模型可以在以下連結中找到：

```
https://research.googleblog.com/2017/06/mobilenets-open-source-models-for.html
```

本實例中使用的模型是 MobileNet_1.0_224。

▌2▐ 微調模型

在「開始」選單的「執行」框中執行 cmd 指令，來到命令列模式。透過 cd 指令進入目前程式所在的路徑下，然後直接用以下指令微調模型：

```
python scripts/retrain.py --image_dir=data\train --random_crop=10 --random_
scale=10 --random_brightness=10 --architecture=MobileNet_1.0_224 --learning_
rate=0.001 --how_many_training_steps=100 --output_graph=tf_files/retrained_
graph.pb --output_labels=tf_files/retrained_labels.txt
```

上面的指令含義是：選擇 MobileNet_1.0_224 預訓練模型，用資料增強方法訓練 data\train 下的資料集，訓練的次數為 100 次，產生的模型檔案是 tf_files/retrained_graph.pb，標籤檔案是 tf_files/retrained_labels.txt。

系統執行階段，會預設去網路上下載 MobileNet_1.0_224 預訓練模型，並放到本機磁碟代號的根目錄 tmp 下。舉例來說，作者的本機程式在 G 磁碟，MobileNet_1.0_224 模型就會下載到 G:\tmp\imagenet 下。如果是 Linux 系統，則模型被直接下載到 /tmp 下。

提示

如果由於網路原因無法下載該模型，則可以使用本書搭配資源中的模型檔案。直接將 tmp 資料夾解壓縮出來，放到磁碟代號的根目錄下即可。

---

3 獲得微調後的模型

執行微調模型的指令後，會輸出以下資訊：

（1）標籤資訊，如圖 13-3 所示。

圖 13-3　微調模型的輸出標籤資訊

（2）資料處理資訊，如圖 13-4 所示。

圖 13-4　微調模型後輸出資料處理資訊

（3）訓練資訊，如圖 13-5 所示。

圖 13-5 微調模型後輸出訓練資訊

（4）訓練結束後，在 tf_files 資料夾中產生模型檔案和標籤檔案，如圖 13-6 所示。

圖 13-6 微調後的結果

（5）在訓練過程中，產生的記錄檔資訊儲存在 tmp\retrain_logs\train 目錄下。（作者本機路徑是 G:\tmp\retrain_logs\train）。用 TensorBoard 工具進行檢視，過程圖和結構圖如圖 13-7 所示。

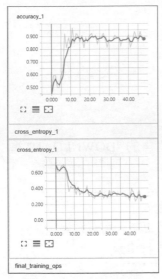

（a）模型的訓練過程圖

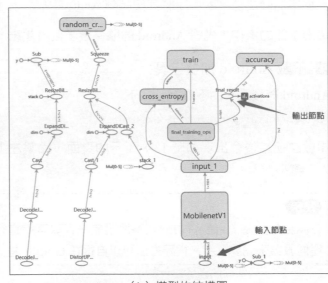

（b）模型的結構圖

圖 13-7 微調後的模型記錄檔

圖 13-7（a）顯示了模型訓練過程中準確率和損失值的變化情況。圖 13-7（b）中顯示了模型的內部結構。在模型結構圖的最下方可以找到輸入節點 input；在模型結構圖的最上方第 2 行中間可以找到輸出節點 final_result。

提示

還可以用 scripts 資料夾下的指令稿對訓練好的凍結圖檔案進行二次瘦身。例如：

（1）刪去輸入、輸出中不用的節點，並將前置處理過程的歸一化操作與卷積操作合併。這樣減少了模型的運算次數，提升了模型的整體運算速度。

```
python -m tensorflow.python.tools.optimize_for_inference  --input=tf_files/
retrained_ graph.pb  --output=tf_files/optimized_graph.pb  --input_names=
"input" --output_names="final_ result"
```

（2）透過壓縮加權的方式量化模型，使模型變得更小。

```
python scripts/quantize_graph.py --input=tf_files/optimized_graph.pb
--output=tf_files/ rounded_graph.pb -output_node_names=final_result
--mode=weights_rounded
```

13.3.3 架設 Android 開發環境

模型準備好之後，就可以將其安裝到 Android 系統上了。

透過本節的操作，先將 Android 的開發環境架設起來。

1 下載 Android 開發工具

Android 開發工具的下載網址如下：

```
https://developer.android.com/studio/
```

開啟該連結後會出現如圖 13-8 所示的頁面，點擊左上角的 "DOWNLOAD" 進入下載通道。

提示

在開啟軟體時，可能會由於網路原因無法存取官網進行更新。可以透過設定代理伺服器來完成更新。實際方法可以自行在 Google 裡進行搜索。

圖 13-8 下載 Android 開發工具

安裝好 Android Studio 之後，雙擊該程式將其開啟。剛開啟 AndroidStudio 之後系統會自動更新軟體包。等待片刻，待其更新之後將出現如圖 13-9 所示介面。

2 開啟專案程式，並編譯器

（1）在圖 13-9 中選擇第二項（開啟一個存在的程式），然後選取 tensorflow-for-poets-2-master\android\tflite 目錄，這時系統會下載 gradle 包裝器，如圖 13-10 所示。

圖 13-9　Android 開發工具啟動介面

圖 13-10　下載 gradle 安裝套件

（2）當 gradle 載入完成後，會出現如圖 13-11 所示工作區介面，系統會自動編譯該專案。如出現問題，則點擊 Error 後面的連結，系統會自動下載缺失的軟體套件（圖 13-11 中的箭頭處）。

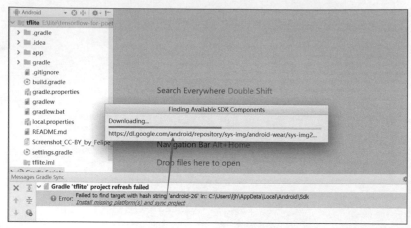

圖 13-11 Android 工作區

（3）當軟體套件下載完成後，會出現如圖 13-12 所示介面。

（4）點擊圖 13-12 中的 Accept 按鈕，並點擊 Next 按鈕，開始安裝，如圖 13-13 所示。

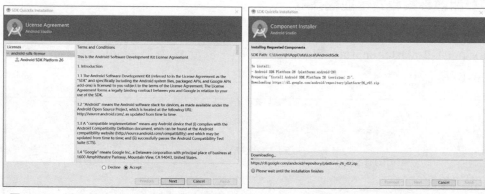

圖 13-12 缺失的 Android 套件下載完畢　　　　圖 13-13 正在安裝

（5）安裝好之後，系統會再次自動編譯器。如果再次遇到缺失軟體套件的錯誤，則接著按照圖 13-11 操作。直到編譯完成，沒有任何錯誤為止。

3 建立虛擬裝置

在開發 Android 軟體時，除需要 APP 程式外，還需要有行動裝置的測試環境。

（1）用 Android 開發工具附帶的模擬環境來建立一個模擬的行動裝置，以進行測試。

（2）待編譯好後，點擊圖 13-14 中畫圈的按鈕來建立一個虛擬裝置。

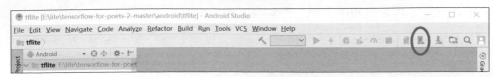

圖 13-14　建立虛擬裝置

（3）點擊圖 13-15 中的 create Virtual Device 按鈕，進入建立虛擬裝置頁面，如圖 13-16 所示。

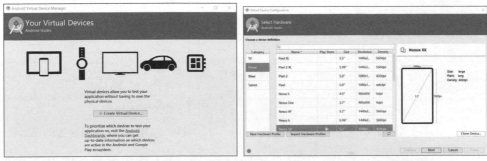

圖 13-15　建立虛擬裝置　　　　　　　　圖 13-16　建立虛擬裝置介面

（4）在圖 13-16 中選擇指定的手機型號，點擊 Next 按鈕，進入如圖 13-17 所示的頁面。

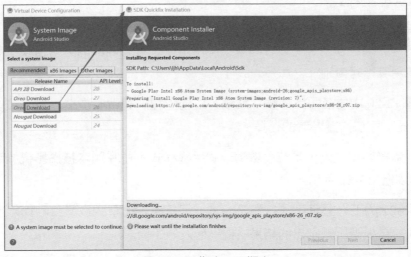

圖 13-17　指定 API 版本

（5）在圖 13-17 中選擇左側指定版本的 API 軟體套件，然後進入下載頁面。當下載完成後，會出現如圖 13-18 所示的介面。

（6）點擊 Show Advanced Settings 按鈕，進入進階設定介面，如圖 13-19 所示。

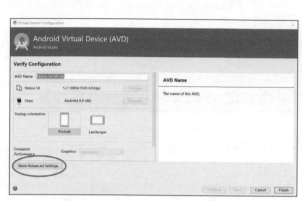

圖 13-18　設定虛擬裝置

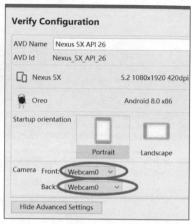

圖 13-19　設定虛擬裝置的攝影機

（7）將前後攝影機都設定成本機的攝影機 Webcam0（前提保障本機電腦上已經安裝了攝影機裝置），如圖 13-19 所示。最後點擊圖 13-18 中的 Finish 按鈕，完成虛擬裝置的建立。

4　測試專案程式

專案程式 tensorflow-for-poets-2 本身是可以執行的，其內部已經嵌入了一個小型的圖片分類器模型。可以在該專案中用虛擬裝置將內部的分類器模型載入進來，並用其進行識別。

按照圖 13-20 中的箭頭順序依次點擊，以兩步程式和啟動虛擬裝置。最後點擊 OK 按鈕，完成虛擬裝置的選擇。

選擇好虛擬裝置之後，系統會啟動一個手機程式，並呼叫本機攝影機。手機上的畫面如圖 13-21 所示。

在圖 13-21 的下方顯示了 4 行資訊。第 1 行是輸入模型的取樣每秒顯示畫面，後面 3 行是模型所識別出的結果中機率最大的 3 個類別。

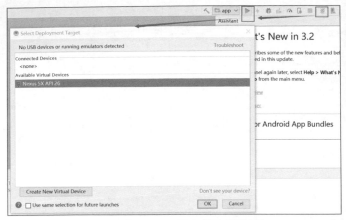

圖 13-20　同步與啟動裝置　　　　　圖 13-21　執行範例程式

13.3.4　製作 lite 模型檔案

將 13.3.2 小節訓練好的 retrained_graph.pb 檔案放到裝有 TensorFlow 的 Linux 機器上（如果使用 TensorFlow 1.13.1 版本，則可以直接在 Windows 系統下執行）。用以下指令將其轉化為 lite 檔案：

```
toco --graph_def_file=./retrained_graph.pb   --input_format=TENSORFLOW_
GRAPHDEF  --output_format=TFLITE  --output_file=graph.lite  --inference_
type=FLOAT  --input_type=FLOAT  --input_arrays=input  --output_arrays=final_
result  --input_shapes=1,224,224,3
```

該指令在 12.1.5 小節已經有過介紹。指令執行後，會產生 lite 格式的模型檔案 graph.lite。

獲得模型檔案之後，便可按照以下步驟完成模型的取代：

（1）將 13.3.2 小節所產生的標籤檔案 retrained_labels.txt 改名為 labels.txt。

（2）將標籤檔案 labels.txt 與模型檔案 graph.lite 一起放到 tensorflow-for-poets-2-master\ android\tflite\app\src\main\assets 目錄下，並取代原有檔案。

13.3.5　修改分類器程式，並執行 App

本實例中使用的模型與實際專案中的模型參數比較接近，所以只需要改動顯示的分類個數即可。

如 圖 13-22 所 示， 開 啟 ImageClassifier.java 檔 案， 將 其 中 RESULTS_TO_

SHOW 的值設為 2。原因是：在識別男女模型中標籤只有兩個；而在 App 中，頁面設定了顯示 3 個分類結果的機率。所以，需要將其改成 2。

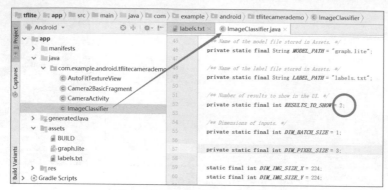

圖 13-22 調整顯示的分類個數

另外，如果使用的模型的輸入尺寸不是 224，也可以在改程式中進行修改。

一切準備好之後，按照圖 13-20 再執行一次程式。App 可以載入自己的模型，並判別出男女。顯示的結果如圖 13-23 所示。

圖 13-23 App 執行結果

如圖 13-23 所示，在圖片旁邊顯示了 3 行資訊。同樣，第 1 行是每秒顯示畫面，第 2、3 行是分類的結果。

> **提示**
>
> 在取代模型過程中，一定要讓 ImageClassifier.java 中的指定模型和標籤檔案名稱與 tensorflow-for-poets-2-master\android\tflite\app\src\main\assets 目錄下的一致。這是很容易犯錯的地方。如果不一致，則會回報 "Uninitialized classifier or invalid context." 錯誤。

另外，整個專案都應該在英文路徑下進行。不然編譯時會回號類似 "Your project path contains non-ASCII characters" 錯誤。

13.4 實例 69：在 iPhone 手機上識別男女並進行活體檢測

在 13.3.4 小節製作好的 lite 模型基礎之上，實現一個活體檢測程式。

> **實例描述**
> 在 iOS 上實現一個活體檢測程式。

要求：在進行活體檢測之前，能夠識別出人物性別，並根據性別顯示問候語。

本實例可以分為兩部分功能：第 1 部分是性別識別，第 2 部分是活體檢測。

13.4.1 架設 iOS 開發環境

在實現功能開發之前，先透過本節的操作將 iOS 開發環境架設起來。

1 下載 iOS 開發工具

Xcode 是 iOS 的整合開發工具，並且免費向大眾提供。可以透過 AppStore 下載它。

在 AppStore 中搜索 Xcode，然後點擊「安裝」按鈕，如圖 13-24 所示。

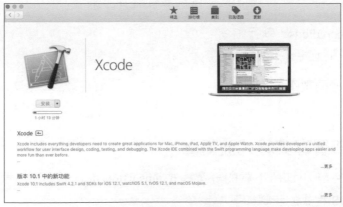

圖 13-24 Xcode 的安裝介面

2 安裝 CocoaPods

CocoaPods 是一個負責管理 iOS 專案中協力廠商開放原始碼函數庫的工具。

CocoaPods 能讓我們、統一地管理協力廠商開放原始碼函數庫，進一步節省設定和更新協力廠商開放原始碼函數庫的時間。實際安裝方法如下：

（1）安裝 CocoaPods 需要用到 Ruby。雖然 Mac 系統附帶 Ruby，但是需要將其更新到最新版本。更新方法是，在命令列模式下輸入以下指令：

```
sudo gem update --system
```

（2）更換 Ruby 的軟體源。有時會因為網路原因無法存取到 Ruby 的軟體源 "rubygems.org"，所以需要將 "rubygems.org" 位址更換為更容易存取的位址，即把 Ruby 的軟體源切換至 ruby-china。執行指令：

```
gem sources --add https://gems.ruby-china.com/
gem sources --remove https://rubygems.org/
```

（3）檢查來源路徑是否取代成功。執行指令：

```
gem sources -l
```

該指令執行完後，可以看到 Ruby 的軟體源已經更新，如圖 13-25 所示。

圖 13-25 Ruby 軟體源已經更新

（4）安裝 CocoaPods，執行指令：

```
sudo gem install cocoapods
```

（5）安裝本機函數庫，執行指令：

```
pod setup
```

13.4.2 部署專案程式並編譯

下面使用 13.3.1 小節所下載的專案程式 tensorflow-for-poets-2。匯入及編譯該專案中的 iOS 程式的步驟如下：

1 更新專案程式所需的協力廠商函數庫

因為專案程式 tensorflow-for-poets-2 中隱藏了 .xcworkspace 的設定,所以,在執行前需要用 CocoaPods 更新管理的協力廠商函數庫。更新步驟如下:

(1)開啟 Mac 作業系統的終端視窗。

(2)輸入 "cd",並且按空白鍵。

(3)將專案目錄下的資料夾拖入終端視窗,按 Enter 鍵。

(4)輸入 "pod update" 指令來更新協力廠商函數庫。

完整的流程如圖 13-26 所示。

圖 13-26 更新程式協力廠商函數庫

2 開啟專案程式,並編譯器

完成更新之後,在專案目錄下會產生一個 .xcworkspace 檔案。雙擊該檔案開啟 Xcode 工具。在 Xcode 工具中選擇需要執行的模擬器(見圖 13-27 中標記 1 部分),並點擊「執行」按鈕(見圖 13-27 中標記 2 部分)在模擬器中啟動應用程式,如圖 13-27 所示。

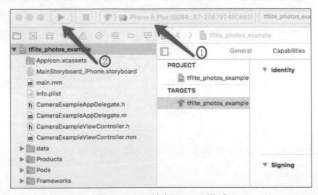

圖 13-27 執行 APP 程式

3 常見錯誤及解決辦法

在最新的 Xcode10 中執行此專案程式會顯示出錯，如圖 13-28 所示。

圖 13-28 錯誤例外

解決方法是：點擊 TARGETS 下的 tflite_photos-example，然後點擊 Build Phases，將 Copy Bundle Resources 下的 Info.plist 檔案刪掉，如圖 13-29 所示。

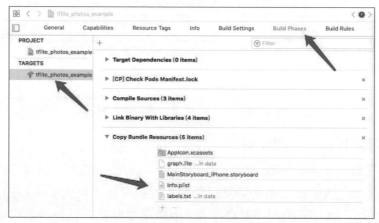

圖 13-29 解決錯誤方法

提示

在開啟專案項目時，需要雙擊的是 .xcworkspace 檔案，而非 .xcproject 檔案。

另外，如果在執行過程中，如果因為找不到 tensorflow/contrib/lite/tools/mutable_op_ resolver.h 檔案而顯示出錯，則可以使用以下方式來解決：

在程式檔案 "CameraExampleViewController.mm" 中的開頭部分，找到以下程式：

```
#include "tensorflow/contrib/lite/tools/mutable_op_resolver.h"
```

將該行程式刪除即可。

13.4.3 載入 Lite 模型，實現識別男女功能

架設好環境之後，便可以將 13.3.4 小節製作好的 lite 模型整合進來，實現識別男女功能。

1 將自編譯模型匯入專案

將 13.3.4 小節製作好的 lite 模型和 13.3.2 小節中產生的標籤檔案，拖到專案程式 tensorflow-for-poets-2-master/ios/tflite/data 目錄下，並取代原有檔案，如圖 13-30 左側的箭表頭分。

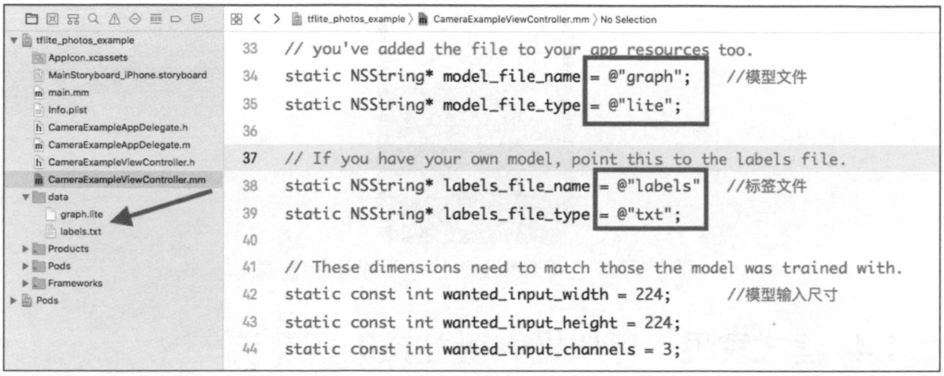

圖 13-30 取代檔案

提示

在取代過程中，需確保檔案名稱與程式中設定的一致。在執行 App 過程中，一旦發生不一致的情況，則找不到檔案，導致 App 處理程序當機。

另外，lite 模型輸入尺寸應與程式中保持一致，否則影響識別率。

2 修改分類程式

因為標籤檔案中只有男女兩個標籤（在螢幕上最多只能顯示兩個結果），所以將圖 13-31 中的 kNumResults 值設為 2。

```
const int output_size = (int)labels.size();
const int kNumResults = 2;
const float kThreshold = 0.1f;
```

圖 13-31 調整顯示的分類個數

3 執行程式，檢視效果

這一環節是在模擬器上實現的。事先將圖片儲存至模擬器相簿，然後從模擬器相簿中取得圖片來進行人物性別識別。

模擬器執行之後，顯示的結果如圖 13-32 所示。

圖 13-32　在 iPhone 8 上 App 的執行結果

13.4.4　程式實現：呼叫攝影機並擷取視訊流

因為活體檢測功能需要用到攝影機，所以需要在原來專案程式中增加攝影頭功能。實際操作如下：

1 增加 GoogleMobileVision 函數庫

活體檢測主要是透過計算人臉特徵點的位置變化來判斷被檢測人是否完成了指定的行為動作。該功能是借助 Google 訓練好的人臉特徵 API 來實現的。該 API 為 GoogleMobileVision。將其引用到專案中的操作如下：

（1）雙擊開啟專案程式 tensorflow-for-poets-2-master/ios/tflite 下的 Podfile，如圖 13-33 所示。

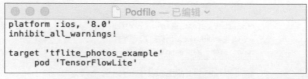

```
platform :ios, '8.0'
inhibit_all_warnings!

target 'tflite_photos_example'
    pod 'TensorFlowLite'
```

圖 13-33　Podfile 檔案

（2）增加 "pod GoogleMobileVision"，如圖 13-34 所示。

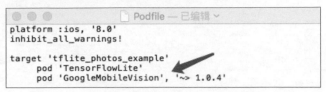

圖 13-34 增加 GoogleMobileVision 後的 Podfile 檔案

（3）按照 13.4.2 小節的「1. 更新專案程式所需的協力廠商函數庫」中的內容更
新協力廠商函數庫。

2 自訂相機

（1）進入專案中，在左側專案目錄下按右鍵檔案，在出現的選單中選擇 "New
File" 指令，如圖 13-35 所示。

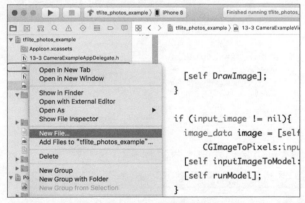

圖 13-35 新增檔案

（2）出現如圖 13-36 所示介面，在其中選擇需要建立的平台。這裡選擇 iOS，
然後選擇 Source 下的 Cocoa Touch Class。

（3）進入 Choose options for your new file 介面，在 "Class:" 文字標籤中輸入
要建立檔案的名字，在 "Subclass of:" 文字標籤中輸入繼承的父類別名稱，在
"Language:" 文字標籤中選擇 Objective-C，如圖 13-37 所示。

圖 13-36 選擇要建立的平台

圖 13-37 選擇檔案類型

（4）在建立的程式檔案「13-3 CameraExampleViewController.mm」中宣告自訂相機變數。實際程式如下：

程式 13-3 CameraExampleViewController
```
01    //AVCaptureSession 物件來執行輸入裝置和輸出裝置之間的資料傳遞
02    @property(nonatomic,strong)AVCaptureSession *session;
03    // 視訊輸出串流
04    @property(nonatomic,strong)AVCaptureVideoDataOutput *videoDataOutput;
05    // 預覽圖層
06    @property(nonatomic,strong)AVCaptureVideoPreviewLayer *previewLayer;
07    // 顯示方向
08    @property(nonatomic,assign)UIDeviceOrientation lastDeviceOrientation;
```

（5）增加自訂相機的初始化變數。實際程式如下：

程式 13-3 CameraExampleViewController（續）
```
09    self.session = [[AVCaptureSession alloc] init];
10    // 設定 session 顯示解析度
11    self.session.sessionPreset = AVCaptureSessionPresetMedium;
12    [self.session beginConfiguration];
13    NSArray *oldInputs = [self.session inputs];
14    // 移除 AVCaptureSession 物件中原有的輸入裝置
15    for (AVCaptureInput *oldInput in oldInputs) {
16        [self.session removeInput:oldInput];
17    }
18    // 設定攝影機方向
19    AVCaptureDevicePosition desiredPosition =
20    AVCaptureDevicePositionFront;
21    AVCaptureDeviceInput *input = [self cameraForPosition:desiredPosition];
```

```
22    // 增加輸入裝置
23    if (!input) {
24        for (AVCaptureInput *oldInput in oldInputs) {
25            [self.session addInput:oldInput];
26        }
27    } else {
28        [self.session addInput:input];
29    }
30    [self.session commitConfiguration];
31    self.videoDataOutput = [[AVCaptureVideoDataOutput alloc] init];
32    // 設定像素輸出格式
33    NSDictionary *rgbOutputSettings = @{
34            (__bridge NSString*)kCVPixelBufferPixelFormatTypeKey:
35            @(kCVPixelFormatType_32BGRA)
36                                        };
37    [self.videoDataOutput setVideoSettings:rgbOutputSettings];
38    [self.videoDataOutput setAlwaysDiscardsLateVideoFrames:YES];
39    self.videoDataOutputQueue= dispatch_queue_create("VideoDataOutputQueue",
      DISPATCH_QUEUE_SERIAL);
40    [self.videoDataOutput setSampleBufferDelegate:self
      queue:self.videoDataOutputQueue];
41    // 增加輸出裝置
42    [self.session addOutput:self.videoDataOutput];
43    // 相機拍攝預覽圖層
44    self.previewLayer =
45    [[AVCaptureVideoPreviewLayer alloc] initWithSession:self.session];
46    [self.previewLayer setBackgroundColor:[[UIColor clearColor] CGColor]];
47    [self.previewLayer setVideoGravity:AVLayerVideoGravityResizeAspectFill];
48    self.overlayView = [[UIView alloc]initWithFrame:self.view.bounds];
49    self.overlayView.backgroundColor = [UIColor darkGrayColor];
50    [self.view addSubview:self.overlayView];
51    CALayer *overlayViewLayer = [self.overlayView layer];
52    [overlayViewLayer setMasksToBounds:YES];
53    [self.previewLayer setFrame:[overlayViewLayer bounds]];
54    [overlayViewLayer addSublayer:self.previewLayer];
```

（6）增加自訂相機的代理方法。實際程式如下：

程式 13-3 CameraExampleViewController（續）

```
55    #pragma mark - AVCaptureVideoDataOutputSampleBufferDelegate
56    -(void)captureOutput:(AVCaptureOutput*)captureOutput
      didOutputSampleBuffer:(CMSampleBufferRef)sampleBuffer fromConnection:
```

```
            (AVCaptureConnection *)connection{
57      // 將 CMSampleBuffer 轉為 UIImage
58      UIImage *image = [GMVUtility sampleBufferTo32RGBA:sampleBuffer];
59      }
```

在上面程式中，用 AVCaptureVideoDataOutputSampleBufferDelegate 代理方法取得即時的 image。在取得到 image 之後，將其分為兩個分支：一個用於識別男女性別，另一個用於活體檢測。

13.4.5 程式實現：分析人臉特徵

本小節用 GoogleMobileVision 介面取得人臉關鍵點，進行人臉特徵分析。

1 建立人臉檢測器

在程式檔案「13-3 CameraExampleViewController.mm」的初始化方法中建立人臉檢測器。實際程式如下：

程式 13-3 CameraExampleViewController（續）

```
60      // 設定檢測器
61      NSDictionary *options = @{
62      GMVDetectorFaceMinSize : @(0.1),
63      GMVDetectorFaceTrackingEnabled : @(YES),
64      GMVDetectorFaceLandmarkType : @(GMVDetectorFaceLandmarkAll),
65      GMVDetectorFaceClassificationType : @(GMVDetectorFaceClassificationAll),
66      GMVDetectorFaceMode : @(GMVDetectorFaceFastMode)
67      };
68      // 建立並傳回已設定的檢測器
69      self.faceDetector = [GMVDetector detectorOfType:GMVDetectorTypeFace
        options:options];
```

2 取得人臉

在程式檔案「13-3 CameraExampleViewController.mm」的相機代理方法中，呼叫 GoogleMobileVision 架構的 GMVDetector 檢測功能，取得螢幕上所有的人臉。實際程式如下：

程式 13-3 CameraExampleViewController（續）

```
70      UIImage *image = [GMVUtility sampleBufferTo32RGBA:sampleBuffer];
71      // 建立影像方向
72      UIDeviceOrientation deviceOrientation = [[UIDevicecurrentDevice] orientation];
73      GMVImageOrientation orientation = [GMVUtility
            imageOrientationFromOrientation:deviceOrientation
```

```
              withCaptureDevicePosition:AVCaptureDevicePositionFront
              defaultDeviceOrientation:self.lastKnownDeviceOrientation];
74    // 定義影像顯示方向，用於指定面部特徵檢測
75    NSDictionary *options = @{GMVDetectorImageOrientation : @(orientation)};
76    // 使用 GMVDetector 檢測功能
77    NSArray<GMVFaceFeature*>*faces = [self.faceDetector featuresInImage:
      image options:options];
78    CMFormatDescriptionRef fdesc = CMSampleBufferGetFormatDescription
      (sampleBuffer);
79    CGRect clap = CMVideoFormatDescriptionGetCleanAperture(fdesc, false);
80    // 計算比例因數和偏移量以正確顯示特徵
81    CGSize parentFrameSize = self.previewLayer.frame.size;
82    CGFloat cameraRatio = clap.size.height / clap.size.width;
83    CGFloat viewRatio = parentFrameSize.width / parentFrameSize.height;
84    CGFloat xScale = 1;
85    CGFloat yScale = 1;
86    CGRect videoBox = CGRectZero;
87    // 判斷視訊預覽尺寸與相機捕捉視訊頁框尺寸
88    if (viewRatio > cameraRatio) {
89        videoBox.size.width = parentFrameSize.height * clap.size.width /
      clap.size.height;
90        videoBox.size.height = parentFrameSize.height;
91        videoBox.origin.x = (parentFrameSize.width-videoBox.size.width) / 2;
92        videoBox.origin.y =(videoBox.size.height-parentFrameSize.height) / 2;
93        xScale = videoBox.size.width / clap.size.width;
94        yScale = videoBox.size.height / clap.size.height;
95        } else {
96        videoBox.size.width = parentFrameSize.width;
97        videoBox.size.height = clap.size.width * (parentFrameSize.width /
      clap.size.height);
98        videoBox.origin.x = (videoBox.size.width-parentFrameSize.width) / 2;
99        videoBox.origin.y =(parentFrameSize.height-videoBox.size.height) / 2;
100       xScale = videoBox.size.width / clap.size.height;
101       yScale = videoBox.size.height / clap.size.width;
102       }
103   dispatch_sync(dispatch_get_main_queue(), ^{
104       // 移除之前增加的功能視圖
105       for (UIView *featureView in self.overlayView.subviews) {
106           [featureView removeFromSuperview];
107       }
108       for (GMVFaceFeature *face in faces) {
109           // 所有的 face
110       ......
111       }
```

13.4.6 活體檢測算法介紹

透過取得人臉的 GMVFaceFeature 物件可以獲得五官參數，進一步實現微笑檢測、向左轉、向右轉、抬頭、低頭、張嘴等功能。

程式第 77 行，會傳回一個 GMVFaceFeature 物件。該物件包含人臉的實際資訊。其中所包含的欄位及含義如下。

- smilingProbability：用於檢測微笑，該欄位是 CGFloat 類型，設定值範圍為 0～1。微笑尺度越大，則 smilingProbability 欄位越大。
- noseBasePosition：檢測影像在視圖座標系中的鼻子座標。
- leftCheekPosition：檢測影像在視圖座標系中的左臉頰座標。
- rightCheekPosition：檢測影像在視圖座標系中的右臉頰臉頰座標。
- mouthPosition：檢測影像在視圖座標系中的嘴角座標。
- bottomMouthPosition：檢測影像在視圖座標系中的下唇中心座標。
- leftEyePosition：檢測影像在視圖座標系中的左眼座標。

在活體檢測的行為演算法中，只有微笑行為可以直接用 smilingProbability 進行判斷。其他的行為需要多個欄位聯合判斷，實際程式如下。

- 左轉、右轉：透過 noseBasePosition、leftCheekPosition、rightCheekPosition 三點之間的間距進行判斷。
- 抬頭：透過 noseBasePosition、leftEyePosition 兩點之間的間距進行判斷。
- 低頭：透過 noseBasePosition、rightCheekPosition 兩點之間的間距進行判斷。
- 張嘴：透過 mouthPosition、bottomMouthPosition 兩點之間的間距進行判斷。

13.4.7 程式實現：實現活體檢測算法

在了解原理之後，就可以撰寫程式實現人臉檢測演算法。實際如下：

❶ 識別左轉、右轉行為

左轉、右轉的識別行為演算法是透過鼻子與左、右臉頰 x 座標的間距之差來判斷的。如果左邊間距比右邊間距大 20 以上，即為左轉；反之則為右轉。實際程式如下：

程式 13-3 CameraExampleViewController（續）

```
112  // 鼻子的座標
113  CGPoint nosePoint = [weakSelf scaledPoint:face.noseBasePosition
     xScale:xScale yScale:yScale offset:videoBox.origin];
114  // 左臉頰的座標
115  CGPoint leftCheekPoint = [weakSelf scaledPoint:face.leftCheekPosition
     xScale:xScale yScale:yScale offset:videoBox.origin];
116  // 右臉頰的座標
117  CGPoint rightCheekPoint = [weakSelf scaledPoint:face.rightCheekPosition
     xScale:xScale yScale:yScale offset:videoBox.origin];
118  // 鼻子與右臉頰之間的距離
119  CGFloat leftRightFloat1 = rightCheekPoint.x - nosePoint.x;
120  // 鼻子與左臉頰之間的距離
121  CGFloat leftRightFloat2 = nosePoint.x - leftCheekPoint.x;
122  if (leftRightFloat2 - leftRightFloat1 > 20) {
123  // 左轉
124  }else if (leftRightFloat1 -leftRightFloat2 > 20) {
125  // 右轉
126  }else{
127  // 沒有轉動，或轉動幅度小
128  }
```

2 識別抬頭、低頭行為

透過計算鼻子和左眼的 y 座標之差是否小於 24，來判斷是否為抬頭的行為。如果鼻子與右臉頰的 y 座標之差大於 0，則為低頭行為。實際程式如下：

程式 13-3 CameraExampleViewController（續）

```
129  // 鼻子的座標
130  CGPoint nosePoint = [weakSelf scaledPoint:face.noseBasePosition
     xScale:xScale yScale:yScale offset:videoBox.origin];
131  // 左眼的座標
132  CGPoint leftEyePoint = [weakSelf scaledPoint:face.leftEyePosition
     xScale:xScale yScale:yScale offset:videoBox.origin];
133  // 右臉頰的座標
134  CGPoint rightCheekPoint = [weakSelf scaledPoint:face.rightCheekPosition
     xScale:xScale yScale:yScale offset:videoBox.origin];
135  if(nosePoint.y - leftEyePoint.y < 24){
136  // 抬頭
137  }else if(nosePoint.y - rightCheekPoint.y > 0){
138  // 低頭
139  }
```

3 識別張嘴行為

透過計算上唇中心 y 座標與下唇中心 y 座標之差是否大於 18，來判斷是否為張嘴的行為。實際程式如下：

```
程式 13-3 CameraExampleViewController（續）
140    // 下唇中心的座標
141    CGPoint bottomMouthPoint = [weakSelf scaledPoint:face.bottomMouthPosition
       xScale:xScale yScale:yScale offset:videoBox.origin];
142    // 上唇中心的座標
143    CGPoint mouthPoint = [weakSelf scaledPoint:face.mouthPosition
       xScale:xScale yScale:yScale offset:videoBox.origin];
144    if(bottomMouthPoint.y -mouthPoint.y > 18){
145        // 張嘴
146        ......
147    }
```

4 識別微笑行為

微笑行為可直接透過 face.smilingProbability 屬性判斷出來。實際程式如下：

```
程式 13-3 CameraExampleViewController（續）
148    // 微笑判斷，0.3是經過驗證後的經驗值
149    if (face.smilingProbability > 0.3) {
150        // 微笑
151        ......
152    }
```

13.4.8　程式實現：完成整體功能並執行程式

將男女識別演算法與所有的活體檢測算法結合起來，完成完整流程。並在其中增加問候語。實際程式如下：

1 實現完整流程

```
程式 13-3 CameraExampleViewController（續）
153    for (GMVFaceFeature *face in faces) {
154        CGRect faceRect = [weakSelf scaledRect:face.bounds xScale:xScale
       yScale:yScale offset:videoBox.origin];
155        // 判斷是否在指定的尺寸裡
156        if (CGRectContainsRect(weakSelf.bgView.frame, faceRect)) {
157            // 如果 index 為 1，則表示微笑行為
158            if(index == 1){
```

```
159              if(face.smilingProbability > 0.3){
160              }
161          // 如果 index 為 2，則表示左轉、右轉行為
162          }else if(index == 2){
163              // 鼻子的座標
164              CGPoint nosePoint = [weakSelf scaledPoint:face.noseBasePosition
    xScale:xScale yScale:yScale offset:videoBox.origin];
165              // 左臉頰的座標
166              CGPoint leftCheekPoint = [weakSelf scaledPoint:face.
    leftCheekPosition xScale:xScale yScale:yScale offset:videoBox.origin];
167              // 右臉頰的座標
168              CGPoint rightCheekPoint = [weakSelf scaledPoint:face.
    rightCheekPosition xScale:xScale yScale:yScale offset:videoBox.origin];
169              // 鼻子與右臉頰之間的距離
170              CGFloat leftRightFloat1 = rightCheekPoint.x - nosePoint.x;
171              // 鼻子與左臉頰之間的距離
172              CGFloat leftRightFloat2 = nosePoint.x - leftCheekPoint.x;
173              if (leftRightFloat2 - leftRightFloat1 > 20) {
174              // 左轉
175              }else if (leftRightFloat1 -leftRightFloat2 > 20) {
176              // 右轉
177              }
178          // 如果 index 為 3，則表示張嘴行為
179          }else if(index == 3){
180              // 下唇中心的座標
181              CGPoint bottomMouthPoint = [weakSelf scaledPoint:face.
    bottomMouthPosition xScale:xScale yScale:yScale offset:videoBox.origin];
182              // 上唇中心的座標
183              CGPoint mouthPoint = [weakSelf scaledPoint:face.
    mouthPosition xScale:xScale yScale:yScale offset:videoBox.origin];
184              if(bottomMouthPoint.y -mouthPoint.y > 18){
185              // 張嘴
186              }
187          // 如果 index 為 4，則表示抬頭、低頭行為
188          }else if(index == 4){
189              // 鼻子的座標
190              CGPoint nosePoint = [weakSelf scaledPoint:face.
    noseBasePosition xScale:xScale yScale:yScale offset:videoBox.origin];
191              // 左眼的座標
192              CGPoint leftEyePoint = [weakSelf scaledPoint:face.
```

```
              leftEyePosition xScale:xScale yScale:yScale offset:videoBox.origin];
193           // 右臉頰的座標
194           CGPoint rightCheekPoint = [weakSelf scaledPoint:face.
    rightCheekPosition xScale:xScale yScale:yScale offset:videoBox.origin];
195           if(nosePoint.y - leftEyePoint.y < 24){
196           // 抬頭
197           }else if(nosePoint.y - rightCheekPoint.y > 0){
198           // 低頭
199           }
200         }
201     }
202  }
```

2 增加問候語

在程式檔案 CameraExampleViewController.mm 中增加下列程式，實現問候語的顯示功能。實際程式如下：

程式 13-3 CameraExampleViewController（續）

```
203  // 檢查取得到的所有結果
204  for  (const auto& item : newValues) {
205     std::string label = item.second;
206     const float value = item.first;
207     if (value > 0.5) {
208        NSString *nsLabel = [NSString stringWithCString:label.c_str()
    encoding:[NSString defaultCStringEncoding]];
209        NSString *textString;
210        if ([nsLabel isEqualToString:@"man"]) {
211           textString = @" 先生你好 ";
212        }else{
213           textString = @" 女士你好 ";
214        }
215     }
216     // 建立 UILaebl 顯示對應的問候語
217     ......
218  }
```

3 執行程式並顯示效果

將蘋果手機透過 USB 介面連接到電腦上。先選擇實機，然後點擊「執行」按鈕進行程式同步，如圖 13-38 所示。

圖 13-38 選擇實機偵錯

在手機上開啟 App 即可執行程式。當手機螢幕顯示綠色邊框時，表示正在檢測。手機螢幕離人臉 50cm 為最佳距離。以檢測微笑、張嘴的行為為例，程式執行結果如圖 13-39、圖 13-40 所示。

圖 13-39 微笑檢測

圖 13-40 張嘴檢測

圖 13-39 表示程式識別出微笑行為，圖 13-40 表示程式識別出張嘴行為。

提示

在 iOS 9 之後的作業系統中，使用相機功能需要在專案 Info.plist 檔案中增加了 "Privacy - Camera Usage Description" 權限提示，否則會顯示例外。

13.5 實例 70：在樹莓派上架設一個目標檢測器

深度學習的出現，讓人們看到人工智慧在現實世界中創造出了極大的機會。但深度學習常常需要極大的運算能力，有時我們身邊沒有強大的伺服器或 NVIDIA 的 GPU 加速平台，而只有一個 ARM CPU，那我們如何將深度學習部署到 ARM CPU 上呢？本節將利用樹莓派和 TensorFlow 開發一個 CNN 目標檢測器。

> **實例描述**
>
> 在樹莓派上安裝一個目標檢測器模型，讓其能夠透過攝影機完成目標檢測功能。

本實例使用的樹莓派型號是 Raspberry P i3 Model B。該型號是目前市面上常見的一款樹莓派主機板，在各大主流電子商務平台都可以買到。其外觀如圖 13-41 所示。

圖 13-41 樹莓派 Raspberry P i3 Model B 的外觀

13.5.1 安裝樹莓派系統

當準備好樹莓派主機板之後，需要為其安裝作業系統。實際步驟如下。

1 準備硬體

在安裝之前，除需要樹莓派外，還需要準備一張 TF 卡，用於儲存系統程式。卡的速度直接影響樹莓派的執行速度。這裡推薦使用型號為 class10、容量在 8GB 以上的 TF 卡。同時還得配備一個讀卡機，如圖 13-42 所示。

圖 13-42 讀卡機（左）和 TF 卡（右）

2 下載樹莓派系統的映像檔檔案

樹莓派使用的是 raspbian 系統。該映像檔檔案的下載網址如下：

```
http://www.raspberrypi.org/downloads/
```

造訪該網站後會找到映像檔檔案的下載連結，如圖 13-43 所示。

圖 13-43 樹莓派 3b 映像檔下載

這裡選擇的是右邊的 RSPBIAN STRETCH WITH DESKTOP 版本。如果出現下載緩慢或逾時，可以使用協力廠商下載工具來進行下載。

3 下載安裝映像檔檔案的工具軟體

可以在 Windows 7 或 Windows 10 下用 SDFormatter 和 Raspberry P i3 Model B 軟體將系統安裝到樹莓派上。

■ SDFormatter：是一款格式化軟體，符合 SD 協會（SDA）建立的 SD 檔案系統標準。可以將 SD 儲存卡、SDHC 儲存卡、SDXC 儲存卡進行格式化。下載連結如下：

```
https://www.sdcard.org/downloads/formatter/
```

- Win32 Disk Imager：是一款將原生映像檔寫入行動裝置的軟體。它可以將 SD/CF 卡或其他 USB sticks 上的映像檔系統寫入行動裝置，或從行動裝置中備份映像檔。下載連結：

```
https://sourceforge.net/projects/win32diskimager/files/Archive/
win32diskimager-v0.9-binary.zip/download
```

4 安裝步驟

當硬體和軟體都準備好後，便可以按以下步驟進行安裝。

（1）把下載的 raspbain 系統解壓縮成 IMG 格式（注意：如果映像檔儲存的路徑中有中文字元，則在映像檔燒錄時可能發生錯誤）。

（2）將 TF 卡插入讀卡機，連上電腦，用 SDFormatter 軟體對 SD 卡進行格式化，Drive 是 SD 卡磁碟代號，如圖 13-44 所示。

（3）格式化完成後，用 Win32 Disk Imager 進行映像檔燒錄。如圖 13-45 所示，開啟映像檔所在路徑並選擇 SD 卡磁碟代號，點擊 Write 按鈕，如果出現對話方塊，則選擇 "yes" 進行安裝。

圖 13-44　格式化 SD 卡

圖 13-45　燒錄映像檔

（4）安裝結束後如出現完成對話方片，則説明安裝完成了。如果不成功，則嘗試關閉防火牆之類的軟體，重新插入 TF 卡進行安裝。

> **提示**
>
> 在 Windows 系統中會看到 TF 卡只有 58MB 或更小。這是正常現象，因為 Linux 中的分區在 Windows 中是看不到的。

5 連接攝影機

將燒錄好映像檔的 TF 卡插入樹莓派背面的 TF 卡槽中，準備一個 USB micro 接頭介面卡（5v 2A）給樹莓派供電，一根 HDMI 線（或 HDMI 轉 VGA 線）連接樹莓派和顯示器，如圖 13-46 所示。

圖 13-46　連接樹莓派 3B 與攝影機

在選取 USB 攝影機時，推薦使用的硬體規格為：支援 USB 2.0 介面、解析度在 640×480 pixel 以上的攝影機。本實例所採用的攝影機，實際參數如下。

- 型號：羅技 C170。
- USB 介面類型：2.0。
- 捕捉影像解析度：1027 pixel×768 pixel。

樹莓派的 RSPBIAN 系統原生支援 UVC 裝置驅動，可直接使用 USB 攝影機。

> **提示**
>
> UVC 裝置的全稱為 USB video class 或 USB video device class。它是 Microsoft 與另外幾家裝置廠商聯合推出的為 USB 視訊擷取裝置定義的協定標準。

6 初始化設定

在第一次通電之後，會出現歡迎介面。然後便可進行初始設定操作：設定國家、語言、時脈、設定系統密碼、設定連接無線網路等操作，如圖 13-47 所示。

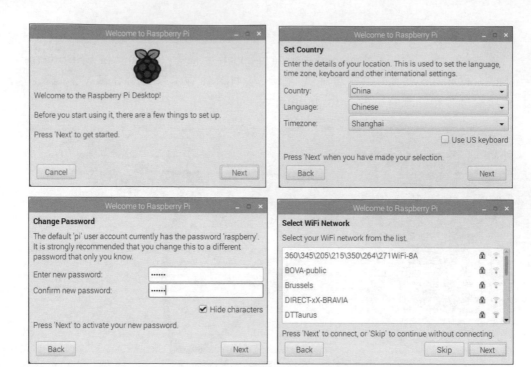

圖 13-47　通電初始化設定

在基本的設定完成後，還需要開啟樹莓派的 CAMERA、SSH、VNC 功能。實際操作如圖 13-48 所示。

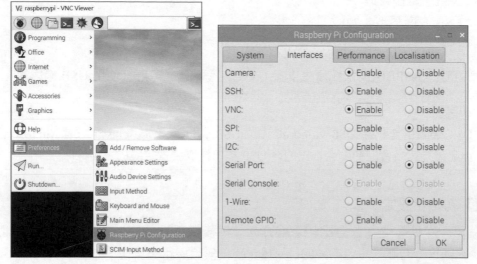

圖 13-48　開啟 CAMERA、SSH、VNC 功能

7 更換軟體源

由於樹莓派使用的軟體下載源來自國外，所以在安裝軟體的過程中可能會出現下載緩慢或逾時的問題。下面將軟體源更換為中科大的源。

```
sudo cp /etc/apt/sources.list  /etc/apt/sources.list.bak  # 先將軟體源進行備份
sudo vi /etc/apt/sources.list                              # 更改為以下內容
# 使用清華映像檔
deb http://mirrors.tuna.tsinghua.edu.cn/raspbian/raspbian/ stretch main
contrib non-free rpi
deb-src http://mirrors.tuna.tsinghua.edu.cn/raspbian/raspbian/ stretch main
contrib non-free rpi
# 使用 neusoft 映像檔
deb http://mirrors.neusoft.edu.cn/raspbian/raspbian/ stretch main contrib
non-free rpi
deb-src http://mirrors.neusoft.edu.cn/raspbian/raspbian/ stretch main contrib
non-free rpi
# 使用 ustc 映像檔
deb http://mirrors.ustc.edu.cn/raspbian/raspbian/ stretch main contrib
non-free rpi
deb-src http://mirrors.ustc.edu.cn/raspbian/raspbian/ stretch main contrib
non-free rpi
```

修改完之後，將其儲存。執行下面的指令進行更新：

```
sudo apt-get update
```

13.5.2 在樹莓派上安裝 TensorFlow

樹莓派上安裝 TensorFlow 的方式有多種，可以安裝現成的軟體套件，也可以從原始程式編譯。最方便的方法是直接用 pip 指令進行安裝。不過，由於嵌入式裝置的客製化設定更加靈活，所以很多情況下無法找到與其符合的軟體套件。原始程式編譯的安裝方式更為通用。本小節將介紹 3 種安裝方式：用 pip 安裝、用原始程式編譯安裝、透過 Docker 交換編譯原始程式進行安裝。

1 在樹莓派上，用 pip 安裝 TensorFlow

可以透過以下連結從 GitHub 網站下載 TensorFlow for ARM 軟體：

```
https://github.com/lhelontra/tensorflow-on-arm/releases
```

實際步驟如下：

（1）以 Python 版本 3.5、TensorFlow 版本 1.8.0 為例，使用以下指令下載對應的軟體套件：

```
mkdir tf
cd tf
wget https://github.com/lhelontra/tensorflow-on-arm/releases/download/v1.8.0/
tensorflow-1.8.0-cp35-none-linux_armv7l.whl
```

（2）安裝 TensorFlow 1.8.0 版本，實際指令如下：

```
sudo pip3 install /home/pi/tf/tensorflow-1.8.0-cp35-none-linux_armv7l.whl
sudo pip3 install /home/pi/tf/tensorflow-1.8.0-cp35-none-linux_armv7l.whl -i
https://pypi.tuna.tsinghua.edu.cn/simple
```

在安裝過程中，如果出現校正碼不同導致的失敗，則可以多試幾次。如果出現下載逾時，則可以選用清華大學的 pypi 映像檔站。

（3）更新軟體源，並安裝 TensorFlow 的其他依賴項，實際指令如下：

```
sudo apt-get update
sudo apt-get install libatlas-base-dev
sudo pip3 install pillow lxml jupyter matplotlib cython
sudo apt-get install python-tk
```

2 **在樹莓派上編譯原始程式，並安裝 TensorFlow**

（1）用以下指令下載 TensorFlow 原始程式：

```
git clone https://github.com/tensorflow/tensorflow.git
```

該指令使用的是 GIT 工具，該工具的下載方法見 8.1.7 小節。

（2）用以下指令編譯 TensorFlow 並安裝：

```
cd ~/tensorflow
tensorflow/contrib/makefile/download_dependencies.sh        # 安裝依賴項
sudo apt-get install -y autoconf automake libtool gcc-4.8 g++-4.8
cd tensorflow/contrib/makefile/downloads/protobuf/          # 編譯安裝 protobuf
./autogen.sh
./configure
make
sudo make install
sudo ldconfig                                               # 更新動態連結程式庫快取
cd ../../../../..
export HOST_NSYNC_LIB=`tensorflow/contrib/makefile/compile_nsync.sh`
export TARGET_NSYNC_LIB="$HOST_NSYNC_LIB"
```

（3）針對樹莓派 3 Model B 型號，對編譯項進行最佳化。實際指令如下：

```
make -f tensorflow/contrib/makefile/Makefile HOST_OS=PI TARGET=PI OPTFLAGS="-
Os -mfpu=neon-vfpv4 -funsafe-math-optimizations -ftree-vectorize" CXX=g++-4.8
```

執行該指令後，系統便進入較長的編譯環節。

> **提示**
>
> 1）編譯時要加上 "CXX=g++-4.8" 選項，否則會使用系統預設的 "g++-4.9"，這樣可能會出現一些 "__atomic_compare_exchange" 和 "malloc(): memory corruption" 等錯誤。
>
> 2）如果出現 "virtual memory exhausted: Cannot allocate memory" 這樣的錯誤，則需要分配更大的虛擬記憶體。可以透過 "free –m" 指令檢視記憶體使用情況。增大虛擬記憶體的實際操作如下：
>
> ```
> cd /var
> sudo swapoff /var/swap
> sudo dd if=/dev/zero of=swap bs=1M count=2048        # 建立 2G 虛擬記憶體
> sudo mkswap /var/swap
> sudo swapon /var/swap
> free -m                                              # 檢視記憶體情況
> total      used    free      shared  buff/cache  available
> Mem:    927      332    505       9          88         536
> Swap:   2047     130    1917
> ```
>
> 3）另外，編譯時可以加上 "-j2" 選項，以加強編譯速度。

（4）編譯完成之後安裝 libjpeg：

```
sudo apt-get install -y libjpeg-dev
```

（5）下載模型。

```
curl https://storage.googleapis.com/download.tensorflow.org/models/inception_
dec_2015_ stripped.zip -o /tmp/inception_dec_2015_stripped.zip
unzip/tmp/inception_dec_2015_stripped.zip -d tensorflow/contrib/pi_examples/
label_image/
data/
```

（6）編譯範例程式。

```
cd ~/tensorflow
make -f tensorflow/contrib/pi_examples/label_image/Makefile
tensorflow/contrib/pi_examples/label_image/gen/bin/label_image
```

```
# 嘗試用預設的 Grace Hopper 影像進行影像標記
I tensorflow/contrib/pi_examples/label_image/label_image.cc:384] Running model
  succeeded!
I tensorflow/contrib/pi_examples/label_image/label_image.cc:284] military
  uniform (866):
  0.624293
I tensorflow/contrib/pi_examples/label_image/label_image.cc:284] suit (794):
  0.0473981
I tensorflow/contrib/pi_examples/label_image/label_image.cc:284] academic gown
(896):
  0.0280926
I tensorflow/contrib/pi_examples/label_image/label_image.cc:284] bolo tie
(940):
  0.0156956
I tensorflow/contrib/pi_examples/label_image/label_image.cc:284] bearskin
(849):
  0.0143348
```

❸ 在樹莓派上，透過 Docker 交換編譯原始程式的方式安裝 TensorFlow

用 Docker 交換編譯原始程式的方式在樹莓派上安裝 TensorFlow 最為常用。這
種方式利用 Docker 容器在效能強大的主機上虛擬出樹莓派環境，並在該環境
下進行編譯 Tensorflow 的原始程式。這樣可以大幅提升編譯的效率。這種方式
也被叫作交換編譯。實際操作如下：

（1）在 Ubuntu 16.04 LTS 64 中安裝 Docker。

```
$ sudo apt-get install -y apt-transport-https ca-certificates curl software-
properties-common
# 安裝以上套件，以使 apt 可以透過 HTTPS 使用儲存函數庫（repository）
$ curl -fsSL https://download.docker.com/linux/ubuntu/gpg | sudo apt-key add -
# 增加 Docker 官方的 GPG 金鑰
$ sudo add-apt-repository "deb [arch=amd64] https://download.docker.com/linux/
ubuntu $(lsb_release -cs) stable"         # 設定 stable 儲存函數庫
$ sudo apt-get update                     # 更新一下 apt 套件索引
$ sudo apt-get install -y docker-ce       # 安裝最新版本的 Docker CE
$ sudo systemctl start docker             # 啟動 Docker 服務
$ sudo docker run hello-world             # 檢視是否啟動成功
```

上面指令執行之後，如果看到如圖 13-49 所示的輸出資訊，則表示 Docker 軟
體已安裝成功。

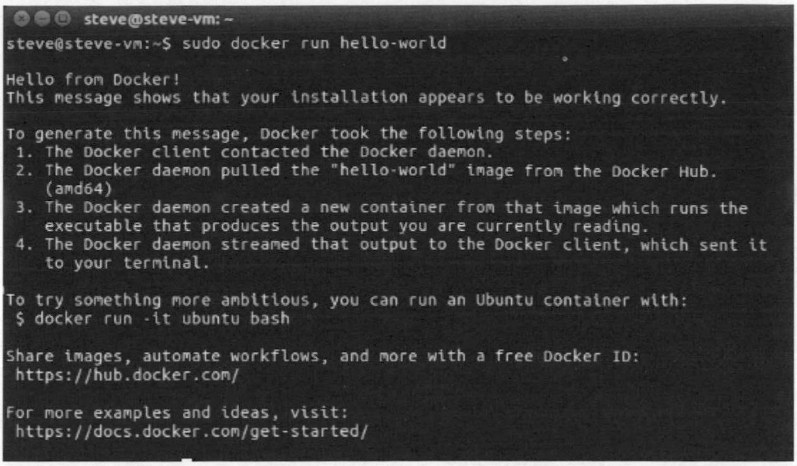

圖 13-49　Docker 啟動介面

（2）用 GIT 工具下載 TensorFlow 原始程式碼。實際如下：

```
git clone https://github.com/tensorflow/tensorflow.git
cd tensorflow
```

（3）用以下指令交換編譯 TensorFlow 原始程式碼：

```
CI_DOCKER_EXTRA_PARAMS="-e CI_BUILD_PYTHON=python3 -e \
 CROSSTOOL_PYTHON_INCLUDE_PATH=/usr/include/python3.5m" \
 tensorflow/tools/ci_build/ci_build.sh PI-PYTHON3 \
   tensorflow/tools/ci_build/pi/build_raspberry_pi.sh
```

該指令執行完後（約 30 分鐘左右），會在 output-artifacts 目錄下找到一個安裝套件檔案 "tensorflow-version-cp35-none-linux_armv7l.whl"。

（4）將檔案 "tensorflow-version-cp35-none-linux_armv7l.whl" 複製到樹莓派中，並透過 pip 指令進行安裝。實際指令如下：

```
pip3 install tensorflow-version-cp35-none-linux_armv7l.whl
```

13.5.3　編譯並安裝 Protobuf

Protobuf 是一種跨平台及語言、可擴充且輕便高效的序列化資料結構的協定，可以用於網路通訊和資料儲存。它獨立於語言和平台。目標檢測 API 會用到處理 Protobuf 協定的軟體套件。這個套件的名字是 Protobuf。實際安裝如下：

（1）用以下指令安裝一些依賴項：

```
sudo apt-get install autoconf automake libtool curl
```

（2）用以下指令編譯並安裝 Protobuf：

```
wget https://github.com/google/protobuf/releases/download/v3.5.1/protobuf-
all-3.5.1.
tar.gz
tar -zxvf protobuf-all-3.5.1.tar.gz
cd protobuf-3.5.1
./configure                              # 設定、編譯並安裝
make
sudo make install
cd python                                # 編譯 Python 版 protobuf
export LD_LIBRARY_PATH=../src/.libs
python3 setup.py build --cpp_implementation
python3 setup.py test --cpp_implementation
sudo python3 setup.py install --cpp_implementation
export PROTOCOL_BUFFERS_PYTHON_IMPLEMENTATION=cpp
export PROTOCOL_BUFFERS_PYTHON_IMPLEMENTATION_VERSION=3
sudo ldconfig
```

（3）透過以下指令驗證 protobuf 的安裝情況：

```
protoc
```

該指令執行完，將出現以下資訊，則表示 protobuf 已經安裝成功。

```
Usage: protoc [OPTION] PROTO_FILES
Parse PROTO_FILES and generate output based on the options given:
  -IPATH, --proto_path=PATH   Specify the directory in which to search for
                              imports.  May be specified multiple times;
                              directories will be searched in order.  If not
                              given, the current working directory is used.
```

13.5.4 安裝 OpenCV

安裝 Open CV 的指令相對簡單。實際如下：

（1）安裝依賴項，指令如下：

```
sudo apt-get install libjpeg-dev libtiff5-dev libjasper-dev libpng12-dev
sudo apt-get install libavcodec-dev libavformat-dev libswscale-dev libv4l-dev
sudo apt-get install libxvidcore-dev libx264-dev
sudo apt-get install qt4-dev-tools
```

（2）安裝 Open CV，指令如下：

```
pip3 install opencv-python
```

13.5.5 下載目標檢測模型 SSDLite

所有的軟體套件安裝完畢之後，便開始下載目標檢測模型，這裡使用 SSDLite 模型。該模型屬於 TensorFlow 中 Object Detection 模組的一部分在使用之前需要下載含有 Object Detection API 的 models 模組的原始程式。實際步驟如下：

（1）在命令列中，用 GIT 工具下載 models 程式。實際指令如下：

```
mkdir tf-ws
cd tf-ws
git clone --recurse-submodules https://github.com/tensorflow/models.git
```

（2）設定環境變數。實際指令如下：

```
sudo nano ~/.bashrc
export PYTHONPATH=$PYTHONPATH:/home/pi/tf-ws/models/research:/home/pi/tf-ws/
models/research/slim    #在 ~/.bashrc 尾端增加
```

（3）將 *.proto 檔案轉化為 *_pb2.py 檔案：

```
cd /home/pi/ tf-ws /models/research
protoc object_detection/protos/*.proto --python_out=.
```

（4）下載 /ssdlite_mobilenet_v2 模型檔案：

```
cd /home/pi/tensorflow1/models/research/object_detection
wget http://download.tensorflow.org/models/object_detection/ssdlite_mobilenet_
v2_coco _2018_05_09 .tar.gz
tar -xzvf ssdlite_mobilenet_v2_coco_2018_05_09.tar.gz
```

13.5.6 程式實現：用 SSDLite 模型進行目標檢測

建立程式檔案「13-4 Object_detection_usbcam.py」，並在其中增加呼叫程式，實際程式如下：

程式 13-4 Object_detection_usbcam
01　　import os　　　　　　　　　　　　　　　　　　　　　　#匯入軟體套件
400　import cv2
401　import numpy as np
402　import tensorflow as tf
403　import sys
404　sys.path.append('..')　　　　　　　　　　　　　　#增加系統路徑

```
405  from utils import label_map_util                          # 匯入工具套件
406  from utils import visualization_utils as vis_util
407  # 設定攝影機解析度
408  IM_WIDTH = 640                      # 用較小的解析度，可以獲得較快的檢測每秒顯示畫面
409  IM_HEIGHT = 480
410
411  MODEL_NAME = 'ssdlite_mobilenet_v2_coco_2018_05_09'        # 使用的模型名字
412
413  CWD_PATH = os.getcwd()                                     # 取得目前工作的路徑
414  # 取得 detect model 檔案的路徑
415  PATH_TO_CKPT = os.path.join(CWD_PATH,MODEL_NAME,'frozen_inference_graph.pb')
416
417  # 取得 label map 檔案路徑
418  PATH_TO_LABELS = os.path.join(CWD_PATH,'data','mscoco_label_map.pbtxt')
419
420  NUM_CLASSES = 90                                           # 定義目標種類的數量
421
422  label_map = label_map_util.load_labelmap(PATH_TO_LABELS)     # 載入標籤
423  categories = label_map_util.convert_label_map_to_categories(label_map,
     max_num_classes=NUM_CLASSES, use_display_name=True)
424  category_index = label_map_util.create_category_index(categories)
425
426  detection_graph = tf.Graph()                              # 將模型載入到記憶體中
427  with detection_graph.as_default():
428      od_graph_def = tf.GraphDef()
429      with tf.gfile.GFile(PATH_TO_CKPT, 'rb') as fid:
430          serialized_graph = fid.read()
431          od_graph_def.ParseFromString(serialized_graph)
432          tf.import_graph_def(od_graph_def, name='')
433      sess = tf.Session(graph=detection_graph)
434
435  # 定義輸入
436  image_tensor = detection_graph.get_tensor_by_name('image_tensor:0')
437
438  # 定義輸出：檢測框、種類的分值
439  detection_boxes = detection_graph.get_tensor_by_name('detection_boxes:0')
440  detection_scores = detection_graph.get_tensor_by_name('detection_scores:0')
441  detection_classes = detection_graph.get_tensor_by_name('detection_classes:0')
442
443  # 獲得目標種類的數量
```

```
444  num_detections = detection_graph.get_tensor_by_name('num_detections:0')
445
446  frame_rate_calc = 1                                    # 初始化每秒顯示畫面
447  freq = cv2.getTickFrequency()
448  font = cv2.FONT_HERSHEY_SIMPLEX
449
450  camera = cv2.VideoCapture(0)                           # 初始化 USB 攝影機
451  ret = camera.set(3,IM_WIDTH)
452  ret = camera.set(4,IM_HEIGHT)
453
454  while(True):
455      t1 = cv2.getTickCount()
456      ret, frame = camera.read()
         # 讀取一張圖片，並擴充維度成：[1, None, None, 3]
457      frame_expanded = np.expand_dims(frame, axis=0)
458
459      (boxes, scores, classes, num) = sess.run(          # 執行模型
460          [detection_boxes, detection_scores, detection_classes,
             num_detections],
461          feed_dict={image_tensor: frame_expanded})
462
463    vis_util.visualize_boxes_and_labels_on_image_array( # 顯示檢測的結果
464          frame,
465          np.squeeze(boxes),
466          np.squeeze(classes).astype(np.int32),
467          np.squeeze(scores),
468          category_index,
469          use_normalized_coordinates=True,
470          line_thickness=8,
471          min_score_thresh=0.85)
472      # 顯示每秒顯示畫面
473      cv2.putText(frame,"FPS: {0:.2f}".format(frame_rate_calc),(30,50),
     font,1,(255,255,0),2,cv2.LINE_AA)
474      cv2.imshow('Object detector', frame)              # 顯示影像
475
476      t2 = cv2.getTickCount()
477      time1 = (t2-t1)/freq
478      frame_rate_calc = 1/time1
479
480      if cv2.waitKey(1) == ord('q'):                    # 按 q 鍵退出
481          break
482  camera.release()
483  cv2.destroyAllWindows()
```

執行程式，顯示結果如圖 13-50 所示。

圖 13-50 檢測結果

如圖 13-50 所示，圖片上顯示了每秒顯示畫面（FPS）為 0.73。圖片中用矩形框標記了所識別的鍵盤，並在矩形框的左下角顯示出 keyboard:94%。這表示，模型認為矩形框中的物體有 94% 的可能性是鍵盤。

商業實例 --
科技源於生活，用於生活

好的科研成果誕生於實驗室，再應用於社會，造福於人類。而商業化則是科研成果流到社會的重要途徑。在這一過程中，需要投入大量的人力、物力。一般來講，一個科研成果所需要的科學研究人員數量，會遠遠低於將該成果商業化的工程人員數量。

而人工智慧當今的人才分佈現狀是，工程人員基數遠遠小於科學研究人員。這一缺口將是未來人才培養的驅動力。

本章將透過幾個實際的實例，介紹一下人工智慧在商業化中要經歷的一些過程。其中包含做事的想法、遇到的問題及解決方案。

14.1 實例 71：將特徵比對技術應用在商標識別領域

本節將透過一個商標識別實例，說明圖片特徵比對工作的實現，以及該問題的處理細節和解決想法。

14.1.1 專案背景

這是一個來自某商標局的需求。在申請商標過程中，審核過程是由人來操作的。審核透過的商標將收到法律保護，不允許市面上有與其一樣甚至相似的商標圖案出現。一旦出現這種情況，則商標所屬的公司可以透過法律方法來追責。

科技的發展，使得這種情況得以改善。在審核過程中，可以透過技術方法從成千上萬個商標中發現和預申請商標類似的商標。這樣可以從源頭上控制商標衝突事件的發生。

同樣，這種需求還可以泛化成為根據商品圖片智慧識別出該商品的所屬品牌。本節以這種泛化後的工作需求來說明實現過程。

14.1.2 技術方案

商標識別屬於神經網路中的相似度比對工作，與人臉識別的解決方案類似。實際做法是：

（1）將每個商標的特徵分析出來。

（2）計算所有樣本的特徵之間的相似度。

（3）將商標按照相似度由大到小的順序顯示出來。

在完成核心演算法之後，可以在前端使用目標識別模型（例如 YOLO、SSD）或是分離前景和背景的模型（例如 RPN 網路模型），即可實現以圖片為基礎的商標自動識別功能。

其中，前端模型負責將圖片中的商標圖案修改下來，商標識別的核心演算法負責商標特徵的相似度比對。

14.1.3 前置處理圖片──統一尺寸

收集來的商標圖案來自不同場景，大小不一。

必須將圖示樣本的尺寸調整成統一大小，才能用於計算。這個環節有兩種方法：

■ 透過 resize 函數將圖片縮放到指定的尺寸。

■ 儲存高寬比，按照最大的邊長進行縮放，並對圖片的短邊部分補 0（見 8.7 節的處理方式）。

這裡建議用 resize 函數直接對圖片尺寸進行調整。

14.1.4 用自編碼網路加夾角餘弦實現商標識別

用自編碼網路壓縮圖片的特徵，然後依次計算每兩個圖片特徵的夾角餘弦來實現商標的識別。這種方案在樣本處理方面比較省事，直接使用全量樣本進行學習即可。

在處理細節上，做了以下一些工作：

- 將所有圖片都歸一化為 0 ～ 1 之間的浮點數。
- 用資料增強方法對圖片做比較度、翻轉、隨機剪輯操作。
- 在自編碼部分，使用變分自編碼網路。
- 事先將所有函數庫中的樣本圖片做好特徵分析，並儲存。在尋找時，直接透過夾角餘弦進行計算比對。

經過實驗後發現該方案是可行的。唯一的弊端是：模型訓練過程太長，收斂太慢。而且這種沒有目標指導的無監督訓練所分析的特徵，並不能與人眼的相似度判斷標準完全吻合。

為了進一步提升效果，採用有監督的方式進行訓練，詳見 14.1.5 小節。

14.1.5 用卷積網路加 triplet-loss 提升特徵分析效果

監督式訓練最大的代價是需要對樣本進行標記處理。然而，人工標記後的樣本在模型訓練中會獲得更好的表現。

人工標記樣本的步驟如下：

（1）對現有的樣本進行分類。將相同品牌的圖示放在一起，如圖 14-1 所示。

（2）用帶有 SwitchableNor 歸一化演算法的卷積網路和 Swish 啟動函數架設網路模型，完成特徵的計算。

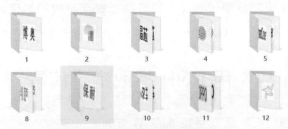

圖 14-1 將樣本分類儲存

在損失值部分使用到損失函數 triplet-loss。在每次特徵分析時，同步輸入與該樣本相同類別和非同類別的兩個樣本。利用監督學習，讓該樣本特徵與同類的樣本特徵間的差異越來越小，與非同類樣本特徵間的差異越來越大，如圖 14-2 所示。

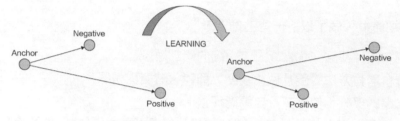

圖 14-2 triplet-loss 損失函數

在圖 14-2 中，Anchor 代表輸入樣本，Positive 與 Negative 分別代表了同步輸入的同類樣本與非同類樣本。透過監督學習，讓 Anchor 經過網路計算之後的特徵與 Positive 的特徵更近，與 Negative 特徵更遠。

提示

由於篇幅有限，這裡不再詳細介紹 triplet-loss 的程式細節。為讀者推薦一個比較好的實例實現，連結如下：

```
https://github.com/omoindrot/tensorflow-triplet-loss
```

該程式用矩陣方式計算 triplet-loss，效率較高。讀者可以自行研究。

利用改動之後的網路，可以解決 14.1.4 小節特徵指向不明確的問題。

14.1.6 進一步的最佳化空間

該問題還可以了解成為一個圖片搜索問題。在特徵分析方面上，還可以有提升空間。舉例來說，用特徵學習效果比較好的膠囊網路代替卷積網路，或用帶有對抗網路的自編碼網路 AEGAN。

14.2 實例 72：用 RNN 抓取蠕蟲病毒

本節將介紹一個應用在網路安全領域的 AI 實例。

14.2.1 專案背景

該專案源於本書作者在 2017 年發表的一篇文章。它的主要技術是用 RNN 發現惡意域名的特徵。該專案背景在文章裡已有詳細介紹。實際連結如下：

```
https://github.com/jinhong0427/domain_malicious_detection
```

該文章介紹了專案背景，還介紹了撰寫 TensorFlow 程式的工程化靜態圖架構、訓練及設計模型的一些心得，並提供了除模型以外的流程化程式。

本節屬於該文章在應用層面的延伸——將文章中的技術用於實際的環境當中。

14.2.2 判斷是否惡意域名不能只靠域名

所謂「沒有不好的技術，只有不好的應用」。該專案是用 RNN 來擬合已有的惡意域名特徵，進一步發現與該特徵一樣的域名。其本質是域名間的特徵比對，並不是真正意義上的識別惡意域名。

之所以會有識別惡意域名的效果，是因為被符合的域名都屬於惡意域名。但是，被符合的域名不代表全部的惡意域名。

如果將其錯誤的了解成「該模型能夠發現惡意域名」並將其使用，那必然會效果很差。這裡便解釋了——為什麼有些讀者直接將其用於發現惡意域名獲得的效果並不理想。

14.2.3 如何識別惡意域名

識別惡意域名的本質是識別惡意網站。最後還需要根據網站的資訊內容來定性。判別惡意網站的特徵有很多種，包含：內容、流量、IP、域名。所有該網站所帶的資訊都可以視為該網站的特徵。單純從域名並不能完全識別。域名只是反映了惡意網站的一部分特徵而已。所以，透過一個點來判斷一條線，這本身就是偽命題。

在真正進行惡意域名識別時，透過域名特徵來比對惡意域名只是其中的一種技術方法。必須綜合其他特徵的識別，才能最後判斷被檢測域名是否是惡意的。

在使用時，可以將「根據域名特徵來比對惡意域名」技術用於對巨量域名資料進行初步識別。並在模型顯示的結果中找出正常的域名，將其補充到訓練集的正向樣本中，繼續訓練模型。另外，也需要將收集到的惡意域名補充到訓練集的負向樣本中。

在整個過程中，「根據域名特徵來比對惡意域名」這一技術的價值在於，能夠從巨量的域名裡，找到值得關注的、具有惡意域名特徵的域名。該技術相當於一張過濾網，從域名的角度來對巨量域名進行一次過濾，進一步大幅縮小需要檢測的域名範圍。

同時，在對過濾後的域名內容進行檢測時，會獲得真實的標籤資訊，為過濾模型提供了更多可靠的訓練樣本。將這些樣本補充到過濾模型的資料集裡，又可以實現過濾模型再訓練的自我升級，使模型越用越精確。

在真實專案中，該模型在系統中的架構如圖 14-7 所示。

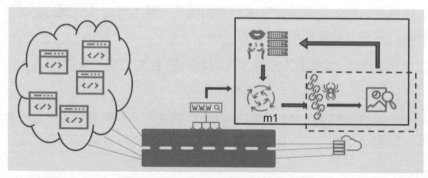

圖 14-7 惡意域名檢測系統架構圖

在圖 14-7 中，m1 模型使用了「根據域名特徵來比對惡意域名」這項技術，被該模型篩查過的域名會被放入爬蟲系統裡進行二次判斷。爬蟲系統按照指定的域名清單爬取網站首頁的內容，並將爬到的內容透過一個神經網路分類器模型來判別其是否為惡意網站。判別獲得的結果會被作為 m1 模型的訓練資料集，以支援 m1 模型的線上訓練、自我更新。

14.3 實例 73：迎賓機器人的技術重點──體驗優先

如果要做一個迎賓機器人，你會怎麼做？這裡介紹一個來自真實專案的解決方案，希望讀者透過該實例的學習，能夠觸類旁通，對於類似的專案可以有的放矢。

14.3.1　迎賓機器人的產品背景

製作一個迎賓機器人，將其放置在飯店、商場、機場等公共場所，提供給使用者基本業務的諮詢服務，加強使用者體驗。

迎賓機器人是一個將多種技術融於一體的科技產品。在實現這種產品之前，分析清楚本身的能力邊界尤為重要。想清楚自己能做什麼、不能做什麼、哪些可以自己做、哪些需要對接外部的成熟模組。

下面以一套實際的商業產品為例，來介紹研發過程中的想法、方案，以及所遇到的問題和處理方法。

14.3.2　迎賓機器人的實現方案

由於商務邏輯的限制，這裡不會透露任何技術以外的其他細節，會將該實例的技術思想泛化到企業技術角度來説明。

整個產品可以拆分為機器人本體、外觀、語音辨識系統、內部的 AI 對話系統，以及行為互動幾個功能。每個功能的實現方案如下：

1 機器人本體及外觀的技術實現方案

首先要對自己公司的主營業務方向做出明確的定位——公司是否是一個專業製作仿人機器人的公司。如果目前乃至未來沒有這方面的規劃，則應優先從外部尋找成熟的機器人本體，並根據使用場景，選擇不同型號及外觀的機器人本體。

2 語音辨識系統的實現方案

迎賓機器人的語音辨識系統是一個非常大的挑戰——它要求回應速度快並且容錯率高（需要相容更多的地方口音）。在某些特殊場景了，還需要它具有噪音分離、靜音檢測之類的聲音前置處理功能。

聲音前置處理部分相比較較獨立。如果使用環境較安靜，則可以直接使用現成的開放原始碼演算法，做簡單的去噪增強，並配合靜音檢測實現斷句功能。如果使用環境吵架，則還得依靠整合專用硬體來解決。

語音辨識過程一般做法是：將常用語與非常用語分成兩個模型進行訓練。

■　常用語模型內建在機器人本體，用於快速回應。

- 非常用語模型用於雲端的精細化識別。

所有的輸入都會先透過常用語模型識別一遍。常用語模型背後的控制演算法決定是選擇該識別結果，還是使用雲端服務進行精確識別。為了加強使用者體驗，一般在使用雲端識別時，都會同步讓機器人發出「嗯、哦……」之類的語氣詞，以最佳化使用者的等待體驗。

控制語音辨識結果的演算法，是計算常用語的識別結果與常用語之間的加權語義相似度，並根據設定好的相似度設定值來決定是否比對成功。如果比對不到常用語，則將語音轉發至雲端。

其中的加權部分，來自對話過程中的句子索引。因為在正常對話中，前幾句出現常用語的機率比較高，所以用該索引計算出的衰減加權可以使比對效果更好。

3 智慧對話系統的實現方案

智慧對話系統的特點比較明顯，因為使用的場景較為固定，都與實際業務相關，所以處理語音的內容不至於太過發散，機器人的知識儲備內容相對可控。

該系統的最大的挑戰是，使用者的輸入內容不可控，即無法控制使用者的輸入邊界。遇到「不按策略出牌」的使用者，會使機器人對話的體驗直接拉低到 0 分。而這種「不按策略出牌」的使用者在現實生活中經常出現。再者，使用者的問題不會完全按照程式設定的方式輸入，有些問題甚至還用到上下文相關的代詞。這對於目前還不是完全成熟的 AI 演算法是致命的。機器人會以一些不知所云或答非所問的內容來回答使用者。這在真實場景中是絕對不允許發生的。

在這一環節中，並沒有直接使用 AI 聊天機器人，而是用 AI 演算法來連結「使用者問題的語義」與「語料庫中的標準問題語義」。

用 AI 演算法直接回答使用者的問題是很有挑戰的，但是透過 AI 演算法來猜測使用者的意思，並傳回給使用者做二次確認，是可以實現的。在實現細節上，可以利用語言的技巧，讓使用者自己對 AI 的結果再做一遍人工核心對。例如：某使用者問「哪裡能讓我洗個手？」AI 演算法可以根據語義比對找到最相近的問題，並反問「您是想問洗手間在哪嗎？」一旦使用者說了「是的」，則系統便直接呼叫出「洗手間在哪」對應的標準答案。

在實際應用中，這種演算法達到了預期的效果。它的關鍵在於：將 AI 演算法用在輸入規範化環節，而非投入大量的人力、財力去研發一套類似人類客服的聊天機器人演算法。

❹ 人工介面的實現方案

業界所有的成熟迎賓機器人系統都有一個人工介面。透過該介面，後台的真人客服可以借助迎賓機器人的外表來為使用者服務。一方面可以給使用者提供近乎完美的科技體驗；另一方面這部分資料會用作語聊樣本，不斷提升演算法精度。

在這種場景中，後台的客服只需對機器比對出的問題進行二次確認，並直接選擇對應的答案。只有在找不到該問題答案的情況行下，才會用人工解答。這大幅提升了服務效率。

純人工成本太高，純智慧體驗不好。在體驗優先的需求之下，最佳的方案一定是人工與智慧相結合。

❺ 行為互動系統的實現方案

行為互動是指，機器人在完成本職工作的同時，表現出與人類相近的肢體行為。這會讓機器像人一樣對話。帶有行為互動的機器人能夠大幅提升體驗感。

一般需要做的幾個重要功能包含：看著對話人的眼睛、將頭轉向對話人和與對話人保持一定的對話距離等。實作方式如下：

- 看著對話人的眼睛功能，透過前置攝影機配合人臉檢測技術可以實現。找到攝影影像中人眼的位置，再調整對應的表頭角度即可實現。
- 將頭轉向對話人功能，需要在頭頂安裝一圈 8 個方向的麥克風接收器，透過聲音能量來計算旋轉的角度。對於旋轉較大的角度，有的還需要轉身功能與其配合。這需要機器人本體的功能支撐。
- 與對話人保持一定的距離功能，這個一般由紅外攝影機配合普通攝影機的人臉檢測技術一起實現。紅外攝影機主要負責測距，人臉檢測技術負責目標。這一功能要控制機器人的移動範圍。在公開場所下，通用的做法是將機器人限定在可控範圍內，因為可移動機器人的商用化並不成熟（主要是在迴避路徑障礙環節）。由於成本限制，機器人身上不可能搭載太多的雷射雷達。而低成本的雷達，又有受限於發射材料的限制、包含盲區等問題，效果很不理想。

14.3.3 迎賓機器人的同類產品

人機互動類別機器人，可以各種形態出現在我們的生活。以螢幕為主的軟體機器人，商用價值常常較高。例如各種公共場所的電子廣告螢幕、某些飯店的觸控式螢幕點菜系統、銀行理財推薦廣告螢幕、行動營業廳的自助服務一體機等。如在原有的系統基礎上將其擬人化，對客戶來説都將是很好的體驗。

在環境相對簡單的場景中，移動機器人是有商用價值的。例如夜間的巡檢機器人，可以按照指定的尋路軌跡搭載攝影機，並配合 YOLO 之類的目標識別演算法，實現動態巡邏和及時警告功能。

隨著人工智慧的到來，越來越多的機器人產品將陸續進入我們的生活。而機器人研發產業，也有極大的商業空間。

14.4 實例 74：以攝影機為基礎的路邊停車場專案

路邊停車場是指在道路兩邊的收費停車位。它沒有固定的出口和進口，一般都是透過人工來收費和管理。這種停車場受效率低、高成本、監管難、記錄資料缺失、容易漏收費等問題困擾。本節介紹一個低成本的解決方案。

14.4.1 專案背景

用科技方法來管理的路邊停車場，一般有為 3 種技術方法：地磁感應器、車樁識別器、路側攝影機。相對來講，地磁感應器與車樁識別器的普及度比較高。

但在某種場景中，路側攝影機方法也有其不可取代的地位。下面從需求角度介紹路側攝影機方式的適用場景。

1 專案需求

來自香港客戶的需求：隨著城市的不斷繁榮發展，一些具有特殊意義的老城街道，具有馬路窄、停車位少、車輛多的特點。路邊停車位建設是非常需要的，但是傳統的管理模式必須要有大量的人工來維護，而地磁等高科技方法對空間的佔用需求比較高。渴望獲得一種可以減小人工又不會佔用太多空間的解決方案。

來自寒冷地區的需求：路邊停車場無法使用場地停車中的車牌識別技術來減少人工。目前可行的方案只能是地磁。但是由於寒冷的氣候加上冰雪的包含，大幅影響了地磁停車技術的靈敏度。再者，對裝置的維護也需要更昂貴的費用。急迫需要使用視覺或其他技術方法實現停車管理方案。

2 路側攝影機方案

路側攝影機方案是在路邊的街燈桿或建築物上安裝攝影機，向馬路對側進行拍攝。透過影像識別的演算法動態追蹤車位情況，進一步實現車位的管理，如圖 14-8 所示。

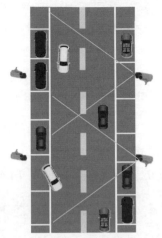

由於該方案是從旁側拍攝，無法獲得車牌號碼。車牌號碼的連結還需要靠人工解決。雖然該方案不能完全取代人工，但可以大幅提升人工管理的效率。管理員只需要按照「管理員端App」中的指示對車牌拍照，並上傳到雲端即可。計時和收費（透過連結帳戶的方式）等工作全由系統自動完成。並且該方案從源頭上獲

圖 14-8 路側攝影機技術方案

得了停車資料，避免了監管難、容易漏收費等問題。

使用者也更加方便：不再需要與停車場管理員接觸，可以即停即走。

14.4.2 技術方案

該方案主要使用的是目標識別演算法。按照攝影機所拍攝的車位，在影像上劃出需關注的座標範圍。根據車位的使用情況，輸出每個車位的「空閒」、「已佔」兩種狀態。再根據車位在時間軸上的狀態，判斷出該車的「入庫」、「出庫」行為。接著便可對

圖 14-19 路邊停車場現場

車位進行計時、收費等相關流程。現場的應用情況如圖 14-19 所示。

圖 14-19 是路邊停車場攝影機擷取的圖片。在該停車場中，一個攝影機管理 4 個車位。

14.4.3 方案缺陷

該方案的最大特點是成本低廉。平均下來，一個車位的建設成本不到地磁感應器或車樁識別器的 1/10。當然該方案也又不足之處，實際如下：

- 該方案只適用於中小型街道。對於 4 排車道以上的寬馬路並不適合。
- 該方案的致命缺陷是過度依賴攝影機。一旦車位被中間路過的大車遮擋，車位的監管便會故障，將會打亂整個流程。
- 攝影機的位置要求精確。這過於脆弱：當攝影機角度受到外部因素干擾而發生變化時，系統將無法管理車位。

任何實驗室中出來的產品原型都不可能是完美的，必須再透過工程化的方法將其商業化後，才可以真正使用。將帶有缺陷的方案變為真實可用，這便是工程化的價值。實際做法見 14.4.4 小節。

14.4.4 工程化補救方案

該專案的真正工作量並不是在演算法部分，而是主要來自工程化部分。一旦進入市場進行使用，系統必須能夠處理任何可能發生的例外。整個產品體驗的各個環節都不能放過。這便是工作量的所在之處。實際如下：

- 前端硬體需要透過微處理器對多個攝影機進行分級管理，負責擷取、前置處理和上傳。當然還包含維護、自檢、警告、自動化設定等協助工具。
- 透過後台系統對已經部署的車位、攝影機、微處理器進行統一編號管理。使其支援動態更新設定、維護、呼叫測試介面、即時發現警告、資訊統計等操作。
- 使用大數據平台對終端圖片進行統一管理。大數據平台支援快速存取即狀態判斷工作。
- 由於考慮到車位被遮擋的情況，對車位的判斷狀態做了複雜的設計。
- 透過演算法發現車位被遮擋事件，並根據遮擋時長及時通知管理員，讓其前去協調。
- 將停車記錄照片（包含起始、結束）同步到使用者終端，並支援申請退款功能，用於彌補系統例外給使用者帶來的損失。
- 在後端系統中，還要有停車場管理員的維護系統，包含管理員輪班制度、績效指標等。其中的績效包含：上傳車牌的次數、錯誤率、漏傳車牌的次數、上班時長等。

- 用戶端的業務也是相當複雜。因為停車事件可以曝露個人行蹤，所以要考慮隱私方面的因素。另外，一輛車可以由多個使用者使用，一個使用者也可以開多輛車。這裡的關鍵是：在維持這種多對多的關係同時，還要透過權限控制實現每個使用者的資訊獨立。

還有一些可能發生的例外現象，也都是由工程化環節所來解決的。例如：由於沒有管理員當面收費，使用者停完車後不付費或忘記付費也是常見的情況。透過自建徵信系統或連結市政府徵信系統，解決欠費車輛與車主之間的聯繫。還要對車輛進行套牌檢查，以保障欠費車輛的有效性等。

經過以上這些功能的開發，最後才可以實現系統的完整性，實現其商業價值。

14.5 實例 75：智慧冰箱產品──硬體成本之痛

隨著白色家電日趨普及，其價格變得越來越低，功能變得越來越多。冰箱──這一個改變人們生活方式的家電，已經走進了各家各戶。使用者的基數決定了市場價值。雖然非智慧領域的白色家電已經進入一片紅海，但是，傳統產品搭載人工智慧將是一片商界藍海，也是該領域許多廠商高度關注的方向之一。

14.5.1 智慧冰箱系列的產品背景

白色家電智慧化是人工智慧產品在人們日常生活中的主要應用場景。

1 商業價值

智慧冰箱主要可以從個人及商業兩方面發揮價值：

- 從個人服務方面，智慧冰箱可以讓機器了解人類對食物的儲存及使用習慣，進一步更進一步地管理飲食。
- 從商業應用方面，智慧冰箱（或冰櫃）可以做成售賣一體機、冷鏈終端的超市貨架。

2 技術方案

從技術角度來分析，這種場景都有以下共同的環節。

- 擷取：透過攝影機、麥克風之類的輸入裝置，取得人類的原始行為資料。
- 處理：對原始行為資料做加工識別，變成結構化的可用資訊。或，把機器需要表達的資訊轉化為人類能夠接受的資訊方式。

- 分析：根據許多統計、連結、神經網路等演算法，從可用資訊中獲得有價值的資訊或資料。
- 呈現：透過網路終端以音訊、影像、文字等方式反應給人類。

在整個環節中，擷取與呈現部分屬於人機互動環節，需要基礎硬體的支撐。而處理部分有關人工智慧技術。分析部分則屬於人工智慧在資料分析方面的技術。

這裡重點說明以傳統產品為基礎的技術改進方案（擷取、處理部分）。對於分析環節，可以根據某個單一產品的實際定位、受眾人群細分出更多的功能點和業務需求。這裡不多作說明。

14.5.2 智慧冰箱的技術基礎

智慧冰箱的工作流程相對簡單。甚至稍有產品概念的使用者都可以想到。但如果透過技術將其實現，則考驗工程能力及整合能力。

1 智慧冰箱的工作流程

智慧冰箱的工作流程如下：

冰箱打開門之後，啟動監控流程。一旦發現有手伸進來拿東西，則開始拍照，並按照一定演算法識別出「手伸進去」和「取出東西」這兩個行為。並選出相對優質的圖片，傳入後端。後端透過 YOLO、SSD 之類的目標識別演算法識別出實際的物體，形成有效記錄資訊。

後端會根據這些有效的資訊記錄並結合實際的業務場景進行運算，最後再將資訊回傳給使用者。

2 基礎硬體

如想將傳統的冰箱智慧化，需要增加以下基礎硬體。

- 攝影相機：負責擷取圖片。一般的做法是：在冰箱內部安裝 2、3 個攝影機。
- 前端邏輯控制器：用於控制攝影機、轉換冰箱介面、與雲端互動，以及實現整體的業務邏輯。它可以是一個微處理器、工業電腦等裝置。
- 神經網路處理器：專用於快速處理前端的擷取資料。它是一個獨立的計算單元。
- 網路模組：用於與雲端互動。

14.5.3 真實的非功能性需求──低成本

白色家電市場的特點之一就是量大。這個特點直接決定了對人工智慧技術的硬性要求──低成本。一台的成本降低 1 塊錢，1 億台直接就可以省出 1 億元的成本。這對任何一個廠商都是不可忽視的問題。

■ 功能性需求決定著硬體的選取

至今為止，智慧化技術所依賴的硬體還是比較昂貴的。因為在神經網路裡需要進行大量的浮點運算，所以對算力有要求；因為圖片的清晰度直接影響目標識別之類的圖片演算法，所以對拍攝相機有要求；因為使用者完成取物品的時間較短，所以對整體的處理能力（包含網路速度）有要求。尤其是公共販賣機，如果不能與使用者在時間上同步，則大幅影響客戶體驗。

這些便是該產品的真正需求點。它依賴人工智慧的演算法，但要求的並不僅是精度。智慧化需要使用更比對實際需求的演算法，並結合大量的工程化工作，才能夠完成。

② 非功能性需求阻礙了企業的發展

追溯起來，早先智慧冰箱方案中，演算法部分大多都是以 caffee 架構實現為基礎的。當時的解決方案是：在前端用小型的工業電腦連接 2、3 個高速攝影機（需要擷取高畫質圖片，支援演算法識別），再搭載英特爾的神經元計算棒來實現（如果使用 NVIdia 顯示卡，則成本將變得更高）。主機板要求至少支援 8 執行緒（因為連接的外接裝置較多，每個外接裝置都需要單獨的執行緒）。

整個方案所需的硬體成本已經突破 25000 元台幣，相當於一台中階傳統冰箱的價格，這還不算開發系統的人工成本和冰箱本身的成本。

智慧產品的人工研發成本也相當高。目前需要的是工程化的人才。他們主要的工作是對接並轉換模型、標記、訓練、測試、剪枝等工作。因為對於企業而言，將精度加強 1% 與將成本壓縮 1% 相比，顯然後者更有誘惑力。尤其是在開發前端的演算法模組中，工程師們一直會嘗試將 YOLO、SSD 之類的目標檢測模型進行最佳化和精簡，降低模型的運算需求。而並非我們常見的如何最佳化參數、增加準確率、加強模型訓練收斂度之類的目標。這就是製造出一個智慧化產品所需的工作與代價。

透過硬體和軟體的投入成本可以看出，為什麼市面上帶有人工智慧概念的家電幾乎沒有一萬元以下的。為了一個看似錦上添花的功能，付出一倍以上的價格。這樣的性價比顯然不能讓主流使用者滿意。

顯然，在當今時代，智慧冰箱之類產品的發展，已經被本身的市場價值所阻礙。從這一點看去，人工智慧想要更廣、更快地普及，仍需要很長的路要走。

14.5.4 未來的技術趨勢及應對策略

不斷進步的科技總會所帶來新的希望。新的技術系統的應用，在改進現有產品窘狀的道路上從來沒有停滯過，甚至在某些環節上已經能夠降低成本。例如：用 TensorFlow 的 lite 模組對模型進行轉化，使神經網路可以執行在「至強」系列主機板或樹莓派之類的低耗電主機板上。這種方案在降低成本的同時，還簡化了嵌入式架構工業電腦的電源轉換問題；用模糊圖片最佳化演算法配合普通相機，來替代高速相機等。

1 高科技企業之痛

對於一個研發了幾年的成熟產品線來講，想要將新技術快速應用起來並非易事。如果架構和技術堆疊已經自成系統，則任何一個有關架構等級的技術改動都需要付出極大的代價。然而又有多少公司能大刀闊斧地將已有成果推倒重新再來。新技術的調頭困難和舊技術的成本壓力，將是這種公司永遠的痛。

2 應對策略

「真正看清科技發展局勢，調整自有研發系統與之適應」才是高科技產品的存活之本。人工智慧時代技術發展是高速的。這要求企業的研發團隊不僅要有超強的工程能力，還要有與時俱進的學習能力。追蹤新技術、調整老架構將是家常便飯。

在產品研發期間，建置靈活、高效的架構要優先於穩定穩固的架構。尤其是對中小型企業或是大公司裡的小規模獨立團隊來說，極大的生存壓力使其根本不允許在科學研究技術上進行過大的投入。憑藉本身超強的工程化能力，將話題性技術轉化為產品可用的商業技術，是人工智慧時代大部分企業的大部分工作，也是小規模智慧化企業的生存之道。只有大量的這種工程化人工智慧企業崛起，才會實現真正推動人工智慧的普及，才意味著人工智慧時代的到來。